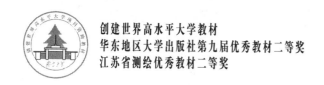
测量 与地图学 （第四版）

U0360143

主 编　王慧麟 安

参 编　谈俊忠 马永立

特配电子资源

微信扫码

◎ 视频学习

◎ 延伸阅读

◎ 互动交流

南京大学出版社

图书在版编目(CIP)数据

测量与地图学 / 王慧麟,安如主编. —— 4 版. —— 南京:
南京大学出版社,2023.7(2024.7 重印)
ISBN 978 - 7 - 305 - 26318 - 7

Ⅰ. ①测… Ⅱ. ①王… ②安… Ⅲ. ①测量学—教材
②地图学—教材 Ⅳ. ①P2

中国版本图书馆 CIP 数据核字(2022)第 226425 号

出版发行 南京大学出版社
社　　址　南京市汉口路 22 号　　　　邮　编　210093
书　　名　测量与地图学
　　　　　　CELIANG YU DITUXUE
主　　编　王慧麟　安　如
责任编辑　刘　飞　　　　　　　　编辑热线　025 - 83592146
照　　排　南京南琳图文制作有限公司
印　　刷　南京人文印务有限公司
开　　本　787×1092　1/16　印张 34.75　字数 850 千
版　　次　2023 年 7 月第 4 版　　2024 年 7 月第 2 次印刷
ISBN 978 - 7 - 305 - 26318 - 7
定　　价　75.00 元

网址:http://www.njupco.com
官方微博:http://weibo.com/njupco
官方微信号:njupress
销售咨询热线:(025) 83594756

第四版前言

测绘学就是测量和地图制图。测量是获取地球形状、重力场以及地球上自然和社会经济要素的位置、形状、空间关系、区域空间结构的时空信息的方法。地图制图就是将这些数据信息经处理、分析或综合后加以表达和利用。测绘科学历史悠久，随着现代计算机、信息技术的发展，其学科发展也得到了长足进步。

本书第三版于2015年出版，迄今已有8年，此间承蒙各校师生的厚爱，第一至三版累计印数逾8万册。测绘科学及其相关学科迅速发展，信息化水平不断提高，测量与地图进入了数字化和信息化时代，为适应测绘科学与技术的发展、测绘专业人才培养的需要，2022年南京大学出版社组织对本书进行再版修订。由此，我们对教材内容做了进一步的修编，力争做好党的二十大精神融入教材，内容上尽量做到整体把握、全面系统、突出重点、抓住关键。另外，在修订过程中还遭受疫情影响，但编者们通过在线沟通、通力协作，克服了诸多困难，如今顺利完成了第四版的修订工作。

依据我国高等教育专业设置的变化，地理学各专业、城乡规划及土地管理专业等的教学计划、课程内容也需做相应的调整。"测量与地图学"作为各专业的基础课，为了适应测绘技术的发展和高校人才培养的要求，本教材在适度介绍传统测绘手段、测绘学科基本理论和基本方法的同时，力图突出近年来测绘科学的新发展。

第四版教材修编的总体思路是保持第三版中内容的完整性和系统性，总体结构变化不大。对第五章第七节数字水准仪测量系统及其应用进行补充改写；对第十一章第四节全站型电子速测仪及其应用进行补充更新；由于我国已建成了"北斗三号"全球卫星导航系统，给国家安全和测绘地理信息技术带来了根本性变革，本版教材大幅更新了第九章卫星定位系统数据采集与处理内容；无人机测绘也是近几年测绘领域的又一大技术进步，它不仅节省了繁重的人工劳作，而且测量速度也大大提高，新版专设一章介绍无人机测绘的原理与应用，与原第十章第五节航空摄影测量成图整合为第十二章，并对三维激光扫描测绘进行了简述。在网络技术、大数据分析、人工智能、多媒体可视化等新型技术驱动下，数字制图技术极大地改变了原来手工地图制图模式，制图技术、地图出版印刷都有了质的变化，地图制图工艺流程发生了根本的改变，地图制图的内涵与外延都得到了极大拓展，新版也重点对GIS投影、电子地图编制、新型地图及其应用进行了补充。

全书共分三个部分。第一部分是第一至四章，为测量与地图的基本理论，包含地球科学概论、测图的基本知识、测量误差理论基础、地图数学基础、地图语言和地图制图综合;第二部分是第五至十二章,为测量学基本方法和主要手段,包含测量的常规内容,高度测量、角度测量与距离测量的基本方法、控制测量、地形图的测绘、地籍测量和测设、野外数字测图(数字测绘设备全站仪、数字水准仪等新技术)、GNSS全球定位原理与方法、无人机与摄影测量测图等内容;第三部分是第十三至十六章,主要介绍制图基础理论和地图制图方法,包括地图基础知识、地图设计与编制以及地图分析应用的内容,并为了适应计算机制图技术的推广及应用,对教材传统内容进行了相应改革。兼顾了测量与地图学的课间实验技术,各章均包括一定数量的复习思考题,便于学生自学。

本版仍保留前三版的体系和风格,力求概念准确、论述清晰和文字通顺,便于相关专业学生自学,以及有关工程技术人员作业时参考。

在编写过程中,我们参阅了众多前人的著作、论文和教材。需要说明的是本书有较多的内容取材于华锡生、田林亚主编的《测量学》,武汉大学《测量学》编写组的《测量学》,胡著智、王慧麟、陈钦峦编著的《遥感技术与地学应用》,马永立著的《地图学教程》,李德仁、关泽群著的《空间信息系统的集成与实现》,罗聚胜、杨晓明编著的《地形测量学》,《GPSurvey软件培训教材》,周国树、陈振杰、章书寿主编的《测量学教程》(第五版)以及中国人民解放军战略支援部队信息工程大学《地图学》《现代测量学》等网络课程、微信公众号及众多测绘课程网站与测绘报刊等资料,书后所附参考文献是本书重点参考的论著,众多资料未及一一列出,请见谅。在此特向在本教材中引用和参考的已注明和未注明的教材、专著、报刊、文章及公众号的编著者和作者表示诚挚的谢意。

第四版由王慧麟、安如主编。绪论及第一章测量学部分,第五至十二章及附录实习指导由南京大学地理与海洋科学学院王慧麟修编;绪论及第一章地图学部分,第二至四章、第十三至十六章由河海大学水文与水资源学院安如修编。参与这项工作的还有王盈、燕鹏、陈春烨、张杰坦、陈志霞、陆玲、吴红、黄祥麟、樊梦瑶和南京徕瑞测绘科技有限公司的李向群等。全书由王慧麟、安如统稿。全书编写过程中得到了南京大学"985工程——创建世界高水平大学本科教学改革资助项目"的资助,并得到有关部门的大力支持和兄弟院校同行的帮助,特别是南京大学出版社社长助理蔡文彬、编辑刘飞,谨此表示感谢。

考虑到测绘科技日新月异,本教材虽经几次修改,但由于编者能力所限,不足之处在所难免,敬请专家和广大读者批评指正。

编　　者

2023 年 6 月于南京大学

目　录

绪　论

导　读

　　测绘是测量和地图制图的简称。测量就是获取反映地球形状、地球重力场以及地球及其他星球上自然和社会要素的位置、形状、空间关系、区域空间结构的数据。地图制图是将这些数据经处理、分析或综合后加以表达和利用的一种形式。

　　绪论讲述了测绘科学的研究对象与主要任务，测量学与地图学所包含的主要分支学科，随后介绍了地形图的主要产品形式；本章最后对测绘科学的发展史及测绘科学在国民经济中的作用做了详尽介绍。

第一节　测绘科学的研究对象与分类

　　测量与地图（制图）学统称为测绘学。测量学与地图学是两门彼此密切联系的学科。没有精密的测量就没有精确的地图。

一、测绘科学的研究对象

　　测绘科学研究的对象是地球及其他星球整体及其表面和外层空间的各种自然和人造物体的有关信息。它研究的内容是对这些与地理空间有关的信息进行采集、处理、管理、更新和利用。测绘科学既要研究测定地面点的几何位置、星球形状、地球重力场，以及星球表面自然形态和人工设施的几何形态；又要结合社会和自然信息的地理分布，研究绘制全球和局部地区各种比例尺的地形图和专题地图的理论和技术。前者和后者构成测绘学。由此可见，测量与地图是测绘科学的重要组成部分。

　　传统的测绘科学研究的对象是地球及其表面，但随着现代科学技术的发展，它已扩展到地球的外层空间，并且已由静态对象发展到观测和研究动态对象；同时，所获得的量既有宏量，也有微量。使用的手段和设备，也已转向自动化、遥测、遥控和数字化、智能化。

二、测量与地图学的任务与分类

　　现代测量学是研究用什么工具和手段，直接或间接地从地球及其他星球表面获得量度数据或信息，通过怎样的科学处理，确定地面的点位、方向及其相互关系，从而把地球及其他星球表面的主要现象和物体正确地表示在平面（地图）上的一门科学。测量学的任务，具体有：① 确定地球及其他星球的形状和大小；② 确定地面上和空间各点的相对位置或某一坐标系统的统一位置，即把地面上施测区域绘制成图；③ 构筑物放样：将土地及其附属物的开发、利用、建设的设计方案在实地标定,即将各种工程设计测设到现场;④ 变形监测:已有工程或其他设施在一定时期内的变化测量。

地图学是关于地图的科学。地图学的研究对象是地图,探讨地图的理论实质、地图制作的理论和技术、地图应用的理论和技术三个方面的问题,并由此构成地图学的基本理论。概括起来地图学的任务是:① 地图学的理论发展;② 研究地图本身及其各要素的表示方法的演变以及今后的发展趋向;③ 研究地球椭球体(或球体)表面描写到平面上的理论与方法,研究地图投影的变形规律以及不同投影的转换问题;④ 研究地图的内容与形式的统一,各要素的制图综合,地图的编绘和复制等一系列的理论与技术方法,并尽可能运用当代最新科学技术于地图的生产,以缩短成图周期,提高成图质量和增加新的地图品种;⑤ 研究地图的使用、量算以及对地图产品的评价问题等。

测量学和地图学都是密切联系生产实际的科学,它们都以如何将地球表面的自然地理和社会经济现象表示成图为己任。但是,前者侧重于实地的测绘工作方面,而后者则侧重于利用测量成果、已成地图以及用其他手段所取得的地面资料或经过处理的信息(数字与图像)进行地图的编撰(编辑与编绘)。根据当前的测绘仪器和方法,实测地形图的最小比例尺一般为 $1:50\ 000$。而那些更小比例尺的地形图或专题地图,大都是根据大比例尺的实测地图、航空像片、卫星像片和其他资料编绘而成。

随着社会生产的发展和科学技术的进步,测量学的发展主要包括以下几个分支学科:大地测量学、地形测量学、摄影测量与遥感学、工程测量学、海洋大地测量学和地图(制图)学等。以上各个学科既自成系统,分工明确,又互相配合,紧密相连,从而构成了完整的测量学体系。地图学由地图概论、地图投影、地图编制、地图整饰、地图制印、计算机地图制图、遥感制图、地图应用、地图分析等分支学科所组成。

现代测量与地图学主要包括以下几个分支学科:

1. 大地测量学(Geodetic Surveying)

研究在地球表面大范围内建立国家大地控制网,精确测定地球形状和大小以及地球重力场的理论、技术和方法的学科。随着卫星定位技术的发展,大地测量学不仅为空间科学和军事服务,还将为研究地球的形状、大小以及地表形变和地震预报等提供可靠的资料。

2. 地形测量学(Topography)

研究地球表面较小区域内测绘地形图的基本理论、技术和方法的学科。主要研究内容有:图根控制网的建立和地形图的测绘。具体工作有:角度测量、距离测量、高程测量、观测数据的处理和地形测图等。各种比例尺地形图的测绘,为社会发展的规划设计提供了重要的资料,这是本书的重点内容之一。

随着社会和经济的发展,土地地籍测量和房地产测量也得到迅猛发展。

3. 摄影测量与遥感学(Photogrammetry & Remote Sensing)

研究利用摄影像片等手段测定物体的形状、大小及其空间位置的学科。由于摄影像片包含的信息全面细致,现已广泛应用于其他科学领域,根据获取像片方式的不同,又分为地面摄影测量、航空摄影测量、航天摄影测量、水下摄影测量等。

4. 工程测量学(Engineering Survey)

研究各项工程建设勘测规划设计、施工和竣工运营阶段所进行的各种测量工作的学科。它把各种测量理论应用于不同的工程建设,并研究各种测量新技术和新方法。按工作顺序和性质分为:勘测设计阶段的控制测量和地形测量;施工阶段的施工测量和设备安装测量;管理阶段的变形观测和维修养护测量。按工程建设的对象分为:建筑、水利、铁路、公路、桥梁、隧道、矿山、城市和国防等工程测量。

5. 海洋大地测量学(Marine Geodesy)

在海洋范围内建立大地控制网所进行的测量工作。内容有控制测量、水深测量、海洋重力测量、卫星大地测量等。它与大地测量、地图制图、航海学、海洋学、潮汐学、水声物理学、电子技术和遥感技术等有着密切的联系。

6. 地图制图学(地图学)(Cartography)

研究地图及其制作理论、工艺和应用的学科。根据已测得的成果成图,编制各种基本图和专业地图,完成各种地图的复制和印刷出版。

地图学现代科学体系框架把地图学分为理论地图学、地图与地理信息工程学、地图应用学三个部分。

① 理论地图学(Theoretical Cartography)

地图学现代科学体系的第一个层次,包括基础理论、应用理论和地图学发展历史,对地图工程学、地图应用学起理论指导作用。

② 地图工程学(Carto Engineering)

也称地图与地理信息工程学,传统意义上也可以叫作地图制图学。地图与地理信息工程学高于技术与工程科学范畴,涉及地图制图工程与地理信息工程,包括模拟方式和数字化方式的地图设计与生产、地图数据库与地理信息系统建立与应用、空间信息可视化与虚拟现实。

③ 地图应用学(Map Using)

地图应用学是地图学科学体系的第三个层次,即地图学的应用层次。其主要内容包括模拟地图、数字地图、电子地图(地图集)的分析和应用,以及地理信息系统的应用等。

测绘科学与技术是与生产结合十分密切的科学,测绘科学研究的内容可分为基础测绘、专业测绘、军事测绘和地籍测绘。

1. 基础测绘

基础测绘是指为国民经济和社会发展以及为国家各个部门和各项专业测绘提供基础地理信息而实施测绘的总称。它能建立和维护全国统一的测绘基准和测绘系统,进行航天航空影像获取,建立和更新维护基础地理信息数据库,提供测绘地理信息应用服务等,基础测绘必须在全国或局部区域按国家统一规划和统一技术标准进行。

2. 专业测绘

产业部门为保证本部门业务工作所进行的具有专业内容的测绘的总称。专业测绘应采用国家测绘技术标准或者行业测绘技术标准。

3. 军事测绘

具有军事内容或者为军队作战、训练、军事工程、战略准备等而实施的测绘的总称。

4. 地籍测绘(不动产测绘)

对地块权属界线的界址点坐标进行精确测定,并把地块及其附着物的位置、面积、权属关系和利用状况等要素准确地绘制在图纸上和记录在专门的表册中的测绘工作。地籍测量的成果包括数据集(控制点和界址点坐标等)、地籍图和地籍册,其测绘成果具有法律效力。

第二节 地图产品

传统概念上的地图是按照一定数学法则,用规定的图式符号和颜色,把地球表面或其他星球上的自然现象和社会现象,有选择地缩绘在平面图纸上的图。如普通地图、专题地图、各种比例尺地形图、影像地图、立体地图等。

国家基本地形图即国家基本比例尺地形图,简称国家基本图。它是根据国家颁布的统一测量规范、图式和比例尺系列测绘或编绘而成的地形图,按统一规定的经差和纬差进行分幅,并在国际百万分之一地图分幅编号的基础上,建立各级比例尺地形图的图幅编号系统。它是国家经济建设、国防建设和军队作战的基本用图,也是编制其他地图的基础。各国的地形图比例尺系列不尽一致,我国规定 1∶500、1∶1 000、1∶2 000、1∶5 000、1∶1 万、1∶2.5 万、1∶5 万、1∶10 万、1∶25 万、1∶50 万、1∶100万共十一种作为国家基本比例尺地形图,其测制精度和成图数量质量是衡量一个国家测绘科学技术发展水平的重要标志之一。

地形图是普通地图的一种,是按一定比例尺表示地貌、地物平面位置和高程的一种正射投影图。其基本特征是:

(1) 以大地测量成果作为平面和高程的控制基础,并印有经纬网和直角坐标网,能准确表示地形要素的地理位置,便于目标定位和图上量算;

(2) 以地面实地测量、航空摄影测量或根据实测地图编绘而成,内容详细准确;

(3) 有规定的比例尺系列、统一的图式符号,便于识别使用,可以基本满足国家经济建设和军队作战指挥的不同需要;

(4) 地貌一般用等高线表示,能反映地面的实际高度、起伏状态,具有一定的立体感,能满足图上分析研究地形的需要;

(5) 为保持地形图的现势性,还规定了定期更新。

随着测绘技术的进步,现代地图及其产品有了明显的变化,已出现缩微地图、数字地图、电子地图、高精导航地图、增强现实地图、全息地图等新品种。在生产部门,4D 产品(数字高程模型 DEM、数字线划地图 DLG、数字栅格地图 DRG、数字正射影像图 DOM)已经逐步取代传统意义上的纸质地图。近年来,又衍生出数字地表模型(DSM)和数字真正射影像图(TDOM)。

1. **数字高程模型(Digital Elevation Model,缩写 DEM)**

在某一投影平面(如高斯投影平面)上规则格网点的平面坐标(X,Y)及高程(Z)的数据集。DEM 的格网间隔应与其高程精度相适配,并形成有规则的格网系列。根据不同的高程精度,可分为不同类型。为完整反映地表形态,还可增加离散高程点数据,如图 0-2-1(a)。数字地面模型(DTM)是在一定区域范围内,规则格网点或三角网点的平面坐标(X,Y)和其地物性质的数据集合,如果此地物性质是该点的高程Z,即为 DEM。

2. **数字线划地图(Digital Line Graphic,缩写 DLG)**

现有地形图要素的矢量数据集,保存各要素间的空间关系和相关的属性信息,全面地描述地表目标,如图 0-2-1(b)。

3. 数字栅格地图(Digital Raster Graphic,缩写 DRG)

现有纸质地形图经计算机处理后得到的栅格数据文件。每一幅地形图在扫描数字化后,经几何纠正,并进行内容更新和数据压缩处理,彩色地形图还应经色彩校正,使每幅图像的色彩基本一致。数字栅格地图在内容上、几何精度和色彩上与国家基本比例尺地形图保持一致,如图 0 - 2 - 1(c)。

4. 数字正射影像图(Digital Orthophoto Map,缩写 DOM)

利用数字高程模型(DEM)对经扫描处理的数字化航天、航空像片,经过像元投影差改正、镶嵌,按国家基本比例尺地形图图幅范围剪裁生成的数字正射影像数据集。它是同时具有地图几何精度和影像特征的图像,具有精度高、信息丰富、直观真实等优点,如图 0 - 2 - 1(d)。

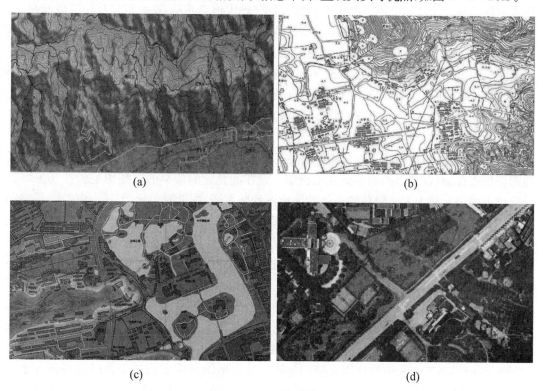

(a)

(b)

(c)

(d)

图 0 - 2 - 1　4D 测绘产品

5. 数字地表模型(Digital Surface Model,缩写 DSM)

包含了地表建筑物、桥梁和树木等高度的地面高程模型。DEM 只包含了地形的高程信息,并未包含其他地表信息,DSM 是在 DEM 的基础上,进一步涵盖了除地面以外的其他地表信息的高程。

6. 数字真正射影像图(True Digital Ortho Map,缩写 TDOM)

又叫全正射影像,是基于数字表面模型(DSM),利用数字微分纠正技术,改正原始影像的几何变形。

DEM 从微分角度三维地描述了该区域地形地貌的空间分布。DEM 与 DLG 相辅相成,在空间分析和决策方面发挥作用。借助于地理信息软件,DEM 数据可以用于建立各种各样的模型,主要的应用有:按设定的等高距生成等高线图、透视图、坡度图、断面图、渲染图与 DOM 复合生成景观图,计算特定物体对象的体积、表面积等,还可用于空间复合、可达性分析、表面分析、扩散分析等。

DEM、DSM、DOM、TDOM 等数据是建设"实景三维中国"的核心数据。

第三节 测绘科学发展概况

一、测绘科学的历史

在人类社会的发展历程中,人们逐步明白自身的生存与发展对时间变易和空间位置存在着依存关系。于是测绘得以产生和发展,以便"观天道之兆基,察地理之长短""敬农时,兴物利"。中国历代朝廷把测绘当成国家要务,以便王者不下堂而知四方,"夫兵主者,必先审知其地图,不失地利"。荆轲刺秦王,"图穷匕首见"是一个典型的历史事件,它从一个侧面说明了测绘的重要性,而地图在春秋战国时就被看作是国宝。据《史记》记载,远在 4 000 年前,大禹治水便使用了规(即圆规)、矩(成直角的曲尺)、准(水准器)、绳四种测量工具,"左准绳,右规矩,载四时,以开九州,通九道。"夏铸九鼎,每个代表一个州,每个鼎上绘制本州内的山川百物。西周时测绘已被广泛应用于生产、军事、城建等方面。例如西周召公负责测绘了首都洛邑的城建图;地图成了划分疆界、裁决土地纠纷的依据,所谓"地讼,以图正之"。周代地图使用很普遍,管理地图的官员分工很细。现在能见到的最早的古地图是长沙马王堆三号墓出土的公元前 168 年陪葬的古长沙国地图和驻军图,图上有山脉、河流、居民地、道路和军事要素。在建成于战国时期、迄今还在发挥巨大效益的都江堰、郑国渠、灵渠大型水利工程中,测绘工作都起了至关重要的作用。1971 年出土的用于修建灵渠的石制方位水准仪(既可测方位,又可测水准),就是一个文物证据(实物现保存在广西兴安县)。自秦汉起测绘得到了更加广泛的应用。

中国古代测绘领域人才辈出、成就辉煌:在测时方面,春秋战国时的《四分历》定一年为365.25 日,与罗马人采用的儒略历相同,领先于古罗马人 500 年;宋代杨忠辅编制的《统天历》定一年为 365.242 5 日,领先欧洲人 400 年。南北朝时祖冲之所测的朔望月为29.530 588日,与现今采用的数值只差 0.3 秒。在古地图制作方面居于当时世界领先水平并保存至今的地图有:1973 年长沙马王堆汉墓中出土的《地形图》和《驻军图》;南宋石刻地图《华夷图》和《禹迹图》;清初时的《皇舆全览图》等;在天文大地测量方面,唐代僧一行和南宫说在全国 24 个点上进行了世界上首次大规模的地理纬度测量工作,并算得子午线 1°的弧长为 132.31 km;元代郭守敬所做的纬度测量范围之广、精度之高前所未有;清初康熙年间,在全国测定了 630 个点的经纬度,规模之大为世界之最,并规定 200 里合经线 1°,这种用经线 1°的弧长定义长度单位的做法为世界首创。

测绘仪器方面发明众多:在春秋战国时期已发明了指南针;公元前 4 世纪,我们的祖先就制造了世界上第一台测天仪——浑天仪;西汉张衡创造了世界上第一台地震仪——候风地动仪;宋代苏颂制成集测时、计时、报时于一体的水运仪象台,是 11 世纪世界上最杰出的天文仪器;元代郭守敬设计制造的简仪,300 年后在欧洲才出现类似的仪器。

在测绘理论方面独树一帜:战国时代的先秦诸子百家之一尸子对宇宙下了一个今天看来仍然正确的定义:"四方上下曰宇,古往今来曰宙";"浑天说"把宇宙与地球的关系比拟为鸡蛋与蛋黄的关系,所谓"浑天如鸡子,地如鸡子中黄",这已包含有地球为球形的初步概念,并已出现地球在运动的思想;"地有四游""地动而人不觉";问世于公元前的"周髀算经"记载了用"矩"测绘地面点位的原理——"平矩以正绳,偃矩以望高,覆矩以测深,卧矩以知远,环矩以为圆,合矩以为方"。稍后问世的《九章算术》《海岛算经》,又大大丰富和发展了测量技术。西晋裴秀(公元224～271年)在《禹贡地域图十八篇·序》提出了著名的"制图六体":"制图之体有六焉,一曰分率,所以辨广轮之度也;二曰准望,所以正彼此之体也;三曰道里,所以定所由之数也;四曰高下,五曰方邪,六曰迂直,此三者各因地而制宜,所以校夷险之异也。"即制图的六条原则:分率(比例尺)、准望(方位)、道里(距离)、高下(高低变化)、方斜(曲折变化)、迂直(迂回变化)。"制图六体"具有划时代的意义,从此使绘制地图有了坚实的理论基础;他还绘制了《禹贡地域图》十八幅,缩编《天下大图》为《地形方丈图》。南北朝时谢庄创制了《木方丈图》;唐宋时期贾耽和宋代沈括为杰出代表的地图学家,为继承和发展我国地图事业做出了突出的贡献,开创了中国地图学的中兴局面。贾耽(公元730～805年),唐代著名地理学家和地图学家,主要作品《关中陇右及山南九州等图》和《海内华夷图》,是继裴秀之后我国地图学史上成就最高的杰出人物。宋代地图学家的代表人物沈括(公元1031—1095年),于1088年完成了其地图代表作《守令图》(《天下州县图》),向世人展示了这一时期地图事业的空前兴盛与繁荣。北宋时的《淳化天下图》,南宋时石刻的《华夷图》《禹迹图》(现保存在西安碑林)、程大昌的《禹贡山川地理图》、李寿朋的《平江图》《静江府城池图》是宋代碑刻地图及地图制作佳作;元代朱思本绘制了《舆地图》;明代罗洪先绘制了《广舆图》(分幅绘制的地图集);明代郑和下西洋绘制了《郑和航海图》等。元代郭守敬据修建水利的实践在世界上第一个提出了海拔高程的概念;宋代沈括早欧洲人400年发现了磁偏角。以经纬度测量为基础的近代测绘技术,比中国传统的"记里画方"方法有着更多的优点,清初全国性经纬度地图的测绘使得中国地图测绘事业发展呈现新的飞跃。康熙从平叛和统一国家战争中深识测绘精确地图的重要性,聘请了德国、意大利、法国、葡萄牙等国的传教士采用天文测量和三角测量相结合的方法,进行了全国性的大规模的地理经纬度和全国舆图的测绘。从康熙二十三年(公元1684年)开始,到康熙五十八年(公元1719年)结束,历时35年,测算经纬度630个点,奠定了中国近代地图测绘的基础。康熙五十六年(1717年)在康熙主持下,中西方测绘人员通力合作,引进并采用西方先进的天文和三角测绘技术,同时利用了官藏舆图文件及实地采访,经十年努力,制作完成《皇舆全览图》(图0-3-1为局部),全图共计41幅,借鉴科学技术实测后绘制。它以天文观测为基础,使用三角测量法进而测图,采用了伪圆柱投影,以经纬度制图法绘制;汉、满文标注地名,其中满文用以边疆,汉文用以内地;第一次实测了台湾地区地图。在尺度丈量上的全国统一,实地测量地球的子午线弧长等都给清代地图制图充实了依据,提高了制图质量。乾隆二十六年(公元1761年)完成《皇舆西域图志》,次年,在《皇舆全览图》基础上,增加新测绘的资料,编制成《乾隆内府地图》,使我国实测地

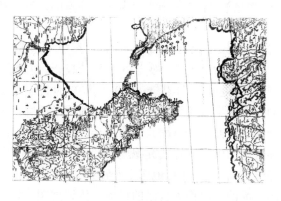

图0-3-1　《皇舆全览图》(局部)

图最终完成。这个时期,全国各地绘制了大量的专题图,《黄河图》《山东十七州县运河泉源图》《避暑山庄全图》《承德府属金银煤铁等矿全图》《天下舆图》《皇朝一统舆地全图》等。清末的《大清会典舆图》是全国性的省区地图集,在中国地图发展史上具有极为重要的意义,是中国古代传统制图法向现代制图法转变的标志,其突出表现是:计里画方制图法与经纬网制图法混用,传统的地图符号与现代的地图符号混用。近代,1934 年,上海申报馆出版了《中华民国新地图》等。我国历代能绘制出较高水平的地图,是与测量技术的发展紧密相关的。

世界各国测绘科学主要是从 17 世纪初开始逐步发展起来的,当时望远镜开始应用于各种测量仪器。1617 年荷兰人斯涅耳(W. Snell) 首创三角测量法,以代替在地面上直接测量弧长,从此测绘工作不仅量测距离,三角测量方法也开始应用。约于 1640 年,英国人加斯科因(W. Gascoigne)在两片透镜之间设置十字丝,使望远镜能用于精确瞄准,用以改进测量仪器,成为光学测绘仪器的开端。1683 年法国进行了弧度测量,证明地球确实是两极略扁的椭球体。此后,世界测绘科学无论在测量理论、测量方法及测绘仪器等各方面都有不少的创造发明。1730 年左右,英国人西森(Sisson)制成测角用的第一架经纬仪,大大促进了三角测量的发展,陆续出现了小平板仪、大平板仪以及水准仪,成为建立各种等级测量控制网和测图的主要方法。德国人高斯(Johann Carl Friedrich Gauss) 于 1794 年提出了最小二乘法理论,1806 年和 1809 年法国人勒让德(A. M. Legendre)和高斯分别发表了最小二乘准则,为测量平差计算奠定了科学基础。以后又提出了横圆柱投影学说,这些理论经后人改进后至今仍在应用,但这个时期的测绘工作仍然是手工业生产方式。19 世纪 50 年代初,法国人劳赛达特 (A. Laussedat) 首创摄影测量方法。随后相继出现立体坐标量测仪、地面立体测图仪等。到 1899 年摄影测量的理论研究得到发展,20 世纪初形成了比较完备的地面立体摄影测量法。1903 年美国人莱特兄弟发明了飞机,使得航空技术突飞猛进的发展,1915 年出现了自动连续航空摄影机,因而可以将航摄像片在立体测图仪器上加工成地形图。从此在地面立体摄影测量的基础上,发展了航空摄影测量方法。这样测图工作部分由野外转移到室内,利用仪器描绘成图,相应地减轻了劳动强度,特别有利于丘陵山地的测绘工作。从 17 世纪末到 20 世纪中叶,测绘仪器主要在机械和光学领域内发展,测量学的传统理论和方法也已发展成熟。

传统地图学的形成与建立在三角测量基础上的近代测绘是紧密联系的。17 世纪后的大规模三角测量与地形图测绘,奠定了近代地图测绘的基础。一方面,与地图学有关的地理学、测量学、印刷学相继成为比较完整的理论学科和技术学科,为地图学的形成与发展提供了外部条件;另一方面,地图学本身在漫长的地图生产过程中积累了丰富的经验,经过不同时期地图制图学家的总结和概括,形成了系统而完整的关于地图制作的技术、方法、工艺和理论。作为地图学分支学科的地图投影、地图设计、地图编制和地图印刷等已趋于稳定。大约在 20 世纪 50 年代末和 60 年代初,地图学作为一门独立的科学已经形成。一般把这以前的地图学称为传统地图学。传统地图学研究的对象是地图制作的理论、技术和工艺。在制图理论方面,地图投影、制图综合、地图内容表示法等是研究的核心;在制作技术方面,主要围绕地图生产过程研究编绘原图制作技术、出版原图制作技术和地图制版印刷技术;在制作工艺方面,主要研究地图生产特别是地图印刷工艺。很明显,传统地图学是以地图制作和地图产品的输出作为自己的目标。传统地图学定义是"制作地图的艺术、科学和技术"(英国地图制图协会,1964 年)。传统地图学是 20 世纪 50 年代以前地图学成果的积累和科学的总结，又是现代地图学形成与发展的基石和起点。

　　20 世纪中叶，电子学、信息学、电子计算机科学和空间科学等新科学技术得到了快速发展，推动了测绘技术和仪器的变革和进步，测绘仪器发展使测绘技术发生重大的变革。20世纪 40 年代，自动安平水准仪的问世，标志着水准测量自动化的开端。近年来，数字水准仪的诞生，也使水准测量中的自动记录、自动传输、存储和处理数据成为现实。它和经纬仪一样，也可自动选取目标进行观测。1947 年，光波测距仪问世，20 世纪 60 年代激光器作为光源用于电磁波测距，使长期以来艰苦的手工业生产方式的测距工作，发生了根本性的变革，彻底改变了大地测量工作中以测角换算距离的面貌，使测距工作向着自动化方向发展。长测程(可达 60 km 以上)、高精度(最高达 0.2 mm＋0.1 ppm〈ppm：测距 km 数〉)、小体积的测距仪逐步应用于测绘生产。测角仪器的发展也十分迅速，伴随着电子技术、微处理机技术的广泛应用，经纬仪已使用电子度盘和电子读数，且能自动显示、自动记录，完成了自动化测角的进程，自动测角的电子经纬仪问世，并得到应用。同时，电子经纬仪与测距仪结合，形成了电子速测仪(全站仪)，其体积小，重量轻，功能全，自动化程度高，为数字测图开拓了广阔前景。最近又推出了智能经纬仪，连瞄准目标也可自动化，从此将结束测角测距手工业生产方式的漫长历史。20 世纪 70 年代，除了用飞机进行航空摄影测量测绘地形图外，还通过卫星获取黑白、单光谱段、多光谱段及彩色红外等拍摄地球及其他星球的像片，监测自然现象的变化，并且利用遥感技术测绘地图，其精度逐步提高。20 世纪 90 年代以来，已改变了过去摄影测量的方式，用数字摄影测量技术进行测量工作，使摄影测量的成果稳定、可靠，自动化程度高，还可与计算机组成一个系统，易于完成地图的生产、更新与使用。由于测绘仪器的飞速发展和计算机技术的广泛应用，地面的测图系统，由过去的传统测绘方式发展为数字测图。

　　20 世纪 70 年代，全球定位系统(GPS)问世，采用卫星直接进行空间点的三维定位，引起了测绘工作重大变革。由于卫星定位具有全球、全天候、快速、高精度和无须建立高标等优点，被广泛用在大地测量、工程测量、地形测量、军事导航和定位，GPS 开创了测绘科学新的时代。进入 21 世纪，免棱镜、自动化的新型全站仪与全球导航卫星系统 GNSS 连续参考站(CORS)技术有了长足的进步。GNSS 定位技术在测绘产业的成功应用打破了全站仪主宰测绘仪器格局，测绘仪器正在形成一种多传感器互相集成和补充的新格局。各种仪器调整了自己的功能，找到了自己的最佳位置以及与其他仪器合理集成。随着信息社会的到来，由于测绘仪器的飞速发展和计算机技术的广泛应用，地面的测图系统，由过去的传统测绘方式进入了数字化和信息化测绘阶段。现今的地图，除了常规的纸质品种外，地形图主要由数字表示，用计算机进行绘制和管理既便捷，又迅速，精确可靠。事实上，数字地面一体化测量系统与空间技术手段(GNSS)形成了极好的互补关系。测绘科技的发展主要体现在：

　　(1) 卫星定位技术的发展给大地测量领域注入了新的活力。美国的 GPS 现代化、俄罗斯 GLONASS、我国的北斗 BDS 及欧洲 Galileo 定位系统的完善，使得全球卫星导航定位技术(GNSS)不仅是 GIS 数据获取的重要手段，而且将成为控制测量乃至地籍测量等主要手段。高分辨率数字像机和数字摄影测量工作站(DPW)的出现使摄影测量和遥感重新焕发青春，成为 GIS 的重要数据输入来源。除此之外，还出现了激光扫描仪和超站仪。激光扫描仪是一台带扫描装置的激光测距仪，当它扫描测量对象时，快速采集大量点云数据，通过建模软件在计算机上重建对象的模型。超站仪是 GNSS 接收机和全站仪的结合，两者发挥各自的长处,超站仪适合各种环境的测量,是常规测量的重要手段。

(2) 全站仪仍然是数字化地面测量的主要仪器。它将完全替代光学经纬仪和红外测距仪,成为地面测量的常规仪器。在高等级控制测量中它将被 GNSS 取代,而工程测量、建筑施工测量、城市测量等是其主要应用领域。全站仪自身还在不断发展,当代全站仪具有完善的测量软件和足够大的数据存储区(或存储卡)和图形、文本显示功能,机动型全站仪还有自动瞄准和自动跟踪目标的功能,称为测量机器人。

(3) 数字水准仪和自动安平水准仪仍为大量需求的水准测量仪器,在小规模的工程乃至建筑、交通建设中自动安平水准仪仍是简易、高效、便宜的仪器。数字水准仪的特点是数据传送电子化,可以与其他地面仪器甚至 GNSS 实现无缝的数据处理。

(4) 随着新型基础设施建设的高涨,仪器发展的另一分支是专用的工程仪器。这类仪器往往带有激光,所以很多厂商把它称为激光仪器。包括激光扫平仪、激光垂准仪、激光经纬仪等。主要应用于建筑和结构上的准直、水平、铅垂测量工作,使用很方便。其中激光扫平仪应用很广,当它与地面施工车辆控制相结合时,对大型工程、农田水利建设特别有用。

现在大地控制测量和大部分工程控制测量基本上都用卫星定位技术来完成,GNSS 技术甚至还在向工程测量领域发展。专用激光工程仪器以其价格优势和使用方便在建筑现场测量中大行其道。全站仪主要用于工程测量、城市测量和建筑工程放样等领域。如果说 GNSS 接收机占领了高等级测量领域,那么全站仪则分享了面广量大的低等级测量。全站仪的技术发展方向也发生了转移,不再追求精度和测程,而十分注重效率,快速(省时)、高效(省人),以提高测绘生产率。测量学科发生了质的演化,见表 0-3-1。

表 0-3-1　测量学发展历史与趋势

发展阶段	测量仪器	测量理论	测量产品	名称演变
古代 17 世纪前	绳尺、步弓、矩尺 简单机械式	弧度测量、面积计算 理论原始简单	粗糙的地图	地形测量学
近代 17~20 世纪初	望远镜、经纬仪、水准仪、平板仪 光学机械式	三角测量、最小二乘法、地图投影 测量走向精确	实测的地图	普通测量学
现代 20 世纪至今	电子仪器、航空摄影、GNSS、电子智能仪器	GIS,RS,GNSS,数字测图 测量走向自动化	数字地图	现代测量学
将来	数字化、自动化、小型化、智能化	数字地球	大众化的 数字地图	

在地图生产方面,地图手工方式经历了漫长的历史时期。20 世纪 50 年代信息论、控制论、系统论三大科学理论和电子计算机的诞生,不仅对现代工程技术的发展有着决定性意义,而且是继相对论和量子力学之后又一次彻底改变了包括地图学在内的世界科学前景和包括地图学家在内的当代科学家的思维方式,伴随而来的是地图制图技术上的革命,产生了现代地图学。20 世纪 50 年代开始的计算机辅助地图制图的研究,经历了原理探讨、设备研制、软件设计;到 70 年代已经由实验试用发展到比较广泛的应用,许多部门建立了计算机辅助地图制图系统;进入 80 年代后,在计算机不断更新换代的同时,开始利用一些高速度、高精度新型机助制图设备,对机助制图软件的研究也越来越重视,纷纷建立地图数据库,在地

图数据库基础上,由单一的或部门的机助地图制图系统发展为多功能、多用途的综合性地图制图信息系统。地图生产的自动化,引入许多现代数学方法,如图论、模糊数学、灰色系统理论、数学形态学、小波理论等,数学已经成为地图学的方法和基础,这标志着地图学的理论化。计算机技术引入地图学以来,对地图学的建设和发展起了巨大作用,从最初的计算机辅助地图绘制,发展到现在的基于地图数据库的全数字式"地图设计—地图编绘—制版分色挂网胶片输出"的一体化。其结果是:减轻了制图的劳动强度,增强了地图生产过程的科学性;缩短了地图生产周期,加快了地图生产速度;丰富和科学化了地图的内容,增加了地图的品种;扩展了地图的功能,特别是地图信息的实时显示、对比和预测等方面有特别的收效;改变了传统的地图生产体制、分工和作业人员的结构等。

　　21世纪是人类更多地依靠知识创新、知识创造性应用的可持续发展的世纪。信息化时代的测量与地图学必将有一个飞跃的发展,为国民经济和国防现代化做出更大贡献。学科交叉推进智能制图,地图学发展进入新时代。人工智能时代催生了地图学发展的新机遇;时空大数据可视化增显了地图学的功能与价值;多学科交叉融合加快了地图学创新与发展。以空间认知表达符号为主要特征的地图,与代表语言的文字符号和代表数量的数字符号,成为人们认知世界的三大文化工具。在网络技术、大数据分析、人工智能、多媒体可视化等新型技术驱动下,地图制图的内涵与外延得到极大拓展,产生了地图学四面体、泛地图、场景学等认知。地图制图的范畴已从传统的现实世界向虚拟世界、网络空间等泛空间拓展。地图受众对象正从面向人类服务朝着同时面向智能机器方向发展,产生了全息高精度导航地图的概念。目前,国内地图学界学术思想比较活跃,对大数据时代的地图学、自适应地图、虚拟地图、智慧地图、隐喻地图、实景地图、全息地图、时空动态地图等地图新概念、新理论进行了不少探讨。地图表达方式的发展呈现出由平面地图向着三维模型、动态模型、数字孪生、虚拟现实/增强现实/混合现实(VR/AR/MR)、虚拟地理环境(VGE)、地理场景、全媒体/融媒体、元宇宙的发展态势。相信经过一个时期的实践和探讨,大数据、互联网和人工智能时代新的地图学理论体系一定会建立起来,虚拟地图学、自适应地图学、智慧地图学、全息地图学、互联网地图学等也许将会成为地图学的新分支。

二、我国的测绘科学发展

　　进入20世纪,我国开始采用了一些新的测量方法。但是,测绘学作为一门现代科学,还是在中华人民共和国成立后才获得迅速发展。随着基础设施日臻完善,特别是测绘基准和测绘控制系统的建立、维护和完善,我国的测绘科学无论其规模、成果精度,还是完成速度、采用技术诸方面都居于世界先进行列,为国民经济和社会发展提供了可靠的测绘保障。我国测绘体系的形成和发展经历了三个发展阶段。

　　第一阶段是20世纪50~60年代,形成传统测绘技术体系。这一阶段建立了1954北京坐标系、1956黄海高程系等测绘基准;研究制定了中国大地测量法式、地形图测绘基本原则、地图图式以及各种规范细则,统一了全国测绘技术标准;编制1∶25万及更小比例尺国家基本比例尺地形图,开展了测绘关键技术的研究试验。

　　第二阶段是20世纪70年代末到80年代末,是传统测绘技术体系的完善和现代测绘技术体系的起步阶段。继续完善平面、高程、重力、天文等各种测绘基准,建立了新的大地坐标系即1980西安坐标系、1985国家高程基准和地心坐标系,建成了全国天文大地网,一等、二等水准网,国家重力基本网和卫星多普勒网等基础设施;开展了空间定位技术(VLBI、SLR、GNSS)的应用研究,在上海、乌鲁木齐建立了 VLBI 站,在上海、北京、长春和武汉建立了 SLR 站。

第三阶段是 20 世纪 80 年代末至今,现代测绘技术体系的建立和发展。这一时期,数字化测绘技术体系已初步形成,经典的大地测量地面定位手段被卫星定位技术所取代,高分辨率遥感影像资料大大加快了地理信息的更新速度,数字摄影测量和地理信息系统技术改变了传统的地图测制手段,3S 技术的集成开始走向实用。经过 70 余年的发展,我国大地基准、长度基准、高程基准、重力基准及其基本网测量均已完成。全国各地建设的各类测量标志 90 余万个,构成了全国各种类型的控制网,对测绘地图以及各项建设的规划、设计和施工起着重要的基础和控制作用。

我国测绘地理信息由 1990 年之前模拟解析时代的行业应用,发展到 2D 时代的行业更新,到 3D 时代的行业升级,到现在 4D 时代的行业演变产业,科技是主要驱动力(如图 0-3-2 所示)。

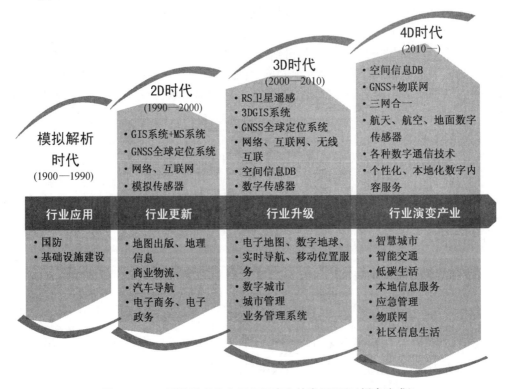

图 0-3-2　测绘地理信息行业至产业的发展历程(据李建成)

特别是 1949—2000 年的 50 余年,测绘科技取得了巨大进步,主要体现在:

(1)从业人数及重大科技成果方面

我国从中华人民共和国成立初期的一个测量制图组,十几名人员的科研队伍发展壮大到形成了包括大地测量、摄影测量与遥感、地图制图、工程测量、海洋测量、地籍测绘、测绘仪器、测绘标准化、测绘经济管理等学科齐全、技术装备先进的集科学研究、技术开发和服务的综合体系,并取得了大量具有国际学术水平和应用价值的科研成果。我国测绘科技工作者先后参加了地球南北极科考、葛洲坝工程、正负电子对撞机、中国地壳运动观测网络工程等数百项国家大型工程的测绘科研攻关工作,取得了丰硕的成果。

（2）大地测量领域

在卫星大地测量研究方面,我国从 20 世纪 70 年代开始,已进行了甚长基线干涉测量(VLBI)、人造卫星激光测距(SLR)和全球定位系统(GNSS)等空间测量技术研究。目前,已建成上海、乌鲁木齐、昆明和长春等 VLBI 站,同时建成了 5 个 SLR 站,建立了由北京、拉萨、武汉、乌鲁木齐等永久跟踪站组成的全国 GNSS 卫星跟踪网,卫星定轨精度达到米级。这些成果都用于地球科学研究,并已成为国际上具有多种观测手段的科学台站。

此外,我国测绘部门从 1949 年以来,先后建立了全国统一的测绘基准和平面坐标系、高程坐标系和重力测量系统;建立了由 5 万多个点组成的全国天文大地网,总长度达 23 万 km 的精密水准网以及国家重力网;1992 年,国家测绘局与美国 NGS 合作,在武汉建立了中国首个 GNSS 连续运行基准站 IGS 武汉站(WUHN),随后又先后建设了拉萨站、北京房山站、乌鲁木齐站、西宁站、哈尔滨站、咸阳站和海口站共 8 个国家级基准站,其中武汉站、拉萨站、北京房山站、咸阳站和乌鲁木齐站 5 站同时为国际 IGS 标准站,并于 1998 年纳入中国地壳运动观测网络工程;20 世纪 90 年代我国还布设了国家高精度 GNSS 空间定位网,包含了 A 级点 33 个、B 级点 818 个。

（3）摄影测量与遥感研究领域

部分科研成果已达到国际先进水平,VirtuoZo 全数字摄影测量工作站已投入国际市场。遥感在工程建设和城市建设方面得到了迅速发展,利用卫星影像完成了土地调查、资源与环境分析、自然灾害监测及南极遥感制图等。

（4）地理信息领域

完成了国家基础地理信息 1∶100 万、1∶25 万地形和地名数据库的建设,以及 1∶100 万全国数字高程模型、1∶400 万地形数据库和重力数据库等一批全国性基础地理信息数据库的建设;测制了大量的国家基本比例尺地形图,其中 1∶300 万、1∶250 万、1∶200 万挂图,1∶100 万、1∶50 万、1∶20 万地形图已覆盖全国大陆,1∶10 万和 1∶5 万地形图已交叉覆盖全国大陆;测绘了以土地资源详查和农业建设为主要用途的 1∶1 万地形图 16.3 万多幅,覆盖国土面积的 44%;此外,还在我国大中城市测绘了大量的 1∶5 000、1∶2 000、1∶1 000 和 1∶500 比例尺地形图。这些基础测绘成果在土地资源详查、地质勘探、农业、水利、交通建设、城市规划等国民经济建设的诸多领域得到了广泛应用。

（5）地图编制方面

制定出普通地图的图式系列,统一确定了地图综合指标。20 世纪 70 年代进行了遥感制图试验,建立了初级机助制图系统。近年来,重点开展了计算机制图系统实用软件集成研究、机助制图自动综合生产系统研究,电子地图开发工具及彩色地图自动复制研究等。全国有 10 余家专业地图出版社,地图的编制、出版得到飞速发展。据不完全统计,全国已编制出版的各种地图约 1.1 万多种,总发行量超过 40 亿册(幅)。学术水平和实用价值较高的专题地图的选题覆盖气候、地质、地震、地貌、土壤、植被、沙漠、农业、土地利用、交通、航空、旅游、教学、民族、人口、历史、环境、城市等各个方面。中华人民共和国国家大地图集的编制工作已经进行过两次。第一次是 1958 年,由于“文革”时期,只编成自然地图集。第二次编制工作从 1981 年开始,到 1989 年出版了《中国历史地图集》《中华人民共和国农业地图集》,1993

年出版了《中华人民共和国经济地图集》,1995 年出版了《中华人民共和国国家普通地图集》。为适应地方经济建设用图的需要,各地测绘部门按统一规范编制各省、自治区、直辖市的地理地形挂图。到 1984 年,全国除台湾地区外,各省、自治区、直辖市均完成编制出版任务。1997 年,为迎接香港回归祖国,中国地图出版社出版了《香港特别行政区行政区域图》(电子版)和《香港特别行政区图册》。随着国民经济和科学技术的迅速发展,专题地图制图工作形成了繁荣的局面,新品种地图日益增多,编制水平不断提高,涌现出一大批高质量的大型专题地图和电子图集。

近年来,遥感技术广泛应用于专题制图并取得明显成效。普遍采用计算机制图与出版系统,实现了从传统手工制图与制版到数字化、自动化的根本变革。地理信息系统为地图编制与应用创造了良好条件,多媒体电子地图、移动通信地图与互联网地图也迅速发展,初步建立了现代地图学理论体系。现代地图学的发展趋势将表现为虚拟化、智能化、主客体趋同化、功能多极化以及全球整体化。

进入 21 世纪以来,中国测绘科学的进展迅速,主要体现在以下方面。

1. 我国地理信息产业基础不断增强

我国于 2009 年建成了建筑面积 75 000 平方米的中国测绘创新基地,实现了测绘的网络化、信息化、现代化、生态化和国际化,彻底改善了测绘科研、生产、服务、管理的环境和条件;2010 年建成了建筑面积 100 万平方米的国家地理信息科技产业园,作为中国地理信息产业的"硅谷",已经初具规模。

据《中国地理信息产业发展报告(2022)》,2021 年我国地理信息产业总产值达 7 524 亿元,近十年的复合增长率达 17.5%。2021 年末,全国地理信息产业从业单位超过 16.4 万家(其中测绘资质单位 2.2 万家,甲级测绘资质单位 1 338 家),同比增长 18.5%。主营业务包括地理信息业务的上市企业 67 家。2021 年新登记的地理信息产业市场主体约 3.58 万户,同比增长 29.2%。截至 2021 年末,从业人员超过 398 万人,同比增长 18.5%。全国有 200 余个研究机构开展了地理信息相关的技术研究工作。

2. 组建自然资源部,不再保留国家测绘地理信息局,构建新型基础测绘体系,推进实景三维中国建设

测绘地理信息工作已纳入自然资源管理工作范畴,新时代、新形势对测绘地理信息工作提出了新要求。新型基础测绘是对传统基础测绘的继承和发扬,与传统基础测绘相比,具备"全球覆盖、海陆兼顾、联动更新、按需服务、开放共享"等特征。工作上"连续、稳定、转换、创新",以"一测多用"为目标,正在加快构建新型基础测绘体系。

自然资源部还在全面推进实景三维中国建设,构建应用服务新格局。实景三维中国建设包含五大建设任务,即地形级实景三维建设、城市级实景三维建设、部件级实景三维建设、物联感知数据接入与融合、在线系统与支撑环境建设,预计将来 50%～80% 的政策决策可基于实景三维完成。《实景三维中国建设总体实施方案(2022—2025 年)》已于 2022 年 7 月评审通过,实景三维是国家重要的新型基础设施,为数字中国提供统一的空间定位框架和分析基础,是数字政府数字经济重要的战略性数据资源和生产要素。

目前,我国在地理信息公共服务平台建设与服务的基础上,谋划开展地理信息自然资源服务平台建设和服务。为国、省、地市自然资源管理各项业务工作提供全要素、全时空、多尺度、多维度的空间基底;提供满足多源异构时空大数据管理需要的地理信息服务;同时也是

满足自然资源社会化服务需要的公共服务平台。截至 2022 年 7 月底,天地图日均地图访问量达 8.14 亿次,累计注册开发用户数超过 80.79 万,支撑应用数 73.18 万,有力推进了政府地理信息资源共享,提升了地理信息应用效能。其中,应用范围覆盖了自然资源、生态环境、公共安全、科研教育、交通运输、水利、农业、民政、气象、统计、地震、住建等领域。

3. 重大科研成果竞相涌现,国产化水平迈上新台阶

传统测绘技术体系全面向现代数字化测绘技术体系跨越,地理信息获取实时化、处理自动化、服务网络化程度不断提高。基础地理信息数据库是数字中国地理空间框架的核心内容,2000 年以来,国家测绘地理信息局陆续组织实施了 1∶25 万和 1∶5 万基础地理信息数据库建设与更新工程,使得基础地理信息数据极大丰富,现势性大大增强,有效提高了测绘保障能力。截至 2008 年,我国已绘制 1∶1 万的地形图 179 454 幅,1∶5 万地形图 20 496 幅,1∶10 万地形图 7 176 幅,1∶25 万地形图 819 幅,1∶50 万地形图 257 幅,1∶100 万地形图 77 幅。2011 年 8 月 25 日,国家测绘地理信息局宣布,覆盖中国全部陆地国土范围的 24 182 幅 1∶5 万地形图数据及数据库全面完成,其中 2006—2011 年的西部 1∶5 万空白区测图工程,用 5 年的时间完成了约 200 万平方千米共计 5 032 幅 1∶5 万地形测图任务,建成了西部地区 1∶5 万基础地理信息数据库和专题信息数据库,实现了 1∶5 万基础地理信息对陆域国土的全覆盖,满足了我国西部基础设施建设、资源勘查和利用、生态环境保护和防灾减灾、国家安全保障与民族团结、经济与社会信息化领域等对 1∶5 万比例尺地形图和基础地理信息的急需,标志着数字中国地理空间框架初步建成。西部测图工程是中国测绘地理信息发展史上的重要里程碑。2021 年,新一轮国家基础地理信息数据库更新了 1∶100 万公众版数据图幅 77 幅,全图层要素免费下载;1∶5 万地形数据更新生产入库 213 万平方千米,9 个数据集保存了要素间的空间关系和相关属性信息。

军地测绘部门需要联合建立测绘基准体系,目前建成了由 21 个基准点、126 个基本点、112 个基本点引点构成的新一代国家重力基准——2 000 国家重力基本网,这在研究地球形状、精确处理大地测量观测数据、发展空间技术、地球物理、地质勘探、地震、天文、计量和高能物理等方面有着广泛的应用。2008 年 7 月 1 日,正式启用的国家大地坐标系(China Geodetic Coordinate System 2000,CGCS2000)完成了全国天文大地网整体平差,满足了经济社会发展对高精度位置信息的要求。国家现代测绘基准体系基础设施建设形成了高精度、三维、动态、陆海统一、几何基准与物理基准一体的现代测绘基准体系,现有测绘基准体系的成果精度和数据现势性将得到全面提升。

中国大陆构造环境监测网络在 2006—2012 年建成了 260 个连续运行基准站和 2 000 个不定期观测站点;2013 年 927 海岛礁测绘工程建设了 50 个沿海基准站;2017 年国家基准一期工程形成了由 360 站组成的国家卫星定位连续运行基准网,构建了高精度、三维、动态、陆海统一、几何基准与物理基准一体的国家现代测绘基准体系;通过 1909 工程完成卫星导航定位基准站的北斗化升级改造,统筹建成了 2 500 个以上站点规模的全国卫星导航定位基准站网,到 2022 年初步形成了包括 2 600 余站的全国一张网。虽然我国已初步建成国家级连续运行基准站网,但严格意义上的国家级 CORS(Continuously Operating Reference Stations)还未完全形成,目前正在整合和发展中。我国已开展南沙群岛定位网与全国天文大地网之间的联测工作,完成了中蒙、中印、中巴、中尼、中缅、中俄、中朝等国境线的勘界测绘;进行了七次珠穆朗玛峰高程测量,为我国组织的历次南、北极科学考察提供了适时有效

的测绘保障。随着新一代数字高程模型全面建成,国家基础地理信息数据库也持续更新,新一代数字高程模型(DEM)已于 2021 年首次实现了陆地国土全覆盖,DEM 分辨率由 25 m 提升至 10 m,现势性由 2010 年提升至 2019 年,都为国土空间规划和自然资源调查分析等提供支撑。

在卫星定位导航方面,我国成功研制的北斗卫星导航系统(BDS),由 24 颗中远地球轨道卫星、3 颗地球静止轨道卫星和 3 颗倾斜地球同步轨道卫星,共 30 颗卫星组成。2020 年 6 月 23 日,北斗三号完成全球组网,2020 年 7 月 31 日习近平宣布北斗三号全球卫星导航系统正式开通。北斗三号全球卫星导航系统正式开通以来,运行连续稳定,性能不断提升,持续为全球用户提供优质服务,系统服务能力步入世界一流行列,北斗规模应用迈向市场化、产业化、国际化。我国的北斗面向全球提供定位导航授时、全球短报文、通信国际搜救服务;面向亚太地区提供星基增强、地基增强、精密单点定位、区域短报文通信服务。2021 年我国已建成卫星导航基座站网 25 000 座,提供维护坐标框架,服务行业及社会各领域。目前,中国正在推动以下一代北斗系统为核心的国家综合定位导航授时(PNT)体系建设。

在遥感卫星产品方面,截至 2022 年 4 月,我国民用遥感卫星在轨工作共 206 颗,遥感影像数据保障常态化机制 2 m 分辨率影像能覆盖我国全部陆域范围,1 m 分辨率影像覆盖约 300 万 km² ;2022 年 4 月,自然资源部正式发布资源三号 03 星、高分七号卫星激光测高标准产品,遥感卫星地面系统能提供被全球接收的数据,快速图像处理和业务化服务。

此外,新世纪版《中华人民共和国国家大地图集》已于 2013 年 6 月启动,历时五年,建立了图库联动、可持续更新的图形数据库系统;在数据库基础上,编制并网络发布了纸质版的《中国普通地图集》。

4. 自然灾害监测与应急救急测绘保障系统的建立

在应对和处置各类突发公共事件中,测绘地理信息行业充分发挥数据和技术优势,全力制作专用地图,积极提供地理信息技术服务,及时满足了抗震救灾、防汛抗洪、疾病防控、反恐维稳、冰雪灾害等突发公共事件对测绘成果的急切需求。2008 年以来,在基础测绘数据的基础上,建立了应急救急自动生成快速响应机制,实现了天地一体、上下联动、高效保障。在应对地震、泥石流、洪水灾害等重大灾害和各种突发事件中,国土、水利、交通、铁道、电力、地震等行业的测绘部门均迅速启动了应急测绘保障预案,充分发挥测绘技术优势,24 小时不间断为党中央、国务院、灾区政府等提供测绘成果和技术服务,并积极为灾后恢复重建提供测绘支持。

5. 自主创新能力不断突破,核心关键技术实现突破

我国地理信息企业在地理信息系统平台软件、地理信息处理软件、全数字摄影测量系统、遥感图像处理系统、测绘类三维建模软件等多个细分领域的自主软件产品上基本实现布局,在部分空白领域取得了突破。北斗卫星导航定位芯片成功研制,天文大地网整体平差计算、全数字化自动测图、高分辨率立体测图卫星测绘等核心与关键技术被攻克,全数字摄影测量工作站、机载雷达测图系统、大规模集群化遥感数据处理系统、倾斜像机、无人机航摄等一大批核心技术装备实现了自主研发,部分装备性能指标明显优于国外同类产品。例如,我国自主研制的车载激光建模测量系统已达到国际先进水平。

6. 测绘教育蓬勃发展,人才培养不断加强

测绘是知识和技术密集型行业,经过 70 余年的努力,教育和人才培养工作走上了正规

化、规模化发展的道路。改革开放以来，设有测绘专业的高等院校进一步恢复和发展，一个多专业、多层次、多种类型和多项内容的、较完整的测绘教育体系已初步形成。据《中国地理信息产业发展报告（2022）》，截至 2022 年 5 月，全国本科院校中有 194 所高校开设了地理信息科学专业，硕博士点大于 120 个；161 所高校开设测绘工程专业，硕博士点 59 个；61 所高校开设遥感科学与技术专业，遥感类硕博士点 80 余个；30 余所开设地理空间信息工程、导航工程、地理国情监测、地球信息科学与技术专业；高达 254 所高职高专院校开设地理信息相关专业。每年培养研究生 7 000 多人，本科生 3 万余人，高职专科生 1.5 万余人，中职生招收约 8 000 人，学生总数达几万人，且毕业生就业情况良好。1949 年以来测绘教育事业在党和政府的领导下蓬勃发展，共培养各类测绘地理信息专业技术人才数十万人，测绘地理信息相关专业就业率在全国居各学科前列。因此，测绘地理信息相关专业的社会认知度显著提高，人才培养不断加强，为产业源源不断地输出技术人才。

7. 测绘技术装备水平明显提高

我国配备了数千架的无人飞机航空摄影系统，成功研制了国家地理信息应急监测车等新型装备。国产高分卫星专项及军民卫星在推动遥感领域的产业化发展方面产生了积极效应，后续系列测绘卫星也在积极筹划和发展中。卫星影像的应用逐渐增多，应用水平不断提升，开启了我国自主航天测绘的新时代。我国北斗卫星导航系统已正式开通，运行稳定、持续为全球用户提供优质服务，系统服务能力步入世界一流行列。JX4、VirtuoZo 和 DPGrid等数字摄影测量系统已成功实现商品化、产业化发展，占领了国内摄影测量数据处理系统90％以上的市场，SuperMap、MapGIS、GeoStar 等大量地理信息系统软件也不断涌现，以此为标志的我国自主创新的现代测绘装备水平正在全面得到提高。

测绘地理信息技术装备建设紧密跟踪技术发展潮流和趋势，不断推进新技术、新装备在测绘地理信息领域的应用，形成了以地理信息数据获取、处理、存储与服务为生产流程的数字化技术装备体系，沉淀了以测绘卫星、无人飞行器航摄系统、机载 SAR 测图系统、国家地理信息应急监测系统、高性能地理信息处理和服务设施等为代表的较为先进的测绘地理信息技术装备，信息化测绘能力显著提升。现在的测绘技术装备实现了政策环境明显改善，组织体系持续优化，投入机制基本健全，队伍素质大幅提升的效果。

我国测绘仪器制造业也跟着快速发展，已经成为大地测量和工程测量仪器的生产大国。国产低端仪器不仅完全满足国内的需求，而且大量出口国际市场；在中高端仪器领域，国产GNSS 在国内的销量已经超过进口产品，基本形成了以南方、苏一光、中海达和华测为代表的主流品牌。我国地理信息系统平台软件也成功进入日本、欧洲等市场，显示了一定的国际竞争力。

8. 测绘成果数字化和多样化

相对于传统测绘成果的纸质形式，测绘成果数字化主要表现在以下几个方面：① 测绘成果的信息量更加丰富。由于数字成果没有模拟成果对内容表示的局限性，因此除了传统地图上所表示的自然地理要素或者地表人工设施的形状、大小、空间位置及其属性外，未来的测绘成果还将包含大量的其他属性信息。② 测绘成果的现势性。信息社会具有变化快的特点，因此测绘成果必须准确反映现势性的地理信息，而数字化将确保这一要求的实现。③ 测绘产品形式的多样化。在测绘成果数字化的基础上，可以派生出多种多样的测绘产品，如满足各种需要的数字地图、各种地理信息数据产品、各种功能的地理信息系统、决策支持系统等。④ 测绘产品的标准化。信息社会要求信息是流通的,这无疑要求测绘产品必须是标准化的。

测绘发展不同阶段的特点见表 0 - 3 - 2。从表中可以看出,重视信息化测绘体系的公共服务不仅仅是体现测绘体系基础性和公益性的需要。

表 0 - 3 - 2　测绘体系发展的阶段比较表

内　容	阶　段				
	模拟化	数字化	信息化	知识化	普适化
数据类别	模拟数据	地理数据	空间数据	时空数据	格网数据
处理对象	实体	数据	信息	知识	数据信息知识集成
产品模式	手工	4D 产品	数字导航地图 5D - DNM	ONLINE/ 在线智能保障	实时
技术手段	传统方式	3S 技术	3S+LBS	全球信息格网技术	4A/4 W 技术
服务基础	基于地图的服务(MBS)	基于定位的服务	基于位置的服务	基于路径的服务	基于前导的服务
产品定位	绘图	测度	理解	提炼	先知
主导身份	制图者	地理信息提供者	空间信息服务者	定制服务者	按需服务者
基础设施	资料馆/图库	空间数据基础设施	空间信息基础设施	空间网格基础设施	空间服务基础设施
产业定位	测绘事业	地理信息产业	空间信息产业	知识产业	创意生态产业
建设驱动	测绘系统	测绘行业	国家层位	社会需求	全民推动

第四节　测绘科学在国家经济建设和发展中的作用

测绘是国家建设的基础和先行。我们居住的地球是一个美丽的星球,高山湖泊,海洋大漠,五光十色,丰富多彩。人类出现以后,人们逐步认识到自然环境对其生存发展的重要。随着生产劳动、部落交往和战争的发展,人们期望了解居住地以外的自然环境,期望用一种方法给自然环境画"像"。据史料记载,从原始社会后期,人们已逐步学会了用测绘手段来认识和利用周围的自然环境。现在,测绘已广泛深入到陆地、海洋和空间的各个领域,对经济建设和国防建设,国家管理和人民生活都有重要作用。

在国家建设和社会发展规划中,测绘信息是重要的基础信息之一。各种规划首先需要测制规划区的地形图。在各种工程建设中测绘是一项重要的前期工作,有精确的测绘成果和地形图,才能保证工程的选址、选线、设计得出经济合理的方案和施工建设的正常运行。在军事活动中,军事测量和军用地图的作用尤为明显。特别是现代大规模的诸兵种协同作战,精确的测绘成果成图更是不可缺少的重要保障。至于远程武器、人造卫星和航天器的发射,要保证它精确入轨,随时校正轨道和命中目标,除了应测算出发射点和目标点的精确坐标、方位、距离外,还必须掌握地球形状、大小的精确数据和有关地域的重力场资料。在国家的各级管理工作中,从工农业生产建设的计划组织和指挥,土地和地籍管理,交通、邮电、商业、文教卫生和各种公用设施的管理,以及社会治安等各个方面,测量和地图资料已成为不可缺少的重要工具。各种地图和测量成果对于人们提高科学文化水平很有帮助,在人们日常生活和社会活动中,一图在手往往会带来很大方便。

测绘是国家经济建设的先行,它必须根据国家经济建设、国防建设和社会发展的需要,提前提供有关的测绘资料。因此,在各种建设项目勘察设计或军事行动展开之前,测量人员必须进入测区,克服各种困难提前完成所担负的测绘任务,充当建设和开发的"先行"和"尖兵"。测绘又是一种基础性的工作,关系着各项建设的效益和质量保障,必须做到一丝不苟,从严要求。测量成果中的一个数字数据的错误,都可能给经济建设和军事斗争造成严重后果。因此,真实、准确、快速、及时是测绘人员必备的优良作风。

随着科学技术的飞速发展,测绘在国家经济建设和发展的各个领域中发挥着重要作用。

(1) 城乡规划和发展离不开测绘。我国城乡面貌正在发生日新月异的变化,城市和村镇的建设与发展,迫切需要加强规划与指导,而搞好城乡建设规划,首先要有现势性好的地图,提供城市和村镇面貌的动态信息,以促进城乡建设的协调发展。

(2) 资源勘察与开发离不开测绘。地球蕴藏着丰富的自然资源,需要人们去开发。勘探人员在野外工作,离不开地图,从确定勘探地域到最后绘制地质图、地貌图、矿藏分布图等,都需要用测绘技术手段。随着测绘技术的发展,如重力测量可以直接用于资源勘探。工程师和科学家根据测量取得的重力场数据可以分析地下是否存在重要矿藏,如石油、天然气、各种金属等。

(3) 交通运输、水利建设离不开测绘。铁路、公路的建设从选线、勘测设计,到施工建设都离不开测绘。大、中水利工程也是先在地形图上选定河流渠道和水库的位置,划定流域面积、流量,再测得更详细的地图(或平面图)作为河渠布设、水库及坝址选择、库容计算和工程设计的依据。如三峡工程从选址、移民,到设计大坝等测绘工作都发挥了重要作用。

(4) 国土资源调查、土地利用和土壤改良离不开测绘。建设现代化的农业,首先要进行土地资源调查,摸清土地"家底",而且还要充分认识各地区的具体条件,进而制定出切实可行的发展规划。测绘为这些工作提供了一个有效的工具。地貌图,反映出了地表的各种形态特征、发育过程、发育程度等,对土地资源的开发利用具有重要的参考价值;土壤图,表示了各类土壤及其在地表分布特征,为土地资源评价和估算、土壤改良、农业区划提供科学依据。

(5) 科学试验、高技术发展离不开测绘。发展空间技术是一项庞大的系统工程,要成功地发射一颗人造地球卫星,首先要精心设计、制造、安装、调试、轨道计算,再进行发射。如果没有测绘保障,就很难确定人造卫星的发射坐标点和发射方向,以及地球引力场对卫星飞行的影响等,因而也就不能将人造卫星准确地送入预定轨道。高能物理电子对撞机是重大高技术项目,世界上只有少数发达国家能完成。1989 年我国实现一次对撞成功,如果没有高精度的测量,要实现电子对撞也是不可能的。测绘在科学试验中的运用非常广泛,隐形飞机试验、航天飞机发射等都离不开测绘。

此外,在边界谈判、地震预报、抢险救灾等方面都需要测绘保障。我们的文化教育、日常生活及外出旅游时都需要地图,人们越来越熟悉测绘。

复习思考题

1. 测绘学研究的内容是什么？
2. 现代测绘学的任务是什么？
3. 简述测绘科学的概念及其研究对象和任务。
4. 国家基本比例尺地形图是测绘的主要产品之一,它有哪几种比例尺？
5. 现代地图的产品有哪些？
6. 简述测绘科学的发展历史与我国近代测绘事业的进展。
7. 测绘科学在国家经济建设和发展中的作用是哪些？

第一章 测量与地图学基础知识

导　读

　　测绘工作的目的是获取地球表面景物的信息,根据地球椭球体所建立的地理坐标(经纬网)作为所有地物空间定位的参照系统。因为地球是一个不规则的球体,为了能够将其表面的内容显示在平面上,必须进行坐标的投影变换。地图有哪些特性、类型以及功能,也是我们需要了解的必要知识;测绘涉及大量的观测数据,并进行处理,不可避免地会存在误差,误差处理在测绘工作中是必须有所了解的知识点。

　　本章讲述了地球椭球体参数、地面点位置的表示方法,小区域平面代替曲面的大小,测量工作简介,随后对地图的特性与构成、地图的分类与功能、地图成图方法做了较为详尽的介绍,本章最后对误差处理的基本概念做了简单介绍。

第一节　地球的形状和大小

　　测绘工作是在地球表面上进行的,要确定地面点之间的相互关系,将地球表面测绘成图,需了解地球的形状和大小,这是测量学研究的重要内容之一。

一、地球的形状

(一) 地球自然表面

　　地球的自然表面高低起伏,是一个复杂的不规则的表面。世界上最高的珠穆朗玛峰高出海平面 8 848.86 m(2020 年全球高程基准),最低的马里亚纳海沟低于海平面 10 994±40 m(2012 年)。因地球的平均半径约为 6 371 km,故地表起伏相对于庞大的地球来说是微不足道的。地球表面的不规则使得它不可能用一个数学公式概括和表达,用来处理测量工作数据和成果。因此,人们需要寻求一个与地球形状相近,又能用数学模型表达的曲面来概括地球的自然表面,作为测量数据处理与地图制图的基准面。

(二) 地球的物理面

　　地球表面的总面积达 510 083 024 km²,其中大部分为海洋,海洋面积约占地球表面积的 71%,而陆地约占地球表面积的 29%。所以海水所包围的形体基本表示了地球的形状。假想有一个海水面,向陆地延伸形成一个封闭的曲面,这个曲面称为水准面。水准面上每一个点的铅垂线均与该点的重力方向重合。由于海水面受潮汐影响而有涨有落,所以水准面有无数个。其中有一个与假想的静止海水面相吻合,称为大地水准面。大地水准面所包围的形体称为大地体,大地体即代表地球的一般形状。

　　大地水准面是由静止海水面并向大陆延伸所形成的不规则的封闭曲面(图 1-1-1)。它是重力等位面,即物体沿该面运动时,重力不做功(如水在这个面上是不会流动的)。大地水准面是描述地球形状的一个重要物理参考面,也是海拔高程系统的起算面。大地水准面的确定是通过确定它与参考椭球面的间距——大地水准面差距来实现的。似大地水准面是为了研究地球形状而引入的一个虚拟的辅助面,由地面点沿正常重力线向下量取该点的正常高,其端点所构成的封闭曲面。大地水准面和海拔高程等参数和概念在客观世界中无处不在,在国民经济建设中起着重要的作用。

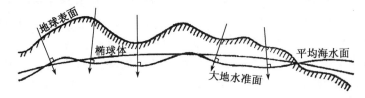

图 1-1-1　大地水准面

　　大地水准面是大地测量基准之一,确定大地水准面是国家基础测绘中的一项重要工程。它将几何大地测量与物理大地测量科学地结合起来,使人们在确定空间几何位置的同时,还能获得海拔高度和地球引力场关系等重要信息。大地水准面的形状与地球内部物质结构、密度和分布等信息有关,对海洋学、地震学、地球物理学、地质勘探、石油勘探等相关地球科学领域研究和应用具有重要作用。

(三) 地球的数学面

　　由于地球表面起伏不平和地球内部质量分布不均匀,地面上各点的铅垂线方向产生不规则的变化,大地水准面仍然是一个十分复杂和不规则的曲面,目前尚不能用简单的数学模型表达,在这个曲面上也无法进行有关的测量计算。为了测量计算和制图的方便,人们选择一个非常接近大地水准面且能用数学模型表达的曲面代替大地水准面,这个曲面称作旋转椭球面,旋转椭球面所包围的数学形体称作旋转椭球体。旋转椭球体是由椭圆面 NWSE 绕其短轴 NS 旋转而成的形体(图 1-1-2)。

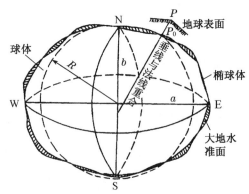

图 1-1-2　地球的数学面——参考椭球体

二、椭球体的大小与定位

　　地球椭球体表面是一个规则的数学表面。椭球体的大小通常用两个半径:长半径 a 和短半径 b,或由一个半径和扁率来决定。扁率 α 表示椭球的扁平程度。扁率的计算公式为: $\alpha = (a-b)/a$。地球椭球体的基本元素 a、b、α 等由于推求它的年代、使用方法以及测定的地区不同,其结果并不一致,故地球椭球体的参数值有很多种。中国在 1952 年以前采用海福特(Hayford)椭球体,从 1953—1980 年采用克拉索夫斯基椭球体。随着人造卫星的发射,有了更精密地测算地球形体的条件。1975 年第 16 届国际大地测量及地球物理联合会上通过国际大地测量协会第 1 号决议中公布的地球椭球体,称为 GRS(1975),中国自 1980 年开始采用 GRS(1975),其椭球体参数为 $a = 6\,378\,140\ \text{m}, b = 6\,356\,755.3\ \text{m}, \alpha = 1/298.257$。

我国自 2008 年 7 月 1 日启用地心坐标系——2000 国家大地坐标系(CGCS2000)。CGCS2000 包括坐标系的原点、三个坐标轴的指向、尺度以及地球椭球的 4 个基本参数的定义。2000 国家大地坐标系的原点为包括海洋和大气的整个地球的质量中心;z 轴由原点指向历元 2000.0 的地球参考极的方向(该历元的指向由国际时间局给定的历元为 1984.0 的初始指向推算,定向的时间演化保证相对于地壳不产生残余的全球旋转);x 轴由原点指向格林尼治参考子午线与地球赤道面(历元 2000.0)的交点;y 轴与 z 轴、x 轴构成右手正交坐标系,采用广义相对论意义下的尺度。CGCS2000 采用的地球椭球参数的数值为:

长半轴:　　　　　　　　　　$a = 6\,378\,137\ \text{m}$

扁率:　　　　　　　　　　　$\alpha = 1/298.257\,222\,101$

地心引力常数:　　　　　　　$GM = 3.986\,004\,418 \times 10^{14}\ \text{m}^3 \cdot \text{s}^{-2}$

自转角速度:　　　　　　　　$\omega = 7.292\,115 \times 10^{-5}\ \text{rad} \cdot \text{s}^{-1}$

采用 CGCS2000 后仍采用无潮汐系统。

由于采用不同的资料推算,椭球体的元素值是不同的。世界各国常用的地球椭球体的数据如表 1-1-1。

表 1-1-1　各种常用地球椭球体模型

椭球体名称	年　代	长半轴(m)	短半轴(m)	扁　　率
埃维尔斯特(Everest)	1830	6 377 276	6 356 075	1∶300.8
白塞尔(Bessel)	1841	6 377 397	6 356 079	1∶299.15
克拉克(Clarke)	1866	6 378 206	6 356 584	1∶295.0
克拉克(Clarke)	1880	6 378 249	6 356 515	1∶293.5
海福特(Hayford)	1910	6 378 388	6 356 912	1∶297
克拉索夫斯基	1940	6 378 245	6 356 863	1∶298.3
IUGG	1967	6 378 160	6 356 775	1∶298.25
GRS(1975)	1975	6 378 140	6 356 755.3	1∶298.257
WGS 84	1984	6 378 137	—	1∶298.257 223 563
CGCS2000	2008	6 378 137	6 356 752.314 14	1∶298.257 222 101

为了将测量观测成果准确地换算到椭球面上,各国都根据本国的实际情况,采用与大地体非常接近于自己国家的椭球体,并选择地面上一点或多点使椭球旋转定位。如图 1-1-2 所示,地面上选一点 P,令 P 的铅垂线和椭球面上相应 P_0 点的法线重合,并使 P_0 点的椭球面与大地水准面相切。这里的 P 点称为大地原点。旋转后的椭球面称作参考椭球面,其包围的形体称作参考椭球体。从这个意义来说,大地水准面和铅垂线是测量外业所依据的基准面和基准线,参考椭球面和法线是测量内业计算所依据的基准面和基准线。

第二节 地面点位置的表示方法

测量工作的主要任务之一是确定地面点的空间位置,表示的方法为坐标和高程。

一、参考椭球的主要点、面、线

参考椭球的主要点、面、线如图1-2-1所示。

1. 旋转轴

参考椭球旋转时所绕的短轴 NS,它通过椭球中心 O。它和地球旋转轴重合,又称为地轴。

2. 极点

旋转轴与参考椭球面的交点 N、S 称为极点。在北端的称为北极,在南端的称为南极。

3. 子午面

包含旋转轴 NS 的任一平面称为子午面。子午面有无数个。

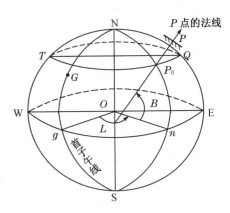

图1-2-1 参考椭球的主要点、面、线

4. 子午线

子午面与参考椭球面的交线称为子午线,亦称经线。各经线均通过南北两极。

5. 首子午面

国际上公认通过英国格林尼治天文台(图1-2-1中 G 点)的子午面,称为首子午面或起始子午面。

6. 首子午线

首子午面与参考椭球面的交线称为首子午线,或称起始子午线、起始经线,亦称本初子午线。

7. 纬线

垂直于旋转轴 NS 的任一平面与参考椭球面的交线称为纬线(或称纬圈),与赤道平行,所以又称平行圈(图1-2-1中 TP_0Q 圈)。

8. 赤道面

过参考椭球中心且垂直于旋转轴 NS 的平面,称为赤道面。

9. 赤道

赤道面与参考椭球面的交线,称为赤道。

10. 点的法线

过参考椭球面上任一点 P_0 而垂直于该点切平面的直线称为过 P 点的法线。一般不通过椭球中心,只有在赤道上的点和极点的法线才通过椭球中心。

二、坐标

(一) 地理坐标

地面点的位置如果用经度和纬度表示,则称为地理坐标。按坐标基本线和基本面的不同地理坐标可分为天文地理坐标和大地地理坐标。

1. 天文地理坐标

表示地面点在大地水准面上的位置。用天文经度 φ 与纬度 λ 表示。以大地水准面和铅垂线为依据建立,由天文大地测量获取。

2. 大地地理坐标

表示地面点在参考椭球面上的位置。用大地经度 B 与大地纬度 L 表示。以参考椭球面及其法线为依据建立。

如图 1-2-1 所示,过参考椭球面上任意一点 P_0 的子午面与首子午面的夹角 B ,称为该点的大地经度,简称经度。经度由首子午面向东 180° 称为东经,向西 180° 称为西经。过 P_0 点的法线与赤道平面的夹角 L 称为大地纬度,简称纬度。纬度由赤道以北从 0~90° 称为北纬,赤道以南从 0~90° 称为南纬。

P 点的经度和纬度已知,则该点在地球表面上的位置即已确定。地理坐标系统是全球统一的坐标系。

(二)高斯-克吕格平面直角坐标

1. 高斯-克吕格投影的概念

地球表面是一个曲面,在进行大区域测图时,将球面上的图形投影到平面上,必然会产生变形,这种变形称为地图投影变形(包括角度、长度和面积变形等)。地图投影的方法有等角投影(又称为正形投影)、等积投影和任意投影等多种,测量上采用高斯正形投影。

高斯-克吕格正形投影就是将地球套于一个空心椭圆柱体内,椭圆柱体的轴心通过地球的中心,地球上某一条子午线(称为中央子午线)与椭圆柱体相切(图 1-2-2)。按正形投影方法,将中央子午线左右两侧各按 3° 或 1.5° 范围的图形元素投影到横椭圆柱体表面上,再将横椭圆柱体面沿两条母线剪开展平,即将椭圆柱体上每 6° 或 3° 的经纬线转换为平面上的经纬线。

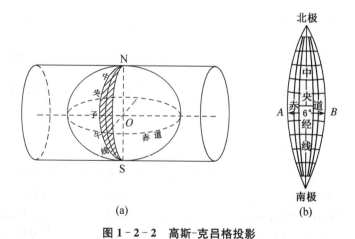

(a)　　　　　　　　　　　　(b)

图 1-2-2　高斯-克吕格投影

2. 高斯-克吕格投影分带与编号

高斯-克吕格投影后角度无变形,但长度发生了变化,且离开中央子午线愈远变形愈大。为了使长度变形满足测图精度的要求,需采用缩小范围的分带投影法控制其影响。目前规定以经差 3° 或 6° 将整个地球划分为 120 个或 60 个投影带,相应地称为 3° 和 6° 投影带。

有关高斯-克吕格投影的详细内容在第二章重点介绍。

（三）平面直角坐标

平面直角坐标系又称为独立坐标系。当测图范围较小时，可以把该区域的球面视为水平面，将地面点直接沿铅垂线方向投影到水平面上。以相互垂直的纵横轴建立平面直角坐标系。纵轴为 x 轴，向上（北）为正，向下（南）为负；横轴为 y 轴，向右（东）为正，向左（西）为负；x 轴和 y 轴的交点 O 为坐标原点；坐标象限自纵轴北方向顺时针顺序编号（图 1-2-3）。

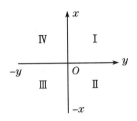

图 1-2-3　平面直角坐标系

当采用独立坐标系作为测绘某区域地形图的坐标系统时，为避免坐标出现负值，通常取该区域外缘的西南点作为坐标原点，并设法使 x 轴的正方向近似于实际的北方向，通常用罗盘仪测定。

（四）地心空间直角坐标系

随着卫星大地测量兴起，地心空间直角坐标系越来越受到重视。地面点可以用大地坐标表示，也可以用空间直角坐标表示。空间直角坐标系定义为：

（1）坐标原点 O 选在地球椭球体中心，对于总地球椭球，坐标原点与地球质心重合；

（2）z 轴指向地球北极；

（3）x 轴指向格林尼治子午面与地球赤道面交线；

（4）y 轴垂直于 xOz 平面，构成右手坐标系。地面点 P 在空间直角坐标系中的坐标为 (x_P, y_P, z_P)，见图 1-2-4 所示。

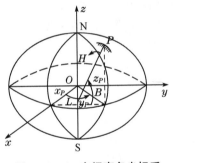

图 1-2-4　空间直角坐标系

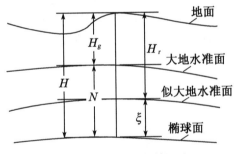

图 1-2-5　高程起算系统

三、高程

确定地面一点的空间位置，除了其平面位置外，还需要高程。高程分为大地高、正高和正常高。地面点沿椭球的法线至椭球面的高度称为大地高（H），地面点沿铅垂线至大地水准面的高度称为正高（H_g，即海拔高），地面点沿铅垂线到似大地水准面的距离称为正常高（H_r）。如图 1-2-5 所示，似大地水准面至地球椭球面的高度称为高程异常，即图 1-2-5 中的 ζ，可采用天文重力水准测量方法获得。地面点的正常高加上该点的高程异常，即得此点的大地高。

大地高与正高可由（1-2-1）式概略换算：

$$H = H_g \cos e + N \tag{1-2-1}$$

式中：e 为垂线偏差；N 为大地水准面差距；e 和 N 由大地测量获得。

正高系统有严密的理论，但是没法直接求得，实用上一般都是用正常高来代替。我国目前采用的法定高程系统是正常高系统，例如 1985 黄海高程。

一般普通测量工作中，采用正常高。正常高分为绝对高程和相对高程。

地面上一点沿铅垂线方向到大地水准面的距离，称为该点的绝对高程，简称高程或海拔。绝对高程一般用 H 表示。如图 1-2-6 所示，P_0P_0' 为大地水准面，地面点 A 和 B 到 P_0P_0' 的垂直距离 H_A 和 H_B 为 A、B 两点的绝对高程。

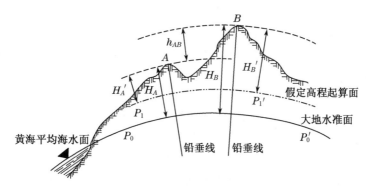

图 1-2-6　绝对高程和相对高程

地面上某一点沿铅垂线方向到任意水准面 P_1P_1' 的距离，称为该点的相对高程，或称假定高程。如图 1-2-6 中，H_A' 和 H_B' 为 A、B 两点的相对高程。地面两点间的高程之差，称为高差，用 h 表示。高差有方向和正负。A、B 两点的高差为 $h_{AB}=H_B-H_A=H_B'-H_A'$。当 h_{AB} 为正时，B 点高于 A 点；当 h_{AB} 为负时，B 点低于 A 点。B、A 两点的高差为 $h_{BA}=H_A-H_B$。A、B 两点的高差与 B、A 两点的高差，绝对值相等，符号相反，即：$h_{AB}=-h_{BA}$。

四、我国的坐标基准与坐标系

（一）坐标基准

1. 大地基准

建立国家大地坐标系统和推算国家大地控制网中各点大地坐标的基本依据，它包括一组大地测量参数和一组起算数据，其中，大地测量参数主要包括作为建立大地坐标系依据的地球椭球的四个常数，即地球椭球赤道半径 R，地心引力常数 GM，带谐系数 J_2（由此导出椭球扁率 α）和地球自转角度 ω，以及用以确定大地坐标系统和大地控制网长度基准的真空光速 c；而一组起算数据是指国家大地控制网起算点（称为大地原点）的大地经度、大地纬度、大地高程和至相邻点方向的大地方位角。

2. 高程基准

推算国家统一高程控制网中所有水准高程的起算依据，它包括一个水准基面和一个永久性水准原点。以青岛港验潮站的长期观测资料推算出的黄海平均海水面作为中国的水准基面，即零高程面。中国水准原点建立在青岛验潮站附近观象山，并构成原点网。用精密水准测量测定水准原点相对于黄海平均海水面的高差，即水准原点的高程，定为全国高程控制网的起算高程。

(二) 中国的坐标系统

1. 大地基准方面

中国于 20 世纪 50 年代和 80 年代分别建立了 1954 北京坐标系和 1980 西安坐标系,测制了各种比例尺地形图。在国民经济、社会发展和科学研究中发挥了重要作用,限于当时的技术条件,中国大地坐标系基本上是依赖于传统技术手段实现的。

1954 北京坐标系大地原点设在北京,采用克拉索夫斯基椭球参数,在计算和定位的过程中,实际上是沿用苏联 1942 年坐标系,该坐标系与我国的实际情况相差较大,不能满足高精度定位以及地球科学、空间科学和战略武器发展的需要。20 世纪 80 年代初,中国大地测量工作者完成了全国一、二等天文大地网的布测,经过整体平差,建立了 1980 西安坐标系。大地原点位于陕西省泾阳县永乐镇北洪流村,采用 1975 年国际地理联合会(IGU)第十六届大会推荐的椭球参数。1980 西安坐标系在中国经济建设、国防建设和科学研究中发挥了巨大作用。

随着社会的进步,国民经济建设、国防建设和社会发展、科学研究等对国家大地坐标系提出了新的要求,迫切需要采用原点位于地球质量中心的坐标系统(即地心坐标系)作为国家大地坐标系,即我国的地心坐标系——CGCS2000。应该指出,由于 GPS 实时定位采用的是 WGS-84 坐标系,该坐标系与 CGCS2000 的椭球扁率 f 值有微小差异,在赤道上只引起 1mm 误差,可以认为 GPS 实时定位结果也属于 CGCS2000 坐标系成果。

2. 高程基准方面

1980 年以前,我国主要采用"1956 黄海高程系",它利用青岛验潮站 1950—1956 年观测成果求得的黄海平均海水面作为高程的零点。因观测时间较短,准确性较差。"1985 国家高程基准"则采用 1953—1979 年的观测资料重新推算。我国的水准原点由 1 个原点 5 个附点构成水准原点网。在"1985 国家高程基准"中水准原点的高程为 72.260 4 m。这是根据青岛验潮站 1985 年以前的潮汐资料推求的平均海面为零点的起算高程,是国家高程控制的起算点。水准原点在 1956 黄海高程系中的高程为 72.289 m,假设一点在 1956 黄海高程系中的高程为 H_{56},在 1985 国家高程基准中的高程为 H_{85},则有 $H_{85} = H_{56} - 0.029$ m。

必须指出,我国在 1949 年前曾采用过以不同地点的平均海水面作为高程基准面,形成不同的高程系统,如废黄河高程系统、吴淞口高程系统、珠江高程系统等,部分专业部门仍在使用。由于高程基准面不同,因此在收集和使用高程资料时,应注意水准点所在的高程系统,注意换算。

(三) 中国的大地坐标网

我国国家天文大地网的布设情况:国家天文大地网(简称国家大地网)是在全国领土范围内,由互相联系的大地测量点(简称大地点)构成,大地点上设有固定标志,以便长期保存。

国家大地网采用逐级控制、分级布设的原则,分一、二、三、四等。主要由三角测量法布设,在西部困难地区采用导线测量法。一等三角锁沿经线和纬线布设成纵横交叉的三角锁系,锁长 200～250 km,构成许多锁环。一等三角锁内由近于等边的三角形组成,边长为20～30 km。二等三角测量有两种布网形式,一种是由纵横交叉的两条二等基本锁将一等锁环划分成 4 个大致相等的部分,这 4 个空白部分用二等补充网填充,称纵横锁系布网方案。另一种是在一等锁环内布设全面二等三角网,称全面布网方案。二等基本锁的边长为20～25 km,二等网的平均边长为 13 km。一等锁的两端和二等网的中间,都要测定起算边长、天文经纬度和方位角。所以国家一、二等网合称为天文大地网。

我国天文大地网于 1951 年开始布设,1961 年基本完成,1975 年修补测工作全部结束。中国国家天文大地网规模之大、网形之佳和质量之优,居世界前列;布设速度之快也是空前的。全国天文大地网布设一等三角锁 401 条,一等三角点 6 182 个,构成 121 个一等锁环,锁长 7.3 万千米;一等导线点 312 个,构成 10 个导线环,导线环总长约 1 万千米;共包括三角点、导线点 48 433 个,拉普拉斯点 458 个,长度起始边 467 条,由此组成全国范围的参考框架,是国家各部门和全国各行业进行测绘工作的基础。

我国水准网的建立情况:在全国领土范围内,由一系列按国家统一规范测定高程的水准点构成的网称为国家水准网。水准点上设有固定标志,以便长期保存,为国家各项建设和科学研究提供高程资料。国家水准网同样按逐级控制、分级布设的原则分为一、二、三、四等。一等水准是国家高程控制的骨干,沿地质构造稳定和坡度平缓的交通线布满全国,构成网状。一等水准路线全长为 93 000 多千米,包括 100 个闭合环,环的周长为 800~1 500 km。二等水准是国家高程控制网的全面基础,一般沿铁路、公路和河流布设。二等水准环线布设在一等水准环内,每个环的周长为 300~700 km,全长为 137 000 多千米,包括 822 个闭合环。沿一、二等水准路线还要进行重力测量,提供重力改正数据。一、二等水准环线要定期复测,检查水准点的高程变化供研究地壳垂直运动用。一、二等水准测量称为精密水准测量,三、四等水准直接为测制地形图和各项工程建设用。三等环不超过 300 km;四等水准一般布设为附合在高等级水准点上的附合路线,其长度不超过 80 km。全国各地地面点的高程,不论是高山、平原及江河湖面的高程都是根据国家水准网统一测算的。

国家第二期一等水准网高程起算点为水准原点。高程系统为"1985 国家高程系统",共有 292 条线路、19 931 个水准点,总长度为 93 341 km,形成了覆盖全国的高程基础控制网(中国台湾资料暂缺)。

五、确定地面点位的三个基本要素

如图 1-2-7 所示,地面点 A、B 在投影面上的位置是 a 和 b。实际工作中,并不能直接测出它们的高程和坐标,而是观测水平角 β_1、β_2 和水平距离 D_1、D_2,以及点之间的高差,再根据已知点 Ⅰ、Ⅱ 的坐标、方向和高程,推算出 a 和 b 点的坐标和高程,以确定它们的点位。

由此可见,地面点间的位置关系是以距离、水平角(方向)和高程来确定的。所以,高程测量、水平角测量和距离测量是测量学的基本内容。高程、水平角(方向)和距离是确定地面点位的基本要素。

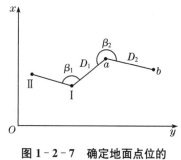

图 1-2-7　确定地面点位的三个基本要素

第三节　用水平面代替水准面的限度

进行大区域测量工作时,应当把地球表面看作球面,地形测量时应采用高斯平面直角坐标。当测区的面积较小时,又可以把球面视为平面,即以水平面代替水准面,其结果仍能满足精度要求。现在的问题是多大的范围就可以用水平面代替水准面?

一、地球曲率对水平距离的影响

如图 1-3-1,设地面上有 A'、B' 两点,在球面上的投影分别为 A、B,在水平面上的投影为 A、C。若以平面上的距离 AC(设为 t)代替球面上的距离 AB(设为 d),其误差为:

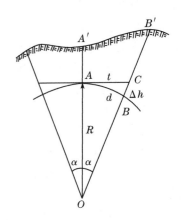

$$\Delta d = t - d = R\tan\alpha - R\alpha \qquad (1-3-1)$$

式中:R 为地球半径,取 6 371 km;α 为弧长 d 所对的圆心角,将 $\tan\alpha$ 用级数展开为:

$$\tan\alpha = \alpha + \frac{1}{3}\alpha^3 + \frac{1}{15}\alpha^5 + \cdots$$

取级数前两项,带入式(1-3-1)得:

$$\Delta d = R\alpha + \frac{R\alpha^3}{3} - R\alpha = \frac{R\alpha^3}{3}$$

图 1-3-1　用水平面代替水准面

因为 α 角度很小,则 $\alpha \approx \dfrac{d}{R}$,故有:

$$\Delta d = \frac{d^3}{3R^2} \qquad (1-3-2)$$

以不同的 d 值代入(1-3-2)式,求得相应的 Δd 和 $\Delta d/d$ 值列于表 1-3-1。由表中可看出,当距离为 10 km 时,用水平面代替水准面产生的相对误差为 1/122 万。这个误差小于目前最精密量距的允许误差 1/100 万,因此在半径小于 10 km 的区域内,地球曲率对水平距离的影响可以忽略不计,即可以用水平面代替水准面。

表 1-3-1　地球曲率对水平距离和高程的影响

距离 d	距离误差 Δd/mm	距离相对误差 $\Delta d/d$	高程误差 Δh/mm
100 m	0.000 08	1/121 768 9 万	0.79
1 km	0.008 2	1/12 177 万	78.48
10 km	8.2	1/121.8 万	7 848.0
25 km	128.3	1/19.48 万	49 050.0
50 km	1 026.53	1/4.87 万	196 202
100 km	8 212.28	1/1.22 万	784 806

二、地球曲率对水平角的影响

从球面三角学可知,同一空间多边形在球面上投影的各内角和,比在平面上投影的各内角和大一个球面角超值 ε。

$$\varepsilon = \rho\frac{P}{R^2} \qquad (1-3-3)$$

式中:ε 为球面角超值($''$);P 为球面多边形的面积(km^2);R 为地球半径(km);ρ 为弧度

的秒值，$\rho = 206\ 265''$。

以不同的面积 P 代入式（1-3-3），可求出球面角超值 ε，如表 1-3-2 所示。可以看出，当面积 P 为 100 km² 时，进行水平角测量时，可以用水平面代替水准面，测角误差小于 0.5 s，而不必考虑地球曲率对角度的影响。

表 1-3-2　水平面代替水准面的水平角误差

球面多边形面积 P/km²	球面角超值 ε/(″)
10	0.05
50	0.25
100	0.51
300	1.52

三、地球曲率对高程的影响

如图 1-3-1 所示，地面点 B' 在水准面和水平面上的投影分别为 B 和 C，B 和 C 两点的高程显然是不同的，设其高差为 Δh，从图中可以看出，$\Delta h = OC - OB$，即

$$\Delta h = R\sec\alpha - R = R(\sec\alpha - 1) \tag{1-3-4}$$

而 $\sec\alpha = 1 + \dfrac{\alpha^2}{2} + \dfrac{5}{24}\alpha^4 + \cdots$，取其前两项；并且因为 α 角值很小，$\alpha \approx d/R$，代入（1-3-4）可得：

$$\Delta h = R \cdot \frac{\alpha^2}{2} = \frac{d^2}{2R} \tag{1-3-5}$$

以不同的距离 d 代入上式，算得相应的 Δh 值列于表 1-3-1 中。由表中可见，对高程测量来说，即使距离很短，也不能忽视地球曲率对高程的影响。

第四节　测量工作概述

一、测量工作的基本原则

地形测量作业的目的是获得精确的地形图点位资料，供有关部门使用。

测量作业中必须遵循：在布局上"由整体到局部"，在精度上"由高级到低级，分级布网，逐级控制"，在程序上"先控制测量后碎部测图"的原则进行。

对总体工作而言，任何测绘工作都应先总体布置，然后再分阶段、分区、分期实施。在实施过程中要先布设平面和高程控制网，确定控制点平面坐标和高程，建立全国、全测区的统一坐标系。在此基础上再进行碎部测绘和具体建（构）筑物的施工测量。保证全国各单位、各部门的地形图具有统一的坐标系统和高程系统；减少控制测量误差的积累，保证成果质量。

对具体工作而言，对测绘工作的每一个过程、每一项成果都必须检核。在保证前期工作

无误的条件下,方可进行后续工作,否则会造成后续工作困难,甚至全部返工。只有这样,才能保证测绘成果的可靠性。

二、地形图测量方法

为了保证全国各地区测绘的地形图能有统一的坐标系,并能减少控制测量误差积累,国家测绘部门在全国范围内建立了能覆盖全国的平面控制网和高程控制网。

在测绘地形图时,首先应在测区范围内布设测图控制网及测图用的图根控制点。这些控制网应与国家控制网联测,使测区控制网与国家控制网的坐标系统一致。图根控制点还应便于安置仪器进行测量。如图 1-4-1 中,$A,B,\cdots,F$ 为图根控制点,A 点只能测山前的地形图,山后要用 C,D,E 等点测量。

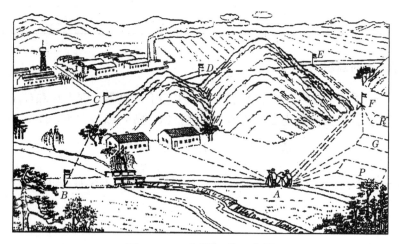

图 1-4-1　测量工作示意图

地物、地貌特征点也称为碎部点,地形图碎部测量中大多采用极坐标法,见图 1-2-7。设地面上有若干个点 Ⅰ、Ⅱ、a、b,其中 Ⅰ、Ⅱ 为已知点,现要测定 a、b 点的平面坐标和高程。将仪器架在 Ⅰ 点,测定水平角 β_1,量测 Ⅰa 的距离 D_1 和 Ⅰa 点高差 h_{Ia},即可得到 a 点的平面位置和高程,以此类推可得到 b 点的平面位置和高程。

把测定的地物、地貌的特征点人工展绘在图纸上,称为白纸测图。如果在野外测量时,将测量结果自动存储在计算机内,利用测站坐标及野外测量数据计算出特征点坐标;并给特征点赋予特征代码,即可利用计算机自动绘制地形图,这就是数字化测图。

测绘的地形图经过严格的检查验收、编辑、修改、绘制得到正规的地形图。

三、控制测量的概念

任何一种测量工作都会产生不可避免的误差,所有测量工作都必须采取一定的程序和方法,以防止误差的积累。

在地面上从事测图工作时,需要测定很多地物点和地貌点(碎部点)的平面位置和高程。假如从一个碎部点开始,逐点进行施测,最后虽可得到欲测各点的位置,但是这些点的位置可能是很不准确的。因为前一点的量度误差,将会传递到下一点,这样积累起来,最后可能达到不可容许的程度。

在实际测量工作中是遵循"从整体到局部,先控制后碎部,步步有检核"的原则,在测区内先选择一些有控制意义的点,首先精确测定其平面位置和高程,然后再根据它们测定其他地面点。这些有控制意义的点组成了测区的测量骨干,这类点称为控制点。例如,图1-4-1所示的测区中,先选择 A、B、C、D、E、F 诸点作为控制点,然后再根据它们施测附近的碎部点。

整个测量工作分为建立控制网的控制测量和以控制网为基础的碎部测量两部分,碎部测量的精度虽比控制测量的精度低,但由于每个碎部点的位置都是从控制点测定的,所以误差就不会从一个碎部点传递到另一个碎部点。在一定的观测条件下,各个碎部点能保证它应有的精度。

对于全国性的测量工作,由于幅员广阔,必须采取分等布置控制的办法,才能既符合精度要求而又合乎经济原则。国家基本控制按照精度的不同,一般分为一、二、三、四等。由高级向低级逐步建立。这些国家基本控制点统称为大地点,是测图的必要依据。

国家基本平面控制可用下述两种方法建立:

1. 导线测量

导线测量系测定边长和转折角来逐步建立控制点。相互连接的导线点则构成导线。如图1-4-2。导线有布设成单一导线图1-4-2(a)、导线网图1-4-2(b)以及其他形式。

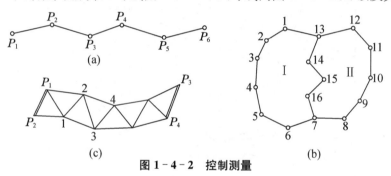

图 1-4-2　控制测量

2. 三角测量

选择若干控制点而形成互相连接的三角形,测定其中一边的水平距离和每个三角形的三个顶角。然后根据起始数据可算出各控制点的坐标,三角形的各顶点称为三角点。如图1-4-2(c),各三角形联成锁状的称为三角锁。联成网状的则称为三角网。

当国家基本平面控制点和高程控制点的密度不能满足测图要求时,可根据需要用不同的方法在高级控制点间逐步地进行控制点的加密,直至满足测图工作的要求为止。这种为测图而加密的控制点称为地形控制点,亦称图根控制点。

四、碎部测量简介

碎部测量就是遵循相关程序,根据邻近控制点来确定碎部点(地貌点和地物点)对于控制点的关系。如果测量的目的只为获得地面物体水平投影的位置,则称这种测量为地物测量。如果测量的目的既要获得地面物体的水平投影位置又要获得其高程,则这种测量就是地形测量。

碎部测量最后成果是用图表示的,要完成这个目的有两种不同的测量程序:其一在野外用仪器将碎部点与控制点的关系(包括距离、方向和高差)测定,并将这些数据记录下来,再在室内进行绘图,一般称为测记法。这种方法工作时受气候影响小,但在室内绘图无法与实地对照进行,有错误不易发觉,又不能及时改正。

另一种是在野外根据图解的原理当时就把碎部点的位置确定下来,绘图工作是在野外进行的,称为测绘法,也是最常用的方法。用图表示地面上地物的形状大小。有的可以按比例缩小描绘在图纸上,有时由于实物较小,按比例缩小后无法在图纸上给出。这时可不按比例而用规定的符号表示其位置。地貌一般是用表示高程的等值线即等高线(就是在同一条等高线上的点的高程相同)表示的。等高线既能表示出地形的高低起伏情况,也能表示其水平投影的位置。有的地貌用等高线表示有困难,也可用规定的符号来表示。关于施测的具体步骤和所用的仪器将在以后介绍。

上面所叙述的测量工作中,有些是在野外进行的,称为外业;有些是在室内进行的,称为内业。外业工作中主要是获得必要的数据,如点与点之间的距离、边与边之间夹角的水平投影(水平角等);内业工作主要是计算与绘图。无论哪种工作都必须小心谨慎地进行。一切测量工作都必须随时检查,杜绝错误。图1-4-3为测量成果示意图。

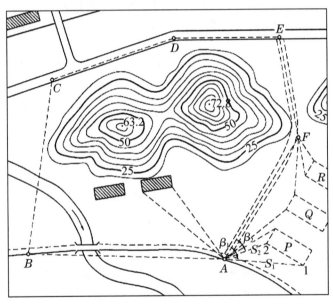

图 1-4-3   测量成果示意图

第五节   地图的特性与构成要素

一、地图的基本特性

地图是在人们不断认识的基础上发展起来的,它是人们认识周围客观环境和事物的结果。然而在认识世界的每一次深化过程中,又常常以地图作依据,所以地图又是人们认识周围环境和事物的工具。人们一般认为:地图是地球表面的全部或某一局部在平面上的缩小图像。大

家不妨看一看某地方的风景画或地景素描图(图1-5-1)、
人们在地面上拍摄的风景照片(图1-5-2)、卫星在太空摄
制的卫星影像(图1-5-3)、飞机在空中向地面拍摄的航空
像片(图1-5-4)。它们都是地球表面在平面上的缩小图
像,显然它们都不属于地图范畴。那么构成地图区别于其
他地面图像的本质是什么呢?要认识地图,就必须首先分
析地图区别于风景照片、风景画的一些特征:地图具有特定
的数学法则、特殊的符号和注记系统、实施制图综合三个基
本特性。如图1-5-5。

图1-5-1 三茅镇风景画

 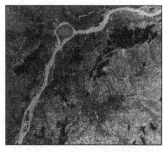 

图1-5-2 三茅镇风景照片　　图1-5-3 三茅镇卫星影像　　图1-5-4 三茅镇航空像片

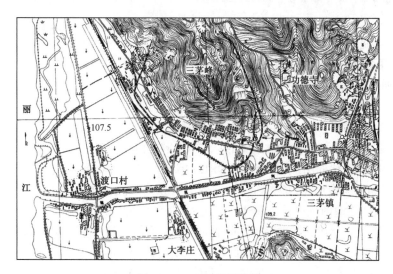

图1-5-5 三茅镇地图

(一) 具有特定的数学法则

　　人们经常要从地图上量取方位、距离、长度、面积、体积、密度和倾斜度等数量指标。地
图的这种可量测性是因为地图采用特定的数学法则。而风景画和风景照片都是建立在透视
投影基础上,随观测者位置的不同,物体的大小会产生比例上的变化,即"近大远小"的透视
关系,此种关系不符合可量测性的要求;航空像片是一种中心投影,又因地面起伏和飞行的
缘故,不能保证各处的比例尺都一致,不能按同样的精度和详细程度反映地面物体。卫星影
像亦有类似的情形。

地球的自然表面是一个极不规则的曲面,而地图是一个二度空间的平面,要将球面转为平面,不破裂、不重叠是不可能的(图1-5-6)。为解决这个矛盾,就要求运用一定的数学法则——地图投影的方法。从不规则的地球表面到制成地图,要经过两个步骤才能完成。首先是由测量工作者将地球自然表面上的点,沿法线方向投影到能用数学方法表述的地球参考椭球体面上,然后由地图工作者运用数学方法将椭球体面上的点再投影到圆柱体面或圆锥体面、平面这些可展面上。这样,就将地面上的点投影到平面上,建立了参考椭球体面或球面上点的经纬度和它在平面上的直角坐标之间的函数关系,即将球面上的经纬网转移到平面上(图1-5-7),并使地面上所有物体的图形相应地转绘到平面图纸上而成为地图,从而使地图上各地理要素同地面上物体保持一定的比例关系。所以说地图是由特定的数学法则构成的,这是风景画和各种形式的地面像片所不具备的特性。地图有了这一数学法则,不仅提高了它的科学性,而且使它具有更大的实用价值。

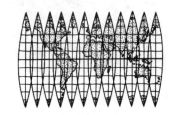

图1-5-6 球面展为平面的破裂与重叠

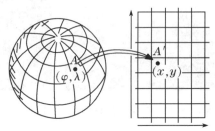

图1-5-7 球面上的点 A 投影到平面上成为 A′

(二)运用特殊符号与注记

地图是通过特殊的符号与注记系统——地图语言来表示自然和社会现象的。因而具有其他表示方法所不具备的优点,突出地表现在以下几个方面:

(1)地图不仅能形象直观、生动具体地表现地理事物,而且还能给予简洁、通俗、一目了然地表达,这是任何语言文字无法做到的。一幅地图抵上千言万语。

(2)地图能以简化的图形清晰地表达地理事物。一些外形轮廓复杂的地理事物,在航卫像片上常因缩小过多而难以辨认,但在地图上可以通过抽象概括,简化图形,分门别类地使用符号表示,即使地图比例尺缩得很小,仍然可见清晰的图形。

(3)地图既能表示出大的物体,又能表示出一些形体小却又很重要的物体。如三角点、水准点、路标、门楼、纪念碑、牌坊、井、泉、独立突出的树等,在航卫像片上是不容易辨认或根本没有影像的,而在地图上则可根据需要,即使在较小比例尺地图上也可以通过使用符号清晰地表示出来。

(4)地图既可以表示出物体的形态特征,又可表现出它们的质量和数量特征。地理事物的某些质量与数量特征是无法在像片上成像的,如河流的水质、水深、水温、流速,土壤的性质,路面的铺装材料,森林的树种、平均高度和粗度,房屋的坚固程度,地势起伏的绝对高程和相对高程,沼泽的通行程度等等,这些特征只有在地图上通过符号和注记才能清晰地显示出来。

(5)地图不仅能表示有形的地理事物,而且还能表示那些无形的自然、社会和经济现象。如经纬线、行政区划界线、等高线、等温线、降雨量、人口数、工农业产值、太阳辐射和日照等,在像片上是不可能有影像的,而在地图上通过使用符号或注记却清晰地显示出来。

（6）地图既能表示位于地表的地理事物,又能表示位于地下或空中,乃至宇宙间的事物或现象。如地下管道、涵洞、隧道、冻土层、矿物、地磁、大气环流、宇宙飞行轨道、月球、太阳系等,在像片上也是不可能有影像的,同样在地图上可用符号和注记将它们显示出来。

（7）地图不仅能表现出地理环境的现状,而且还能反映地理环境的过去和未来。地图通过符号和注记可以再现或塑造出地理环境中不同时期的、有形与无形的、大的与小的、可见与不可见的客观实体或现象,既反映出实体的形态特征,又表现出其质量和数量特征,成为地理环境发展变化的可视化模型,让人一目了然。

地图的上述诸优点,使之成为人们认识和改造客观世界不可缺少的工具。

（三）实施制图综合

地面物体总是缩小后才能表示在地图上。由于这种缩小,就产生了地面上繁多的物体与地图的有限面积之间的矛盾。地面广大,物体繁多,而地图的容量有限;若将地面上的所有物体都表示在地图上,其结果必然是杂乱无章、无法阅读。为了解决这个问题,就要运用"制图综合"的方法,根据新编地图用途的要求、比例尺的大小和制图区域的地理特点等,对制图对象进行取舍和概括,即保留主要的,舍去次要的物体;保留或突出地物形状、数量和质量最基本的、主要的特征,舍去或合并其次要的特征;以保证地图内容能与地图的主题、比例尺、用途、地理特点相适应,达到内容充实,清晰易读的效果。地图比例尺愈小,这种取舍与概括的程度就愈大。

地图的制图综合过程,是地图作者根据自己对地理环境的认识,进行思维加工,抽取事物内在的本质特征表示在地图上的过程;航空摄影等各种地面像片仅是因比例尺的缩小而使得某些细小物体无法清晰表示,这与地图作者能动地进行制图综合是截然不同的。所以,实施制图综合是地图与地面像片或风景画的又一重要区别。

通过对地图三个特性的具体分析,使我们对地图有了进一步的认识。首先,地图的三个基本特性是地图的特有属性,凡不同时具备这三个特性的任何影像和图形均不属于地图之列;其次,地图表示内容的范围极为广泛,既不局限于地球表面也不局限于地球本身的万事万物,从地球表面到地面以下的各个地层,从地面以上的各个大气层到宇宙间的月球、火星乃至太阳系、银河系等星球上的各种自然和社会现象都是地图表示的对象,所制出的图皆称之为地图;再则,地图是各种制图对象缩小若干倍后表示在平面上的图像,若不是表示在平面上的,则为地球仪或为沙盘地形模型,至于地图信息以数字形式贮存在磁带、磁盘等介质上,仅是过渡性的,一旦进入实用时,它最终还是以图形和平面图纸或其他介质出现。

基于上述的认识,便可以给地图一个科学的定义,地图是根据构成地图数学基础的数学法则、构成地图语言基础的符号法则和构成地图内容要素的综合法则,将地球(或其他星体)上的自然、社会和人文现象,缩小描绘在平面上的图形,它反映了各种现象的空间分布、组合、联系、数量和质量特征及其在时间尺度上的发展变化。

地图学在其长期的历史发展中,逐渐充实和完善起来,成为一门拥有系统理论基础和现代技术手段的科学。在这个历史发展长河中,作为地图学研究主题的地图,在内容、形式和功能等方面都发生了巨大的变化。表现为地图表现形式的多样化,除纸质及类似介质地图外,它可以以数字形式存储在半导体、磁、光等介质上,或经过可视化加工(符号化)表达到屏幕上;地图表达手段的多媒体化,集视频、声音、图像、文本、符号和图形于一体,成为多媒体(超媒体)电子地图;地图内容(信息)的多维动态可视化,突破传统地图二维静态的限制,向多维、动态、可交互和虚拟化方向发展,能够多视角地表达三维地理空间实体的多重属性及其动态变化。

二、地图的构成要素

由地图定义可知,凡具有空间分布的物体或现象,无论是自然要素,还是社会经济要素,是具体的现实事物,还是抽象的、历史的或预测的现象,都可以用地图的形式来表示,因而出现了种类繁多、形式各异的地图。但就其内容,归结起来:所有的地图都是由数学要素、地理要素和辅助要素构成的。

(一) 数学要素

数学要素指数学基础在地图上的表现,是一切地图所必须具备的最基本的地图要素。因为地图的精度首先是由地图的数学基础决定的,地图上表示各种地理要素的图形构成的几何规律和几何性质取决于数学基础。地图的数学要素包括地图的坐标网、控制点、比例尺和定向指标线等内容。

1. 地图坐标网

地图的坐标网,分地理坐标网和平面直角坐标网两种。地理坐标网由按一定经纬度间隔表示的经纬线构成,用来确定地球上任意一点的地理坐标——经度(λ)和纬度(φ)。平面直角坐标网是由平行于投影带中央经线的纵坐标线和平行于赤道的横坐标线构成的,供确定地物位置(x、y)和进行地图量算时使用。

鉴于地图投影的不同,坐标网常常表现为不同的形状。也因地图的要求不尽相同,有些地图需要表示两种坐标网,如大比例尺地形图和某些中比例尺地形图(图 $1-5-8$(a));另一些地图则仅需要表示其中某一种坐标网,如某些中比例尺地形图和小比例尺地图(图 $1-5-8$(b))。

2. 控制点

地图上表示的控制点是指作测量控制用的一部分三角点、埋石点、水准点、独立天文点等,用以控制地图内容的平面位置和高程精度。在大比例尺地形图上,分别以相应的符号表示;在 1:25 万和 1:50 万比例尺地形图上只表示三角点和独立天文点,其他按高程点表示;在更小比例尺地图上都按高程点表示。

3. 比例尺

地图比例尺是地图上的某线段与该线段在地球椭球面上对应线段的平面投影的长度之比。我国采用米制计量单位,如 1:500,1:1 万等。它可以用来确定地图的缩小程度,以便从地图上获取精确的数量信息。

4. 定向指标线

地图定向,是实现图示事物与相应的实地事物方位一致性的重要措施,是在野外现场使用地图开展地理工作的前提。通常以三北方向线——真子午线、磁子午线和坐标纵线作为地图定向的依据。

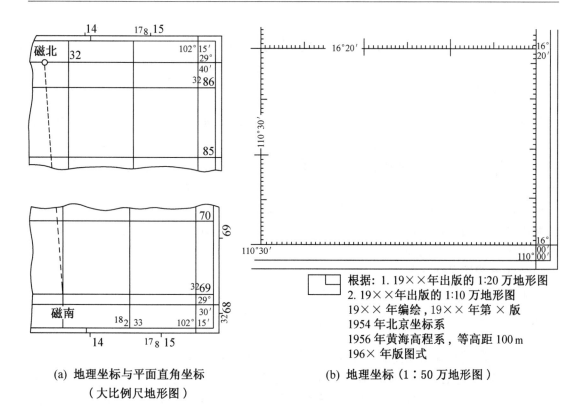

(a) 地理坐标与平面直角坐标   (b) 地理坐标（1∶50 万地形图）
（大比例尺地形图）

图 1-5-8 地图数学要素

（二）地理要素

地理要素是任何一种地图的主要组成部分,包括地图上所表示的自然和社会经济现象及其分布、性质和联系,有时还要表示其变化和发展。地理要素按其基本属性,可以分为自然地理要素和社会经济要素两大类。

1. 自然地理要素

自然地理要素系涵盖区域地理景观和自然条件的各要素,如水系、地貌、土质植被、地质、地球物理、气象气候、土壤、动物、自然灾害现象等。自然地理要素的种类及其数量的多寡优劣,是衡量区域开发前景优劣的一个重要因素。

2. 社会经济要素

社会经济要素是指由人类活动所形成的经济、文化,以及与此相关的各种社会现象,如居民地、交通线、行政境界线、人口、政治、军事、企事业单位、工农业产值、商贸、通讯线、电力线、输送管道、堤防、城池、环境污染、环境保护、疾病与防治、旅游设施、历史和文化等等。社会经济要素的状况,深刻地反映了区域的政治、经济、文化、交通等的发展水平和社会文明的程度。

（三）辅助要素

辅助要素是指地图图廓上及其以外的有助于读图、用图的某些内容。如图名、图号、图例、接图表、图廓、分度带、量图用表、附图、编图资料及成图说明等,用以提高地图的表现力和使用价值。其中如分度带等,既属数学要素,又起辅助要素作用。

第六节 地图的分类与功能

一、地图的分类

地图分类的标志很多,主要有地图内容(主题)、比例尺、制图区域范围、用途和使用方式等。同任何科学的分类一样,地图的分类应遵循一系列逻辑原则。例如:必须按照由总概念(类)到局部概念(亚类、属和种)的次序,即由较广义的概念向较狭义的概念过渡;每一分类等级必须采用固定的分类标志,即一个分类等级不能同时采用两种或两种以上的分类标志;上一分类等级应包含下一分类等级的总和。其中最主要的分类标志是地图内容和制图区域范围;在其他条件相同时,比例尺对确定地图内容的完备性、详细性和精确性方面起着重要作用,因而是一项重要的分类标志。

(一) 地图按内容分类

地图按所反映自然和社会经济现象等内容的种类、性质和完备程度,分为普通地图和专题地图两大类型,且各自又可细分出若干子类。

1. 普通地图

普通地图,是以相对均衡的详细程度表示制图区域内各种自然和社会经济现象的地图。其基本内容有水系、地貌、土质植被、居民地、交通线、境界等六大地理要素,此外还表示测量控制点、独立地物、管线与垣栅等要素。这类地图的特点是比较全面地反映制图区域的自然环境、地区条件和人类改造自然的一般状况,着重描绘地区轮廓、地面起伏形态、自然状况和人类活动的成果。也可以反映出自然、社会经济诸方面的相互联系和影响的基本规律。普通地图是最常见的一种地图,应用很广泛,具有很高的通用价值,常为社会各部门所使用,广泛用于经济建设、国防建设和科学文化教育等方面。主要供研究地域的基本情况、各地理要素的相互关系和分布规律,同时也是制作专题地图的地理底图。包括以下三类:

(1) 平面图

不考虑地球曲率影响,把小块地区的地球表面(水准面)当作水平面,将地面上的地物按铅垂线投影到水平面上,用缩小的相似图形表示其平面位置及其相互关系所测绘的地图,称平面图。平面图的显著特点是涵盖的实地范围很小,比例尺很大,一般大于1∶5 000,在一幅图内比例尺处处相同。平面图为工程施工和编制详细规划用图。

(2) 地形图

详细表示地面各基本要素的普通地图,称为地形图。地形图是既表示制图区域地物的平面位置,又用特定符号表示其地貌形态的地图。对较大制图区域,因考虑地球曲率影响,需要采用一定的地图投影,按一定的精度要求测绘其地物和地貌,用图解图形或符号表示。地形图的地图比例尺构成系列,一般由1∶500至1∶100万;多为实测或根据实测地图编绘而成;具有统一的大地控制基础,有统一采用的地图投影和分幅编号系统;在生产过程中均严格按照测图规范、编图规范和图式进行作业;详细而精确地表示地面各要素;便于在图上进行量测和野外实地使用。地形图为国家各项建设的规划设计与施工、军事指挥和科学参考用图,亦是制作其他地图的基本资料。地形图是普通地图的典型作品。地形图有以下四个特点:

① 统一的数学基础。各个国家都选用了一种椭球体数据,作为推算地形图数学基础的依据。地形图还必须有统一的投影,统一的大地坐标系和高程系,有完整的比例尺系列。我国国家基本地形图,统一采用"CGCS2000 国家大地坐标系"和"1985 国家高程基准"。

② 统一的规范和图式符号。地形图是按照国家统一的测量、编绘规范和相应比例尺的地图图式测制的。只有这样才能确保各部门分别完成的地形图在质量、规格方面的完全统一。

③ 具有完整的比例尺系列和分幅编号系统。如前所述,我国将 1∶500 到 1∶100 万共十一种比例尺列为国家基本比例尺地形图,简称基本地形图(原为 1∶5 000～1∶100 万等八种)。国家基本地形图,按统一规定的经差和纬差进行分幅,并在国际百万分之一地图分幅编号的基础上,建立了各级比例尺地形图的图幅编号系统。

④ 几何精度高、内容详细。地形图是国家经济建设和国防建设的基础资料。因此在图面能负载的前提下,应尽量详细和精确地表示水系、地貌、居民地、交通网、土质植被和境界线的分布。因而,在图上可以提取比较详细的信息,获得高精度的数据。

国家系列比例尺地形图也是我国国民经济建设和国防的主要用图,其用途大致可归纳为以下几点:

① 用于城镇、工业、交通、农业、军事等方面的建设规划和管理;

② 用于交通、水利、厂矿和各类资源的勘察、设计、开发和施工使用;

③ 用于农业中的地籍管理、土地利用和土壤改良等;

④ 当作许多学科的科学研究、宣传教育和某些实际工作的工具。

(3) 地理图

以高度概括的形式反映广大制图区域内最主要的地理要素和区域的重要特征,比例尺小于 1∶100 万的普通地图,称地理图。其特点是涵盖实地范围很大,常常为一个流域、一个国家、一个大洲或全球;内容比较概略,但主要目标很突出,强调反映各要素的基本分布规律。地理图没有固定的比例尺系列(最常见的有 1∶150 万、1∶200 万、1∶300 万、1∶400万、1∶500 万、1∶1 000 万等);没有统一的地图投影和分幅编号系统;也没有统一的规范和图式,图面上投影变形较大;地理图幅面的大小参差悬殊。多用于研究区域的自然地理和社会经济的一般情况,了解其概貌,故又称一览图。通常有区域性分幅图、区域性全图和普通地图集等。地理图有以下的特点:

① 地图内容的高度概括性。地理图的主要任务是向用图者提供制图区域自然与社会人文要素分布、类型、结构、密度对比关系的一般特征。地理图让用图者更多关注的已不是地图内容的几何精确性,而是反映区域自然和社会人文要素的宏观特性及要素之间的统一协调。因此,地理图从内容上已经过大量取舍,表现在地图上的各种要素在质量特征与数量特征上具有高度概括性。

② 地图设计的灵活多样性。地理图不同于地形图,它没有统一指定的编图规范与实施细则。地理图可以针对地图的具体用途、目的和服务对象,确定地图表现的内容和表现形式。从地图投影、地图比例尺选择,地图内容的选取,图例符号的设计,色彩的运用,乃至图面配置设计风格等,均有很大的灵活性。

③ 制图资料种类的多样性与精度的不均一性。地理图的比例尺往往比较小,制图区域

比较大,制图资料的种类、精度和现势性都存在很大差别。因此,必须对制图资料在分析、评价的基础上,确定其使用程度和使用方法,尽量做到成图后各部分内容的统一协调。

2. 专题地图

专题地图是以普通地图为地理基础,着重表示制图区域内某一种或几种自然或社会经济现象的地图。这类地图的显著特点是,作为该图主题的专题内容予以详尽表示,其地理基础内容则视主题而异,有选择地表示某些相关要素。因此专题地图的内容是由地理基础和专题要素两部分构成。在地图领域中,专题地图发展得最活跃、最迅速,地图的品种愈来愈多,层出不穷,表示的对象十分广泛,涉及人类社会的各个领域。根据专题内容的性质,可划分为以自然地理要素为主题内容的自然地理图、以社会经济要素为主题内容的社会经济地图和包容上述两类专题地图之外的其他专题地图三类,各类又可以分出若干种专题地图。

3. 普通地图与专题地图的实质区别

普通地图与专题地图的异同,关键不在于形式,而在其内容。在表现形式上,它们可能都用了某些表示方法、符号或颜色,但在内容上,它们始终是迥异的。前者依制图区域的地理特征,以相对均衡的详细程度表示制图区域的六大类地理要素,以再现制图区域的地理全貌,显示的是整体地理环境的区域差异;而后者,则依其某种特定用途,择取制图区域的某一种或几种相关地理要素为其主题内容,其他地理要素皆概略或不予表示,显示的仅是制图区域某一地理特征的区域差异。

(二) 地图按制图区域分类

地图按涵盖的制图区域分类,其分类标志有多种,采用不同的分类标志,就有相应的种类。

1. **按区域范围大小分**

有全球地图、月球地图、世界地图、半球地图、大洋地图、大洲地图、分国地图、省(区)地图、县市地图、乡镇地图等。

2. **按自然区域划分**

如世界基本地理图、欧亚大陆地图、太平洋地图、鄱阳湖地图、青藏高原地图、黄淮海平原地图、长江流域地图、四川盆地地图、准噶尔沙漠地图、黄土区地貌类型地图、云南自然区划地图等。

3. **按政治行政区域划分**

如世界政区地图、中国政区地图、江苏省政区地图、盱眙县政区地图、马集乡(镇)政区地图等。

4. **按经济区划分**

如上海经济区地图、徐海经济区地图等。

(三) 地图按比例尺分类

地图按比例尺分为大比例尺地图、中比例尺地图、小比例尺地图三类,这是区别地图内容详略、精度高低、可解决问题程度的,为人们常用的一种分类方法。鉴于各个国家、国内各个部门对地图精度的要求和实际使用的情况不尽相同,因而对地图比例尺大小的概念有所不同,以普通地图为例,其相对性表现为:

1. 在建筑和工程部门,地图按比例尺划分

大比例尺地图:1∶500、1∶1 000、1∶2 000、1∶5 000 和 1∶1 万的地图;

中比例尺地图:1∶2.5 万、1∶5 万、1∶10 万的地图;

小比例尺地图:1∶25 万、1∶50 万、1∶100 万的地图。

2. 在其他各部门,地图按比例尺划分

大比例尺地图:≥1∶10 万的地图;

中比例尺地图:1∶10 万~1∶100 万的地图;

小比例尺地图:≤1∶100 万的地图。

3. 测绘部门,地图表示为国家基本比例尺地形图

国家测绘部门规定了十一种比例尺地形图为国家基本比例尺地形图,以保证满足各部门的基本需要。其中:

大比例尺地形图:1∶500 至 1∶10 万的地形图;

中比例尺地形图:1∶25 万和 1∶50 万地形图;

小比例尺地形图:1∶100 万地形图。

在专题地图中,按比例尺分类亦有类似的细分方法。

(四) 地图按用途分类

地图按其实际用途,可以分为军用图、民用图、教学图、航空图、航海图、交通图、旅游图、规划图、邮政通讯图、参考图等类型。在此基础上还可以再细分,例如参考图可以再分为科学参考图和一般参考图,《中华人民共和国普通地图集》即为科学参考地图,《中华人民共和国地图集》即为一般参考地图。

(五) 地图按使用方式分类

地图按其使用方式,可分为桌图、挂图、屏幕图和携带图四种。

1. 桌图

放在桌面上供在明视距离内阅读的地图,如地形图和地图集等。

2. 挂图

张挂在墙壁上,供人近距离阅读的宣传展览挂图和供人远距离阅读的教学挂图等。

3. 屏幕图

由计算机控制和显示的屏幕图,如电视天气预报地图和电子地图等。

4. 携带图

随身携带,供出行随时查阅的地图,如袖珍地图册、绸质地图或折叠得很小巧的旅游地图等。

(六) 地图按其他标志分类

1. 地图按其感受方式

分为视觉地图、触觉地图(盲文地图)。

2. 地图按其结构

分为单幅图、多幅图、系列图和地图集等。

3. 地图按其图型

分为线划地图、影像地图、数字地图。

4. 地图按其印色数量

分为单色图、彩色图。

5. 地图按其历史年代

分为古代地图、近代地图和现代地图。

6. 地图按空间信息数据可视化程度

分为实地图和虚地图两种。实地图即为空间信息数据可以直接目视到的地图,如包括线划地图和影像地图在内的传统地图作品;虚地图是空间信息数据存储在人脑或电脑中目视不到的地图,其中存入人脑的地图称为心像地图,依一定格式存入电脑的称为数字地图。

7. 地图按其显示空间信息的时间特征

分为静态地图和动态地图两种。传统地图都是静态地图,它是现实的瞬间记录;动态地图是反映空间信息时间变化,连续呈现的一组地图,生动地表现出地理环境的时间变化或发展趋势。

地图的分类,因分类标志很多,考虑问题的角度不一,而具有很大的相对性,一幅地图可以归为这一类,也可以归为另一类。例如1:10万比例尺地形图,既属于普通地图,又属于桌图;在工程部门称之中比例尺地图,在科研和军事等部门却又称为大比例尺地图。

二、地图的功能

现代科学技术的进步,计算机技术与自动化技术的引进,信息论、模型论的应用,以及各学科的相互渗透,促使地图学飞速发展,给地图的功能赋予了新的内容。目前对地图的基本功能可以概括为模拟功能、信息载负功能、信息传输功能和认识功能等四个方面。

(一) 地图模拟功能

模型是根据实物、设计图或设想,按比例制成的同实物相似的物体。地图具有严格的数学基础,并采用符号系统和经过制图综合,按比例缩绘而成,地图就是一种经过简化和抽象化了的地理空间模型。它以符号和文字描述地理空间环境的某些特征和内在联系,使之成为一种模拟模型。如等高线图形就是对实际地形的模拟,从而使整个地图成为再现或预示地理环境的一种形象——符号式的空间模型,与地理实体间保持着相似性。

地图具有严格的数学基础,采用直观的符号系统和经过抽象概括来表示客观实际。它不仅表现物体或现象的空间分布、组合、联系,而且可以反映其随时间的变化和发展,这就是由于地图具有很强的模拟功能所致。一部综合性地图集即为"地理系统模型",某一地区不同时期的地图便是该地区的"地理环境系列模型",生动地再现出各个时期的面貌,或展现出未来各阶段的情景。地图模型较之其他模型(如数学模型、物理模型、表格图表、文字描述、航空照片和卫星图像等)具有更多的优点,例如:地图模型的直观性、一览性、抽象性、合成性、几何相似性、地理适应性、比例尺的可量测性等,都是其他形式的模型所不完全具备的(表1-6-1)。

地图模型与数学模型一样,同属于象征性类型的模型,因而可以用数学方法(或数学公式)将地图内容各要素转换成点的直角坐标 X、Y 和特征 Z 的数值,构成地图数字模型,进而对地理实体进行模拟,其结果通过形象——符号模型反映出来,或由计算机处理成数字地图。

表 1-6-1 模型特点对比表

种类\特点	文字描述	表格图表	航空与卫星像片	数学模型	物理模型	地图
直观性		✓	✓		✓	✓
一览性		✓	✓		✓	✓
抽象性	✓	✓		✓		✓
合成性	✓	✓		✓		✓
比例与可量测性			✓		✓	✓
几何相似性			✓		✓	✓
地理对应性	✓		✓		✓	✓

（二）地图信息载负功能

地图是地理空间信息的载体。用符号表示的模拟地图,具有定位特征的地图符号是地理空间信息的载体;以数字形式表示的数字地图,数字是地理空间信息的载体。

既然地图是地理空间信息的载体,自然就涉及地图信息量问题。由地图符号构成的模拟地图,其信息量由直接信息和间接信息两部分组成。

直接信息是地图上图形符号所直接表示的信息,又称图示信息或第一信息,是人们通过读图很容易获取的信息;间接信息是由图上各要素的空间分布、组合与联系所蕴藏的潜在信息,又称第二信息,往往是需要人们利用已有的知识和经验,经过思维活动,进行分析和综合才能解译出来的信息。

地图能容纳和贮存的信息量非常大。据统计,一幅普通地形图能容纳和贮存 1 亿～2 亿个信息单元的信息量,若用激光缩微技术,一幅 50 cm×60 cm 左右的地形图可缩至几平方厘米,即意味着几平方厘米的缩微地图上可容纳和载负 1 亿～2 亿个信息单元的信息量,而且这仅就直接信息量而言,至于间接信息量就更无法估算了。因此,一部由多幅地图汇编的地图集常常称之"地图信息库"和"大百科全书"。地图贮存这样大量的信息,人们需要时可以随时阅读分析,从中提取所需的各种信息。

地图作为信息的载体,有不同的载负手段,可以是载负于纸平面上,但是这仅能让人们凭直接感受读取;数字地图的信息量可以通过其在磁介质上的存贮空间来计量。

（三）地图信息传输功能

地图的信息载负功能为地理空间信息的传递准备了充分的条件。信息论是现代通信技术和电子计算机技术领域使用的概念和理论,信息论引入地图学以后,形成了以研究地图信息获取、传递、转换、贮存和分析利用的地图信息论,地图也成为地理空间信息传递的工具。地图信息的传递与一般信息的传递过程大体是相似的。捷克地图学家柯拉斯尼（A. kolacny）于 1968 年首先提出了地图信息传递系统模型（图1 6 1）,用以描述地图信息传递的特征,阐明了作为一个完整过程的地图制作与地图使用两者之间的联系,揭示了地图信息的产生、含义和使用效果的传递系统,开拓了从信息论的角度来研究地图的新领域。

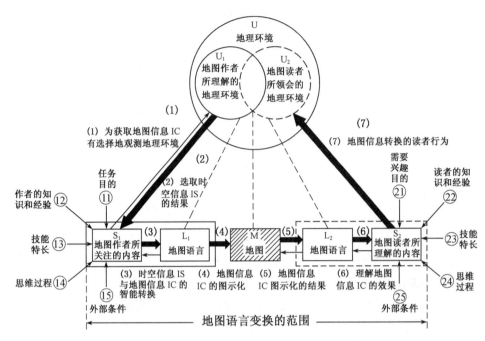

图 1-6-1   地图信息传输模式

地图信息的传输与一般信息的传输过程大体相同,信息传递的过程是:制图者(信息发送者)把对客观世界(制图对象)的认识加以选择、分类、简化等信息加工,经过符号化(编码)制成地图;通过地图(通道)将信息传递给用图者(信息接收者);用图者经过符号识别(译码),同时通过对地图的分析和解译,形成对客观世界(制图对象)的认识,并用于指导行动。

地图上包含了众多的单个信息,但一幅地图不能只理解为单个信息的数量之和。数学信息论认为输出的信息量通常等于或小于输入的信息量,而在地图信息的传输过程中却有所不同。制图者在制图过程中所进行的制图综合不仅有地图信息的减少和压缩,而且也有信息的增加,制图中补充和组合资料的过程就是新信息的增加;同样,用图者在读图时,由地图传递过来的信息也是如此,某一部分信息可能在阅读的过程中损失了,另一些信息却增加了,而且用图者读图中所获得的信息有可能超过制图者在制图时所利用的信息,这超过的部分主要是地图的潜在信息。当然,用图者所受的训练、读图经验和知识水平的不同,从地图上获取信息的多少也是不同的。

地图信息传输是从制图到用图、从制图者到用图者之间信息传递的全过程。为了发挥地图信息传输功能,制图者需要深刻认识制图对象,充分利用原始信息,考虑用图者的需求,科学地设计地图,将信息加工处理,运用地图语言,通过地图这个通道,把信息准确地传递给用图者;而用图者则必须熟悉地图语言,运用自己的知识和读图经验,深入阅读分析地图信息,正确接受制图者通过地图传递的信息,形成对制图对象的完整而深刻的认识。

(四)地图认识功能

地图具有认知功能是地图的基本特性所决定的。地图用图形和文字来表达事物,给人一种特殊的感受效果,它区别于并在很多方面优于自然语言的感受效果,因而一直被人们当作地理信息传递的工具来使用。当今经过精密测绘而获得的地图,其信息传递形式是其他形式所不可能代替的最有效的方法。地图不仅具有突出的认识功能,成为人类认识空间的工具,而且在很多方面优于传递空间信息的其他形式。

地图不仅能直观地表示任何范围制图对象的质量特征、数量差异和动态变化,而且还能反映各种现象分布规律及其相互联系,所以地图不仅是区域性学科调查研究成果的很好地表达形式,而且也是科学研究的重要手段,尤其是地理学研究所不可缺少的手段,正如世界著名地理学家李特尔所说:地理学家的工作是从地图开始到地图结束。因此地图亦称为"地理学第二语言"。近年来运用地图所具备的认识功能,把地图作为科学研究的重要手段,愈来愈受到人们的重视。

应用地图的认识功能,可以在以下几个方面发挥地图的作用:

(1)通过对地图上各要素或各相关地图的对比分析,可以确定各要素和现象之间的相互联系;通过同一地区不同时期地图的对比,可以确定不同历史时期自然或社会现象的变迁与发展。

(2)通过利用地图建立各种剖面、断面、块状图等,可以获得制图对象的空间立体分布特征,如地质剖面图反映地层变化,土壤、植被剖面图反映土壤与植被的垂直分布。

(3)通过在地图上对制图对象的长度、面积、体积、坐标、高度、深度、坡度、地表切割密度与深度、河网密度、海岸线曲率、道路网密度、居民点密度、植被覆盖率等具体数量指标的量算,可以更深入地认识地理环境。

总之,发挥地图的认识功能,可以认清规律,进行综合评价,预测预报,规划设计,为各项建设事业服务。

以上所述地图的模拟功能、信息载负功能、信息传递功能和认知功能,是就可视化的模拟地图而言的,数字地图以数据作为信息的载体,其信息在网络上进行传输;而数字地图的模拟功能在当其可视化(输出纸质地图或电子地图显示)后得以实现,至于数字地图的认识功能,则是计算机地图模式识别、信息查询和空间分析的问题。这些问题还有待于进一步深入研究。

地图被誉为改变世界的十大地理学思想之一,具有科学表达非线性复杂地理世界的空间结构和空间关系的本质功能。地图的价值主要表现为揭示科学规律、反映科技进步的科学价值,具有重要的社会价值、法理价值、文化价值和军事价值。

第七节　地图成图方法简介

一、实测成图法

实测成图法,是通过实地测量而制作地图的方法。它是在地面上实地进行的,首先根据国家控制网进行图根控制测量,再以此为基础进行地形地物的碎部测量,即用测量仪器测定各景物间的距离、方向(角度)和高差,以确定其平面位置和高程,最后将测量成果进行整饰,配以地图符号和注记,绘制成地图(图1-7-1)。

图根控制测量 → 碎部测量 → 绘制成图 → 地图制印

图1-7-1　实测成图法工艺程序

二、计算机编绘成图法

计算机编绘成图法,是以图数转换为原理,以计算机为中心设备展开的现代化的制图方法。由于计算机只接受以数字形式表达的信息,因此其制图工艺首先是将基本地图资料数字化,将地图资料转换成计算机可以接受的栅格或矢量数据;然后按编制新图的要求,利用计算机地图制图软件进行地图的编辑处理;最后通过地图输出设备,打印输出地图或输出分色胶片供制版印刷,以获得大量的地图(图1-7-2)。

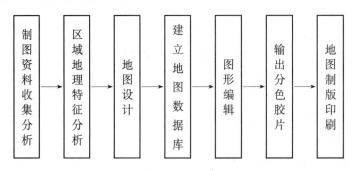

图1-7-2　计算机编绘成图法工艺程序

三、遥感资料成图法

航空遥感成图法,是利用安装在飞机上的航空摄影机对地面进行摄影,以所得的航空像片为原始资料,对像片上的影像进行分析和量测,从而确定地面点的平面位置和高程,最后绘制成地形图。此法是目前测绘大比例尺地形图的主要方法。

卫星遥感使人们可以从数百千米以外的空间来测绘地球,这是测绘技术的又一次飞跃,使测绘技术可以不受政治、地理以及自然条件的限制,作业范围可以扩展到国外、地下、大气层乃至宇宙空间,目前已经可以测制出1∶5万甚至1∶1万地形图。卫星遥感资料在制图领域已经得到了广泛应用,但目前还未形成一套完整的成图方法和标准的生产程序。其工艺程序如图1-7-3。

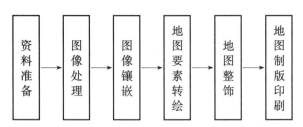

图1-7-3　遥感资料制图工艺程序

上述三种成图方法,各有其特点。实测成图法是从实地到图,计算机编绘成图法是从数字到图,遥感资料成图法是从影像到图。选用哪种成图法关键在于资料的情况和应用的要求。第一种方法主要用于小范围的大比例尺的工程测图;第二种方法是现今编制各种地图的主要方法,在实施过程中需要考虑地图投影、制图综合和地图符号设计方法等因素;第三种方法是大范围地形测图的主要成图方法,在国际上备受重视。可以利用卫星获取最新资料,快速成图,确保了地图的现势性。

第八节　误差与精度的基本知识

一、测量误差的概念与分类

(一) 测量误差的概念及其分类

在测量工作中,我们发现当某一未知量,如某一段距离、某一角度或某两点间的高程进行多次重复观测时,所得的结果往往是不一致的。又若已知由几个观测值构成的某一函数应等于某一理论值,而实际观测值代入上述函数计算时通常与理论值不相等。例如,从几何上知道一平面三角形三个内角之和应等于 180°,但如果对这三个内角进行观测,则三内角观测值之和常常不等于 180°,而有差异。这种差异实质上表现为观测值(或其函数)与未知量的真值(或其函数的理论值)之间存在差值,这种差值称为测量误差。即

测量误差＝观测值－真值

测量误差的产生,概括起来有以下三个方面的原因:

首先,是观测者感觉器官的鉴别能力和技术水平的限制,在进行仪器的安置、瞄准、读数等工作时都会产生一定的误差。与此同时,工作态度而造成的某种疏忽也会对观测结果产生影响。

其次,观测使用的仪器工具都有一定的精密度,仪器本身也含有一定的误差,如钢尺的最小分划以下的尾数就难以保证其准确性,又如水准测量时水准仪的视准轴不水平必然会对水准测量观测结果带来误差。

再有,在观测过程中所处的外界自然条件,如地形、温度、湿度、风力、大气折光等因素都会给观测值带来误差。

在实际测量工作中,上述观测者、仪器和客观环境三个方面是引起测量误差的主要因素,统称"观测条件"。观测成果的精确度称为"精度"。不难想象,观察条件的好坏与观测成果的质量有着密切的联系。当观测条件好一些,观测中所产生的误差平均来说就可能相应地小一些,因而观测成果的质量就会高一些。反之,观测条件差一些,观测成果的质量就会低一些。如果观测条件相同,观测成果的质量也就可以说是相同的。所以说,观测成果的质量高低也就客观地反映了观测条件的优劣。

在相同的观测条件下进行的观测,称为同精度观测。如有一个人或具有同等技术水平和工作态度的人使用相同精度的仪器,以同样的方法,在同一客观环境下所进行的观测称为"同精度观测"。反之,各个观测使用不同精度的仪器,或观测方法技术水平不同,或客观环境差别较大,则是不同精度的观测。

测量误差根据其性质不同,可分为系统误差、偶然误差以及粗差。

1. 系统误差

在相同的观测条件下,对某一固定量进行多次观测,如果测量误差在正负号及量的大小表现出一致性的倾向,即保持为常数或按一定的规律变化的误差,称为系统误差。这种误差随着观测量的增多而逐渐累积。例如,钢尺量距时,钢尺的名义长度为 30 m,而鉴定后的实际长度为 30.005 m,每量一个整尺,就比实际长度小 0.005 m,这种误差的大小与所量直线

的长度成正比,而且正负号始终一致;又如,水准测量时,水准仪的视准轴不平行于水准管水准轴而引起的高差误差等。系统误差对测量结果的危害性极大,但是,由于系统误差是有规律性的而可以设法将它消除或减弱。例如,钢尺量距时,可以用尺长方程式对测量结果进行尺长改正;又如水准测量中用前后视距相等的办法来减少仪器视准轴不平行与水准管轴给测量结果带来的影响;经纬仪测角时用盘左盘右分别观测取平均值的方法可以减弱视准轴不垂直于横轴的影响等。

2. 偶然误差

在相同的观测条件下,对某一固定量进行一系列观测,如果测量误差在正负号及数值上都没有一定的规律性,例如量距和水准测量时小数的估读误差等,这类误差称为偶然误差。

在测量工作中,系统误差和偶然误差总是同时存在的,由于系统误差具有积累性,它对观测结果的影响尤为显著,所以在测量时要利用各种方法消除系统误差的影响,从而使测量误差中偶然误差处于主导地位。

3. 粗差

在测量工作中,除了不可避免的误差外,有时还会出现错误,或称为粗差,如测量人员不正确地操作仪器,以及观测过程中测错、读错、记错等,是由于观测者疏忽而造成的。粗差在测量结果中是不允许存在的。为了杜绝粗差,除了认真作业外,常采用一些检核措施,如重复观测和多余观测。

(二)偶然误差特性

在观测结果中,主要存在的是偶然误差,偶然误差是不能用计算改正或用一定的观测方法简单地加以消除。为了减少偶然误差对测量结果的影响,合理地处理观测数据,有必要了解偶然误差的特性。

下面介绍一个测量中的例子:

在相同的观测条件下,对三角形的内角和进行观测,三角形内角之和 L 值不等于其真值 $180°$,差值 Δ 称为闭合差或真误差,即

$$\Delta i = L_i - 180° \qquad (i = 1, 2, \cdots, n) \qquad (1-8-1)$$

现观测了 217 个三角形,即 $n = 217$,由上式计算的三角形内角和的真误差共计 217 个。现按每 $3''$ 为一区间,以误差的大小及其正负号,分别统计每个误差区间的个数 v 及相对个数 $v/217$,结果如表 $1-8-1$。

表 $1-8-1$　三角形闭合差分布表

误差大小的区间	正的误差		负的误差		总　计	
	个　数	百分比	个　数	百分比	个　数	百分比
$0''\sim3''$	30	14%	29	13%	59	27%
$3''\sim6''$	21	10%	20	9%	41	19%
$6''\sim9''$	15	7%	18	8%	33	15%
$9''\sim12''$	14	6%	16	7%	30	13%
$12''\sim15''$	12	6%	10	5%	22	11%

（续表）

误差大小的区间	正的误差		负的误差		总　　计	
	个　数	百分比	个　数	百分比	个　数	百分比
$15''\sim18''$	8	4%	8	4%	16	8%
$18''\sim21''$	5	2%	6	3%	11	5%
$21''\sim24''$	2	1%	2	1%	4	2%
$24''\sim27''$	1	0%	0	0%	1	0%
$27''$以上	0	0%	0	0%	0	0%
合　　计	107	50%	110	50%	217	100%

由表1-8-1可以看出：① 小误差出现的个数或百分比比大误差的多或大；② 绝对值相同的正负误差的个数或百分比大致相等；③ 最大误差不超过某一定值（本例为27″）。

通过大量实践的统计结果可以总结出偶然误差具有以下统计特性：

（1）在一定的观测条件下，偶然误差的绝对值不会超过一定限度，或者说超过该限值的误差的概率为零；

（2）绝对值较大的误差比绝对值较小的误差出现的概率小；

（3）绝对值相等的正负误差出现的概率相同；

（4）同一量的等精度观测，随着观测次数 n 的无限增加时，偶然误差的算术平均值趋于零。即

$$\lim\frac{\sum\Delta}{n}=0 \qquad\qquad (1-8-2)$$

式（1-8-2）表示偶然误差的数学期望等于零。

上述偶然误差的第一个特性说明误差出现的范围；第二个特性说明误差绝对值大小的规律；第三个特性说明误差符号出现的规律；第四个特性可由第三个特性导出，它说明偶然误差具有抵偿性。

测量误差的分布还可以用直观的图形来表示，如图1-8-1所示。图中的横坐标表示误差的大小，在横坐标轴上截取各误差区间，纵坐标表示各区间误差出现的相对个数 ν_i/n 除以区间的间隔，这种图称为直方图。直方图上每一误差区间上的长方形面积代表该区间误差出现的频率，图中有斜线的矩形面积就代表误差出现在 $+6''\sim+9''$ 区间的频率为0.069，显然，图中矩形面积之和为1。

当观测次数愈来愈多，误差出现在各区间的频率将趋于一个稳定值，也就是说在一定的条件下，对应着一个确定的误差分布。随着观测次数的足够多，如果把误差的区间间隔无限缩小，图1-8-1中的各矩形的上部折线将变为一条光滑曲线，如图1-8-2所示，称为误差分布曲线。在数理统计中，该曲线称为正态分布曲线。其曲线方程为：

$$f(\Delta)=\frac{1}{\sqrt{2\pi}\sigma}e^{-\frac{\Delta^2}{2\sigma^2}} \qquad\qquad (1-8-3)$$

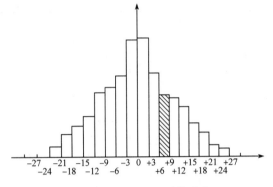

图 1 - 8 - 1　测量误差的分布

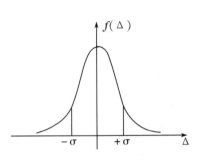

图 1 - 8 - 2　误差分布曲线

式(1 - 8 - 3)也称概率分布密度,式中参数

$$\sigma^2 = \lim_{n \to \infty} \frac{\sum \Delta^2}{n}$$

σ 是观测误差的标准差,它是评定测量精度的一个重要指标。

(三) 测量精度

在测量工作中,衡量观测值的精度,通常采用以下几种精度指标:

1. 中误差、平均误差、允许误差和极限误差

对一组未知量 x 作等精度观测,其观测值为 L_i,真误差为 $\Delta i (i=1,2,3,\cdots)$,该组观测值的中误差用下式表示:

$$m = \pm \sqrt{\frac{\sum \Delta^2}{n}} \qquad (1 - 8 - 4)$$

当观测次数 $n \to \infty$ 时,显然 m 将趋近于 σ,或者说中误差是 n 为有限值时标准差的估值(近似值)。即中误差是衡量一组同精度观测在 n 为有限个数时的一个精度指标。

必须指出,同精度观测具有相同的中误差,但其真误差彼此是不会相等的。

【例 1 - 8 - 1】　设对某一三角形用两种不同的精度分别观测了 10 次,其三角形内角和的真误差为:

第一组:$+2'', -3'', +4'', +1'', 0, -2'', -1'', +2'', +3'', +4''$

第二组:$0, -2'', +6'', +2'', +8'', -3'', +1'', +7'', -1'', +3''$

这两组观测值(三角形内角和)的中误差计算如下:

$$m_1 = \pm \sqrt{\frac{2^2 + 3^2 + 4^2 + 1^2 + 0 + 2^2 + 1^2 + 2^2 + 3^2 + 4^2}{10}} = \pm 2.5''$$

$$m_2 = \pm \sqrt{\frac{0^2 + 2^2 + 6^2 + 2^2 + 8^2 + 3^2 + 1^2 + 7^2 + 1^2 + 3^2}{10}} = \pm 4.2''$$

比较 m_1、m_2 的值可知,第一组的观测精度比第二组的观测精度高。

一般来说,被观测值的真值是不可知的,不能直接使用式(1-8-4)来计算中误差,通常采用算术平均数来代替真值,则精度可用下式表达:

$$\left. \begin{array}{l} v_i = x - x_i \\ m = \pm \sqrt{\dfrac{\sum vv}{n-1}} \end{array} \right\}$$
(1-8-5)

式中:x_i 为观测值;$x = \dfrac{\sum x_i}{n}$ 为均值;v_i 为改正数;n 为观测个数。式(1-8-5)即为利用观测值改正数计算中误差的公式,称为白赛尔公式。

在测量工作中,对于评定一组同精度观测值的精度而言,为了计算方便,欧美国家常采用下述精度指标:

$$\theta = \pm \dfrac{\sum |\Delta|}{n}$$
(1-8-6)

θ 称为平均误差,它是误差绝对值的平均值。

根据误差理论,中误差和平均误差有以下近似的数量关系:

$$\theta \approx 0.797\,9m$$
(1-8-7)

由偶然误差的第一特性说明,在一定的观测条件下,偶然误差的绝对值不会超过一定的限值。根据误差理论,大于中误差的真误差出现的概率为 31.7%,大于 2 倍中误差的真误差出现的概率为 4.5%,大于 3 倍中误差的真误差出现的概率仅占 0.3%。可以认为,大于 3 倍中误差的偶然误差实际上是不可能出现的。故通常以 3 倍中误差作为偶然误差的极限误差:

$$\Delta_{极限} = 3 \times m$$
(1-8-8)

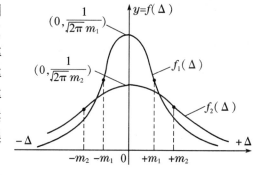

图 1-8-3　不同精度的误差分布曲线

实际测量工作中是不允许存在较大误差的,通常测量规范中规定 2 倍(或 3 倍)中误差作为偶然误差的允许值,称为允许误差:

$$\Delta_{容许} = 2 \times m \quad 或 \quad \Delta_{容许} = 3 \times m$$
(1-8-9)

大于允许误差的观测值被认为是不可靠的,应予剔除,重新观测。

图 1-8-3 为不同精度的误差分布曲线。

2. 相对误差

真误差和中误差都是绝对误差,评定精度时,单使用绝对误差有时还不能反映测量的精度。例如,丈量两条直线长度分别为 100 m 和 50 m,其中误差都是 ±0.01 m,显然不能认为两者的观测精度是相同的。为此,利用绝对误差和观测值的比值 K 来评定精度,并要求其分子为 1。

$$K = \dfrac{m}{L} = \dfrac{1}{L/m}$$
(1-8-10)

K 值称为相对误差。若式中 m 为中误差,则 K 称为相对中误差。上例中:

$$K_1 = \frac{m_1}{L_1} = \frac{1}{10\ 000}, \ K_2 = \frac{m_2}{L_2} = \frac{1}{5\ 000}$$

$K_1 < K_2$,前者精度比后者高。

值得指出的是,对于角度而言,测角误差与角度的大小无关,不能用相对误差来衡量测角精度。

二、误差传播定律

前面已经叙述了一组同精度观测值的精度评定问题,但是在实际工作中许多未知量不可能或者不便于直接观测,而是由一些直接观测值根据一定函数关系计算而得。例如,欲测定两点间的高差 h,可由直接观测的竖直角 α 和水平距离 D 以函数关系表示 $h = D \cdot \tan\alpha$ 来计算。显然函数 h 的中误差与观测值 D 和 α 存在一定的关系,阐述观测值中误差与观测值函数中误差的关系的定律,称为误差传播定律。

设有函数:

$$Z = f(x_1, x_2, x_3, \cdots, x_n) \tag{1-8-11}$$

式中 $x_i (i = 1, 2, 3, \cdots, n)$ 为独立观测值,已知其中误差为 $m_i (i = 1, 2, 3, \cdots, n)$,求不便直接观测的函数 Z 的中误差。

当 x_i 具有真误差 Δx_i 时,函数 Z 相应地产生真误差 ΔZ,Δx_i 和 ΔZ 都是小值,由数学分析可知,变量的微小变化和函数的微小变化之间的关系,可以近似地用函数全微分来表达,并通过用 Δx_i 和 ΔZ 取代微分符号 $\mathrm{d}x_i$ 和 $\mathrm{d}Z$,即

$$\Delta Z = \frac{\partial f}{\partial x_1} \Delta x_1 + \frac{\partial f}{\partial x_2} \Delta x_2 + \cdots + \frac{\partial f}{\partial x_n} \Delta x_n \tag{1-8-12}$$

式中 $\frac{\partial f}{\partial x_i} (i = 1, 2, 3, \cdots, n)$ 为函数值对各自变量的偏导数。

设 $\frac{\partial f}{\partial x_i} = f_i (i = 1, 2, 3, \cdots, n)$,则式 (1-8-12) 可以写成:

$$\Delta Z = f_1 \Delta x_1 + f_2 \Delta x_2 + \cdots + f_n \Delta x_n \tag{1-8-13}$$

为求得函数与观测值之间的中误差关系式,设想进行了 K 次观测,则可以写出:

$$\Delta Z^{(1)} = f_1 \Delta x_1^{(1)} + f_2 \Delta x_2^{(1)} + \cdots + f_n \Delta x_n^{(1)}$$

$$\Delta Z^{(2)} = f_1 \Delta x_1^{(2)} + f_2 \Delta x_2^{(2)} + \cdots + f_n \Delta x_n^{(2)}$$

$$\vdots \qquad \vdots \qquad \vdots \qquad \vdots$$

$$\Delta Z^{(k)} = f_1 \Delta x_1^{(k)} + f_2 \Delta x_2^{(k)} + \cdots + f_n \Delta x_n^{(k)}$$

将上面各式分别取平方后求和,然后两端各除以 K 得:

$$\frac{\sum \Delta Z^2}{K} = f_1 \frac{\sum \Delta x_1^2}{K} + f_2 \frac{\sum \Delta x_2^2}{K} + \cdots + f_n \frac{\sum \Delta x_n^2}{K}$$

$$+ \sum_{i, j=1, n}^{i \neq j} f_i \cdot f_j \frac{\sum \Delta x_i \cdot \Delta x_j}{K} \qquad (1-8-14)$$

设各观测值 x_i 为独立观测值,则 $\Delta x_i \cdot \Delta x_j$ 当 $i \neq j$ 时亦为偶然误差,根据偶然误差的第四个特性,式(1-8-14)中最末一项当 $K \to \infty$ 时趋近于零,即

$$\sum_{i, j=1, n}^{i \neq j} f_i \cdot f_j \frac{\sum \Delta x_i \cdot \Delta x_j}{K} = 0$$

故(1-8-14)式可以写成:

$$\lim_{k \to \infty} \frac{\sum \Delta Z^2}{K} = \lim_{k \to \infty} \left[f_1 \frac{\sum \Delta x_1{}^2}{K} + f_2 \frac{\sum \Delta x_2{}^2}{K} + \cdots + f_n \frac{\sum \Delta x_n{}^2}{K} \right]$$

根据方差的定义,上式可以写成:

$$\sigma_Z^2 = f_1^2 \sigma_1^2 + f_2^2 \sigma_2^2 + \cdots + f_n^2 \sigma_n^2$$

当认为 K 为有限值时,写成中误差形式: $m_Z^2 = f_1^2 m_1^2 + f_2^2 m_2^2 + \cdots + f_n^2 m_n^2$,即

$$m_Z = \pm \sqrt{\left(\frac{\partial f}{x_1}\right)^2 m_1^2 + \left(\frac{\partial f}{x_2}\right)^2 m_2^2 + \cdots + \left(\frac{\partial f}{x_n}\right)^2 m_n^2} \qquad (1-8-15)$$

上式即为由独立观测值计算函数中误差的一般形式。

三、应用举例

(一) 水准测量精度

设在 A、B 两点间用水准仪观测了 n 个测站,则 A、B 两点间高差为:

$$h = h_1 + h_2 + \cdots + h_n$$

设各测站为等精度观测,其中误差为 $m_{站}$,由(1-8-15)式可知 A、B 间高差的中误差为:

$$m_h^2 = m_{站}^2 + m_{站}^2 + \cdots + m_{站}^2 = n \cdot m_{站}^2$$

即:

$$m_h = \pm \sqrt{n}\, m_{站} \qquad (1-8-16)$$

水准测量时,当各测站高差的观测精度基本相同时,水准测量高差的中误差与测站数的平方根成正比;同样可知,当各测站距离大致相等时,高差的中误差与距离的平方根成正比,即:

$$m_h = \pm \sqrt{\frac{L}{l}}\, m_{站} \quad \text{或} \quad m_h = \pm \sqrt{L}\, m_{千米}$$

式中:$m_{站}$ 是每站的高差中误差,L 为 A、B 的总长;l 为各测站间的距离;$m_{千米}$ 是每丁米路线长的高差中误差(L 单位为千米)。

(二) 由三角形闭合差计算测角精度

设三角形的内角和为 L_i,三内角的观测值分别为 α_i、β_i、$\gamma_i(i = 1, 2, 3, \cdots, n)$,则:

$$L_i = \alpha_i + \beta_i + \gamma_i$$

三角形的闭合差 $W_i = \alpha_i + \beta_i + \gamma_i - 180°$，其内角和闭合差的中误差为：

$$m_W = \pm \sqrt{\frac{\sum W^2}{n}}$$

故，根据误差传播定律：

$$m_W^2 = m_\alpha^2 + m_\beta^2 + m_\gamma^2 = 3 \cdot m_角^2$$

所以：

$$m_角 = \pm \sqrt{\frac{\sum W^2}{3n}} \tag{1-8-17}$$

（1-8-17）式称为菲列罗公式，该式是用真误差 W_i 来计算测角中误差的，它可以用来检验经纬仪的测角精度。

（三）水平角的测量精度

经纬仪观测水平角是测定构成水平角的两个方向值之差，即：$\beta = l_1 - l_2$。设经纬仪一测回的方向中误差为 m_l，则根据误差传播定律，一测回水平角的中误差为：

$$m_\beta = \pm\sqrt{2}\, m_l \tag{1-8-18}$$

例如，DJ_6 经纬仪测角，$m_l = \pm 6''$，$m_\beta = \pm\sqrt{2} \cdot 6'' = \pm 8.5''$。

（四）等精度观测算术平均值的中误差

设在相同的观测条件下，对某一未知量进行了 n 次观测，观测值为 $L_1, L_2, L_3, \cdots, L_n$，取其算术平均值 x 作为未知量的最适值，现在推算算术平均值的中误差公式：

$$x = \frac{L_1}{n} + \frac{L_2}{n} + \cdots + \frac{L_n}{n}$$

由于各独立观测值的精度相同，设其中误差为 m，所以：

$$m_x^2 = \underbrace{\left(\frac{1}{n}\right)^2 m^2 + \left(\frac{1}{n}\right)^2 m^2 + \cdots + \left(\frac{1}{n}\right)^2 m^2}_{n项} = \frac{1}{n} m^2$$

故：

$$m_x = \pm \frac{1}{\sqrt{n}} m \tag{1-8-19}$$

上式可知，算术平均值的中误差为观测值中误差的 $\frac{1}{\sqrt{n}}$ 倍。

若采用改正数形式计算中误差，将式（1-8-5）代入式（1-8-19）得：

$$m_x = \pm \sqrt{\frac{\sum vv}{n(n-1)}} \tag{1-8-20}$$

上式表明，测量时，测回数的增加可以提高精度。即随着 n 值的不断增加，m_x 值会不断减少,观测值 x 的精度提高。如观测次数增加为 4 次时,精度提高 1 倍。但是,随着观测次数增加到一定数目后,精度提高不多。如观测次数由 4 次提高到 16 次时,精度才增加 1 倍。因此,提高最或是值的精度单靠增加观测次数效果不太明显,还需改善观测条件,如采用较高精度的仪器,提高观测技能,以及在良好的外界观测条件下进行观测等。

复习思考题

1. 测量学研究的基本内容是什么?

2. 测绘学的基本任务是什么?

3. 何谓铅垂线? 它在测量工作中有何作用?

4. 何谓大地水准面? 它在测量工作中有何作用?

5. 何谓旋转椭球面? 它在测量工作中有何作用?

6. 国家统一坐标计算的基准面是什么? 为什么不能投影到大地水准面上进行计算?

7. 国家统一的平面直角坐标系是如何建立的?

8. 测量的三个基本要素是什么? 测量的三项基本工作是什么?

9. 测量工作的基本原则是什么? 为什么要遵循这些基本原则?

10. 测量工作中用水平面代替水准面时,地球曲率对距离、高差的影响如何?

11. 测量学的平面直角坐标系是怎样建立的? 它与数学上的平面直角坐标系有何不同?

12. 设我国某处 A 点的横坐标 $y = 19\,589\,513.12$ m,问该坐标值是按几度带投影计算而得? A 点位于第几带? A 点在中央子午线东侧还是西侧,距中央子午线多远?

13. 现在我国统一采用的高程系统叫什么? 大地原点和高程原点在哪里?

14. 通过对地图与航卫像片、风景画和照片的对比分析,说明地图的基本特性和科学定义。

15. 依据地图的定义,分别说明地球仪、沙盘地形模型、卫星像片、计算机屏幕地图是否是地图? 并叙述理由。

16. 叙述构成地图内容的要素有哪些?

17. 什么是普通地图? 什么是专题地图? 它们有哪些区别和联系?

18. 大、中、小比例尺地形图是如何区分的?

19. 试区别政区图、城市旅游图、地理图、地貌图是普通地图还是专题地图。

20. 引起测量误差的主要因素有哪些? 测量误差分哪几类,它们的区别是什么?

21. 偶然误差有哪些特性? 试根据偶然误差的第四个特性,说明等精度直接观测值的算术平均值是最可靠值。

22. 何谓精度? 并解释作为衡量精度指标的中误差、极限误差的概率含义。

23. 量得一圆的半径 $R = 31.3$ mm。其中误差为 ± 0.3 m,求该圆面积及其中误差。

24. 已知用某经纬仪测角时,一测回角值的中误差为 $\pm 20''$,若需角值精度达到 $\pm 10''$,至少应测几个测回取平均值、精度才能满足要求?

25. 对某直线丈量了 6 次,观测结果为:246.535 m、246.548 m、246.520 m、246.529 m、246.550 m、246.537 m,试计算其算术平均值、算术平均值的中误差及相对误差。

26. 某水平角以等精度观测 4 个测回,观测值分别为 $55°40'47''$、$55°40'40''$、$55°40'42''$、$55°40'46''$,试求观测值一测回的中误差、算术平均值及其中误差。

第二章　地图数学基础

导　读

　　地图的数学基础,就是为了使地图上各种地理要素与地面事物之间保持一定的对应关系。具体指地图所采用的地图投影(经纬网)、坐标网、大地控制点、比例尺等数学要素。

　　地图投影的实质是将地球椭球面上的经纬线网按照一定的数学法则转移到平面上。用不同投影方法生成的经纬线网形状不相同,它们的变形性质和变形分布规律也不相同。长度变形是地图投影的主要变形,它影响着面积变形和角度变形。变形性质不同的投影适用于不同用途的地图。地图投影的选择取决于制图区域的范围、地理位置和轮廓形状等。

第一节　地图投影基本概念

　　地球的形状经过长期的观察与测量,了解到它是一个近似以椭圆短轴为旋转轴旋转而成的椭球体。地球面是不可展的曲面,而地图是连续的二维平面,用地图表示地球的一部分或全部,就产生了一种不可克服的矛盾——球面与平面的矛盾。

一、地图投影的产生

　　地图是二维的平面,而地球椭球体的表面是个曲面,要把曲面上的物体表示到平面上,首先就要将曲面展为平面,然而球面是个不可展的曲面,若强行把它展平,就会像一个乒乓球被破开压平一样,发生破裂和重叠,在这种平面上绘制地图,显然是不实用的。人们需要的地图是要能把地球表面完整而连续地表示在平面上。要达到这种要求,只有采用特殊的科学方法,将曲面展开,使其没有破裂和重叠,这就产生了地图投影。

　　最早的地图投影是几何透视方法,它是建立在透视学原理基础之上的。通过测量的方法获得地形图的过程可以理解为将测图地区按一定比例缩小成一个地形模型,然后将其上的一些特征点(测量控制点、地形点、地物点)用垂直投影的方法投影到图纸(平面)上即垂直投影。

二、地图投影的定义

　　地球椭球面是一个不可展的曲面,球面上任一点的位置是用地理坐标(λ, φ)表示,而平面上点的位置是用平面直角坐标(x, y)或极坐标(r, θ)表示,要想将地球表面上的点转移到平面上去,则必须采用一定的数学方法来确定其地理坐标与平面直角坐标或极坐标之间的关系。在球面与平面之间建立点与点之间对应函数关系的数学方法,称为地图投影。研究地图投影的理论、方法、应用和变换等学问的科学,称为地图投影学或数学制图学,是地图学的一个分支学科。

三、地图投影的实质

地图投影的实质是将地球椭球体面上的经纬网按照一定的数学法则转移到平面上,建立球面上点(λ, φ)与平面上对应点(x, y)之间一一对应的函数关系,用数学公式表达为:

$$\left.\begin{array}{l} x = f_1(\lambda, \varphi) \\ y = f_2(\lambda, \varphi) \end{array}\right\} \qquad (2-1-1)$$

式(2-1-1)是地图投影的一般方程式。给定不同的条件,就可得到不同种类的投影公式,依据各自公式将一系列的经纬线交点(λ, φ)计算成平面直角坐标(x, y),并展绘在平面上构成经纬网。经纬网是绘制地图的"基础",是地图的主要数学要素。

地图投影法虽然解决了球面与平面之间的矛盾,但在平面上完全无误地表示地球的各部分是不可能的,即是说它们之间必然存在变形。一般来说有三种变形:一是长度变形,即投影后的长度与原地球椭球面上对应的长度不相同;二是面积变形,即投影后的面积与原地球椭球面上对应面积不相等;三是角度变形,即投影前后任意两个对应方向的夹角不等。

四、地图投影的研究对象与任务

地图测制的过程概略地分为两步:一是选择一个非常近似于地球自然形状的规则几何体来代替它,然后将地球面上的点位按一定法则转移到此规则几何体上,是大地测量学的任务;二是再将此规则几何体面(不可展曲面)按一定数学法则转换为地图平面,是地图投影学的任务。

地图投影的研究对象是研究将地球椭球面(或球面)转换到地图平面上的理论、方法及应用,以及地图投影变形规律。此外,还研究不同地图投影之间的转换和图上量算等问题。

地图投影的主要任务是建立地图的数学基础,包括把地球椭球面上的坐标系转化成平面坐标系,建立制图网——经纬线在平面上的表象。

随着地图学与地理信息学科专业的发展,地图投影学的理论、方法、研究内容与应用得到了不断拓展和深化,传统意义上的静态、二维、矢量的地图投影理论、方法已难以描述其自身的发展,这也是学科发展的必然趋势;地图投影学逐步发展成为研究空间几何变换与空间数据处理的理论、方法及应用的完整学科体系。

地图投影是地图的数学基础,起着基础和骨架作用,正是地图投影才使得地图具有严密的科学性和精确的可量测性。从广义上讲,地图投影系统是实现空间信息定位的基础,是地球空间数据的基础框架,是空间信息可视化的基础。

五、地图投影基本方法

地图投影的方法,可归纳为几何透视法和数学分析法两种。

(一) 几何透视法

几何透视法是利用透视关系,将地球体面上的点投影到投影面上的一种投影方法。图

2-1-1即是将地球体面分别投影在平面和圆柱体面上的透视投影示意图。

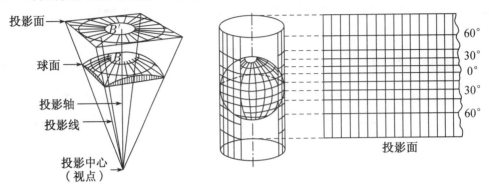

图2-1-1　透视投影示意图

几何透视法原理简单、易于理解,是一种比较原始的投影方法,它有很大的局限性,表现为通常不能将全球都投影下来。

(二) 数学分析法

数学分析法,即在球面与投影面之间直接建立点与点的函数关系,在平面上确定坐标网的一种投影方法。当前绝大多数地图投影都采用数学分析法。具体方法请参阅相关书籍。

六、地图投影变形

(一) 地图投影变形概念

为了制作地图,需要将地球体面这个不可展的曲面展成平面,从而不可避免地造成了破裂或重叠。为了使地物和地貌完整,须将裂开的部分予以均匀拉伸,重叠的部分予以均匀压缩,如图2-1-2。由于进行了拉伸和压缩,地图就和地球体面的相应部分失去了相似性,在长度、面积和形状方面产生了变化,这种变化就是投影变形。

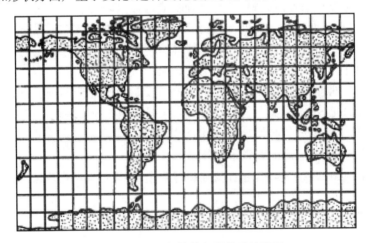

图2-1-2　均匀拉伸与压缩后的地图

如图2-1-3所示,地球表面上相同大小的圆,投影到平面上时产生了明显差异,形成不同形状和大小的椭圆,这就是地图投影变形所致。

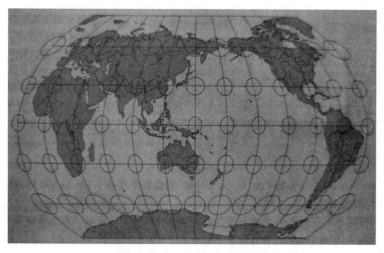

图 2-1-3 地图投影变形

地图投影变形是不可避免的,即没有变形的地图投影是没有的;对某一地图投影来讲,不存在这种变形,就一定存在另一种变形。人们只有掌握地图投影变形性质和规律,才能有目的地支配和控制地图投影的变形,以满足实际需要。

地图投影变形主要表现在长度、角度和面积三个方面。

1. 长度比与长度变形

长度比指投影面(地图)上一微分线段长度 ds' 与椭球体面(地面)上相应微分线段长度 ds 之比。用 μ 表示,则:

$$\mu = \frac{ds'}{ds} \tag{2-1-2}$$

长度比是一个相对变量,不仅随点位不同而变化,而且在同一点上随方向不同也有差异;它只有大于 1 和小于 1 的数(个别地方等于 1),因而仅表明某线段按比例缩小投影后的长度是增长了还是缩短了这一概念。

长度变形指投影面上一微分线段长度 ds' 与椭球体面上相应微分线段长度 ds 之差值同这微分线段长度 ds 之比。用 V_μ 表示,则:

$$V_\mu = \frac{ds' - ds}{ds} = \frac{ds'}{ds} - 1 = \mu - 1 \tag{2-1-3}$$

由(2-1-3)式可知,长度变形就是长度比与 1 之差。用以反映线段投影后变化的程度,通常用百分数表示,有正有负,表明某线段按比例投影后长度增长或缩短的程度。

长度变形是地图投影最主要的变形,它影响着面积和角度的变形。

2. 角度变形

角度变形是指投影面上过某一点的任意两方向线的夹角 α' 与地球椭球体面上相应两方向线的夹角 α 之差值,以 $\alpha' \sim \alpha$ 表示。是衡量地图投影变形大小的一种数量指标。

过一点可引出许多方向线,每两方向线均可构成一个角度,这些角度投影到平面上后,往往与原来的不一般大小,而且不同方向线所构成的角度产生的变形一般也不一样。通常只研究具有代表性的、最值得注意的一些角度变形,如经纬线夹角、某两方向线所产生的最大角度变形等。

角度变形与变形椭圆的长短轴差值成正比。鉴于长度变形随纬度升高而增大,变形椭圆的长短轴差值也随之增大,致使角度变形在高纬处比低纬处大,从而使变形椭圆与微分圆的形状差别也增大。因此,角度变形是形状变形的具体标志。

3. 面积比和面积变形

面积比是指投影面上一微分面积 dF' 与地球椭球面上相应微分面积 dF 之比。面积比是个随点位、方向不同而变化的变量。面积比只有大于 1 和小于 1 的数(个别地方等于 1),没有负数,因而仅表明某面积按比例缩小投影后,面积是增大还是缩小这一概念。

面积变形是指投影面上一微分面积 dF' 与地球椭球面上相应微分面积 dF 之差值同这微分面积之比。用 V_P 表示,则:

$$V_P = \frac{dF' - dF}{dF} = \frac{dF'}{dF} - 1 = P - 1 \qquad (2-1-4)$$

由(2-1-4)式可知,面积变形就是面积比与 1 之差,是衡量地图投影变形大小的一种数量指标。通常用百分数(%)表示,有正有负,分别表明某面积按比例缩小投影后面积放大或缩小的程度,如 $V_P = \pm 2\%$,即表示平面上某面积较实地面积放大或缩小了 2%。

(二) 变形椭圆

地球体面上的微分圆投影到平面上一般为椭圆,特殊情况下为圆,这种球面上的圆经投影而产生的椭圆或圆,统称为变形椭圆。变形椭圆的理论是法国科学家底索(1881 年)提出的,故又称底索曲线(Tissot's Indicatrix)。

在图 2-1-4 中,沿地球仪某经线,在纬度 0°、30°、60°处画 3 个微分圆,投影时因由曲面展成平面,位于 30°、60°纬度处的圆就沿经线分成东西两半,其裂缝随纬度升高而增大;在将裂开的两半均匀拉伸至愈合时,其圆因东西方向上增长而变成椭圆形;赤道处,因未裂开,没有拉伸,故仍为微圆。纬度愈高则椭圆的扁率愈大,其变形也愈大,因南北方向上未拉伸,故经线方向上长度不变。

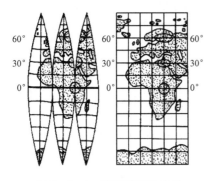

图 2-1-4 变形椭圆的构成

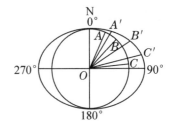

图 2-1-5 椭圆与圆的比较

通过变形椭圆与微分圆的比较,可以说明投影变形的性质和大小。变形椭圆不仅在性质不同的投影中表现为不同的形状和大小,而且在同一投影中不同部位的各点上,也表现出不同的形状和大小(图 2-1-5)。

(三) 极值长度比和主方向

1. 极值长度比

鉴于在某一点上,长度比随方向的变化而变化,通常不一一研究各个方向的长度比,而只研究其中一些特定方向的极大和极小长度比。地面微分圆的任意两正交直径,投影后为椭圆的两共轭直径,其中仍保持正交的一对直径即构成变形椭圆的长短轴。沿变形椭圆长半轴和短半轴方向的长度比因分别具有极大和极小值,而称为极大和极小长度比,通常用 a 和 b 表示。极大和极小长度比总称极值长度比,是衡量地图投影长度变形大小的数量指标。极值长度比是个变量,在不同点上其值不等,即使在同一点上也随方向不同而变化。在经纬线为正交的投影中,经线长度比(m)和纬线长度比(n)即为极大和极小长度比。经纬线投影后不正交,其交角为 θ,则经纬线长度比 m、n 和极大、极小长度比 a、b 之间具有下列关系:

$$\left.\begin{array}{l} m^2 + n^2 = a^2 + b^2 \\ mn\sin\theta = ab \end{array}\right\} \qquad (2-1-5)$$

2. 主方向

过地面某一点上的一对正交微分线段,投影后仍为正交,则这两正交线段所指的方向均称为主方向。主方向上的长度比是极值长度比,一个是极大值,一个是极小值。在经纬线为正交的投影中,因交角 $\theta = 90°$;此时经纬线长度比与极值长度比一致。经纬线方向亦为主方向。在经纬线不正交的网格上,变形椭圆的主方向与经纬线不一致,因此在实用时要研究经纬线的长度比。

(四) 标准点、标准线和等变形线

标准点指地图投影面上没有任何变形的点,即投影面与地球椭球体面相切的切点。离开标准点愈远,则变形愈大。

标准线指地图投影面上没有任何变形的线,即投影面与地球椭球体面相切或相割的那一条或两条线。标准线分标准纬线和标准经线(分别简称标纬和标经),并又各自分切纬线和割纬线或切经线和割经线。离开标准线愈远,则变形愈大。

标准点和标准线,在确定地图比例尺、分析地图投影变形分布规律、确定地图投影性质和在地图上进行量算,均要用作依据。

等变形线指投影面上变形值相等的各点的连线。用来显示地图投影变形的大小和分布规律。不同投影有不同形状的等变形线,有直线、圆形、椭圆形和其他各种曲线等形状。不同等变形线形状的投影适合于不同形状的制图区域,这是选择地图投影要考虑的因素之一。有面积等变形线和最大角度等变形线等几种。

七、地图投影分类

地图投影已有两千多年的历史,人们根据各种地图的要求,设计了数百种地图投影,随着运用数学方法和计算机对地图投影的探求,地图投影的数量还会大量增加,但从实用角度,常用的也只有数十种。

地图投影分类的标志很多,但从地图应用出发,一般常用变形性质和正轴时经纬网形状两种标志进行分类。

（一）按投影变形性质分类

1. 等角投影

指投影面上某点的任意两方向线夹角与地球椭球体面上相应的夹角相等的投影。因此该投影在一点的各个方向线上的长度比一致，这样变形椭圆仍为圆；但在不同点上长度比不一致，故微分圆的大小不同（图2-1-6(a)）。在这类投影中由于保持了形状的正确，故又称正形投影或相似投影。另外除标准点和标准线之外，其余地方的圆均有面积变形，且变形较大。

等角投影在小范围内没有方向变形，因而便于在图上量测方向和距离，适用于编制风向、洋流、航海、航空等地图和各种比例尺地形图。

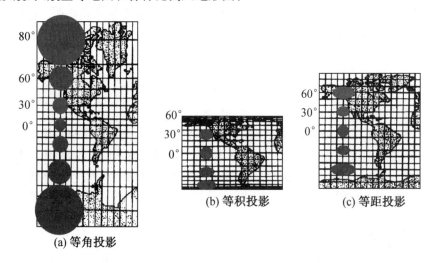

图2-1-6　由变形椭圆看不同的投影

2. 等积投影

指投影面上的任意图形面积与地球椭球体面上相应的图形面积相等的投影。在等积投影中，除标准点和标准线之外，各处的变形椭圆均描写成椭圆，且面积比一致，保持了地物面积大小不变；但角度变形较大，而且比其他投影的都大，致使图形的轮廓形状产生很大变化（图2-1-6(b)）。

等积投影便于在地图上量测面积，主要用于编制要求面积无变形的地图，如政区、人口密度、土地利用、森林和矿藏分布图以及其他自然和经济地图。

3. 任意投影

指既不是等角投影也不是等积投影，是角度、面积和长度三种变形同时存在的一类投影。包括除等角、等积两类投影之外的所有投影。

在任意投影中，有一类保持沿变形椭圆一个主方向长度比为1，称为等距投影（图2-1-6(c)）。在等距投影的地图上，面积变形较等角投影小，角度变形较等积投影小，是一种变形较适中的投影；该投影多用于对投影性质无特殊要求或区域较大的地图，如教学地图、科普地图、世界地图、大洋地图，以及要求在一方向上具有等距性质的地图，如交通地图和时区地图等。

（二）按经纬网形状分类

地图投影的经纬网的构成，有些是假设先将球面上的经纬网投影到平面上，或投影到可展成平面的圆锥、圆柱等辅助几何面上，再展成平面而取得的；由于几何面与球体的正轴、横轴、斜轴、相切和相割等相关位置的不同,就产生不同的地图投影(图2-1-7)。有不少投影的经纬网的构成不是借助几何面而是直接用解析法得到的。

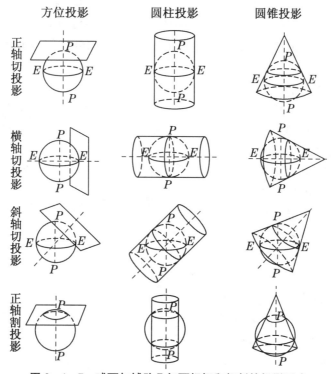

图2-1-7　球面与辅助几何面相切和相割的投影形式

1. 方位投影

方位投影是以平面为投影面,并与地球体面相切或相割,将球面上经纬网投影到平面上而成的一种投影。因由投影中心向四周的方向与球面上实际方向相同,故称方位投影或正向投影。当正轴投影时,纬线呈同心圆;经线为自圆心辐射的直线(图2-1-8),其夹角δ等

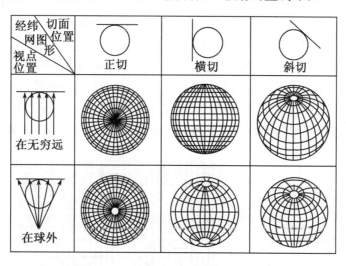

图2-1-8　方位投影的经纬网图形举例

于实地经差 $\Delta\lambda$，即 $\delta = C \cdot \Delta\lambda$，投影常数 $C = 1$。在切点或割线上无任何变形，离切点或割线愈远，则变形愈大，在割线外侧的变形为正，内侧的则为负。该投影按平面与地球体面切、割的位置分，有平面切于极点或垂直于地轴割于某一纬线的正方位投影、切于赤道的横方位投影、切于极点与赤道之间任一点的斜方位投影(图 2-1-8)；按投影变形性质分，有等角、等积和等距方位投影。一般适用于编制具有圆形轮廓地区，如极地和半球的地图。

2. 圆锥投影

圆锥投影，是以圆锥体面为投影面，并与地球体面相切或相割，先将球面上的经纬网投影到圆锥体面上，再沿母线将圆锥体面展成平面而成的一种投影。当正轴投影时，纬线呈同心圆弧，经线为交于圆心的辐射直线束，经线间夹角 δ 与经差 $\Delta\lambda$ 成正比，且小于实地经差 $\Delta\lambda$，即 $\delta = C \cdot \Delta\lambda$，投影常数 $C < 1$(图 2-1-9)。在切线和割线上无任何变形，离切线或割线愈远，则变形愈大；在割线外侧的变形为正，在内侧的则为负(图 2-1-10)。该投影按圆锥体面与地球体面的切、割位置分，有圆锥体轴与地轴重合的正切或正割圆锥投影、与地轴垂直的横圆锥投影、

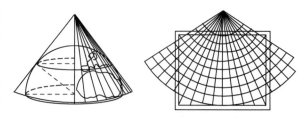

图 2-1-9　正轴切圆锥投影经纬网图形

图 2-1-10　圆锥投影变形分布规律

与地轴斜交的斜圆锥投影(图 2-1-7)；按投影变形性质分，有等角、等积和等距圆锥投影。适用于编制中纬度地带沿纬线方向伸展地区的地图，我国的地图多用此投影。

3. 圆柱投影

圆柱投影，是以圆柱体面为投影面，并与地球体面相切或相割，先将球面上的经纬网投影到圆柱体面上，再沿母线将圆柱体面展成平面而成的一种投影。当正轴投影时，经线呈等间距的平行直线，纬线为垂直于经线的另一组非等间距的平行直线(图 2-1-11)。在切线和割线上无任何变形，离切线或割线愈远，则变形愈大，在割线外侧的变形为正，在内侧的为负(图 2-1-12)。该投影按圆柱体面与地球体面的切割位置分，有圆柱体轴与地轴重合的正切或正割圆柱投影、与地轴垂直的横圆柱投影、与地轴斜交的斜圆柱投影(图 2-1-7)；按变形性质分，有等角、等积和等距圆柱投影。一般适用于编制赤道附近地区的地图和世界地图。

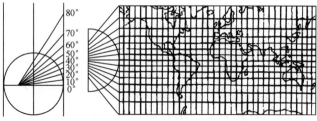

图 2-1-11　正轴圆柱投影的经纬网图

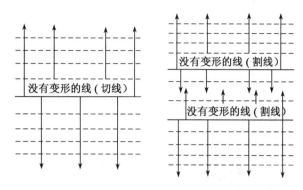

图 2‑1‑12　圆柱投影变形分布规律

4. 多圆锥投影

多圆锥投影，是以若干大小不同的同轴圆锥体面为投影面，分别切于地球体面某一所需的纬线，各自进行投影，将球面上的经纬网投影到圆锥体面上，然后沿某一共同母线剖开展成平面，并沿中央经线将每次投影产生的纬度带经纬网接合起来而构成的一种投影（图2‑1‑13）。其中，普通多圆锥投影属于既不等角又不等积的任意投影；投影后，中央经线与赤道呈正交的直线，且为对称轴，中央经线长度不变，其余经线为对称凹向中央经线的曲线，且长度都增大；各纬线为对称凸向赤道的同轴圆弧，圆心在中央经线延长线上，且保持长度不变；离开中央经线愈远，投影变形愈大。常用于编制中小比例尺地图，尤其适用于编制沿经线方向伸长的国家或地区的地图，如智利国家地图、美国西海岸地图等。

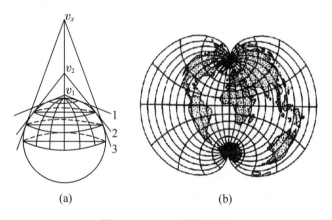

(a)　　　　　　　　　　(b)

图 2‑1‑13　多圆锥投影

5. 条件投影

条件投影是指不借助于辅助几何面，而直接用解析法得到经纬网的一种投影，即在方位、圆锥和圆柱投影经纬网格基础上，根据某种条件加以改进而成的投影。属于此类投影的主要有伪圆锥、伪圆柱和伪方位三种投影。

（1）伪圆锥投影

在圆锥投影基础上，保持纬线为同心圆弧和中央经线为直线，将其他经线由辐射直线束改变为对称凹向中央经线的曲线。因经纬线不正交，故无等角性质，只有等积和任意两种性质的投影。在实用上只有等积一种，以彭纳投影为代表（图2‑1‑14）。该投影中央经线呈直线,其余经线为对称凹向中央经线的曲线,除了中央经线与各纬线正交、切纬线与各经线正交外,其余经纬线均不正交;中央经线和切纬线无变形,离开中央经线和切纬线愈远,其变形愈大。实用于编制亚洲、澳洲等中纬度国家或区域地图。

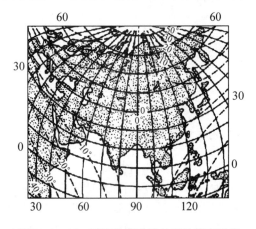

图 2-1-14　彭纳投影及其角度的等变形线

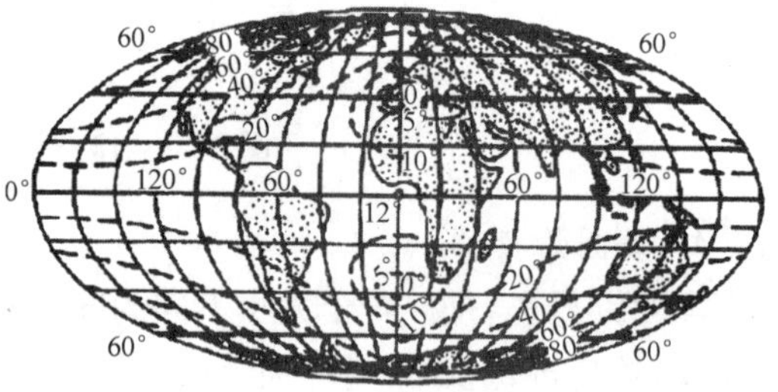

图 2-1-15　摩尔维特投影及其角度的等变形线

（2）伪圆柱投影

在圆柱投影基础上,除保持纬线为互相平行直线、中央经线为直线外,其余经线由互相平行的直线改变为对称凹向中央经线的曲线。因经纬线不正交,故无等角性质,只有等积和任意两种性质的投影。在实用上常见等积伪圆柱投影,如摩尔维特投影(图 2-1-15)。该投影的经线为椭圆弧,中央经线左右 90°的经线合成一个圆,等于半球面积,中央经线长度等于赤道的一半。用于编制世界地图,对揭示某种地理现象水平地带分布规律,具有优越性。

（3）伪方位投影

在方位投影基础上,除保持纬线为同心圆弧、中央经线为直线外,其余经线由辐射直线改为对称于中央经线的曲线。因等变形线近似椭圆,故又称椭圆变形投影。属于任意投影。斜轴时,南北极均可绘出,投影中心位于 25°N 纬线与中央经线交点上,中央经线上纬线间距(简称纬距)由

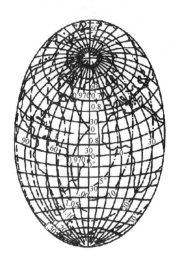

图 2-1-16　伪方位投影及
　　　　　　等变形线

投影中心向两极略有缩减(图 2-1-16),用于编绘北冰洋与大西洋地图。

第二节　常用地图投影

地图投影的种类很多,最常用的除几种条件投影和高斯-克吕格投影外,主要有以下几种:

一、等角正切方位投影

等角正切方位投影,又称球面极地投影。以极为投影中心,纬线为以极为圆心的同心圆,经线为由极向四周辐射的直线,纬距由中心向外扩大(图 2-2-1)。投影中央部分的长度和面积变形小,向外变形逐渐增大。主要用于编绘两极地区国际 1:100 万地形图。

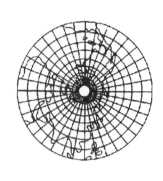

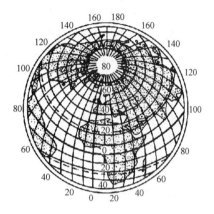

图 2-2-1 等角正切方位投影

图 2-2-2 等积斜切方位投影

二、等积斜切方位投影

等积斜切方位投影,又称地平投影。此投影将极地偏于一旁,投影中心点位随需要而定。中央经线为直线,其余经线和纬线均为曲线,纬线为同交点椭圆弧(图 2-2-2)。中央经线上纬距自投影中心点向上向下逐渐减小;自投影中心点向外,长度和角度变形逐渐增大。主要用于编制亚洲、欧洲、北美等大区域地图。中国政区图亦采用此投影,其投影中心点位于 $30°N,105°E$;长度变形大部分地区为 $\pm2\%$,局部地区为 $\pm3.5\%$;最大角度变形,大部分地区为 $2.5°$,局部地区为 $4°$。

三、等距正割圆锥投影

等距正割圆锥投影,圆锥体面割于球面两条纬线。纬线呈同心圆弧,经线呈从纬线圆心辐射的直线束。各经线和两标纬无长度变形,其他纬线均有长度变形,在两标纬间角度、长度和面积变形为负,在两标纬外侧变形为正(图 2-2-3)。离开标纬愈远,变形的绝对值则愈大。用于编绘沿东西方向延伸的国家或地区的地图,如苏联全图等。

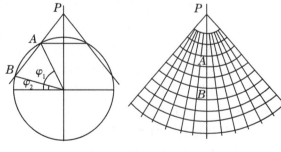

图 2-2-3 等距正割圆锥投影

四、等积正割圆锥投影

等积正割圆锥投影的经纬线形状与等距正割圆锥投影相似。它是在等距正割圆锥投影基础上，将经线长度加以改进而成的，即为达到等积目的，满足 $mn = 1$ 条件，则使等距正割圆锥投影两标纬间经线长度以纬线长度缩小的同样程度放大，两标纬外经线长度以纬线长度放大的同样程度缩小(图 2-2-4)。此投影在标纬上无变形，在两标纬间经线长度变形为正，纬线长度变形为负；在两标纬外侧经线长度变形为负，纬线长度变形为正。角度变形在标纬附近很小，离标纬愈远，变形则愈大。适用于编绘东西南北近乎等大的地区，以及要求面积正确的各种自然和社会经济地图。

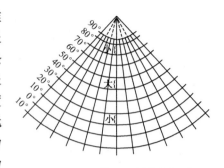

图 2-2-4 等积正割圆锥投影

五、等角正割圆锥投影

(一) 等角正割圆锥投影概念

等角正割圆锥投影的经纬线形状与等距正割圆锥投影相似。它是在等距正割圆锥投影基础上，将经线长度加以改进而成的，即为达到等角目的，满足 $m = n$ 条件，则使等距正割圆锥投影两标纬间经线长度作与纬线长度同程度的缩小，两标纬外经线长度作与纬线长度同程度的放大(图 2-2-5)。此投影在标纬上无变形，在两标纬间变形为负，在两标纬外变形为正，离开标纬愈远，变形绝对值则愈大。该投影用于要求方向正确的自然地图、风向图、洋流图、航空图，以及要求形状相似的区域地图；并广泛用于制作

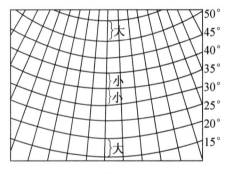

图 2-2-5 等角正割圆锥投影

各种比例尺的地形图的数学基础，如我国在 1949 年前测制的 1∶5 万地形图，法国、比利时、西班牙等国家亦曾用它作地形图数学基础，二次大战后美国用它编制 1∶100 万航空图。

(二) 在国际百万分之一地形图中的应用

1962 年联合国在波恩举行的世界百万分之一国际地图会议上通过的制图规范建议用等角正割圆锥投影取代改良多圆锥投影，作为 1∶100 万地形图的数学基础。1978 年我国新制订的《1∶100 万地形图编绘规范》，规定用它作为中国 1∶100 万分幅地形图的数学基础。

在用于我国 1∶100 万地形图数学基础时，投影带的划分与国际百万分之一地图相同，以纬差 4° 为一带，从赤道起，由南到北共分 15 个投影带，每个投影带独立投影，单独计算坐标，建立数学基础。每个投影带的两标纬(图 2-2-6)的近似式为：

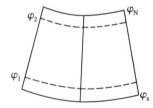

图 2-2-6 双标准纬线

$$\left.\begin{array}{l}\varphi_1 = \varphi_S + 30' \\ \varphi_2 = \varphi_N - 30'\end{array}\right\} \qquad (2-2-1)$$

处于同一投影带中的各图幅的坐标成果完全相同,因此,每投影带只需计算其中一幅图(纬差 $4°$,经差 $6°$)的投影成果即可。

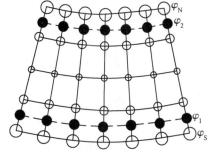

在纬差 $4°$ 的范围内,其变形很微小,长度变形在边纬与中纬线上为 $±0.03\%$,面积变形为 $±0.06\%$,变形分布比较均匀(图 2-2-7)。因按纬差 $4°$ 分带投影,故当沿着纬线方向拼接地图时,无论多少图幅,均不会产生裂隙;但当沿经线方向拼接时,由于拼接线分别处于上下不同的投影带,各带投影后的曲率不同,致使拼接时产生裂隙,其裂隙角 α 和最大角距 Δ 可用下式计算:

$$\left.\begin{array}{l}\alpha = \Delta\lambda\sin 2°\cos\varphi \\ \Delta = L\sin\alpha\end{array}\right\} \qquad (2-2-2)$$

图 2-2-7 变形分布

式中:$\Delta\lambda$ 和 L 分别为图幅的经差和边长。

当上下两幅图拼接时,接点在中间,如图 2-2-8(a),$\varphi = 4°$,$\Delta\lambda = \dfrac{6°}{2} = 3°$,$L = \dfrac{512}{2}$ mm,代入(2-2-2)式,则得:$\alpha = 4.82'$,$\Delta = 0.36$ mm。

当四幅图拼接时,如图 2-2-8(b),$\varphi = 4°$,$\Delta\lambda = 6°$,$L = 512$ mm,代入(2-2-2)式,则得:$\alpha = 9.625'$,$\Delta = 1.43$ mm。

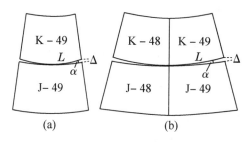

图 2-2-8 图幅拼接

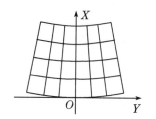

图 2-2-9 直角坐标

该投影的直角坐标,是以图幅的中经作 X 轴,中经与图幅南边纬线的交点为原点,过此点的切线为 Y 轴,构成直角坐标系(图 2-2-9)。按投影公式,以经纬线交点的纬度和该点对中经的经差,即可求出其直角坐标值,又因经纬网是以中经为轴左右对称,故只要求出右方经差 $1°$、$2°$、$3°$ 的经纬线交点的坐标,将 Y 值变负即得左方经纬线交点坐标。一幅图的直角坐标成果,在同一带内可以通用,现已有投影坐标表供查取。

六、等角正切圆柱投影

等角正切圆柱投影,是由德国制图学家墨卡托(生于比利时)于 1569 年创立的,故义称墨卡托投影。设想用一个与地轴方向一致的圆柱体面切于赤道,按等角条件,将球面上的经纬线投影到圆柱体面上,沿某一母线将圆柱体面剖开,展成平面,即得平面经纬网。其经线为一组竖直的等间距的平行直线,纬线为一组非等间距垂直于经线的平行直线,离赤道愈远,相邻纬线的间距愈大(图2-2-10)。赤道为标准纬线,其余纬线均放大了$\sec\varphi$倍,为保持等角条件,沿经线的长度亦作了同程度的放大,$m=n$,即各部分均等放大,从而保持了方向和相互位置关系的正确,在小范围内地物形状与实地相似。图上各纬线与赤道等长,因此除赤道外,东西长度离赤道愈远扩大得愈多,纬度60°以上变形急剧增大,极点处为无穷大,面积亦随之增大,且与纬线长度增大倍数的平方成正比,致使原来只有南美洲面积1/9的格陵兰岛,在图上竟然比南美洲还大。

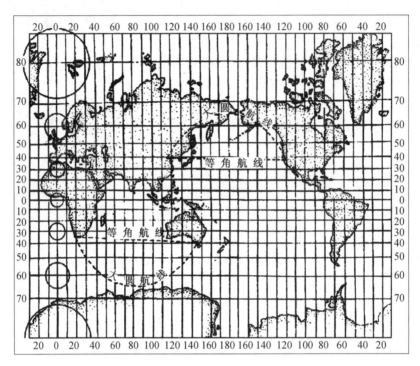

图2-2-10　墨卡托投影

墨卡托投影的实用价值在于,图上任意两点连成的直线为等角航线(即斜航线),按此直线的方位角航行,就可以到达目的地。地图上等角航线除经线和赤道外,其余的等角航线在球面上均是一条以极点为渐近点的螺旋曲线(图2-2-11)。球面上两点间最短距离不是等角航线,而是大圆弧(又称大圆航线或正航线);例如从非洲的好望角至澳大利亚的墨尔本,等角航线为6 020海里,大圆航线却为5 450海里,相差570海里(约1 000 km);因而在远洋航行时,完全沿着等角航线航行是不经济的,通常是先在起讫点间绘出大圆航线,然后把它分成若干段,将相邻点连成直线,得到若干段等角航线,船只在每段航线上是沿着等角航线航行,而就整个航程来看,又接近于大圆航线,这样既经济又方便。

鉴于墨卡托投影的等角性质和将等角航线表现为直线的特性,使其在航海业上得到广泛而持久的应用,已长达4个多世纪。墨卡托投影除主要用于各国编制海图外,还用于编制印度尼西亚和非洲等赤道附近国家和地区的地图,另外还用于世界时区图和卫星轨迹图(图2-2-12)。

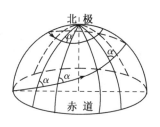

图 2 - 2 - 11　球面上的等角航线

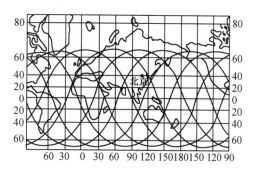

图 2 - 2 - 12　墨卡托投影表示卫星轨迹图

第三节　高斯-克吕格投影及其应用

一、高斯投影基本概念

高斯-克吕格投影(简称高斯投影)是以地球椭球体面为原面,进行等角横轴切椭圆柱投影。德国数学家高斯(1777—1855 年)于 19 世纪 20 年代拟定,后经德国大地测量学家克吕格(1857—1923 年)于 1912 年对投影公式加以补充,并推导出计算公式,故得名。此投影具有投影公式简单、各带投影相同等优点,适用于广大测区的一种大地测量地图投影,为许多国家所采用,我国于 1952 年开始正式用作国家大地测量和 1∶50 万及更大比例尺的国家基本地形图的数学基础。

设想用一个椭圆柱体面横切于椭球体面某一条经线(中央经线)上,然后按等角条件,用解析法将中央经线两侧一定经差范围内椭球体面上的经纬网投影到椭圆柱体面上,最后将椭圆柱体面沿过南北极的母线剪开展平,如图 1 - 2 - 2 所示。

高斯投影的基本条件是:

(1) 中央经线和赤道的投影为直线,且为投影的对称轴;

(2) 投影后无角度变形,即同一地点的各方向上长度比不变;

(3) 中央经线投影后保持长度不变。

由上述条件可导出高斯投影的直角坐标基本公式、长度比公式、子午线收敛角公式,建立平面直角坐标 (X, Y) 与地理坐标 (λ, φ) 之间的函数关系式。

高斯投影经纬网形状,除中央经线和赤道投影为互相垂直的直线外,其余经线的投影为对称凹向中央经线的曲线,纬线的投影为对称凸向赤道的曲线,整个图形呈东西对称,南北对称,经纬线均正交。

二、高斯投影变形分析

高斯投影没有角度变形,面积比是长度比的平方,即 $P = m \cdot n = m^2$;中央经线投影后无长度变形, $m_0 = 1$;其余经线和全部纬线投影后均有长度变形,长度比均大于 1,即均较实际略有增长。在同一经线上,纬度愈低其变形愈大;在同一纬线上,长度变形随经差的增大而增大,且与经差的平方成正比,因而最大变形在投影带的赤道两端,在 6°带范围内,虽赤道两端有约 0.138% 的最大长度变形和 0.27% 的最大面积变形,但该投影的变形仍然是很小的,在采用这种投影的地形图上,因这种变形而产生的误差亦很小,这就是高斯投影被用作大中比例尺地形图数学基础的主要原因。

由变形分布状况可以看出,该投影在低纬度和中纬度地区,投影变形产生的误差显得大了一些,因此比较适用于纬度较高地区。为了改善整个投影变形情况,可以采取使椭圆柱体面与椭球体面相割的一种通用墨卡托投影,通过产生一个负变形区,使中央经线缩小0.04%,中央经线长度比小于1。

三、高斯投影分带

因高斯投影的最大变形在赤道上,并随经差的增大而增大,故限制了投影的经度范围就能将变形大小控制在一定的范围内,满足地图精度的要求,因此确定对该投影采取分带单独进行投影。根据0.138%的长度变形所产生的误差小于1∶2.5万比例尺地形图的绘图误差,决定我国1∶2.5万至1∶50万地形图采用6°分带投影,考虑到1∶1万和更大比例尺地形图对制图精度有更高的要求,需要进一步限制投影带的经度范围,故采取3°分带投影。

分带后,各带分别投影,各自建立坐标网。

(一) 6°分带法

6°分带投影是从零子午线起,由西向东,每6°为一带,全球共分60带,用阿拉伯数字1、2、…、60标记,凡是6°的整倍数的经线皆为分带子午线(图2-3-1)。东半球划分30个投影带,从0°~180°,用1、2、…、30标记;每带的中央经线度数 L_0 和带号 n 用下式求出:

$$n = \left[\frac{L}{6°}\right] + 1 \left.\vphantom{\frac{L}{6°}}\right\}$$
$$L_0 = 6° \cdot n - 3° \quad\quad (2-3-1)$$

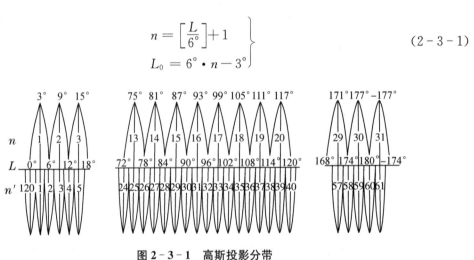

图2-3-1 高斯投影分带

西半球亦分30个投影带,从180°至0°,用31、…、60标记,每投影带的中央经线 L_W 和带号 n_W,用下式求出:

$$n_W = \left[\frac{360° - L}{6°}\right] + 1 \left.\vphantom{\frac{360°-L}{6°}}\right\}$$
$$L_W = 360° - (6° \cdot n - 3°) \quad\quad (2-3-2)$$

式中:[ ]表示取整;L 为某地点的经度。

我国领土位于东经72°~136°之间,共含11个投影带,即13~23带。

（二）3°分带法

3°分带投影是从东经 1°30′ 起，每 3°为一带，将全球划分为 120 带，用阿拉伯数字 1、2、…、120 标记，东经 1°30′ 至 4°30′ 为第 1 带、4°30′ 至 7°30′ 为第 2 带、……东经 178°30′ 至西经 178°30′ 为第 60 带、……西经 1°30′ 至东经 1°30′ 为第 120 带。这样分带的目的在于使 6°带的中央经线全部为 3°带的中央经线，即 3°带中有半数的中央经线同 6°带的中央经线重合，以便在由 3°带转换成 6°带时，不需任何计算，而直接转用。东半球中央经线计算公式为 $L_0 = 3° \cdot n$，西半球中央经线计算公式为 $L_W = 360° - 3° \cdot n$。

分带投影的优越性，除了控制变形，提高地图精度外，还可以减轻坐标值的计算工作量，提高工作效率。鉴于高斯投影的带与带之间的同一性，每个带内上下、左右的对称性，全球 60 个带或 120 个带，只需要计算各自的 1/4 个带经纬线交点的坐标值，通过坐标值变负和冠以相应的带号，就可以得到全球每个投影带的经纬网坐标值。但分带投影亦带来邻带互不联系，邻带间相邻图幅不便拼接的缺点。

四、高斯投影坐标网

通常在地图上绘有一种或两种坐标网，即经纬网和方里网，以方便使用地图。

（一）经纬网

经纬网，是由经线和纬线所构成的坐标网，又称地理坐标网。

经纬网在制图方面的重要作用主要表现为：一是编制地图的控制系统之一，用以确定地面点的实地位置；二是计算和分析地图投影变形的依据，用来确定地图比例尺和量测距离、角度和面积。

在 1∶5 000 至 1∶25 万比例尺地形图上，经纬线只以内图廓线形式呈现，并在图幅四个角点处注出度数。为了便于在用图时加密成网，在其中 ≤1∶1 万的地形图内外图廓间，以 1′为单位绘出分度带短线，供需要时连对应短线构成加密的经纬网（图 2-3-2(a)）。在 1∶25 万地形图上，除在内图廓线上绘有分度带外，在图内还以 10′为单位绘出加密用的十字线。1∶50 万地形图，除在内图廓线上绘出加密分划短线外，还在图面上直接绘出经纬网（图 2-3-2(b)）。

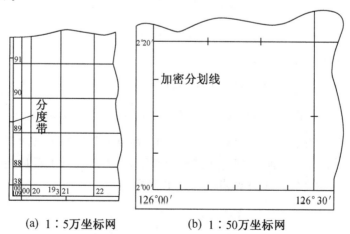

（a）1∶5万坐标网　　　（b）1∶50万坐标网

图 2-3-2　地形图的坐标网

（二）方里网

方里网是由距离高斯投影带纵横坐标轴均为整千米数的两组平行直线所构成的方格网。因方里线同时又是平行于直角坐标轴的坐标网线，故又称直角坐标网（图 2 – 3 – 3）。

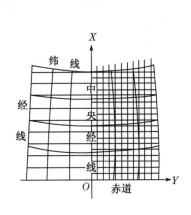

图 2 – 3 – 3　方里网的概念

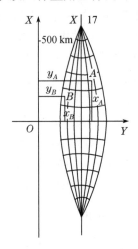

图 2 – 3 – 4　坐标纵轴西移

根据实际使用的需要，在大比例尺地形图上除绘有地理坐标网外还加绘了直角坐标网。

鉴于高斯投影的中央经线与赤道为互相垂直的直线，故取中央经线投影后的直线为纵坐标轴 X，赤道投影后的直线为横坐标轴 Y，以两轴的交点 O 为原点构成高斯-克吕格平面直角坐标系；纵坐标从赤道起，以北为正，以南为负；横坐标从中央经线起，以东为正，以西为负。

我国位于北半球，X 值全为正值。在每个投影带中有一半的 Y 值为负值。为避免计算中出现负值，规定纵坐标轴向西平移 500 km，以超过半个投影带的宽度，这样，全部横坐标值均为正值，此时中央经线的 Y 值不是 0 而是 500 km。地图上标注的 Y 值是根据"高斯-克吕格投影坐标表"上查取的 Y 值加上 500 km 后的数值；如图 2 – 3 – 4 同为第 17 投影带中的 A、B 两点，横坐标的查表值分别为：

$$Y_A = 152\ 863.7\ m$$

$$Y_B = -148\ 474.8\ m$$

纵坐标轴西移 500 km 后，则分别为：

$$Y_A = 152\ 863.7 + 500\ 000 = 652\ 863.7\ m$$

$$Y_B = -148\ 474.8 + 500\ 000 = 351\ 525.2\ m$$

因高斯投影的带间同一性，带内某点的坐标值，在 60（或 120）个带内都相同，坐标成果在各带均通用。为了加以区别，特规定在横坐标值加上 500 km 后，于百 km 的位数前面冠上所在的带号，化成通用坐标。A、B 两点的通用 Y 坐标为：

$$Y_A = 17\ 652\ 863.7\ m$$

$$Y_B = 17\ 351\ 525.2\ m$$

我国规定在 1∶1 万至 1∶25 万地形图上均标绘方里网，其方里网密度见表 2 – 3 – 1。

表 2 - 3 - 1 基本比例尺地形图的方里网密度

比例尺	密 度	
	图上距离/cm	实地距离/km
1:5 000	10	0.5
1:1 万	10	1
1:2.5 万	4	1
1:5 万	2	1
1:10 万	2	2
1:25 万	4	10

(三) 邻带坐标网

邻带坐标网,系指一幅地形图上所绘的相邻投影带的坐标网,即重叠绘相邻投影带的坐标系统(图 2 - 3 - 5)。

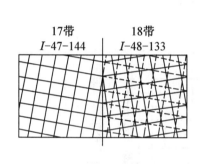

图 2 - 3 - 5 连绘出邻带坐标网

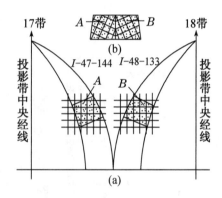

图 2 - 3 - 6 邻带相邻图幅拼接

鉴于高斯投影的经线是向两极收敛的,而且又分带单独投影,自成一个坐标系统,致使邻带间相邻的同比例尺图幅方里网互不联系,给拼接使用地图带来困难,使量测位于邻带相邻图上 A、B 两地间的距离和方向成为不可能(图 2 - 3 - 6)。为了能使邻带的相邻图幅拼接使用,便于计算位于两带里两地点间的距离和方向,规定在一定范围内将本带坐标网延伸到邻带图幅中去,使邻带图幅上具有本带和邻带的两种方里网系统,这样就可以使位于邻带相邻图幅上的两地处于同一坐标系内,以便按公式 $D = \sqrt{(x_2 - x_1)^2 + (y_2 - y_1)^2}$ 和 $\tan \alpha = \dfrac{x_2 - x_1}{y_2 - y_1}$ 计算两地间的距离和方位角(图 2 - 3 - 6)。为便于区别,图廓内只绘本带方里网,邻带方里网系统只在外图廓线外侧,以 1 mm 长的短线绘出,并注其邻带西移 500 km 和距赤道的千米数及带号(图 2 - 3 - 7),需要时可连接对应短线,以便构成与邻带方里网成为一体的方里网。即相邻两幅图具有统一的直角坐标系统。

据 1971 年版《1:2.5 万~1:10 万地形图图式》规定,西带的方里网要延伸至东带达 30′宽的范围,东带的方里网要延伸至西带达 15′宽的范围,即每个投影带的最西边要有 1 行 1:10万、2 行 1:5 万、4 行 1:2.5 万地形图,以及最东边要有 1 行 1:5 万、2 行 1:2.5 万地形图要加绘出邻带的方里网(图 2 - 3 - 8)。

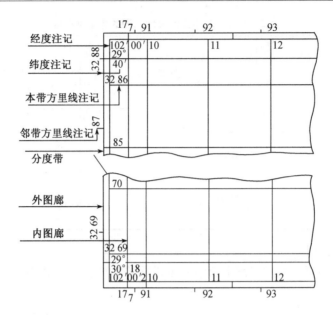

图 2-3-7 1：5 万地形图坐标网标记

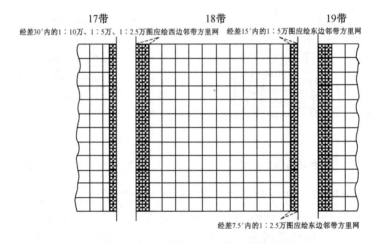

图 2-3-8 加绘邻带方里网的图幅范围

绘有邻带方里网的区域是沿经线呈带状分布的,故称为投影的重叠带。

加绘邻带方里网的结果是扩大了投影带的范围,即西带向东带延伸 30′投影,东带向西带延伸 15′投影。这样,每个投影带的计算范围就不是 6°,而是 6°45′;此时东带中最西边的 30′范围内的图幅,既有东带的坐标,又有西带的坐标。在展绘地形图坐标网时,这一范围内的图幅,除了按东带坐标展绘图廓和方里网外,还要按西带坐标展绘出邻带方里网。同样,东带的延伸部分也应如此。

第四节 地图投影判别与选择

一、地图投影的判别

地图投影是地图的数学基础,直接影响地图的使用,若不了解所用地图的投影特性,使用时常会出差错。目前国内外出版的地图,大都注明地图投影名称,有利于地图的使用,但也有一些地图不注明投影名称和有关说明,这就要运用地图投影知识,根据不同投影的特征,结合制图区域所处的地理位置、轮廓形状及地图的内容和用途等情况,进行分析、判断,以及必要的量算来判别它们。大比例尺地图往往属于国家地形图系列,一则所用的投影是明确的、固定的,投影资料易于查阅,二则制图区域范围小,无论采用何种投影,其很小的变形在使用时均可忽略不计,故无须判别,地图投影的判别,主要是针对小比例尺地图而言。

判别地图投影,一般是先依据经纬线形状确定属何种投影系统,如方位、圆锥、圆柱等;其次是判定投影的变形性质,如等角、等积或任意投影;最后是确定投影的形式。

(一) 确定投影系统

投影系统可以通过判别经纬线形状来确定。经纬线形状的判别方法是:直线的,只要用直尺量比,便可确定。判断曲线是否为圆弧,可用点迹法,即将透明纸覆盖在曲线上,在透明纸上沿曲线按一定间距定出 3 至 6 个点,然后沿曲线徐徐向一端移动透明纸,若这些点始终都不偏离此曲线,则证明曲线是圆弧,否则就是其他曲线。判别同心圆弧与同轴圆弧,则用垂直线法,即过已确定为圆弧的曲线上任一点作其切线的垂直线,延长并交相邻圆弧,若与各圆弧皆正交,且两相邻圆弧间的垂距处处相等,则证明这些圆弧为同心圆弧,否则便是同轴圆弧。判别正轴圆锥投影与方位投影,一是量相邻两经线的夹角是否与实地经差相等,若相等则为方位投影,否则即为圆锥投影;二是分析地图的制图区域所处地理位置,若制图区域为极地一带,则为方位投影,若为中纬地带则为圆锥投影。

(二) 确定投影变形性质

在确定投影系统后,对判定有些投影的变形性质是比较容易的。例如对已确定为圆锥投影的,只需量任一条经线上的纬距从投影中心向南、北方向的变化,若相等,则为等距投影;逐渐扩大,为等角投影;逐渐缩小,为等积投影。有些投影的变形性质,从经纬网形状上就能看出,例如经纬线不正交,则肯定不是等角投影;在同一纬度带内,经差相同的各个梯形面积,若差别较大,则不可能是等积投影;在一条呈直线的经线上若相同纬差的各段纬距不相等,则肯定不是等距投影。这里所述的仅是问题的一个方面,同时还须考虑其他条件,例如等角投影经纬线一定是正交的,但经纬线正交的投影不一定都是等角的;正轴的方位、圆锥和圆柱投影,经纬线都是正交的,但不都是等角投影,其中有的是等积或任意投影。

因此在以经纬线形状判别投影的变形性质时,还须结合其他条件,并进行必要的量算工作,即在中央经线或其他经线上选若干经纬线交点,用分规量取这些交点在经线和纬线方向上的一段长度,从制图用表中查地球椭球体上相应这一段经线和纬线弧长,并按地图主比例尺计算相应的长度比或面积比和角度变形,依据等角、等积和等距投影的投影条件,判定投影变形性质。

(三) 确定投影形式

投影形式的确定,需要根据投影变形分布规律,量算出中央经线上各纬距和各纬线上各

经距长度比 m 和 n，依其大小变化规律来判断。在中央经线上，若从下至上各纬距长度比总是大于 1，其数值由大到小，再由小到大地变化，则为切投影，其切点或切线就在长度比数值最小处或附近；若长度比由大于 1 到小于 1，再由小于 1 到大于 1 地变化，则为割投影，其割线就在长度比最接近 1 的地方或附近。在计算各纬线上的经距长度比时，只有一条纬线的长度比始终保持为 1 的，则为切圆锥、切圆柱或割方位投影；若有两条纬线的长度比始终保持为 1，则为割圆锥或割圆柱投影。在中央经线上各纬距长度比均为 $m = 1$ 时，当只有一条纬线保持长度比 $n = 1$，即为切圆锥、切圆柱或割方位投影；当有两条纬线保持长度比 $n = 1$，即为割圆锥、割圆柱投影；当各纬线保持长度比 $n = 1$，面积比 $P \neq 1$，即为多圆锥投影。对于用解析法制成的投影，情况较为复杂，难以用投影长度变形规律来判断其投影形式，因此不要轻易确定它们的投影形式。

每个投影常数的确定则更为复杂，都要用相应公式计算，对地学工作者一般不要求确定此值。

根据上述判别的结果，写出投影网的中央经线和标准纬线的度数、投影中心点所在的地理坐标和投影名称。

二、地图投影的选择

地图投影选择得是否科学，衡量的标准首先是经纬线形状和变形性质能否满足地图内容和用途的要求；其次是投影的变形小而分布均匀，等变形线的形状与制图区域的轮廓形状接近；再则就是经纬网形状不复杂，便于识别和投影的计算、变换与绘制。地图投影选择的主要依据是：

（一）地图内容和用途

地图表示什么内容，用于解决何种问题，关系到选用哪类投影。航空、航海、天气、洋流和军事等方面，要求方位准确、小区域的图形能与实地相似、便于实地用图，需要采用等角投影。行政区划、自然或经济区划、人口密度、土地利用、农业、经济和某种自然现象分布等方面，要求面积正确，以便在图上分析面积的对比关系，需要用等积投影。对城市防空、地震台、雷达站等方面，要求与周围一定半径广大范围保持密切联系，宜用等距方位投影。教学和宣传用的地图，希望各种变形都不太大，经纬网格球形感要好、直观性要强，宜用任意投影。

对科技人员使用的地图，为满足一定量测精度，要用投影变形小的投影，其中用于高精度量测的，则用长度与面积变形在 $\pm 0.5\%$、角度变形在 $0.5°$ 以内的投影；中等精度量测的，则用长度与面积变形在 $\pm(1\% \sim 2\%)$，角度变形在 $1° \sim 2°$ 以内的投影；近似量测的，则用变形分别为 $\pm(3\% \sim 4\%)$ 和 $3° \sim 5°$ 以内的地图投影。

（二）制图区域的大小

制图区域愈大，投影的选择愈复杂。世界地图，可供选用的投影很多，变形亦很复杂，有些条件很难满足。在不太大的区域内，无论用哪种性质的投影，其变形都较小而且差别不显著，我国最大的省区新疆，用等角、等积和等距三种正轴圆锥投影，不同纬度的长度变形差别甚微（0.000 1~0.000 3），其他省区的情况则不难想见了。因此，选择地图投影主要是针对大区域小比例尺地图而言的。

对世界地图，最常用的是正圆柱、伪圆柱和多圆锥投影。当前国外有人主张世界地图最好是用圆柱和伪圆柱投影,因其纬线为平行于赤道的直线,便于研究地理现象的纬度地带性,而且能使在图上重复出现的区域保持图形一致;但是在高纬处变形太大,虽然可以用割圆柱(割于30°纬线上)投影加以改善,其结果仍不尽人意。在世界地图中常用墨卡托投影绘制世界航空、航海、交通和时区图,主要是用它方向正确和图形相似的特点。摩尔维特的圆柱投影因具有椭球感,所以在地理书刊,特别是在中小学地理教科书中,常用它绘制世界地图。我国出版的世界地图采用等差分纬线多圆锥投影,这对安排中国图形以及与四邻关系效果较好,但在边缘地区与重复出现地区的变形较大。

对半球地图,一般属于一览地图。常分东、西半球图,南、北半球图,水半球和陆半球图。东、西两半球图常用等积或等距横方位投影,南、北两半球图常用等角或等距正方位投影(多用于气候图),水、陆两半球图一般用等积斜方位投影,其投影中心分别位于 $\lambda_0 = 0°$、$\varphi_0 = 45°$ 和 $\lambda_0 = 180°$、$\varphi_0 = -45°$。

区域最大的陆地有七大洲,其中俄罗斯、加拿大、中国、美国、巴西、澳大利亚等几个为大国家,其余国家均为中等和小的区域。除非洲外,各大洲地图都可用等积斜方位投影,仅是它们的投影中心点的 λ_0、φ_0 不同而已。非洲地图亦可以用等积横方位、等角横圆柱等投影。

世界上面积最大的几个国家,大都在南、北半球中纬地区,且又沿纬线延伸,故可用等积或等距正圆锥投影,制作中国全图,若南海诸岛不作插图,以用等积或等距斜方位投影较好。

(三) 制图区域形状和地理位置

制作地图,一般是将地图投影的标准点或标准线置于制图区域的中心部位,因此从制图区域形状考虑,选用投影的公认原则是用等变形线与制图区域轮廓基本一致的投影,以使广大制图区域处于微小的变形区。据此,制图区域若近于圆形,采用方位投影,中心点在极地的用正轴、在赤道上的用横轴、在其他部位的用斜轴方位投影;印度尼西亚等在赤道附近,沿赤道两侧东西向延伸的地区,用正轴圆柱投影;中国、美国和俄罗斯等位于中纬或高纬,沿纬线方向延伸的地区,用正轴圆锥投影;智利、阿根廷和瑞典等沿经线方向延伸的地区,用横轴圆柱或多圆锥投影;日本和新西兰等呈斜方向延伸的地区,用斜轴圆锥或圆柱投影,或用正轴投影及在图面配置上做某些调整。对北冰洋和大西洋这种制图区域,为使等变形线与其轮廓近似,专门设计了伪方位投影。

(四) 地图出版方式

单幅出版的地图,投影的选择较简单,只要考虑上述诸因素就行了,但若是图集或图组中的某一幅图,投影的选择就较复杂了。地图集是若干组地图汇编构成的统一整体,但各图组或图幅又有各自的主题和内容,对投影的要求不尽一致;同时,一本图集中所用投影的种类又不宜过多。其处理原则是:对大多数没有特殊要求的图幅,用角度和面积变形都较小的等距投影,对面积和方向变形要求高的图幅,用等积和等角投影,但在投影的系统方面要尽量取得一致。

(五) 地图图面配置

新编地图的图面配置方式亦影响地图投影的选择。编制中国政区地图,须完整地表示出我国的领土、领海和岛屿的分布,以及与四邻的地缘关系,南海诸岛不能作插图安排,因此要用等积斜方位或彭纳投影;而制作其他专题地图,为了节约成本,充分利用图纸幅面,南海诸岛可作插图安排,因而可用圆锥投影。

在针对某项制图任务选用地图投影时,一般应有两个以上的选择方案,择优录用。

第五节　我国常用地图投影

编制我国的各类地图,经常使用的地图投影可分为以下三个部分:① 如果将陆地和海域一并观察,整个中国版图的东西和南北距离差异不大,有接近圆形的特点,因此可选用斜轴方位投影;② 如果单看陆地部分,中国处于北半球中纬度地区,东西略长,南北略短,可选用圆锥投影,双标准纬线:$\varphi_1 = +25°$,$\varphi_2 = +47°$。但采用圆锥投影时需将南海诸岛均作为插图处理。插图一般采用正轴割圆锥投影或正轴切圆柱投影;③ 其他一些常用投影。

一、斜轴方位投影

(一) 斜轴等角割方位投影

此投影无角度变形,必然有面积变形。割线位于离投影中心 15°处,中央经线投影为直线,其余经线投影为对称于中央经线的曲线。由割线向内和向外愈远变形愈大,最大面积变形为 1.100。该投影常用于绘制中国全图。

(二) 斜轴等面积方位投影

我国编制的将南海诸岛包括在内的中国全图以及编制的亚洲图或半球图,常采用该投影。该投影中心选择为 $\varphi_1 = +30°$,$\lambda = +105°$。图幅的中央经线表现为直线,其余经线表现为对称于中央经线的曲线。在投影中心处无变形,远离中心愈远变形愈大。最大长度变形达 +3‰,主要地区为 +1‰;最大角度变形达 3°,主要地区为 1°左右;无面积变形。在一个较大制图区域内只产生上述的变形,可以认为其变形是不大的,所以该投影得到了较为广泛的应用。但是,不能在这种图上量算长度、角度。

(三) 斜轴等距方位投影

该投影的最大优点是自投影中心向任何一点的距离保持准确,即没有长度变形,但面积和角度都有变形,但变形分布比较均匀,可用于编制中国政区图、交通图以及各种教学用图。图幅的中央经线投影为直线,其余经线投影为对称于中央经线的曲线。最大面积变形为 0.045,最大角度变形多在 2°以内。

二、正轴割圆锥投影

(一) 正轴等角割圆锥投影

该投影保持了角度无变形的特性,常用于我国的地势图与各种气象、气候图,及各省、自治州或大区的地势图,也是中国分幅地(形)图的投影。

(二) 正轴等面积割圆锥投影

由于该投影无面积变形,常用于行政区划图及其他要求无面积变形的地图,如土地利用图、土地资源图、土壤图、森林分布图等。地图出版社出版的中华人民共和国全国和各省、自治区或大区的行政区划图,都采用这种投影。

(三) 正轴等距割圆锥投影

该投影的距离,即长度无变形,但面积和角度均有变形,且变形比较均匀,可用于编制各种教学用图、中国内地交通图以及某些要求精确定位(即有地理坐标)的自然地图。

三、其他投影

(一) 改良多圆锥投影

国际上编制 1∶100 万地形图都采用该投影。在我国范围内,由经差 6°、纬差 4°的球面梯形构成一图幅。经纬网的密度为 1°×1°,经线为直线,纬线为圆弧。图幅上下两端的纬线无长度变形,中央经线略为缩短,离中央经线±2°处的经线保持了正确的长度。

在我国范围内,每幅 1∶100 万图的最大角度变形不超过 5′,长度变形不超过 0.6%,所以,在处于低纬、中纬地区的 1∶100 万图上进行量测,一般可不用纠正。

(二) 等角正轴切圆柱投影(墨卡托投影)

该投影的重要特点是等角航线表现为直线。所谓等角航线是地面上两点之间的一条等方位线,它在实地上是一条螺旋形曲线,不是两点间最近的线;但在地图上表现为直线。所以,常用于它来编制各种航空图、航海图。

(三) 等角横切椭圆柱投影(高斯-克吕格投影)

该投影是以经差 6°或 3°为一带投影到椭圆柱面上,然后展开成平面。在以该投影编制的每幅图上的变形很小,在这种图上进行量测可以得到较高的精度。我国 1∶5 000 到 1∶50万的各种比例尺地形图都是采用该投影。

(四) 等差分纬线多圆锥投影

我国编制的世界地图常采用这种投影。编制世界地图,选择或设计地图投影十分重要,它以减少变形为主要目的。各国的地图工作者都是从本国地理位置的特点为出发点,设计出较好的投影。我国设计的世界地图投影,保证了我国的疆域处于图幅的突出位置上,并保持了我国和同纬度国家的面积对比关系,同时尽可能减少高纬度地区的面积变形。这是我国地图工作者在地图投影研究设计方面的重要成就。

第六节　GIS 软件中的地图投影功能

目前,绝大多数 GIS 软件都具有地图投影选择及变换功能。这些功能的主要内容包括:投影文件、定义坐标、投影转换和即时(on-the-fly)投影等。

投影文件:地理空间数据的坐标投影信息都储存在一个文本文件中,这个文件被称为投影文件。除了用于识别数据集的坐标信息之外,投影文件还可用于该数据集的重投影或是输出到具有相同坐标系统的其他数据集。

定义坐标:GIS 软件中通常把坐标系统分成预定义和自定义两种。预定义坐标系统的参数在软件包中被定义编码,用户可以直接根据坐标系统的名称选择而无须定义参数。而自定义坐标系统则要求用户指定地理坐标系的大地基准或投影坐标系统的大地基准及投影参数等详细参数值。对于自定义的坐标系统,也可以命名和保存为新的投影文件,方便日后使用或用于投影其他数据集。

投影转换:当系统使用数据取自不同地图投影的图幅时,需要将这些数据的投影转换为所需的目标投影。大部分 GIS 软件都有地图投影转换功能,用户在软件中可以便捷地选择目标投影类型。实现投影变换的基本思想是根据投影点建立两种投影之间的关系,建立这样关系的方法有很多,最常见的是正解变换、反解变换和数值变换三种。

　　① 正解变换是直接确定原地图资料和目标数据的直角坐标的直接联系,建立两种投影点之间的直角坐标关系式。正解变换是 GIS 软件中应用极为广泛的投影转换方法。

　　② 反解变换是先反解出原投影的地理坐标,再将地理坐标代入另一种投影的坐标公式中。这种变换方式不受制图区域大小的影响,任何情况都可以使用。

　　③ 数值变换是根据两种投影在变换区内的若干同名数字化点,采用插值法、待定系数法或最小二乘法等数学方式,实现投影坐标之间的变换。数值变换法一般要对数据进行分块处理,以保证变换的精度。

　　即时投影:为不同坐标系统的数据同时显示提供支持。软件包读取现有数据集的投影文件,并将第一个图层的坐标系统设置为默认通用坐标系统,这个通用坐标也可以由用户提前定义。以 ArcGIS 为例,当向 ArcMap 添加多个图层时,第一个图层的空间参考即是整个数据框架的空间参考,如果后续加载的图层空间参考与之不相同时,ArcMap 会自动将其空间参考转换成当前的空间参考,即进行了一次投影。

　　下面以国际著名的桌面 GIS 软件 MapInfo 和 ArcGIS 为例,简略介绍一些 GIS 软件中的地图投影功能。

　　MapInfo 通过"Choose Projection"对话框为用户提供两级目录菜单进行投影选择。它提供了 20 多种投影系统,如墨卡托投影、等角圆锥投影、高斯-克吕格投影、方位投影等,以及 300 多种预定义坐标系。坐标系决定了一系列投影参数,包括椭球体及其定位参数、标准纬线、直角坐标单位及其原点相对投影中心的偏移量等。当用户要使用其他坐标系或创建新的坐标系时,可通过修改投影参数文件 MAPINFOW. PRJ 来实现。

　　一般情况下通过投影选择对话框,就可以很方便地进行地图投影选择。如果需要改变某些参数,如标准纬线、原点经纬度、坐标单位以及坐标偏移量等,则需修改 MAPINFOW. PRJ 文件。

　　在 ArcGIS Workstation 的 Arc 命令框中输入 projection,系统会显示软件提供的 40 余种的投影系统。选择投影系统后即可设置椭球体及相关参数,这样就完成了投影的生成。

　　投影变换是将一种地图投影转换为另一种地图投影,主要包括投影类型、投影参数或椭球体的改变。以 ArcMap 下对栅格数据实施投影变换过程如下:

　　(1) 在 ArcToolbox 下选择 Data Management Tools/Projections and Transformations/Raster/Projection Raster 工具,打开 Project Raster 对话框。

　　(2) 点击相应图标打开 Spatial Reference 属性对话框,即可定义/改变输出数据的投影。

　　GIS 的地图投影功能已提供了地图投影生成和变换的便捷工具,而正确使用这一工具的关键在于使用者必须对地图投影本身有足够的认识。

第七节　地图比例尺

一、地图比例尺概念

地图比例尺,是地图上的某线段在地球椭球面上对应线段的平面投影的长度之比,其表达式为:

$$d/D = 1/M \qquad\qquad (2-7-1)$$

式中:d 为地图上线段的长度;D 为地球椭球面上相应直线距离的水平投影长度(简称实地直线水平距离长度),在实际计算时必须将它们化为同一长度单位;M 为地图比例尺分母。d、D、M 为三个变量,只要知道其中任两个,便可推知第三个。例如,已知实地直线水平距离为 2.4 km,则 1∶5 万地形图上相应长度为:$d = D/M = 240\ 000\ cm/50\ 000 = 4.8\ cm$;若已知 1∶2.5 万地形图上一直线长度为 8 cm,则其实地长度为:$D = d \cdot M = 8\ cm \times 25\ 000 = 2\ km$;若已知图上 8 cm 相当于实地长 20 km,则其地图比例尺为:$1/M = d/D = 8/2\ 000\ 000 = 1/250\ 000$。

二、地图比例尺分类

(一) 按地图投影变形分类

1. 主比例尺

指在投影面上没有变形的点或线上的比例尺。在地图投影中,切点、切线和割线上是没有任何变形的,这些地方的比例尺皆为主比例尺,即为地面实际缩小的倍数。因此,通常以切点、切线和割线缩小的倍数表示地面缩小的程度;在地图上所标注的通常都是此种比例尺,故又称普通比例尺。主比例尺主要用于分析或确定地面实际缩小的程度。

2. 局部比例尺

指在投影面上有变形处的比例尺。在地图投影中,除切点、切线和割线这些标准点或标准线外,其他地方均有不同程度的投影变形。一般地图上都不注此种比例尺。局部比例尺主要用于研究地图投影变形的大小、分布规律和投影性质。

由于地图投影必然产生变形,所以严格地讲,地图上各点的比例尺(即局部比例尺)都不相同,同一点的不同方向的比例尺也不一样(等角投影地图例外),只是在地球表面有限范围内的大比例尺地图(可视为平面图)上的比例尺可以视为不变。对于实际上投影变形很小的地形图及长度变形很小的小比例尺地图来说,注明地图的主比例尺就可以了;而对于包括大范围及主比例尺与局部比例尺相差很大的地图,最好能注明保持主比例尺的经纬线格网点或线,这一般在地图图廓外的辅助要素中给出。

(二) 按比例尺大小分类

比例尺的大小是个相对概念。在建筑或工程施工单位,他们研究或作业区域很小,一般将 1∶500、1∶1000、1∶2000、1∶5000 和 1∶1 万视为大比例尺,1∶2.5 万、1∶5 万、1∶10 万视为中比例尺,1∶25 万(或 1∶20 万)、1∶50 万和 1∶100 万视为小比例尺。在测绘、地学和其他部门,他们研究的地域范围较大,则通常将≥1∶10 万各种比例尺称为大比例尺,1∶25 万(或 1∶20 万)和 1∶50 万称为中比例尺,≤1∶100 万称为小比例尺。

三、地图比例尺形式

地图比例尺常见有以下几种表示形式：

（一）数字式

数字比例尺是指用阿拉伯数字形式表示的比例尺。一般是用分子为 1 的分数形式表示，如 1/50 000，1：50 000，1：5 万。

（二）文字式

文字式比例尺，亦称说明式比例尺。如五万分之一，图上 1 cm 相当于实地 500 m 等。在使用英制长度单位的国家，常见地图上注有"一英寸比一英里（1 inch to 1 mile）""半英寸等于一英里（half inch＝1 mile）"等，前者为图上一英寸等于实地一英里，用数字式表示，则为 1：63 360；后者为图上二分之一英寸等于实地一英里，其数字式为 1：126 720。

（三）图解式

图解式，是用图形加注记的形式表示的比例尺。又分为直线比例尺、斜分比例尺和复式比例尺三种。

1. 直线比例尺

指呈直线图形的比例尺（图 2-7-1）。

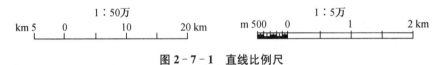

图 2-7-1 直线比例尺

直线比例尺只能直接量出长度值，能避免因图纸伸缩而引起误差，因而被普遍采用。

2. 斜分比例尺

又称微分比例尺，它不是绘在地图上的比例尺图形，而是一种地图的量算工具；是依据相似三角形原理，用金属或塑料制成的（图 2-7-2）。先作一直线比例尺为基尺，以 2 cm 长度为单位将基尺划分若干尺段，过各分点作 2 cm 长的垂线并 10 等分，连各等分点成平行线；再对左端副尺段的上下边 10 等分，错开一格连成斜线，注上相应的数字即成。用它可以准确读出基本单位的百分之一，估读

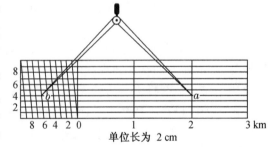

图 2-7-2 斜分比例尺

出千分之一。如图中 ab 线段为 2.64 个单位长度，若地图比例尺为 1：5 万，则实地长度为 2.64 km；若比例尺为 1：10 万，则实地长度为 5.28 km。

3. 复式比例尺

由主比例尺与局部比例尺组合而成的比例尺，又称投影比例尺（图 2-7-3）。每种地图投影都存在着变形，在大于 1：100 万的地形图上，投影变形非常小，可以只使用同一个比例尺——主比例尺表示；但在更小比例尺的地图上，不同的部位都有明显的变形。为了消除投影变形对图上量测的影响，根据投影变形和地图主比例尺绘制成复式比例尺。复式比例尺由主比例尺的尺线与若干条局部比例尺的尺线构成，分经线比例尺和纬线比例尺两种。

以经线长度比计算基本尺段相应实地长度所作出的复式比例尺,称经线比例尺,用于量测沿经线或近似经线方向某线段的长度;以纬线长度比计算基本尺段相应实地长度所作出的复式比例尺,称纬线比例尺,用于量测沿纬线或近似纬线方向某线段的长度。当量标准线上某线段长度,则用主比例尺尺线;量其他部位某线段长度,则应据此线段所在的经度或纬度来确定使用哪一条局部比例尺尺线。

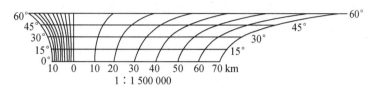

图 2-7-3 复式比例尺(等角正切圆柱投影纬线比例尺)

四、地图比例尺作用

(一)测制和使用地图必不可少的数学基础

在同一区域或同类的地图上,内容要素表示的详略程度和图形符号的大小,主要取决于地图比例尺;比例尺愈大,地图内容愈详细,符号尺寸亦可稍大些,反之,地图内容则愈简略,符号尺寸相应减小。

(二)反映地图的量测精度

正常视力的人,能分辨地图上大于 0.1 mm 的两点间距离,因此 0.1 mm 被视为量测地图不可避免的误差。测绘工作者把地图上 0.1 mm 的实地长度,称为比例尺精度;因此,0.1 mm 即是将地物缩绘成图形可以达到的精度的极限,故比例尺精度又称极限精度。依据比例尺精度,在测图时可以按比例求得在实地测量能准确到何种程度,即可以确定小于何种尺寸的地物就可以省略不测,或用非比例符号表示,例如当测 1:1 000 地形图时,其比例尺精度为 0.1 mm×1 000=0.1 m,此刻实地长度小于 0.1 m 的地物就可以不测了。同样可以根据精度要求,确定测图的比例尺,若要求表示到图上的实地最短长度为 0.5 m,则应采用的比例尺不得小于 0.1 mm/0.5 m=$\frac{1}{5\,000}$。还有,在使用地图时,根据精度的要求,可以确定选用何种比例尺的地图,例如要求实地长度准确到 5 m,则所选用的地图比例尺不应小于 0.1 mm/5 m=$\frac{1}{50\,000}$。由表 2-7-1 所列各种比例尺地形图的比例尺精度可知,地图比例尺愈大,表示地物和地貌的情况愈详细,误差愈小,图上量测精度愈高;反之,表示地面情况就愈简略,误差愈大,图上量测精度愈低。但不应盲目追求地图精度而增大测图比例尺,因为在同一测区,采用较大比例尺测图所需工作量和投资,往往是采用较小比例尺测图的数倍,所以应从实际需要的精度出发,选择相应的比例尺。

表 2-7-1 地图比例尺的精度

地图比例尺	比例尺精度(m)	地图比例尺	比例尺精度(m)	地图比例尺	比例尺精度(m)
1:250	0.025	1:5 000	0.50	1:100 000	10
1:500	0.05	1:10 000	1.00	1:250 000	25
1:1 000	0.10	1:25 000	2.50	1:500 000	50
1:2 000	0.20	1:50 000	5.00	1:1 000 000	100

五、地图比例尺系列

各个国家的地图比例尺系统不尽相同。我国常用的地形图比例尺系列见表2－7－1和表2－7－2。除此之外，其他专题地图则没有固定的比例尺系统，根据地图的用途、制图区域的大小和形状、纸张和印刷机的规格等条件，设计地图的比例尺；但在长期的制图实践中逐渐形成了约定俗成的比例尺系列，如大比例尺地形图有1：500、1：1 000和1：2 000，小比例尺地图有1：150万、1：200万、1：300万、1：400万、1：500万、1：600万、1：750万和1：1 000万等。

表2－7－2

数字比例尺	文字比例尺 （地图名称）	图上1 cm相当于 实地的km数	实地1 km相当于 图上的cm数
1：5 000	五千分之一	0.05	20
1：10 000	一万分之一	0.1	10
1：25 000	二万五千分之一	0.25	4
1：50 000	五万分之一	0.5	2
1：100 000	十万分之一	1	1
1：250 000	二十五万分之一	2.50	0.4
1：500 000	五十万分之一	5	0.2
1：1 000 000	百万分之一	10	0.1

第八节　　地图分幅编号

一、地图分幅编号的意义

（一）地图分幅编号

一幅地图的幅面有限，制图区域往往包含几幅甚至几十幅地图的范围，所以制图时需要将制图区域划分成若干块，分别绘制在合适幅面的图纸上，并以一定规律编注每幅图的号码。这种按一定幅面大小将某种比例尺地图所包含范围内的图幅划分成许多幅地图，并编注其序号的做法，称地图分幅编号。

（二）地图分幅编号的作用

地图的分幅编号，在地图的生产、管理和使用等方面都有其重要的实际意义。首先是测制地图的需要；其次是印刷地图的需要；第三是管理和发行的需要，地图分幅编号后，便于分类分区有序地存贮；第四是用图的需要，只有将图面控制在一定大小范围内才便于在室内外的使用；分幅可以扩大地图的比例尺，便于更详细地表示各种地理要素，增加地图信息，以便更好地满足社会多方面的需求。

二、地图分幅

地图分幅有按坐标格网矩形分幅和按经纬线梯形分幅两种形式。

（一）矩形分幅

矩形分幅，即按一定大小的矩形划分图幅，使每幅地图都有一个矩形的图廓，其相邻图幅均以直线划分的分幅方法。矩形的大小多依据地图用途、制图区域大小、纸张和印刷机规格而定，一般有全开、对开、四开、八开等；大比例尺地图的矩形图幅多采用大四开规格，有 40 cm×40 cm、40 cm×50 cm 或 50 cm×50 cm 几种（表 2-8-1）；特殊情况，可以任意确定。

表 2-8-1　大比例尺矩形图幅规格

比　例　尺	1：5 000	1：2 000	1：1 000	1：500
图幅大小（cm²）	40×40	50×50	50×50	50×50
实地面积（km²）	4	1	0.25	0.062 5
一张 1：5 000 的图幅包括本图幅的数目	1	4	16	64

矩形分幅又分拼接和不拼接两种。前者指相邻图幅有共同的图廓线（图 2-8-1），可以按共用边拼接起来使用；区域性地图、墙上挂图、工矿与农林等部门为规划和施工而局部地区独立成图的大于 1：5 000 的地图多用这种分幅形式。不拼接的矩形分幅是指图幅之间没有共用边，每个图幅均有其制图主区；分区地图多用此种分幅方法，各分幅图之间常有一定的重叠（图 2-8-2）。

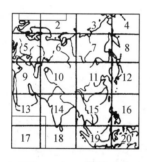

图 2-8-1　拼接分幅

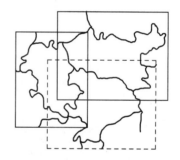

图 2-8-2　不拼接分幅

矩形分幅的主要优点是，建立制图网很方便；图幅间结合紧密，图廓线即为坐标格网线，便于拼接和应用；各幅图的印刷面积相对平衡，有利于充分利用纸张和印刷机版面；不拼接分幅可以使分幅线有意识地避开重要地物，以保持图形的完整性；图的幅面大小相同，便于保管和使用。其主要缺点是整个制图区域只能一次投影制成。

（二）梯形分幅

梯形分幅，是以具有一定经纬差的梯形划分图幅，由经纬线构成每幅地图图廓的分幅方法。这是目前世界上许多国家的地形图和小比例尺地图所采用的主要分幅形式。

我国基本比例尺地形图，以国际 1：100 万比例尺地形图统一分幅为基础，按照一定的经纬差划分图幅范围，以 1：100 万至 1：5 000 的序列逐级分幅，使相邻比例尺地形图的数量成简单的倍数关系（表 2-8-2）。

1：100 万地形图按经差 6°，纬差 4°分幅。以经差 6°将整个地球椭球体面划分成 60 个纵列；由赤道向南北至纬度±88°，以纬差 4°各划分成 22 个横行（图 2-8-3）。因经线向两极收敛,使梯形图幅面积随纬度升高而不断缩小,为使图幅保持差不多大小,规定在纬度 60°～76°范围内,按经差 12°、纬差 4°分幅;在纬度 76°～88°范围内,按经差 24°、纬差 4°分幅; 在纬度 88°以上的极地区,以极点为中心,单独成一幅图。

表 2 - 8 - 2　　基本比例尺梯形图幅分幅

比例尺		1:100 万	1:50 万	1:250 万	1:20 万	1:10 万	1:5 万	1:2.5 万	1:1 万	1:5 000
图幅范围	经差	6°	3°	1°30′	1°	30′	15′	7′30″	3′45″	1′52.5″
	纬差	4°	2°	1°	40′	20′	10′	5′	2′30″	1′15″
图幅间数量关系		1	4	16	36	144	576	2 304	9 216	36 864
			1	4	9	36	144	576	2 304	9 216
				1	4	9	36	144	576	2 304
					1	4	16	64	256	1 024
						1	4	16	64	256
							1	4	16	64
								1	4	16
									1	4

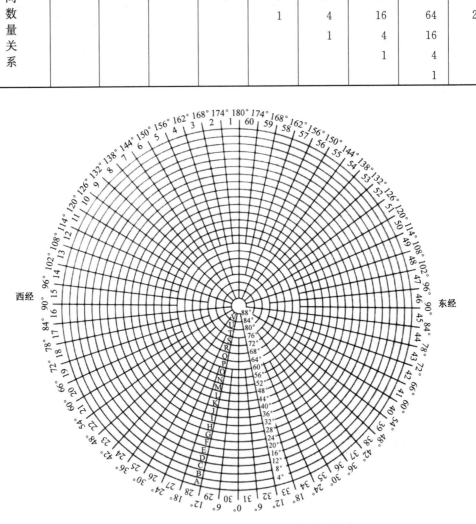

图 2 - 8 - 3　　北半球 1:100 万地形图的分幅和编号

　　梯形分幅的主要优点是系统性强,各种比例尺图幅之间所含经纬差范围均具有一定的倍数关系;每个图幅都有明确的地理位置概念,适用于全国、大洲和全世界这些很大区域范围的地图分幅。其缺点是经纬线被描写成曲线时,不便于图幅的拼接;随着纬度的升高,相同经纬差所限定的面积不断缩小,使图幅大小不统一,当在高纬处采用合幅方式后,又在一定程度上干扰了分幅的系统性,但在我国境内不存在这一问题;梯形分幅还经常会破坏城镇等重要地物的完整性。

三、地图编号

　　地图编号的方式有多种,一般因地图分幅的形式和制图区域或比例尺的大小而异。较常见的地图编号方式有行列式、自然序数式、行列-自然序数式、图角点坐标式等几种。

(一) 行列式编号法

　　将制图区域划分成若干行和列,分别按数字或字母顺序编上号码,行号和列号组合构成图幅的编号。如图 2 - 8 - 4(a)中有斜晕线的图幅编号为 F53。大区域的分幅地图多用此种编号法,如国际百万分之一地形图等。图 2 - 8 - 4(b)中列号与行号均用两位数阿拉伯数字表示,小区域大比例尺矩形分幅地图多采用这种编号法。

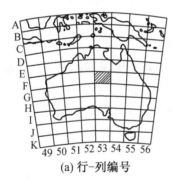

	12	13	14
25	1225	1325	1425
26	1226	1326	1426
27	1227	1327	1427
28	1228	1328	1428

(a) 行-列编号　　　　　　　(b) 列-行编号

图 2 - 8 - 4　行列编号法

(二) 自然序数式编号法

　　将分幅地图按自然数的顺序编号。编号可以是从左到右,自上而下,也可以是其他的排列方法。矩形分幅的小区域大比例尺地图和大区域小比例尺挂图常用此种编号法。

(三) 行列-自然序数式编号法

　　行列式与自然序数式相结合的编号方法。即在行列式编号的基础上,用自然序数或字母代表详细划分的较大比例尺地图的代码。如 H - 49 - 8(见地形图分幅编号)。世界各国地形图的编号多采用这种方式,亦有少数国家的地形图,在自然序数式编号法的基础上结合使用行列式编号法。

(四) 图角点坐标式编号法

　　采用图幅的西南角点坐标千米数编号的方法。将其纵坐标值 x 在前,横坐标值 y 在后,以短线相连,即“x　y”形式作为某一幅地图的图号(图 2 - 8 - 5)。在按正方形分幅时,当地图比例尺为 1:1 000、1:2 000 时,坐标值取至 0.1 km;1:500 时,坐标值取至 0.01 km(图 2 - 8 - 5(a));在按矩形分幅时,1:500 的坐标值不一定取至 0.01 km(图 2 - 8 - 5(b))。

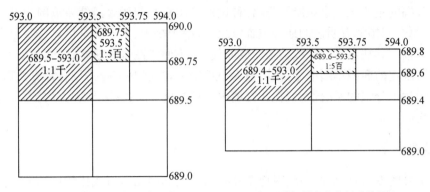

(a) 正方形分幅图角点坐标式编号法　　　(b) 矩形分幅图角点坐标式编号法

图 2-8-5　角点坐标式编号法

若采用国家统一坐标系统,则在图角点坐标编号前加注该图幅所在投影带中央经线的度数,如果图 2-8-5 是位于 3°分带的第 40 投影带,则图号就改写为"120°-689.0-593.0"。

按统一的直角坐标格网划分图幅的大比例尺地图多采用此种编号法,如地籍图即是。

四、国家基本比例尺地形图的分幅编号

(一) 截止到 1990 年地形图的分幅编号系统

在 1991 年前,我国基本比例尺地形图分幅编号系统,是以 1∶100 万地形图为基础,派生出 1∶50 万、1∶25 万(1∶20 万)、1∶10 万三种比例尺;在 1∶10 万地形图基础上又派生出 1∶5 万～1∶2.5 万和 1∶1 万～1∶5 000 两个支系(图 2-8-6)。

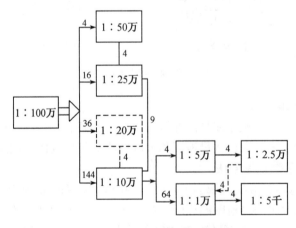

图 2-8-6　基本比例尺地形图分幅系统

1∶100 万地形图采用行列式编号,其他七种比例尺地形图都采用行列-自然序数组合式编号法。地形图分幅编号的解算方法有图解法和解析法两种。图解法比较直观,本书介绍图解法地形图分幅编号的方法。

1. 1∶100 万地形图分幅编号

1891 年在瑞士伯尔尼召开的第五届国际地理学会议上,德国地理学家彭克教授提出了编制百万分之一世界地图的建议,获得了与会各国代表原则上的同意。1909 年和 1913 年相继在伦敦和巴黎举行了两次国际百万分之一地图会议,就该图的类型、规格、投影、表示方法、内容选择等作了一系列的规定。百万分之一地图逐渐成为国际性的地图。

　　1∶100 万地形图按国际百万分之一统一分幅后,从赤道起向南北至纬度±88°,用拉丁字母 A、B、C、…、V 表示 22 个相应的横行号,极地仅一幅图,用 Z 表示,行号前分别冠以 N 和 S,以区别北半球和南半球的地图,因我国疆域全在北半球,故省略 N;用阿拉伯数字 1、2、3、…、60 表示纵列号,从东经 180°起,自东向西,至经度 0°,由 1 注到 30,从经度 0°至东经 180°,由 31 注到 60。每幅 1∶100 万比例尺地形图的梯形图幅的图号由横行号在前、纵列号在后,以短线相连而构成。行号和列号用下式计算:

$$h = 〔\varphi/\Delta\varphi〕 + 1$$
$$l = 〔\lambda/\Delta\lambda〕 + 1$$

　　式中:λ、φ 为某地点的经度和纬度;$\Delta\lambda$ 和 $\Delta\varphi$ 为百万分之一地形图图幅的经纬差;〔 〕为取整符号。

　　我国疆域位于东半球,故纵列号大于 30,上式改写为:

$$\left.\begin{aligned} h &= 〔\varphi/4°〕 + 1 \\ l &= 〔\lambda_E/6°〕 + 31 \end{aligned}\right\} \qquad (2-8-1)$$

　　若图幅位于西经范围,则纵列号 $l = 30 - 〔\lambda_W/\Delta\lambda〕$

　　例如:北京某地的地理坐标 $\lambda_E = 116°24'06''$,$\varphi = 39°54'15''$,则所在 1∶100 万比例尺图幅的行列号为:

$$h = 〔\varphi/\Delta\varphi〕 + 1 = 〔39°54'15''/4°〕 + 1 = 9 + 1 = 10 \text{(字符为 J)}$$
$$l = 〔\lambda_E/\Delta\lambda〕 + 31 = 〔116°24'06''/6°〕 + 31 = 19 + 31 = 50$$

则该地所在 1∶100 万地形图的图号为 J-50。

　　高纬区的双幅、四幅合并时,其图号以列号合并形式写出,如 P-33、34,T-25、26、27、28。

　　2. 1∶50 万、1∶25 万、1∶20 万、1∶10 万地形图分幅编号

　　这四种比例尺地形图的分幅编号都是以 1∶100 万地形图为基础图,它们的编号均是在其基础图号后面分别加上各自的序数号代码构成的(图 2-8-7)。

　　每幅 1∶100 万地形图按纬差 2°、经差 3°分成 2 行 2 列,即 4 幅 1∶50 万地形图;用代码 A、B、C、D 表示;图号为在 1∶100 万地形图图号后面加上代码,如 J-50-A。

　　每幅 1∶100 万地形图按纬差 1°、经差 1°30′分成 4 行 4 列,即 16 幅 1∶25 万地形图;依次用代码 [1]、[2]、…、[16] 表示,其图号是在 1∶100 万地形图图号后面加上代码,如 J-50-[2]。

　　每幅 1∶100 万地形图按纬差 40′、经差 1°分成 6 行 6 列,即 36 幅 1∶20 万地形图;依次用代码 (1)、(2)、…、(36) 表示;其图号是在 1∶100 万地形图图号后面加上代码,如 J-50-(5)。

　　每幅 1∶100 万地形图按纬差 20′、经差 30′分成 12 行 12 列,即 144 幅 1∶10 万地形图,依次用代码 1、2、…、144 表示,其图号是在 1∶100 万地形图图号后面加上代码,如 J-50-5。

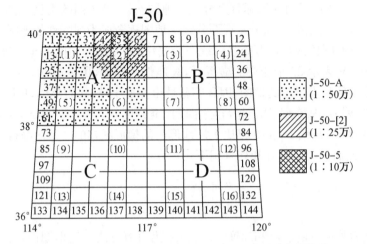

图 2-8-7 1：50 万、1：25 万、1：10 万地形图分幅编号

3. 1：5 万、1：1 万地形图分幅编号

这两种比例尺地形图的分幅编号都是以 1：10 万地形图为基础图,它们的编号均是在基础图号后面分别加上各自的序数号代码构成的(图2-8-8)。

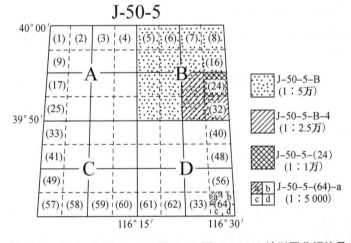

图 2-8-8 1：5 万、1：2.5 万、1：1 万、1：5 000 地形图分幅编号

每幅 1：10 万地形图按纬差 10′、经差 15′分成 2 行 2 列,即 4 幅 1：5 万地形图;依次用代码 A、B、C、D 表示;其图号是在 1：10 万地形图图号后面加上代码,如 J-50-5-B。

每幅 1：10 万地形图按纬差 2′30″、经差 3′45″分成 8 行 8 列,即 64 幅1：1 万地形图;依次用代码(1)、(2)、…、(64)表示;其图号是在 1：10 万地形图图号后面加上代码,如J-50-5-(24)。

4. 1：2.5 万、1：5 000 地形图分幅编号

1：2.5 万地形图是以 1：5 万地形图为基础图。每幅 1：5 万地形图按纬差 5′、经差7′30″分成 2 行 2 列,即 4 幅 1：2.5 万地形图;依次用代码 1、2、3、4 表示;其图号是在 1：5万地形图图号后面加上代码,如 J-50-5-B-4。

1：5 000 地形图是以 1：1 万地形图为基础图。每幅 1：1 万地形图按纬差 1′15″、经差

$1'52.5''$分成 2 行 2 列,即 4 幅 1：5 000 地形图;依次用代码 a、b、c、d 表示;其图号是在 1：1 万地形图图号后面加上代码,如 J－50－5-(24)-a。

5. 求相邻图幅图号

求相邻图幅图号指求与本图同比例尺的相邻(四周)图幅的图号。

(1) 求 1：100 万图幅的邻幅图号,1：100 万图幅是全球统一的基础分幅,其左右邻幅间仅在列号上相差 1,上下邻幅间仅在行号上相差 1。如已知某 1：100 万图幅的图号为 H－50,则它左邻和右邻图幅的图号为 H－49 和 H－51;其上邻和下邻的图幅图号为 I－50 和 G－50。

(2) 求位于 1：100 万图幅内较大比例尺的相邻图幅的图号,以 1：10 万图幅为例,位于同行的左右相邻两图幅的序数号相差 1;上下相邻图幅图号中的序数号相差 12(图 2－8－9)。

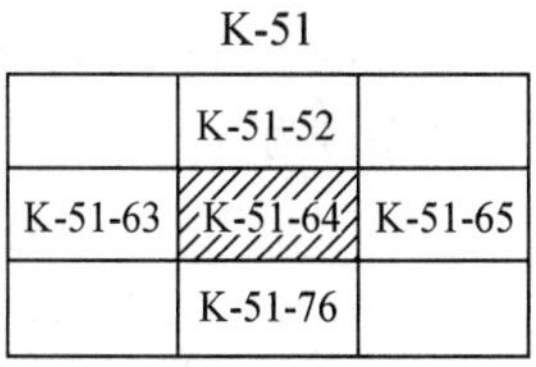

K-51		
	K-51-52	
K-51-63	K-51-64	K-51-65
	K-51-76	

图 2－8－9 图幅内邻幅

(3) 求位于同行不同列两相邻 1：100 万图幅间相邻 1：10 万图幅的图号,先将这两幅 1：100 万图幅的列号进行加 1 或减 1 的变换,再根据本图幅在 1：100 万中的行列数推算在相邻 1：100 万图幅中的相邻图幅,即可得所求的图号(图 2－8－10)。

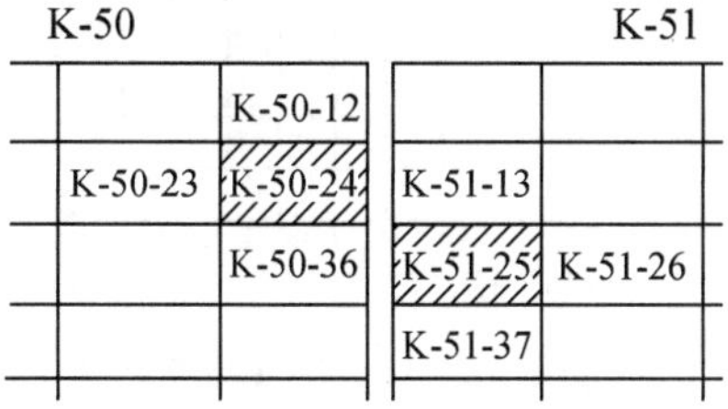

K-50		K-51	
	K-50-12		
K-50-23	K-50-24	K-51-13	
	K-50-36	K-51-25	K-51-26
		K-51-37	

图 2－8－10 同行不同列邻幅

K-51		K-51-122	
	K-51-133	K-51-134	K-51-135
J-51	J-51-1	J-51-2	J-51-3	J-51-4
			J-51-15	

图 2－8－11 同列不同行邻幅

(4) 求位于同列不同行两相邻 1：100 万图幅间相邻 1：10 万图幅的图号,先将这两幅 1：100 万图幅的行号进行加或减 1 的变换,再根据本图幅在 1：100 万中的行列数推算在相邻 1：100 万图幅中的相邻图幅,即可得所求的图号(图 2－8－11)。

相邻图幅的图号,在大比例尺地形图上,一般都标注在相应一侧的图廓线上。

6. 地形图分幅编号的实际应用

(1) 根据经纬度求图号,以便向资料库索取所需的地形图。其方法步骤为:先依据某地的经纬度,按 1：100 万地形图分幅编号的方法,求出 1：100 万图幅的图号及该图幅四角点的经纬度,绘出草图,标注四角点的经纬度;然后依据图号与 1：100 万图幅间的数量关系,求出过渡图幅的图号和四角点的经纬度,再以该地点的经纬度判定它所在的相应图幅及其序数号;最后将该图幅的序数号与其过渡图的图号组合起来即得所求的图号。

【例 2－8－1】 已知某地位于东经 120°10′15″,北纬 30°15′10″,求该地所在的1：1 万地形图的图号。

解:① 求该地所在 1：100 万地形图图号及四角点经纬度,并标注在草图上(图 2－8－12):

$$h = [\varphi/\Delta\varphi] + 1 = [30°15'10''/4°] + 1 = 7 + 1 = 8(字符为 H)$$

$$l = [\lambda_E/\Delta\lambda] + 31 = [120°10'15''/6°] + 31 = 20 + 31 = 51$$

$$\varphi_N = h \cdot \Delta\varphi = 8 \times 4° = 32°$$

$$\varphi_S = (h-1) \cdot \Delta\varphi = 7 \times 4° = 28°$$

$$\lambda_E = (l-30) \cdot \Delta\lambda = 21 \times 6° = 126°$$

$$\lambda_W = (l-31) \cdot \Delta\lambda = 20 \times 6° = 120°$$

② 在草图上用该地点所在的基础图 1∶10 万图幅的经纬差,将这 1∶100 万图幅划分成 12 行 12 列,依该地点的经纬度判定其所在的 1∶10 万图幅的序数号为 61,故其图号为 H-51-61(图 2-8-12)。

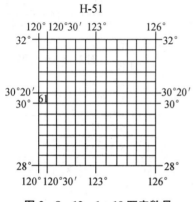

图 2-8-12　1∶10 万序数号

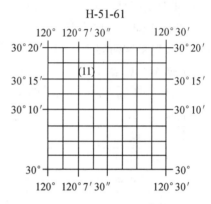

图 2-8-13　1∶1 万序数号

③ 绘出图号 H-51-61 的 1∶10 万图幅的草图,标出四个图角点的经纬度,并依所求图号的 1∶1 万地形图的 $\Delta\varphi = 2'30''$、$\Delta\lambda = 3'45''$,将草图划分成 8 行 8 列(图 2-8-13)。

④ 依该地点的经纬度判定所求图号的 1∶1 万图幅在其基础图 1∶10 万内的序数号为 11,即得 1∶1 万地形图的图号为 H-51-61-(11)。

(2) 根据某图号,求其地图的地理位置。先运用地形图分幅编号的规律,确定该编号地图的比例尺;然后依其图号求出所在的基础图 1∶100 万图幅的经纬度范围,绘出草图,注出图幅四角点的经纬度;再由图号中的序数号确定该图或它所在的基础图在 1∶100 万图幅内所处的行与列,并以相应的经纬差将 1∶100 万图幅划分成相应的行和列;最后根据该图序数号和相应的经纬差推算出该图幅四角点的经纬度,即得其地理位置(图 2-8-14)。

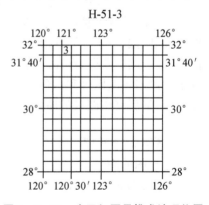

图 2-8-14　由已知图号推求地理位置

（二）1991 年实施的地形图分幅编号系统

1991 年国家测绘局制订并颁布实施了"国家基本比例尺地形图分幅和编号国家标准"，自 1991 年起新测和更新的地形图，均按此标准进行分幅和编号。

1. 地形图的分幅

地形图新的分幅方法是各种比例尺地形图均以 1∶100 万地形图为基础图，沿用原分幅各种比例尺地形图的经纬差，全部由 1∶100 万地形图按相应比例尺地形图的经纬差逐次加密划分图幅，以横为行，纵为列（图2-8-15）。

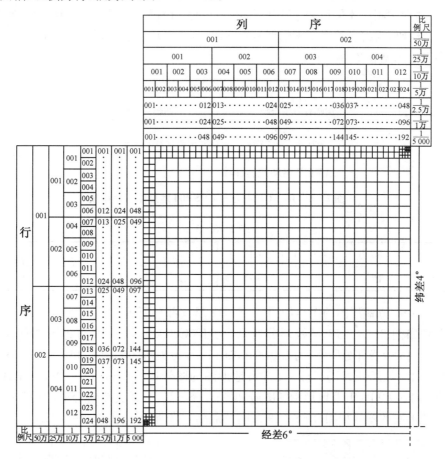

图 2-8-15　1∶100 万～1∶5 000 地形图行、列编号

1∶100 万地形图的分幅规定及方法没有变化。每幅 1∶100 万地形图按纬差 2°，经差3°分成 2 行 2 列，共 4 幅 1∶50 万地形图；按纬差 1°、经差1°30′分成 4 行 4 列，共 16 幅 1∶25万地形图；按纬差 20′、经差 30′分成 12 行 12 列，共 144 幅 1∶10 万地形图；按纬差 10′、经差15′分成 24 行 24 列，共 576 幅 1∶5 万地形图；按纬差 5′、经差 7′30″分成 48 行 48 列，共2 304幅1∶2.5万地形图；按纬差 2′30″、经差 3′45″分成 96 行 96 列，共 9 216 幅 1∶1 万地形图；按纬差 1′15″、经差 1′52.5″分成 192 行 192 列，共 36 864 幅 1∶5 000地形图。该分幅系统的各种比例尺地形图的经纬差、行列数和图幅数均成简单的倍数关系。

2. 地形图的编号

（1）1∶100 万地形图新的编号方法，除行号与列号改为连写外，没有任何变化，如北京所在的 1∶100 万地形图的图号由 J-50 改为 J50。

(2) 1∶50 万～1∶5 000 地形图的编号,均以 1∶100 万地形图编号为基础,采用行列式编号法(图 2-8-15)。将 1∶100 万地形图按所含各种比例尺地形图的经纬差划分成相应的行和列,横行自上而下,纵列从左到右,按顺序均用阿拉伯数字编号,皆用 3 位数字表示,凡不足 3 位数的,则在其前补 0。

大中比例尺地形图的图号均由五个元素 10 位码构成。从左向右,第一元素 1 位码,为 1∶100 万图幅行号字符码;第二元素 2 位码,为 1∶100 万图幅列号数字码;第三元素 1 位码,为编号地形图相应比例尺的字符代码;第四元素 3 位码,为编号地形图图幅行号数字码;第五元素 3 位码,为编号地形图图幅列号数字码;各元素均予以连写(图 2-8-16)。比例尺采用的字符代码见表 2-8-3。

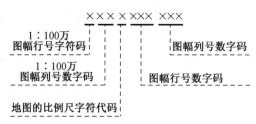

图 2-8-16 1∶50 万～1∶5 000 地形图图号构成

表 2-8-3

比例尺	1∶50 万	1∶25 万	1∶10 万	1∶5 万	1∶2.5 万	1∶1 万	1∶5 000
代 码	B	C	D	E	F	G	H

例如:1∶50 万地形图的图号如图 2-8-17 晕线部分所示,为 J50B001002,1∶25 万地形图的图号如图 2-8-18 晕线部分所示,为 J50C003003;1∶10 万地形图的图号如图 2-8-19 中 45°晕线部分所示,为 J50D010010;1∶5 万地形图的图号如图 2-8-19 中 135°晕线部分所示,为 J50E017016;1∶2.5 万地形图的图号如图 2-8-19 中交叉晕线部分所示,为 J50F042002;1∶1 万地形图的图号如图 2-8-19 中黑块部分所示,为 J50G093004;1∶5 000 地形图的图号如图 2-8-19 东南角最小方格所示,为 J50H192192。

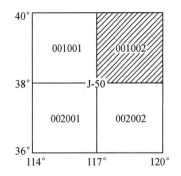

图 2-8-17 1∶50 万地形图编号

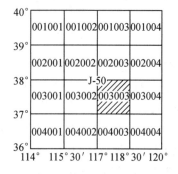

图 2-8-18 1∶25 万地形图编号

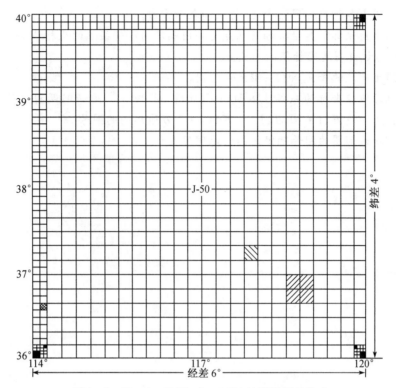

图 2 - 8 - 19　1∶10 万～1∶5 000 地形图图号构成

新分幅编号系统的主要优点是编码系列统一于一个根部，编码长度相同，便于计算机处理。

3. 新编号系统的应用

由已知某地地理坐标 (λ, φ)，则按下列程序计算其所在某比例尺地形图的图号：

（1）由（2 - 8 - 1）式先求出基础图 1∶100 万图幅的图号。

（2）计算所求图号的地形图在基础图幅内位于的行号和列号。

（3）将计算的结果引入欲求图号地形图的比例尺代码，按图号构成规律，写出所求的图号。

复习思考题

1. 何谓地图投影？地图投影变形是如何产生的？为什么说地图投影变形是不可避免的？
2. 叙述地图投影几种变形的含义，以及按变形性质和经纬线形状划分的各类地图投影的概念、特点及用途。
3. 叙述高斯-克吕格投影的性质、特点和用途。
4. 设我国某处 A 点的横坐标 $y = 19\,589\,513.12$ m，问该坐标值是按几度带投影计算而得？ A 点位于第几带？ A 点在中央子午线东侧还是西侧，距中央子午线多远？
5. 了解我国常用地图投影。
6. 了解常用 GIS 软件中地图投影生成和转换的方法。

7. 叙述地形图上各种坐标网的含义、特点和表示方法。

8. 何谓平面直角坐标? 其坐标轴及原点是如何确定的? 若某点的坐标 $X=4\,768$ km,$Y=22\,356$ km,试说明其坐标值的含义。

9. 叙述地图比例尺的含义、种类、形式和作用。

10. 已知某地的地理坐标为东经 $118°56'10''$,北纬 $32°09'31''$,用新旧两种方法求其所在的 $1:50$ 万、$1:25$ 万、$1:10$ 万、$1:5$ 万和 $1:1$ 万地形图的图号。

11. 如何由已知地形图的图号确定该图的地理位置?

第三章 地图语言

导 读

　　地图具有负载和传递信息的功能。这些功能的发挥靠的就是一种特殊的语言——地图语言,无论是制图者将制图区域的地理环境信息贮存到图纸上或以电子地图的形式出现,还是读图者阅读地图所负载的地理环境信息,都离不开地图语言。地图语言是由图形符号系统——图解语言和注记系统——文字语言两部分组成的。撇开地图注记,地图语言还是一种国际化的语言,可以进行国际交流。人们可以通过地图进行交流,能回答诸如你在哪里等空间定位方面的问题,顶上千言万语。

第一节　地图符号

一、地图符号概念

　　我们所熟知的符号的种类很多,有语言的、文字的、数学的以及地图上的几何符号等等。表示地图信息各要素空间位置、大小和数量质量特征、具有不同颜色的特定的点、线和几何图形等图解语言称地图符号。地图符号是地图语言中最重要的部分。地图的性质从本质上说是由地图符号的性质和特点决定的。地图符号作为符号的一个子类和语言一样具有语义、语法和语用规则。地图语言的语义是地图上各种地图符号与所表示的客观对象之间的对应关系,通常通过地图的图例表现出来;地图语言的语法是地图符号系统的特性和空间关系构成的规则;地图语言的语用是地图符号与用图者之间的关系,保证地图语言能够快速、准确、方便地被用图者理解。地图符号与其他符号的区别在于,它既能提供对象的信息,又能反映其空间结构,其主要特性是:

　　1. 地图符号是空间信息和视觉形象复合体

　　地图符号是一种专用的图解符号,它采用便于空间定位的形式来表示各种物体与现象的性质和相互关系。地图符号可以用来表示具体的和抽象的目标,并以可视的形象表现出来。

　　2. 地图符号有一定的约定性

　　地图符号木身可以说是一种物质的对象(图形),用它来指代抽象的概念,并且这种指代是以约定关系为基础的。地图符号化的过程就是建立地图符号与抽象概念之间的对应关系的过程即约定过程。当这种选择确定下来之后,这些图形就成了地图符号,因而具有法定性和规定性。

3. 地图符号可以等价变换

地图符号在知识概念的约定过程中,不同形式的符号存在等价关系,多个符号可以代指同一概念。例如在不同的图幅中用三角形、圆形、方形甚至文字等符号都可以作为等价符号表示一个城市。这是地图设计和地图符号设计中内在的本质规律。它使得地图设计者尽可以根据制图对象的特征、地图用途、比例尺、周围环境及设计者水平,设计出最合理的地图符号。

地图符号的特性,决定了我们可以将空间数据通过分类、分级、简化后,根据其基本的空间分布特征、相对重要性和相关位置,用地图符号表达出来,使空间数据成为视觉可见的图形。在此,地图内容要素的空间分布特征与表达它的地图符号之间有着密切的关系。

二、地图符号实质

地图符号是人类用于表达思维活动的各种符号中的一种。同样具有别的符号所有的基本属性——约定俗成。地图符号本身也是一种物质现象,用来指代约定的抽象概念。

地图符号的形成和发展,是人类对地理事物不断认识、不断实践的结果。最初的地图并无现代地图符号的概念,更谈不上符号系统。原始地图的符号和象形文字没有什么区别,随着地图和地图学的发展,人们对地图的要求也越来越高,要求地图必须能够精确地表示地物的位置、彼此间的距离、方向和面积,出现了按正射投影绘成的平面图形符号或透视图形符号,以使地图符号所表达的地理事物能够精确地定位。经过漫长的演变,逐渐从比较含糊和繁琐的绘画符号形成了极其简洁而规则化的地图符号。既解决了要表示复杂繁多的地理事物的困难,又科学地反映出地理事物的群体特征和本质规律。通过对地理事物的归纳、分类分级而制订的抽象的概念化的地图符号,实质上就是对地理事物进行了一次制图综合。

三、地图符号作用

地图符号是直观形象地表示地理事物的重要形式,其具体作用主要表现为以下四个方面:

(1)地图符号能保证所表示的地理事物的空间位置具有较高的几何精度,并提供了可量测性。

(2)地图符号便于对地理事物的抽象、概括和简化,即使地图比例尺缩小了也能反映制图区域的基本面貌,保持图面清晰易读。

(3)地图符号可以赋予地图极大的表现力,使地图分别能够表示实体事物、抽象事物、宏观事物、微观事物、事物外形或事物内部性质等。

(4)地图符号可提高地图的应用效果,可以通过在平面上建立地理事物的空间模型,再现真实的或塑造虚拟的地理现象。

四、地图符号的视觉变量及其感受效果

(一)地图符号的视觉变量

法国学者贝尔廷(J. Bertin)1967年在《图形符号学》(Semiologie Graphique)一书首先提出了符号视觉变量的概念,他认为视觉符号有6种变量:形状、尺寸、方向、亮度、色彩和密

度,如图 3-1-1。之后,各国学者在此基础上也提出了地图符号的各种视觉变量,如萨里谢夫的"绘图方法",Board 的"制图字母",Keates 的"图形变量"。

1. 形状变量

指由不同的外形所提供的图形特征。图形元素可以取无数种形状,因此形状变量的范围极大,是产生符号视觉差别的最主要特征之一。主要包括有规律的图形和无规律的范围轮廓线性要素。对点状符号来说,形状变量就是符号本身图形的变化,可以是规则的或不规则的,从简单几何图形如圆形、三角形、方形到任何复杂的图形;对于线状符号来说,形状变量指的是组成线状符号的图形构成形式,如双线、单线、虚线、点线以及这些线划形状的组合与变化。面状符号无形状变量,因为面状符号的轮廓差异是由制图现象本身所决定的,与符号设计无关。图 3-1-2。

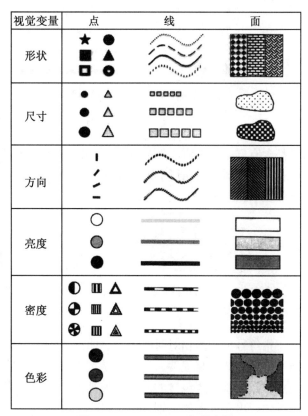

图 3-1-1　J. Bertin 视觉变量

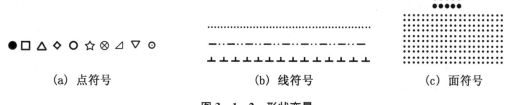

(a) 点符号　　　　　　(b) 线符号　　　　　　(c) 面符号

图 3-1-2　形状变量

2. 尺寸变量

指符号的大小,包括直径、宽度、高度和面积。尺寸的不同使符号之间产生了差别,提供了区分的可能性。其中,依比例尺轮廓图形的大小是位置的函数,而不是尺寸的变化。对于点状符号,指的是符号图形大小的变化;对于线状符号,指的是单线符号线的粗细,双线符号的线粗与间隔,以及点线符号的点子大小、点与点之间的间隔,虚线符号的线粗、短线的长度与间隔等;面状符号无尺寸变化,面状符号的范围大小由制图现象来决定。如图 3-1-3 所示。

3. 方向变量

指符号的方位变化或对其参考系统所具有定位排列方向的变化。通常这种参考系统具有地图的坐标网或地理格网系统、图上的某基准线等。对于线状和面状符号来讲,指的是组成线或面状符号的点的方向的改变。方向变量的应用受到具体图形的限制,并不是所有符

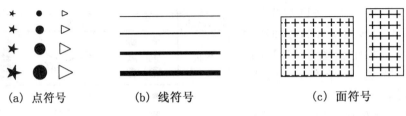

图 3-1-3　尺寸变量

号都含有方向的因素。例如,圆形符号若不借助直径角度的改变就不能区分出方向;方形符号若不借助对角线角度的改变也不易区分方向,并在某一角度上会产生菱形的印象从而和形状变量相混淆。如图 3-1-4 所示。

图 3-1-4　面状符号的方向变量　　　　　图 3-1-5　点、线、面符号的亮度变量

4. 亮度变量

指符号色调的相对明暗程度。明度差别可以指图形的黑白度对比,也可以指彩色图形同一色调上的明暗程度。亮度也是产生符号视觉差别的重要特征。亮度作为基本变量指的是点、线、面符号所包含的内部区域亮度的变化。当点状符号与线状符号本身尺寸很小时,很难体现出亮度上的差别,可以看作无亮度变量。面状符号的亮度变量,指的是面状符号的亮度变化,或说是印刷网线的线数变化。如图 3-1-5 所示。

5. 色彩变量

主要指符号图形的色相变化。一般所说的符号颜色不同,通常是指它所具有的色相有差异,即红、绿、蓝等。色彩的变化能形成鲜明的差异。色彩变量对于点状符号和线状符号来说,主要体现在色相的变化上。对于面状符号,色彩变量指的是色相与饱和度。色彩可以单独构成面状符号,当点状符号与线状符号用于表示定量制图要素时,其色彩的含义与面状符号的色彩含义相同。

6. 密度变量

指在符号亮度不变的情况下改变像素的尺寸和数量。密度的变化主要通过放大或缩小符号或者在面积不变的情况下黑白像素的重组来实现。可以通过放大或缩小符号的图形来实现。对于全白或全黑的图形无法体现密度变量的差别,因为它无法按定义体现这种视觉变量。如图 3-1-6 所示。

图 3-1-6　面状符号的密度变量

(二) 视觉变量的感受效果

视觉变量在图面上的各种排列和组合能够产生不同的感受效果。各种感受效果主要可归纳为整体感和差异感、等级感、数量感、质量感、动态感和立体感。

1. 整体感和差异感

整体感也称为“整体感受”,整体感可以是一种环境、一种要素,也可以是一个物体。差异感也称为"选择性感受",它和整体感相对,整体感好的差异感就小。整体感是通过控制视图间的差异以及构图的完整性实现的。如图3-1-7所示。

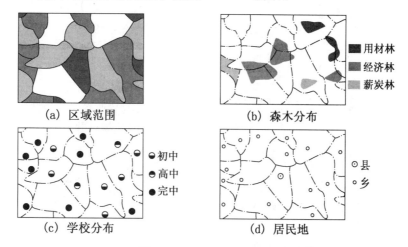

(a) 区域范围   (b) 森木分布

用材林
经济林
薪炭林

(c) 学校分布   (d) 居民地

○ 初中
◑ 高中
● 完中

⊙ 县
○ 乡

图3-1-7 图形的整体感

在制图中,必须根据地图的主题和用途,把握好整体感和差异感的关系,既要反映出整体内容,又要反映出分类分级等差异,使地图取得最佳视觉效果。

2. 等级感

等级感指通过观察事物和现象后,能够迅速并且明显地分出几个等级的感受效果。等级感在制图中有非常重要的作用,等级感也可以看作相对级差的反映,从等级中读图者能看出事物和现象的相对差别。如图3-1-8所示。

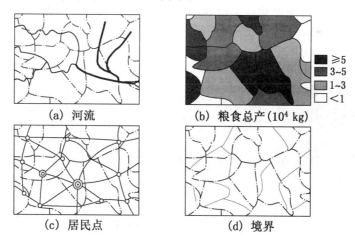

(a) 河流   (b) 粮食总产(10^4 kg)

■ ≥5
▨ 3~5
▨ 1~3
□ <1

(c) 居民点   (d) 境界

图3-1-8 图形的等级感

在视觉变量中,引起等级感最主要的因素是尺寸和亮度,色彩和密度在一定的条件下也能产生等级差,而形状和方向则无等级的感觉。

3. 数量感

数量感指从读图时的图形中能获得数量差异的感受效果。在地图上读出数量,需要读图者对图形进行仔细辨别、比较和思考,受读图者心理因素的影响很大,并与读图者的教育水平、实践水平有关。如图 3-1-9 所示。

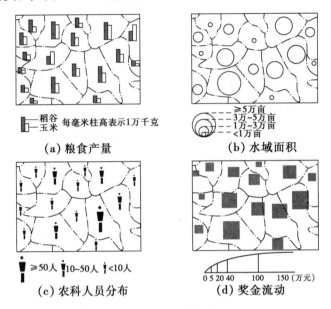

图 3-1-9　图形的数量感

　　尺寸是产生数量感的最有效的变量,并且受图形复杂程度的影响。通常图形越复杂,数量判别的准确性就越低,方形、圆形、柱形和三角形等简单图形是数量感强的主要图形。

　　4. 质量感

　　质量感指观察对象能被区分为不同类别的感知效果。

　　形状和颜色是产生质量差异感的最常用的变量,这两种变量最容易让人产生质量差异的感觉。方向和密度也能在一定条件下产生质量差异,但是视觉变化有限。如图 3-1-10 所示。

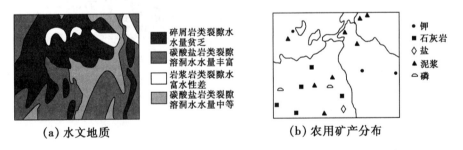

图 3-1-10　图形的质量感

　　5. 动态感

　　动态感指读图者能从图形的构图中获得一种运动的视觉效果。单一的图形并不能产生动态感,但是将有些符号或图形进行有规律的排列后,就会产生运动感。运动具有方向性,因此和图形的形状有关。如图 3-1-11 所示。

　　通常利用一定形状的图形,变化其尺寸、明度、方向、密度等变量,就可以形成一定的运动感。箭头是反映动态感的一种特殊有效的用法,是图形符号视觉变量中的特例。

图 3-1-11　图形的动态感

6. 立体感

立体感指能让读图者从二维平面图上产生三维立体空间的视觉效果。立体感的重要性主要体现在地貌的表示上,使读图者能从图上直观地看出地貌的高低起伏。如图 3-1-12 所示。

图 3-1-12　图形的立体感

我们可以根据空间透视规律组织图形,将同一形状的图形,用尺寸的变化、亮度的变化或色彩的变化来产生立体感。

五、地图符号的量表系统

在制图时,为了直接或间接地描述地理空间信息,采用心理物理学惯常使用的量表法对空间数据进行数学处理。根据被处理事物的数量特征及其属性,量表法可以分为定名量表、顺序量表、间隔量表和比率量表四种系统,如图 3-1-13 所示。

图 3-1-13　地图符号的量表系统

1. 定名量表

定名量表是处理空间数据或信息的定性关系而不处理其定量关系的量表系统。定名量表是最低水平的量表尺度,一般可以不进行数学处理,只要能确定不同制图对象的属性即可定性。例如农产品分布图上分出小麦、棉花、玉米、薯类等。定名量表主要用于描述事物类型的差别或质量变化的差异。

2. 顺序量表

顺序量表是将事物和现象按某一顺序排列,表现为一个相对等级的量表系统。其排列方法有单因素排序、多因素排序、定性排序、四分位排序等。但是顺序量表只能够区别事物或现象的相对等级,而不能产生其数量概念,并且无零点。

3. 间隔量表

间隔量表是利用某种统计单位对顺序量表进行排序的量表系统。间隔量表通过计算距离信息使顺序量表系统数量化,间隔量表也没有固定的绝对零点。和顺序量表相比,间隔量表能获得事物间数值的差别大小,它比定名量表和顺序量表更能精确地表述制图对象。

地图上常见的等高线、等温线、等降水线等,都是典型的等距间隔的量表系统。

4. 比率量表

比率量表是以某个数据为起始点,按某种比率关系排序并且能反映比率变化的量表系统。比率量表和间隔量表一样,按数据的间隔排序,但呈比率变化,从绝对零值开始且能进行各种算术运算,是间隔量表的精确化。

四种量表系统是有序而关联的,对于定量信息的描述,后一种比前一种更精确,但是对于定名或定性信息却只能用定名量表处理。因此,具体采用何种量表与制图要求和目的有关,需要合理的选择。

六、地图符号的分类

1. 按图形特征分类

（1）正形符号

以正射投影为基础,符号图形与地物平面形状一致或相似,并保持一定的比例关系。一般用于表示较大的物体,如大比例尺地形图中的森林、湖泊、街区等。

（2）侧形符号

以透视投影为基础,符号图形与地物的侧面或正面形状一致或相似。一般用于表示较小的独立物体,如烟囱、水塔、独立树等。

（3）象形符号

即象征地物特征或现象含义的会形、会意性符号,如风车、矿井和气象站符号,分别象征各自的风叶、风镐和风向标。

2. 按比例关系分类

（1）依比例符号

即能保持地物平面轮廓形状的符号,又称真形或轮廓符号。一般用于表示在实地占有相当大面积,按比例尺缩小后仍能清晰地显示真形轮廓形状的地物;缩小程度与成图比例尺一致,具有相似性和准确性;用轮廓线(实线、点线或虚线)表示真实位置和形状,在轮廓线内填绘符号、注记或颜色,以表明该地物的质量与数量特征,如大比例尺地形图的街区、湖泊、林区、沼泽地、草地等。

（2）不依比例符号

即不能保持地物平面轮廓形状的符号,又称点状符号、独立符号或记号性符号。一般用于表示在实地占有很小面积且独立的重要物体;通常用一定图形与尺寸的符号夸大表示。此种符号仅显示地物的位置和类别,不能量测其实际大小,如三角点、水井、独立树等。

（3）半依比例符号

即只能保持地物平面轮廓的长度,不能保持其宽度的符号,如线状符号。一般用于表示在实地狭长分布的线状地物,如道路、堤、城墙、部分河流等,按比例尺缩小后其长度仍能依比例表示,而宽度不能依比例,只能夸大表示。例如单线铁路,标准轨宽只有1.435 m,连路基也不过5 m至6 m宽,在1∶5万地形图上只有0.1 mm至0.12 mm,难以依比例描绘成黑白节的双线,只好将其宽放到0.6 mm表示。此种符号只供图上量测其位置与长度,不能量测宽度。

由图3-1-14可知,同一要素因地图比例尺不同,可能有不同的表示方式,例如同样是居民地,面积较大或地图比例尺较大时,可以用依比例符号表示;面积较小或地图比例尺较小时,则用不依比例或半依比例符号表示;也可能这三种符号同时并存,如在一个大型的居民地里,街区、狭长街区和独立房屋分别用依比例、半依比例和不依比例的符号表示。随着地图比例尺的缩小,这种关系将发生变化,即依比例符号逐渐转化为不依比例符号。

名称 类别	居民地	公路	河流	灌木
依比例				
不依比例				
半依比例				

图3-1-14　各种比例符号示例

3. 按定位情况分类

（1）定位符号

即在地图上有确定的位置,一般不能任意移动的符号。地图上大部分符号都属于定位符号,如河流、居民地、道路、境界、地类界等,它们都可以根据符号的位置确定出相应物体的实地位置。

（2）非定位符号

即不是精确定位的,而只表明某范围内地理要素质量特征的一类符号。例如,森林、果园、竹林等符号,它们在图上的配置,有整列、散列两种形式,但都没有精确的定位意义(图3-1-15)。

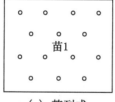

（a）整列式

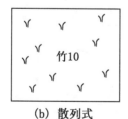

（b）散列式

图3-1-15　非定位符号

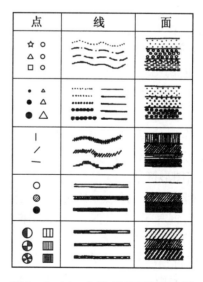

图3-1-16　点状、线状和面状符号

4. 按空间分布特征分类

（1）点状符号

地物的分布面积不大,不能按比例表示,仅能表明其分布点位的符号,如三角点、工矿企业等,多为几何符号、文字符号和象形符号(图3-1-16)。

（2）线状符号

呈线状或带状延伸的地物,如河流、岸线、道路、境界线和航线等,在地图上用线状符号表示。此类符号的长度与地图比例尺发生关系,因此类似于半依比例符号。

（3）面状符号

占有相当面积,具有一定的轮廓范围的地物,如水域、动植物与矿藏资源的分布范围,用面状符号表示。这类符号所处的范围与地图比例尺发生关系,因此类似于依比例符号。在轮廓内填绘符号和注记,以示其数量和质量特征。

无论是点状符号、线状符号,还是面状符号,都可以用不同的形状、不同的尺寸、不同的方向、不同的亮度、不同的密度以及不同的色彩等图形变化来区分各种不同事物的分布、质量、数量等特征,使地图符号的表现力得到极大的扩展(图3-1-16)。

在专题地图上,为表达各种专题现象;反映其间相互联系与相互制约的关系,专门设计表示专题现象的点、线、面符号系统,并派生出十余种表示方法,均与普通地图中的点状、线状和面状符号有一定的联系(参见第十四章　专题地图与地图集)。

七、地图符号的定位

地图符号有依比例、不依比例和半依比例之分,除依比例符号能反映地物的真实形状和位置外,其余都是规格化了的符号。它们反映地物位置是通过规定它们的“主点”或“主线”即定位点或定位线与相应地物正射投影后的“点位”或“线位”即实地中心位置相重合而实现的。因此在设计地图符号时,须根据地物的特点规定各个符号的主点(线)部位,制图与用图者均应通晓各个符号的主点(线),严格按照主点(线)配置地图符号或量测地物的坐标、方向和距离。

1. 依比例符号的定位

绘制依比例符号只要将表示地物的轮廓线或线状符号的每个转折处都与实际位置和方向一致,则其轮廓图形就为地物的实地位置。

2. 不依比例符号的定位(图3-1-17)

（1）带点符号

以其点作定位点,如三角点、埋石点、窑、山洞、牌坊、井、城楼、亭等。

（2）几何图形符号

以其几何中心作定位点,如独立房、油库、小居住区、饲养场、贮水池、土坑、土堆、水车、发电厂等。

（3）宽底符号

以其底边的中心点作定位点,如古塔、碑、庙、独立石、水塔、孤峰、旧碉堡、蒙古包、独立大坟、独立树丛等。

（4）底部成直角符号

以其直角顶点作定位点,如独立树、路

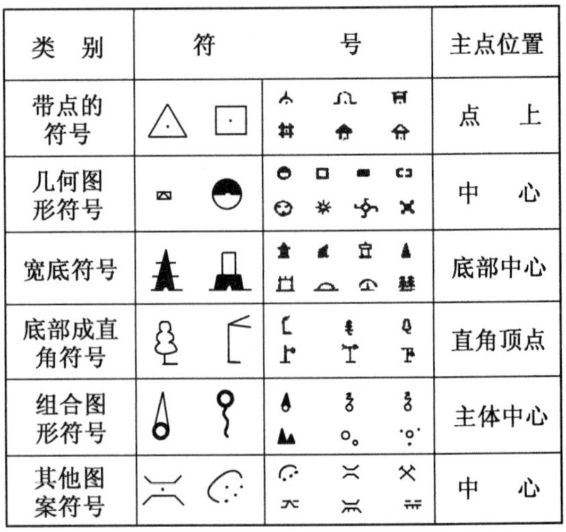

类　别	符　　号		主点位置
带点的符号	△ ⊡	⋏ ⋔ 🏛 卐 🏠 介	点　上
几何图形符号	⬒ ◓	⊖ ▢ ▭ ⊡ ⊘ ✳ ⊬ ✕	中　心
宽底符号	🌲 ⛩	♠ ▲ ▲ ⊔ ⛩ ⚏	底部中心
底部成直角符号	♧ Γ	厂 ╪ ♀ ⊥ ⟂ ⟙	直角顶点
组合图形符号	⚲ ⚱	⛾ ⚶ ⚶ ⚶ ⚶ ⚶	主体中心
其他图案符号	⌣ ⌒	⌐ ⤬ ✕ ⤬ ✕	中　心

图3-1-17　不依比例符号的定位

标、信号灯、气象台等。

（5）组合图形符号

以其主体部分的中心作定位点,如塔形建筑、泉、无线电杆、变电所、峰丛等。

（6）其他图案符号

以其中心作定位点,如桥、溶斗、矿井、水闸、拦水坝、滚水坝等。

3. 半依比例符号的定位

因线状符号的图形不尽相同,所以定位线的确定就不完全一样,一般的原则是线状符号的中心线即是定位线,但也有例外(图3-1-18)。

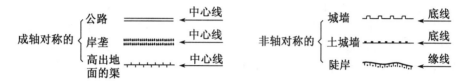

图3-1-18 半依比例符号的定位

（1）成轴对称的线状符号

以其中心线作定位线,如铁路、公路、岸垒、高出地面的渠等。

（2）非轴对称的线状符号

以其底线或边缘线作定位线,如城墙、土城墙、陡岸、陡崖等。

八、地图符号的定向

地图符号定向主要是针对记号性的不依比例符号而言。其定向原则有依纬线定向、依真方向定向、依光照定向、依风向定向四种。

1. 依纬线定向

凡是透视图形符号,如烟囱、古塔、庙宇等,都以符号顶端朝向正北即垂直于纬线或南北内图廓线方向定向,使符号在图面上保持直立状态。

2. 依真方向定向

凡是矩形或近似矩形图形的符号,均以符号方向与实地地物的真实方向一致定向,即符号方向随地物方向而变化。如独立房屋、窑洞、山洞、里程碑、泉、饲养场等,城楼与城门虽也依真方向定向,但要求符号顶部向城外,且不能倒置,如图3-1-19(a)。

3. 依光照定向

适用于依光线法则构图的符号,如陡石山和溶斗符号均以光源在西北方,45°射入,它们的受光处亮背光处暗而设计的。陡石山和溶斗分别为正向和负向地貌,它们的受光处分别为西北坡和东南坡,分别以细而稀的线条和虚点线表示。配置这类符号要使其明亮部位

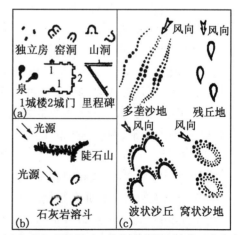

(a)依真方向定向 (b)依光照定向 (c)依风向定向

图3-1-19 地图符号定向

于受光坡方向上,如图 3-1-19(b)。

4. 依风向定向

对风成或受风向影响的地物地貌,如波状沙丘、多垄沙地、窝状沙地、残丘地等,它们的符号要顺风向延伸。在地形图上此类符号的方向是判断所在地区主要风向的良好标志,如图 3-1-19(c)。

九、地图符号设计原则

科学地拟定各类符号的图形、尺寸和颜色等视觉变量,对提高地图质量至关重要,这决定着地图负载信息量的大小和信息传递的效果。

各类地图常采用不同的符号系统,这与地图的主题、内容、比例尺和用途有关。例如大比例尺地形图、小比例尺普通地图,以及专题地图,它们的符号系统均不尽相同。但是,不管哪类符号系统,设计符号时均须遵守下列原则:

1. 适应地图主题与用途

每种地图都是根据特定的用途确定的主题而编制的,设计地图符号必须以地图的主题与用途为依据,科学地利用地图符号构成三要素的变化,突出表示与地图主题有关的地物,最大限度地满足用途的需要。通常对反映地图主题的符号应采用较大尺寸、鲜艳颜色、美观的图形,反映次要内容的符号则采用较小尺寸、浅淡颜色、一般的图形。不同用途的地图,客观上对符号亦有不同的要求,例如用于教学和宣传方面的挂图,因远距离读图而要求地图符号尺寸大、颜色鲜艳浓郁;科学参考图,近距离阅读,要求负载更多的信息,因此要求符号尺寸小些、颜色浅淡一点。

2. 图案化

地图符号的外形是用以反映地物的外部形状或特征的,要以地物的实际形态为依据,尽量做到图案化,使地图清晰易读,便于联想和绘制。所谓图案化,就是突出地物最本质的特征,舍去不必要的细部,使图形具有象形、简洁、醒目和美观的特点,读者一见到符号便能联想到所代表的地物。任何地物从不同角度观察,形象不一,为了使地物的图案化能获得最佳效果,地图上的符号一般采用地物的侧视、正视或俯视图形。图 3-1-20 椰树、铁路符号即是抓住其主要特征,对最有代表性的部位进行艺术概括而

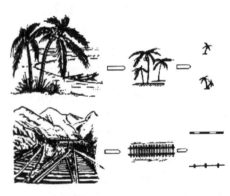

图 3-1-20　图案化示例

设计的。对某些形体较小或不可见的要素,如水井、泉、境界线等,则多采用会意性(或记号性)符号,以正方形、矩形、圆形等简单几何图形作为构图的基础,加以适当的变化和组合而成。

3. 逻辑性

设计地图符号,其形式和内容要有内在联系,例如图形的大小,线划的粗细应能反映地物占有空间位置的大小或拥有数量的多少以及主次等;线划虚实所表达的内容较为丰富,一般情况下用实线、虚线或点线表示同类要素,用虚线图形表示的要素为地下的(隧道、管线)、不稳定的(小路、时令路、时令湖)、不准确的(未实测的、草绘的)、无实物可见的(境界线、海空航线);而实线图形则表示地上的、稳定的、准确的和可见的要素,如铁路、公路、河流等。

又如道路符号中,因铁路比公路重要,公路比大车路重要,所以铁路用黑白线段相间的线状符号表示,公路用双线符号表示,大车路用单线符号表示。这种设计符合逻辑,科学性强,便于读者识别和理解。

4. 精确性

各类地图符号均应能精确地表示指代地物的位置,以便进行各种量算,提取有关数量信息。为此,在设计符号时要规定各类符号的定位点或定位线。

5. 系统性

用地图符号表示的地图内容,不仅六大地理要素迥然不同,即使是某一地理要素也有种类、等级、主次等差异。例如水系,有海洋、湖泊、河流、泉源之类;河流有常年河、时令河、自然河、人工河、地表河、地下河、干流、支流之别。设计地图符号,要用不同形状、尺寸和颜色的符号区分不同类型的地理要素;对同类地理要素一方面通过利用符号构成三要素的变化表达出不同的种类、等级和主次特征,同时也要利用符号构成要素的某种相同或相似作为类的标记,以示与其他类的区别,自成一个体系,形成一种系统。我们通过用蓝颜色或蓝色系描绘表示水系各要素的各种形状与尺寸的符号和注记,从而构成了水系符号系统;同样,在设计表示地貌、交通网、植被等其他地理要素以及表示各类地图内容的符号时,均应建立相应的符号系统,这对提高地图的表现力和读图效果很有作用。

6. 对比和协调

地图符号应能明显区分要素的种类、性质及其不同等级,为此,各类地图符号的图形、尺寸与颜色要有明显的对比或显著的差别;但互相联系配合的地图符号,在尺寸上应取得协调。例如,街道与公路、路与桥、桥与隧道相连时,其宽度应取得一致;居民地圈形符号的直径,在尺寸和线号上应与相联系的道路符号有个正确的配合。只有保持地图符号的对比和协调,才能收到较好的制图与读图效果。

7. 色彩象征性

地图上各要素的设色应尽量与概念中的自然景色和社会观念相近似,使地图符号具有一定的象征性,如水系用蓝色,地貌用棕色,森林用绿色,危险物用红色等。

8. 考虑视力、绘图与制印条件

人们的视力是不相同的,在读图距离相等、符号线划适中、照明条件相同的情况下,其读图效果不一。对此,设计符号时必须加以考虑,即视力标准的选定,应照顾视力较差的人,以视力介于 0.8~1.0 的人作标准为宜。此外,还必须考虑到绘图水平、制印条件和经济承受力,如果符号设计得很精细,但很难绘制,复制成本很高,或不能复制,那也无济于事。因此,设计符号时要了解当前的绘图水平、印刷能力、制印工艺的一些极限数据(表 3-1-1)作参考,同时还要了解支撑的经济实力状况。

表 3-1-1　印刷能力　　　　　　　　　　　　　　　　　　(单位:mm)

印刷水平	线粗(或间隔)	每毫米内能辨清的线数
优	0.10	4.7
良	0.12	4.0
中	0.15	3.2
下	0.18	2.7

9. 考虑符号标准化和一体化

鉴于普通地图所采用的符号基本上是国际通用的,因而各种文本的普通地图,一般人基本上都能看得懂。可见地图符号的统一与标准化将对有效地使用地图提供很大的方便。因此在设计地图符号时,要尽量用国内和国际通用的符号。目前,地质图中地层年代的用色与代号已实现了国际规范化,土壤图、土地利用图正向统一方向发展,情况最复杂、存在困难较大的经济地图也取得一定进展,如对矿产的表示多趋向于使用元素符号。我国地形图与海图符号基本已经规范化,各种比例尺地形图的符号都有了统一的规定。普通地理图使用的符号亦大同小异。估计不久的将来,专题地图中的经济地图也会出现某种程度上统一的符号系统。

今后,地图符号的设计,必然要考虑到使用自动绘图机绘图,设计的符号要简单而规则,以利于计算机制图。

十、地图符号设计要点

制图者在设计地图符号的时候,除了遵循以上设计原则,各种符号分别有不同的设计要点。

(一) 点状符号

点状符号代表点状地物的分布,在图上所占面积较小,包括几何符号、艺术符号和透视符号三种类型。

几何符号是以简单几何形状为轮廓的符号,基本图形主要包括圆形、三角形、方形、菱形、五角形、六边形以及梯形等,如图 3-1-21 所示。艺术符号是区别于几何符号,形象、逼真、美观、有较强的自明性的符号。透视符号按照一定的透视原理来设计绘制的特殊符号,通常用来表现各种建筑物。

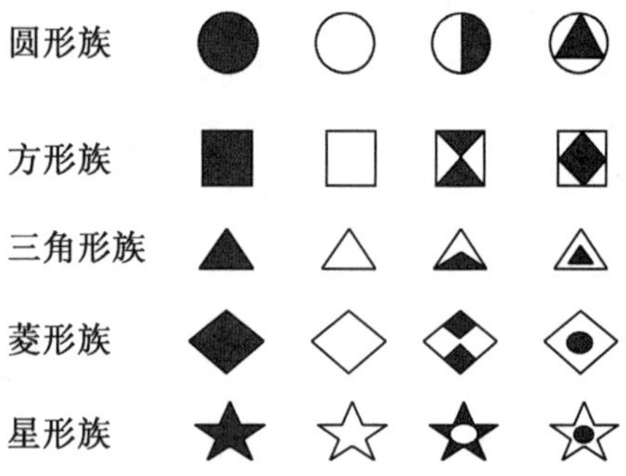

点状符号的设计要考虑的要点包括视觉变量、组合和反衬等。

图 3-1-21 几种主要的几何图形形状

1. 视觉变量

设计点状符号时所考虑的设计要点主要有形状、尺寸、颜色和方向。

形状又包括轮廓的变化和内部结构的变化,用于反映事物的质量特征,符号轮廓线通常有粗细、虚实的变化,造成主次的感受。符号内部结构的变化指在轮廓线内增加简单的直线、曲线或叠加简单的几何图形,从而形成更多的符号。

尺寸常用来表示点状符号对象的数量特征,与结构或对比度结合,可用于反映对象的主次或等级概念。

颜色常用来表示制图对象的质量差异,用于表示对象间的主次性质差别。如果将颜色和形状相结合,又能够增加很多新的符号。

方向的变化种类是有限的,但是和符号的内部结构相结合,方向的可选择种类就能大大增加,从而形成更多外形不同的点状符号。

2. 组合

通过几个符号全部或局部的组合形成新的符号。很多艺术符号就是对现实事物的抽象概括后,通过组合而形成的。组合的运用大大丰富了符号库,如图 3-1-22 所示。

赛车场	钓鱼场	兽医站
灯塔	电话局	失物招领处
滑冰场	溜冰场	果品加工厂
出租汽车场	出租汽车站	急救站
(a)	(b)	(c)

图 3-1-22　艺术符号

3. 反衬

通过对点状符号内部采用"外实内空"或"外空内实"的方法修饰,形成新的符号。这种符号有强烈的对比感,更具有强调性。在一定的透视原理指导下,通过反衬能够形成透视符号或立体效果,如图 3-1-23 所示。

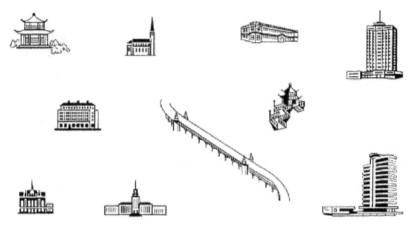

图 3-1-23　透视和立体符号

(二) 线状符号

线状符号是指长度沿某一方向有比例的延伸的符号。线性符号可以表示实际存在的对象,如河流、道路等,也可以表示不同区域间的分界线,如境界线等。地图中的线性符号通常分为定性线状符号、等级线状符号、动线符号和等值线状符号,如图 3-1-24 所示。

1. 定性线状符号

定性线状符号反映了对象性质的差别。主要运用颜色和形状的变化来区分事物的性质。例如等粗红色实线表示道路,在半边带等间隔线的蓝色实线表示运河。

2. 等级线状符号

等级线状符号反映了对象等级或强度的差别。主要运用尺寸的变化来反映制图对象的等级或强度。通常在同一颜色下,线条越粗表示的对象等级越高或强度越大。

3. 动线符号

动线符号反映了某一事物或现象沿一定方向的运动或运动趋势,通常用箭形符号表示。箭形符号的定向多用尺寸渐变的方式来表示,箭头可以绘在线状符号的顶端,也可以绘在线状符号的两侧。箭形符号用宽度来表示事物或现象的数量指标。

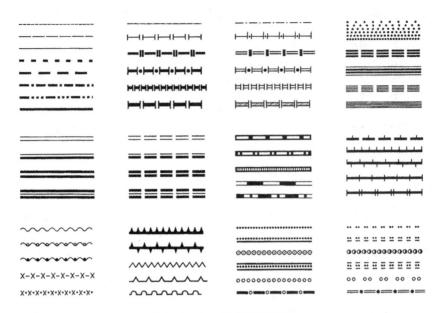

图 3 - 1 - 24　线状符号示例

4. 等值线状符号

等值线状符号能刻画出空间上具有连续分布而逐渐变化特征的自然现象的数量变化。等值线通常为单值实线，没有形状的差别，如果在一幅图上有多种等值线需要表示，例如等温线、等降水线等，则通常通过颜色的变化来区分。

(三) 面状符号

面状符号是填充于面状分布现象范围内用于说明面状分布现象性质或区域统计数据的符号。面状符号主要有两种表现形式：网纹(图 3 - 1 - 25)和色彩。

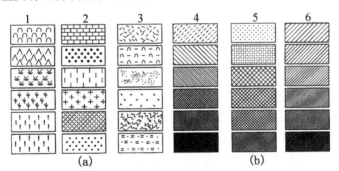

图 3 - 1 - 25　网纹面状符号

1. 网纹

网纹指在符号内部用线条或图形符号重复使用或交替使用而构成新的符号。不同的网纹可表示不同的事物或现象的质量特征。网纹内部主要有晕线、花纹以及晕线花纹混合三种构图方式。

晕线的构成要素是线的粗细、方向、疏密和交叉等结构，线的方向、交叉能反映面状对象的性质差别，粗细和疏密能反映面状对象的数量等级差异。

花纹是通过不同形状和颜色的简单图案，通过一定的排列和组合所构成的复杂图形。通过对简单图案的形状、颜色、方向进行改变，能反映出事物或现象的性质变化，而对图案大小和密度的改变，能反映出事物或现象的数量和等级变化。

将晕线和花纹混合使用而形成的符号，可以作为单一的图形标志，也可以作为多种类别的叠置效果，在地质图、地貌图等专题地图中使用广泛。

2. 色彩

在使用色彩时，通常使用色相的变化来表示质量的差别，用同一色相的明度变化来反映数量的差异或级数的差别。

第二节　地图注记

一、地图注记作用

地图注记是地图的基本内容之一，亦是表示地图内容的一种手段。它可以说明制图对象的名称、种类、性质和数量等具体特征；不仅可以弥补地图符号的不足、丰富地图的内容，而且在某种程度上可以起到符号的作用，如石板寨和茭白村两地名注记即相当于两个符号，清楚地标明那里的地质与岩性和所产的水生植物。没有注记的地图，是一种哑图，从哑图上读者是无法获得所需要的信息的。因此注记对地图起着重要的作用，地图上必须要有足够说明各地物和现象的具体特征与专有名称的注记。

二、地图注记种类

（一）名称注记

用文字注明制图对象专有名称的注记。例如省市县的行政区域名称，城镇、村庄等居民地名称，江、河、湖、海等水系名称，山、山脉、高原、平原、丘陵、盆地等地形单元名称，铁路、公路、车站、机场、港口等交通名称，以及其他的名称注记。名称注记以不同字体区分各要素的类别，如地形图上用宋体或等线体注记居民地，左斜或右斜变形字注记水系，用耸肩形字注记山脉、长方形字注记山峰名称；以同一字体的不同大小的字表示同类要素中的等级差异。

（二）质量注记

用文字说明制图对象种类、性质或特征的注记，以弥补符号的不足。在地形图上常用细等线体字加注在符号旁边，如在用绿色普染的森林范围内，简注松、桦、杉等字，以区别森林的树种，在公路符号上简注砾、沥等字表示路面铺装的材料，反映道路的质量特征。

（三）数量注记

用数字说明制图对象数量特征的注记。在地形图上除坐标值和高程注记外，还有河宽、水深、流速、路宽、桥长与其载重量、树高与树粗等数量注记。

（四）说明注记

指图廓外所附的各种文字说明或图表的注记。包括图名、图号、行政区划、接图表、比例尺、坡度尺、偏角图、图例，所采用的大地坐标系与高程系、等高距和使用的图式、资料说明及截止日期、制图与出版单位、出版年代等。

三、地图注记要素

地图注记的要素包括字体、字号、字隔、字向、字列、字位和字色等。

(一) 字体

地图上所使用的字体称为制图字体。常用的制图字体有汉字和阿拉伯数字。汉字有宋体、等线体、仿宋体以及各种变形字、隶体、魏体;阿拉伯数字有书版体、等线体。

1. 宋体

有字形方正、结构匀称、横平竖直、横细竖粗,起落笔或拐角处常有一定的棱角等特征。横划粗为字高的 1/50～1/20,收笔处有底宽占字宽 1/6 的三角形;竖划粗为字宽的 1/8～1/15。在地图上用于注记居民地等,应用很广。

2. 等线体

有字形方正、笔画等粗、横平竖直、笔端统一、刚劲稳重、庄严醒目等特征。笔画粗细约为字大的 1/10～1/20;按笔画粗细可分为粗等线体、中等线体和细等线体三种。在地图上多用于注记重要居民地和地物质量特征。

3. 仿宋体

有楷书笔法、笔画粗细一致、直多弯少、笔锋棱角分明、清秀挺拔等特征。笔画粗度一般为字高的 1/20～1/15,横划一般向右上方偏斜约 5°左右。有方有长。可用钢笔或毛笔直接写成。常用于外业测图、标描图和编稿图上,在工程图上也广泛使用。

4. 变体字

将正方形汉字的外形加以变化,使之成为左斜、右斜、耸肩、长方、扁方、圆角等不同字形,这种不同变形的字,通称为变体字。其中左、右斜体字的竖边与底边分别向左、右成 75°;耸肩体与右斜体的变形完全一样,是斜体的另一种摆法,即将竖划由右斜改为垂直于南北图廓线;长方字取高宽比为3∶2;扁方字取高宽比为 3∶4;圆角体字取高宽比约为 2∶3,有宋体字特点,但无棱角,笔端圆形。斜体字用于注记水系、耸肩体用于注记山脉、长方字用于注记山峰、扁方与圆角体用于注记行政区域等名称。

5. 其他字体

在小比例尺地图上,常用隶体、魏体或艺术体字等书写图名、国名、行政区域名称等。

(二) 字号

字号是指注记字的大小。注记字的大小在一定程度上可以反映被注地物的重要性和数量等级。重要的地物等级高,其名称的社会作用大,因而须赋予大而明显的注记,反之,则用小的注记(图3-2-1)。字号的选择应以字迹清晰和易于区分为准。注记字的大小以其字体的字格大小计算,正体字以字格边长计、长体字以字格高计、扁体与斜体以字格宽计、耸肩体以字格侧边计、数字以高计。

首都	**北京**
省、自治区、直辖市政府驻地	**南京**
市、自治州政府、地区行署、盟驻地	**扬州**
县、市、旗、自治县政府驻地	**真州镇**
乡、镇政府驻地	安丰镇

图 3 - 2 - 1　注记大小

(三) 字隔

字隔是指注记中字与字的间距。其大小一般视被注地物的面积大小或长短而定,分小于 0.5 mm 的接近字隔、1～3 mm 的普通字隔和为字大 1～5 倍或更大的隔离字隔三种。地图上凡注记居民地等点状地物则用小字隔注记;河流、道路等线状地物则采用较大字隔注记;若线状地物很长尚需分段重复注记;行政区域等面状地物,按其面积大小而变更字隔,其图形较大的,则应分区重复注记。由此可见,地图注记的字隔在某种程度上也隐含着所注对象的点、线、面的分布特征(图3-2-2)。

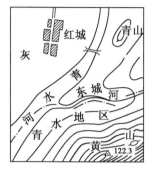

图 3-2-2　地图注记的字隔

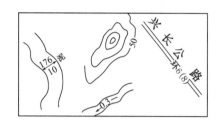

图 3-2-3　随符号方向确定字向

(四) 字向

字向是指注记字头所朝的方向。地图注记除公路的各类注记,河流的河宽与水深、底质、流速注记,等高线的高程注记等是随被注符号的方向变化字向外(图3-2-3),其他绝大部分注记的字头都是朝北的。

(五) 字列

字列是指同一注记的排列方式。依被注记地物的形状与分布情况,分为水平、垂直、雁行和屈曲四种字列(图3-2-4)。水平字列的注记中心连线平行于南北图廓线,由左向右排列;垂直字列的注记中心连线垂直于南北图廓线,由上向下排列;雁行字列的注记中心连线与南北图廓线斜交,当交角小于45°时,注记由左向右排列,大于45°时则从上向下排列,常用于山脉、山岭注记;屈曲字列的注记中

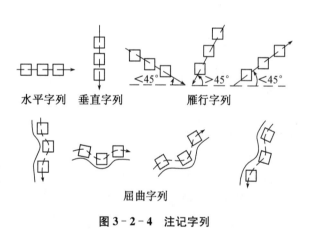

图 3-2-4　注记字列

心连线呈曲线,沿地物的形状排列,字向可直立、也可斜立,各字垂直或平行于地物,自左向右,自上而下排列,多用于河流、山脉和道路等注记。

(六) 字位

字位是指注记相对于被注地物所安放的位置。字位的确定应考虑被注符号的范围大小、分布状况及其附近情况,其基本原则是:注记应指示明确,不能与附近的注记或其他要素发生混淆;避免遮盖铁路、公路、河流及有方位意义的物体轮廓线,尤其不能压盖居民地的出入口、河流汇合处、道路交叉点以及独立地物;对面状地物应选择其中部或沿面状伸展方向用不同的字位注出,以充分显示其轮廓形状和特征。注记与被注符号之间距离应不小于

0.2 mm,又不大于1个字宽为适宜。为适应阅读习惯,字位的一般选择顺序见图3-2-5,即优先考虑右,若有压盖现象则依次考虑其他位置。

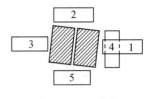

图3-2-5　字位

(七) 字色

字色是指注记所用颜色。主要用于强化地物分类概念,如各国地形图上凡水系类要素均用蓝色、各种林地的底色都用绿色;环境地图以蓝色表示未受污染的安全状况、红色表示重污染状况、紫红或深棕表示严重污染状况。

四、注记要求

地图注记恰当与否,对地图的易读性和使用价值有直接影响,在制作地图时应予以高度重视。为此,地图注记应达到如下要求:

(1) 简明正确。为保证地图信息便捷而准确地传递,地图注记必须十分简洁、十分准确。尽量用词组和单字;要符合正字法要求,切忌用非正规的简化字;要以地名录为依据,采用法定的标准地名。

(2) 主次分明。地图注记应注意分级及其差别,以使被注地物的主与次(支)区别十分明显。

(3) 字位应与被注地物相适应。不掩盖图上重要地物,以免地图信息受损。

第三节　地图色彩

一、色彩三要素

自然界的一切色彩可分为消色和彩色两大类:黑、白及各种灰色为消色或非彩色;除此之外的,如红、橙、黄、绿、青、蓝、紫等各种颜色,即为彩色。消色和彩色统称为色彩或颜色。自然界的色彩绚丽灿烂,种类繁多,鉴别色彩主要根据其三个基本特征:色相、亮度和纯度,统称为色彩的三要素或三属性。

(一) 色相

色相是指色彩的相貌或类别,如品红、黄、青、绿、橙、紫、黑等。色相的不同,在地图上多用于表达不同类别的对象,例如在地形图上多用蓝色表示水系、绿色表示植被、棕色表示地貌,在专题地图上表示不同对象的质量特征等,其分类概念十分明显。

(二) 亮度

色彩的亮度,又称明度或光度,是指色彩本身的明暗程度。

(三) 饱和度

饱和度是指色彩接近标准色的纯净程度。

任何色彩都具有上述三个要素,它们之间有密切的联系,若其中一个要素改变了,则其余一个或两个要素也会随之而变,由此,便可产生很多种色彩。

二、色彩的混合

色彩的混合有两种:一是色光的混合,另一是颜料色的混合。它们混合的结果是完全不同的,色光中的红、绿、蓝光为加色原色,这三原色混合得到白色;而颜料色的品红、黄、青为减色原色,这三原色混合则得到黑色。下面介绍的是颜料色的混合情况。

（一）原色

品红、黄、青三色称颜料的三原色。其他颜色都是由这三原色混合而成的,但任何别的颜色都无法调出这三种原色,所以又称第一次色(图3-3-1)。

（二）间色

由两种原色混合所得到的颜色,又称第二次色。如品红与黄混合成橙色,品红与青混合成紫色,黄与青混合成绿色。二原色混合时,随比例的不同,可混合成一系列的间色,青多黄少混合成青绿色,黄多青少混合成黄绿色等。

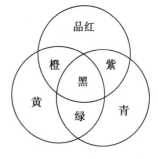

图3-3-1　颜料三原色

（三）补色

两个原色等量混合而成的间色,即为另一原色的补色,如品红与绿、黄与紫、青与橙。鉴于它们之间不具有共同的色素,能起到对比的作用,故又称(对比色)。补色相加,颜色变暗,呈灰黑色。

（四）复色

由两种间色或三原色不等量混合所得到的颜色,又称第三次色,或称再间色,如橙与绿混合成橙绿色(黄灰色),紫与绿混合成紫绿色(青灰色)等。复色一般都含有三原色的成分,所以构成的色相纯度降低了,不如间色那样饱和。

三、色彩的选配

在同一图面上选用几种色彩进行配合来表示制图对象,以期取得理想制图效果的工作,称色彩选配。色彩选配恰当与否,对地图的艺术表现力至关重要,其选配方式有以下几种:

（一）同类色选配

同类色选配,即将同一色相的色彩变化其亮度或纯度,分成浓淡不同的几个色阶,配合在一起表示制图对象。这种选配具有自然、协调、柔和等效果。在地图上常用来显示同一类别现象的数量特征的差异,如以淡蓝—蓝—深蓝表示分层设色地势图上海域的水深变化。

（二）类似色选配

在色环(图3-3-2)中,凡在90°范围内的各色,因彼此含有较多的共同色素,故称类似色,如品红—红橙—橙—黄橙、橙—黄橙—黄—黄绿等。在图面上选用类似色中某几种色表示几种制图对象的作法,称类似色选配。具有平和、丰富的效果。类似色在地图上多用来表示现象质量特征的差异,亦可以反映数量差别,如用于制作分层设色或分级设色地图。

（三）补色选配

在图面上选用互为补色的颜色表示制图对象的作法,称为补色选配。

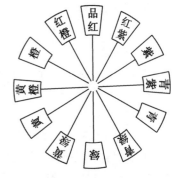

图3-3-2　色环

补色配合在一起,对比强烈,差别很大。常用于表示含义完全不同或重点突出的要素,反映其质量特征。这种选配对提高阅读效果十分有利,在地质图、土壤图上用得较多。

四、色彩的感觉与象征性

为了充分发挥色彩的表现力,使地图内容表达得更科学,外表形式更完美,须利用色彩的感觉和象征意义。

(一)色彩的感觉

不同色彩能引起人们不同感觉,一般都有冷与暖、远与近、兴奋与沉静之感。据此色彩又可分为暖色、冷色和中性色。红、橙、黄给人以热烈、光亮、明快、兴奋、积极和近的感觉,属于暖色;青、蓝、紫等色,给人以清凉、寒冷、沉静、庄重、消极和远的感觉,属于冷色;介于冷暖之间的,黑、白、灰、绿、银、金等色,给人以不冷不热、温和、宁静、不远不近的感觉,属于中性色,如绿、黄绿等色,色泽柔和,久视而不易疲劳;人们在观察地图时,处于同一平面上的暖色似乎离眼睛近些,有凸起之感,而冷色似乎离眼睛远些,且具凹下感,故又将冷、暖色分别称后退色和前进色。但是,色彩的这种感觉亦是相对的,如红与黄在一起,红比黄要显得更暖一些,土黄与柠檬黄虽都属暖色,相比之下,土黄偏暖、柠檬黄偏冷。

色彩给人的冷暖感受主要产生于人们对自然界的联想,如人们见到红、橙、黄色便联想到太阳、火焰,产生一种温暖感;见到蓝、蓝绿、蓝紫等色则联想到海水、月夜、阴影等,给人一种寒冷感觉。在设计地图时要巧妙地利用色彩给人的各种感觉,如利用冷暖感表示某些有冷热特征的现象,在气候和水文图上,常将降水和径流深度分别用蓝色和绿色表示:1 月份气温在 0℃以上区域用黄与红色,0℃以下区域用蓝色;极端最低、极端最高和平均气温曲线分别用蓝色、红色和棕色表示,将制图现象的性质与人对所用色彩的感觉一起揉进所设计的符号之中。在设计供老年人用的地图时多用一般老年人喜爱的沉静色,供小学生或少儿用的地图,则用刺激强的兴奋色,均可收到很好的效果。利用色彩的远近感来区分地图内容的主次,将主要内容用浓艳的暖色,次要内容用浅淡的冷色,使图面分出几个层次,有效地提高地图的制图与用图效果。

(二)色彩的象征性

大千世界丰富的自然色彩和人们的用色习惯造成的长期印象,使某些色彩因地域和民族的差异而形成某种象征意义。其中,红色,使人易对自然界红艳芳香的鲜花、丰硕甜美的果实产生联想,所以常用红色象征艳丽、饱满、成熟和富于生命,象征欢乐、喜庆、兴奋,象征革命事业的胜利、兴旺发达、政治进步等;红色还因长期用于信号灯作为因危险禁止交通车辆通行的红灯,而形成危险的象征意义。绿色,人们称之生命之色,可以作农、林、牧业的象征色,还可以象征春天、生命、青春、活泼,象征和平等,世界和平反战组织自命为"绿色和平组织",其依据就在于此。蓝色,易使人联想到天空、海洋、湖泊、严寒等,象征崇高、深远、纯洁、冷静、沉思,象征无污染、清洁等。白色,易使人联想到阳光、冰雪、白天,象征光明、纯洁、寒冷等。

在地图上主要是利用色彩的自然景色象征和社会意识象征两个方面的意义,以达到丰富地图的信息,加强其传输效果之目的。当前,各国在普通地图上几乎都以色彩的自然景色象征意义设计水系、林地、地貌和高山及极地雪原的用色,分别用蓝、绿、棕和白色表示;并以色彩的社会意识象征意义设计海域珊瑚礁和重要居民地的用色,均以红色表示。在专题地图上用红色和蓝色箭头分别表示暖流和寒流,用红色和蓝色等温线分别表示 7 月份和 1 月份的气温,用红旗、红五星、红箭头表示革命力量,象征进步势力,用各种蓝色符号表示没落、衰败、衰减等特征的事物，环境地图上对水质清洁用浅蓝色、良好用深蓝色、尚可用绿色、轻污染用橘黄色、中污染用浅红色、重污染用深红色、严重污染用紫红色等，均为色彩社会意识象征意义的具体应用。

复习思考题

1. 地图符号由哪几个要素构成？叙述各要素在地图上的作用。
2. 叙述地图符号的基本视觉变量及感受效果。
3. 叙述地图符号的量表系统。
4. 叙述地图符号的分类和定位、定向方法。
5. 叙述地图符号的设计原则。
6. 叙述地图符号的设计要点。
7. 叙述地图注记的作用、种类和要素。
8. 叙述色彩概念、色彩三要素、色彩的混合方法。

第四章　制图综合

导　读

　　制图综合是地图构成的重要法则之一。地面上的物体和现象种类繁多，形态各异，要全部表示到地图上是不可能的，需首先进行分类，并用符号加以表示。从地面到地图完成了地图的第一次综合。随着地图比例尺由大到小，图面上所能容纳的地物越来越少，必然要选择主要的、本质的加以表示，而舍弃次要的、非本质的，这就是从大比例尺地图到小比例尺地图的制图综合。地图的用途直接决定了新编地图要重点表示何种地图内容，这就是目的综合。影响制图综合的主要因素有地图比例尺和地图的用途与主题。制图综合是地图评价的一项重要指标。了解制图综合的概念和基本方法，对计算机地图制图的实施也十分必要。计算机自动制图综合是一个前沿的和富有挑战性的课题。

第一节　制图综合基本概念

　　制图综合是地图编制过程中必不可少的创造性劳动。因为地图作为实际地物的模型，其本身就是经过对客观现实的抽象、概括和模型化后才产生的，而且从较大比例尺地图到较小比例尺地图与从实际地物到地图一样，也必须进行地图概括。也就是说，只要制作地图，就必须进行抽象概括。

一、制图综合的来由

　　地面上的事物和现象种类繁多，形态各异，有的有明显的外形，有的则无外形；不管地图比例尺多么大，地面上繁多的事物和现象不可能全部搬到地图上去，只能选取表示其中的一部分，而且随着地图比例尺由大到小，图面上所能容纳的事物越来越少，使选取的程度越来越大。表示到地图上的地物，若轮廓图形的弯曲太多、太小，则必须化简，删去一些小弯曲（图4-1-1）；当制图对象的质量、数量特征过于详细时，就要采取聚类和扩差措施进行概

　　(a) 在1:20万比例尺地图上某河段的　　　　(b) 为满足地图清晰性的要求只能
　　　　36个弯曲全部表示出来的情形　　　　　　　表示19个弯曲，约占50%

图4-1-1　化简

括,减少其质量和数量特征的分类分级(图4-1-2),以达到地物类别清楚,层次分明的效果。再说,任何一幅地图都是为反映特定制图区域的地理环境特征,并为满足某种用途的需要而编制,这是制图的出发点和归宿;不同制图区域的地面组成要素及其空间结构特征是不同的,如江浙水网地区,地面主要是纵横交错密若蛛网的河渠和沿河渠分布的散列式居民地;而西北干旱地区,地面主要是沙漠、戈壁滩,居民地通常沿水源丰富的洪积扇边缘、河流、沟渠和湖泊的沿岸,以及井和泉畔分布。不同用途的地图所要求反映区域特征亦不尽相同,因此要根据地图用途的要求,通过对不同制图区域的制图物体进行相应程度的选取和概括,以反映出各种制图区域地理要素的组成、地理分布及其相互联系的主要特征,体现出区域间基本差异。地图在对客观存在的特征和变化规律进行科学抽象的过程中:一是运用思维能力对客观存在进行简化和概括(地图模型化);二是采用专门的地图符号和图形,按一定形式组合起来去描述客观存在(地图符号化),它们都包含着作者的主观因素,因为任何地图都是在人对客观环境认识的基础上制作的。任何客体都有数不清的特征,有无数个层次,大量的因素交织在一起,大量的表面现象掩盖着必然性的规律和本质。地图作者必须进行思维加工,抽取地面要素和现象的内在的、本质的特征与联系并符号化——这就是制图综合,是制作地图不可缺少的思维过程。实质就是在有限的图面上表示出制图区域的基本特征和制图对象的主要特点。

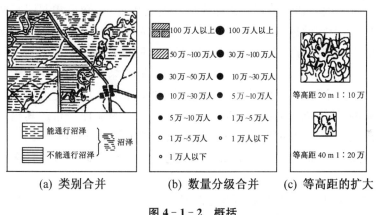

图 4-1-2 概括

  制图综合过程不仅表现在简化的地图模型与复杂的客观存在之间,还表现在大小比例尺地图转换之间。当然无论是内容的选取、图形的化简以及数据的综合,势必造成地图内容的详细性和客观实体的几何精确性的降低,而且比例尺越小地图内容越概略,地物的精度相对越低;反之,地图比例尺越大,地图内容越详细,地物的精度越高。选取能根据研究对象的共同特征和性质,从整体部分中有目的地减少一些多余的干扰信息,使地图内容仅限于表示必要的制图现象和地物;化简能有目的地减少一些碎部和局部,保持研究对象最本质的特征。这些都有助于我们更深入地研究所反映的客观实际的各个方面。这也是制图综合的本质所在。

  用制图综合方法解决缩小、简化了的地图模型与实地复杂的现实之间的矛盾,实现资料地图内容到新编地图内容之间的转换,就是要实现地图内容的详细性与清晰性的对立统一和几何精确性与地理适应性的对立统一。详细而清晰,是我们对地图的基本要求之一。然而把地面上的物体全部表示到地图上,或者将较大比例尺地图上的一切细部全部表示到较小比例尺地图上,实际上这是不可能做到的。或者地图势必将不清晰,甚至无法阅读,使得详细性失去其意义。详细性与清晰性是矛盾的两个对立面。但是详细性与清晰性都不是绝对的,在地图用途和比例尺一定的条件下,详细性与清晰性能够相对统一。因为我们所要求的详细性,是在比例尺允许的条件下,尽可能多地表示一些内容;而我们所要求的清晰性,则是在满足用途要求的前提下,做到层次分明,清晰易读。所以,详细性与清晰性统一的条件就是地图用途和比例尺,统一的方法就是制图综合。在数字地图条件下,对于单纯的地图数据的综合,制图综合就是要用有效的算法、最大的数据压缩量、最小的存储空间来降低内容的复杂性,保持数据的空间精度、属性精度、逻辑一致性和规则适用的连贯性。

制图综合在地图制图中占有很重要的地位,无论是编制普通地图或专题地图,还是在内业编图或外业测图都少不了制图综合的过程,并贯穿于编图资料的选择、地图内容的取舍、制图对象的分类分级、表示方法的确定与图例符号设计的全过程。经过制图综合处理,则图面上主次分明,重点突出,区域的地理特征更加明确,地图的可读性更强。

二、制图综合的定义

根据制图综合的内容和特征,"制图综合是在地图用途、比例尺和制图区域地理特点等条件下,通过对地图内容的选取、化简、概括和关系协调,建立能反映区域地理规律和特点的新的地图模型的一种制图方法"(《普通地图制图综合原理》王家耀等,1992年)。制图综合是地图制图的一种科学方法,是一项创造性的劳动。制图综合的科学性在于制图综合具有科学的认识论和方法论特点,它要求制图人员对制图对象的认识和在地图上再现它们的方法都必须是正确的,地图能起到揭示区域地理环境各要素的地理分布及其相互联系与制约的规律性的作用;制图综合的创造性在于编制任何一幅地图都并非各种制图资料的堆积,也不是照相式的机械取舍,需要制图人员的智慧、经验和判断力,运用有关科学知识进行抽象思维活动。

制图综合的定义,K. A. 萨里谢夫在《地图制图学概论》(1976)认为,制图综合是为了在地图上只保持实际上或理论上的重要现象,集中注意力于较重要的有决定意义的特点和典型特征的表达,以便能在地图上区别主次,找出同一类地物的共性等,也就是说制图综合是抽象和认识的工具。制图综合能赋予地图以新的质量。费.特普费尔在《制图综合》一书中(1982译)认为,在地图制图中,图形和内容的化简与合并、选取和强调主要内容,舍去和压缩次要内容等方式,均可理解为制图综合,利用综合措施可将有差别、详细的地面情况概括地表示到地图上,制图综合措施的种类和适用范围,视地图的用途和比例尺而定。《测绘词典》(测绘辞典编辑委员会,1981)中认为,制图综合就是在有限的面积上表示出制图区域的基本特征和制图现象的主要特点,通常表现为对制图现象的选取、形状化简以及制图现象的数量和质量概括。王家耀在《数字地图自动综合原理与方法》(1993)中认为,自动地图综合是在数字地图环境下,根据地图用途、地图比例尺和制图区域地理特点的要求,由计算机通过编程的模型、算法和规则等,对数字化了的制图要素与现象进行选取、化简、概括和移位等操作的数据处理方法。

众多的制图综合的定义实质上都反映了制图综合的本质,即以缩小的地图图形(地图数据)来反映客观实体时,都必须对客观实体(现象)进行思维的抽象概括和综合。制图综合过程中受到地图用途、比例尺、制图区域特点、空间数据质量、符号尺寸等多种因素的影响。必须对地图或数据内容进行选取、质量和数量概括、图形关系处理,最终突出制图对象的类型特征,抽象出基本规律,更好地运用地图图形向读者传递信息。随着地理信息系统环境下制图综合应用领域的拓展,制图综合不再仅仅局限于为适应比例尺缩小后的图形表达的概念,而且还包括基于地图数据库的数据集成、数据表达、数据分析和数据库派生的数据综合(包含属性数据和几何数据的抽象概括和表达),更侧重 GIS 环境下空间数据的多尺度表达和显示问题。因此,随着制图综合研究的进一步深入,在理论和技术上将会对制图综合概念的理解产生新的变化。

第二节 影响制图综合的因素

制图综合的程度受多种因素影响,主要有:地图比例尺、地图用途、制图区域地理特征、地图符号特点及制图资料等。受到地图载负量的影响,地图在可视时,不同的表示方法直接影响制图综合时对地图内容表示的详细程度。

一、地图比例尺的影响

地图比例尺是编图时运用制图综合方法必须考虑的一个重要条件,也称比例综合。地图比例尺是制图综合的最根本、最主要的影响因素。地图比例尺标志着地图对地面的缩小程度,直接影响着地图内容表示的可能性,即选取、化简和概括地图内容的详细程度;它决定着地图表达的空间范围,影响着对制图物体(现象)重要性的评价;它决定着地图的几何精度,影响要素相互关系处理的难度。

(一)影响图上表示地物多少的变化

地图比例尺限定了图上表示地物的数量,制约着地图要素的选取。比例尺的变化必然引起图上单位面积包容制图区域范围大小的变化,随着比例尺的缩小,图上单位面积所包容制图区域范围就不断扩大,因而包容实地地物就越来越多。例如图上 1 cm² 的单位面积,在 1：10 万和 1：100 万地图上分别包容 1 km² 和 100 km² 制图区域范围,实地面积增加 99 倍,地图上可以表示的地物数量必将大大减少,只能选取表示主要的地物,比例尺越小,选取的程度则越大,所能表示的地物就越少,即制图综合的程度越大。

(二)影响图上对地物碎部特征的表达

地图比例尺的不断缩小,使表示地物图形的一些碎部特征逐渐变得模糊,以至难以表达,甚至连整个地物都已无法表示,因而不得不对其形状进行概括,删除或夸大表示某些碎部,或改用非比例符号表示其地理位置(图4－2－1)。

不过这种概括必将有损地物的几何精度,使地物失去原来的长度、面积和形状,但这种概

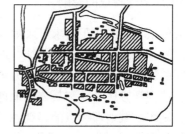

图 4－2－1 不同比例尺地图居民地的表示

括是以突出反映区域地理特征为目的的。随着比例尺的缩小和图面包容实地范围的扩大,对地理现象的观察已由小范围里注重细节转变为大范围强调整体特征和规律,一些细节在

小区域可能是重要的,而放在大区域中则就成为次要的了。

(三)影响地物重要性的变化

同一地物,在不同的环境里,其地位或价值是不一样的。在小区域里重要的地物到了大区域中就不一定重要了,有可能成为次要或完全失去表示的意义。例如,乡镇驻地的集镇,在一个乡镇范围内可谓一方之尊,是乡镇的政治、经济、交通、文化中心,在乡镇地图上无疑是要突出表示的,但是就省区范围而言,则退居次要地位,若就全国而言,便不值得一提了。因此,集镇在大比例尺地形图上才得到详细表示,而在小比例尺地形图上仅用简单的符号表示,在人烟稠密地区则很少被表示。

二、地图用途与主题的影响

地图的用途决定人们对制图对象的评价程度。鉴于每幅地图的面积有限,表示的内容只能满足某一方面或某几个方面的需要,因此在选择表示的制图对象时,只能限于与地图主题和某种特定用途息息相关的那一部分,即地图的用途直接决定取舍的对象和综合的程度。例如,同为1:25万的地形图和政区图,由于用途和主题不一,在内容的繁简程度上有很大的差异,前者为国家基本地图之一,供国家经济建设、国防建设和科学研究部门参考使用,为此它相对均衡地表示了制图区域自然地理和社会经济方面的基本内容,而不侧重于某一方面,并严格按国家规定的精度要求表示地物的地理位置,尽量详细地表示各地理要素的形态特征和数量质量特征,反映出地理要素分布的基本规律;后者因是供省市县政府机关进行行政管理和规划用的,居民地、交通网和境界线等社会经济要素成为地图的主要内容,并突出表示了境界线和乡镇以上各级行政中心,地貌一般不表示,水系也做了较大程度的综合。

再比如同比例尺的一般参考用和教学用的普通地理图,因用途不一,要求不同,在制图综合时就要设法给前者以较多的内容、较详细的分类分级和较大的地图载负量,线划、符号和注记均需设计得精细些,用色浅淡些;对后者作为教学挂图,须结合教材内容与教学要求,选取表示一些重要的地物,并用较大的字、较粗的线划、较深的颜色和较小的载负量来显示。即便同为教学用图,供小学和中学,甚至不同年级用的地图,其制图综合程度也不尽相同。

地图的主题,还影响着对同一要素的具体处理。例如,居民地,在政区地图上侧重其行政意义,而在人口地图上侧重其人口数量,在经济地图上则侧重其经济地位,因此,对这三种不同主题的地图,居民地的选取标准和表示方式均不相同。

三、制图区域地理特征的影响

制图综合的根本目的在于力求客观地表达出制图区域地理环境的基本特征,因此,实施制图综合必须顾及制图区域的地理特征。地理环境的异样性决定某一类地物是否有必要表示在相应空间的地图上。每幅地图总是力求反映出制图区域最重要的地物和现象。

制图综合原则和方法必须和具体的地理特点结合起来,是决定制图综合的客观依据,也称景观综合。制图区域地理特点的客观性,要求经过制图综合的地图模型具有与实际事物(区域特点)的相似性。因此,一切选取、化简和概括方法的运用,制图综合各种数字指标的确定,对制图物体(现象)重要性的评价等,都必须受到制图区域地理特点的制约。任何一种地物都客观地存在于一定的地理环境中。同一类地物在不同的地理环境里,其经济价值和社会作用不完全一样,因而在用途和比例尺相同的地图上,它的重要程度可能截然不同,从而影响到制图综合取舍的对象和概括程度；在此处为重要，地图上必须要表示的地物，到了彼处就不一定重要，可能要被舍去，因而出现选取上的明显差异。例如，水井和小湖泊，在我国西北干旱地区，十分重要，必须详细表示；而在江南水乡，无足轻重，舍去了也无损该地区的河网长度和密度，通常不予表示。居民地和道路等要素的制图综合，亦与制图区域地理特征有关，像一些小的农村式居民地，在人口稠密地区没有多大意义，一般不予表示，而在人烟稀少地区却显得十分重要，在地图上要全部或大部分表示。同样，小路在人口稠密地区极为次要，而在人烟稀少的山区或林区，却成了必须表示的道路。

经过制图综合，不同区域某些地理特征的差异有缩小的趋势。如居民地，由于在人烟稀少地区保留得多，舍弃得少；而在人口稠密地区综合程度大，使得居民地密度这一数量特征的差异缩小了。

四、地图符号的影响

地图上各种地物均以符号加以表示，符号的形状、大小和颜色三要素直接影响地图的载负量，从而制约着制图综合的程度。

（一）符号形状的影响

地图符号的形状有多种，有的形状占据的图面空间较少，有的则要占用较多的图面空间。例如矩形或方形符号，互相可以贴得很近，在图上单位面积里可以配置较多的符号，从而收到减小制图综合程度，增加地图载负量和丰富地图内容的效果；而菱形符号，无法贴近，只能是角点接近，占用的图面空间较大，在单位面积里可以配置的符号相对较少，结果只能加大了制图综合程度。同样，象形符号和文字符号亦会明显地加大制图综合程度。

（二）符号大小的影响

制图综合的目的就是为了图形显示的需要。在阅读地图时，人眼观察和分辨符号图形的能力受人视觉能力的限制，在对物体化简、概括和图形关系处理时，为了突出某些特征点或特殊部位，就必须使其保持有最小的符号尺寸，便于地图的阅读。

地图符号尺寸的大小对制图综合的影响非常明显。符号小，图上单位面积内可容纳较多的制图对象，地图内容详细，图面允许载负量大，制图综合程度则小；相反，则可容纳的制图对象就较少，制图综合程度大，地图内容必然简略。对曲折的地物轮廓线，用细线描绘能保留较多的细小弯曲，图面仍可清晰易读，若用粗线描绘，细小弯曲将无法表示，由此可见线划粗细直接影响地物碎部的表达程度。此外，由于地图符号通常并不随地图比例尺的缩小而变化，尤其是非比例符号和注记，因此地图符号对制图综合影响的程度往往是很大的。

一般地形图和普通地理图均使用细小的符号，以便表示更多的地图内容。但是，符号的大小如果用得不当，也会给读图带来困难，因此符号最小尺寸应有一定的限度。这主要取决于人的视力和绘图与印刷技术。

如图4-2-2所示，轮廓符号最小尺寸受轮廓线的形式、内部颜色和背景因素影响。

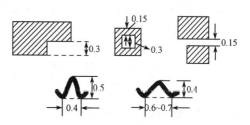

图4-2-2　符号的最小尺寸（放大绘）

(三) 符号颜色的影响

因色彩具有明显的区别性和很强的表现力,在地图上用多种颜色表示地图要素,各种符号的图形可以互相交错和叠置,构成多层平面;与单色地图相比,不仅增加了地图内容种类,而且使图上单位面积的容量成倍增加,并加强了地图的易读性。由此可见,用单色制图,制图综合程度大;用彩色制图,则制图综合程度小,有助于丰富地图内容,增加地图信息量。

五、制图资料与制图者的影响

制图综合是以底图资料(空间数据)为基础的,因此资料质量的好坏直接影响制图综合的质量。制图资料对制图综合的影响主要体现在编图资料内容的完备性、现势性和精确性等方面。直接影响到地图内容的分类分级的详细和准确程度,影响内容表达的概括程度等。制图资料内容若很详细,则制图时要作较多的舍弃,综合程度大。相反,因可舍弃的东西少,而综合程度小;制图资料若精度高、可靠性大,则没有什么可舍弃的,故综合程度小,相反,大部分因精度低或不可靠而被舍去,故综合程度大。同时,还影响到下一个比例尺编图时地图资料的精度。

对于空间数据来说,数据的类别(影像数据、图表、文字资料等)、数据采集的精度、数据转换过程的误差等也对制图综合有很大的影响。

鉴于制图综合的各项措施都是由制图人员来完成的,整个制图综合的过程就是制图人员将科学理论付诸实践的过程,制图人员的知识水平、创造能力、编图技能与对制图资料和制图区域分析研究的深度都在制图综合中得到体现。制图人员素质高,对制图对象认识得越深刻越正确,就有可能挖掘出更多符合地图主题与用途的地理信息,更科学地处理制图综合中各项关系,设计出更好的符号,表示出更多的信息,使地图内容更加充实,相反,就有可能导致地图内容的贫乏。

上述诸因素是相互联系的,例如,地图的用途决定着地图内容的精度和详细程度,因而就与地图的比例尺和符号的图形、尺寸、颜色有关。因此制图综合时不能单独从某一个因素考虑,而应该同时顾及各种因素的影响,才能达到预期的效果。

计算机地图制图同样存在制图综合问题,其主要表现在地图数字化过程中对地图对象的选取和对象轮廓线的化简和概括。地图资料扫描成计算机图像文件,经图像配准赋予合适的地图投影和坐标系统后,以地图资料为背景,进行各种要素的分层矢量化。首先选择矢量化的对象,对于点对象,以适合的点符号数字化所选对象的位置;对于线对象,以适合的线符号数字化所选对象的坐标串数据,特别注意点的密度和特征点的选择,数字化过程中同时进行对象轮廓线的化简和概括,舍弃细小的弯曲(有时要扩大),使数字化的坐标串最能描述地图线对象;对于面对象,处理方法类似线对象。此外,计算机地图制图的制图综合还表现在分类分级的合并中。

第三节　制图综合的主要方法

制图综合的主要方法有内容的取舍、形状与数量质量特征的概括、符号化等。

一、地图内容的取舍

（一）取舍的概念

地图内容取舍，指根据地图的主题、内容、比例尺和用途等要求，按编图大纲规定的数量或质量指标，从大量制图对象中选取某些较大、较重要、有代表性的表示在地图上，舍弃某些较小、次要的或与地图主题无关的内容。

选取表现在两个方面，一是选取地理要素中的主要类型，如编地势图，主要选取地势、水系，舍去土质植被，而居民地、交通网、境界线等仅适当表示；二是选取主要类别中的主要要素，如对地势图上的水系，要选取表示其干流及较重要的支流，以显示水系的类型及特征，对政区图上的居民地则要选取人口多且有行政意义的。舍弃也有两个方面，一是舍弃地理要素中的次要类别，如编政区图舍弃地貌要素、测量控制点、通讯线和独立地物等；二是舍弃所选取类别中的次要要素，如水系中短小的支流或季节性河流，居民地中的小自然村等。应当指出，所谓主要与次要都是相对的，因地图主题、用途和比例尺而异。例如在专题地图中，主要要素是其主要内容，应予详细表示；地理底图内容处于背景地位，只需从中选取足以标明主题要素地理位置及其相互关系的某些地理要素。

（二）选取的顺序

地图内容的选取，一般是按制图对象的主次关系、数量或质量指标的高低顺序进行的。

1. 从整体到局部

对地图内容的选取首先要从整体着眼，然后从局部入手。如对河流的选取，要先从制图区域整体出发进行水系类型划分和河网密度分区，规定不同密度区的选取标准，然后按分区从局部入手选取表示一条条河流，由主流到支流逐级进行，最后再从全局察看所选的河流，特别是各个部分的小河数量能否反映出各区的河网密度状况，水系类型表达是否正确。即使对一条大河的选取也要先整体后局部地进行，首先保留构成该河主流基本骨架的特征，舍去一些小弯曲，然后按指标和平面结构类型选取支流和其他小河。通过整体—局部—整体这样的循环，既可以使所选取的河流数量适当，又可以使水系类型与河网密度得到正确反映。

2. 从高级到低级

在普通地图上对居民地的选取，应该按行政等级次序选取，先选首都，其次是省会，地级市，然后是县府驻地，最后是乡镇驻地及自然村。在交通图上，则按铁路、公路、大车路、小路的顺序进行选取。在土壤类型图上，则先选土类，其次选亚类，最后选土种。这样做可以保证较高级的内容能选上，不致遗漏。

3. 从主要到次要

地图上所表示的内容，依地图的主题和用途，总有主次之分，例如地形图上的居民地，其方位物和街道干线是主要的，而街道支线、小街区则为次要的；交通图上连接大城市运输量大的交通干线是主要的，而运输量小的支线则是次要的。选取地图内容应该遵循先主要后次要的顺序。

4. 从大到小

例如，在地图上选取湖泊、水库、林地等地物，应先选取大型的或大范围的，后选取小型的或小范围的，这样做可以保证大的地物首先入选。

总之,选取要从总体出发,首先选取主要的、高级的、大型的地物,再依次选取次要的、低级的、小型的地物,最后再从整体上进行分析,观察是否反映了制图区域的总体特征,这样既可以保证地图能表示出制图区域的基本特征和制图对象的主次关系,又能使地图有适当的载负量和丰富的内容,图面清晰易读。

(三) 选取的方法

1. 资格法

指以一定的数量或质量指标作为选取的资格,凡达到资格标准的就选取表示,达不到的则予以舍去的一种选取方法。例如规定图上凡河流长 1 cm、湖泊面积 2 cm²、居民地人口数量 500 人以上者则予以选取,不足此数的就舍弃,此乃以数量指标作为选取的资格;以居民地的行政等级、道路的路面铺装材料、河流的通航性质、森林的树种等作为选取资格,则属于质量指标。资格法选取,标准明确,简单易行;缺点是以一个指标作为衡量选取的条件,有时不能全面衡量地物的重要程度,不易体现选取后的地图容量,难以控制各地区图面载负量的差别。因此,需要按区域情况规定出不同的选取标准。

2. 定额法

指按规定图上单位面积内应选取表示地物的总数或密度,依选取的顺序进行选取,以不超出总量指标为限的一种选取方法。定额法选取,既可保证图上具有丰富的信息,又不影响地图的易读性。定额法选取受地理区域、地理要素的意义及其分布特点、符号大小和注记规格等因素的影响,在规定选取定额时必须要考虑这些因素;同时还要考虑地物本身特征及其与周围的联系。例如规定居民地选取数量时,一般要以居民地分布密度或人口密度分布状况为基础,对密度大的地区,单位面积内选取的数量要多些,密度小的地区则选取的数量要少些,这样才较合理。定额法的缺点是难以保证选取的数量同所需的质量指标取得协调。如编省区行政区划图,要求选取所有乡镇级以上的居民地,但是不同地区乡镇的范围大小不一,数量多少不等,若按定额选取将会出现有的地方乡镇级居民地选完后,还要选一些自然村才能达到定额指标,而某些地区乡镇级居民地却超过定额指标,无法全部选取,这样就形成各地区质量标准的不统一。为此,通常规定一临界指标,即最高与最低指标,以调整不同区域间选取的差别,如我国 1∶100 万地形图规定居民地选取定额(表 4-3-1)。

表 4-3-1　我国 1∶100 万地形图居民地选取指标

密度分区	人口密度(人/km²)	图上居民地的选取指标(个/dm²)
极密区	＞500	200～250
稠密区	300～500	160～200
中密区	50～300	120～160
稀疏区	5～50	90～120
极稀区	＜5	≤90

资格法与定额法各有优缺点,为此,实际工作中常使二者结合起来应用,以取长补短。

3. 根式定律法

又叫开方根定律法。是由德国地图学家托普费尔(F. Topfer)在多年制图实践基础上提出的。他认为资料图上某一要素转到新编地图上,其数量变化与这两幅图的比例尺分母

的平方根有关,其关系可以用下式表示:

$$N_x = N_z \sqrt{M_z/M_x} \qquad (4-3-1)$$

式中:N_x、N_z 分别为新编图和资料图上有关要素的数量;M_x、M_z 分别为新编图和资料图比例尺分母。为了更好地反映同一要素具有不同等级的数值和适应因地图比例尺缩小而给符号尺寸带来的变化,须在上式右边乘上物体重要等级改正系数 K 和符号尺寸改正数 C,并改写为:

$$N_x = N_z KC \sqrt{M_z/M_x} \qquad (4-3-2)$$

根式定律法适用于同一种符号(或稍小些)的同一类地图(如大比例尺地形图)。它只指出取舍的限额,而具体取舍哪些要素,仍需要由制图者按资格法确定,因此在实施时要与资格法配合使用。

二、制图对象的概括

制图对象概括,是指根据地图比例尺、用途和要求,确定地图内容各要素的分类分级原则,以及对地物的形状、数量和质量特征所进行的化简。地图内容各要素的分类分级原则是因图而异的,随机性强,无固定模式,只能因图而定。现仅介绍对地物形状、数量质量特征化简的基本方法。

(一)地物形状概括

地物形状概括,是指通过删除、夸大、合并、分割等方法,实施形状的化简,以保留地物本身所固有的典型特征。一般情况下,概括程度取决于地图比例尺,地图比例尺越小,概括的程度则越大。

1. 删除与夸大

当地图比例尺缩小后,地物图形某些碎部无法清晰表示时应予删除,如河流、等高线、居民地、林地轮廓上的小弯曲等;但是,有时为了显示和加强某些特征,反而需要夸大表示某些本来按概括尺寸可能删除的碎部,如一条多微小弯曲的山区公路,若按指标进行概括,微小弯曲有可能全部被舍掉,公路将变成直线段,从而失去了原有的地理特征。

为了反映该公路的基本特征,就需要在删除大量细小弯曲的同时,夸大其中某些小弯曲(表4-3-2)。但是这种夸大不是纯主观和纯艺术的,要适可而止。

表4-3-2　图形碎部的删除与夸大

项　目	删　　　　除				夸　　　大		
	河流	等高线	居民地	森林	公路	海岸	地貌
原资料图形						海域 陆地	
概括缩小后图形							

2. 合并与分割

当地图比例尺缩小后,某些图形及其间隔随之缩小到难以区分时,可对同类要素的细部加以合并,以表示出它的总体特征。例如两块林地图形间隔很小,合并成一片林地;在中小比例尺地图上概括城镇居民地平面图形,可舍去次要街巷,合并街区,以反映该居民地的主要特征,所以删除与合并是互相联系的。合并有时也会歪曲图形的特征,如排列整齐的街区图形由于删除街道合并街区,而造成对街区的方向、排列方式或大小对比方面的歪曲。因此在合并的同时,又常辅以分割的处理,以保持街区原来的方向及不同方向上街区的数量对比(表4-3-3)。

表4-3-3　图形的合并与分割

项　目	合　并		分　割	
资料图				
缩小图				
综合图		（错误）		（正确）

（二）数量特征概括

数量特征概括,是指减少制图对象的数量差别和按数量的分级数目,舍弃低于规定数量指标等级的部分。随着地图比例尺的缩小,制图对象的数量分级必须减少。例如居民地,在1∶100万地形图上按人口数量分为六级,而在1∶400万地图上则分为四级;地形图上等高线的等高距,在1∶5万图上为10 m,1∶10万图上为20 m,1∶25万图上为50 m,1∶50万图上为100 m。在进行数量特征概括时,除考虑地图比例尺和用途外,还要特别注意考虑制图对象数量分布的特点及保持具有质量意义的分级界限,如某地区有80%居民地人口数量在6万～18万之间,考虑人口数量等级划分的连续性和分级界值应为整数的特点,取5万和20万作为分级界值就可以反映出该地区人口分布较集中的特征。我国规定居民地人口数在100万以上者为"大城市",故100万就应该作为分级的一个界值;同样,在气温图上扩大等温线间距值时,必须保留划分我国亚热带、暖温带、温带和寒温带指标之一的最冷月16℃、0℃、-8℃、-28℃的气温值。

制图对象数量特征概括还表现在提高表示某类地物规模尺寸上,如在1∶2.5万地形图上,河宽10 m以上用双线表示,而在1∶10万地形图上则河宽40 m以上才可用双线表示。

（三）质量特征概括

质量特征概括,是指减少制图对象的质量差别,以较少的分类代替详细的分类,用总体的概念代替局部概念。随着地图比例尺的缩小或用途的改变,地图能够表达的地物数量越来越少,这就需要通过合并或删除来减少其类别,例如不表示森林的树种及其界线,就减少了林地间的质量差别;沼泽,在大比例尺地形图上区分能通行和不能通行的两类,到了1∶100万地形图上则不加区分,而统称为沼泽,只用一种沼泽符号表示。

三、制图对象的归纳推理

制图对象归纳推理,是指根据某种制图对象的采样点观测资料,按归纳推理方法建立该现象的分布模式,以此制成地图,反映其分布特点和变化规律的一种制图综合措施。例如根据各气象台站观测的气温等数据,用逻辑推理方法内插出若干新的数据点,绘成等值线图;根据土壤和地层采样点资料,经归纳推理确定其分布界线,制成土壤类型图和土层分布图;通过对制图资料的科学分析与研究,运用逻辑推理,将某些孤立的、无直接联系的数据或样品资料,制成揭示分布规律、内部性质及相互联系的地图,等等。

四、制图内容符号化

制图内容符号化,是指经过对制图对象的抽象、概括、分类、分级等过程,赋予有形与无形的制图对象一定形式的符号表示在图面上的一种制图综合方法。前文所述制图综合的各种措施最后都要用具体的地图符号来体现,即首先要将制图内容符号化。不同的事物,其符号化的方式不尽相同。地面上有形事物的符号化主要表现为定形与定性(图4-3-1)。

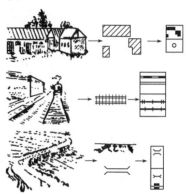

图4-3-1　有形地物的符号化

符号化的原则是按实际形状确定地图符号的基本形状,以符号的颜色或形状区分事物的性质,例如用点、线、面状符号表示呈点、线、面分布特征的水系要素,用蓝色表示水体,其中以蓝色线状符号表示河流、面状符号表示湖泊、点状符号表示井泉。要将气温、人口密度、宗教信仰等无形的事物表示在图上,首先要经过抽象与概念化的过程,例如人口密度就是经过归纳与推理,将人口与其分布面积相比而获得“密度”的概念;对密度分布进行符号化,就体现了抽象与概念化,即将密度相等的归为同一区(类或级),用界线符号标明,再在其内部描绘相应的图形——不同结构的晕线、花纹或不同的颜色。

五、地物的移位

地物移位,是指将地物在地图上的位置离开原处向附近作适当的移动,以使各要素都能得到清晰表示的一种制图综合方法。由于地图比例尺的缩小,缩小了制图对象之间的距离,但表示地图各要素的符号并没有随之缩小,这样就产生了以符号表示的各个地物之间相互压盖、模糊了相互关系,有的甚至无法正确表示。为了解决因相互压盖而造成关系不清的问题,需要采取“移位”的方法,即在保持其中最重要地理要素精度前提下,移动其他某一个或某几个地物符号的位置,以保持相互关系的正确。移位的基本原则是在尽量保持自然地理要素和重要的地物位置正确前提下,移动人文地理要素和其他次要地物的位置。例如当河流、铁路、公路等线状地物距离很近,比例尺缩小后挨到一块,无法用规定的符号描绘,此时保持河流位置不动,移动铁路和公路;若仅为铁路与公路挨在一起,则保持铁路位置不动,移动公路。

六、统一协调

统一协调,是指为突出地物间相互协调一致性的特征,反映和保持地物间内在联系客观规律而采取的一种制图综合措施。统一协调能充分体现制图综合的科学性和合理性。鉴于客观事物之间都是相互联系的,不是孤立的,因而在制图综合中不能只考虑单项要素的综合,而必须在各要素之间进行统一协调。例如对谷坡等高线形状概括时必须同时考虑水系支流的取舍,使等高线形态与河谷的发育协调起来,一旦小谷地删除了,则该谷地的水系支流就应舍去,否则就不合情理了;土壤与植被的分布界线基本吻合,所以土壤类型图与植被图的类型界线应取得基本一致。因此,在实施制图综合后,对制图区域各要素之间的相互关系要进行系统的观察和分析研究,除去要素关系不协调的地方。这在计算机地图自动综合中也是必须考虑的一个重要问题。只有这样才能科学地反映地理客观规律。

第四节　制图综合基本规律

一、图形最小尺寸

地图上的基本图形包括线划、几何图形、轮廓图形和弯曲等。

地图出版、印刷要考虑人眼的辨别能力、人(或机器)绘图和印刷的能力。当然,尺寸较大的图形在上述几个方面都没有太大困难,只会给工作造成一些不方便。但人的肉眼识别能力有限,基本图形有一个最小的适宜尺寸,即基本图形的最小尺寸。

根据长期的制图实践,可得到以下一些基本图形的尺寸:单线划的粗细为 $0.08\sim0.1$ mm;两条实线间的间隔为 $0.15\sim0.2$ mm;实心矩形的边长为 $0.3\sim0.4$ mm;复杂轮廓的突出部位为 0.3 mm;空心矩形的空白部分边长为 $0.4\sim0.5$ mm;相邻实心图形的间隔为 0.2 mm;实线轮廓的半径为 $0.4\sim0.5$ mm;点线轮廓的最小面积为 $2.5\sim3.2$ mm;弯曲图形的内径为 0.4 mm 时,宽度需达到 $0.6\sim0.7$ mm。

这些尺寸都是图形在反差大、要素不复杂的背景条件下制定的。如果地图上带有底色或图形所处的背景很复杂,都会影响读者的视觉,因此应适当提高其尺寸。

这些尺寸为制图综合尺寸的定义提供基本参考。

二、地图载负量

(一) 地图载负量的定义

地图载负量通常是指地图图廓内符号和注记的数量,又称地图容量。地图载负量决定着地图内容的多少,是目前用来衡量地图内容多少的基本指标。

(二) 地图载负量的分类

1. 面积载负量

面积载负量是指地图上所有符号和注记的面积与图幅总面积之比。规定用单位面积内符号和注记所占的面积来表达。例如:16 mm^2/cm^2,是指 1 cm^2 面积内符号和注记所占的面积平均为 16 mm^2。它是衡量地图容量的基础,但是不易操作,因此需将其转换为另一种形式——数值载负量。

2. 数值载负量

数值载负量是指单位面积内符号的个数。对于居民地,常指 100 cm^2 内的居民地个数,例如 163;对于线状地物,常指 1 cm^2 内平均拥有的线状符号的长度,称为密度系数,用 K 来表示,例如 $K=1.8$ cm/cm^2;对于面状要素,通常用百分比来表示,如绿化率,沼化度,荒化度等,例如"0.78"或 78%。

3. 极限载负量

极限载负量是指地图可能达到的最高容量。它可看作是一个阈值,超过这个阈值地图就难以阅读。这个阈值受制图水平、印刷水平和表示方法等因素影响,在一定限度内浮动。

4. 适宜载负量

适宜载负量是指适合该地区的相应载负量。为了不使地图图面都达到极限载负量,可以根据地图用途、比例尺和地理特征等确定该地图适当的载负量。即不同地区具有相应的适宜载负量。

(三) 面积载负量的计算

针对地图上的不同要素,其面积载负量的计算方式也不同:

(1) 居民地用符号和注记的面积来计算,注记字数按平均数计算,不同等级要分别计算。

(2) 道路、境界线根据长度和粗细进行计算。

(3) 水系只计算单线河、渠道、附属建筑物、水域的水涯线及水系注记的面积。

(4) 植被只计算符号和注记,不计算普色面积。

(5) 等高线在彩色地图上常作为背景而不计算其载负量。

试验证明,地图总载负量中居民地所占的份额最大(有时可达到 70%～80%),其次是道路和水系,境界最小。所以居民地是地图载负量的研究重点。

三、制图物体选取基本规律

在进行制图综合时,我们可以通过许多方法来确定选取指标并对制图物体实施选取。由于制图者的认识水平和所用数学模型的局限性,其选取结果可能是有差异的。那么,如何判断选取结果是否正确就成为一个必须要研究的问题,这就是选取基本规律问题,即正确的选取结果应符合这样一些基本规律:

(1) 制图物体的密度越大,其选取标准定得越低,但被舍弃目标的绝对数量越大。

(2) 选取遵守从主要到次要、从大到小的顺序,在任何情况下舍去的都应是较小的、次要的目标,而把较大的、重要的目标保留在地图上,使地图能保持地区的基本面貌。

(3) 物体密度系数损失的绝对值和相对量都应从高密度区向低密度区逐渐减少。

(4) 在保持各密度区之间具有最小的辨认系数的前提下保持各地区间的密度对比关系。

四、制图物体形状概括基本规律

前已论述,制图综合中的概括分为形状概括、数量特征概括和质量特征概括三个方面。

其中数量特征概括和质量特征概括表现为数量特征减少或变得更加概略,减少物体的分类、分级等,制图综合中概括的基本规律实际上主要是研究形状概括的规律。形状概括基本规律表现为:

(1) 舍去小于规定尺寸的弯曲,夸大特征弯曲,保持图形的基本特征。根据地图的用途等制约因素,给出保留在地图上的弯曲的最小尺度。一般来说,制图综合时应概括掉小于规定尺寸的弯曲,但由于其位置或其他因素的影响,某些小弯曲是不能去掉的,这就要把它夸大到最小弯曲规定的尺寸,不允许对大于规定尺寸的弯曲任意夸大。化简和夸大的结果应能反映该图形的基本(轮廓)特征。

(2)保持各线段上的曲折系数和单位长度上的弯曲个数的对比。曲折系数和单位长度上的弯曲个数是标志曲线弯曲特征的重要指标,概括结果应能反映不同线段上弯曲特征的对比关系。

(3)保持弯曲图形的类型特征。每种不同类型的曲线都有自己特定的弯曲形状,例如,河流根据其发育阶段有不同类型的弯曲,不同类型的海岸线其弯曲形状不同,各种不同地貌类型的地貌等高线图形更有不同的弯曲类型。形状概括应能突出反映各自的类型特征。

(4)保持制图对象的结构对比。把制图对象作为群体来研究,不管是面状、线状,还是点状物体的分布都有个结构问题,这其中包括结构类型和结构密度两个方面,综合后要保持不同地段间物体的结构对比关系。

(5)保持面状物体的面积平衡。对面状轮廓的化简会造成局部的面积损失或面积扩大,总体上应保持损失和扩大的面积基本平衡,以保持面状物体的面积基本不变。

第五节　制图自动综合

随着现代电子计算机的发展,人们开始寻求借助于计算机实现地图综合的方法,地图自动综合的理论就慢慢形成了,而传统的手工作业有待于被取代,地图编制更加趋向于智能化、自动化。目前来说,地图自动综合是一个公认的国际性难题,已成为计算机数字成图的瓶颈和当前地图学与地理信息系统专业研究的热点问题之一。

一、地图自动综合的概念与理论

自动制图综合,是在数字地图环境下,根据地图用途、地图比例尺和制图区域地理特点的要求,用一定的地图综合模型,由计算机通过编程的模型、算法和规则等,对数字化了的制图要素与现象进行选取、化简和位移等操作的数据处理方法。自动制图综合是手工地图综合的延伸和发展。

二、地图自动综合的主要方法

(一) 基于模型的制图综合

基于模型的制图综合是指描述制图综合中的某些关系的数学表达式,类型主要有定额选取模型、结构选取模型、定额结构选取模型。基于模型的制图综合是制图综合量化的重要手段,对提高手工制图综合的科学性和促进制图综合的发展都是必要的。它是用某种统计规律的数学描述,其可靠性受许多因素的制约。例如,在建立地图综合模型时会受统计样本数量、大小、精度、密度等的限制;所建立的模型,广泛适用性还不是很强,还需要做深入的研究和实践。

基于模型的制图综合研究主要集中在:用方根选取规律模型或回归模型确定居民地的综合指标;用结构选取的模糊综合评判模型或图论模型确定道路的综合指标;用分形的方法进行等高线的自动综合;用小波分析方法进行河流综合和等高线中的地形线的自动追踪及综合;Delaunay 三角形用于居民地街区的合并;数学形态学方法在居民地的街区合并中的应用等等。

（二）基于算法的制图综合

基于算法的制图综合是指对某一类制图综合问题的有穷的机械地判定（计算）的过程，它是用有穷多条指令描述，计算机便按指令执行有穷步的计算过程，从而得出制图综合结果。它的类型主要有面向目标（物体）的算法，如化简曲线的算法，双线河合并为单线河的算法，位移的算法；面向过程（制图综合过程）的算法，如居民地的选取过程，先确定定额指标，然后根据居民地的等级值逐次选取，直到达到定额。

目前，制图综合过程中的很多问题还无法准确地用数学模型来描述。因此，基于算法的制图综合是实现自动制图综合的一项重要研究内容，凡能算法化的，都应力求算法化。在算法的设计中应考虑到制图综合的复杂性和制图区域的地理复杂性，正确、合理地确定各种算法的参数和相应的阈值。

（三）基于规则的制图综合

基于规则的制图综合是指对制图综合中处理某些问题的规范化描述，通常用"条件（如果）……结论（则）"的表达形式。它的类型主要有典型的"条件……结论"式规则，适用于一些特殊情况的处理；"等级层次"和"分界尺度"式规则，适用于制图综合中数量问题的处理；"阈值"式规则，适用于轮廓图形化简与图形合并。

基于规则的制图综合是值得研究的问题，应该将专家们的研究成果加以总结，形成规则；同时还要研究判别方法，因为条件是要通过地图数据库所提供的信息加以判别的。

（四）基于知识的方法

基于知识的方法（如专家系统）是指根据相应的知识库，进行判断、推理的过程。它的困难在于综合知识的规范化、知识的获取和知识的表示。综合过程的复杂性在于基于知识的概念、技术和方法研究的复杂性。综合程序的调试都是要通过合理的计算得到合适的结论，程序只有具备一定的推理机制才能做出选择。因此为使综合系统具有推理能力，人们开始了基于知识的技术研究。

研究基于知识的系统并不意味着现有的综合算法都应该丢弃，相反，他们仍是综合系统框架中相当有用的一部分。很多基于知识的综合系统中使用了算法，因为算法本身就是一种过程性知识。而专家知识用于更高层次的决策过程——什么时候、怎样进行综合。

目前完全基于知识的综合系统基本上没有，主要原因在于综合过程中缺少过程性知识、缺少综合的统一理论。

（五）人机协同的方法

自动综合问题实质上是人工智能问题，是人与地图的交互过程，由于综合过程的复杂性，人的作用究竟是多大，人和机器的界限如何划定，目前还没有结论。但是有一点是非常明确的，那就是缺少交互在目前是无法完成自动综合的。现阶段实现全自动的地图综合还存在困难，因此数字地图制图综合的人机协同系统将是唯一可选之路。

人机协同方法是将与抽象思维有关的数值计算和逻辑推理问题由计算机来完成，将迄今为止一切成熟的综合处理技术计算机化，而对于综合过程中的形象思维，如哪个物体需要综合、特殊参数的设置等问题，交由人来完成，以人机交互的形式共同完成整个地图综合的工作。在这样的系统中，计算机将能最大限度地完成这项工作。而人则是在关键部分控制整个工作，最终能保证以较高的效率来完成这项工作。

交互综合可以在综合前或综合后使用。在综合前使用时，主要用来分析地图数据，确定综合算子的应用情况,建立或存储批处理综合中的综合算子或参数,明确不需综合的要素或区域,在需综合的区域内使用综合算子;在综合后使用时,主要用来检验综合效果,解决综合效果较差的区域内的综合问题,建立附加的批处理的综合过程。

人机协同方法要求有良好的人机界面,要能支持用户做出正确的决策,并提供交互的手段。从某种意义上讲,人机协同方法也可以看作是一个辅助决策支持系统。

三、地图自动综合的基本图形综合方法

地图自动综合或半自动综合的方法主要视系统智能化程度的高低可分为人机交互的方法和基于批量处理的方法为主。在具体操作过程中,根据要素的不同,实施方法也不尽相同。这里只给出基本图形的综合方法。

1. 线状要素的自动综合方法

以单根线为主,单根线的简化算法很多,有层次方法和非层次方法。其目的是使存储量最少,保持线的弯曲特征。目前提出的主要具体方法有 nth 点算法、Douglas-Peucker 算法、垂距算法、角度算法等。此外,线的简化算法在计算机视觉、图形识别中也有很多介绍,如平面曲线的数据压缩等。有很多学者对这些线的简化算法进行比较,并提出新的改进算法,或说明某一算法的适用范围。

2. 面状要素自动综合方法

面状要素分三种情况:单个面状图形、离散式面状要素群和布满整个区域的面状要素群。

(1) 面状要素边界图形的综合。比较著名的方法有 B. John Ommen 等提出的一种线性最小周长多边形方法;J. Fden-Valdivia 等提出的利用不确定性的正规化量测方法进行地图制图边界的简化算法;J. A. Garclar 等人(1994)提出的先进行面状要素的边界的分段,然后依据不同段的几何特征采用高斯滤波法进行边界的简化方法。

(2) 离散式面状要素群的综合。J. C. Muller and Zeshen wang(1992)提出了一种基于矢量数据模式的综合方法;Bo Su and Zhilin Li(1995)提出了基于栅格模式的数学形态学方法。两种方法所遵循的综合规则是:① 牺牲较小的面块,以便夸大较大的面块;② 整个图形组群关系的保持;③ 部分区域的拓扑完整性;④ 根据面块的面积进行不同的移位。

(3) 布满整个区域的面状要素群的综合。该综合方法常用于如土壤图、土地利用图等自然专题地图的综合,如 Mark Stephen Monmonier(1983)和 OlliJaakkola(1995)所提出的基于栅格数据模式的用于土地覆盖和土地利用图的综合方法。Nigel J. Brown 等(1996)提出的方法亦同,他们强调半自动化,以便得到满足需要的小比例尺土地覆盖图。

四、地图自动综合的基本过程

自动制图综合的基本思路是以地图数据库作为系统的运行环境,充分利用地图数据库的各种检索功能,根据制图综合规则,通过各种选取模型、化简算法、分类分级处理模型、位移算法,对数字地图要素实施选取、化简、概括和位移,并在人机交互条件下,实现各要素后续编辑处理,从而实现地图自动综合。其基本过程如图 4-5-1 所示。

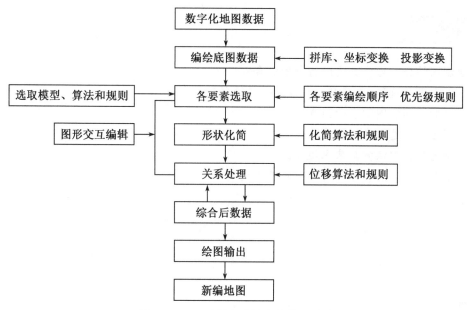

图 4-5-1　地图自动综合的基本过程

　　基于目前自动制图综合的技术还不能完全满足实际 GIS 和地图制作的要求,大多数国家仍是按多级比例尺建库,用相应的软件实现多比例尺层次间数据的"无级"过渡。随着自动制图综合技术的发展和完善,比较好的模式是建立底层数据库后用数据自动综合的方法实现同一数据库的多分辨率表示。

第六节　制图综合与地图精度的关系

　　制图综合的主要方法是取舍和概括,这两者对地图内容的精度都有影响。地物形状的化简改变了原来的图形结构,在长度、方向、面积和轮廓形态上都产生变化。长度变化是由于删除图形的小弯曲造成的,其结果使线状地物的长度缩短了,例如对某区域河流化简结果,1∶50 万地形图与 1∶10 万地形图相比,同一条河流长度缩短了 12.1%;就面状地物而言,轮廓线长度因化简缩短了,导致其面积的缩小。方向的改变也是经常发生的,如对河流、海岸线、道路等进行形状化简,删除小弯曲可导致局部方向的改变。轮廓图形也会因化简而使原来复杂的图形变为简单的图形,甚至改用不依比例的点状符号表示,有时还因强调某些特征而把小弯曲加以夸大等等。长度、方向和轮廓图形的改变,必将对地图的几何精度产生影响。在小比例尺地图上,很多地物是用符号夸大表示的,夸大的结果是超出了地物本身应占有的位置,扩大到附近的空间;若地物彼此不是靠近的,夸大并不影响地图内容的其余部分,倘若选取的几个地物彼此靠得很近,为了分辨清楚,正确地表达各地物间的关系,它们中的一个或几个需要从正确位置上移动,这种移动就使某些地物的绝对位置发生了改变,失去了正确性,即破坏了地图的几何精度。地图比例尺越小,对几何精度的影响越大。但是经过概括却能正确地反映出地物间的相互关系,保持了区域的地理特征,即突出了地理精度。由此可见,在小比例尺地图上量测的结果总不如在大比例尺地图上量测的精确。因此,要想在地图上量测出较好的结果,就要使用较大比例尺的地图。

复习思考题

1. 何谓制图综合？为什么要进行制图综合？
2. 在地图上进行选取，要用哪几种方法？应遵循何种顺序？
3. 叙述影响地图制图综合的因素。
4. 叙述制图物体选取基本规律。
5. 叙述制图物体形状概括基本规律。
6. 制图综合各种方法和手段对地图精度有何影响？

第五章 水准仪与水准测量

导　读

　　地面点的高程测量是测量工作三大任务之一。水准测量利用水准仪测定两点之间的高度差，是高程测量中精度最高的一种方法。由于地球内部的不规则性，种种测量误差的存在，水准测量不仅要研究测量仪器、测量方法，其数据处理也有一定的处理原则。

　　本章首先从高程测量的概念入手，介绍水准测量的原理，DS_3 水准仪和 DSZ_3 自动安平水准仪及其使用方法；详细介绍了水准路线设计，水准测量的具体操作，并对水准测量的误差与水准仪检验校正做了详细介绍；本章最后以徕卡 LS15 数字水准仪为例介绍了目前最先进的数字水准测量系统及其操作方法。

　　测定地面高程的测量工作称为高程测量。高程测量依据所使用的仪器和测量方法不同有以下四种：

　　1. 水准测量

　　利用水准仪和水准尺，根据视线水平在水准尺上读数的原理，推算地面两点高差来测定高程的方法；一般适合于平坦地区。

　　2. 三角高程测量

　　利用经纬仪测定两点之间的高度角，并测量水平距离，依据三角学的原理，推算地面两点高差来测定高程的方法；一般适合于地形起伏较大地区。

　　3. GNSS 高程测量

　　利用 GNSS 测量数据计算未知点高程的方法。

　　4. 物理高程测量

　　利用气压计，根据大气压力随高程变化的规律，用气压计测定两点气压差推算高差测量地面高程的方法。大气压力常以水银柱高度表示，温度为 0℃ 时，在纬度 45° 处的平均海面上大气平均压力约为 760 mmHg。每升高约 11 m，大气压力减少 1 mmHg。一般气压计读数精度可达 0.1 mmHg，约相当于 1 m 的高差。由于大气压力受气象变化的影响较大，气压高程测量精度低于水准测量和三角高程测量，主要用于高差较大的丘陵地和山区的勘测工作。通常用空盒气压计和水银气压计，前者便于携带，多用于野外作业，后者常用于固定测站或检验。

　　这四种方法以水准测量精度最高，本章主要介绍水准仪与水准测量，三角高程测量在第八章介绍，GNSS 高程测量在第九章介绍。物理高程测量则由于精度较低，在测量工作中应用极少。本书不予介绍。

水准测量的主要目的是测出一系列点的高程。通常称这些点为水准点。从水准点高程数值的大小,能对一定范围内地表高低有个完整地了解。所以水准点对地表形状、地壳变化等方面的科学研究,以及对各类经济建设的设计、施工都是很重要的。

我国水准点的高程是从青岛水准原点起算的。全国范围内国家等级水准点的高程都属于这个统一的高程系统。

无论是科学研究还是经济建设对水准点的密度和水准点高程的精度要求,都随着具体任务的不同而有差别。国家测绘部门对全国的水准测量做了统一的规定。按精度不同有四个等级,一等水准测量最高,四等水准测量最低。一、二等水准测量主要用于科学研究,并作为三、四等水准测量的起算根据,三、四等水准测量主要用于国防建设、经济建设和地形测图的高程起算。由于主要用途及精度要求不同,因此对各等级水准测量的路线布设、点的密度、使用仪器以及具体操作在规范中都有相应的规定。

为了进一步满足工程建设和地形测图的需要,以国家水准测量的三、四等水准点为起始点,尚需布设城市(工程)水准测量或图根水准测量,通常统称为普通水准测量(也称等外水准测量)。普通水准测量的精度低于国家等级水准测量,水准路线的布设及水准点的密度可根据具体工程和地形测图的要求而有较大的灵活性。如果在一个作业地区内找不到国家水准点,可根据具体情况选择一个假定高程点,整个测区的高程便以这个点为起始点。需要注意的是,在构成整体的一个地区只能选择一个,否则在推算高程时会发生矛盾。

无论属于何种类型的水准测量,它们的作业原理大都是一样的。

第一节 水准测量原理

一、简单水准测量

水准测量的基本方法是:为测定未知点 B 的高程,从一个已知高程 H_A 的 A 点出发,测定 A 点到 B 点的高程之差,简称高差 h_{AB},从而由已知点推算出未知点的高程,于是得到 B 点的高程 H_B 为:

$$H_B = H_A + h_{AB} \qquad (5-1-1)$$

如图 5-1-1 所示,测定高差 h_{AB} 的方法如下:在已知点 A 和未知点 B 两点的中间架设水准仪,A、B 两点竖立两根水准尺(其零点在尺子底端),利用水准仪提供的水平视线分别在水准尺 A、B 上读得读数 a、b,则 A 点到 B 点的高差为:

$$h_{AB} = a - b \qquad (5-1-2)$$

式中:A 点称为后视点,a 称为后视读数;B 点称为前视点,b 称为前视读数。两点之间的高差 $h =$ "后视读数 a" $-$ "前视读数 b",如果后视读数大于前视读数,高差为正,表示 B 点比 A 点高;如果后视读数小于前视读数,高差为负,表示 B 点比 A 点低。必须注意,h_{AB} 表示 A 点到 B 点的高差,h_{BA} 表示 B 点到 A 点的高差,两者的绝对值相等,符号相反。

如果 A、B 两点间的距离不远,且高差不大,则在 A、B 之间一次安置仪器就能测出 AB 之间的高差,称为简单水准测量。

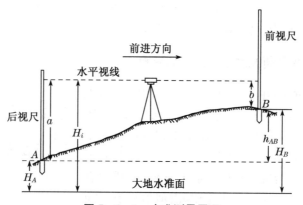

图 5-1-1 水准测量原理

设通过水准仪的视线高程为 H_i,简称仪器高程:

$$H_i = H_A + a \tag{5-1-3}$$

当一次安置水准仪测定若干点的高程时,B 点的高程也可以计算:

$$H_B = H_i - b \tag{5-1-4}$$

二、连续水准测量

如果需要测定高差的两点较远或高差较大时,不可能一次安置仪器测出量点间的高差,此时需要在水准路线的中间设立若干临时立尺点(称为转点 TP,Turning Point),依次连续安置水准仪测定相邻两点之间的高差,最后取各个高差的代数和,得到起、终两点的高差,称为连续水准测量。

如图 5-1-2 所示,在相距较远或高差较大的 A、B 两个水准点之间,依次设置若干个转点 TP_1、TP_2、$\cdots$、TP_{n-1},连续在相邻两点间安置水准仪和在点上竖立水准尺,依次得到相邻两点之间的高差:$h_1 = a_1 - b_1$,$h_2 = a_2 - b_2$,$\cdots$,$h_n = a_n - b_n$。

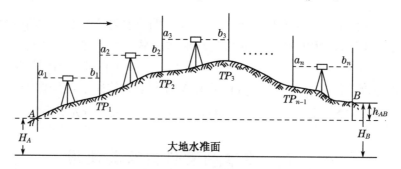

图 5-1-2 连续水准测量

A、B 两点间高差计算一般公式为:

$$h_{AB} = \sum_{i=1}^{n} h_i = \sum_{i=1}^{n} a_i - \sum_{i=1}^{n} b_i \tag{5-1-5}$$

式中:n 为水准仪的测站数。

由此可见,两水准点之间的转点起着高程传递的作用,为了保证高程传递的正确性,在相邻两测站的观测过程中,必须保持转点的稳定性。

三、地球曲率与大气折光对水准测量的影响

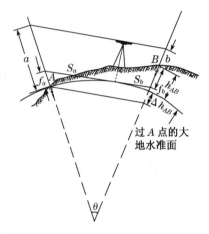

图 5-1-3　地球曲率与大气折光对水准测量的影响

在普通地形测量中,由于地面点高程的测定是以大地水准面为基准的,而水平视线与大地水准面不平行(图5-1-3),除了地球曲率的原因外,还由于大气层折射率不同而出现的大气折光,通常光线经大气折射后会向下弯曲,折射曲线与空气密度、所在点高程、气温、气压都有关系,造成视线不水平。在测量工作中,近似地把折射曲线当作圆弧线,其半径近似的为地球半径 R 的 $6 \sim 7$ 倍,大气折光 γ 可由下式计算:

$$\gamma = \frac{S^2}{14R} = 0.07 \frac{S^2}{R} \qquad (5-1-6)$$

地球曲率 Δh(公式1-3-5)和大气折光 γ 对高差的综合影响球气差 f 如下:

$$f = \Delta h - \gamma = 0.43 \frac{S^2}{R} \qquad (5-1-7)$$

由式(5-1-7)可知,地球曲率与大气折光会对高差产生较大影响。

在式(5-1-1)至式(5-1-5)计算高差时,是把大地水准面当作水平面处理的,实际上,大地水准面接近于球面,设水准测量时测站距 A、B 两点间距离分别为 S_a、S_b,球气差为:

$$f = f_a - f_b = 0.43 \frac{S_a^2}{R} - 0.43 \frac{S_b^2}{R} = 0.43 \frac{1}{R}(S_a^2 - S_b^2) = 0.43 \frac{1}{R}(S_a + S_b)(S_a - S_b)$$

$$(5-1-8)$$

上式表明,如果 $S_a = S_b$,则球气差 $f_a = f_b$,说明只要将仪器安置在前后视距(即仪器测站至两水准尺的距离)相等的位置,可以消除地球曲率与大气折光对高差的影响。例如,当 $(S_a + S_b) = 200 \text{ m}$,$(S_a - S_b) \leqslant \pm 10 \text{ m}$ 时,$f \leqslant \pm 0.13 \text{ mm}$,对于普通测量时,可以忽略不计。在连续水准测量时,$(S_a - S_b)$ 可正可负,要使得整条线路中,前视距离之和与后视距离之和保持相等,即 $\sum (S_a - S_b) = 0$,以抵消地球曲率与大气折光对高差的影响。

第二节　水准测量仪器及其使用

一、水准尺和尺垫

水准尺是水准测量的重要工具。通常由干燥的木材、玻璃钢或铝合金制成,长度一般为 $2 \sim 5 \text{ m}$,尺面印有长度分划和数字注记。一般有折尺、塔尺和直尺几种。

折尺(图5-2-1(a))可以对折,尺子的底部为零点,每隔 1 cm 或 0.5 cm 涂有黑白或红

白相间的分隔,每 1 m 及 10 cm 处有倒写(或正写)的注记。多用于低等级水准测量。

双面水准尺(图 5-2-1(b))两根为一对,每根均有黑红两面。一面为黑白相间的 cm 分划,称为黑面,另一面红白相间的 cm 分划,称为红面。黑面尺的底部分划从零开始,称为主尺;红面尺的底部分划从某一数字开始,一根为 4 687,另一根为 4 787,称为水准尺常数 K,红面尺也称辅助尺。其目的是便于水准测量的读数检核。双面水准尺上装有圆水准器,多用于三、四等水准测量。

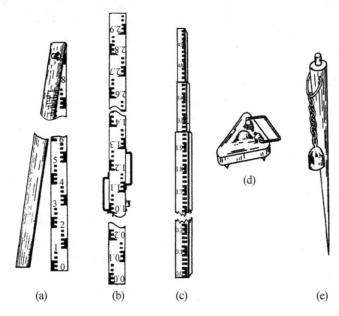

(a)　　　　(b)　　　　(c)　　　　　　　　　(e)

图 5-2-1　水准尺、尺垫与尺钉

塔尺(图 5-2-1(c))可以伸缩,携带方便,但使用日久接头处容易损坏,影响尺长精度。

在水准测量作业时,为避免水准尺下沉及转点方便,一般要求放在尺垫(图 5-2-1(d))或尺钉(图 5-2-1(e))上。尺垫用生铁铸成,一般为三角形,中央有一凸起的圆顶,以方便水准尺。下有三尖脚可插入土中,防止移动。在土质松软的地区,可以打入尺钉以便立尺。

注意:在水准点上不得放置尺垫或尺钉。

二、水准仪构造

(一) 水准仪的构造

水准仪是水准测量的主要仪器。水准仪可以分为微倾式水准仪、自动安平水准仪和数字水准仪。前两种是普通水准仪,按精度可分为 DS_{05}、DS_1、DS_3 和 DS_{10} 等多种,分别表示每 km 单位中误差 0.5 mm、1.0 mm、3.0 mm 及 10.0 mm。

按照水准测量的要求,水准仪的主要作用是提供一条水平视线,并能瞄准水准尺读数。图 5-2-2 为 DS_3 微倾式水准仪外形及各部件名称。

微倾式水准仪主要部件有:望远镜、水准器及基座三部分。

调整基座上的三个脚螺旋,使得支架上的圆水准器居中,导致整个仪器大致水平,仪器的竖轴基本竖直。望远镜与水准管连在一起,制动螺旋与微动螺旋控制仪器在水平方向转动。微倾螺旋使得望远镜与水准管的目镜端升降,使得水准管气泡精密居中,即水准管水准

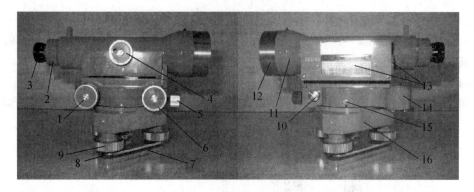

1. 微倾螺旋;2. 分划板护罩;3. 目镜;4. 物镜调焦螺旋;5. 制动螺旋;6. 微动螺旋;7. 底板;8. 三角压板;
9. 脚螺旋;10. 弹簧帽;11. 望远镜;12. 物镜;13. 管水准器;14. 圆水准器;15. 连接小螺钉;16. 轴座。

图 5-2-2　DS₃微倾式水准仪外形及各部件名称

轴与仪器的旋转轴垂直,导致望远镜视线水平。仪器通过基座支撑并与三脚架连接。

（二）测量望远镜成像原理

望远镜是用来瞄准远处目标及读数的。主要包括物镜、调焦透镜、十字丝分划板及目镜。现今一般采用内调焦望远镜(参见图 5-2-3)。物镜(L_A)与目镜为凸透镜(mn),调焦透镜(L_B)为凹透镜。实际上可把物镜与调焦透镜看作一个等价的组合透镜(MN),其成像平面正好为十字丝分划板平面,十字丝分划板在目镜的焦距之内,通过组合透镜得到实像,通过目镜后得到一个放大的虚像($a'b'$)。设等价组合透镜的焦距为 f_c,它和物镜与调焦透镜的焦距、两者间的距离有关。目镜的焦距为 f_e,望远镜的放大率为 $\nu = f_c/f_e$,小的 f_e 会增大望远镜的放大倍数。

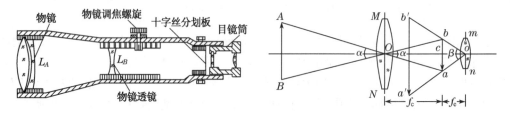

图 5-2-3　内调焦望远镜及其光学性质

测量用的望远镜必须用来瞄准目标,水准仪要求通过望远镜能在水准尺上读数。其望远镜中玻璃片上精确刻有十字丝分划板,通过它来瞄准目标。图 5-2-4 为几种常见的十字丝分划板图形。通常中间的竖丝与横丝构成十字丝,称为中丝,十字丝与物镜光心的交点为视准轴。十字丝旁边的一组短丝称为视距丝,上下两根视距丝用来在竖直的标尺上读取距离。

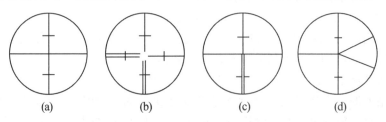

(a)　　　　　(b)　　　　　(c)　　　　　(d)

图 5-2-4　测量望远镜十字丝

1. 视差

物镜与十字丝分划板的距离是固定不变的。但是望远镜
瞄准的目标有远有近，目标光线通过望远镜所成实像的位置
随目标的远近而改变，需要通过物镜调焦，使得目标像与十字
丝分划板平面重合。此时观测者的眼睛如果在目镜处上下微
动，目标像与十字丝不会有移动现象。如果目标像与十字丝
分划板平面不重合，观测者的眼睛在目镜处上下微动时，会发
现目标像与十字丝之间相对移动现象，即为视差。如图
5-2-5。视差会造成瞄准与读数的不准确。

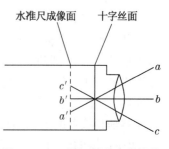

图 5-2-5　望远镜十字丝视差

2. 消除视差的方法

首先转动目镜对光，使得十字丝影像清晰；然后瞄准目标，转动物镜的调焦螺旋使目标像
十分清晰，此时观测者的眼睛在目镜处上下微动，如果目标像与十字丝无相对移动，则视差消
除，否则，物镜需重新对光，直至目标像与十字丝之间没有相对移动现象。

（三）水准器

水准器是水准仪的重要组成部分，它用于整平仪器，分为管水准器和圆水准器。

1. 管水准器

管水准器简称水准管，水准管由玻璃管制成，内壁磨成
一定半径的圆弧，管内注有酒精或乙醚，加热封闭冷却后，
管内的空隙为气泡所充满，即水准气泡，如图 5-2-6 所
示。当气泡与圆弧中点对称时，称为气泡居中。水准管的
中央部分刻有间距为 2 mm 的与零点左右对称的分划线，
相邻两分划线（2 mm）所对的圆心角表示水准管的分划值，
小的为 $2''$，大到 $2' \sim 5'$。分划值越小，灵敏度越高，DS_3 型
水准仪的水准管分划值一般为 $20''/2$ mm。分划线与水准
管圆弧中点 O 对称，O 点称为水准管零点，通过零点作水
准管的切线 HH 为水准管轴。当气泡的中点与水准管的

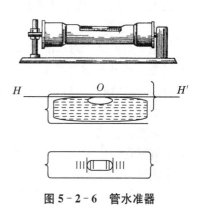

图 5-2-6　管水准器

零点 O 重合时，称为气泡居中，即水准管轴 HH 水平。通常根据水准气泡距水准管两端刻
划格数相等判断气泡的严格居中。

为了提高目估水准管气泡居中精度，现代水准仪上方一般都装有符合棱镜，借助棱镜的
反射作用，把气泡两端的影像反射到望远镜旁的水准管气泡观察窗内，当气泡的两端符合成
一个圆弧时，表示气泡居中。如图 5-2-7 所示。

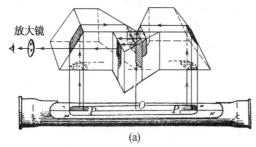

(a)　　　　　　　　　　　　　　　　　　　(b)　　(c)

图 5-2-7　符合水准管

2. 圆水准器

圆水准器如图 5-2-8 所示,用一个玻璃圆盒制成,装在金属外壳内,也称为圆盒水准器。玻璃的内表面磨成球面,中央刻一个小圆圈或两个同心圆,圆圈中点和球心的连线称为圆水准轴(LL)。当气泡位于圆圈中央时,圆水准轴处于铅垂状态。普通水准仪圆水准器分划值一般是 $8'/2\ mm$。圆水准器轴和仪器的竖轴相互平行,所以当圆水准器气泡居中时,表明仪器的竖轴已基本处于铅垂状态,由于圆水准器的精度较低,所以它主要用于仪器的粗略整平。

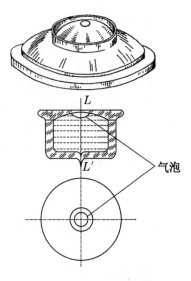

图 5-2-8　圆水准器

三、水准仪的使用

(一) 安置仪器

在安置水准仪时,首先要根据观测者的身高调节三脚架的高度,为了便于整平仪器还要使三脚架的架头大致水平,并将三脚架的三个脚尖踩入土中使得三脚架稳定。然后从仪器箱内取出水准仪,放在三脚架头上,立即将三脚架的连接螺丝旋入基座的螺孔内,以防仪器从架头上摔下来。

(二) 粗平

粗平是借助于圆水准器,粗略地整平仪器。转动脚螺旋使圆水准气泡居中,仪器的纵轴大致铅垂。双手相反方向转动两个脚螺旋,气泡运动的方向为左手大拇指移动方向,使得气泡位于这两个脚螺旋的中间;然后用左手移动第三个脚螺旋,气泡运动的方向同样是左手大拇指移动方向,使得圆水准气泡居中。一般称为"左手大拇法",如图 5-2-9 所示。

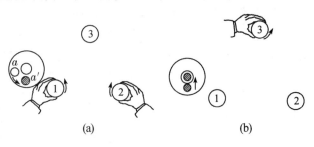

图 5-2-9　水准仪粗平

(三) 瞄准

把望远镜对准水准尺,进行目镜及物镜对光,消除视差,如图 5-2-10 所示,使得十字丝和目标尺的影像都清晰。

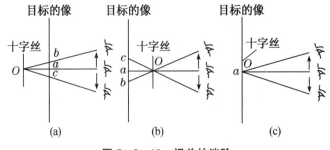

图 5-2-10　视差的消除

(四) 精平

转动微倾螺旋,使得水准管气泡严格居中。或使得符合水准器两半个影像符合。如图 5-2-7(b)和图 5-2-7(c)。

(五) 读数

用十字丝的中丝在水准尺上读数,一般为倒像,数字为正像。读数时从小往大读,即先用十字丝的中丝估读出毫米数,然后再分别读出米、分米和厘米。一般读数为四位数,如图 5-2-11 中不同类型的水准尺上的读数:(a) 6 442,表示 6.442 m;(b) 1 500 表示 1.500 m;(c) 0 751 表示 0.751。注意整米数字要判断读出,图(a)、(b)数字为倒像,(c)为正像。

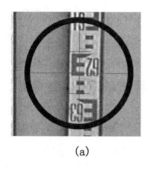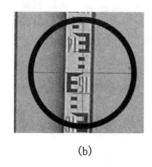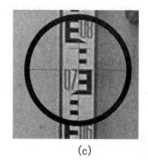

(a)　　　　　　　　　　　　(b)　　　　　　　　　　　　(c)

图 5-2-11　水准尺读数

读数时必须保证水准管气泡严格居中,读数完后应立即检查,气泡是否居中。

四、自动安平水准仪

用水准仪进行水准测量的特点是,根据水准管的气泡居中而获得水平视线。用 DS₃ 型水准仪进行水准测量时,必须使管水准器气泡居中时才能读数,这样费时较多。因此,在水准尺上每次读数都要用倾斜螺旋将水准管气泡调至居中位置,这对于提高水准测量的速度是很大的障碍。由此,测绘仪器研制单位和厂家对水准仪结构进行一些改革,研制出自动安平水准仪。目前,自动安平水准仪已广泛应用于测绘和工程建设中。它的构造特点是没有水准管和微倾螺旋,而只有一个圆水准器进行粗略整平。当圆水准气泡居中后,尽管仪器视线仍有微小的倾斜,但借助仪器内补偿器的作用,视准轴在数秒钟内自动成水平状态,从而读出视线水平时的水准尺读数值。不仅在某个方向上,而且在任何方向上均可读出视线水平时的读数。因此自动安平水准仪不仅能缩短观测时间,简化操作,而且对于施工场地地面的微小震动、松软土地的仪器下沉以及大风吹刮时的视线微小倾斜等不利状况,能迅速自动地安平,有效地减弱外界的影响,有利于提高观测精度。图 5-2-12 为国产 DSZ₃ 型自动安平水准仪外貌。

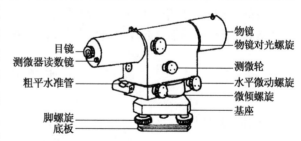

图 5-2-12　国产 DSZ₃ 型自动安平水准仪

（一）视线自动安平原理

如图 5 - 2 - 13 所示，视准轴水平时在水准尺上读数为 a，当视准轴倾斜一个小角 α 时，此时视线读数为 a'（a' 不是水平视线读数）。为了使十字丝中心读数仍为水平视线的读数 a，在望远镜的光路上增设一个补偿装置，使通过物镜光心的水平视线经过补偿装置的光学元件后偏转一个 β 角，仍旧成像于十字丝中心。由于 α 和 β 都是很小的角度，当下式成立时，即

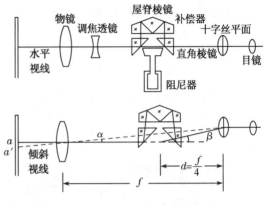

$$f \cdot \alpha = d \cdot \beta \qquad (5 - 2 - 1)$$

图 5 - 2 - 13　DSZ₃ 型自动安平水准仪原理

就能达到自动补偿的目的。式中：f 为物镜到十字丝分划板的距离；d 为补偿装置到十字丝分划板的距离。

（二）补偿装置的结构

补偿装置的结构有许多种，大都是悬吊式光学元件（如屋脊棱镜、直角棱镜等）借助于重力作用达到视线自动安平的目的，也有借助于空气或磁性的阻尼装置稳定补偿器的摆动。

国产 DSZ₃ 自动安平水准仪大多采用悬吊棱镜组的补偿器借助重力作用达到自动安平的目的。如图 5 - 2 - 13 所示补偿器安在望远镜光路上距十字丝距离 $d = f/4$ 处，则当视线微小倾斜 α 角时，倾斜视线经补偿器两个直角棱镜反射，使水平视线偏转 β 角，正好落在十字丝交点上，观测者仍能读到水平视线的读数，从而达到自动安平的目的。

有的精密自动安平水准仪（如 Ni007）的补偿器是一块两次反射直角棱镜，用薄弹簧片悬挂成重力摆，用空气阻尼，瞄准水准尺后，一般约 2～4 秒后就可静止，此时可进行读数。

（三）自动安平水准仪的使用

使用自动安平水准仪时只要将仪器圆水准气泡居中（粗略整平），即可瞄准水准尺进行读数。一般圆水准器的分划值为 $5'/2\,\mathrm{mm}$，补偿器作用范围约为 $\pm 5'$，所以只要使圆水准气泡居中并不越出圆水准器中央小黑圆圈范围，补偿器就会产生自动安平的作用。但使用自动安平水准仪仍应认真进行粗略整平。另外，由于补偿器相当于一个重力摆，不管是受气阻尼或者磁性阻尼，其重力摆静止稳定约需 2～4 秒，瞄准水准尺约过几秒钟后再读数为好。

有的自动安平水准仪配有一个键或自动安平按钮，每次读数应按一下键或按一下钮才能读数，否则补偿器不会起作用，使用时应仔细阅读仪器说明书。

第三节　水准路线的拟订

一、计划的拟订

进行水准测量必须先做技术设计，其目的在于根据作业的具体任务要求，从全局考虑统筹安排，使整个水准测量任务能够顺利地进行。此项工作的好坏，不仅直接影响到水准测量的速度、精度和成果的使用，而且还影响到与此有关的工程建设速度和质量，因此必须认真负责地做好水准路线的拟订工作。

水准路线拟订工作的内容包括：水准路线的选择，水准点位置的确定。

选择水准路线的基本出发点是必须满足具体任务的需要。例如施测国家三、四等水准测量，它们必须以高一等级的水准点为起始点，并较为均匀地分布水准点的位置。对城镇建设、厂矿和农田水利工程的水准测量，由于在高程精度和水准点密度等方面有特殊的要求，因此有关部门均制定有相应的规范，拟订水准路线时应按规范要求进行。

拟订水准路线一般首先要收集现有的较小比例尺地形图，收集测区已有的水准测量资料，包括水准点的高程、精度、高程系统、施测年份及施测单位。设计人员还应亲自到现场勘察，核对地形图的正确性，了解水准点的现状，例如是保存完好还是已被破坏。在此基础上根据要求确定如何合理使用已有资料，然后进行图上设计。水准点的位置应在拟订水准路线时同时考虑；对于较大测区，如果水准路线布成网状，则应考虑平差计算的初步方案，以便内业工作顺利进行。

图上设计结束后，绘制一份水准路线布设图；图上按一定比例给出水准路线、水准点的位置，注明水准路线的等级、水准点的编号。

二、埋石

水准点的标定工作，通常称为埋石。选择埋设水准点的具体地点，应能保证标石稳定、安全、长期保存，而且又便于使用。较常用的水准点标石用混凝土制成。永久性的称基本水准标石，其他称普通水准标石。标石中间均嵌有水准标志。图 5-3-1 为瓷质水准标志，图 5-3-2 为金属水准标志。它的纵断面中间的圆顶顶部就是应测定高程的位置。基本水准标石分两个部分，一个是方形的底盘，另一个是柱石。底盘放在下面，柱石放在底盘上面。除柱石顶部嵌水准标志之外，在底盘上也要嵌一个水准标志。水准测量时应测出两个标志的高程。一般规格见图 5-3-1 所示。普通水准标石只有柱石，它的大小和埋设的一般规格见图 5-3-2 所示。

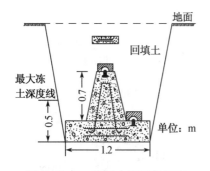

图 5-3-1　瓷质水准测量标志

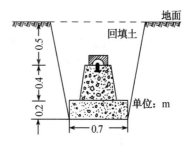

图 5-3-2　金属质水准测量标志

埋石工作最好采用现场浇灌。水准测量的成果通常都取至 mm，因此标石的稳定性十分重要。现场浇灌比预制成品再挖坑掩埋效果要好一些。此外，水准测量作业必须在埋石之后间隔一段时间进行，万一标石有下沉等移动也就有了一个稳定的过程。

在城镇和厂矿区，还可以采用墙脚水准标志，选择稳固建筑物墙脚的适当高度埋设墙脚水准标志作为水准点。图 5-3-3 表示墙上水准标志的形状及其埋设情况。

为便于寻找水准点，所有水准点都应绘制水准点"点之记"；一般应在埋石之后立即绘制。水准点"点之记"应作为水准测量的成果妥为保存。图5-3-4为一个点之记的示例。

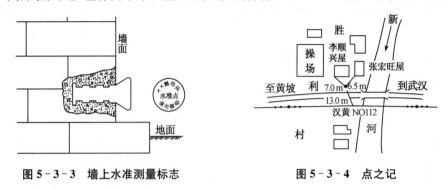

图5-3-3　墙上水准测量标志　　　　　　图5-3-4　点之记

三、水准测量路线的布设

水准路线的布设分单一水准路线和水准网。

(一) 单一水准路线的种类

单一水准路线的形式有三种,即:附合水准路线、闭合水准路线、支水准路线。

从一个已知高程的水准点Ⅲ18(例如国家某一等级的水准点)起,沿一条路线进行水准测量,以测定另外一些水准点的高程,最后连测到另一个已知高程的水准点Ⅲ19,如图5-3-5(a)所示,称为附合水准路线。

从已知高程的水准点Ⅲ18出发,沿一条环形路线进行水准测量,测定沿线若干水准点的高程,最后又回到水准点Ⅲ18,如图5-3-5(b)所示,称为闭合水准路线。

如果最后没有连测到已知高程的水准点,则这样的水准路线称为支水准路线,如图5-3-5(c)所示。为了对测量成果进行检核,并提高成果的精度,单一水准支线必须进行往返测量。此外还应限制其路线的总长,一般地形测量中不能超过 4 km。

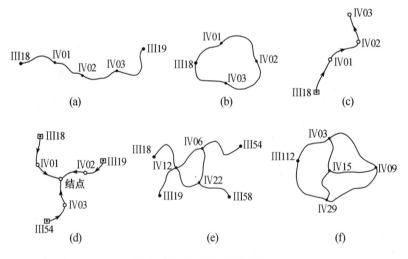

图 5-3-5　水准路线形式

(二) 水准网的形式

若干条单一水准路线相互连接构成图 5-3-5(d)、(e)、(f)的形状,称为水准网。单一路线相互连接的点称为结点,如图 5-3-5(e)中的 Ⅳ06、Ⅳ12、Ⅳ22 和图 5-3-5(f)中的 Ⅳ03、Ⅳ09、Ⅳ15、Ⅳ29。图 5-3-5(e)有四个起始点Ⅲ18、Ⅲ19、Ⅲ54、Ⅲ58,称附合水准网, 图 5-3-5(f)只有一个起始点Ⅲ112,称独立水准网。

第四节　水准测量基本方法

国家高程控制网从精度由高到低分为一至四等,一、二等高程控制网是国家高程控制的 基础,三、四等则主要用于地形测量和工程测量的高程控制。等外水准测量精度上低于四等 水准测量,它主要用于地形测图中的图根高程控制(也称为图根水准路线)和一般的工程测 量,本节着重介绍等外水准测量的基本方法。等外水准路线中,闭合水准路线和附合水准路 线一般采用单程观测,支水准路线一般采用往返观测或单程双次观测。仪器到标尺的距离 (视线长度)一般应小于 100 m,每测站后、前视距差应小于10 m,整条路线视距累积差应小 于 50 m。如果采用双面标尺读数,同一标尺黑、红面读数之差和同一测站黑、红面高差之差 都有要求,这将在第八章高程控制测量中介绍。

一、水准测量的实施

前已述及,当两点相距较远或高差较大时,需连续设置仪器,依次测量各段高差,最后计 算两点之间的高差。

如图 5-4-1,水准路线的前进方向由 A 到 B。测量时,先将一根标尺竖立在已知水准 点 A 上作为后视点,在适当位置选择第一个转点 T_1 竖立另一根标尺作为前视点,在两标尺 之间近于一半的地方安置水准仪,调节脚螺旋高度使圆水准气泡居中(注意:因脚螺旋能够 调节的范围有限,安置水准仪时,脚架架头应大致水平),望远镜瞄准后视标尺,制动水准仪, 消除视差,调节微倾螺旋使符合水准管气泡严格居中,用中丝读取后视读数,记入观测手簿; 松开制动螺旋,望远镜瞄准前视标尺,依同样方法测、记前视读数,并及时计算出该测站的 高差。

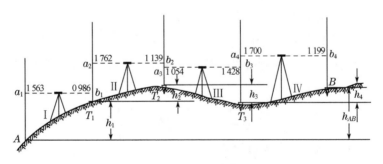

图 5-4-1　水准测量方法

第一测站测完并检核无误后,前视标尺位置不动并作为第二测站的后视标尺,原后视标 尺 A 移到 T_2 点作为前视标尺,水准仪置于中间进行第二测站观测与记录。依此类推,直至 观测到另一固定点 B。水准测量的记录与计算示例见表 5-4-1。值得一提的是,两个固定 点之间最好安排成偶数站,其理由将在后续章节中阐述。

二、水准测量的测站检查

水准测量中不可避免会出现误差,甚至是粗差,所以水准测量中首先考虑减弱一个测站上的误差,即通过测站检查来保证整个水准路线上观测成果的质量。

(一) 变更仪器高法

在每个测站上测出两点间高差后,重新整置仪器(两次仪器高的差值大于 10 cm)再测一次,两次测得的高差不符值应在允许范围内,这个允许值对不同等级的水准测量有不同的要求,等外水准测量两次高差不符值的绝对值应小于 5 mm,否则要重测。

(二) 双面尺法

采用一对双面标尺,该标尺红面和黑面相差一个常数(现多为 4 687 mm 和 4 787 mm),在一个测站上对同一根标尺读取黑面和红面两个读数,据此检查红面、黑面读数之差以及由红面、黑面所测的高差之差是否在允许范围内(详见第八章)。

三、水准测量的高程计算

水准测量的最终目的是获得水准路线上各个未知点的高程。

水准测量外业观测结束后,在内业计算前,必须对外业观测手簿进行全面细致的检查,在确认无误后方可进行内业计算。具体计算时,可以绘制草图直接计算,也可以在计算表格中进行或采取编程计算。

(一) 计算相邻固定点之间的高差和距离(或测站数)

为了计算的方便,通常绘制水准路线略图,注写出起点、终点的名称和沿线各固定点的点号,并用箭头标出水准路线的观测方向。根据手簿上的观测成果,计算出沿线各相邻固定点之间的高差和距离(或测站数),分别注记在路线略图相应位置的上方和下方,最后计算水准路线的总高差和总距离(或总测站数)。如果在表格中计算,可以把各段的高差和距离(或测站数)填在表格的相应位置。

(二) 计算水准路线的高差闭合差和允许闭合差

1. 闭合水准路线高差闭合差的计算

闭合水准路线实测的高差总和 $\sum h_{测}$ 应与其理论值 $\sum h_{理}$ 相等,都应等于零。但由于测量中不可避免带有误差,使观测所得的高差之和不一定等于零,其差值称为高差闭合差,若用 f_h 表示高差闭合差,则

$$f_h = \sum h_{测} - \sum h_{理} = \sum h_{测} \qquad (5-4-1)$$

2. 附合水准路线高差闭合差的计算

附合水准路线实测的高差总和 $\sum h_{测}$,理论上应与两个水准点的已知高差($H_{终} - H_{始}$)相等,同样由于观测误差的影响,$\sum h_{测}$ 与 $\sum h_{理}$ 不一定相等,其差值称为高差闭合差,即

$$f_h = \sum h_{测} - \sum h_{理} = \sum h_{测} - (H_{终} - H_{始}) \qquad (5-4-2)$$

3. 支水准路线高差闭合差的计算

支水准路线因无检核条件，一般采用往返观测，支水准路线往测的高差总和 $\sum h_{往}$ 与返测的高差总和 $\sum h_{返}$ 理论上应大小相等，符号相反，即往返测高差的代数和应为零。同样由于测量含有误差，其代数和不为零，产生高差闭合差，即

$$f_h = \sum h_{往} + \sum h_{返} \qquad (5-4-3)$$

4. 高差允许闭合差

高差闭合差的大小反映观测成果的质量，闭合差允许值的大小与水准测量的等级有关，对等外水准测量，有

$$f_h = \pm 40\sqrt{L} \text{ mm} \quad \text{或} \quad f_h = \pm 10\sqrt{n} \text{ mm} \qquad (5-4-4)$$

式中：L 为路线长度，单位为 km；n 为测站数。

如高差闭合差不超过允许闭合差，可进行后续计算。如高差闭合差超过允许闭合差，应先检查已知数据有无抄错，再检查计算有无错误，当确认内业计算无误后，应根据外业测量中的具体情况，分析可能产生较大误差的测段并进行野外检测，直到符合限差要求。

特别要提的是，计算支水准路线高差闭合差时，公式中的 L 和 n 只能以单向数据代入。

（三）计算高差改正数

水准路线的闭合差在实际测量中是难以避免的，其大小主要是由各测站的观测误差累积而成，测站数越多或水准路线越长，累积误差就可能越大。也就是说，误差与测站数或路线长度成正比。要消除闭合差，只有进行闭合差的调整。闭合差调整的方法是：将闭合差反号，按测站数或距离成正比分配到各段高差观测值中。每段所分配的值称为高差改正数，计算公式为：

$$v_i = -\frac{f_h}{\sum l}l_i \quad \text{或} \quad v_i = -\frac{f_h}{\sum n}n_i \qquad (5-4-5)$$

式中：$\sum l$ 为水准路线总长；l_i 为第 i 段长度（$i = 1, 2, \cdots$）；$\sum n$ 为测站总数；n_i 为第 i 段测站数；v_i 为第 i 段高差改正数。

根据上述公式算得的高差改正数的总和应当与闭合差大小相等，符号相反，这是计算过程中的一个检核条件。在计算中，若因尾数取舍问题而不符合此条件，可通过适当取舍而使之符合。

公式（5-4-5）一般只用于闭合和附合水准路线的计算，支水准路线不需计算高差改正数。

（四）计算改正后的高差

各测段的观测高差加上各测段的高差改正数，就等于各测段改正后的高差。

$$h'_i = h_i + v_i \qquad (5-4-6)$$

式中：h'_i 为改正后的高差；h_i 为高差观测值。

对于支水准路线，各测段改正后的高差，其大小取往测和返测高差绝对值的平均值，符号与往测相同。

（五）计算各点的高程

用水准路线起点的高程加上第一测段改正后的高差,即等于第一个点的高程。用第一个点的高程加上第二测段改正后的高差,即等于第二个点的高程,以此类推,直至计算结束。对于闭合水准路线,终点的高程应等于起点的高程;对于附合水准路线,终点的高程应等于另一个已知点的高程;支水准路线无检核条件,若该支水准路线仅为单向观测,计算过程中应特别细心。

【例 5 - 4 - 1】 一条支水准路线,A 为起点,B 为终点,往测方向由 A 到 B。线路上共安置四次测站,三个转点($T_1 \sim T_3$),详细记录与计算见表 5 - 4 - 1。已知 A 点的高程为19.431 m,高差 h_{AB} 为 1.327 m,则 B 点的高程 $H_B = 19.431 + 1.327 = 20.758$ m;若该支水准路线为往返观测,返测高差为 $h_{BA} = -1.335$ m,则 B 的高程为 $H_B = 19.431 + (1.327 + 1.335)/2 = 20.762$ m。

表 5 - 4 - 1　支水准路线计算表

测　站	测　点	后视度数（mm）	前视度数（mm）	高差(mm) +	高差(mm) −	高程(m)	备　注
1	A	1 563		0 577		19.431	
	T_1		0 986			20.008	
2	T_1	1 762		0 623			
	T_2		1 139			20.631	
3	T_2	1 054			0 374		
	T_3		1 428			20.257	
4	T_3	1 700		0 501			
	B		1 199			20.758	
计算校核		$\sum a$ 6 079	$\sum b$ 4 752	$\sum h = 1 327$ $\sum a - \sum b = 1 327$			

【例 5 - 4 - 2】 一条闭合水准路线,已知水准点 A 的高程为 16.330 m,水准路线上有三个固定点 1、2、3,各测段高差和测站数如表 5 - 4 - 2 所示,求各固定点高程。

解　按闭合水准路线的计算步骤进行计算,见表 5 - 4 - 2。

（1）求高差闭合差;

（2）求各测段高差改正数;

（3）求改正后的高差;

（4）求未知点高程。

表 5 - 4 - 2　闭合水准路线计算

点　号	测站数	高　差(m)		改正后高差(m)	高　程(m)	备　注
		观测值	改正数			
A	3	+1.596	+0.003	1.599	16.330	
1					17.929	
2	4	−0.231	+0.003	−0.228	17.701	单位:m
3	12	+4.256	+0.010	+4.266	21.967	1985 年国家高程基准
A	5	−5.642	+0.005	−5.637	16.330	
$\sum$	25	$f_h=-0.021$	+0.021	0		

【例 5 - 4 - 3】　一条附合水准路线,两个已知水准点的高程分别为 $H_A=8.924\,\text{m}$, $H_B=9.899\,\text{m}$,水准路线的观测方向由 A 到 B,水准路线中有两个固定点 1、2。现已测得各测段的高差和距离如下: $h_{A1}=-1.362\,\text{m}$, $D_{A1}=463\,\text{m}$; $h_{12}=2.791\,\text{m}$, $D_{12}=518\,\text{m}$; $h_{2B}=-0.484\,\text{m}$, $D_{2B}=314\,\text{m}$。求各固定点高程。

解　按附合水准路线的计算步骤进行计算,见表 5 - 4 - 3。

表 5 - 4 - 3　附合水准路线计算

点　号	距离(m)	高　差(m)		改正后高差(m)	高　程(m)	备　注
		观测值	改正数			
A					8.924	
1	463	−1.362	+0.011	−1.351	7.573	
2	518	+2.791	+0.012	+2.803	10.376	单位:m
B	314	−0.484	+0.007	−0.477	9.899	1985 年国家高程基准
$\sum$	1 295	+0.945	+0.030	+0.975		

第五节　水准仪的检验与校正

利用水准仪进行水准测量时,水准仪必须能够提供一条水平视线,由于水准仪是由多个不同的部件组合而成,因此水准仪的结构必须满足一定的条件。水准仪结构上的关系是用

其轴线上的关系来表示的,如图 5-5-1 所示。水准仪各轴线应满足下列条件:

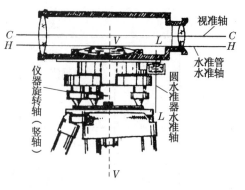

图 5-5-1 水准仪的主要轴线关系

（1）圆水准轴平行于仪器的竖轴,即 $LL/\!/VV$。

（2）十字丝的横丝应垂直于仪器旋转轴(竖轴)。

（3）水准管轴平行于视准轴,即 $HH/\!/CC$。

由于水准仪本身的结构变化和外界因素的影响,这些轴线关系经常不能得到满足,从而影响水准测量的精度。水准仪的检查分为外部检视和内部检验。外部检视主要是检视其外观有无破损,各个螺旋运行是否正常等。内部检验是通过一定的检验方法,检验仪器是否满足正确的轴线关系,必要时进行仪器的校正,以保证观测成果的精度。

一、圆水准轴平行于仪器竖轴的检校

圆水准器用于粗略整平水准仪,如果圆水准轴不平行于仪器的竖轴,当圆水准器气泡居中时,仪器的竖轴不处于竖直状态。如果竖轴倾斜过大,即使圆水准器气泡居中,水准管气泡可能很难居中,即仪器不能得到精确整平。

（一）检验方法

转动三个脚螺旋使圆水准器的气泡居中,然后将望远镜旋转 180°,如气泡仍然居中,说明圆水准器轴平行于仪器的竖轴,否则不满足此条件。当气泡偏离中央较多时,应予校正。

（二）校正方法

如图 5-5-2,望远镜旋转 180°后,气泡偏离中央而处于 a 位置,表示校正螺丝 1 的一侧偏高。校正时,转动脚螺旋使气泡从 a 位置朝圆水准器中心方向移动偏离量的一半,到图中 b 所在的位置,此时仪器竖轴基本处于竖直状态,然后调节三个校正螺丝(即通过旋进旋出圆水准器下部的三个校正螺丝)使气泡居中。

图 5-5-2 圆水准器的校正

圆水准器检验和校正的过程应反复几次,直到仪器旋转至任何位置,其气泡始终处于中央位置。

二、十字丝垂直于竖轴的检校

水准测量是利用十字丝板上的横丝进行标尺读数的,当仪器的竖轴处于铅垂位置时,应严格要求十字丝的横丝处于水平位置,否则用十字丝的不同部位读数将产生误差,直接影响水准测量的精度。

（一）检验方法

整平仪器后,用望远镜中十字丝横丝的一端严格对准某一固定物体(如墙壁等)上的一点 P,如图 5-5-3(a)。旋紧望远镜制动螺旋,转动微动螺旋,使望远镜在水平方向上移动,同时观察 P 点是否一直在横丝上移动,如果 P 点始终在横丝上移动,如图 5-5-3(a,b),则

说明十字丝横丝处于水平状态;如果 P 点偏离横丝,如图 $5-5-3(c,d)$,说明十字丝横丝不垂直于仪器的竖轴,需要校正。

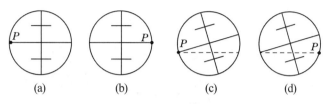

图 $5-5-3$　十字丝位置正确性的检验

这项条件的检验也可以采用悬挂垂球的方法进行。在室内或室外避风的地方,距仪器适当的地方悬挂一个垂球,整平仪器,使十字丝的竖丝对准垂球线,观察十字丝的竖丝是否与垂球线重合,如不重合,说明十字丝的位置不正确,需要进行校正。

（二）校正方法

校正方法依校正设备的不同而略有区别。

图 $5-5-4(a)$,为旋开目镜护盖后的情况,此时松开十字丝分划板座四颗固定螺丝,轻轻转动整个十字丝环,直到十字丝横丝始终对准照准点或竖丝与垂球线全部重合为止,然后将校正螺丝旋紧,盖好护盖。另一种如图 $5-5-4(b)$,在目镜镜筒上有三颗埋头螺丝,它们固定十字丝分划板座,校正时只要松开其中任意两颗,并轻轻转动十字丝分划板,使横丝水平或使竖丝竖直,再将埋头螺丝旋紧。

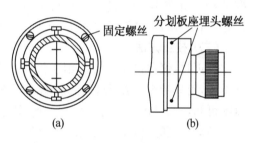

图 $5-5-4$　十字丝的校正

三、水准管轴平行于视准轴的检校（i 角的检校）

水准测量要求水准仪提供一条水平视线,如果水准管轴平行于视准轴,那么当水准管气泡居中时,仪器的视准轴就处于水平状态了。如果不满足此条件,读数误差必将影响观测成果的质量。

i 角的检校方法有多种,但基本原理是一致的,下面介绍一种适合于 DS_3 型水准仪的检校方法。

（一）检验方法

如图 $5-5-5$ 所示,在比较平坦的地面上,选择相距 40 m 左右的两点 A、B 作为固定点,并用木桩或两个尺垫标志。检验时,先将水准仪安置 A、B 的中点处,在符合水准气泡居中的情况下,分别读取 A、B 水准标尺上的读数为 a_1 和 b_1,这两个读数都含有 i 角误差的影响,即都为倾斜视线的读数。但是,由于仪器到 A、B 两点的距离相等,所以 i 角对前、后视读数的影响相同,即 $x_1 = x_2$,所以 A、B 两点间的正确高差:$h_1 = a - b = a_1 - b_1$。

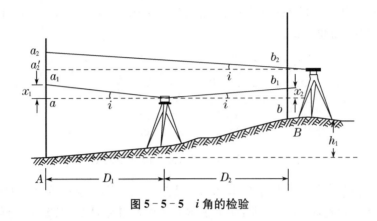

图 5-5-5　i 角的检验

第二步,保持 A、B 点标尺不动,将仪器移至 B 点附近,整平仪器,分别对远尺 A 和近尺 B 读数 a_2 和 b_2,求得第二次高差为:$h_2 = a_2 - b_2$,若 $h_2 = h_1$,说明仪器的水准管轴平行于视准轴,无 i 角误差,不需校正;若 $h_2 \neq h_1$,说明仪器的水准管轴不平行于视准轴,即存在 i 角误差,当 h_2 和 h_1 的差值大于 3 mm 时,应予校正。

（二）校正方法

校正时,仪器仍在 B 点。由于仪器在 B 点附近,i 角对近尺读数 b_2 的影响很小,可以忽略不计,而只考虑 i 角对远尺的影响。校正前,首先应计算出远尺的正确读数 a'_2（$b'_2 = b_2$）,由图可知,$a'_2 = h_1 + b_2$（或 $a'_2 = a_2 - x_a$,其中 $x_a = h_2 - h_1$ 即 $a'_2 = a_2 + h_1 - h_2$）。

转动微倾螺旋,使远尺上的读数为 a'_2,此时视线水平,但符合水准气泡不居中。用校正针拨动水准管上、下两个校正螺丝使符合气泡重新居中（如图 5-5-6）,这时水准管轴就平行于视准轴了。为了使检校的效果更完善,此项工作应反复进行几次,直到符合要求为止。i 角检验的记录格式和算例见表 5-5-1。测量规范一般对 i 角的大小有明确的要求,i 角的大小通过下式计算:

$$i'' = \frac{x_a}{2D}\rho''$$
(5-5-1)

式中:$\rho'' = 206\,265''$。

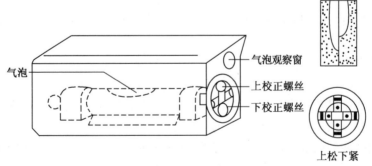

图 5-5-6　水准管的校正

表 5 - 5 - 1　*i* 角检校的记录与计算

仪器在 *AB* 中间		仪器在 *AB* 附近		备　注
标尺读数（m）		标尺读数（m）		
a_1	1.347	a_2	1.721	
b_1	1.143	b_2	1.492	$D_1 = D_2 = 20.6$ m
h_1	0.204	h_2	0.229	$i'' = 125''$
$x_a = h_2 - h_1 = 25$ mm		$a'_2 = b_2 + h_1 = 1.696$		

水准管的校正螺丝上下左右共有四个。校正时，一般稍微松开上下之中的任一个，然后通过松上紧下或松下紧上，使气泡移动并逐渐居中。校正中必须先松后紧，校正后必须使校正螺丝与水准管的支柱处于顶紧状态。

根据两个测站的读数算得的高差分别为 0.204 m 和 0.229 m，因为两次高差不相等，说明存在 *i* 角误差。根据 h_1 和 b_2 或者 a_2 和 x_a 可以算得 *A* 尺上的正确读数为 1.696 m，然后转动微倾螺旋，使横丝准确切于 *A* 标尺上的 1.696 m，再调节校正螺丝使符合气泡居中。

第六节　水准测量的误差来源及注意事项

测量工作是观测者使用观测仪器在一定的外界条件下所进行的工作，不可避免地产生误差。因此水准测量的误差也一般分为仪器误差、观测误差和外界条件的影响等三个方面。对水准测量的误差来源有一个明确的了解之后，在测量工作中就应该注意这些问题，设法减弱或消除这些误差的影响，提高观测成果的质量。

一、仪器误差

水准仪使用前，须按规定进行水准仪的检验与校正，以保证各轴线满足条件。但由于仪器检验校正不甚完善以及其他方面的影响，使仪器尚存在一些残余误差，其中最主要的是水准管轴不完全平行于视准轴的误差（又称为 *i* 角残余误差）。这个 *i* 角残余误差对高差的影响为 Δh，即

$$\Delta h = x_1 - x_2 = \frac{i}{\rho}S_1 - \frac{i}{\rho}S_2 = \frac{i}{\rho}(S_1 - S_2) \tag{5-6-1}$$

式中：$S_1 - S_2$ 为后前视距之差。

测量时只要将仪器安置在 *A*、*B* 两点的中间，保持一测站前后视距相等（即 $S_1 = S_2$），就可以消除这种误差的影响。实际工作中，对一条水准路线而言，需经常对不同测站上的视线长度做出调整，使得两个固定点之间的前后视距差总和尽量地小，同样可以消除 i 角误差对路线高差总和的影响。

测量时，当仪器没有安置在前后两标尺的等距离处，要看清标尺就必须进行物镜的调焦。由于仪器加工不够完善，当转动调焦螺旋时，调焦透镜会产生非直线移动而改变视线位置，从而产生调焦误差。要消除这种误差的影响，同样要求前后视距尽量相等，这样当测完后视转向前视时就不需重新调焦或只作少量调焦了。

水准尺是水准测量的重要工具,它的误差(分划误差及尺长误差等)也影响水准尺的读数及高差的精度。因此,水准尺尺面分划要准确、清晰与平直,有的水准尺上安装有圆水准器,便于尺子竖直,还应注意水准尺零点差。所以对于精度要求较高的水准测量,水准尺也需要校正。

二、观测误差

(一) 水准尺读数误差

此项误差主要由观测者瞄准误差、符合水准气泡居中误差以及估读误差等综合影响所致,这是一项不可避免的偶然误差。对于 DS_3 型水准仪,望远镜放大率 V 一般为 28 倍,水准管分划值 $\tau = 20''/2 \text{ mm}$,当视距 $D = 100 \text{ m}$ 时,其照准误差 m_1 和符合水准气泡居中误差 m_2 可由下式计算:

$$m_1 = \pm \frac{60''}{V} \times \frac{D}{\rho} = \pm \frac{60''}{28} \times \frac{100 \times 10^3}{206\,265} = \pm 1.04 \text{ mm}$$

$$m_2 = \pm \frac{0.15\tau}{2\rho}D = \pm \frac{0.15 \times 20''}{2 \times 206\,265} \times 100 \times 10^3 = \pm 0.73 \text{ mm}$$

若取估读误差: $m_3 = \pm 1.5 \text{ mm}$,则水准尺上的误差为:

$$m = \pm \sqrt{m_1^2 + m_2^2 + m_3^2} = \pm 2 \text{ mm}$$

因此,观测者应认真读数与操作,以尽量减少此项误差的影响。

(二) 水准尺竖立不直(倾斜)的误差

根据水准测量的原理,水准尺必须竖直立在点上,否则总会使水准尺上读数增大。影响随着视线的抬高(即读数增大),其影响也随之增大。如图 5-6-1 所示。例如,当水准尺竖立不直,倾斜 $\alpha = 3°$,视线离开尺底(即尺上读数)为 2 m,则对读数影响为:

$$\delta = 2 \text{ m} \times (1 - \cos\alpha) = 2.7 \text{ mm}$$

因此,一般在水准尺上安装圆水准器,扶尺者操作时应注意使尺上圆气泡居中,表明尺子竖直。如果水准尺上没有安装圆水准器,可采用摇尺法,使水准尺缓缓地的前、后倾斜;如果观测者读取到最小读数时,即为尺子竖立时的读数。尺子左右倾斜可由仪器观测者指挥司尺员纠正。

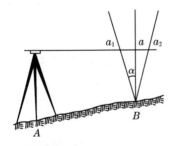

图 5-6-1　标尺倾斜误差

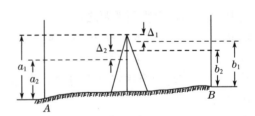

图 5-6-2　仪器下沉的影响

(三) 水准仪与尺垫下沉误差

有时,水准仪或尺垫处地面土质松软,以致水准仪或尺垫由于自重随安置时间而下沉

（也可能回弹上升）。为了减少此类误差影响，观测与操作者应选择坚实地面安置水准仪和尺垫，并踩实三脚架和尺垫，观测时力求迅速，以减少安置时间。对于精度要求较高的水准测量，可采取一定的观测程序（后—前—前—后），可以减弱水准仪下沉误差对高差的影响，采取往测与返测观测并取其高差平均值，可以减弱尺垫下沉误差对高差的影响。如图 5-6-2 所示。

（四）整平误差

水准仪的精确整平是通过使符合水准气泡居中来完成的。一般认为，利用符合水准器整平仪器的误差约为 $\pm 0.075''$（τ'' 为水准管分划值），若水准仪到标尺的距离为 D，则由于整平误差而引起的读数误差为：

$$m_{\text{平}} = \frac{0.075\tau''}{\rho''}D \qquad\qquad (5-6-2)$$

由（5-6-2）式可知，整平误差对读数的影响与水准管分划值及视线的长度成正比。以 DS$_3$ 型水准仪为例（$\tau'' = 20''/2\text{ mm}$），当视线长度 $D = 100$ m 时，$m_{\text{平}} = 0.73$ mm。因此在读数前必须注意整平仪器，当后视读完转向前视时，应利用微倾螺旋将符合水准气泡再次居中，同时避免阳光直射水准管。

三、外界条件的影响

（一）仪器垂直位移的影响

由于仪器的自重和水准路线上土壤的弹性等情况，可能引起仪器的脚架上升或下降，从而产生误差。如图 5-6-2 所示，设仪器读完后视 a_1 转向前视时，仪器下沉了 Δ_1，使前视读数 b_1 减小了，测得的高差变大了，A、B 两点正确的高差应为 $h_1 = a_1 - (b_1 + \Delta_1) = a_1 - b_1 - \Delta_1$。如果在一个测站上进行两次观测，第二次先读前视再读后视，设仪器下降了 Δ_2，此时 AB 两点的正确高差为 $h_2 = (a_2 + \Delta_2) - b_2 = a_2 - b_2 + \Delta_2$。如果仪器随时间均匀沉降，即 $\Delta_1 \approx \Delta_2$，则取两次观测值的平均值作为 A、B 两点之间的高差，就可以较好地消除这项误差的影响。

（二）尺垫垂直位移的影响

与仪器的垂直位移情况相似，主要发生在迁站的过程中，由原来的前视尺变为后视尺而产生的。尺垫上升使所测高差减小，尺垫下降使所测高差增大。这种误差的影响在往返测高差的平均值中可得到有效地减弱。

（三）地球曲率与大气折光的影响

地球曲率与大气折光对高程影响球气差 f 是不能忽视的，这在第一章第三节已经阐述。水准仪测量时，由于地球曲率与大气折光的影响，标尺的后视读数 a 和前视读数 b 中分别含有地球曲率与大气折光误差 f，当仪器安置在 A、B 的中点，即 $S_1 = S_2$ 时，$f_1 = f_2$，此时 A、B 两点之间的高差 $h = a - b$，这样就消除了地球曲率与大气折光对每站高差的影响。

（四）大气温度（日光）和风力的影响

当大气温度变化或日光直射水准仪时，由于仪器受热不均匀，会影响仪器轴线间的正常几何关系，如水准仪气泡偏离中心或三脚架扭转等现象。所以在水准测量时水准仪在阳光下应打伞防晒，风力较大时应暂停水准测量。

四、水准测量注意事项

水准测量是一项集观测、记录及扶尺为一体的测量工作,只有全体参加人员认真负责,按规定要求仔细观测与操作,才能取得良好的成果。归纳起来应注意如下几点:

(一) 观测

(1) 观测前应认真按要求检校水准仪,检视水准尺;

(2) 仪器应安置在土质坚实处,并踩实三脚架;

(3) 水准仪至前、后视水准尺的视距应尽可能相等;

(4) 每次读数前,注意消除视差,只有当符合水准气泡居中后才能读数,特别应认真估读 mm 数,读数应迅速、果断、准确;

(5) 晴好天气,仪器应打伞防晒,操作时应细心认真,做到"人不离仪器",使之安全;

(6) 只有当一测站记录计算合格后方能搬站,搬站时先检查仪器连接螺旋是否固紧,一手扶托仪器,一手握住脚架稳步前进。

(二) 记录

(1) 认真记录,边记边回报数字,准确无误地记入记录手簿相应栏内,严禁伪造和转抄;

(2) 字体要端正、清楚,不准连环涂改,不准用橡皮擦改,如按规定可以改正时,应在原数字上划线后再在下方重写;

(3) 每站应当场计算,检查符合要求后,才能通知观测者搬站。

(三) 扶尺

(1) 扶尺员应认真竖立尺子,注意保持尺上圆水准气泡居中;

(2) 转点应选择在土质坚实处,并将尺垫踩实;

(3) 水准仪搬站时,应注意保护好原前视点尺势位置不受碰动。

第七节　数字水准仪测量系统及其应用

一、概述

随着光电技术、计算机技术和精密机械的发展,到 20 世纪 80 年代已开始普遍使用电子测角和电子测距技术,然而到 80 年代末水准测量还在使用传统仪器。为实现水准仪读数的数字化,人们进行了近 30 年尝试,如德国蔡司厂的 RENI002A 已使测微器读数能自动完成,但粗读数还需人工读出并按键输入,与精读数一起存入存储器,因此还算不上真正的数字水准仪,没有解决水准测量读数自动化的难题。

1990 年瑞士威特厂首先研制出数字水准仪 NA2000。可以说,从 1990 年起,大地测量仪器已经完成了从精密光机仪器向光机电测一体化的高技术产品的过渡,攻克了大地测量仪器中水准仪数字化读数的这一最后难关。该仪器利用现代电子工程学原理,采用传感器识别条形码水准标尺上的条形码分划,经信息转换处理后得到观测值,并以数字形式显示或存储在计算机中,从而实现了水准测量的自动化和数字化。

NA2000 配套使用的水准标尺由膨胀系数小于 10×10^{-6} 的玻璃纤维合成材料制成。水准标尺总长 4.05 m,为双面分划三段折接式,每段长度1.35 m。标尺两面分别有条形码和厘米分划,条形码分划供观测时电子扫描用,厘米分划可与其他水准仪配套使用。NA 2000内藏摆式自动安平补偿器,其有效补偿范围为±12′。

从1990年第一台电子水准仪在瑞士威特(现为徕卡)诞生开始,随后各仪器厂家又研制多种型号的数字水准仪,如徕卡(Leica)的DNA03、LS10/15,天宝(Trimble)(前身蔡司)的 DiNi 03/10,拓普康(Topcon)的 DL501/502/503,索佳(Sokkia)的 SDL1X/30/50 等;近年来,国内厂家也开始生产中高精度的数字水准仪,如中纬的 ZDL700,南方测绘的 DL-2003A,苏一光的 EL03 数字水准仪等。图5-7-1为徕卡 LS15 数字水准仪。

图 5-7-1　徕卡 LS15 数字水准仪

数字水准仪具有测量速度快、读数客观、能减轻作业劳动强度、精度高、测量数据便于输入计算机和容易实现水准测量内外业一体化的特点,因此它投放市场后很快受到用户青睐。数字水准仪分为两个精度等级,中等精度的标准差为 1.0～1.5 mm/km,高精度的为 0.2～0.5 mm/km。

二、数字水准仪的基本原理

数字水准仪又称电子水准仪,是在自动安平水准仪的基础上发展起来的。它采用条码标尺,各厂家标尺编码的条码图案不相同,不能互换使用。数字水准仪区别于水准管水准仪和补偿器水准仪(自动安平水准仪)的主要不同点是在望远镜中装置了一个由光敏二极管构成的行阵探测器。水准尺的分划用条纹编码代替厘米间隔的米制长度分划。行阵探测器将水准尺上的条码图像用电信号传送给信息处理机。信息经处理后即可求得水平视线的水准尺读数和视距值。因此,数字水准仪将原有的由人眼观测读数彻底改变为由光电设备自行探测水平视准轴的水准尺读数。

与光学水准仪相比,它具有速度快、精度高、可自动记录存贮、易于实现测量内外业一体化的优点。

当前数字水准仪采用了原理上相差较大的三种自动电子读数方法:① 相关法(如徕卡 LS15);② 几何法(如天宝 DiNi03);③ 相位法(如拓普康 DL501)。

(一) 自动读数的基本原理

图5-7-2为数字水准仪的结构略图。图中的部件较自动安平水准仪多了调焦发送器、补偿器监视、分光镜和行阵探测器四个部件。

调焦发送器的作用是测定调焦透镜的位置,由此计算仪器至水准尺的概略视距值。补偿器监视的作用是监视补偿器在测量时的功能是否正常。分光镜则是

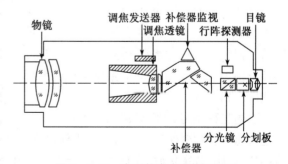

图 5-7-2　电子数字水准仪原理图

将经由物镜进入望远镜的光分离成红外光和可见光两个部分。红外光传送给行阵探测器作标尺图像探测的光源,可见光源穿过十字丝分划板经目镜供观测员观测水准尺。基于摄像原理的行阵探测器是仪器的核心部件之一,长约 6.5 mm,由 256 个光敏二极管组成。每个光敏二极管的口径为 25 μm,构成图像的一个像素。这样水准尺上进入望远镜的条码图像将被分成 256 个像素,并以模拟的视频信号输出。

自行阵探测器获得的水准尺上的条码图像信号(即测量信号),通过与仪器内预先设置的"已知代码"(参考信号)按信号相关方法进行对比,使测量信号移动以达到两信号最佳符合,从而获得标尺读数和视距读数。

进行数据相关处理时,要同时优化水准仪视线在标尺上的读数(即参数 h)和仪器到水准尺的距离(即参数 d),因此这是一个二维(d 和 h)离散相关函数。为了求得相关函数的峰值,需要在整条尺子上搜索。在这样一个大范围内搜索最大相关值大约要计算 50 000 个相关系数,较为费时。为此,采用了粗相关和精相关两个运算阶段来完成此项工作。由于仪器距水准尺的远近不同时,水准尺图像在视场中的大小亦不相同,因此粗相关的一个重要步骤就是用调焦发送器求得概略视距值,将测量信号的图像缩放到与参考信导大致相同的大小,即距离参数 d 由概略视距值确定,完成粗相关,这样可使相关运算次数减少约 80%。然后再按一定的步长完成精相关的运算工作,求得图像对比的最大相关值 h_0,即水平视准轴在水准尺上的读数,同时亦求得精确的视距值 d_0。

(二) 条码标尺及其原理

与数字水准仪配套的条码水准尺是由温度膨胀系数不大于 1×10^{-6} 的钢瓦钢带材料制成,质量轻,坚固耐用。双面刻划可 CCD 读数也可人工读数。各厂家设计方式不尽相同,但其基本要求是一致的。条码标尺设计要求各处条码宽度和条码间隔不同,以便探测器能正确测出每根条码的位置。目前,采用的条纹编码方式有二进制码条码、几何位置测量条码、相位差法条码。

以 Topcon 数字水准仪使用的条形码标尺为例说明其原理:Topcon 条形码尺采用三种独立互相嵌套在一起的编码尺,如图5-7-3 所示。这三种独立信息为参考码 R 和信息码 A 与信息码 B。参考码 R 为三道等宽的黑色码条,以中间码条的中线为准,每隔3 cm 就有一组 R 码。信息码 A 与信息码 B 位于 R 码的上下两边,下边10 mm 处为 B 码,上边 10 mm 处为 A 码。A 码与 B 码宽度按正弦规律改变,其信号波长分别为 33 cm 和 30 cm,最窄的码条宽度不到 1 mm。

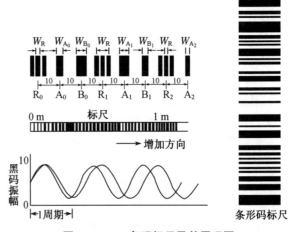

图 5-7-3 条码标尺及其原理图

上述三种信号的频率和相位可以通过快速傅立叶变换(FFT)获得。当标尺影像通过望远镜成像在十字丝平面上,经过处理器译释、对比、数字化后,在显示屏上显示中丝在标尺上的读数或视距。

目前照准标尺和调焦仍需目视进行。人工完成照准和调焦之后,标尺条码一方面被成像在望远镜分化板上,供目视观测,另一方面通过望远镜的分光镜,标尺条码又被成像在光电传感器(又称探测器)上,即线阵 CCD 器件上,供电子读数。因此,如果使用传统水准标尺,数字水准仪又可以像普通自动安平水准仪一样使用。不过这时的测量精度低于电子测量的精度。特别是精密数字水准仪,由于没有光学测微器,当成普通自动安平水准仪使用时,其精度更低。

数字水准仪是集电子光学、图像处理、计算机技术于一体的当代最先进的水准测量仪器。它具有速度快、精度高、使用方便、作业员劳动强度轻、便于用电子手簿记录、实现内外业一体化等优点,代表了当代水准仪的发展方向,具有光学水准仪无可比拟的优越性。

数字水准仪的操作方法十分简便。只要将望远镜瞄准标尺并调焦后,按测量键,数秒钟后即显示中丝读数;再按测距键,即可显示视距;按存储键即把数据存入内存存储器,仪器自动进行检核和高差计算。观测时,不需要精确夹准标尺分划,也不用在测微器上读数,可直接由电子手簿记录。

三、数字水准仪的特点

数字水准仪是以自动安平水准仪为基础,在望远镜光路中增加了分光镜和探测器(CCD),并采用条码标尺和图像处理电子系统而构成的光机电测一体化的高科技产品。采用普通标尺时,又可像一般自动安平水准仪一样使用。它与传统仪器相比有以下共同特点:

(1)读数客观。不存在误读、误记问题,没有人为读数误差。

(2)精度高。视线高和视距读数都是采用大量条码分划图像经处理后取平均得出来的,因此削弱了标尺分划误差的影响。多数仪器都有进行多次读数取平均的功能,可以削弱外界条件影响。不熟练的作业人员也能进行高精度测量。

(3)速度快。由于省去了报数、听记、现场计算的时间以及人为出错而重测等因素,测量时间与传统仪器相比可以节省 1/3 左右。

(4)效率高。只需调焦和按键就可以自动读数,减轻了劳动强度。视距还能自动记录,检核,处理并能输入电子计算机进行后处理,可实现内外业一体化。

四、徕卡 LS15 数字水准仪

(一)徕卡 LS15 数字水准仪特性

徕卡 LS15 是徕卡测量系统新推出的第三代数字水准仪,继承了上两代数字水准仪产品上的优秀设计,如扁平化流线型机身设计有效地减小风阻,保证户外环境仪器的测量稳定;触发键设计在测量操作时(图 5-7-4),最大程度降低外界对仪器带来的震动影响;大屏幕图形化菜单,测量数据在一个界面上显示出来,并引导下一步操作,使测量流程尽在掌握。

图 5-7-4　徕卡 LS15 水准仪设置的触发键

除此之外,徕卡 LS15 数字水准仪还加入多项创新功能,开拓了数字水准仪的全新概念。

1. 0.2 mm/km 的往返中误差

在当前测绘作业中,数字水准仪多用于一等、二等水准控制测量以及高精度沉降监测等,所以测量精度对于这些工作都十分重要。市面上常见的数字水准仪的往返中误差通常为 0.3 mm/km,而徕卡在使用普通非定制铟瓦合金尺的条件下,将往返中误差提升至 0.2 mm/km,为等级水准及沉降监测提供更好的闭合差表现。

2. 影像辅助

徕卡 LS15 在与望远镜竖直同轴的位置,安装了 500 万像素的影像系统(图 5-7-5),可将像机获取的影像显示在操作液晶屏上,直接在屏幕上进行水准尺的照准,在大落差环境进行水准测量时,过低或过高的架站情况下,方便进行水准尺照准,同时也能降低人眼频繁使用望远镜照准造成的视觉疲劳。

3. 自动对焦

除添加像机系统外,徕卡 LS15 同时也引入了自动对焦系统,在点按测量触发键时,徕卡 LS15 启动自动对焦,通过对望远镜内 COMS 传感器成像峰值检测,获得最佳的对焦效果,不仅效率更高,也能确保最清晰的水准尺成像,从而获得更为精准可靠的读数。

当影像辅助与自动对焦两种技术配合,可以改变我们当前水准观测方法,将普通水准仪上粗瞄、对焦、精瞄、读数四个步骤,简化为影像照准、对焦读数两个流程,使外业效率更高。

4. 电子气泡

徕卡 LS15 率先将全站仪上使用的中心双轴补偿器引入数字水准仪产品上,在每一次测量之前,徕卡 LS15 均会通过补偿器进行倾斜检测,保证每次测量数据的可靠性(图 5-7-6)。即使在过桥水准测量这样伴有轻微风振的条件下,也能获得准确结果。

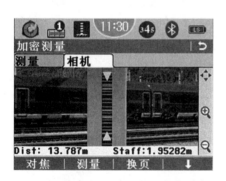

图 5-7-5　徕卡 LS15 水准仪设置的影像照准

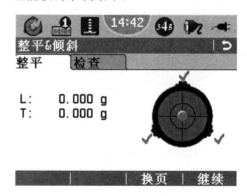

图 5-7-6　徕卡 LS15 水准仪整平界面

双轴补偿器的引入,配合图形化机载软件的设计,让整平过程也变得更简单,可以按照屏幕图形动画引导,快速完成精准整平。

5. 电子罗盘

水准测量本质是测量前后尺的高差的 1D 测量,在测量过程中我们无法记录水准线路的路径,这为我们内业的误差分析,或者与平面控制数据的联合处理带来一定的麻烦。对此徕卡 LS15 也在数字水准仪上安装了电子罗盘,在每一次测量时,除了记录高程值外,也会记录磁北基准的方位角,可以在内业软件中直接呈现出水准线路的路径,更为直观。

（二）徕卡 LS15 数字水准仪硬件结构（图 5-7-7）

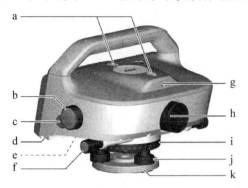

a—光学瞄准器；b—对焦螺旋；c—触发键；d—触摸屏输入笔；e—带外部供电的 RS232；f—水平微动螺旋；g—广角像机；h—物镜；i—水平度盘；j—脚螺旋；k—基座；l—集成棱镜手柄（用以查看圆水准器）；m—圆水准器；n—触摸屏；o—电池仓，含 USB 存储卡和 miniUSB 接口；p—电池仓开仓按钮；q—功能键；r—开/关键；s—键盘；t—目镜；u—十字丝调整螺钉保护盖。

图 5-7-7　徕卡 LS15 数字水准仪硬件结构

（三）徕卡 LS15 数字水准仪操作界面（图 5-7-8）

徕卡 LS15 数字水准仪操作界面如图 5-7-8 所示，各功能按键说明如表 5-7-1 所示。

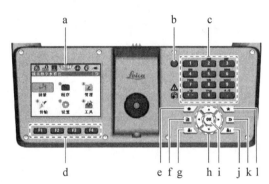

图 5-7-8　徕卡 LS15 数字水准仪操作界面

表 5-7-1　徕卡 LS15 数字水准仪操作界面功能说明

序号	名称	功能说明
a	触摸屏	按下菜单图标或左上角的相应数字来选择一个菜单选项
b	开/关键	开关键可以打开或关闭仪器，或将其设置为待机模式
c	字母数字键区	字母数字键盘用于输入文本和数值
d	功能键 F1 到 F4	功能键被分配到位于屏幕下方的各种功能
e	主页键	回到主菜单
f	翻页键	当有多页可显示下一屏

（续表）

序号	名称	功能说明
g	用户自定义键 1	可配置功能菜单中的某一功能
h	导航键	控制屏幕内的焦点栏和字段中的条目栏
i	确认按键	确定输入，然后到下一个环节
j	用户自定义键 2	可配置功能菜单中的某一功能
k	ESC 键	退出当前屏或编辑模式而不保存改动；回到高一级的目录
l	添加收藏夹快捷键	快速进入测量辅助功能

（四）徕卡 LS15 数字水准仪软件功能

1. 徕卡 LS15 数字水准仪软件结构

软件结构主界面包含测量、程序、管理、传输、设置、工具共六大功能菜单（图 5 - 7 - 9）。

图 5 - 7 - 9　徕卡 LS15 数字水准仪软件主界面

2. 徕卡 LS15 数字水准仪软件功能（图 5 - 7 - 10）

主界面					
测量	程序	管理	传输	设置	工具
	基础水准 线路测量 线路平差	作业 已知点 测量数据 编码 删除 查看器	数据输出 数据输入 复制线路	一般设置 区域设置 屏幕设置 测量模式 通讯接口	检 查 & 校准 系统信息 上传固件 电子罗盘

图 5 - 7 - 10　徕卡 LS15 数字水准仪软件功能

下面介绍几个主要功能。

（1）测量：测量程序允许使用 BF（后前）方法执行一个基本水准测量任务。每次进入测量时，会生成一个新的线路并在退出程序的时候结束。如想在开机和设置机器后立即开始测量，使用这个程序即可。

（2）程序—基础水准：基础水准程序允许在不存储数据情况下，进行无限数量的单一或多功能测量,该程序用于常规水准测量目的。

(3) 程序—线路测量:允许在执行线路测量任务前制定详细要求,如:设置一个作业,设置限差,设定一个线路和测量方案。在线路测量程序中测量的线路可以在之后的整体线路平差程序中平差。

(4) 程序—线路平差:允许对通过线路测量应用测量出的单一水准线进行平差。

① 定义平差程序常规参数。

② 选择线路中任意两点作为控制点,输入它们的高程或从已知点传递高程。

(5) 工具—检查 & 校准:虽然仪器的生产、装配和调校都达到了最佳的质量,但急剧的温度变化、震动或重压都可能引起偏差及仪器准确度的降低。因此,推荐对仪器不时地进行检查和校准。这可以在野外通过运行特定的观测程序来完成,而这些程序必须仔细正确地执行。

3. 线路测量操作步骤

(1) 架设仪器,对中整平。

(2) 设置一个作业,设置限差。

(3) 设定一个线路和测量方案,如 BFFB。

(4) 直立架设标尺,条形码面向仪器(图5-7-11)。

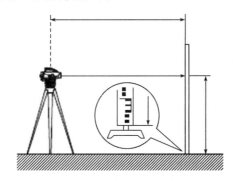

图 5-7-11　徕卡 LS15 线路测量

(5) 用测量,使用电子水准仪整平仪器。

(6) 粗略瞄准水准尺,切换到像机,把照相机十字丝(垂直光标)对准在像机视图中的标尺,水平转动仪器。

(7) 按下软键对焦或确保功能对焦＋测量＋记录或对焦＋测量被分配到触发键来自动对焦标尺。

(8) 按下触发键开始测量。

(9) 线路测量完成后,按主页键 🏠,再按 F4"是",返回主界面;如观测错误,按返回键,再按 F4"是",删除当前观测数据。

(10) 观测结束后,检查数据,再将数据输出至 USB,选择 GSI 格式。

(11) 用徕卡 LS15 报表输出 GSIReport,生成外业观测手簿(表5-7-2)。

表 5-7-2　徕卡 LS15 GSIReport 生成外业观测手簿(部分)

等级	二等	观测方向			测自	XL01	至	XL01
测段编号		天气			成像	清晰	温度	
仪器型号	LS15	仪器编号			标尺编号			日期
测站	视准点	视距读数		标尺读数		读数差 (mm)	测站高差 (m)	累计高差 (m)
	后视	后距1	后距2	后尺中丝1	后尺中丝2			
	前视	前距1	前距2	前尺中丝1	前尺中丝2			
		视距差(m)	累积差(m)	高差1(m)	高差2(m)			
1	XL01	15.2	15.2	1.405	1.405	−0.1		0.000 0
	1	15.6	15.6	1.464	1.464	0.0	−0.059 0	−0.059 0
		−0.4	−0.4	−0.059	−0.059			
2	1	16.4	16.4	1.351	1.351	0.1		
	2	16.7	16.7	1.390	1.390	−0.1	−0.038 8	−0.097 9
		−0.3	−0.7	−0.039	−0.039			
3	2	17.8	17.8	1.440	1.440	0.0		
	3	17.4	17.4	1.379	1.379	0.0	0.060 3	−0.037 6
		0.3	−0.3	0.060	0.060			
4	3	14.0	14.0	1.341	1.341	0.0		
	4	13.2	13.2	1.341	1.341	0.1	0.000 1	−0.037 5
		0.8	0.5	0.000	0.000			
5	4	23.2	23.2	1.359	1.359	0.0		
	XLA01	26.1	26.1	1.331	1.331	0.2	0.028 8	−0.008 6
		−3.0	−2.5	0.029	0.029			
6	XLA01	24.4	24.4	0.868	0.868	0.0		
	5	22.9	22.9	1.448	1.449	−0.2	−0.580 1	−0.588 7
		1.5	−1.0	−0.580	−0.580			

复习思考题

1. 设 A 为后视点,B 为前视点,A 点高程为 20.123 m。当后视读数为 1.456 m,前视读数为 1.579 m 时,问 A、B 两点高差是多少? B、A 两点的高差又是多少,计算出 B 点高程,并绘图说明。

2. 了解 DS3 水准仪各部件的名称和作用,什么叫粗平和精平?

3. 何谓视差? 产生视差的原因是什么? 怎样消除视差?

4. 水准仪上的圆水准器和管水准器的作用有何不同,何谓水准器分划值?

5. 水准测量时,要求选择一定的路线进行施测,其目的何在? 转点的作用是什么? 已知水准点上能否放尺垫? 转点上为什么要放尺垫? 转点上的尺垫能否随便移动?

6. 水准测量时,为什么要求前、后视距离大致相等?

7. 单一水准路线有哪几种形式? 比较闭合、附合、支水准路线高程计算中一些环节上的差异。如何计算每一种形式的水准路线闭合差? 闭合差调整的方法是否相同?

8. 试述水准测量的测站检核与计算检核方法。

9. DS3 水准仪有哪几条主要轴线,它们之间应满足什么条件? 何谓仪器的 i 角? 如何检校?

10. 水准测量的主要误差来源有几项? 每项里面举出一例并说明在测量中的注意事项。

11. 为什么使用自动安平水准仪时,仅需将圆水准器气泡居中即可进行观测?

12. 下图为一条附合水准路线,已知水准点 BM_1、BM_2 的高程分别为 15.030 m 和 12.814 m,各测段的高差 h_i 和距离 L_i 标于图中,试检验水准测量成果是否合格,如合格,计算并调整高差闭合差,最后推算各未知点的高程。

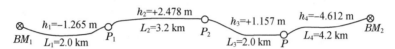

第 12 题图　附合水准测量数据

13. 调整下图所示的闭合水准路线的观测成果,并求出各点高程。

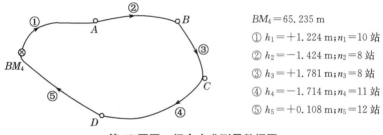

$BM_4 = 65.235$ m

① $h_1 = +1.224$ m; $n_1 = 10$ 站

② $h_2 = -1.424$ m; $n_2 = 8$ 站

③ $h_3 = +1.781$ m; $n_3 = 8$ 站

④ $h_4 = -1.714$ m; $n_4 = 11$ 站

⑤ $h_5 = +0.108$ m; $n_5 = 12$ 站

第 13 题图　闭合水准测量数据图

14. 设 A、B 两点相距 80 m,在其中间安置水准仪,精确测得高差 $H_{AB} = 0.204$ m;仪器搬至 B 点附近,又测得 B 尺读数 $b_2 = 1.466$ m,A 尺读数为 $a_2 = 1.695$ m。试问该水准仪的水准管轴是否平行于视准轴? 如不平行,应如何校正?

15. 简述数字水准仪的测量原理,数字水准仪与普通光学水准仪相比,主要有哪些特点?

第六章　经纬仪与角度测量

导　读

　　要确定地面点的相互位置关系,角度是一个重要的因素,不管是控制测量还是碎部测量,角度测量都是一项重要的测量工作,角度测量是测量工作三大任务之一。经纬仪是测量角度的主要仪器,既能测量水平角又能测量竖直角。

　　本章首先从水平角与竖直角的测量概念入手,介绍角度测量的原理,经纬仪的使用方法,实际作业中水平角与竖直角的测量方法及仪器具体操作;并对角度测量的误差与经纬仪检验校正作了详细介绍,本章最后对电子经纬仪角度测量概念做了简单介绍。

第一节　水平角和竖直角测量原理

一、水平角测量原理

　　如图 6-1-1 所示,地面上有任意三个高度不同的点,分别为 A、O 和 B,如果通过倾斜线 OA 和 OB 分别作两个铅垂面与水平面相交,其交线 oa 与 ob 所构成的夹角 $\angle aob$ 就是空间夹角 $\angle AOB$ 的水平投影,即水平角。由此可知,地面上一点到两目标的方向线之间的水平角就是通过该两方向线所作竖直面间的两面角。

　　为了测出水平角的大小,假设在 O 点(称为测站点)的铅垂线上,水平安置一有顺时针刻划的圆形度盘,并使圆盘的中心 O' 位于 O 点的铅垂线上。如果用一个既能在竖直面内上下转动以瞄准不同高度的目标,又能沿水平方向旋转的望远镜,依次

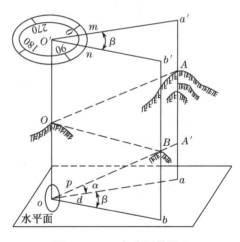

图 6-1-1　角度测量原理

从 O 点瞄准目标 A 和 B,设通过 OA 和 OB 的两竖直面在圆盘上读得读数分别为 m 和 n,则水平角 β 就等于 n 减去 m,即

$$\beta = n - m \qquad\qquad (6-1-1)$$

　　根据以上的分析,用于测量水平角的经纬仪,必须具备一个水平度盘,并有能在该刻度盘上进行读数的指标;为了瞄准不同高度的目标,经纬仪的望远镜不仅能在水平面内转动,

而且还能在竖直面内旋转。

二、竖直角测量原理

竖直角是同一竖直面内目标方向与一特定方向之间的夹角,目标方向与水平方向间的夹角称为高度角,也就是地面上的直线与其水平投影线(水平视线)间的夹角。习惯上又称为竖角,一般用 α 表示,竖直角也称垂直角。如图 6-1-1,Aa 垂直于水平面并交于 a 点,过水平面上 o 点作 oA' 平行于 OA 交 Aa 直线于 A',$\angle A'oa$ 就是直线 OA 的竖直角 α。此处设水平面通过 O 点,即 O 与 o 重合,如图 6-1-2 所示。类似于水平角测量,在 o 点竖直地放置一个有一定分划的度盘,就可以在此度盘上分别读出倾斜视线 oA' 的读数 p 和水平视线 oa 的读数 d,则 OA 的竖直角 α 就等于 d 减去 p,即

$$\alpha = d - p \qquad\qquad (6-1-2)$$

竖直角测量时,倾斜视线在水平视线以上时,视线上仰所构成的角为正,A 点 α 为正("+"),称仰角,视线下倾所构成的角为负,B 点 α 为负("−"),称俯角。角值都是由 $0° \sim 90°$。

另一种表示竖角是目标方向与天顶方向(即铅垂线的反方向)所构成的角,称为天顶距,一般用 Z 表示,天顶距的大小从 $0° \sim 180°$,没有负值。

根据竖角的基本概念,测定竖角必然也与观

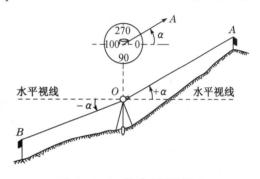

图 6-1-2　竖直角测量原理

测水平角一样,其角值也是度盘上两个方向读数之差,所不同的是两方向中必须有一个是水平方向。不过任何注记形式的竖盘,当视线水平时,其竖盘读数应为定值,正常状态时应是 $90°$ 的整倍数。所以在测定竖角时只需对视线指向的目标点读取竖盘读数,即可计算出竖角,而不必观测水平方向。

第二节　光学经纬仪的构造及读数原理

光学经纬仪是测量水平角和竖直角的主要仪器。我国对光学经纬仪按测角精度从高到低分为 DJ_{07}、DJ_1、DJ_2、DJ_6 和 DJ_{15} 等几个等级,其中"D"为大地测量仪器的总代号(通常省去 D),"J"为经纬仪的代号,即汉语拼音的第一个字母,下标表示经纬仪的精度指标,即室内检定时一测回水平方向观测中误差(")。DJ_{07} 和 DJ_1 多用于高等级控制测量,本节将主要介绍工程测量中广泛使用的 DJ_2 和 DJ_6 级光学经纬仪。

一、DJ_6 级光学经纬仪

(一)基本构造

由于生产厂家不同,DJ_6 级光学经纬仪有多种,有国产的和进口的,常见的有:北京光学仪器厂、苏一光仪器有限公司和西安光学仪器厂等生产的 DJ_6 级光学经纬仪,瑞士 Wild生产的 T_1,德国 Zeiss 生产的 Thoe 020 系列。尽管仪器的具体结构和部件不完全相同,但

基本构造大体一致,主要由照准部、水平度盘和基座三大部分构成。图6-2-1给出了某光学仪器厂生产的一种 DJ$_6$ 级光学经纬仪的外形,各部分的构造及其作用如图6-2-1所示。

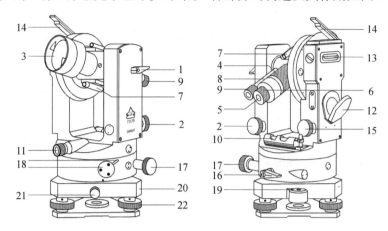

1—望远镜制动螺旋;2—望远镜微动螺旋;3—物镜;4—物镜调焦螺旋;5—目镜;6—目镜调焦螺旋;7—光学瞄准器;8—度盘读数显微镜;9—度盘读数显微镜调焦螺旋;10—照准部管水准器;11—光学对中器;12—度盘照明反光镜;13—竖盘指标管水准器;14—竖盘指标管水准器观察反射镜;15—竖盘指标管水准器微动螺旋;16—水平方向制动螺旋;17—水平方向微动螺旋;18—水平度盘变换螺旋与保护卡;19—基座圆水准器;20—基座;21—轴套固定螺旋;22—脚螺旋。

图 6-2-1　国产 DJ$_6$ 级光学经纬仪的外形

1. 照准部

照准部由望远镜、横轴、竖轴、竖直度盘、照准部水准管和读数显微镜等部分组成,它是基座和水平度盘上方能转动部分的总称。

(1)望远镜:望远镜由目镜、物镜、十字丝环和调焦透镜等组成,用于照准目标,它固定在横轴上,并可绕横轴在竖直面内作俯仰转动,转动由望远镜的制动螺旋和微动螺旋控制。

(2)横轴:也称水平轴,由左右两个支架支撑,是望远镜作俯仰转动的旋转轴。

(3)竖轴:也称垂直轴,它插入水平度盘的轴套中,可使照准部在水平方向转动,转动由水平制动螺旋和水平微动螺旋控制。

(4)竖直度盘:由光学玻璃制成,装在望远镜的一侧,其中心与横轴中心一致,随着望远镜的转动而转动,用于测量竖直角。

(5)照准部水准管:用于整平仪器,使水平度盘处于水平状态。

(6)读数显微镜:用于读取水平度盘和垂直度盘的读数。

2. 水平度盘

水平度盘是用光学玻璃制成的圆环,是测量水平角的主要器件。在度盘上按顺时针方向刻有 $0°\sim360°$ 的分划,度盘的外壳附有照准部水平制动螺旋和水平微动螺旋,用以控制照准部和水平度盘的相对转动。事实上,测角时水平度盘是固定不动的,这样当照准部处于不同的位置时,就可以在度盘上读出不同的读数,照准部在水平方向的微小转动由水平微动螺旋调节。

测量中,有时需要将水平度盘安置在某一个读数位置。如初始方向瞄准后,给以一个相应读数;因此就需要转动水平度盘,常见的水平度盘变换装置有"度盘变换手轮"和"复测扳手"两种形式。当使用度盘变换手轮转动水平度盘时,要先拔下保险手柄(或拨开护盖),再将手轮推压进去并转动,此时水平度盘也随着转动,待转到需要的读数位置时,将手松开,手轮退出,再拨上保险手柄。当使用复测扳手转动水平度盘时,先将复测扳手拨向上,此时照准部转动而水平度盘不动,读数也随之改变,待转到需要的读数位置时,再将复测扳手拨向下,此时度盘和照准部扣在一起同时转动,度盘的读数不变。

3. 基座

基座是支撑整个仪器的底座,用中心螺旋与三脚架相连接。基座侧面有一个中心锁紧螺旋,当仪器插入竖轴轴孔后,该中心锁紧螺旋必须处于锁紧状态,否则在测角时仪器可能产生微动,搬动时容易甩出。基座上有一个光学对点器,即一个小型外对光望远镜,当照准部水平时,对点器的视线经折射后成铅垂方向,且与竖轴重合,利用该对点器可进行仪器的对中。基座底部有三个脚螺旋,转动脚螺旋可使照准部水准管气泡居中,从而使水平度盘处于水平状态。

(二) DJ$_6$ 级光学经纬仪的读数设备与读数方法

DJ$_6$ 级光学经纬仪的读数设备有分微尺测微器和单平行玻璃板测微器两种。

1. 分微尺测微器及其读数方法

分微尺测微器的结构简单,读数方便,具有一定的读数精度,广泛应用于 DJ$_6$ 级光学经纬仪。国产 DJ$_6$ 级光学经纬仪,除北京红旗外,均采用这种装置。其读数设备是由一系列光学零件组成的光学系统。

这类仪器的度盘分划度为 1°,按顺时针方向注记。读数的主要设备为读数窗上的分微尺,水平度盘与竖盘上 1°的分划间隔,成像后与分微尺的全长相等。如图 6-2-2 所示,上面的窗格里是水平度盘及其分微尺的影像,如 220°～221°;下面的窗格里是竖盘和其分微尺的影像,如 66°～67°。分微尺分成 60 等分,格值 1′,每 10 小格注记 1、2、…、6,表示 10′的倍数,因此从分微尺上可以直读至 1′,估读至 0.1′,即 6″。

读数时,以分微尺上的度数指示线为指标线,先读出指标线所指度盘的读数,图 6-2-2 中指标线 221°落在其分微尺区间,应读 221°,小于 1°的数值,即分微尺零线至该度盘刻度线间的角值,由分微尺上读出。图中指标线221°与 0°分划线之间的数值 06.6′,实际工作中不足 1′的数要随时换算成秒值,记簿时分值和秒值要写成两位数,因此水平度盘的最后读数为221°06′36″,同理垂直度盘的最后读数为 66°53′18″。

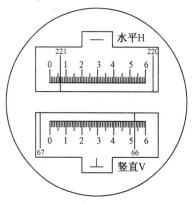

图 6-2-2　水平盘读数

有些厂家生产的经纬仪分微尺测微器刻划线与图6-2-2 中所示相反。

2. 单平行玻璃板测微器及其读数方法

采用单平板玻璃测微器读数的光学经纬仪有北京红旗Ⅱ型、瑞士 Wild T$_1$ 型等。单平板玻璃测微器主要由平板玻璃、测微尺、连接机构和测微轮组成。转动测微轮,通过齿轮带动平板玻璃和与之固连在一起的测微尺一起转动,测微尺和平板玻璃同步转动,单平板玻璃测微器读数窗的影像随之相应转动,如图 6-2-3 所示。

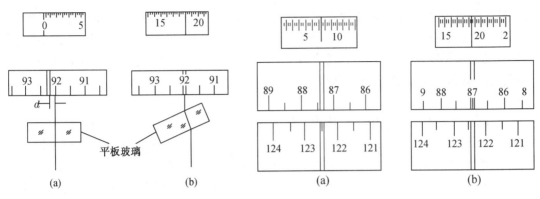

图6-2-3 单平行玻璃板测微器原理   图6-2-4 单平行玻璃板测微器读数

在图6-2-4读数窗中,下面的窗格为水平度盘影像;中间的窗格为竖直度盘影像;上面较小的窗格为测微尺影像。度盘分划值为30′,测微尺的量程也为30′,当度盘分划影像移动一个分划值(30′)时,测微尺也正好转动30′;将其分为90格,即测微尺最小分划值为20″,可估读到1/4格(即5″)。

读数时,转动测微手轮,当度盘分划线精确地平分双指标线时,按双指标线所夹的度盘分划线读取度数和30′的整分数,不足30′的读数从测微器读数窗中读取。图6-2-4(a)中,水平度盘的读数为$122°30′+07′20″=122°37′20″$,图6-2-4(b)的竖直度盘读数为$87°00′+19′30″=87°19′30″$。

以上介绍了国产DJ_6级经纬仪,国外生产的Wild T_1型和Zeiss Theo 020A型光学经纬仪也是高质量的DJ_6级经纬仪。

二、DJ_2级光学经纬仪

同DJ_6级光学经纬仪一样,DJ_2级光学经纬仪也有多种。我国北京和苏州等多家光学仪器厂都能批量生产DJ_2级光学经纬仪,并且质量较高。国外生产的DJ_2级光学经纬仪仍以Wild T_2和Zeiss Theo 010系列为代表,由于这些仪器的质量较高,性能稳定,在我国使用也比较普遍。DJ_2级光学经纬仪的构造和DJ_6级光学经纬仪基本相同,但读数设备和读数方法有所差别,这里主要介绍其读数设备和读数方法。

(一) DJ_2级光学经纬仪的读数设备

图6-2-5为我国苏一光仪器有限公司生产的DJ_2级光学经纬仪的外形。DJ_2级光学经纬仪的读数设备包括度盘、光学测微器和读数显微镜三个部分。度盘有水平度盘和垂直度盘,与DJ_6级经纬仪不同,DJ_2级经纬仪在读数显微镜中不能同时看到水平度盘和垂直度盘的影像,也不共用同一个进光窗,因此要用"换像手轮"和各自的反光镜进行度盘影像的转换。当打开水平度盘反光镜,转动换像手轮使轮面的指标线(白色)水平时,从读数显微镜里就可以看到水平度盘的影像;当打开垂直度盘反光镜,转动换像手轮使轮面的指标线(白色)竖直时,从读数显微镜里就可以看到垂直度盘的影像。度盘上的分划线是由刻度机刻制的,度盘上相邻两分划线间的角值称为度盘格值,DJ_2级经纬仪的格值为20′。用20′的精度直接测定角度显然是不能满足要求的,设置光学测微器就是为了解决这个问题。目前,DJ_2级光学经纬仪中采用的光学测微器有两种,即双平板玻璃光学测微器和双光楔光学测微器。

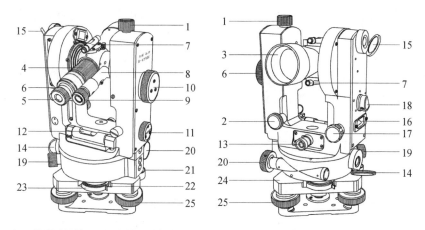

1—望远镜制动螺旋；2—望远镜微动螺旋；3—物镜；4—物镜调焦螺旋；5—目镜；6—目镜调焦螺旋；
7—光学瞄准器；8—度盘读数显微镜；9—度盘读数显微镜调焦螺旋；10—测微轮；11—水平度盘与
竖直度盘换像手轮；12—照准部管水准器；13—光学对中器；14—水平度盘照明镜；15—垂直度盘照
明镜；16—竖盘指标管水准器进光窗口；17—竖盘指标管水准器微动螺旋；18—竖盘指标管水准气
泡观察窗；19—水平制动螺旋；20—水平微动螺旋；21—基座圆水准器；22—水平度盘位置变换手
轮；23—水平度盘位置变换手轮护盖；24—基座；25—脚螺旋

图 6 - 2 - 5　苏一光 DJ₂ 级光学经纬仪的外形

(二) DJ₂ 级光学经纬仪的读数方法

图 6 - 2 - 6(a)是从读数显微镜里看到的某 DJ₂ 级经纬仪水平度盘的影像，读数窗中右上窗显示度盘的度值和 10′的整倍数值；左小窗为测微尺，用以读取 10′以下的分、秒值，共600 小格，每格 1″，可估读到 0.1″，窗中左边的注字为分值，右边的注字为 10″的倍数值；右下窗为对径分划线的像。图 6 - 2 - 6(b)为另一种国产 DJ₂ 级经纬仪水平度盘读数窗，右边对径分划线的上下注有度值，小框中左边为小于 10′的分值，右边注值为 10″的倍数值。

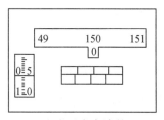

(a) 水平度盘读数

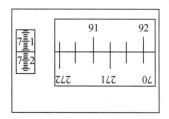

(b) 垂直度盘读数

图 6 - 2 - 6　DJ₂ 级光学经纬仪水平度盘读数视场

DJ₂ 级光学经纬仪一般采用对径分划重合法读数，运用换像手轮和相应的反光镜，能从读数显微镜中看到所需要的度盘的影像(如图 6 - 2 - 6(a) 的水平度盘的影像)，转动测微手轮，对径分划线精确重合时便可读数(注意：图 6 - 2 - 6(a)中未重合，不能读数)。先读取上窗中央或中央左边的度值和小框中 10′的倍数值，再读取测微尺上小于 10′的分值和秒值，估读到 0.1，最后将读得的数相加而得到整个读数。

对于图 6 - 2 - 6(b)，当对径分划线重合后，由正像读出度数，数出度数分划与其对径分划之间的格数，乘以半格值 10 得到半格值的整倍数，再在测微器分划窗内读出分值和秒值，最后的读数为 $91°+10′×1+07′16″.0=91°17′16″.0$。为提高测角的精度，一般采用重合读数两次（通常是读秒盘两次），然后取其均值，这样既可检查读数的正确性，也可消除度盘偏心所产生的误差。

　　读出水平读盘读数后，转动换像手轮可显示垂直度盘影像，采用相同的方法读取垂直度盘读数。图 6-2-7(a)中的水平度盘读数为 $150°00'+01'54''.0=150°01'54''.0$，图 6-2-7(b)中的垂直度盘读数为 $74°50'+07'16''.1=74°57'16''.1$。

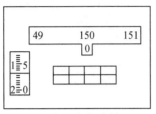　　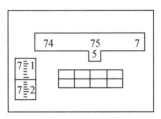

(a) 水平度盘读数　　　　　　　　　　(b) 垂直度盘读数

图 6-2-7　DJ₂ 级光学经纬仪读数

　　Wild T₂ 和 Zeiss Theo 010 的外形与 Wild T₁ 和 Zeiss Theo 020 基本相似，读数设备和方法与国产 DJ₂ 级经纬仪的读数设备和方法基本相同，图 6-2-8(a)和 6-2-8(b)分别为 Wild T₂ 和 Theo 010 的读数视场。

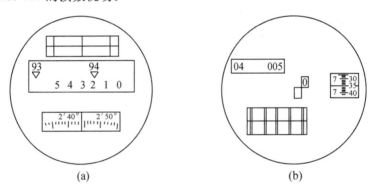

图 6-2-8　Wild T₂ 和 Theo 010 的读数视场

　　对于 Wild T₂，当用光学测微器螺旋使上面窗口中的对径分划线重合后，度值和整 $10'$ 的分值依中间窗口中的三角形标志直接读出，图中为 $94°20'$；小于度盘半个格值的分值和秒值由下面的测微器窗口中读取，图中为 $2'44.0''$；最终读数为 $94°22'44.0''$。

　　对于 Zeiss Theo 010，当用光学测微器螺旋使下面窗口中的对径分划线重合后，度值在左上角的窗口中直接取读，图中为 $5°$；整 $10'$ 的分值依中间小窗口中显示的数字直接读出（奇数1、3、5 显示在中间小窗口左下侧小窗口中，偶数显示在右上侧小窗口中），图中为 $0'$；小于度盘半个格值的分值和秒值由右面的测微器窗口读取，图中为 $07'35.0''$；最终读数为 $5°07'35.0''$。

第三节　水平角测量

　　水平角测量时，首先要在测站点上整置仪器，即进行仪器的对中与整平，然后按照一定的观测方法进行观测。

一、经纬仪的整置

（一）对中

对中目的是使仪器的中心与测站点位于同一铅垂线上。

先目估三脚架头大致水平，且三脚架中心大致对准地面标志中心，踏紧一条架脚。双手分别握住另两条架腿稍离地面前后左右摆动，眼睛注视垂球尖，直至垂球中心对准地面标志中心为止，放下两架腿并踏紧。

现在的光学经纬仪大都有光学对中设备，即光学对点器。利用光学对点器进行对中时，将架腿置于测站点上，并调节到适当高度，安上仪器，旋紧中心连接螺旋。从光学对点器目镜观察测站点，看其是否位于对点器里的小圆圈中，如果偏离较远，可平移三脚架使测站点位于小圆圈中，如果偏离很近，可稍微松开连接螺旋，在架头上移动仪器，使测站点位于小圆圈中，然后旋紧连接螺旋。

（二）整平

整平就是使仪器的竖轴处于铅垂位置，并使水平度盘处于水平。整平包括粗略整平和精确整平，整平的次序是先粗平后精平。

粗平方法：保持架腿位置不变，稍微旋松架腿上的螺丝，使架腿伸长或缩短。粗平时，使得其中一条架腿与照准部水准管方向大致相同，观察水准气泡的位置；伸缩架腿都应当使气泡逐渐趋向中间，然后水平转动照准部，使得第二条架腿与照准部水准管方向大致相同，伸缩架腿使气泡居中（有时需要伸缩一个架腿，有时可能需要伸缩三个架腿）。同时观察水准管或圆水准气泡，每次伸缩架腿都应当使气泡逐渐趋向中间，最后使气泡位于水准管气泡居中（也可以观察圆水准气泡位置，调整三条架腿长短使得圆水准气泡居中）。

精平方法：与水准仪整平类似，采用"左手大拇指法"。松开照准部水平制动螺旋，使照准部水准管与任意两个脚螺旋的连线平行（如图 6-3-1(a)），两手相对旋转这两个脚螺旋使水准管气泡居中，气泡移动的方向与左手大拇指的移动方向一致，然后将照准部旋转 90°（如图 6-3-1(b)），转动第三个脚螺旋再一次使水准管气泡居中。如此反复几次，直至仪器处于任何位置时气泡都居中为止。一般要求水准管气泡偏离中心的误差不超过一格。

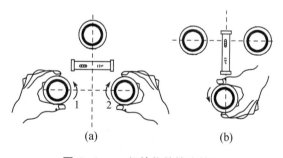

图 6-3-1　经纬仪的精确整平

（三）瞄准

测角时的照准标志，一般是竖立于测点的标杆、测钎、用三根竹竿悬吊垂球的线或觇牌。测量水平角时，以望远镜的十字丝竖丝瞄准照准标志。如图 6-3-2(a)为各类照准标志。

先松开望远镜制动螺旋和水平制动螺旋，将望远镜朝向天空，调节目镜使十字丝清晰。然后使用望远镜上的照门和准星（或瞄准器）瞄准目标，再从望远镜中观看，如果目标在视场内，立即旋紧望远镜制动螺旋和水平制动螺旋；用微动螺旋精确瞄准目标，转动物镜对光螺旋使目标的影像清晰，并注意消除视差，瞄准目标时应尽量对准目标的底部。如图

6-3-2(b)所示。

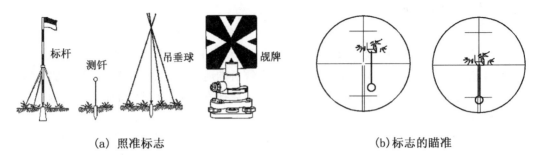

（a）照准标志   （b）标志的瞄准

图6-3-2　目标的瞄准

（四）整置检查

仪器整平过程中不可避免地会影响仪器的对中，当仪器整平时，要观察垂球尖是否对准测站点标志（如果使用光学对中，要观察测站点标志是否位于对点器的小圆圈内），如果对中误差不大于2 mm，可认为仪器整置符合要求；如果对中误差大于2 mm，可稍微松开中心连接螺丝，平行移动基座，使对中误差满足要求，然后再拧紧中心连接螺旋；如果移动基座仍不能满足对中误差，就必须重新整置仪器了。

仪器装置时应注意：架腿伸缩后一定要拧紧架腿上的固定螺丝，如果脚架安置在坚硬的地面上而无法踩紧，最好用绳子将架腿绑好。3个脚螺旋高低不应相差太大，开始时最好调整到中部位置，当脚螺旋已旋到极限位置仍不能使气泡居中时，就不能再旋转了，以免造成脚螺旋的损坏。当移动基座进行对中时，手不能碰到脚螺旋，对中后一定要立即旋紧中心连接螺旋。

二、水平角测量方法

水平角的测量方法有多种，采用何种观测方法视目标的多少而定，常用的方法有测回法和全圆测回法。

（一）测回法

如果仅测量两个方向间的水平角，可采用测回法。如图6-3-3，设待测水平角为∠AOB，观测步骤如下：

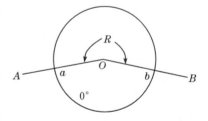

图6-3-3　测回法

（1）在测站点O安置经纬仪，并进行对中、整平；在A、B点上竖立花杆、测钎或觇牌。

（2）置望远镜于盘左位置（也称正镜位置，即观测者面对目镜时垂直度盘在望远镜的左边），松开照准部制动螺旋，顺时针旋转照准部使望远镜大致照准左边目标A，拧紧照准部制动螺旋，用水平微动螺旋使望远镜十字丝的竖丝精确照准目标A，调整水平度盘为稍大于0°00′的读数处，读取水平度盘读数a_1，记入观测手簿。

精确照准时，应根据目标的成像大小，采用单丝平分目标或双丝夹注目标，并尽量照准目标的底部。

（3）松开照准部制动螺旋，顺时针方向转动照准部，用同样的方法照准右边的目标B，读取水平度盘读数b_1，记入观测手簿。

上面的（2）、（3）两步称为上半测回，测得水平角为：

$$\beta_1 = b_1 - a_1 \tag{6-3-1}$$

（4）倒转望远镜成盘右位置（也称倒镜位置，即观测者面对目镜时垂直度盘在望远镜的右边），按上述方法先照准目标 B 进行读数，再照准目标 A 进行读数，分别设为 b_2 和 a_2，并记入相应的表格中。这样就完成了下半测回的操作，测得水平角为：

$$\beta_2 = b_2 - a_2 \qquad (6-3-2)$$

上述的上、下半测回合起来称为一测回。如果两个半测回测得的角值互差（称为半测回差）在规定的限差范围内，取其平均值作为一测回的观测结果，即：

$$\beta = \frac{1}{2}(\beta_1 + \beta_2) \qquad (6-3-3)$$

表 6-3-1 为测回法观测水平角的记录手簿。

表 6-3-1 水平角观测记录（测回法）

			读 数			半测回角值			一测回角值			各测回角值			备 注
测站测回	竖盘位置	目标	°	′	″	°	′	″	°	′	″	°	′	″	
$O(1)$		A	00	01	06	85	35	12							
		B	85	36	18				85	35	09				
		A	180	01	24	85	35	06				85	35	06	
		B	265	36	30										
$O(2)$		A	90	00	36	85	35	06							
		B	175	35	42				85	35	03				
		A	270	00	48	85	35	00							
		B	355	35	48										

仪器：DJ_6，No.78018　　观测者：王盈　　记录者：谢文静
观测日期：2018.3.12　　天气：晴　　成像：清晰

实际作业中，为了减弱度盘分划误差的影响，提高测角的精度，通常要测量多个测回，各测回的起始读数应根据规定用度盘变换手轮或复测扳手加以变换，如果设测回数为 m，则对于 DJ_6 级经纬仪，每测回应将度盘改变 $180°/m$。

记录人员在手簿的记录与计算中，要及时地进行测站限差的检查，发现问题及时纠正或者重测。对于 DJ_6 级经纬仪，测站限差有：上、下两个半测回角值之差 $36″$，测回差 $24″$；对于 DJ_2 级经纬仪，测站限差有：上、下两个半测回角值之差 $13″$，测回差 $9″$。限差要求可参见表 6-3-2。

表 6-3-2 城市测量规范方向观测法各项限差要求 （单位：s）

经纬仪型号	半测回归零差	同一测回 2C 互差	各测回同一方向值较差
DJ_1	6	9	6
DJ_2	8	13	9
DJ_6	18		24

(二) 全圆测回法

如果在一个测站上需要观测两个以上方向时,常
采用全圆测回法,以加快观测速度,并便于计算测站上
所有的水平角。如图 6 - 3 - 4 所示,O 为测站点,A、B、
C、D 为 4 个待测方向,采用全圆测回法观测水平角,其
观测步骤如下:

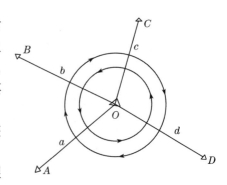

图 6 - 3 - 4　全圆测回法

(1) 将经纬仪安置于测站 O 上,并进行对中和整
平。在 A、B、C、D 点上竖立观测标志。

(2) 置望远镜于盘左位置,顺时针旋转照准部使望
远镜大致照准所选定的起始方向(又称零方向)A,拧紧
照准部制动螺旋,用水平微动螺旋使望远镜十字丝的
竖丝精确照准目标 A,配置度盘在稍大于 $0°00'$ 的读数处,读取水平度盘读数,记入观测
手簿。

(3) 松开照准部制动螺旋,顺时针方向转动照准部,用同样的方法依次照准目标 B、C、
D,并分别读取水平度盘读数,记入观测手簿。

(4) 最后使望远镜再一次精确照准目标 A,读取水平度盘读数并记入观测手簿。

以上几步的观测次序可归纳为 $ABCDA$,称为上半测回。最后一步返回起始方向 A 的
操作称为"归零",目的是检查在观测过程中水平度盘的位置有无变动。

(5) 倒转望远镜成盘右位置,按上述方法先照准目标 A 进行读数,再逆时针依次照准目
标 D、C、B 进行读数,分别记入相应的表格中。最后再一次精确照准目标 A,读取水平度盘
读数并记入观测手簿。这样就完成了下半测回的操作,观测次序可归纳为 $ADCBA$,盘右位
置再一次返回起始方向 A 的操作称为第二次"归零"。

与测回法相同,采用全圆测回法测角有时也需要观测多个测回,应该根据测回数相应地
配置每个测回起始方向的度盘读数。记录人员要及时进行手簿的记录、计算和检查,以确保
观测成果满足测站限差的要求。城市测量规范对全圆测回法的限差要求见表 6 - 3 - 2。

表 6 - 3 - 3 为全圆测回法观测水平角的记录手簿,表中有关限差的计算方法说明如下:

① 半测回归零差　半测回起始方向的两次读数之差,等于第二次读数减去第一次
读数。

② 同一测回 2C 互差　C 为仪器的视准轴误差,2C 值等于盘左读数减去盘右读数
$\pm180°$。

③ 各测回同一方向值较差　分别计算每个测回各个方向的方向值,并对同名方向的方
向值进行相互比较,其差值应满足规范要求。

表 6 - 3 - 3 中有关计算的基本步骤如下:

① 计算半测回归零差　例如表中第一测回上、下半测回的归零差分别为 $27'' - 22'' =$
$5''$,$13'' - 18'' = -5''$。当半测回归零差满足要求后方可进行后续计算,否则查明原因,直至重测。

② 计算同一测回 2C 互差　DJ_6 级仪器无此限差要求,本例在第 6 列。

③ 计算各个方向的平均读数　将盘左读数与盘右读数 $\pm180°$ 之和取平均即得到各个
方向的平均读数。对于起始方向,先分别求其平均读数,如 $0°00'20''$ 和 $0°00'20''$,再求出这两
者的平均值 $0°00'20''$ 作为起始方向最终的方向值。

表6-3-3　全圆测回法水平角观测记录

仪器：DJ₆ No.860032　观测者：王　盈　天气：多云
观测日期：2018.03.12　记录者：谢文静　成像：清晰

测回数	测站	目标	盘左读数 (° ′ ″)	盘右读数 (° ′ ″)	$2C=L-(R\pm180°)$ (″)	$\dfrac{L+R\pm180}{2}$ (° ′ ″)	一测回归零方向值 (° ′ ″)	各测回归零方向平均值 (° ′ ″)	角值 (° ′ ″)
1	2	3	4	5	6	7	8	9	10
						(0 00 20)			
		A	00 00 22	180 00 18	04	00 00 20	0 00 00	0 00 00	
		B	60 11 26	240 11 19	07	60 11 22	60 11 02	60 10 58	60 10 58
Ⅰ	O	C	131 49 18	311 49 21	−03	131 49 20	131 49 00	131 49 04	71 38 06
		D	167 34 38	347 34 06	32	167 34 22	167 34 02	167 34 00	35 44 56
		A	00 00 27	180 00 13	14	00 00 20			
						(90 02 27)			
		A	90 02 30	270 02 26	04	90 02 28	0 00 00		
		B	150 13 26	330 13 18	08	150 13 22	60 10 55		
Ⅱ	O	C	221 51 42	41 51 26	16	221 51 34	131 49 07		
		D	257 36 30	77 36 21	09	257 36 26	167 33 59		
		A	90 02 36	270 02 15	21	90 02 26			

④ 计算归零后的方向值　将起始方向的方向值减去自身0°00′20″划归为零，将其他方向的平均读数减去起始方向的方向值0°00′20″就得到归零后的方向值。

⑤ 计算各测回归零后的方向平均值　当各测回同一方向值较差满足要求后，取各个测回同名方向值的平均值作为最终的方向值。

⑥ 计算水平角的角值　用后一个方向的方向值减去相邻前一个方向的方向值，就得到这两个方向之间的水平角角值。

第四节　竖直角测量

第一节中已经介绍了竖直角测量的基本原理，就是通过观测倾斜视线及水平视线在竖直度盘上的读数以求得竖直角的大小。本节将介绍竖直度盘的基本构造、竖直角的观测与计算方法。

一、竖直度盘的基本构造

如图6-4-1所示，竖直度盘固定在望远镜横轴的一端，当望远镜在竖直面内作俯仰转动时，它也随着作俯仰转动，因此要读取倾斜视线及水平视线在竖直度盘上的读数就必须有一个固定的读数指标。竖直度盘以读数窗内的零分划线作为读数指标线，竖直度盘上的读数指标线和指标水准管以及一系列棱镜透镜组连成一体,并固定在竖盘指标水准管微动框架上。旋转指标水准管微动螺旋时,指标水准管和指标绕着横轴一起转动,当竖盘指标水准管气泡居中时,水准管轴水平,指标处于正确位置,就可以进行竖盘的读数。

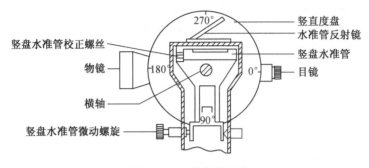

图 6 - 4 - 1　竖盘的构造

仪器生产厂家近年来生产的经纬仪带有竖盘指标自动补偿装置,舍去了竖盘指标水准管,这种自动补偿装置的作用类似于自动安平水准仪,即当经纬仪有微小倾斜时,该装置能自动调节内部的光路,使竖盘读数仍相当于指标水准管气泡居中时的读数。因此用这种经纬仪观测水平角时,只要将照准部水准管气泡居中,就可以照准目标进行竖盘的读数了。

竖盘的注记形式有多种,常见的为全圆式注记。图 6 - 4 - 2(a)为顺时针注记形式,即注记值顺时针增加,国产 DJ_6 级经纬仪多为此种。图 6 - 4 - 2(b)为逆时针注记形式,即注记值为逆时针增加。读数时要注意注记方向。

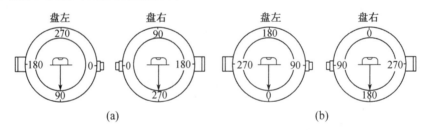

图 6 - 4 - 2　竖盘的注记形式

由 6 - 4 - 2(a)可以看出,当指标水准管气泡居中时,指标线所指读数应为 90°或 270°,而图 6 - 4 - 2(b)中指标线所指的读数应为 0°或 180°,这些读数都是视线水平时的读数,称为始读数。

在实际测量工作中,读出视线倾斜时的竖盘读数后,按照以下两条规则确定任何一种竖盘注记形式,盘左或盘右垂直角计算公式:

(1) 若抬高望远镜时,竖盘读数增加,则竖直角为:

$$\alpha = 瞄准目标竖盘读数 - 视线水平时竖盘读数$$

(2) 若抬高望远镜时,竖盘读数减少,则竖直角为:

$$\alpha = 视线水平时竖盘读数 - 瞄准目标竖盘读数$$

当指标水准管气泡居中时,上述指标线所指的读数仅仅是一种理想的情况,实际上可能比这个常数大或者小一个微小的角值,这个微小的角值称为竖盘指标差,通常用 i 表示。如果仪器存在竖盘指标差,竖直角中就一定含有其影响,需要采用一定的观测方法予以消除。

二、竖直角的观测方法

竖直角的观测步骤如下:

如图 6-4-3,在测站 A 上安置经纬仪,并进行对中和整平。

置望远镜于盘左位置,使望远镜视线大致水平,观察指标所指的读数以确定始读数。然后旋转照准部和望远镜使之大致照准待测目标 B 的某一特定位置,如觇牌中心、标杆顶部、照准圆筒的上缘等,固定照准部和望远镜,再调节水平微动螺旋和望远镜微动螺旋使十字丝中丝精确地切准上述的特定位置。

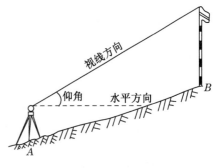

图 6-4-3　竖直角测量

转动竖盘指标水准管微动螺旋,使指标水准管气泡居中,读取竖盘盘左读数 L,记入观测手簿(见表 6-4-1)。

表 6-4-1　竖直角观测记录

仪器:DJ$_6$ No.860032　　观测者:王 盈　　天气:多云
观测日期:2018.03.22　　记录者:谢文静　　呈像:清晰

测站	目标	竖盘位置	竖盘读数 (° ′ ″)	半测回角值 (° ′ ″)	一测回角值 (° ′ ″)	指标差 i''	仪器高 m	觇标高 m	备　注
A	B	盘左	87 52 18	+2 07 42	+2 07 36	−6	1.52	1.35	盘左
		盘右	272 07 30	+2 07 30					
A	C	盘左	93 16 54	−3 16 54	−3 16 45	+9	1.52	2.15	
		盘右	266 43 24	−3 16 36					

松开水平制动螺旋和望远镜制动螺旋,置望远镜于盘右位置,依上述方法精确地切准同一目标的同一位置,读取竖盘盘右读数 R,记入观测手簿。

测量竖直角的目的主要有两个。一是将两点之间的实测距离化为水平距离,另一个是为了计算测站点和目标点之间的高差,这些内容将在后续章节中介绍。因此,在竖直角记录手簿中一般含有仪器高和照准觇标高等内容。

三、竖直角和指标差的计算

我们已经知道,竖直角等于倾斜视线的读数减去始读数,有仰角("+")和俯角("−")之分。我们还知道,当指标水准管气泡居中时,盘左时指标线所指的读数不一定恰好是 90°或 0°,盘右时指标线所指的读数也不一定恰好是 270°或 180°,即存在一个竖盘指标差 i。现以 DJ$_6$ 级光学经纬仪的竖盘注记形式为例,介绍竖直角和指标差的计算方法。

如图 6-4-4(a)所示,望远镜处于盘左位置,当望远镜视线水平,指标水准管气泡居中时,指标不是指向理想的 90°,而是 90°+i。如图 6-4-4(b)所示,当望远镜视线向上倾斜时，可从竖盘读出其盘左读数为 L，进而可以求出正确的竖直角为：

$$\alpha = 90° + i - L = \alpha_{左} + i \qquad (6-4-1)$$

此 α 角为仰角，值为"＋"。同理，当望远镜视线向下倾斜时，可推出同样的计算公式，此时 α 角为俯角，值为"－"。

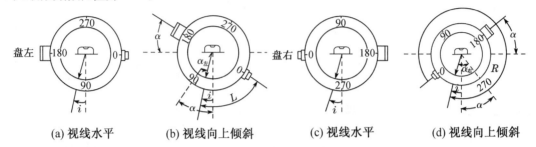

(a) 视线水平　　　　(b) 视线向上倾斜　　　　(c) 视线水平　　　　(d) 视线向上倾斜

图 6-4-4　竖直角和指标差的计算

如图 6-4-4(c)所示，望远镜处于盘右位置，当望远镜视线水平，指标水准管气泡居中时，指标不是指向理想的 270°，而是 270°＋i。如图 6-4-4(d)所示，当望远镜视线向上倾斜时，可从竖盘读出其盘右读数为 R，进而可以求出正确的竖直角为：

$$\alpha = R - (270° + i) = \alpha_{右} - i \qquad (6-4-2)$$

此 α 角为仰角，值为"＋"。同理，当望远镜视线向下倾斜时，可推出同样的计算公式，此时 α 角为俯角，值为"－"。

将式(6-4-1)与式(6-4-2)相加得：

$$\alpha = \frac{1}{2}\left[(\alpha_{左} + i) + (\alpha_{右} - i)\right] = \frac{1}{2}(\alpha_{左} + \alpha_{右}) \qquad (6-4-3)$$

由此可见，当采用盘左、盘右观测取平均值时，可自动消除竖盘指标差的影响。将式(6-4-1)与式(6-4-2)相减得：

$$i = \frac{1}{2}(L + R - 360°) = \frac{1}{2}(\alpha_{右} - \alpha_{左}) \qquad (6-4-4)$$

指标差的值有正有负，当指标差太大时，可通过校正指标水准管来减小或消除；当指标差较小时，如果只用盘左一个位置进行观测（也可以只用盘右），在测得的竖直角上应加上指标差改正；当指标差很小且测量精度要求不高时，可只用盘左或盘右一个位置观测，且不用考虑指标差的影响。

在野外测量中，通常采用多个测回测量以提高观测值的精度，用同一测回中各方向指标差的互差来衡量竖直角测量的稳定性，对于 DJ$_6$ 级和 DJ$_2$ 级仪器，要求指标差互差分别小于 24″和 15″。

第五节　经纬仪检查和校正

同水准仪一样，经纬仪也是由多个不同的部件组合而成，因此利用经纬仪进行角度测量时，为保证观测值的精度，经纬仪的结构上也必须满足一定的条件。经纬仪结构上的关系也

是用其轴线上的关系来表示的,如图6-5-1所示。经纬仪各轴线应满足下列条件:

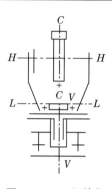

(1)照准部管水准轴应垂直于垂直轴(竖轴),即 $LL \perp VV$。

(2)十字丝的竖丝应垂直于水平轴(横轴 HH)。

(3)视准轴应垂直于水平轴,即 $CC \perp HH$。

(4)水平轴应垂直于垂直轴,即 $HH \perp VV$。

此外还要求,仪器的竖轴垂直通过水平度盘的中心,横轴垂直通过竖直度盘的中心,竖盘指标差要尽量地小,光学对中器位置要正确。

图 6-5-1 经纬仪
的主要轴线关系

由于经纬仪本身的结构变化和外界因素的影响,这些轴线关系也经常不能得到充分满足,从而影响角度测量的精度。经纬仪的检查也分为外部检视和内部检验。外部检视主要是检视其外观有无破损,读数窗分划线是否清晰,各个螺旋运行是否正常等。内部检验则需要采用一定的检验方法,检验仪器是否满足正确的轴线关系,必要时进行仪器的校正。

一、照准部管水准轴垂直于垂直轴的检校

(一)检验方法

先将仪器大致整平,然后转动照准部使水准管与任意两个脚螺旋的连线平行,并相对转动这两个脚螺旋使水准管气泡居中。将照准部旋转 $90°$,再转动第三个脚螺旋使水准管气泡居中。将照准部转到原先位置,观察气泡是否居中,如果不居中,再相对旋转两个脚螺旋使气泡精密居中。将照准部旋转 $180°$,观察气泡是否居中,如果气泡偏离中心不超过半个分划可视为合格,否则可视为不合格,应予校正。

(二)校正方法

照准部管水准轴不垂直于竖轴的原因,主要是因为支承水准管的校正螺丝(如图 6-5-2)有了变动。校正时,用校正针拨动水准管支架一端的上、下两个校正螺丝,使气泡向相反方向移动到偏离量一半的位置,再相对转动两个脚螺旋使水准管气泡居中。将照准部转到原来位置,观察气泡是否居中,如果不居中,可用脚螺旋使气泡再次

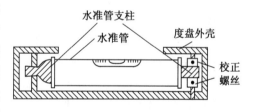

图 6-5-2 照准部水准管

居中,将照准部旋转 $180°$ 后再次校正。此项校正有时需要重复几次方能完成。需要注意一点:用校正针拨动水准管上、下两个校正螺丝时,应一松一紧,使其始终处于顶紧状态。

二、十字丝的竖丝垂直于水平轴的检校

(一)检验方法

精确整平仪器,在仪器前方适当距离处悬挂一垂球线,旋转照准部用望远镜照准该垂球线,如果十字丝的竖丝与垂球线完全重合,则此条件满足,否则应校正。或者,用十字丝竖丝瞄准前方一清晰小点,固定照准部和望远镜,用望远镜微动螺旋使望远镜上、下微动,如果小点始终在十字丝竖丝上移动,说明条件满足,否则应予校正。

（二）校正方法

造成十字丝的竖丝不垂直于水平轴的原因,可能是十字丝环的校正螺丝(如图 6-5-3)松动,使十字丝分划板产生平面旋转。校正时,打开目镜端十字丝分划板护盖,松开四个十字丝校正螺丝,转动目镜筒使十字丝分划板旋转,直至十字丝竖丝与垂球线完全重合,再旋紧四个十字丝校正螺丝,盖好护盖。

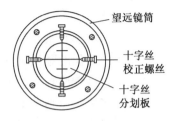

图 6-5-3 十字丝校正螺丝

三、视准轴垂直于水平轴的检校

如图 6-5-4,OC 为视准轴的正确位置,与水平轴 HH' 垂直。OC' 为视准轴的实际位置,与水平轴之间有一个夹角 c,称为视准轴误差。一般规定视准轴偏向竖直度盘一侧时,c 为正值,反之为负值。视准轴误差主要是因为十字丝交点的位置不正确而引起的。

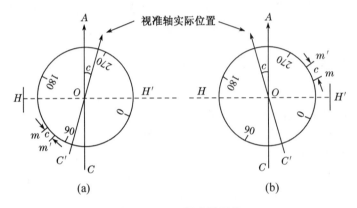

图 6-5-4 视准轴误差

（一）检验方法

在平坦场地整置仪器,选择一个与仪器等高的点 A。如图 6-5-4(a),盘左位置照准目标 A,水平度盘读数为 $m'_左$,而视准轴在正确位置的读数应为 $m_左$,两者相差一个 c 角,即 $m_左 = m'_左 - c$。盘右位置照准同一目标 A,如图 6-5-4(b),水平度盘读数为 $m'_右$,而视准轴在正确位置的读数应为 $m_右$,则有 $m_右 = m'_右 + c$。理论上,$m_左 = m_右 \pm 180°$,即 $m'_左 - c = m'_右 + c \pm 180°$,整理后得:

$$c = \frac{1}{2}(m'_左 - m'_右 \pm 180°) \qquad (6-5-1)$$

对于 DJ$_6$ 级和 DJ$_2$ 级经纬仪,一般要求 c 的绝对值分别小于 $30''$ 和 $15''$,否则应予校正。

（二）校正方法

按式(6-5-1)求出 c 值后,即可求出盘左和盘右的正确读数 $m_左$ 和 $m_右$。旋转照准部使水平度盘读数为 $m_左$ 或 $m_右$,此时目标 A 将偏离十字丝交点,一松一紧地拨动十字丝左、右两个校正螺丝,使十字丝的竖丝精确照准目标,此时条件得以满足。

由上述 $m_左 = m'_左 - c$ 和 $m_左 = m'_右 + c \pm 180°$ 的关系,若将该两式相加后再求均值,得:

$$m_左 = \frac{1}{2}(m'_左 + m'_右 \pm 180°) \qquad (6-5-2)$$

由此可见,采用盘左、盘右读数的平均值作为某一目标的方向值,可消除视准轴误差的影响。

四、水平轴垂直于垂直轴的检校

如图 6-5-5(a)和图 6-5-5(b),当垂直轴垂直时,水平轴不垂直于垂直轴而倾斜了一个 i 角,这个 i 角称为水平轴倾斜误差。一般规定水平轴在竖直度盘一侧下倾时,i 为正值,反之 i 为负值。水平轴倾斜误差主要是由于仪器左右两端的支架不等高或水平轴两端轴径不相等而引起的。

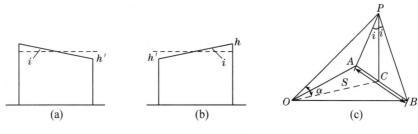

图 6-5-5　水平轴误差

(一) 检验方法

在墙面高处选择一点 P,离墙面 20~30 米地面上选择一点 O,整平仪器(如图 6-5-5(c))。在盘左位置精确照准 P 点后,转动望远镜至水平位置,依十字丝交点在墙面上作标志 A。倒转望远镜成盘右位置,再精确照准 P 点后,并依同样方法在墙面上作标志 B。如果 A、B 两点重合,则条件满足,否则存在水平轴误差 i。对 DJ$_6$ 级仪器,当 i 值大于 30″时,应予校正。

(二) 校正方法

量取 A、B 之间的距离,取其中点 C,盘右位置使望远镜精确照准 C,上仰望远镜照准目标 P,此时 P 点必偏离十字丝交点。打开望远镜右支架横轴端的护盖,转动支承横轴的偏心环的螺丝,使横轴的右端升高或降低,使十字丝的交点对准 P 点。由于偏心环密封在支架内,作业人员一般只做检验,而校正由专业人员在室内进行。

五、竖盘指标水准管的检校

(一) 检验方法

整平仪器,照准高处一明显目标,用中丝法观测垂直角一个测回,依式(6-4-4)计算竖盘指标差,一般当指标差的绝对值大于 1′时,应予校正。

(二) 校正方法

用盘右读数减去指标差,求得盘右位置的正确读数。盘右位置,转动竖盘指标水准管微动螺丝,使竖盘读数为正确读数,此时竖盘指标水准管的气泡将不居中。打开竖盘水准管校正螺丝的护盖,一松一紧地调节水准管校正螺丝使气泡再次居中。此项工作须反复进行,直到指标差的大小满足要求为止。

第六节　角度测量误差来源及注意事项

同水准测量一样,角度测量也不可避免地存在误差,也可概括为仪器误差、观测误差和外界条件的影响三个方面,因此要提高角度测量的精度,测量中应采取措施减弱或消除这些误差的影响。

一、仪器误差

仪器误差有两种情况:一种是仪器检校不完善所残留的误差,如视准轴误差和横轴误差,它们都可以通过正、倒镜观测取均值予以消除,但照准部水准管轴不垂直于垂直轴的误差却不能通过这种方法消除,因此测量中应特别注意水准管气泡的居中;另一种是仪器制造加工不完善所带来的误差,这种误差无法校正,如度盘刻划误差和度盘偏心差、照准部偏心差等,前者可通过每测回变换度盘位置的方法予以减弱,后者可通过正、倒镜观测取均值予以消除。

二、观测误差

(一) 仪器整置误差

仪器整置误差包括仪器的对中误差和整平误差两部分。

1. 对中误差

观测水平角时,对中不准确,使得仪器中心与测站点的标志中心不在同一铅垂线上即是对中误差,也称测站偏心。如图 6-6-1,O 点为测站中心,如果观测时仪器没有精确对中而偏至 O',OO' 之间的距离 e 称为测站偏心距。设角度观测值为 β',正确值为 β,则 β 与 β' 之差 $\Delta\beta$ 就

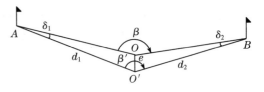

图 6-6-1　对中误差

为对中不精确所带来的角度误差。因为 e 值很小,δ_1 和 δ_2 也是一个小角,所以可以将 e 看作一段小圆弧,于是有下式:

$$\Delta\beta = \delta_1 + \delta_2 = e \cdot \rho'' \left(\frac{1}{d_1} + \frac{1}{d_2} \right) \qquad (6-6-1)$$

式中:$\rho'' = 206\,265''$;d_1、d_2 为水平角两边的边长。

对中误差与测站偏心距成正比,与边长成反比,当边长较短时应特别注意对中,减少对中误差。

2. 整平误差

仪器的整平误差包括两方面,一是水准管轴与垂直轴本身不垂直,这是因为仪器制造加工和检校不完善;二是仪器整平时气泡没有严格居中。这种误差是不能通过所采用的观测方法予以消除的,而且随着观测目标的竖直角变大而变大,所以应特别注意仪器的整平。当进行多测回观测时,一般在一个测回观测结束进行下一测回观测时,应检查气泡是否居中,必要时重新整平仪器。如果在一测回观测过程中发现气泡偏离中心一格以上,应整平仪器重新观测。在野外阳光下观测,应使用遮阳伞,以免仪器的水准管受阳光直射而影响整平的

效果。

（二）目标偏心误差

测角时,要求所照准的目标要垂直而且准确地竖立在标志中心,如果目标倾斜或者没有准确地竖立在标志中心,所测得的角度中必然含有目标偏心误差。如图 6-6-2 所示,仪器安置于 O 点,仪器中心至目标中心的距离为 D,目标 A 偏斜至 A' 的水平距离为 d,设角度观测值为 β',正确值为 β,则 β 与 β' 之差 $\Delta\beta$ 就为目标偏心所带来的角度误差,即

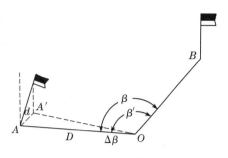

图 6-6-2　目标偏心误差

$$\Delta\beta = \beta - \beta' = \frac{d}{D}\rho'' \qquad (6-6-2)$$

由上式可知,目标偏心误差与偏心距成正比,与仪器中心至目标中心的距离成反比,所以测角时照准目标应竖直,并尽量瞄准目标的底部。

（三）照准误差和读数误差

1. 照准误差

照准误差由望远镜的放大率和人眼的分辨力等因素引起。一般来说,人眼的分辨力为 $60''$,如果用放大倍率为 V 的望远镜进行观测,可以认为照准误差为 $\pm 60''/V$。如望远镜的放大倍率为 30 倍时,照准误差为 $\pm 2.0''$。

2. 读数误差

读数误差的大小与仪器的读数设备有关,对于 DJ$_6$ 级经纬仪,最小格值为 $1'$,可估读到 $0.1'$,则可以认为读数误差为 $\pm 6''$。

三、外界条件的影响

观测在一定的条件下进行,外界条件对观测质量有直接影响,如松软的土壤和大风影响仪器的稳定;日晒和温度变化影响水准管气泡的运动;大气层受地面热辐射的影响会引起目标影像的跳动等等,这些都会给观测水平角带来误差。因此,要选择目标成像清晰稳定的有利时间观测,设法克服或避开不利条件的影响,以提高观测成果的质量。

第七节　电子经纬仪测角原理

近些年来,一些国家测绘仪器制造厂生产了一种新型经纬仪,被称作电子经纬仪,它由精密光学器件、机械器件、电子扫描度盘、电子传感器和微处理机等组成,采用光电测角代替光学测角。这种仪器的外形和结构与光学经纬仪基本相似,但是它能通过微处理机的控制,自动以数字显示所观测的角值,从而使得测角电子化和自动化变成了现实。光电测角可分为编码度盘测角和光栅度盘测角等。

一、编码度盘及其测角原理

要进行自动化数字电子测角,经纬仪须具有角-码光电转换系统,系统包括电子扫描度盘和相应的电子测微读数系统,因此电子经纬仪与光学经纬仪相比,其度盘和读数系统有本

质上的区别。

如图 6-7-1 所示,编码度盘就是在光学圆盘上刻制多道同心圆环,每一个同心圆环称为一个码道。图中表示的是一个有 4 个码道的纯二进制编码度盘,分别以 2^0,2^1,2^2,2^3 表示,度盘按码道数 n 等分为 2^n 个码区,共 16 个码区,度盘的分辨率为 $360°/(2 \times n) = 22.5°$。为确定各个码区在度盘上的绝对位置,将码道由内向外按码区赋予二进制代码,16 个码区的代码为 0000～1111 四个二进制的全组合,且每个代码表示不同的方向值,如表 6-7-1 所示。

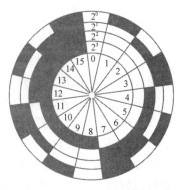

图 6-7-1　编码度盘

表 6-7-1　编码度盘码道及二进制代码表

方向序号	码　道　图　形								纯二进制代码	方向值
	2^3		2^2		2^1		2^0			
0									0000	00° 00
1							■		0001	22 30
2					■				0010	45 00
3					■		■		0011	67 30
4			■						0100	90 00
5			■				■		0101	112 30
6			■		■				0110	135 00
7			■		■		■		0111	157 30
8	■								1000	180 00
9	■						■		1001	202 30
10	■				■				1010	225 00
11	■				■		■		1011	247 30
12	■		■						1100	270 00
13	■		■				■		1101	292 30
14	■		■		■				1110	315 00
15	■		■		■		■		1111	337 30

编码度盘各码区中有黑色和白色空隙,分别属于不透光和透光区域,在编码度盘的一侧安有电源,另一侧直接对着光源安有光传感器,电子测角就是通过光传感器来识别和获取度盘位置信息的。当光线通过度盘的透光区并被光传感器接受时表示为逻辑 0,当光线被挡住而没有被光传感器接受时表示为逻辑 1,因此当望远镜照准某一方向时,度盘位置信息通过各码道的传感器,再经光电转换后以电信号输出,这样就获得了一组二进制代码,当望远镜照准另一方向时,又获得一组二进制代码,有了两组方向代码,就得到了两方向间的夹角。

为了提高编码度盘的分辨率,应该增加码道的数目,但是仅靠增加码道数来提高编码度盘的分辨率是比较困难的,而且当码道数增多时,纯二进制编码度盘将暴露出一个缺点,就是某些相邻方向的代码需要在几个码道上同时进行透光区和不透光区的过度转换,如果光传感元器件中光电晶体管的排列不十分严格地通过度盘中心的直线上时,就会降低观测成果的可靠性。由于这些原因,实用中的度盘编码是经过改进后的二进制编码,称循环码,因为这种编码是 Cray(葛莱)等人发明创造的,所以又称葛莱编码。在葛莱编码中,任何相邻读数只有一位代码发生变化,因此观测结果不会发生太大的错误。

二、光栅度盘及其测角原理

所谓光栅,就是在光学玻璃度盘的径向上均匀地刻制明暗相间的等宽度格线,称为光栅盘。电子经纬仪采用圆光栅,光栅的线条处为不透光区,缝隙处为透光区;刻在圆盘上的由圆心辐射的等角距光栅称为径向光栅(圆光栅),栅距所对应的圆心角即为栅格的分划值。光栅盘上下对应位置装上照明器和光电接收管,则可将光栅的透光与不透光信号转变为电信号。若照明器和接收管随照准部相对于光栅盘移动,则可由计数器累计求得所移动的栅距数,从而得到转动的角度值。因为它是累计计数,因而称这种系统为增量式读数系统。

在度盘的一侧安装有光源,另一侧相对于光源有一个固定的光感器(图 6-7-2)。光栅测角系统中通常采用了莫尔条纹技术,固定光栅的格线间距和宽度与度盘光栅完全相同,固定光栅的平面与度盘光栅的平面平行,且错开一个固定的小角 θ。这时就会出现放大的明暗交替的条纹,即为莫尔条纹(图 6-7-3)。当度盘随照准部转动时,光线透过度盘光栅和固定光栅,进而显示出径向移动的明暗相间的干涉条纹。如果设 x 为光栅度盘相对于固定光栅的移动量,设 y 为干涉条纹在径向的移动量,两光栅之间的夹角为 θ,则有:

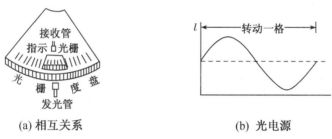

(a) 相互关系　　　　　　　　(b) 光电源

图 6-7-2　光栅度盘测角原理

$$y = x \cdot \tan\theta \qquad (6-7-1)$$

由于 θ 是小角,则有:

$$y = \frac{x}{\theta} \cdot \rho'' \qquad (6-7-2)$$

由此可见,对于任意选定的 x,如果 θ 角越小,干涉条纹在径向的移动量就越大。如果两光栅的相对移动从一条格线移动到另一条格线,干涉条纹将移动一整周,即光强由暗到明,再由明到暗变化一个周期,干涉条纹移动的总周数将与通过的格线数相等。如果数出和记录光感器所接受的光强曲线总周数,就可以测得移动量,经光电信号转换后就得到角度值。

测角过程中,转动照准部时,同时带动指示光栅相对于度盘横向移动,所形成的莫尔条纹将随之移动。设栅距的分划值是 δ,则纹距的分划值亦为 δ,在照准部瞄准方向的过程中,可

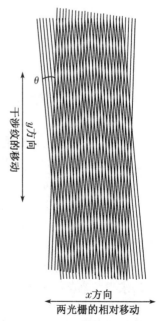

图 6-7-3　莫尔条纹原理

累计出移动条纹的个数 n 和计数不足整条纹距(不足一分划值)的小数 $\Delta\delta$,则角度值 φ 可写为:$\varphi = n\delta + \Delta\delta$。

瑞士克恩(Kern)厂的 N 型和 E2 型电子经纬仪,即采用光栅度盘。

三、动态测角系统

下面以 Wild 厂生产的 T2000 电子经纬仪(图 6-7-4)为例,说明光栅度盘动态测角的基本原理。

T2000 电子经纬仪的测角原理是建立在光电扫描计时动态绝对测角基础上,整个测角系统包括绝对式光栅度盘及其驱动系统、固定光栅探测器 L_S 和活动光栅探测器 L_R(图 6-7-5),L_S 安置在度盘的外缘,相当于光学经纬仪度盘的零位,L_R 安置在度盘的内缘,随照准部转动,相当于望远镜的瞄准线。在光学度盘玻璃上,沿圆周均匀刻制明暗相间的等宽度光栅条纹 1024 条,每明→明(或暗→暗)条纹角距(也即光栅度盘的单位角值)Φ_0 为 $360°/1024 = 21'05.625''$。

图 6-7-4 T2000 电子经纬仪

插入式电池 GEB68
操作键盘
水平线刻度盘
垂直微动
垂直制动
水平微动
水平制动

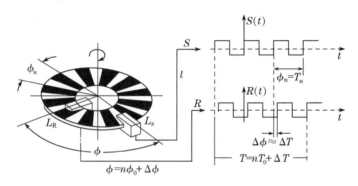

图 6-7-5 动态测角原理

由图 6-7-5 可知 $\Phi = n\Phi_0 + \Delta\Phi$,$\Phi$ 表示望远镜照准方向后 L_S 和 L_R 之间的角度,也是待测的角度,它等于 n 个整分划间隔 Φ_0 和不足一个整分划间隔 $\Delta\Phi$ 之和,这个原理类似于光电测距中的相位式测距,其实质就是将角度测量转换为相位测量。要测量角度 Φ,要先测定 n 和 $\Delta\Phi$,整个测量由粗测和精测同时完成。

(1) 粗测:整分划间隔 Φ_0 的个数 n 是通过测定通过 L_S 和 L_R 的脉冲计数(nT_0)求得的。在度盘径向的外、内缘上设有两个标记 a 和 b,当标记 a 通过 L_S 时,微处理机的计数器立即开始计取整分划间隔 Φ_0 的个数,当标记 b 通过 L_R 时,计数器立即停止计数,此时就得到整数 n,因为 Φ_0 已知,所以粗测值 $n\Phi_0$ 可以准确测定。

(2) 精测:即测量 $\Delta\Phi$,由通过光栅 L_S 和 L_R 产生的两个脉冲信号 S 和 R 的相位差(ΔT)求得。当某一分划通过 L_S 时,精测计数立即开始计取通过的脉冲个数,而当另一分划通过 L_R 时,计数器立即停止计数,由计数器所计的数值即可求得 $\Delta\Phi$。度盘一周有 1024 个分划间隔,每一分划间隔计数一次,度盘转动一周可测得 1024 个 $\Delta\Phi$,然后取平均值就得

到 $\Delta\Phi$ 值。

　　实际测量时,粗测和精测是同时进行的,并由微处理机以数字方式显示或存储最后的角度观测值。由于该仪器的度盘划分为很多个分划间隔,又采用对整个度盘上的每一分划间隔进行扫描和精测,因而消除了度盘光栅刻划误差和度盘偏心差的影响,提高了观测值的精度。该仪器观测值可显示到 $0.1''$,一测回方向中误差为 $\pm0.5''$。

复习思考题

1. 何谓水平角? 何谓竖直角? 它们的取值范围和符号有何不同之处?

2. 分微尺读数与单平板玻璃测微尺读数有何不同?

3. DJ_6 和 DJ_2 在结构上有何区别? 读数设备和读数方法相同吗?

4. 什么叫视准轴、竖盘指标差、视准误差?

5. 经纬仪对中和整平的目的是什么? 怎样进行对中和整平?

6. 经纬仪上的复测扳手有何作用? 如何利用复测扳手将起始方向的水平读盘读数配置成 $0°00'00''$?

7. 什么叫测回法和全圆测回法? 测站上有哪些限差要求?

8. 竖直角测量时,竖盘气泡居中的目的是什么? 怎样理解竖盘指标差的概念?

9. 经纬仪应满足怎样的轴线关系? 怎样检校?

10. 角度测量有哪些主要误差来源? 哪些误差可以通过正倒镜的方法予以消除?

11. 取盘左、盘右两半测回的平均值可消除那几项误差影响? 为什么?

12. 试完成下表中测回法水平角观测手簿的各项计算。

第 12 题表　水平角观测记录(测回法)

仪器:DJ_6,No.78018　　观测者:李新华　　记录者:谢文静
观测日期:2018.03.13 天气:晴　　　　成像:清晰

测站测回	竖盘位置	目标	读数	半测回角值	一测回角值	各测回角值	备　注
			° ′ ″	° ′ ″	° ′ ″	° ′ ″	
O(1)	左	A	00 36 24				
		B	108 12 36				
	右	A	180 37 00				
		B	288 12 54				
O(2)	左	A	90 10 00				
		B	197 45 42				
	右	A	270 09 48				
		B	17 46 05				

13. 用 DJ_2 经纬仪按全圆测回法观测水平角,盘左、盘右的读数填于下表,试列表计算一测回之角值。

第 13 题表　水平角观测记录(全圆测回法)

<table>
<tr><td colspan="10">仪器：DJ₆ No.860032　　观测者：李新华　记录者：谢文静
观测日期：2018.10.12　　天气：多云　　　成像：清晰</td></tr>
<tr>
<td>测回数</td>
<td>测站</td>
<td>目标</td>
<td>盘左读数
(° ′ ″)</td>
<td>盘右读数
(° ′ ″)</td>
<td>$2C=L-\\(R\pm180°)$
(″)</td>
<td>$\frac{L+R\pm180}{2}$
(° ′ ″)</td>
<td>一测回归
零方向值
(° ′ ″)</td>
<td>各测回归零
方向平均值
(° ′ ″)</td>
<td>角值
(° ′ ″)</td>
</tr>
<tr>
<td>1</td><td>2</td><td>3</td><td>4</td><td>5</td><td>6</td><td>7</td><td>8</td><td>9</td><td>10</td>
</tr>
<tr>
<td rowspan="5">I</td>
<td rowspan="5">O</td>
<td>A</td><td>00 02 36</td><td>180 02 36</td><td></td><td></td><td></td><td></td><td></td>
</tr>
<tr><td>B</td><td>70 23 36</td><td>250 23 42</td><td></td><td></td><td></td><td></td><td></td></tr>
<tr><td>C</td><td>228 19 24</td><td>48 19 30</td><td></td><td></td><td></td><td></td><td></td></tr>
<tr><td>D</td><td>254 17 54</td><td>74 17 54</td><td></td><td></td><td></td><td></td><td></td></tr>
<tr><td>A</td><td>00 02 30</td><td>180 02 36</td><td></td><td></td><td></td><td></td><td></td></tr>
<tr>
<td rowspan="5">II</td>
<td rowspan="5">O</td>
<td>A</td><td>90 03 12</td><td>270 03 12</td><td></td><td></td><td></td><td></td><td></td>
</tr>
<tr><td>B</td><td>160 24 06</td><td>340 23 54</td><td></td><td></td><td></td><td></td><td></td></tr>
<tr><td>C</td><td>318 20 00</td><td>138 19 54</td><td></td><td></td><td></td><td></td><td></td></tr>
<tr><td>D</td><td>344 18 30</td><td>164 18 24</td><td></td><td></td><td></td><td></td><td></td></tr>
<tr><td>A</td><td>90 03 18</td><td>270 03 12</td><td></td><td></td><td></td><td></td><td></td></tr>
</table>

14. 试完成下表中竖直角观测手簿的各项计算。

第 14 题表　竖直角观测记录

<table>
<tr><td colspan="9">仪器：DJ₆ No.860032　　观测者：李新华　记录者：谢文静
观测日期：2018.10.22　　天气：多云　　　成像：清晰</td></tr>
<tr>
<td>测站</td>
<td>目标</td>
<td>竖盘
位置</td>
<td>竖盘读数
(° ′ ″)</td>
<td>半测回角值
(° ′ ″)</td>
<td>一测回角值
(° ′ ″)</td>
<td>指标差
i''</td>
<td>仪器高
m</td>
<td>觇标高
m</td>
<td>备　　注</td>
</tr>
<tr>
<td rowspan="2">A</td>
<td rowspan="2">B</td>
<td>盘左</td><td>98 41 18</td><td></td><td></td><td></td><td rowspan="2">1.52</td><td rowspan="2">1.35</td>
<td rowspan="4">盘左
（竖盘示意图：上270，下90，左180，右0）</td>
</tr>
<tr><td>盘右</td><td>261 18 48</td><td></td><td></td><td></td></tr>
<tr>
<td rowspan="2">A</td>
<td rowspan="2">C</td>
<td>盘左</td><td>86 16 18</td><td></td><td></td><td></td><td rowspan="2">1.52</td><td rowspan="2">2.15</td>
</tr>
<tr><td>盘右</td><td>273 44 00</td><td></td><td></td><td></td></tr>
</table>

15. 电子经纬仪由哪几方面组成？电子经纬仪的主要特点是什么？和光学经纬仪相比,其度盘和读数系统有何不同？

第七章　距离测量与直线定向

导 读

　　地面点之间的距离测量是测量工作三大任务之一。距离测量一般是指两点之间水平距离的测量。通常有卷尺丈量、视距测量、光电测距三种不同精度的测量方式。

　　本章首先介绍卷尺丈量，钢尺的普通丈量与精密丈量方法及误差分析；尽管视距测量的精度较低，它仍是地形测量中应用最多的方法，视距测量的原理在第二节介绍；随着光电测量仪器的日益普及，高精度快速的光电测距已成为距离测量的主要方法，本章第三至五节介绍光电测距的原理、仪器、测量方法、成果整理与误差处理等内容；最后一节为地面点位标定、直线定向及坐标推算方法介绍。

　　距离一般是指地面上两点间的水平距离，是确定地面点相对位置的三个基本要素之一。距离测量是测量工作的三项基本工作之一。距离代表了测量对象的尺度。在实际作业中若测得的是倾斜距离，需要转化为水平距离。随着电子仪器的发展，平面与高程同时处理的空间三维网日益受到重视，因此倾斜距离也可直接用于控制网的数据处理。现阶段常用的测量距离的方法有卷尺丈量、视距测量和光电测距三种。

第一节　卷尺丈量

一、丈量工具

　　丈量距离的工具由所需距离的精度决定。距离丈量的主要工具有：钢尺、皮尺、测绳等。

（一）钢尺

　　钢尺是薄钢制成的带尺，宽 1～1.5 cm，长度有 20 m、30 m 和 50 m，卷放在金属架上或圆盒内。如图 7-1-1(a)所示。钢尺的分划有 cm 和 mm 两种，前者适合一般量距，通常尺子在起点处 10 cm 处刻有 mm 刻划；后者适合于精密丈量。钢尺的每米及分米处均有数字注记。钢尺有端点尺和刻线尺之分，二者主要区别是零点位置不同（如图 7-1-1(c)和图 7-1-1(d)）。端点尺是以尺的最外端点作为尺长的零点，而刻线尺的零点一般从尺内端的某一刻线开始，因此在使用钢尺时，首先应了解是哪种尺。另外当进行不同区域的距离测量时，可选择不同的钢尺，以方便量距。如当从建筑物墙边开始丈量时使用端点尺较为方便。较精密的钢尺制造时有规定的温度与拉力，如尺端刻有"30 m、20℃、10 kg"字样，表示该钢尺的初始使用条件,精密丈量时需要进行尺长改正。

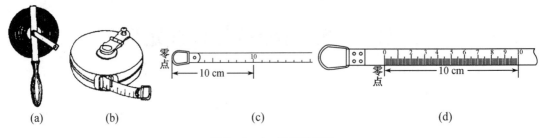

(a)　　　　　　(b)　　　　　　　　　(c)　　　　　　　　　　　(d)

图 7 - 1 - 1　钢尺与皮尺

钢尺适合于较高精度的量距,如导线测量、施工测量等。

（二）皮尺与测绳

皮尺是用麻线与金属丝织成的带状尺,它一般是卷放在金属盒或皮盒内,如图 7 - 1 - 1 (b)所示。用钢尺或皮尺丈量距离,统称为卷尺丈量。但皮尺容易被拉长,因此它只用在精度要求较低的测量工作中。皮尺和钢尺的使用方法基本相同。皮尺长度有 20 m、30 m、50 m 等,以 cm 刻划,一般为端点尺。因伸缩性大,精度不高,只能用于低精度的量距工作,如碎部测量。

测绳是含金属丝的粗绳,有 50 m、100 m 两种,注记至 m,估读至 dm,量距精度低于皮尺,仅适合于农村土地丈量等。

（三）丈量的其他工具

丈量的其他辅助工具有花杆、测钎、垂球、温度计、弹簧秤等。红白相间花杆用作标定直线,测钎用作标志尺段端点位置和计算已量过的整尺段数,垂球在斜坡上量距时用来投点。温度计、弹簧秤在精度较高的量距时,用于测量量距时的温度与拉力,对观测距离加以改正。

二、直线定线

当被量距离大于整钢尺长度或地面坡度较大时,在丈量之前必须进行直线定线,使所量测距离为地面上两点间的直线距离。所谓直线定线就是在地面上标定出位于同一直线上的若干点,以便分段丈量。根据精度要求不同,可分为目视定线和经纬仪定线两种。

1. 目视定线

用于一般的量距。如图 7 - 1 - 2 为直线两端点 A、B,要定出位于 AB 直线上的 1、2 点,先在端点 A、B 上竖立花杆,测量员甲立在 A 点后 1～2 m 处,由 A 瞄向 B,使视线与花杆边缘相切;测量员乙持另一花杆沿 BA 方向走到离 B 点大约一尺段长的 1 附近,按照甲指挥手势左右移动花杆,直到 A、1、B 三花杆在一条直线上,然后将花杆竖直地插下。同样方法定出点 2 的花杆。

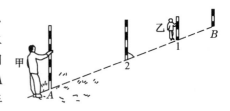

图 7 - 1 - 2　目视定线

2. 经纬仪定线

如果测距精度要求较高,须用经纬仪定线。如图 7 - 1 - 3 所示,在直线 AB 上定出 1,2,3……各点位置,安置经纬仪于 A 点,照准 B 点,固定照准部,沿 AB 方向用钢尺进行概量,按稍短于一尺段长的位置,此时由甲通过经纬仪望远镜利用竖直的视准面,指挥乙移动花杆,当花杆与十字丝竖丝重合时,便在花杆位置打下木桩。桩顶高出地面约 2～3 cm,并在桩顶钉一小钉,使小钉在 AB 直线上;或在木桩顶上划十字线,使十字线其中的一条在 AB 直线上,小钉或十字线交点即为丈量时的标志。

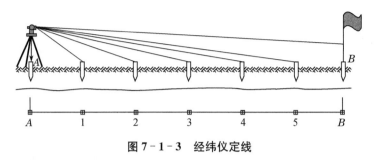

图 7 - 1 - 3　经纬仪定线

三、钢尺量距的一般方法

根据地面坡度不同,钢尺量距方法有所不同,分为平地量距和斜坡量距两种情况。

(一) 平地量距

当地面比较平坦时,可沿地面丈量。首先进行直线定线,然后由两人以尺段为单位进行逐段丈量。如图 7 - 1 - 4,后尺手持尺的零点位于直线起点 A,并在 A 点上插一测钎,前尺手持尺的末端并携带一组测钎,沿 AB 方向前

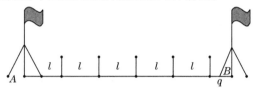

图 7 - 1 - 4　平地量距

进,行至一尺段处停下。后尺手以手势指挥前尺手将钢尺拉在直线 AB 方向上,后尺手以尺的零点对准 A 点,当两人同时把钢尺拉紧、拉稳和拉平时,前尺手在尺的末端刻线处竖直地插下一测钎,得到 1 点。这样便量完了一个尺段。随之后尺手拔起 A 点上的测钎与前尺手共同举尺前进,同法量出第二尺段。如此继续丈量下去,直至最后不足一整段时,前尺手将尺上某一整数分划对准 B 点,由后尺手在尺的零端读出整毫米数,两数相减,即可求得不足一尺段的余长。于是 AB 两点间的水平距离为:

$$D = n \times l + q \qquad (7 - 1 - 1)$$

式中:n 为整尺段数(即后尺手手中的测钎数,但注意不包括 n 点的测钎);l 为钢尺整尺长度;q 为不足一整尺的余长。

(二) 斜坡量距

当地面具有一定的坡度时,根据量距时钢尺的放法不同可分为平量法与斜量法。

1. 平量法

沿倾斜地面丈量距离,当地势起伏不大时,可将钢尺拉平丈量。如图 7 - 1 - 5,丈量由 A 向 B 进行,甲立于 A 点,指挥乙将尺拉在 AB 方向线上。甲将尺的零点对准 A 点,乙将尺子抬高,并且使尺子水平,然后用垂球将尺段的末端投于地面上,再插以测钎,完成一尺段丈量。

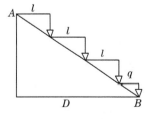

图 7 - 1 - 5　平量法

2. 斜量法

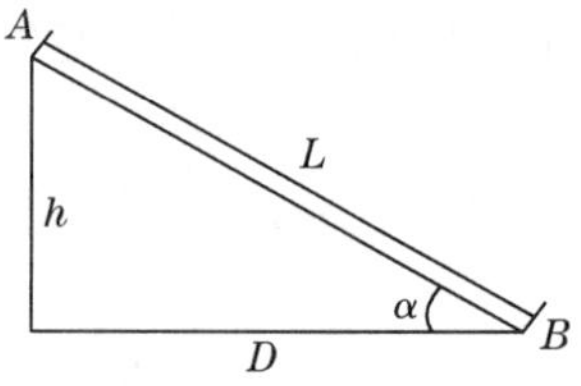

当倾斜地面的坡度比较均匀时,如图 7-1-6,可以沿斜坡丈量出 AB 的斜距 L,根据地面坡度角 α,计算 AB 的水平距离 D。显然

$$D = L \cdot \cos\alpha \qquad (7-1-2)$$

或者根据 AB 间的高差 h,计算 AB 的水平距离 D:

$$D = \sqrt{L^2 - h^2} \qquad (7-1-3)$$

图 7-1-6　斜量法

(三) 钢尺量距的记录方法与精度

1. 量距的记录格式

丈量距离常用的记录手簿,如表 7-1-1 所示。在表中除了记录实测数据外,尚需核算丈量结果的精度,如表中所列。

表 7-1-1　距离测量记录手簿

工程名称:仙林校区实验大楼南侧			天气:晴、微风		测量者:宁新、肖立伟
日期:2018 年 9 月 23 日			仪器:钢尺 30021		纪录:肖冰冰
测　线		分段测量长度(m)		总长度(m)	平均长度(m)	精　度
		整尺段数($n \times l$)	零尺段(l')			
AB	往	8×50	36.523	436.523	436.469 5	1/4 079　量距方便地区≤1/3 000
	返	8×50	36.416	436.416		

2. 量距的精度

在实际量距中,为了提高量距的可靠性,及时发现错误,提高量距的精度,往往采用往、返丈量法。往、返丈量距离的精度可用"相对误差"来衡量。如丈量 AB 两点间的水平距离,由 A 向 B 量一次,称为往测;然后再由 B 向 A 量一次,称为返测,合称为往、返丈量。往、返所测结果的差与往返所测结果的平均值的比值称为量距的相对误差,一般用分子为 1 的分数表示,即:

$$K = \frac{|D_{往} - D_{返}|}{D_{均}} = \frac{1}{M} \qquad (7-1-4)$$

例如,丈量距离 AB,往测时为 436.523 m,返测时为 436.416 m,则往、返测距离之差为 0.107 m,往、返距离的平均值为 436.469 5 m,从而可求得其相对误差

$$K = \frac{0.107}{436.469\ 5} = \frac{1}{4\ 079}$$

一般规定,在平坦地区,钢尺量距的相对误差不大于 1/3 000;在量距困难地区,也不应大于 1/1 000。量距结果,如能符合此要求,即认为精度合格,取往、返测距离的平均值为最终结果;否则,应进行重测,直至满足精度要求为止。

为了避免差错,提高量距的精度,量距时注意以下几点:

(1) 丈量前,要认清钢尺的零点和末端位置及分划注记,不要用错。

(2) 丈量时,定线要准;尺要拉平,拉力要均匀;对点要准,测钎要竖直地插下,并插在钢尺的同一侧。

（3）记住整尺段数，读好不足一尺段的余长。

（4）钢尺不准在地面上拖拉，量距时不许车辆或行人践踏。

（5）外业工作完毕后，而用软布擦去钢尺上的泥沙和水，涂上机油，以防生锈。

四、钢尺量距的精密方法

（一）沿地面丈量

当量距的精度要求高于 1/3 000 时，称为精密量距，需采用精密量距方法。当地面比较平坦时，可用沿地面丈量法。首先用经纬仪定线，定线时，用钢尺概量，每隔大约一整尺段（比尺长大约短 5 cm），打一木桩，木桩高出地面约 2～3 cm。并在桩顶划线表示直线方向，再划细垂线，形成十字交点，作为钢尺读数的起讫点。钢尺应有毫米分划，至少零点端有毫米分划。尺子须经检定，并有尺长方程式，以便对量距结果进行改正。丈量时用弹簧秤施加检定时的拉力。用水准测量方法测定各桩顶间高差，作为分段倾斜改正的依据。

丈量的方法有读数法与划线法两种。读数法丈量时钢尺两端均对准尺段端点进行读数，若钢尺仅零端有毫米刻划，则须以尺末端某 dm 分划对准尺段一端，以便零端读出 mm 数。每尺段丈量三次，以尺子的不同位置对准端点，其移动量一般在 10 cm 以内。三次读数所得尺段长度之差，一般不超过 2～5 mm，若超限，须进行第四次丈量。表 7-1-2 为钢尺量距手簿的一种形式。

表 7-1-2　钢尺量距记录手簿

工程名称：仙林校区实验大楼南侧				天气：晴、微风			测量者：宁新、肖立伟	
日　　　期：2018 年 9 月 24 日				仪器：钢尺 30021			纪　　录：肖冰冰	
线　　　段：AB				检定拉力：10 kg			钢尺号：K1228	
尺长方程式：　　　　　$l_t = 30 + 0.005 + 1.25 \times 10^{-5}(t - 20\ ℃) \times 30$								

尺段号		钢尺读数（m）			中数（m）	高差测定（m）			温度（℃）
		第一次	第二次	第三次		点号	往测标尺读数	返测标尺读数	
A	前	29.890 5	29.900 0	29.910 0	29.844 0	A	1 543	1.644	+9.4℃
	后	0.045 5	0.057 0	0.066 0		1	1.039	1.139	
1	前－后	29.845 0	29.843 0	29.844 0		h	+0.504	+0.505	
						+0.504			
1	前	29.920 5	29.930 0	29.950 5	29.882 7	1	1.427	1.528	+10.0℃
	后	0.037 5	0.047 0	0.068 5		2	1.106	1.207	
2	前－后	29.883 0	29.883 0	29.882 0		h	+0.321	+0.321	
						+0.321			
2	前	16.780 0	16.790 0	16.811 5	16.755 3	2	1.352	1.453	+11.1℃
	后	0.024 0	0.035 0	0.056 5		B	1.248	1.348	
B	前－后	16.756 0	16.755 0	16.755 0		h	+0.104	+0.105	
						+0.104			

划线法是以整尺段为单位,中间全用整尺段丈量,无需读数,用铅笔在桩顶划线或插入细针来表示尺段端点。也可用有三个尖脚的小铁片代替木桩,丈量时将小铁片踏入丈量方向的地面上,铁片表面用粉笔涂色。当拉力稳定且后尺端正好对准零点时,前司尺员可用小刀或铅笔在此小铁片上划线,其零尺段还要用读数的方法量出余长。

精密丈量时也常采用悬空丈量,用钢线尺或因瓦线尺,也可用钢带尺或因瓦带尺。在每尺段处放置带有轴杆头的脚架,线尺端有分划尺,可供读取读数。

精密丈量的成果整理,除需加入尺长改正数、温度和高差改正数外,应根据测区高程,将该长度投影到大地水准面上。设投影后的长度为 D_0,则

$$D_0 = D - \frac{H_m}{R}D \qquad (7-1-5)$$

式中:H_m 为该长度的平均高程;R 为地球平均半径,通常取 6 371 km。

(二) 钢尺的检定

当要求量距的精度较高时,对外业量距的成果必须首先进行各项改正,如尺长、温度、拉力等,这是由于尺子本身以及量距时的外界环境不同而引起的。较精密的钢尺在出厂时都注明钢尺被检定时的温度、拉力和尺长,并附有尺长方程。尺长是指尺子的刻划长度,也称名义长度,一般与其实际长度有所不同,二者之差称为尺长改正数,该值并不是一成不变的,随着使用时间的变化,应定期到国家计量局认定的单位进行检定,得到实际的尺长方程式。

设 l_0 表示名义长度,l 表示实际长度,则 $\Delta l = l - l_0$。

当实际长度大于名义长度时为正,反之为负。尺子在不同的拉力下,长度会发生变化,因此在进行实际量距时应尽量采用钢尺检定时的拉力;钢尺的长度受温度变化热胀冷缩,不同的温度环境下,尺长不同,因此需考虑温度改正,综合尺长改正、温度改正,可以写出下列方程:

$$l_t = l_0 + \Delta l + l_0\alpha(t - t_0) \qquad (7-1-6)$$

式中:l_t 为温度为 t 时的实际长度;α 为钢尺膨胀系数,一般为 $(1.16 \sim 1.25) \times 10^{-5}$;$t_0$ 为钢尺检定时的温度。

有了尺长方程,即可对所测距离进行改正。

【例 7-1-1】 用一根尺长方程为:$l_t = 30 \text{ m} + 0.005 \text{ m} + 30 \times 1.25 \times 10^{-5} \times (t - 20 ℃)$ 的钢尺,在温度为 25°时,往测测得某段距离为 165.453 m,返测得 165.492 m,两者间的高差为 2.225 m,问该次丈量的距离是否达到1/3 000的精度要求,实际平距为多少?

解:每尺段的实际长度为:

$$l_t = 30 \text{ m} + 0.005 \text{ m} + 30 \times 1.25 \times 10^{-5} \times (25 - 20 ℃) = 30.006\ 9 \text{ m}$$

经改正后往测与返测的距离为:

$$l_{往} = \frac{165.453}{30} \times 30.006\ 9 = 165.491 \text{ m}$$

$$l_{反} = \frac{165.492}{30} \times 30.006\ 9 = 165.530 \text{ m}$$

$$l_平 = (l_往 + l_反)/2 = 165.510\ 5\ \text{m}$$

$$k = \frac{|\ l_往 - l_反\ |}{l_平} = \frac{1}{4\ 200} < \frac{1}{3\ 000},\ 满足精度要求,实际距离为165.510\ 5\ \text{m}。$$

平距为:$\sqrt{165.510\ 5^2 - 2.225^2} = 165.495\ 5\ \text{m}$

五、钢尺量距的误差分析

影响丈量距离的误差较多。有仪器误差(尺子本身的误差)、观测误差(包括定线误差、读数误差)和外界条件引起的误差(风力、温度等)。

(一)定线误差

在图 7-1-7 中,AB 为正确位置,虚线为偏离测线的位置,可见偏离测线的长度总是大于 AB 的真值,属系统性影响。根据推导若要求 $\Delta < \pm 1\ \text{mm}$,当 l 为 30 m 时,则应使定线误差不超过 0.1 m。这时采用目估花杆定线是可行的。

图 7-1-7　定线误差

(二)钢尺尺长误差

精密距离丈量必须使用检定过的钢尺,使用的钢尺必须具有近期的尺长方程,以便对丈量结果进行改正,这样可保证尺长误差小于±0.1 mm。若用未经检定的钢尺或不按新的尺长方程式计算距离,则距离中必然含该项误差。用一根尺往返丈量不会发现此项误差,而用两根尺子同向丈量所反映的只是两尺尺长改正数 Δl 的差与整尺段数的乘积。

(三)测定地面倾斜的误差

当在斜面上丈量距离时,斜距必须改化为平距,由改化公式可知,若使 $m_{\Delta D_h} = \pm 1\ \text{mm}$,则当 $h = 1\ \text{m}$ 时,一尺段 30 m 测定高差的误差应小于 3 cm,这用普通水准测量是容易达到的。

(四)温度误差

温度改正数的公式为 $\Delta D_t = \alpha \cdot (t - t_0)D'$,$m_{D_t} = \alpha \cdot D' \cdot m_t$。如仍设一尺段中因温度产生的误差为±1 mm,则测定温度的误差约为3℃。问题在于测定空气的温度有时与钢尺温度相差较大,夏季沿地面丈量时尤为显著,因此应设法量取钢尺的温度。

(五)拉力误差

钢尺具有弹性,弹性模量 E 约为 $2 \times 10^6\ \text{kg/cm}^2$,钢尺截面设为 $A = 0.04\ \text{cm}^2$,拉力误差为 Δ_p。按虎克定律,钢尺伸长为:$\Delta l_p = \frac{\Delta p \cdot l}{E \cdot A}$。对于 30 m 钢尺而言,若使 $\Delta l_p = +1\ \text{mm}$,则拉力误差(与检定时拉力相比较)应小于 3 kg。

(六)丈量本身的误差

包括钢尺端点的对准误差,插测钎的误差,读数的误差等。虽属偶然性误差,可抵消其中一部分,但仍为丈量的主要误差来源。如钢尺的基本分划为 mm,读数只要求读到 mm,

就可能有 0.5 mm 的凑整误差。再考虑其他丈量误差,要保证 1 mm 的精度是不容易的。为此,宁可对其他系统误差控制得严一些,以保证总的丈量精度。

第二节 视距测量

一、视距测量的概念

视距测量是使用带有视距丝的仪器间接地同时测定地面上两点间距离和高差的方法。这种方法观测速度快、操作方便,不受地形限制,尽管测距精度较低(一般为 1/200～1/300),但能满足地形测量的要求,因此被广泛应用在地形测图中,用来测定大量碎部点的位置和高程。视距测量的工具包括带有测量距离装置的经纬仪、水准仪以及与之配套的标尺。测量距离的装置,称为视距装置,最简单的是十字丝分划板。在十字丝分划板上除刻有竖丝和横丝外,还刻有两条上、下对称的短丝,即视距测量的视距丝。与视距测量配套的尺子称为视距尺,也可用普通水准尺代替。

二、视距测量的原理和公式

(一) 视准轴水平时

如图 7-2-1 所示,在 A 点安置经纬仪,在 B 点竖立视距尺。p 为上、下视距丝的间隔,f 为物镜的焦距,δ 为物镜到仪器中心的距离,d 为物镜焦点至视距尺的距离。当望远镜视线水平时,使视距尺成像清晰。根据透镜成像原理,从视距丝 m、g 发出的平行于望远镜视准轴的光线,经物镜后产生折射且通过焦点 F 而交于视距尺上 M、G 两点。M、G 两点的读数差称为视距间隔,用 n 表示。因△Fmg 与△FMG 相似,从而可得:

$$d = \frac{f}{p}n$$

由图中可知:

$$D = d + f + \delta = \frac{f}{p}n + f + \delta$$

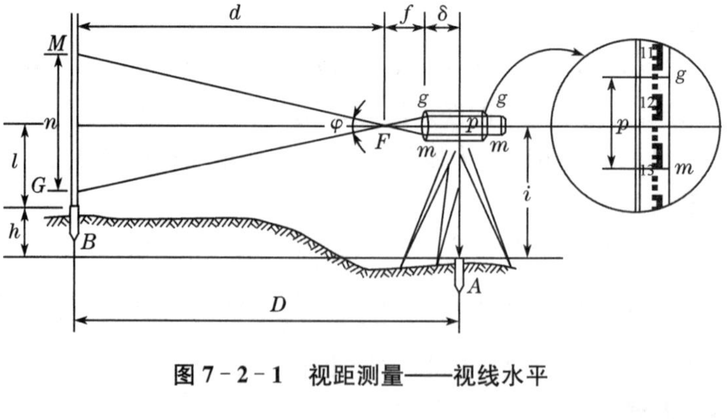

图 7-2-1 视距测量——视线水平

令 $K = \dfrac{f}{p}$,$q = f + \delta$,则 A、B 两点间的水平距离为:$D = K \times n + q$,式中 K 为视距乘

常数，q 为视距加常数。

为了简化公式，在仪器的设计中，使 $q=0$，$K=100$。即测距时，只要用视距丝读取视距尺间隔 n，乘以常数 100，即得待测距离：

$$D = K \times n \qquad (7-2-1)$$

当视线水平时，十字丝中横丝在尺上的读数为 l，设经纬仪横轴中心至地面标志 A 的距离称为仪器高 i，则测站点 A 至立尺点 B 的高差 h 为：

$$h = i - l \qquad (7-2-2)$$

这种情况适用于水准仪视距测量，因此在水准测量的过程中，若读取上、下丝读数，即可求出水准仪与水准尺间的距离。在四等以上的水准测量中，通过读取上、下丝来求取前后视距长，以控制前后视距的差值，减小视准轴与水准轴不平行的误差影响以及地球曲率、大气折光的误差影响等。

（二）视准轴倾斜时

为了测定地面上任意两点的距离，由于地面高低起伏，一般要使视线倾斜才能在尺上读数，这时视准轴不与尺面垂直，如图 7-2-2 中 M、N 两读数之差。因此上面所推导的公式不再适用。

如图 7-2-2，设想将尺子以中丝在尺上的交点 C 为中心，转动一个 α 角，使尺与视线相垂直，这时上、下视距丝截尺于 M'、N' 两点，得视距间隔为 n'，则可用(7-2-1)式求得斜距 D' 为：

$$D' = K \times n'$$

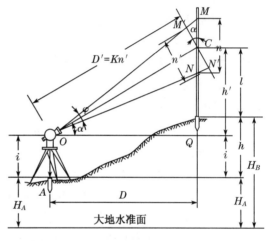

图 7-2-2　视距测量——视线倾斜

那么 $M'N'$ 与 MN，即 n' 与 n 有什么关系呢？由于 φ 角很小，$\dfrac{\varphi}{2}$ 一般仅有 $17.9'$，所以可将 $\angle MM'C$ 和 $\angle NN'C$ 看成直角。在近似直角三角形 $MM'C$ 和 $NN'C$ 中，$M'C = MC\cos\alpha$，$N'C = NC\cos\alpha$，则：$n' = M'C + N'C = (MC + NC)\cos\alpha = n\cos\alpha$，即

$$D' = Kn' = Kn\cos\alpha \qquad (7-2-3)$$

再将斜距化为水平距离，在 △OCQ 中，$D = D'\cos\alpha$，将式(7-2-1)代入上式得视线倾斜时 A、B 间的水平距离为：

$$D = Kn\cos^2\alpha \qquad (7-2-4)$$

求视距测量高差时，由图 7-2-2 可知，$h + l = h' + i$，而 $h' = CQ = D \times \tan\alpha$，则视线倾斜时的高差公式为：

$$h = h' + i - l = D\tan\alpha + i - l = Kn\cos^2\alpha\tan\alpha + i - l$$

$$= Kn\cos\alpha\sin\alpha + i - l$$

或者

$$h = \frac{1}{2}Kn\sin 2a + i - l \qquad (7-2-5)$$

三、视距测量的误差来源

视距测量的误差来源同样可以从三个方面考虑：即仪器误差、观测误差、外界条件引起的误差等。

(一) 仪器误差

包括视距尺分划误差、常数 K 的误差等。

1. 视距尺的分划误差

由视距测量公式 $D = Kn\cos^2\alpha$，不难看出，若 n 不准确，对距离的影响为 n 的 $K\cos^2\alpha$ 倍。如视距尺为水准尺，其 dm 分划线的偶然中误差为 ±0.5 mm，对距离的影响为 ±0.071 m。

2. 常数 K 不准确的误差

普通视距仪的常数已认定 $K = 100$。前已述及，在仪器制造时，使 $K = 100$，$K = f/p$，可见影响 K 的误差，主要是视距丝间隔的误差，在仪器制造时要求对乘常数的影响应小于 0.2%。如果重新测定 K 值，测定中各项误差也会使 K 产生误差。此外，常数受气温等变化而不稳定。设 K 的中误差为 m_k，则对视距 D 的误差 m_D 为：

$$m_D = n \cdot m_k$$

(二) 观测误差

1. 用视距丝读取视距间隔的误差

读取 n 有两种方法。即取上、下丝直接读数的差；或者使一根丝与尺子的某整数分划重合，另一丝读取读数。重合误差与分划图形成像的情况有关，读数的误差与尺子最小分划的宽度、距离远近、望远镜的放大率及成像清晰情况有关。

2. 观测竖直角的误差

由 $D = Kn\cos^2\alpha$ 知，α 有误差必然影响视距测量的精度。α 一般小于 $45°$，$\sin 2\alpha$ 为增函数，可见其影响随竖直角 α 的增大而增大。设 $Kn = 100$ m，$\alpha = 45°$，测角误差取 $\pm10''$，则对距离的影响力 5 mm。当 $m_a = \pm1'$ 时，对距离的影响力 30 mm。可见此项误差影响较小。

3. 视距尺竖立不直的误差

尺子不竖直，将对视距产生误差。设 n 和 n' 分别为视距尺竖直与不竖直时视距丝的间隔，尺子的倾斜角为 φ，视准轴的倾斜（即竖直角）为 α，则对距离的影响为：

$$\Delta D_\varphi = Kn\cos^2\alpha\left(\frac{\varphi^2}{2\rho^2} - \frac{\varphi}{\rho}\tan\alpha\right)$$

式中括号内的第一项与视线的竖直角 α 无关，影响也较小。如 $\varphi = 3°$ 时为 1/730。第二项随 α 的增大而迅速增大。例如当 $\varphi = 3°$，α 为 $10°$ 和 $20°$ 时，分别为 1/108 及 1/52。这在视距测量中是不可忽视的，特别在山区作业，视距尺倾斜 $3°$ 是完全可能的。为减少其影响，应在尺上安置圆水准器。

(三) 外界条件的影响

外界条件的变化，如大气的竖直折光使视线产生弯曲，特别是靠近地面，折光影响显著，会影响测距的精度。又如烈日下或视线通过水面时,使视距尺的成像不稳定,造成读数误差增大。还有风力较大时使尺子抖动,两根视距丝又不能在同一时间读数。这些都会给测定视距间隔 n 带来误差。

综上所述,影响视距测量精度的因素很多,表现最大的是用视距丝读取视距间隔误差、视距尺竖立不直的误差和外界条件的影响等三种误差。从理论和实验资料分析,在良好的外界条件下,普通视距的相对误差约为 $1/200\sim1/300$。当外界条件较差或尺子竖立不直时,甚至只有 $1/100$ 或更低的精度。

第三节　光电测距

由前 2 节的介绍可以看出:长距离的卷尺丈量是一项十分繁重的工作,劳动强度很大,工作效率低,而且受地形的影响比较大,且精度较低,远远不能满足测量的需要。视距测量虽然降低了劳动强度,但精度很低,仍然不能满足较高精度测量的需要。在第二次世界大战期间及其以后,由于雷达探测和各种无线电导航系统的发展,促进了人们对电子测时技术、测相技术和高稳定度频率源等领域的深入研究,为电磁波测距仪的出现创造了条件。电磁波测距是利用电磁波作为载波,从测线一端发射出去,由另一端反射回来。测定发射波来回经过的时间 t,当知道发射波的传播速度 c,则测线距离 $S=c\times t/2$。

电磁波测距技术的出现,使测量技术产生了五个方面的变革:一是三角测量中的起算边长,几乎全用电磁波测距,用基线尺直接长距离丈量的方法已成为历史;二是导线测量、边角同测或三边测量的布网方式应用越来越广泛,有逐步取代传统三角测量的趋势;三是用测角、测距合一的电子速测仪,按边角交会方式加密大地控制网将成为重要方法;四是测距高程导线替代三、四等水准测量传算高程,在山区、丘陵等困难地区已取得明显效益;五是测量地面站至人造卫星间的激光测距,使测定地面点位置的精度大幅度提高,点与点之间的距离大大增大。

利用光电测距仪(简称测距仪)测量距离,即光电测距,具有测距精度高、速度快、测程大以及不受地形影响等优点。

光电测距仪的种类比较多。按其测程大小,可分为短程(<3 km)、中程($3\sim15$ km)和远程(>15 km)三种;如按载波来分,采用可见光或红外光作为载波的称为光电测距,采用微波段的无线电波作为载波的称为微波测距;按所用光源分,可分为红外测距仪和激光测距仪;按精度的高低,又可分为Ⅰ、Ⅱ、Ⅲ级,如表 7 - 3 - 1。光电测距仪中利用氦氖(He - Ne)气体激光器,其波长为 $0.632\,8\ \mu m$ 的红色可见光的就是激光测距仪。其测程长,精度也高。光电测距仪中使用的载波在电磁波红外线波段,波长一般为 $0.86\sim0.94\ \mu m$ 的称红外测距仪。红外测距仪是砷化镓(GaAs)发光二极管为载波源,发出红外线的强度随注入的电信号的强度而变化,兼有载波源和调制器的双重功能。光电测距仪的电子线路能集成化,与测角设备及微处理器结合组成半站型全站仪,自动化程度高。

表 7-3-1 光电测距等级分类

等 级	精 度	表 达 式
Ⅰ级	$\lvert m_D \rvert \leqslant 5$ mm	$m_D = \pm(a + b \cdot \text{ppm})$ m_D 为测距中误差;
Ⅱ级	5 mm $< \lvert m_D \rvert \leqslant 10$ mm	a 为固定误差(加常数),
Ⅲ级	10 mm $< \lvert m_D \rvert \leqslant 20$ mm	b 比例误差(乘常数,以 km 记)

一、光电测距仪的基本工作原理

光电测距仪是通过测量光波在待测距离上往、返一次所经过的时间 t,间接地确定两点间距离 D 的一种仪器。如图 7-3-1,测定两点间的距离时,在 A 点安置光电测距仪,在 B 安置反光棱镜,仪器发出的光束由 A 到达 B,经反光棱镜反射后又返回到仪器。设光速 c 为已知,如果再知道光束在待测距离 D 上往、返传播的时间 t_{2d},则距离 D 就可由下式求得;

$$D = \frac{1}{2} t_{2d} \cdot c \qquad (7-3-1)$$

这就是光电测距仪工作的基本原理。

可见只要能精确测定时间 t_{2d} 就可精确测定距离。如果要求测距误差点 $dD < 1$ cm,并取 $c = 299\,792\,458$ m/s,测定时间间隔 t_{2d} 的精度为:

$$d_{t_{2D}} \leqslant \frac{2}{c} dD = \frac{2}{3 \times 10^{10}} = 0.667 \times 10^{-10}\,(\text{s})$$

脉冲法测距是一种直接测定电磁波脉冲信号在待测距离上往返传播的时间,由于直接测定传播时间的精度只有 10^{-8} 秒,测距精度受到限制。脉冲法测距多用于光能量很大的激光测距仪,适用于远距离测量。近年来已有 mm 级的脉冲式激光测距仪出现,是在原来的基础上进行了改进。

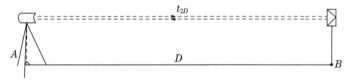

图 7-3-1 光电测距原理图

二、相位式光电测距仪

要进一步提高精度,还可以采用间接的测时手段,即通过测定测距仪所发出的一种连续调制光波在测线上往返传播所产生的相位移,以间接测定时间 t_{2d},按式(7-3-1)求出距离 D。许多高精度的光电测距仪一般都采用"相位法"间接测定时间,又称为相位式测距仪。

由光源经调制器射出的光强随高频信号调制后,经反射镜反射被接收器所接收,然后由相位计将发射信号(又称参考信号)与接收信号(又称测距信号)进行相位比较,并由显示器显示出调制光在被测距离上往返传播所引起的相位移 φ。如果将调制波的往返测程摊平,则有如图 7-3-2 所示的波形。

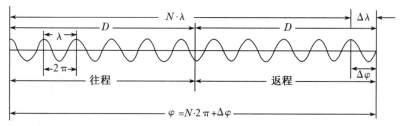

图 7-3-2　相位测量距离原理图

若已知相位移 φ，ω 为角速度，f 为频率，则

$$t_{2D} = \frac{\varphi}{\omega} = \frac{\varphi}{2\pi \cdot f}$$

代入(7-3-1)式得：

$$D = \frac{c \cdot \varphi}{2f \cdot 2\pi} \qquad (7-3-2)$$

由图 7-3-2 可以看出：

$$\varphi = N \cdot 2\pi + \Delta\varphi = 2\pi(N + \Delta N) \qquad (7-3-3)$$

式中：N 为零或正整数，表示 φ 的整周期数；$\Delta\varphi$ 为不足整周期的相位移尾数，$\Delta\varphi < 2\pi$；ΔN 为不足整周期的比例数，$\Delta N = \frac{\Delta\varphi}{2\pi} < 1$。

将式(7-3-3)代入式(7-3-2)可得：

$$D = \frac{c}{2f}\left(N + \frac{\Delta\varphi}{2\pi}\right) = \frac{c}{2f}(N + \Delta N) = \frac{\lambda}{2}(N + \Delta N) \qquad (7-3-4)$$

式(7-3-4)为相位式测距的基本公式。

令 $\lambda/2 = L_D$，则式(7-3-4)为：

$$D = N \cdot L_D + \Delta N \cdot L_D \qquad (7-3-5)$$

上式与钢尺量距时的公式相比较，可以看出 $\lambda/2$ 相当于钢尺长度，称为光尺长度。于是，距离 D 也可以看成是光尺长度乘以光尺整尺段数和余尺数之和。由于光速 c 和调制频率 f 是已知的，所以光尺的长度 L_D 是已知的。显然，要测定距离 D，就必须确定整尺段数 N 和余尺数 ΔN。

在相位式测距仪中，相位计只能分辩 $0°\sim360°$ 的相位值，也就是测不出相位变化的整周期 $N \cdot 2\pi$ 数，而只能测出相位变化的尾数 $\Delta\varphi\left(\text{或}\dfrac{\Delta\varphi}{2\pi}\right)$，因此使(7-3-5)式产生多值解，距离 D 仍无法确定。为了求得完整距离，在测距仪上，采用多把测尺，即多个调制频率的方法来解决。例如选定一个 10 m 的测尺和一个 1 000 m 的测尺，设待测距离为 328.315 m。则用 10 m 测尺测得小于 10 m 的尾数 8.315 m，而 1 000 m 的测尺测得小于 1 000 m 的数，如 328.2 m，将两数衔接起来(对于 1 000 m 的测尺只取百米、十米位)，即为所求的距离值。若距离再大，还要第三把测尺。

三、仪器的构造

测距仪的型号很多,但其构造及使用方法基本类似。以红外测距仪 ND3000 为例,如图 7-3-3 所示,它是一种相位式红外测距仪。

仪器采用砷化镓(GaAs)半导体二极管的红外荧光(波长为 $0.865\ \mu m$)作为光源。调制频率采用三频测距,$f_1 = 14\ 835\ 547\ Hz$,相应的精测尺长度为 10.10 m,$f_2 = 146\ 886\ Hz$,相应粗测尺长为 1 020.49 m,$f_3 = 149\ 854\ Hz$,相应的粗测尺长度为 1 000.28 m。f_2 与 f_3 组合频率:$f_4 = 2\ 968\ Hz$,相应的粗测尺长度为 50 508.45 m。

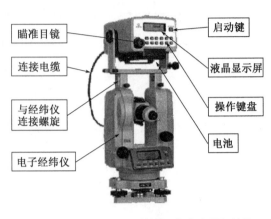

图 7-3-3　ND3000 红外测距仪＋电子经纬仪

在一般气象条件下,单反射棱镜的测程为 2 000 m,三块棱镜达 3 000 m。测距精度 5 mm＋3 ppm $\times D$。ND3000 测距快捷,跟踪测量 0.8 秒,连续测量 3 秒,能取平均值;具有单次、连续、平均、跟踪等灵活多样的测距功能;还有照明装置,光线较暗时,可用液晶照明。

ND3000 望远镜的视准轴、发射光轴和接收光轴同轴,有垂直制动螺旋和微动螺旋,可利用连接器将测距仪与电子经纬仪组成半站型全站仪。测距时,测距仪瞄准棱镜测距,经纬仪瞄准棱镜测量竖直角;通过测距仪面板上的键盘,将经纬仪测量出的天顶距或高度角输入到测距仪中,计算出水平距离和高差。通过 RS-232C 接口输出数据,配以电子手簿,也可以自动记录数据。

测距仪还需与反射镜配合使用。反射棱镜与对中杆如图 7-3-4 所示。反射镜的作用是在被测点将发射来的调制光反射至接收系统。随着测程的不同,使用的反射棱镜数目也不同。但当测距小于 100 m 时,由于反射镜返回的光强很大,应使用滤光器以减弱光强。对中杆由测量杆和 2 根(或 3 根)支撑杆组成。反射镜安装在测量杆上,通过调整支撑杆使得对中杆上气泡居中。

图 7-3-4　反射棱镜与对中杆

四、测量距离的简要步骤

将测距仪和反射镜分别安置于测线两端点。反射棱镜面与入射光线方向大致垂直,照准反射镜,检查经反射镜返回的光强信号,合乎要求后即可开始测距。为避免错误和减少照准误差的影响,再次重新照准反射镜。每次可读取若干次读数,称为一测回。根据不同精度的要求规定测回数。最好在不同的时间段进行往返测量(精度要求不高也可单向测量)。同时应由温度计和气压计读取大气温度和气压值。所有观测结果均记入相应的记录手簿中。

第四节　光电测距的成果整理

测距时所得的一测回或几测回距离读数平均值 S 为野外观测值,还必须经过改正,才能得到两点间正确的水平距离。

一、仪器常数改正

仪器常数包括乘常数 K 和加常数 C 两项。距离的乘常数改正值:

$$\Delta S_K = K \cdot S \qquad\qquad (7-4-1)$$

式中: K 的单位为 mm/km, S 的单位为 km。

例如,测得的观测值 $S = 816.350$ m, $K = +6.3$ mm/km, 则 $\Delta S_K = 6.3 \times 0.81635 = +5$(mm)。

距离的加常数改正值 ΔS_C 与距离的长短无关,因此有:

$$\Delta S_C = C \qquad\qquad (7-4-2)$$

例如: $C = -8$ mm, 则 $\Delta S_C = -8$ mm。

二、气象改正

光在大气中传播速度会受到气温、气压等气象条件的影响。因此,当测距精度要求较高时,测距还应测定气温、气压,以便进行气象改正。距离的气象改正值 ΔS_A 与距离的长度成正比,因此气象改正参数 A 也是一个乘常数。一般在仪器的说明书中给出 A 的计算公式。例如,REDmini 测距仪以 $t = 15℃$, $p = 1013.2$ hPa(百帕)为标准状态,此时 $A = 0$;在一般大气条件下:

$$A = (278.96 - 0.5162 \times p/(1 + 0.003661 \times t))\ (\text{mm/km}) \qquad (7-4-3)$$

距离的气象改正值为:

$$\Delta S_A = A \cdot S(\text{mm}) \qquad\qquad (7-4-4)$$

例如,观测时, $t = 30℃$, $p = 986.5$ hPa, 则 $A = +20.8$ mm/km; 对于测得的观测值 $S = 816.350$ m, 则 $\Delta S_A = +20.8 \times 0.816 = +17$ mm。

三、倾斜改正

在进行光电测距时,若用经纬仪已经测得视线的竖直角 α,可将观测的斜距改化为水平距离。不难推出将斜距化为平距的倾斜改正：

$$\Delta S_\alpha = S(\cos\alpha - 1) \tag{7-4-5}$$

例如，斜距 $S = 816.350$ m，竖直角为 $\alpha = +5°18'00''$，则

$$\Delta S_\alpha = 816.35 \times (\cos 5°18'00'' - 1) = -3.49 \text{ m}$$

根据上述各项改正，即可得到光电测距的最终成果为：

$$D = S + \Delta S_R + \Delta S_K + \Delta S_A + \Delta S_\alpha \tag{7-4-6}$$

例如，上述的斜距观测值，经各项改正得到平距为：

$$D = 816.350 + 0.005 - 0.008 + 0.017 - 3.490 = 812.847 \text{ m}$$

四、距离的投影改正

在实际工作中，为了满足工程的需要，往往要求将距离投影到不同的高程面上。此处不做介绍。

第五节　光电测距的误差简述

光电测距仪与其他测量仪器一样，根据规范规定需对其进行定期检验。检验的项目除一般测距性能的检验（包括测尺频率误差的检验、幅相误差的检验、照准误差的检验、三轴一致性的检验、反光镜误差的检验）外，更重要的是检验仪器的常数误差与周期误差，以对观测结果进行正确的改正。

一、仪器常数的误差分析

测距误差可分为两部分：一部分是由频率中误差、真空中光速值误差和大气折射误差引起的测距误差，与被测距离 D 成正比，称为比例误差；另一部分是由测相误差和仪器加常数误差引起的测距误差，与距离无关，一般称为固定误差。经验公式如下：

$$m_D = \pm (A + B \cdot D) \tag{7-5-1}$$

式中：A 为固定误差；B 为比例误差。

工厂中标出的仪器精度称仪器的标称精度，如 $\pm(5 \text{ mm} + 5 \text{ mm} \times 10^{-6}D(D$ 以 km 计$))$，或者 $\pm(5 \text{ mm} + 5 \times \text{ppm} \cdot D)$。对于精密测距而言，测距必须精确求得固定误差与比例误差，以对距离进行仪器常数的改正。仪器的测距仪改正值，一般由相关计量检验部门测定。

二、仪器误差

影响测距精度的仪器由仪器内部电信号串扰为主引起的相位误差。

三、观测误差

对于光电测距仪，观测工作对测距结果的影响主要有：照准误差、对中误差、整平误差等。

四、外界环境引起的误差

外界条件的变化影响测距的精度，特别是大气折光，是影响光电测距最显著的误差

之一。在实际作业中要进行气象元素的测定,以进行气象改正,并注意视线要离开地面一定的高度,特别是当视线通过水面时,更需注意。

第六节　地面点标定与直线定向

一、地面点标定(点之记)

测量工作主要确定点的位置。重要的点必须在地面上标定下来。例如要测定作为控制点的导线点,则首先应把导线点在地面上标定下来,临时标记的木桩标定。木桩的长度20~30 cm,直径3~6 cm,视土质而定。木桩打入地面后钉一小钉作为标志。若要长期保存的点,应用石桩或混凝土桩标定,并在桩顶刻"十"字标记。具体尺寸参见有关规范。

为易于找到和保护测量点,可在点的周围挖一圆形或方形边沟,此外,还要测定与周围地物的关系,并画一草图表示它们之间的关系,称为点之记。可参见图5-3-4所示。

二、直线的定向

在测量工作中,常常需要测定两点平面位置的相对关系。这包括两个方面,一是两点所组成的直线的方向,二是量测两点间的距离。一条直线的方向是依据某一基本方向来确定的。确定一条直线的方向与基本方向的关系称为直线定向。从某点的指北方向线起,依顺时针方向到目标方向线之间的水平夹角,称为方位角。方位角在测绘、地质与地球物理勘探、航空、航海、炮兵射击及部队行进时等都广泛使用。

方位角包括真方位角、磁方位角和坐标方位角,不同的方位角可以相互换算。

依据方位角的不同,表示直线也有真北、磁北和坐标纵线北三种不同的指北方向线,从某点到某一目标,就有三种不同方位角。常称为"三北方向线",如图7-6-1所示。即①真子午线方向,由天文测量获得;② 磁子午线方向,可用罗盘仪测定;③ 坐标纵线方向。我国的测量工作采用高斯平面直角坐标系,其中央子午线方向为该投影带纵坐标纵线的方向。

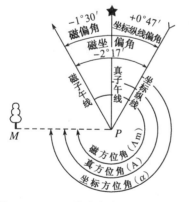

图7-6-1　三北方向线和三种方位角

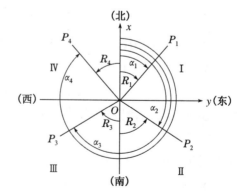

图7-6-2　方位角与象限角

在测量工作中,常采用方位角、象限角、方向角来表示直线的方向。从坐标纵轴的北端或南端起,沿顺时针或逆时针方向量至直线的锐角,称为该直线的象限角,用 R 表示,其角值范围为 $0°\sim90°$。如图7-6-2所示,直线 P_1、P_2、P_3 和 P_4 的坐标方位角为 α_1、α_2、α_3 和

α_4,其相应的象限角分别为北东 R_1、南东 R_2、南西 R_3 和北西 R_4。

三、坐标方位角的推算

(一) 方位角的关系与方位角换算

1. 方位角的关系

直线的方向有起点与终点,因此需用下标来表示起点与终点,如图 $7-6-3$(a)。以 P_1 为起点的方位角记为 $A_{真12}$,以 P_2 为起点的方位角记为 $A_{真21}$,$A_{真12}$ 与 $A_{真21}$ 互为正反真方位角。P_1 的真子午线 S_1N_1 与 P_2 的真子午线 S_2N_2 不平行,有以下关系:

$$A_{真21} = A_{真12} + 180° + \gamma_2 - \gamma_1 \qquad (7-6-1)$$

γ_2、γ_1 分别为 P_2、P_1 点的子午线收敛角,$\gamma_{2,1} = \gamma_2 - \gamma_1$,上式也可以表示为:

$$A_{真21} = A_{真12} + 180° + \gamma_{2,1} \qquad (7-6-2)$$

γ 角可由公式($7-6-3$)计算:

$$\gamma = \Delta L \cdot \sin B + \frac{\Delta L^3}{3} \sin B \cos^2 B(1 + 3\eta^2) + \cdots \cdots \qquad (7-6-3)$$

式中:ΔL 为经差;B 为平均纬度;$\eta = e'\cos$,e' 为第二偏心率,$e' = \sqrt{(a^2+b^2)/b^2}$。

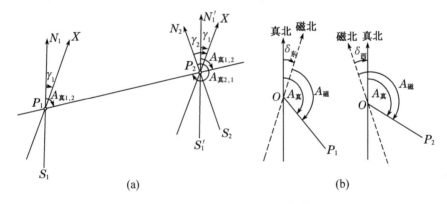

图 $7-6-3$　方位角与方位角推算

如图 $7-6-3$(b)所示,设 $A_{真}$ 为直线 OP_1 的真方位角,设 $A_{磁}$ 为直线 OP_1 的磁方位角,真方位角与磁方位角可由下式换算:

$$A_{真} = A_{磁} + \delta \qquad (7-6-4)$$

式中:δ 为磁偏角,东偏为正,西偏为负。

2. 方位角的换算

根据方位角的定义,真方位角与坐标方位角的换算关系为:

$$A_{真1,2} = \alpha_{1,2} + \gamma_1 \qquad (7-6-5)$$

式中:γ_1 为起始方向点的子午线收敛角。

对于坐标方位角而言,由于 P_1、P_2 点的基本方向线平行,直线 P_1P_2 的坐标方位角 α_{12} 和直线 P_2P_1 的坐标方位角 α_{21} 的换算关系为:

$$\alpha_{12} = \alpha_{21} + 180° \text{ 或 } \alpha_{21} = \alpha_{12} - 180°$$

由于坐标方位角在 $0 \sim 360°$ 之间,正反坐标方位角的换算为 $\pm 180°$,即有:

$$\alpha_{21} = \alpha_{12} \pm 180° \qquad (7 - 6 - 6)$$

3. 象限角与方位角的换算关系

由图 7-6-1 可以看出真方位角与象限角及坐标方位角与象限角的换算关系:

表 7-6-1　象限角与方位角的换算

直线方向	R 与 A 的关系	R 与 α 的关系
北东 P_1(第一象限)	$A_1 = R_1$	$\alpha_1 = R_1$
南东 P_2(第二象限)	$A_2 = 180° - R_2$	$\alpha_2 = 180° - R_2$
南西 P_3(第三象限)	$A_3 = 180° + R_3$	$\alpha_3 = 180° + R_3$
北西 P_4(第四象限)	$A_4 = 360° - R_4$	$\alpha_4 = 360° - R_4$

4. 坐标方位角推算

如图 7-6-4,若已知直线 12 的方位角,以及直线 12 与直线 23 间的水平角,推算直线 23 的坐标方位角。按照 123 的前进方向,12 和 23 两条直线在 2 点处的水平角 $\beta_{2左}(\beta_{2右})$ 位于前进方向的左(右)侧,称为左(右)角,因此显然有:

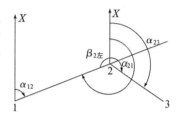

$$\alpha_{23} = \alpha_{12} + \beta_{2左} - 180° \text{ 或 } \alpha_{23} = \alpha_{12} - \beta_{2右} + 180°$$

因此,坐标方位角推算的通用公式可写为

图 7-6-4　方位角的推算

$$\alpha_{i,i+1} = \alpha_i \pm \beta \binom{左}{右}_i \pm 180° \binom{右}{左} \qquad (7 - 6 - 7)$$

实际应用中:① 若 β_i 为左角,则前一个"$\pm$"取"$+$"号,后一个"$\pm$"取"$-$"号;② 若 β_i 为右角,则前一个"$\pm$"取"$-$"号,后一个"$\pm$"取"$+$"号;③ 若算出的坐标方位角大于 $360°$,则还应减去 $360°$,若为负值,则应加上 $360°$。

(二) 坐标的正、反算

若已知点 A 的坐标 X_A、Y_A,直线 AB 的水平距离 D_{AB} 及其坐标方位角 α_{AB},则计算 B 的坐标 X_B、Y_B,称为坐标的正算。由图 7-6-5 可知:

$$X_B = X_A + (X_B - X_A) = X_A + \Delta X_{AB}$$
$$Y_B = Y_A + (Y_B - Y_A) = Y_A + \Delta Y_{AB}$$
$$(7 - 6 - 8)$$

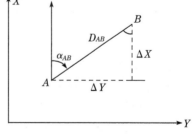

直线两端点坐标的差值称为坐标增量,ΔX_A、ΔY_A 分别称作纵、横坐标增量。由图 7-6-5 可进一步看出,直线的坐标增量可由该直线的水平距离 D_{AB} 及其坐标方位角 α_{AB} 计算出,即

图 7-6-5　坐标的正反算

$$\Delta X_{AB} = D_{AB} \cdot \cos \alpha_{AB}$$
$$\Delta Y_{AB} = D_{AB} \cdot \sin \alpha_{AB} \qquad (7 - 6 - 9)$$

坐标增量的正、负号取决于坐标方位角的大小,或者取决于该直线的方向,其关系见表 7-6-2。

表 7-6-2 坐标增量符号表

坐标方位角	坐标增量符号	
	Δx	Δy
由 0°～90°	＋	＋
由 90°～180°	－	＋
由 180°～270°	－	－
由 270°～360°	＋	－

在图 7-6-5 中,若已知直线 AB 两端点的坐标 X_A、Y_A、X_B、Y_B,反过来也可计算该直线的水平距离 D_{AB} 及其坐标方位角 α_{AB},这称为坐标的反算。在坐标反算中,由于两点的坐标已知,很容易求得它们的坐标增量为:

$$\Delta X_{AB} = X_B - X_A$$
$$\Delta Y_{AB} = Y_B - Y_A \tag{7-6-10}$$

从图 7-6-5 中不难看出:

$$\tan \beta_{AB} = \Delta Y_{AB} / \Delta X_{AB}$$
$$D_{AB}^2 = \Delta X_{AB}^2 + \Delta Y_{AB}^2 \tag{7-6-11}$$

即

$$\alpha_{AB} = \arctan \Delta Y_{AB} / \Delta X_{AB}$$
$$D_{AB} = \sqrt{\Delta X_{AB}^2 + \Delta Y_{AB}^2} \tag{7-6-12}$$

复习思考题

1. 常规距离测量有哪些方法? 各有什么优缺点?
2. 简述用钢尺在平地地面量距的步骤。
3. 将一根名义长为 30 m 的钢尺与标准钢尺进行比长,发现该钢尺比标准尺长 14.20 mm,已知标准钢尺的尺长方程式为:

$$l_t = 30 \text{ m} - 0.0052 \text{ m} + 1.25 \times 10^{-5} \times 30 \times (t - 20℃) \text{m}$$

在比长时的温度为 11℃,拉力为 10 kg。求在检定温度为 20℃ 时该钢尺的尺长方程式。

4. 何谓视距测量? 它有哪些特点与用途?
5. 请推导普通视距测量时视线水平和视线倾斜两种情况下计算水平距离和高差的公式。
6. 用相位式光电测距仪测距,欲求水平距离应加哪些改正? 请写出改正公式。
7. 影响光电测距精度的因素有哪些? 其中主要的是哪几项? 采取什么措施来提高光电测距的精度?
8. 何谓直线定向? 在直线定向中有哪几条标准方向线? 它们之间存在什么关系?
9. 简述坐标的正反算公式。

第八章 控制测量及数据处理

导 读

在第一章测量工作原理中已经指出:测量工作必须遵循"从整体到局部、先控制后碎部,步步有检核"的原则,也就是说在进行任何一种测量项目包括地形测图、施工测量或变形监测时,为了控制误差累计和提高测量精度,必须首先在测区范围内建立测量控制网,然后以此为基础或依据,进行碎部测量或测设。由在测区内所选定的若干个控制点而构成的几何图形,称为控制网,控制测量是测量工作的开始。

本章首先从控制测量的概念入手,介绍各等级控制网的布网方式及其各项指标;控制测量的步骤;然后重点叙述导线测量的技术要求,实际作业方法、内业计算与粗差的检查;并对交会法前方交会、侧方交会、后方交会与自由设站作了详细介绍,本章最后两节以三、四等水准测量与三角高程测量为重点介绍高程测量的具体方法。

第一节 控制测量概述

一、测量控制网的概念

测量控制网是指在测区范围内选择具有控制作用的若干点构成不同的几何图形,通过测量角度、边长或高差以求得各点的坐标或高程。构成控制网的这些点称为控制点。控制网一般分为平面控制网和高程控制网。建立平面控制网的目的是确定各控制点的平面坐标 X,Y,为确定控制点的平面位置所做的测量工作称为平面控制测量;建立高程控制网的目的是确定各控制点的高程 H,为确定控制点的高程所作的测量工作称为高程控制测量。

如图 8-1-1,常规的平面控制网根据测量目的以及测区状况一般可布设成三角网、导线网。三角网是由一系列的三角形构成的网,测定三角形的内角及边长,根据测量角度与边长,又可分为测角网、测边网和边角网,这时可称控制点为三角点。导线网是由一系列的折线组成的网,测定折线的边长以及相邻折线的角度,一般分为导线网与单导线。单导线根据连接已知点与方位的多少又分为附合导线、闭合导线、支导线三种,这时可称控制点为导线点。随着空间技术的发展,全球导航卫星系统

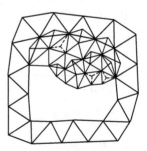

—— 一等三角锁
—— 二等三角网
—— 三等三角网
--- 三、四等插点

图 8-1-1 国家平面控制网

(GNSS)用于建立平面控制日益普及,与常规控制网的布设形式相似,可布设成 GNSS 网与 GNSS 导线。这时称控制点为 GNSS 点。

(一) 国家等级平面控制网

国家平面控制网,是在全国范围内由三角测量和精密导线测量建立的控制网。按精度分为一、二、三、四等四个等级。一、二等一般布设成一角锁,有时根据地形也布设成精密导线网,构成国家平面控制的基础,平均边长分别为 25 km 与 13 km,在此基础上进一步加密。三、四等三角网,平均边长分别为 8 km 与 2~6 km。一等精度最高,低一级控制网是在高一级控制网的基础上建立的。

国家等级控制网一般每隔一定的时间更新一次,由于精度要求高,边长又长,常规的测角方法要求多点相互通视,要花费大量的人力、物力。随着 GNSS 的出现,为建立国家等级控制网提供了良好的观测工具。现阶段我国正在更新全国等级网,已在全国范围内建立卫星导航定位基准站网 GNSS 控制点 2 600 多个。

如图 8-1-1 所示,一等三角锁是国家平面控制网的骨干。二等三角网布设于一等环内,是国家平面控制网的全面基础。三、四等三角网为二等三角网的进一步加密。国家平面控制网,主要采用三角测量的方法。

近几年来,随着测绘科学的不断发展,电磁波测距技术在测量工作中得到广泛的应用,故国家三角网的起始边可采用电磁波测距仪直接测定。

国家(或城市)控制点的平面直角坐标(x、y)和高程(H)均已求得,其数值可向有关测绘机关索取或购买。

(二) 城市与工程控制网

工程控制网是为满足各类工程建设,施工放样、安全监测等而布设的控制网。工程控制网一般根据工程的规模大小,工程建设所处位置的地形,工程建筑的类别等布设成不同的形式,精度要求也不一。例加为满足道路建设的需要,一般设成导线网,精度要求相对较低;为满足大型工业厂房的设备安装等一般布设成三角网,而且精度相对较高。与城市控制网一样,一般可布设成三角网、导线网、GNSS 网等。在城市或市政工程等小范围(面积 ≤15 km²)内建立的控制网,也称为小地区控制网。

(三) 图根控制网

为满足测图需要而建立的控制网称为图根控制网,建立图根控制网的目的就是获得能直接用于地形测图的控制点坐标,图根控制点的密度要求较大,且与测图比例尺以及地形状况有关。表 8-1-1 列出了控制点密度的基本要求。

表 8-1-1 图根点密度

测图比例尺	1:500	1:1 000	1:2 000	1:5 000
每幅图解析控制点	4	6	10	16

图根控制网是在国家或城市控制网的基础上发展得来的,图根控制网的精度要求相对来说较低,一般要求图根点相对于图根起始点的点位中误差不大于图上 0.1 mm,其布设形式主要分为:图根小三角,导线测量、前方交会、后方交会等。直接供地形测图使用的控制点,称为图根控制点,简称图根点。测定图根点位置的工作,称为图根控制测量。

图根点的密度(包括高级点),取决于测图比例尺和地物、地貌的复杂程度。平坦地区图根点的密度可参考表 8-1-1 的规定；困难地区、山区，表中规定的点数可适当增加。

（四）高程控制网

如图 8-1-2 所示，一等水准网是国家高程控制网的骨干。二等水准网布设于一等水准环内，是国家高程控制网的全面基础。三、四等水准网为国家高程控制网的进一步加密。建立国家高程控制网，采用精密水准测量的方法。

城市或工程测量的高程控制网应视测区面积大小和工程要求采用分级的方法建立。一般以国家（或城市）等级水准点为基础，在全区建立三、四等水准线路或水准网；再以三、四等水准点为基础，测定图根点的高程。水准点间的距离，一般地区为 2～3 km，城市建筑区为 1～2 km，工业区小于 1 km。一个测区至少设立三个水准点。所建立的控制网应尽可能地以国家（或城市）已建立的高级控制网为基础进行连测，将国家（或城市）高级控制点的 X、Y 和 H 作为小地区控制测量的起算和校核数据。

══ 一等水准线路
━━ 二等水准线路
── 三等水准线路
--- 四等水准线路

图 8-1-2　国家高程控制网

若测区内或附近无国家（或城市）控制点，或附近有这种高级控制点而不便连测时，则建立测区独立控制网；此外为工程建设服务而建立的专用控制网，或个别重点工程出于某种特殊需要，在建立控制网时，也可采用独立控制网系统。

二、控制测量的过程

不管是高等级的国家控制网，还是精度相对较低的图根控制网，都必须遵照"先整体，后局部，分级布网，逐级控制"的原则。其施测过程也基本一致，大致可分为以下几个步骤：

1. 控制网的设计

根据施测目的，确定布网形式。首先在图上选点，有条件的可进行精度估算。

2. 编写工作大纲

根据图上选点情况、精度估算情况，编写工作大纲，工作大纲主要包括测区概况、施测要求，工作依据、布网方案、具体施测方法、所用仪器设备、预计达到的精度，人员安排和工期等。

3. 踏勘选点、埋石

根据图上选点情况，到现场进行实地选点，根据实际情况对图上选点方案进行调整，对选定的点埋设相应的标志。控制点的等级不同，埋石的大小、规格、要求也不尽一致，应按照相应的规范执行。

4. 外业观测

根据工作大纲的施测方法和配备的仪器，按照相应的规范所规定的程序施测，并应满足相应的限差要求。

5. 数据处理

对外业观测过程中需要检验的限差需要当场检查，超限及时重测。对于常规的三角网，数据处理主要包括三角形闭合差的检验，极条件的检验、边角条件的检验、平差处理、粗差剔除等。对于 GNSS 网主要包括同步环、异步环的检验、三维自由网平差、约束平差、坐标转换等。

6. 技术总结

技术总结是对整个施测过程的一个总结。包括测区概况、具体布网方案、施测时间与方法、所用仪器设备、外业观测的质量统计、最后达到的精度、工作中出现的问题及解决方法等。

第二节　导线测量

导线测量是建立国家基本平面控制测量方法之一,主要用于工程建设的平面控制和地形测图的平面控制等方面。将测区内相邻控制点用直线连接而构成的折线图形,称为导线。构成导线的控制点,称为导线点。导线测量就是依次测定各导线边的长度和各转折角值,再根据起算数据,推算出各边的坐标方位角,从而求出各导线点的坐标。导线测量是建立小地区平面控制网常用的一种方法,特别是在地物分布复杂的建筑区、视线障碍较多的隐蔽区和带状地区。用经纬仪测量转折角,用钢尺测定导线边长的导线,称为经纬仪导线;若用全站仪测角度与边长或电子经纬仪测角度+光电测距仪测边长,则称为光电测距导线。

由于导线测量布设灵活、数据处理简单,并且由于测距仪器的普及,在各级控制测量中的应用极为普遍。本节主要阐述经纬仪导线测量过程以及数据处理方法。

一、导线测量简述

导线测量根据测区的不同情况和要求,可布设成下列几种形式:

(一) 闭合导线

起讫于同一已知点的导线,称为闭合导线,亦称环形导线。如图 8-2-1(a)所示,导线从已知高级控制点 B 和已知方向 BA 出发,经过 P_1、P_2、P_3、P_4 点,最后仍回到起点 B,形成一闭合多边形。它本身存在着严密的几何条件,具有检核作用。通常用以建立小测区首级平面控制。

(二) 附合导线

布设在两已知点间的导线,称为附合导线。如图 8-2-1(b)所示,导线从一高级控制点 B 和已知方向 BA 出发,经过 P_1、P_2、P_3 各点,最后附合到另一已知高级控制点 C 和已知方向 CD,此种布设形式,具有检核观测成果的作用。通常用于平面控制测量的加密。

(三) 支导线

由一已知点和一已知方向出发,既不附合到另一已知点,又不回到原起始点的导线,称为支导线,亦称自由导线。图 8-2-1(c)中的 A、B、P_1、P_2、P_3,就是支导线,A、B 为已知点。P_1、P_2、P_3 为支导线点。因支导线缺乏检核条件,故其点数一般不超过两个。支导线一般采用往返测。

以上三种称为单导线。

(四) 结点导线与导线网

若有几条导线从三个以上的已知点出发相交于一点,则此交点称为结点。具有一个以上结点的导线称为结点导线。如图 8-2-1(d)所示。由两环以上的闭合导线组成的网形,称为导线网。当附合导线的长度超过限度时,布置带有结点的导线,可以减少测量误差累积的影响,提高导线点位的精度,在普通测量时应用较少。本章主要介绍闭合、附合和支导线。

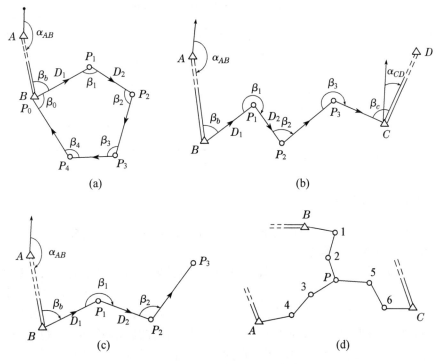

图 8-2-1 导线测量布设方式

二、导线测量的等级及其技术要求

用导线测设方法建立小测区平面控制网,通常分为一级导线、二级导线与图根导线三个等级,现将其主要技术要求列入表 8-2-1 和表 8-2-2。闭合导线测量的技术要求也可参照此表。

表 8-2-1 城市导线观测技术要求

等级	符合导线全长(m)	相对闭合差	平均边长(m)	测角中误差(″)	边长丈量较差相对中误差	测回数		方位角闭合差(″)
						DJ$_2$	DJ$_6$	
一	2 400	1/10 000	200	±6	1/20 000	2	4	±12$\sqrt{n}$
二	1 200	1/5 000	100	±12	1/10 000	1	2	±24$\sqrt{n}$
图根	1.0×M	1/2 000	不大于测图最大视距的 1.5 倍	±20	1/3 000 特殊困难地区 1/1 000		1	±40$\sqrt{n}$

表中 n 为测站数,M 为测图比例尺分母。

表 8-2-2　图根导线观测技术要求

比 例 尺	仪器	测回数	测角中误差	半测回较差	一测回较差	角度闭合差
1:500～ 1:2 000	DJ₂	两个"半测回"	±30″	±18″		±60″√n
	DJ₆	2		±36″	±24″	
1:5 000～ 1:10 000	DJ₂	两个"半测回"	±20″	±18″		±40″√n
	DJ₆	2		±36″	±24″	

表中两个"半测回"即两次盘左或盘右。

三、导线测量外业工作

导线测量的外业工作包括：踏勘选点及建立标志、量边、测角和连测。现分述如下：

(一)踏勘选点及建立标志

选点前，应调查搜集测区已有地形图和控制点的成果资料。根据测区已有的小比例尺地形图或测区具体情况，结合测图目的，先在已有地形图上拟定导线的布设方案，拟定导线的布设形式，进行图上选点；然后到野外去踏勘实地核对、修改和落实点位。如果测区没有地形图资料，则需详细踏勘现场，根据已知控制点的分布、测区地形条件及测图和施工需要等具体情况，合理地选定导线点的位置。点间平均边长与测图比例尺有关(见表 8-2-1 和表 8-2-2)。若该控制只用于测图，可在地面打入木桩作为标志，在桩顶刻十字或打入一小钉作为点位，并对所选定的点进行编号。

实地选点时，应注意下列几点：

(1)导线点应有足够的密度，分布较均匀，便于控制整个测区；

(2)相邻边长度相差不宜过大。平均边长如表 8-2-1 所示；

(3)相邻点间通视良好，地势较平坦，便于测角和量距；

(4)导线点应选在视野广阔，便于测绘碎部点的地方；点应选在不易被行人车马触动，土质坚实便于安置仪器的地方。

点位选定后，要在每一点位上打一大木桩，其周围浇灌一圈混凝土(图 8-2-2(a))，桩顶上钉一小钉，作为临时性标志。若导线点需要保存的时间较长，要埋设混凝土桩(图 8-2-2(b))或石桩，桩顶刻"十"字，作为永久性标志。导线点应统一编号。为了便于寻找，应量出导线点与附近固定而明显的地物点的距离，绘一草图，注明尺寸，即为点之记。如图 8-2-3 所示。

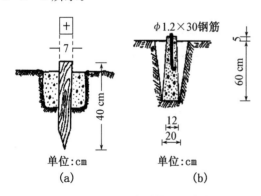

图 8-2-2　导线测量埋石方式

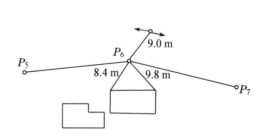

图 8-2-3　导线测量点之记

（二）城市图根导线测量的特点及注意事项

（1）鉴于城市高级控制点（三角点、等级导线点）的密度较大，故城市图根导线的布设形式多为附合导线。导线点一般采用圆帽铁钉，顶上刻"十"字，或在路面上做标记，或打木桩，作为临时性标志以标定点位。

（2）由于城市交通频繁，建筑物比较密集，故图根点一般选在人行道上，距房屋约为1～3 m。为了便于测图，在道路交叉口、胡同出入口、主要建筑物附近，应布设导线点。

（3）在城市布设的图根导线，因受建筑物现状的限制，故边长要有较大的灵活性，但一般较短。测角时应特别注意对中与瞄准，以减少这两项误差对测角的影响。

（4）城市建筑区的高级控制点，一般埋设于高大建（构）筑物的顶部，图根导线与之连接时，宜用短程光电测距仪直接测定连接边的长度，否则可采用间接方法测定之。

（5）由于城市干扰较大，白天量边、测角时应注意仪器及人身安全。为了避免干扰和提高工作效率可在夜间进行观测。

（三）水平角测量

1. 角度测量及其限差

为了便于写出方位角推算的通用公式，将导线的转折角分为左角与右角，在导线前进方向左侧的角称为左角，右侧的角称为右角，一般测量导线的左角。对于闭合导线而言，导线点按逆时针方向编号，这时导线的左角也是闭合导线的内角。对于图根导线，角度测量的测回数与限差列于表8-2-2。用测回法施测导线左角或右角。一般在附合导线中，测量导线左角，在闭合导线中测量内角。不同等级的导线的测角技术要求已列入表8-2-1。图根导线，一般用 DJ_6 级光学经纬仪测1～2个测回。若盘左、盘右测得角值的较差不超过 $40''$，则取其平均值。

测角时，为了便于瞄准，可在已埋设的标志上用竹竿制作照准标志。

2. 测定方位角或连接角的边

当测区具有高等级的已知点时，布设的导线可构成附合导线、闭合导线或支导线。从已知点获取坐标与方位，使其纳入国家统一坐标系。当测区没有高一等级的点可以连接，即无法获得坐标与方位，这时可建立独立的坐标系统，可假定一点的坐标，测定过该点的一边的磁方位角作为起算数据。

（四）导线边长度的测量

根据仪器配备情况与精度要求，可选用钢尺量距离或光电测距。目前，全站仪光电测距应用普遍，可采用光电测距量测边长。

1. 钢尺量距

用经检定的钢尺，采用第七章中钢尺量距的方法丈量各导线边的水平距离，要求往返丈量的相对中误差不得超过 1/3 000，困难地区不得超过1/1 000。

2. 光电测距

图根导线的边长可采用3类或以上光电测距仪测量1测回，每测回照准棱镜一次，读数3～4次，读数互差不得大于 20 mm，往返观测互差不得大于仪器标称精度的2倍。同时读取测站温度（精确至0.5℃）与气压（精确至1 hPa（百帕））。水平距离可根据高差求得，或由垂直角（测量1测回）求得。对外业测量的导线边长进行仪器加、乘常数的改正，气象改正，倾斜改正。

（五）导线测量数据的内业处理

当外业观测完成后,应及时对数据进行检查处理,包括限差的检验、粗差的检查、导线点坐标的计算等。

四、导线测量的内业计算

导线测量的目的就是求得各导线点的平面直角坐标,以作为下一步工作的基础。因此所计算的结果必须准确可靠,这就要求外业观测成果必须正确无误,因此在内业计算前必须认真审核外业原始资料、起算数据资料,保证准确无误。符合要求后绘制的导线略图上注明已知数据及观测数据,以便进行计算。

对于各导线边,若能求得其坐标方位角,则可以求得各导线边的坐标增量,从一已知点推得各取点坐标,不同形式的导线,由于附合到一定数量的已知点上,从而构成不同的几何条件。如附合导线,从一端已知点的坐标推算到另一端已知点的坐标,应与给定的坐标相同,但由于误差的存在,两者出现差异,在规定大小范围内可以对其进行调整,使其满足相应的几何条件,上述等等就是导线的内业计算。下面以符合导线例来说明导线的计算方法。

（一）附合导线的内业计算

如图 8-2-4 为附合导线所测的数据(角度为左角)以及已知点坐标与方位角,计算 2、3 点的坐标。计算步骤如下:

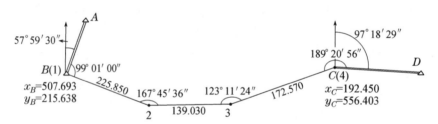

图 8-2-4　附合导线计算略图

1. 角度闭合差计算与分配

根据起始边 AB 已知方位角 α_{AB} 与观测的角度连续推算各边坐标方位角 α_{12}、α_{23}、α_{3C}、α'_{CD},理论上应与给定的 α_{CD} 相同,但由于误差的存在使两者之间存在差异,称为闭合差,即 $f_\beta = \alpha'_{CD} - \alpha_{CD}$。根据方位角推算的公式得出:

$$\alpha'_{CD} = \alpha_{AB} + \sum \beta - n \times 180° \qquad (8-2-1)$$

式中:n 为转折角个数。

根据规范规定,对于图根导线角度闭合差应小于 $\pm 60'' \sqrt{n}$,否则说明角度测量可能存在粗差。若角度闭合差满足限差要求,则将其反符号平均分配到各观测角上。一般按整秒数分配,当出现小数时可四舍五入酌情凑整。改正数之和与闭合差大小相等符号相反,以资校核。这里 $|f_\beta| = |-3''| \leqslant 60'' \sqrt{4} = 120''$,各角按顺序分配为:$+1''$,$+1''$,$+1''$,0。分配时图根导线精确到秒。

2. 推算各导线边的方位角

按改正后的角值推算各边方位角:

$$\alpha_{前} = \alpha_{后} + \beta_{左} - 180°$$
$$\alpha_{前} = \alpha_{后} - \beta_{右} + 180°$$

在推算过程中需要注意：

（1）如果算出的 $\alpha_{前} > 360°$，则应减去 $360°$。

（2）计算时，如果（$\alpha_{后} + 180°$）$< \beta_{右}$ 则应加 $360°$ 再减 $\beta_{右}$。

闭合导线各边坐标方位角的推算，从起始边最后推算到终点边的坐标方位角，应等于给定的已知终点边方位角，否则应重新检查计算。

3. 坐标增量的计算及其闭合差的调整

（1）坐标增量的计算

设点 1 的坐标 x_1、y_1 为已知，直线 12 的坐标方位角 α_{12} 及边长 D_{12} 均已测定，则点 2 的坐标为：

$$x_2 = x_1 + \Delta x_{12}$$
$$y_2 = y_1 + \Delta y_{12} \qquad (8-2-2)$$

式中：Δx_{12}，Δy_{12} 称为坐标增量，也就是直线两端点的坐标值之差。

从上式说明，欲求待定点的坐标必须先求出坐标增量。根据点位的几何关系，可写出坐标增量的计算公式：

$$\Delta x_{12} = D_{12}\cos\alpha_{12}$$
$$\Delta y_{12} = D_{12}\sin\alpha_{12} \qquad (8-2-3)$$

式（8-2-3）中，D 恒为正值，所以 Δx，Δy 的符号根据余弦和正弦的正负来确定。

这种根据已知点的坐标、已知边长和已知坐标方位角计算待定点坐标的方法，称为坐标的正算。如果已知两点的坐标推算边长及其坐标方位角，则称为坐标的反算。

（2）坐标增量闭合差的计算与调整

按附合导线的要求，各边坐标增量代数和的理论值应等于终、始两点已知坐标值之差，即

$$\left.\begin{array}{l} \sum \Delta x = x_{终} - x_{始} \\ \sum \Delta y = y_{终} - y_{始} \end{array}\right\} \qquad (8-2-4)$$

根据坐标正算公式，依次计算各导线边的坐标增量，并根据起始点的坐标推导各导线点的坐标，直到推出终点的坐标。推算出的终点坐标应与给定的坐标理论上一致，但由于误差的存在使两者之间存在差异，称为坐标闭合差，即

$$\left.\begin{array}{l} f_x = x_{始} + \sum \Delta x - x_{终} \\ f_y = y_{始} + \sum \Delta y - y_{终} \end{array}\right\} \qquad (8-2-5)$$

由于 f_x、f_y 的存在，导线不能闭合，其偏差 $f_D = \sqrt{f_x^2 + f_y^2}$ 称为全长闭合差，一般用全长闭合差与导线全长的比值 K 作为衡量导线测量精度的依据。K 称为全长相对闭合差，用分子为 1 的分数表示：$K = \dfrac{f_D}{\sum D} = \dfrac{1}{\sum D / f_D}$。根据规范规定，对于图根导线其允许值为 $1/3\,000$，若在限差范围内则说明成果合格，否则应检查以内业计算与外业观测。成果合格

则可将 f_x、f_y 反符号与距离 D 成正比分配到各坐标增量中去。如设第 i 边的坐标增量改正数为 $\nu_{\Delta x_i}$，$\nu_{\Delta y_i}$，计算公式为：

$$
\left.
\begin{array}{l}
\nu_{\Delta x_i} = -\dfrac{f_x}{\sum D} \times D_i \\[3mm]
\nu_{\Delta y_i} = -\dfrac{f_y}{\sum D} \times D_i
\end{array}
\right\}
\qquad (8-2-6)
$$

一般图根导线计算到 cm 即可。同样，坐标增量改正数之和应与相应的闭合差大小相等符号相反(注意小数的进位)，否则计算有误。

4. 计算各导线点的坐标

根据坐标正算公式，利用改正后的坐标增量计算各导线点的坐标。

在实际计算中，可用计算器以填表的形式进行，或者根据以上计算步骤编成程序，用计算机完成。表 8-2-3 为该例题的计算表格。

表 8-2-3　附合导线计算表

点号	转折角		方位角 α	边长 D	增量计算值		改正后增量		点的坐标	
	观测角	改正后角			$\pm\Delta x$	$\pm\Delta y$	$\pm\Delta x$	$\pm\Delta y$	x	y
	(° ′ ″)	(° ′ ″)	(° ′ ″)	(m)	(m)	(m)	(m)	(m)	(m)	(m)
A			237 59 30							
B(1)	99 01 00	99 01 01							507.693	215.638
			157 00 31	225.850	−207.909	+88.215	−207.874	+88.167		
2	167 45 36	167 45 37							299.820	303.805
			144 46 08	139.030	−113.564	+80.203	−113.542	80.174		
3	123 11 24	123 11 25							186.278	383.979
			87 57 33	172.570	+6.146	172.461	+6.173	172.424		
C(4)	189 20 56								192.450	556.403
			97 18 29							
D										
备注	$f_\beta = -3''$ $f_{\beta 允} = \pm 60\sqrt{4}$ $= \pm 120''$		$\sum D = 537.450$		$f_x = -0.084 \quad f_y = 0.114$ $f = \pm\sqrt{f_x^2 + f_y^2} = \pm 0.142$ $K = f/\sum D = 1/3\,758$				$K_允 = 1/3\,000$	

(二) 闭合导线内业计算

从闭合导线的布设形式不难看出，闭合导线是附合导线的一种特殊形式，当附合导线的起点与终点重合时即为闭合导线，因此闭合导线的内业计算与附合导线的计算也大同小异，只是由于其特殊形式略有不同。

1. 角度闭合差的计算不同，分配相同

由于闭合导线的各导线边构成一多边形，当测量的角度为导线的左角(内角)时。其内角和应与理论值相同，因此角度闭合差的计算公式为：

$$
f_\beta = \sum \beta_测 - \sum \beta_理 = \sum \beta_测 - (n-2) \times 180° \qquad (8-2-7)
$$

式中：n 为多边形的边数。改正后的多边形内角和应与理论值相同。

2. 坐标增量闭合差的计算不同,分配相同

坐标增量闭合差的计算不同,分配相同,由于起点与终点为同一点,所以只是由于其特殊形式略有不同,除这两点外其他计算相同。

$$\left.\begin{array}{l} f_x = x_{始} + \sum \Delta x - x_{终} = \sum \Delta x \\ f_y = y_{始} + \sum \Delta y - y_{终} = \sum \Delta y \end{array}\right\} \tag{8-2-8}$$

五、导线测量中粗差的检查

在导线测量中,当角度闭合差或坐标闭合差超限时,在认真检查内业计算与观测手簿没发现问题时,应考虑是否外业观测中角度或边长测错,即存在粗差。这时应认真分析导线测量的数据,检查粗差存在的位置,减少重测的工作量。一般角度测错表现在角度闭合差超限,而边长测错或用错边的坐标方位角则表现为全长闭合差超限。

1. 角度闭合差超限,检查角度是否存在粗差

在外业结束时,发现角度闭合差越限,如果仅仅测错一个角度,则可用下法查找测错的角度。

如图 8-2-5 的附合导线,检查其中某个角度可能存在粗差。可根据未经调整的角度自起点向终点计算各边的坐标方位角和导线点的坐标,同样自终点向起点进行同样的推算。如果只有一点的坐标极为接近,而其他各点均有较大的差数,即表示该点角度有错。若错误较大,用图解法也可发现错误所在。图解法是自起点向终点用量角器和比例直尺按角度和边长画导线,然后再由终点向起点画,两条导线相交的导线点的角即为含有粗差的角。

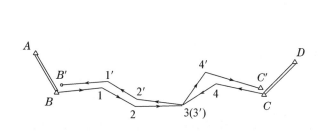

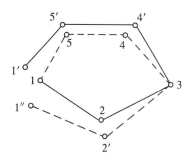

図 8-2-5　附合导线角度粗差检查　　　　　図 8-2-6　闭合导线角度粗差检查

对于闭合导线也可采用相同的方法进行检查,只是一个按顺时针,一个按逆时针做对向检查。图 8-2-6 中,设导线点 3 处的角度测错了,若从 1 点出发按逆时针方向 1-2-3-4′-5′-1′计算各导线点坐标,则 3 点前的坐标是正确的,而 4′、5′、1′点的坐标不正确。再从 1 点出发按顺时针方向 1-5-4-3-2′-1″计算各导线点坐标,则 5、4、3 点的坐标是正确的,而 2′、1″点的坐标不正确。可见,当从正、反两个方向计算各导线点坐标时,若某点的两套坐标值相等或相近,则该点就是测错角度的导线点。

2. 全长闭合差超限,检查边长或坐标方位角是否含有粗差

内业计算过程中,角度闭合差未超限才进行下一步全长闭合差的计算。在角度闭合差符合要求的情况下,发现导线全长闭合差大大超限,粗差往往出现在边长或坐标方位角。先按边长和角度绘出导线图,如图 8-2-7 所示。然后找出与闭合差平行或大致平行的导线边,则该边发生错误的可能性最大。

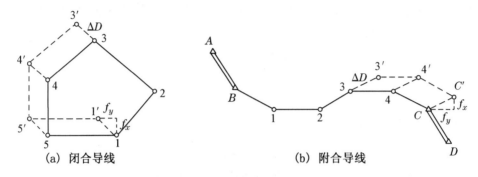

图 8-2-7 导线边长粗差检查

在图 8-2-7 中,设 2-3 边存在错误 ΔD,使 3 点移至 $3'$ 点,由于其他各边与各角没有发生错误,则 3 点以后的各点也部分别移到 $4'$、$5'$(或 C')点处。移动量和方向与 $3-3'$ 相同。由此可见,闭合差 $1-1'$(或 $C-C'$)的坐标方位角与测错的那条边($2-3$ 边)的坐标方位角很接近,或相差近 $180°$,故查找时,先按下式计算全长闭合差的坐标方位角:

$$\tan \alpha = \frac{f_y}{f_x} \qquad (8-2-9)$$

若粗差系由于计算坐标增量时用错了坐标方位角,则最后的闭合差将大致垂直于错误方向的导线边。用公式($8-2-9$)计算全长闭合差的方向,用 α 与各边方位角进行比较,若有与之相差约为 $90°$ 者,则检查坐标方位角有无用错或算错。若有与之基本平行者,应检查边长的计算;若不是计算错误,应到实地重测。

第三节 交会法测量

一、概述

控制点的布设形式是多种多样的,如第二节所述的采用测角量边联合作业的导线测量方法;也可以采用单是测角的作业方法,即测角交会和小三角测量;还可以采用测边交会的方法。如果已知 A、B 两点的坐标(图 $8-3-1$(a)),为了计算未知点 P 的坐标,只要观测 α、β 就行了。这样测定未知点 P 的平面坐标的方法,称为前方交会。如果不是测定 α 和 β,而是测定 α 和 $\angle P$(图 $8-3-1$(b))或者测定 β 和 $\angle P$,同样也可以计算出未知点 P 的坐标,这种方法称为侧方交会。为了求得未知点 P 的坐标,也可以在 P 点上瞄准 A、B、C 三个已知点,测得 α、β(图 $8-3-1$(c)),这种方法称为后方交会。

前方交会、侧方交会和后方交会统称为测角交会法,或经纬仪交会。用测角交会测定未知点坐标,由于图形结构简单,外业工作都比较简易,是经常采用加密控制点的方法。

目前激光测距仪、全站仪已被广泛应用,在测定未知点坐标时,也可以采用量测边长的方法,称为测边交会法(图 $8-3-1$(d))。或者同时测量两个及以上点的边长与方向,称为自由测站。

不论采用测角交会法还是测边交会法,作业步骤都是相同的,即首先进行外业测量工作,然后是内业计算。外业测量工作又分为选点、造标、埋石和观测。选点工作是先在测区

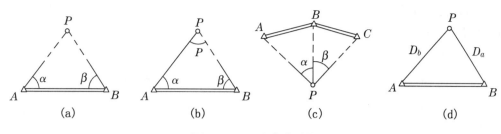

图 8-3-1 交会法测量

已有的地形图上根据已知点分布情况,结合规范对控制点的要求,拟定解析控制点的布置计划,然后拿这个计划到野外踏勘,最后选定点位以完成选点工作。与水准测量类似,交会测量野外点位选定后也需绘制点之记。

选点工作完成以后,接着就是造标、埋石。通常是建立木质或钢质的寻常标,这些觇标的式样,行业规范均有具体规定。造标工作常先于埋石工作,以便觇标中心与标石中心位于一条铅垂线上,如图 8-3-2 和图 8-3-3 所示。如果不需要建立觇标,则在埋石点上竖立用三根铁丝拉紧的旗杆来代替觇标。

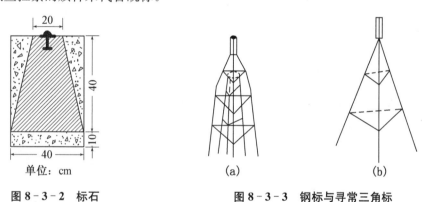

图 8-3-2 标石   图 8-3-3 钢标与寻常三角标

水平角观测完成以后,内业计算可以立即开始。内业计算的第一步是将外业观测资料进行全面、认真的检查。在保证外业观测成果符合规范要求的前提下,首先是抄录已知数据,包括已知点坐标、已知边的边长和坐标方位角。如果成果表中没有后两项数据,则根据已知坐标用反算公式计算得出;其次是将观测角度归算到以标石为中心的水平角,即将观测角度加上归心改正数。最后,根据不同的布设图形和各单位的作业习惯,采用不同的计算公式,利用表格或编制程序,求出未知点的坐标。

二、交会法测量方法

(一)前方交会

前方交会是在至少两个已知点上分别架设经纬仪,测定已知点与待定点间的夹角,求待定点坐标的方法,如图 8-3-4,A、B 为已知点,P 为待定点,在 A、B 上架设经纬仪测量角度 α、β。

由于 A、B 为已知点,因此由坐标反算公式可求得 AB

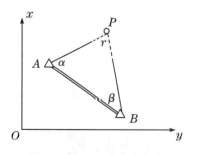

图 8-3-4 两点前方交会

的方位角、边长。根据 α、β 及正弦定理可得 AP、BP 的方位角及边长,根据坐标正算公式求得 P 点的坐标。

由图可知: $\alpha_{AP} = \alpha_{AB} - \alpha$:

$$x_P = x_A + D_{AP} \times \cos \alpha_{AP} = x_A + D_{AP} \times \cos(\alpha_{AB} - \alpha)$$

$$y_P = y_A + D_{AP} \times \sin \alpha_{AP} = y_A + D_{AP} \times \sin(\alpha_{AB} - \alpha)$$

展开得:

$$x_P = x_A + D_{AP} \times (\cos \alpha_{AB} \cos \alpha + \sin \alpha_{AB} \sin \alpha)$$

$$y_P = y_A + D_{AP} \times (\sin \alpha_{AB} \cos \alpha - \cos \alpha_{AB} \sin \alpha)$$

又因为 $\cos \alpha_{AB} = \dfrac{x_B - x_A}{D_{AB}}$, $\sin \alpha_{AB} = \dfrac{y_B - y_A}{D_{AB}}$, 代入上式得:

$$\left.\begin{aligned}
x_P &= x_A + \frac{D_{AP}}{D_{AB}} \times \left[(x_B - x_A)\cos \alpha + (y_B - y_A)\sin \alpha\right] \\
&= x_A + \frac{D_{AP}\sin \alpha}{D_{AB}} \times \left[(x_B - x_A)\cot \alpha + (y_B - y_A)\right] \\
y_P &= y_A + \frac{D_{AP}}{D_{AB}} \times \left[(y_B - y_A)\cos \alpha - (x_B - x_A)\sin \alpha\right] \\
&= y_A + \frac{D_{AP}\sin \alpha}{D_{AB}} \times \left[(y_B - y_A)\cot \alpha - (x_B - x_A)\right]
\end{aligned}\right\} \qquad (8-3-1)$$

根据正弦定理,可以写出:

$$\frac{D_{AP}}{D_{AB}} = \frac{\sin \beta}{\sin(180° - \alpha - \beta)} = \frac{\sin \beta}{\sin \alpha \cos \beta + \cos \alpha \sin \beta} \qquad (8-3-2)$$

从而

$$\frac{D_{AP}\sin \alpha}{D_{AB}} = \frac{\sin \alpha \sin \beta}{\sin \alpha \cos \beta + \cos \alpha \sin \beta} = \frac{1}{\cot \alpha + \cot \beta}$$

代入(8-3-1)式并整理得:

$$\left.\begin{aligned}
x_P &= \frac{x_A \cot \beta + x_B \cot \alpha - y_A + y_B}{\cot \alpha + \cot \beta} \\
y_P &= \frac{y_A \cot \beta + y_B \cot \alpha + x_A - x_B}{\cot \alpha + \cot \beta}
\end{aligned}\right\} \qquad (8-3-3)$$

该式称为余切公式(也称戎格公式)。该公式由图 8-3-4 中的编号形式推得,因此在实际应用中应注意编号形式。

为了检核计算有无错误,可用式(8-3-4)比较 B 点坐标:

$$\left.\begin{aligned}
x_B &= \frac{x_P \cot \alpha + x_A \cot \gamma - y_P + y_A}{\cot \alpha + \cot \gamma} \\
y_B &= \frac{y_P \cot \alpha + y_A \cot \gamma + x_P - x_A}{\cot \alpha + \cot \gamma}
\end{aligned}\right\} \qquad (8-3-4)$$

在实际作业中,为了检查外业观测是否有错,提高 P 点的精度与可靠性,一般规范规定用三个已知点进行交会,如图 8-3-5 所示,分别以 A、B 和 B、C 交会 P 点,得到两组坐标,

一般规范规定,两组坐标较差 e 不大于两倍比例尺精度,即

$$e=\sqrt{\delta_x^2+\delta_y^2}\leqslant e_{容}=0.2\times M(\text{mm})$$

式中:$\delta_x=x_P'-x_P''$;$\delta_y=y_P'-y_P''$;M 为测图比例尺分母。两组坐标差若不超过图上 0.2 mm,即认为合格,取两组坐标的平均值作为最后坐标。根据交会点的误差分析可知,当交会角 γ 等于 90° 时,精度最好。一般不应大于 150°,小于 30°。

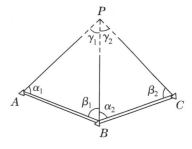

图 8-3-5　三点前方交会

（二）侧方交会

若两个已知点中有一个不易到达或不方便安置仪器,可用侧方交会,侧方交会是在一已知点与未知点上设站,测定两角度,如图(8-3-1(b)),这时计算未知点的坐标同样用前方交会公式,只是 β 角由观测角通过三角形内角和等于 180° 计算而得。

（三）后方交会

后方交会是在未知点上设站,测定至少二个已知点间夹角,确定未知点坐标的方法。如图 8-3-6,A、B、C 为三已知点,P 为待定点,在 P 点测定 α、β。后方交会的公式很多,这里仅列出其中最常用的一种。

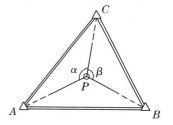

图 8-3-6　三点后方交会

根据坐标关系,可以列出:

$$\begin{cases} y_P-y_C=(x_P-x_C)\tan\alpha_{CP} \\ y_P-y_A=(x_P-x_C)\tan(\alpha_{CP}-\alpha) \\ y_P-y_B=(x_P-x_B)\tan(\alpha_{CP}+\beta) \end{cases}$$

解上述三个方程其中的三个未知数 x_P、y_P、α_{CP}。设:

$$\begin{cases} a=(x_A-x_C)+(y_A-y_C)\cot\alpha \\ b=(y_A-y_C)-(x_A-x_C)\cot\alpha \\ c=(x_B-x_C)-(y_B-y_C)\cot\beta \\ d=(y_B-y_C)+(x_B-x_C)\cot\beta \end{cases} \qquad (8-3-5)$$

则:$\tan\alpha_{CP}=\dfrac{c-a}{b-d}$,坐标增量为:

$$\left.\begin{array}{l} \Delta x_{CP}=\dfrac{a+b\cdot\tan\alpha_{CP}}{1+\tan^2\alpha_{CP}}=\dfrac{c+d\cdot\tan\alpha_{CP}}{1+\tan^2\alpha_{CP}} \\ \Delta y_{CP}=\Delta x_{CP}\cdot\tan\alpha_{CP} \end{array}\right\} \qquad (8-3-6)$$

从而求得 P 点的坐标。当 P 点位于 A、B、C 三点所决定的圆周上,则无论 P 点位于圆上任何一点,所测角度都不变。即 P 点产生多解,测量上称该圆为危险圆。因此选点时,应使 P 点尽量远离危险圆。

为了提高定点的精度与可靠性,一般规定用四点后交,测定 α、β、γ,如图 8-3-7。同样可根据其中三点计算几组不同的结果,满足精度要求取平均作为最后坐标,或者将第四个方向作为检核方向,用其他三点交会的结果反算第三个角 γ,则 $\Delta\gamma=\gamma_{算}-\gamma_{测}$,计算 P 点的横

向位移 $e = \dfrac{D_{PD} \cdot \Delta \gamma''}{\rho''} \leqslant 0.2M$，$M$ 为测图比例尺分母。

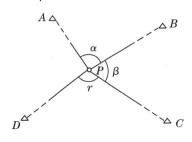

图 8-3-7 四点后方交会

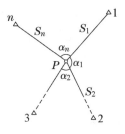

图 8-3-8 自由设站

（四）自由设站法

自由设站法是随着全站仪的出现而普遍应用的一种方法，与后方交会相似，在未知点上设站，测定至少与两个点间的角度和边长，求未知点坐标的一种方法，如图 8-3-8。自由设站法的数据处理一般采用最小二乘法进行严密平差。现有的部分全站仪内置了该程序。

（五）边长交会

如图 8-3-9，A、B 为已知控制点，P 为待定点，测量了边长 D_{AP} 和 D_{BP}，根据 A、B 点的已知坐标及边长 D_{AP} 和 D_{BP}，通过计算求出 P 点坐标，这就是距离交会。随着电磁波测距仪的普及应用，边长交会也成为加密控制点的一种常用方法。计算方法如下：

（1）计算已知边 AB 的边长和坐标方位角：与角度前方交会相同，根据已知点 A、B 的坐标，按坐标反算公式计算边长 D_{AB} 和坐标方位角 α_{AB}。

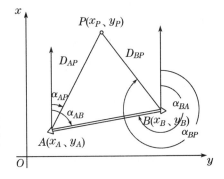

图 8-3-9 边长交会

（2）计算 $\angle BAP$ 和 $\angle ABP$，按三角形余弦定理得：

$$\left.\begin{aligned} \angle BAP &= \arccos \frac{D_{AB}^2 + D_{AP}^2 - D_{BP}^2}{2D_{AB}D_{AP}} \\ \angle ABP &= \arccos \frac{D_{AB}^2 + D_{BP}^2 - D_{AP}^2}{2D_{AB}D_{BP}} \end{aligned}\right\} \tag{8-3-7}$$

（3）计算待定边 AP、BP 的坐标方位角：

$$\left.\begin{aligned} \alpha_{AP} &= \alpha_{AB} - \angle BAP \\ \alpha_{BP} &= \alpha_{AP} + \angle ABP \end{aligned}\right\} \tag{8-3-8}$$

（4）计算待定点 P 的坐标：

$$\left.\begin{aligned} x_P &= x_A + \Delta x_{AP} = x_A + D_{AP} \cos \alpha_{AP} \\ y_P &= y_A + \Delta y_{AP} = y_A + D_{AP} \sin \alpha_{AP} \end{aligned}\right\} \tag{8-3-9}$$

$$\left.\begin{aligned} x_P &= x_B + \Delta x_{BP} = x_B + D_{BP} \cos \alpha_{BP} \\ y_P &= y_B + \Delta y_{BP} = y_B + D_{BP} \sin \alpha_{BP} \end{aligned}\right\} \tag{8-3-10}$$

以上两组坐标分别由 A、B 点推算，所得结果应相同，可作为计算的检核。在实际工作中，为了保证定点的精度，避免边长测量错误的发生，一般要求从三个已知点 A、B、C 分别

向 P 点测量三段水平距离 D_{AP}、D_{BP}、D_{CP},作两组距离交会。计算出 P 点的两组坐标,两组坐标较差 e 不大于 2 倍比例尺精度,即 $e=\sqrt{\delta_x^2+\delta_y^2}\leqslant e_容=0.2\times M(\text{mm})$ 的要求时,取其平均值作为 P 点的最后坐标。

第四节 三、四等水准测量

一、三(四)等水准测量技术指标

三(四)等水准测量所使用的水准仪,其精度应不低于 DS_3 的精度指标。水准仪望远镜放大倍率应大于 30 倍,符合水准器的水准管分划值为 $20''/2\ \text{mm}$。三(四)等水准测量的技术要求如表 8-4-1。

表 8-4-1 三、四等水准测量技术要求

项目 等级	使用仪器	高差闭合差限制(mm)		视线长度(m)	视线高度	前后视距差(m)	前后视距累计差(m)	黑红面读数(mm)	黑红面所测高差之差(mm)
		附合、闭合路线	往/返测						
三	DS_3	$\pm12\sqrt{L}$	$\pm12\sqrt{K}$	$\leqslant75$	三丝能读数	$\leqslant2$	$\leqslant5$	$\leqslant2$	$\leqslant3$
四	DS_3	$\pm20\sqrt{L}$	$\pm20\sqrt{K}$	$\leqslant100$	三丝能读数	$\leqslant5$	$\leqslant10$	$\leqslant3$	$\leqslant5$

表中:L 为水准路线长度,以 km 计;K 为路线往返时单程长度,以 km 计。

二、观测方法

三(四)等水准测量主要采用双面水准尺观测法,除各种限差有所区别外,观测方法大同小异。现以三等水准测量的观测方法和限差进行叙述。

每一测站上,首先安置仪器,调整圆水准器使气泡居中,分别瞄准后、前视尺并估读视距,使前、后视距离差不超过 2 m,如超限,则需移动前视尺或水准仪,以满足要求。然后按下列顺序进行观测,并记于手簿(见表 8-4-2)。

(1)读取后视尺黑面读数:下丝(1),上丝(2),中丝(3)。

(2)读取前视尺黑面读数:下丝(4),上丝(5),中丝(6)。

(3)读取前视尺红面读数:中丝(7)。

(4)读取后视尺红面读数:中丝(8)。

测得(1)到(8)8 个数据后,随即进行计算,如果符合规定要求,可以迁站继续施测;否则应重新观测,直至所测数据符合规定要求时,才能迁站。

三、计算与校核

测站上的计算有以下几项(参见表 8-4-2)。

表 8－4－2　三(四)等水准测量手簿

测自：BM₁ 至 BM₂　　观测者：李翔　　记录者：王盈　　2018 年 3 月 22 日　　天气：晴

仪器编号：S3123456　　开始时间：9：25　　结束时间：10：45　　成像：清晰

测站编号	点号	后尺 上丝 / 下丝	前尺 上丝 / 下丝	方向及尺号	水准尺读数 (m)		K+ 黑－红 (mm)	平均高差(m)	备注
		后视距离	前视距离		黑面	红面			
		后前视距离差(m)	累计差(m)						
		(1)	(4)	后	(3)	(8)	(13)	(18)	$K_1=$ 4.787 $K_2=$ 4.687
		(2)	(5)	前	(6)	(7)	(14)		
		(9)	(10)	后一前	(16)	(17)	(15)		
		(11)	(12)						
1	BM₁ ～T₁	1.614	0.774	后 1	1.384	6.171	0	+0.8325	
		1.156	0.326	前 2	0.551	5.239	−1		
		45.8	44.8	后一前	+0.833	+0.932	+1		
		+1.0	+1.0						
2	T₁～ T₂	2.188	2.252	后 2	1.934	6.622	−1	−0.0740	
		1.682	1.758	前 1	2.008	6.796	−1		
		50.6	49.4	后一前	−0.074	−0.174	0		
		+1.2	+2.2						
3	T₂～ T₃	1.922	2.066	后 1	1.726	6.512	+1	−0.1410	
		1.529	1.668	前 2	1.866	6.554	−1		
		39.3	39.8	后一前	−0.140	−0.042	+2		
		−0.5	+1.7						
4	T₃～ BM₂	2.041	2.220	后 2	1.832	6.520	−1	−0.1740	
		1.622	1.790	前 1	2.007	6.793	+1		
		41.9	43.0	后一前	−0.175	−0.273	−2		
		−1.1	+0.6						
校核		$\sum(9)=177.6$ $\sum(10)=177.0$ (12)末站$=+0.6$ 总距离$=354.6$			$\sum(3)=6.876$　$\sum(8)=25.825$ $\sum(6)=6.432$　$\sum(7)=25.382$ $\sum(16)=0.444$　$\sum(17)=0.443$ $[\sum(16)+\sum(17)]/2$ $=+0.4435=\sum(18)$			$\sum(18)$ $=$ $+0.4435$	

（一）视距部分

后距 $(9) = [(1) - (2)] \times 100$

前距 $(10) = [(4) - (5)] \times 100$

后前视距离差 $(11) = [(9) - (10)]$，绝对值不超过 $2\,\mathrm{m}$。

后前视距离累积差 $(12) = $ 本站的 $(11) + $ 前站的 (12)，绝对值不应超过 $5\,\mathrm{m}$。

（二）高差部分

后视尺黑、红面读数差 $(13) = K_1 + (3) - (8)$，绝对值不应超过 $2\,\mathrm{mm}$。

前视尺黑、红面读数差 $(14) = K_2 + (6) - (7)$，绝对值不应超过 $2\,\mathrm{mm}$。

上两式中的 K_1 及 K_2 分别为水准尺的黑、红面的起点差，亦称尺常数 $4.687\,\mathrm{m}$ 或 $4.787\,\mathrm{m}$。

黑面高差 $(16) = (3) - (6)$

红面高差 $(17) = (8) - (7)$

黑红面高差之差 $(15) = [(16) - (17) \pm 0.100] = [(13) - (14)]$，绝对值不应超过 $3\,\mathrm{mm}$。

由于两水准尺的红面起始读数相差 $0.100\,\mathrm{m}$，即 4.787 与 4.687 之差，因此，红面测得的高差应为 $(17) \pm 0.100(\mathrm{m})$，"$+$" 或 "$-$" 应以黑面高差为准来确定。若 $(16) > 17$ 取 "$-$"；反之，取 "$+$"。例如，表 $8-4-2$ 中第一个测站红面高差为 $(17) - 0.100$，第二个测站应两水准尺交替，红面高差为 $(17) + 0.100$，以后单数站用 "$-$"，双数站用 "$+$"。

各测站经过上述计算，符合要求，才能计算高差中数 $(18) = \frac{1}{2}[(16) + (17) \pm 0.100]$，作为该两点测得的高差。

表 $8-4-2$ 为三等水准测量手簿，（　）内的数字表示观测和计算校核的顺序。当整个水准路线测量完毕，应逐页校核计算有无错误，校核的方法是：

先计算 $\sum(3)$，$\sum(6)$，$\sum(7)$，$\sum(8)$，$\sum(9)$，$\sum(10)$，$\sum(16)$，$\sum(17)$，$\sum(18)$，而后用下式校核：

$\sum(9) - \sum(10) = (12)$，末站。

$\frac{1}{2}[\sum(16) + \sum(17) \pm 0.100] = \sum(18)$，当测站总数为奇数时。

$\frac{1}{2}[\sum(16) + \sum(17)] = \sum(18)$，当测站总数为偶数时。

最后算出水准路线总长度 $L = \sum(9) + \sum(10)$。

对于四等水准测量一个测站的观测顺序，可采用后（黑）、后（红）、前（黑）、前（红），即读取后视尺黑面读数后随即读红面读数，而后瞄准前视尺，读取黑面及红面读数。

四、三（四）等水准测量的成果整理

当一条水准路线的测量工作完成后，首先应将手簿的记录计算进行详细检查，并计算高差闭合差是否超限，确实无误后，才能进行高差闭合差的调整和高程的计算，否则要局部返工，甚至全部返工。

（一）单一水准路线高差闭合差的调整和高程计算

单一水准路线有附合水准路线、闭合水准路线和支水准路线。高差闭合差应符合表 $8-4-1$ 规定的限差要求。闭合差的调整及高程计算与第五章一般水准测量中的方法相同，就是把闭合差反号,按线段的距离或测站数成正比进行分配。支水准路线进行往返测量,取往、返测高差的平均值计算高程。

(二)具有一个结点的水准路线平差及高程计算

用求带权平均值的方法,求得结点的最合适值,并计算单位权中误差及结点高程的中误差。

(三)具有两个或两个以上结点的水准路线以及水准网的平差

可用严密平差的方法,求各待定点的高程,并评定精度。结点导线平差本书不再介绍。

第五节　三角高程测量

本书第五章介绍了用水准测量的方法测定点与点之间的高差,从而由已知点求得未知点的高程。应用这种方法求得地面点的高程其精度较高,普遍用来建立国家高程控制点及测定高级地形控制点的高程。对于地面高低起伏较大地区用这种方法测定地面点的高程进程缓慢,有时甚至非常困难。因此在上述地区或一般地区如果高程进度要求不高时,常采用三角高程测量的方法传递高程。

一、三角高程测量的原理

进行三角高程测量所用的仪器一般为经纬仪或全站仪等;必须具有能测出竖角的竖盘。为了能观测较远的目标,还应具备望远镜。

如图 8-5-1 所示,要在地面上 A、B 两点间测定高差 h_{AB},在 A 点设置仪器,在 B 点竖立标尺。量取望远镜旋转轴中心 I 至地面上 A 点的高度称为仪器高 i,用望远镜中的十字丝的横丝照准 B 点标尺上一点 M,它距 B 点的高度称为目标高 v,测出倾斜视线与水平视线之间所夹的竖角 α,若 AB 两点间的水平距离已知为 D,则由图 8-5-2 得两点间高差 h_{AB} 为:

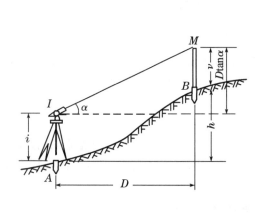

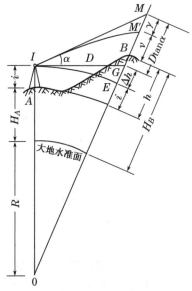

图 8-5-1　三角高程测量的原理　　　图 8-5-2　地球曲率与大气折光

$$h_{AB} + \nu = D\tan\alpha + i$$

即

$$h_{AB} = D\tan\alpha + i - \nu \qquad (8-5-1)$$

若 A 点的高程已知为 H_A,则 B 点的向程为:

$$H_B = H_A + h_{AB} = H_A + D\tan\alpha + i - \nu \qquad (8-5-2)$$

具体应用上式时要注意竖角的正负号,当 α 为仰角时取正号,相应的 $D\tan\alpha$ 为正值;当 α 角为俯角时取负号,相应的 $D\tan\alpha$ 也为负值。从上式中还可以看出若截取标尺时,如果 $\nu_B = i_A$,则计算高差 h_{AB} 较为方便。

凡仪器设在已知高程点,观测该点与未知高程点之间的高差称为直觇;反之,仪器设在未知高程点,测定该点与已知高程点之间的高差称为反觇。

当两点距离大于 400 m 时,应考虑地球曲率及大气折光对高差的影响,简称为两差改正。两差改正数可根据第五章公式(5-1-7)进行计算

$$f = \Delta h - \gamma = 0.43 \cdot \frac{D^2}{R} \qquad (8-5-3)$$

式中:D 为两点间的水平距离;$R = 6371$ km。

三角高程测量,一般应进行往返观测,即由 A 向 B 观测(直觇),又由 B 向 A 观测(反觇),称为对向观测,或称双向观测。对向观测可以消除地球曲率和大气折光的影响。三角高程测量分为一、二两级,其对向观测高差的较差分别不应大于 $0.02D$ 和 $0.01D$ m(D 为平距以100 m 为单位),若符合要求则取两次高差的平均值。

二、三角高程测量的观测与计算

(1)安置仪器于测站,量仪器高 i 和觇标高 v,读至 0.5 cm,量取两次的结果之差不超过 1 cm 时,取平均值记入表 8-5-1。

(2)用 DJ$_6$ 级光学经纬仪观测竖直角 1~2 个测回,前后半测回之间的较差及各测回之间的较差如果不超过规范规定的限差,则取其平均值作为最后的结果。

(3)高差及高程的计算见表 8-5-1。

当用二级三角高程测量方法测定图根点的高程时,应组成闭合或附合的三角高程线路。每边均要进行对向观测。线路闭合差的限值为:$f_{h容} = \pm 0.1h\sqrt{n}$($n$ 为边数,h 为基本等高距)。当 f_h 不超过 $f_{h容}$ 时,则按边长成正比例的原则,将 f_h 反符号分配十各高差之中。然后用改正后的高差,由起始点的高程计算各点的高程。

表 8-5-1 三角高程测量的观测与计算

所求点	B	
起算点	A	
觇 法	直	反
平距(m)	341.23	341.23
竖直角 α	$+14°06'30''$	$-13°19'00''$
$D \cdot \tan\alpha$(m)	$+85.76$	-80.77
仪器高 i(m)	$+1.91$	$+1.43$
觇标高 v(m)	-3.80	-4.00
两差改正(m)		
高差 h(m)	$+83.27$	-83.34
平均高差(m)	$+83.30$	
起算点高程(m)	437.25	
所求点高程(m)	520.55	

复习思考题

1. 测量时为什么首先要建立控制网？平面控制网有哪几种形式？各在什么情况下采用？

2. 导线测量外业踏勘选点时应注意哪些问题？

3. 经纬仪交会法定位分哪几种形式？各在什么情况下采用？

4. 闭合导线 12341 的已知数据为：$x_1 = 5\,032.70$ m，$y_1 = 4\,537.66$ m。$\alpha_{12} = 97°58'08''$ 观测数据为：$\beta_1 = 125°52'04''$，$\beta_2 = 82°46'29''$，$\beta_3 = 91°08'23''$，$\beta_4 = 60°14'02''$，$D_{12} = 100.29$ m，$D_{23} = 78.96$ m，$D_{34} = 137.22$ m，$D_{41} = 78.67$ m，试列表计算 2、3、4 点的坐标。

5. 附合导线 $AB123PQ$ 中 A、B 和 P、Q 为高级点，已知 $\alpha_{AB} = 48°48'48''$，$x_B = 4\,438.38$ m，$y_B = 4\,937.66$ m，$\alpha_{PQ} = 331°25'24''$，$x_P = 4\,660.84$ m，$y_P = 5\,260.85$ m；测得导线左角 $\angle B = 271°36'36''$，$\angle 1 = 94°18'18''$，$\angle 2 = 101°06'06''$，$\angle 3 = 267°24'24''$，$\angle P = 88°12'12''$。测得导线边长：$D_{B1} = 118.14$ m，$D_{12} = 172.36$ m，$D_{23} = 142.74$ m，$D_{3P} = 185.69$ m。计算 1、2、3 点的坐标值。

6. 简要说明附合导线和闭合导线在内业计算上的不同点。

7. 右图为前方交会法示意图，已知数据为：

$$\begin{cases} x_A = 3\,646.35 \text{ m} \\ y_A = 1\,054.54 \text{ m} \end{cases} \begin{cases} x_B = 3\,873.96 \text{ m} \\ y_B = 1\,772.68 \text{ m} \end{cases} \begin{cases} x_C = 4\,538.45 \text{ m} \\ y_C = 1\,862.57 \text{ m} \end{cases}$$

观测数据为：$\begin{cases} \alpha_1 = 64°03'30'' \\ \beta_1 = 59°46'40'' \end{cases} \begin{cases} \alpha_2 = 55°30'36'' \\ \beta_2 = 72°44'47'' \end{cases}$

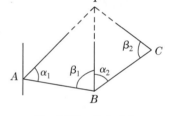

试计算 P 点的坐标 x_P, y_P。

第 7 题图　前方交会

8. 整理下表中的四等水准测量观测数据，并计算出 BM.2 点的高程。

测站编号	点号	后尺 上丝 下丝 视距	前尺 上丝 下丝 视距	方向及尺号	中丝读数 后视	中丝读数 前视	黑+K− 红/mm	平均高差/m	高程/m
1	BM.1～ TP.1	1 979	0 738	后1	1 718	6 405	0	+1.241	$H_1 =$ 21.404
		1 457	0 214	前2	0 476	5 265	−2		
		52.2	52.4	后−前	+1 242	+1 140	+2		
		−0.2	−0.2						
2	TP.1～ TP.2	2 739	0 965	后2	2 461	7 247			
		2 183	0 410	前1	0 683	5 370			
				后−前					

续　表

测站编号	点号	后尺 上丝 下丝 视距	前尺 上丝 下丝 视距	方向及尺号	中丝读数 后视	中丝读数 前视	黑＋K－红/mm	平均高差/m	高程/m
3	TP.2～TP.3	1 918 / 1 290 /	1 870 / 1 226 /	后1 / 前2 / 后－前	1 604 / 1 548 /	6 291 / 6 336 /			
4	TP.3～TP.4	1 088 / 0 396 /	2 388 / 1 708 /	后2 / 前1 / 后－前	0 742 / 2 048 /	5 528 / 6 736 /			
5	TP.4～BM.2	1 656 / 1 148 /	2 867 / 2 367 /	后1 / 前2 / 后－前	1 402 / 2 617 /	6 090 / 7 404 /			
校核		$\sum(9)=$ $\sum(10)=$ (12)末站＝ 总距离＝			$\sum(3)=$ $\sum(6)=$ $\sum(16)=$ [(16)＋(17)]/2＝	$\sum(8)=$ $\sum(7)=$ $\sum(17)=$	$\sum(18)=$		$K_1=$ 4 687 $K_2=$ 4 787

9. 已知 A 点高程 $H_A = 182.232\,\text{m}$。在 A 点观测 B 点得竖角为 $18°36'48''$，量得 A 点仪器高为 $1.452\,\text{m}$，B 点棱镜高 $1.673\,\text{m}$。在 B 点观测 A 点得竖角为 $-18°34'42''$，B 点仪器高为 $1.466\,\text{m}$，A 点棱镜高为 $1.615\,\text{m}$，已知 $D_{AB} = 486.751\,\text{m}$，试求 h_{AB} 和 H_B。

第九章 卫星定位技术与数据处理

导 读

空间定位技术的出现给测绘技术带来了新的革命。全球导航卫星系统(Global Navigation Satellite System,GNSS)测量技术经过40余年的发展,已经成为实用的测绘技术进入了生产领域。目前,地理信息与测绘单位已逐渐将GNSS与全站仪、数字水准仪一起作为常规测量手段,成为快速的控制测量,航测图根控制及地形测图的一种重要的高精度测量方法。

本章首先从GNSS概念入手,介绍GNSS定位原理,目前主要的四种GNSS系统;重点阐述GNSS伪距、载波相位、动态差分和精密单点定位几种处理方法,并对静态GNSS测量方法实施、以实际作业中数据处理GNSS网的平差处理做了较为详细的介绍;本章最后对GNSS连续运行卫星定位服务技术CORS及北斗定位应用也做了详细介绍。

卫星定位技术是利用人造地球卫星进行点位测量。最初人造地球卫星仅仅作为一种空间的观测手段,由地面观测站对卫星的几何观测来解决常规大地测量难以实现的远距离定位(如陆地海岛联测)问题。美国于1993年建成首个全球定位系统,即卫星授时测距导航/全球定位系统(Navigation System Timing and Ranging/Global Positioning System,NAVSTAR/GPS);苏联/俄罗斯建立了格洛纳斯导航卫星系统(Global Navigation Satellite System GLONASS);中国建立了北斗导航卫星系统(BeiDou Navigation Satellite System,BDS);欧盟建立了伽利略导航卫星系统(Galileo Navigation Satellite System,Galileo)。这些系统都利用卫星发射的无线电信号进行导航定位,能在地球表面或近地空间的任何地方为用户提供全天候的定位、测速和授时服务,统称为全球导航卫星系统GNSS。

卫星定位技术最初主要应用在军事方面,目前已广泛应用于经济建设和科学研究等众多领域,给地理信息、测绘和相关领域带来了一场深刻的技术革命。由于卫星定位技术具有定位速度快、成本低、不受天气影响,观测站点之间无须通视,无须建觇标,且仪器轻巧、操作方便等优点,在地球物理、大地测量、国土调查、城市和矿山测量、防灾减灾、交通和水利工程建设、建筑施工等诸多方面得到广泛应用。

第一节　GNSS 定位技术的基本原理

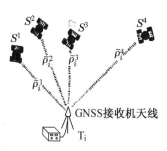

在空间中有若干绕地球运行的 GNSS 卫星,其三维坐标可以通过轨道参数计算得到。如果知道了 GNSS 卫星到地面点间的距离,则可采用距离后方交会的方法,由 4 颗 GNSS 卫星到待定点间的距离,计算出地面点的坐标(图 9-1-1)。下面介绍 GNSS 卫星到地面点间距离的获取方法。

图 9-1-1　GNSS 定位的基本原理

卫星上的无线电信号发射机在卫星时钟的控制下,按预定方式发射信号;地面待定点上的信号接收机接收信号,并在接收机时钟控制下,测定信号从第 i 颗卫星信号到达接收机的时间 Δt_i^j,从而求得卫星与接收机间的距离 $\bar{\rho}_i^j$。

$$\bar{\rho}_i^j = c\Delta t_i^j \tag{9-1-1}$$

式中:c 为信号传播速度(即光速 299 792 458 m/s)。

事实上,卫星时钟和接收机时钟是不同步的。因为卫星上的原子钟,其稳定度为 10^{-13} (甚至更高),地面接收机为节约成本和便于推广应用,安置的是石英钟,其稳定度在 10^{-10},两时钟精度差 1 000 倍,须将这个时间差(即钟差)也设为未知数。因此,每个地面点就有 4 个未知数,即地面待定点的三维空间坐标和钟差,所以必须同时观测 4 颗 GNSS 卫星才能定位。根据 4 个空间距离,建立 4 个方程,解出 4 个知数,且具有唯一解。如果同时观测的卫星数超过 4 颗,则产生多余观测情况,按最小二乘法原理进行平差解算。

现设卫星 i 上原子钟钟差为 V_{t_i},接收机 j 上石英钟的钟差为 V_T^j,则因它们的不同步对距离的影响设为 $\Delta\rho_i^j$,即

$$\Delta\rho_i^j = c(V_T^j - V_{t_i}) \tag{9-1-2}$$

若再考虑信号传播时的各项改正项 $\sum\delta_i$,则可得出在某一观测时间 t_i,同时测得 4 颗 GNSS 卫星到接收机 j 之间的真正几何距离 ρ_i^j,即

$$\rho_i^j = c\Delta t_i^j + c(V_T^j - V_{t_i}) + \sum\delta_i^j \tag{9-1-3}$$

而 ρ_i^j,卫星 i 的坐标 (x_i, y_i, z_i) 和接收机 j 的坐标 (X_j, Y_j, Z_j) 之间有如下关系:

$$\rho_i^j = \sqrt{(X_j - x_i)^2 + (Y_j - y_i)^2 + (Z_j - z_i)^2} \tag{9-1-4}$$

将式(9-1-4)代入式(9-1-3),可得

$$\sqrt{(X_j - x_i)^2 + (Y_j - y_i)^2 + (Z_j - z_i)^2} = c\Delta t_i^j + c(V_T^j - V_{t_i}) + \sum\delta_i^j \tag{9-1-5}$$

式中:(X_j, Y_j, Z_j) 为接收机 j 的待定点坐标;(x_i, y_i, z_i) 为第 i 颗卫星的空间坐标,可通过 GNSS 卫星的轨道参数推算得到;V_{t_i} 由卫星发出的导航电文给出;V_T^j 为钟差;δ_i^j 可通过数学模型计算。

第二节 GNSS 的组成

尽管中国 BDS、美国 GPS、俄罗斯 GLONASS 和欧盟 Galileo 的系统架构有所差别，但总体上 GNSS 都可以分为三个组成部分：空间部分（卫星星座）、控制部分（地面监控站）和用户部分（信号接收机），如图 9 - 2 - 1 所示。

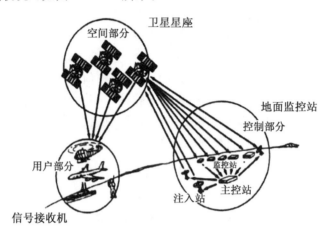

图 9 - 2 - 1 GNSS 的组成

一、卫星星座

卫星星座由运行在不同轨道平面上的 GNSS 卫星组成，不同系统的 GNSS 卫星数量、轨道平面均不同。GNSS 卫星向用户发射信号，接收并执行地面监控站的指令，调整卫星姿态和轨道修正，或启用备用卫星。

1. 卫星星座和轨道参数

为了确保在全球任何时间、任何地点都能接收到不少于 4 颗卫星的信号，GNSS 卫星分布在若干个轨道中，每个轨道上的多颗 GNSS 卫星星座按照一定的夹角分布。每颗 GNSS卫星的运行轨道可以用轨道椭圆长半轴、轨道椭圆偏心率、轨道倾角、升交点赤经和近升角距等参数来描述。其中，轨道椭圆长半轴、轨道椭圆偏心率描述轨道椭圆形状和大小；轨道倾角是卫星轨道平面与赤道平面的夹角；升交点赤经是升交点（卫星从南向北越过赤道时与赤道的交点）与春分点之间的夹角；近升角距是升交点与近地点（卫星椭圆轨道上距地心最近的点）之间的地心夹角。

2. GNSS 卫星信号

GNSS 卫星信号包含载波、测距码、导航电文的调制信号。载波是高频信号，既可用作传输测距码、导航电文等低频信号的载体，也可用于测距、测定多普勒频移。GNSS 卫星通常同步发送多种频率的载波，以通过数据处理消除或减少大气折射对定位的影响。测距码的主要作用是测定 GNSS 卫星和信号接收机之间的距离。测距码属于伪随机噪声码（Pseudo Random Noise Code，PRN），是具有一定周期的取值为 0 和 1 的码元序列，并在一个周期内具有随机噪声的特征。导航电文包括卫星轨道参数、卫星钟差改正参数、电离层折射修正等。

二、地面监控站

地面监控站按其功能可分为主控站、监测站和注入站三种。

1. 主控站

主控站负责协调管理地面监控系统的工作，根据地面监控站的观测资料推算编制各卫星的星历、卫星钟差和气象修正参数，并将这些数据及导航电文传送到注入站，提供 GNSS 的时间基准，调整卫星状态和启用备用时钟、备用卫星等。

2. 监测站

监测站内设有 GNSS 接收机、高精度原子钟、气象参数测量仪和计算机等设备，主要任务是完成对 GNSS 卫星信号的连续观测，并将观测数据和当地气象资料经初步处理后传送到主控站。监测站一般有多个，合理分布的监测站能改善卫星轨道参数的精度。

3. 注入站

注入站用于向卫星发送信号，对卫星进行控制管理，在接收主控站的调度后，将来自主控站的卫星星历、钟差，导航电文和其他控制指令，注入相应的 GNSS 卫星。

三、信号接收机

信号接收机(图 9-2-2)的主要任务是捕获并跟踪 GNSS 卫星的信号，获得导航、定位信息和观测量，经必要的数据处理完成导航和定位工作。根据内部结构与功能，信号接收机可分为接收天线单元和接受单元两大部分。一般分别组装成独立部件，并用电缆连成一整机。

图 9-2-2　Leica Viva GNSS 接收机

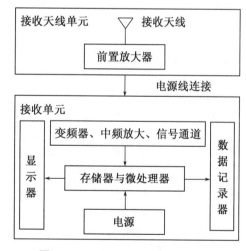

图 9-2-3　GNSS 信号接收机结构

1. 接收天线单元

接收天线单元由接收天线和前置放大器组成。前者大多采用全向天线，可接收来自任何方向的 GNSS 信号，并将电磁波能量转化为规律相同的电流。前置放大器可将微弱的 GNSS 信号电流予以放人。

2. 接收单元

接收单元的核心部件是信号通道、存储器与微处理器、数据记录器、显示器和电源等，如图 9-2-3 所示。

为使接收机得到高增益信号,使接收到的卫星信号变成低频信号通常采用变频器。GNSS 信号通道是软硬结合的电路,它的作用除了搜索、牵引并跟踪卫星外,还需将扩频的调制信号,经解扩、解调后求得导航电文。为此在相关通道电路中设有伪码相位跟踪环和载波相位跟踪环,进行伪距测量和载波相位测量。

接收机内设有存储器,以存储卫星星历、卫星历书、接收机采集到的码相位伪距观测值和载波相位观测值等。目前的接收机都装有存储器(内存),以便处理和保存数据。接收机内一般预装有厂家研制的多种软件,如自检软件、卫星预报软件、导航电文解码软件、GNSS 单点定位软件及导航软件等。

接收机工作时,接收单元在微处理器的控制下,首先进行工作状况自检,然后对卫星进行搜索、捕捉。当锁定不少于 4 颗卫星时,利用伪距观测值及卫星星历计算测站的三维坐标,按预置的更新频率计算坐标,并存储观测数据,如测站名、测站号、作业员单位姓名、天线高和气象参数等。

3. 显示器

接收机的视频监视器一般包括显示窗和操作键盘,观测者通过操作键盘,可以从显示窗上读取数据和文字,如查询仪器的工作状态,检核输入数据等。

4. 电源

接收机有两种电源,一种为内置电源,另一种为外接电源。内置电源一般采用锂电池,主要对 RAM 存储器供电。

第三节 全球导航定位系统

一、美国全球定位系统 GPS

美国国防部(United States Department of Defense,DOD)于 1973 年决定成立 GPS 计划联合办公室,由军方联合开发全球测时与测距导航定位系统,即 GPS。

GPS 系统的建设分为三个阶段实施:第 1 阶段(1973—1979 年),系统原理方案可行性验证阶段(含设备研制);第 2 阶段(1979—1983 年),系统试验研究(对系统设备进行试验)与系统设备研制阶段;第 3 阶段(1983—1988 年),工程发展和完成阶段。从 1978 年发射第 1 颗 GPS 卫星,至 1994 年 3 月 10 日完成 21 颗工作卫星加 3 颗备用卫星的卫星星座配置。1995 年 4 月,美国国防部正式宣布 GPS 具备完全工作能力。

GPS 的工作卫星星座包括 24 颗 GPS 卫星,分布在相隔 6 个轨道平面内,如图 9 - 3 - 1 所示。GPS 提供标准定位服务(Standard Positioning System,SPS)和精密

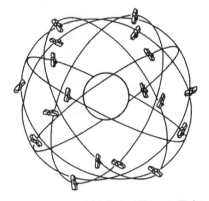

图 9 - 3 - 1 全球定位系统 GPS 星座

定位业务(Precise Positioning Service,PPS),前者面向所有用户提供服务,后者用于美国军事部门和其他特许部门。在包含选择可用性技术(Selective Availability,SA)影响时,SPS 的定位精度水平为 100 m(95%的概率),不含 SA 影响为 20～30 m,定时精度为 340 ns;PPS

定位精度可在 10 m 以内。

GPS 卫星发射的基本频率为 10.23 MHz，包含两种频率的载波信号，即频率为 1 575.42 MHz 的 L_1 载波和频率为 1 227.60 MHz 的 L_2 载波，其频率分别是基本频率的 154 倍和 120 倍，波长分别为 19.03 cm 和 24.42 cm。L_1 和 L_2 作为载波调制有两种调制信号，一类为导航信号，另一类为电文信号。

1. 导航信息

电文信号同时以 50 bit/s 的频率调制在载波 L_1 和 L_2 上即成为导航信息。内容包括卫星星历表、GPS 卫星的轨道参数、各项改正数、卫星工作状态和其他一些系统参数。用户一般需要利用此导航信息来计算某一时刻 GPS 卫星在地球轨道上的位置，导航信息也被称为广播星历。通过导航信息，接收机可以选择图形最佳的一组信号进行观测，以利于定位数据处理。

2. 电文信号

C/A 码称为粗捕获码，调制在 L_1 载波上，是 1 MHz 的伪随机噪声码（PRN），码率为 1.023 Mb/s，频率为 $\lambda_{C/A}=293$ m。每颗卫星的 C/A 码都不一样，需用 PRN 号来区分。C/A 码是普通用户用以测定测站到卫星间距离的一种主要的信号。C/A 码信号编码每 1 ms 重复一次，可以快速捕捉信号，按设计用于粗略定位。P 码与 Y 码称为精码，调制在 L_1 和 L_2 载波上，码率是 10.23 Mb/s，频率为 $\lambda_P=29.3$ m，P 码信号编码周期为七天，且各颗卫星不同，结构十分复杂，不易捕捉，但可以用于精确定位。

美国国防部对敌对方使用 GPS 卫星信号进行电子欺骗和电子干扰而采用地对 P 码进行加密，称为反电子诱骗（Anti Spoofing，AS）。并在战时将 P 码进一步加密，必要时引入机密码 W，通过 P 码和 W 码二者模相加，将 P 码转换成 Y 码。在实施 AS 时，一般用户无法利用 P 码来进行导航定位。AS 政策可通过采用 Z 跟踪技术解决。

1996 年美国提出 GPS 现代化计划，其第一个标志性行动是从 2000 年 5 月 1 日起，取消 GPS 卫星人为降低定位精度的 SA 技术，致使定位精度有数量级的提升。GPS 的现代化能使 GPS 更好地满足军事、民间和商业用户不断增长的应用需求，用先进技术改进和完善 GPS 系统。现代化计划主要包括以下内容：

（1）增加新的 GPS 信号。改进的导航卫星，将军民用信号分离，在卫星上播发新的军码（M 码），民用码在 $L_{1C/A}$ 的基础上增加第二民码 L_{1C}、L_{2C} 和第三民码 L_5。

（2）研发新一代军用 GPS 接收机，提高 GPS 的抗干扰能力。

（3）增强或视情况关闭 GPS 发射信号，以防止 GPS 信号战时受干扰或被他国利用。

（4）改善地面设备，更新 GPS 地面测控设备，增加地面测控站的数量；用新的数字接收机和计算机来更新专用的 GPS 监测站和有关的地面天线；采用新的算法和软件，提高测控系统的数据处理与传输能力等。

（5）实施 GPSⅢ 计划。GPSⅢ 卫星从 2018 年 12 月发射首颗至 2021 年 6 月 17 日的第 5 颗，截至 2021 年 12 月，GPS 卫星系统在轨共 32 颗（包括 5 颗 GPSⅢ，12 颗 2F、8 颗 2RM、7 颗 2R）。第三代军用 M 码 GPS 系统的导航精度会提高 3 倍，抗干扰能力提高 8 倍，GPS 授时精度将达到 1 ns，定位精度提高到 0.2～0.5 m，使得制导的精度达到 1 m 以内。

近二十多年来，美国持续地推动 GPS 现代化计划，投资上百亿美元，提升了 GPS 的空间段和运控段的新功能，改进系统的定位精度、信号的可用性和完好性、服务的连续性以及抗无线干扰能力。GPSIII 是 GPS 星座现代化进程的最终产物,GPSIIIF 第十颗即最后一颗预计在 2034 年发射,那时即宣告 GPS 现代化进程结束。

二、苏联/俄罗斯全球导航卫星系统 GLONASS

全球卫星导航系统 GLONASS 是俄文 GLObalnaya NAvigatsionnaya Sputnikovaya Sistema 的首字母。1976 年苏联颁布了建立 GLONASS 的政府令,并成立相应的科学研究机构,进行 GLONASS 系统工程设计。GLONASS 由苏联研制,现由俄罗斯航天局管理和维护。

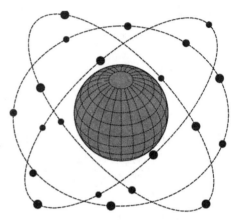

GLONASS 星座包括 24 颗卫星,分布在相隔 120°的三个轨道平面内,如图 9-3-2 所示。1982 年 10 月 12 日,成功发射第一颗 GLONASS 卫星。1996 年 1 月完成 24 颗卫星全球组网,宣布进入完全工作状态。苏联解体后,GLONASS 步入艰难维持阶段,2000 年年初,该系统仅有 7 颗卫星正常工作,近乎崩溃边缘。2001 年 8 月,俄罗斯政府通过了 2002—2011 年间 GLONASS 恢复和现代化计划。2001 年 12 月成功发射第一颗现代化卫星 GLONASS-M。至 2011 年正式向全球提供服务,2012 年系统已回归到 24 颗卫星完全服务状态。

图 9-3-2 GLONASS 导航卫星系统星座

GLONASS 至今已经有三代卫星:第 1 代卫星是 GLONASS 基本型;第 2 代星是 GLONASS-M 卫星;第 3 代是新开发的 GLONASS-K 卫星,K 星系列又分为 K_1 和 K_2 两种型号,GLONASS-K 卫星还提供第三个民用频率 L_3 载波信号。

截至 2021 年 12 月 31 日,GLONASS 系统在轨卫星 25 颗,包括 23 颗 GLONASS-M 卫星和 2 颗 GLONASS-K_1 卫星,其中提供导航服务卫星 23 颗(22 颗 GLONASS-M 卫星和 1 颗 GLONASS-K_1 卫星),另有 1 颗处于在轨测试状态,1 颗暂时退出星座。俄罗斯计划 2025 年前完成 GLONASS-K 系列卫星全面替换为 GLONASS-M 型卫星,2030 年将全面建成由 GLONASS-K_2 卫星组成的空间星座,完成星座的全面更新和升级。

传统的 GLONASS 信号使用频分多址(Frequency Division Multiple Access,FDMA),与其他 GNSS 所用的码分多址(Code Division Multiple Access,CDMA)不同。与传统的 GPS 信号一样,GLONASS 信号包括两个伪随机噪声码(PRN)测距码:标准精度(Standard accuracy,ST)码及高精度(Visokaya Tochnost,即 High precision,VT)码,调制到 L_1 和 L_2 载波上。GLONASS ST 码也已经在 GLONASS-M 卫星的 L_2 频率上传输。发送的信号像 GPS 信号一样是右旋圆极化波。GLONASS-K_1 在新的 L_3 频率(1 202.025 MHz)上传输 CDMA 信号,GLONASS-K_2 还将在 L_1 和 L_2 频率上提供 CDMA 信号,从而实现与其他 GNSS 的兼容与互操作。GLONASS-K_1 星的空间信号测距误差(Signal-in-Space user Range Errors,SISRE)约为 1 m,GLONASS-K_2 星则为 0.3 m。

三、中国北斗导航卫星系统 BDS

中国北斗导航卫星系统 BDS 按照国家"三步走"战略建设发展。与世界上的其他卫星导航系统不同,北斗系统由地球静止轨道 GEO,倾斜地球同步轨道 IGSO,中圆地球轨道 MEO 三种轨道组成,能够更好地服务于我国及周边地区,同时也使其除了导航、定位、授时服务外,还具备短报文通信的功能。北斗一号系统于 1994 年启动建设,2000 年投入使用,为中国境内用户提供定位、授时、广域差分和短报文通信服务;北斗二号系统于 2004 年启动建设,2012 年 12 月正式开始为亚太地区用户提供定位、测速、授时和短报文通信服务;北斗三号系统于 2009 启动建设,在北斗二号系统的基础上,进一步提升性能、扩展功能。2018 年 12 月北斗三号系统正式提供全球服务;2020 年 7 月 31 日,北斗三号正式完成卫星组网发射,全面建成北斗三号系统,为全球用户提供集导航定位和通信数据传输于一体的高品质服务。截至 2022 年 7 月,整个北斗系统共有 45 颗卫星在轨服务,其中北斗二号卫星 15 颗,北斗三号卫星 30 颗。2035 年前还将建设完善更加泛在、更加融合、更加智能的综合时空体系。

1. 卫星星座

北斗三号系统卫星星座由 5 颗地球静止轨道卫星、27 颗中圆地球轨道卫星和 3 颗倾斜地球同步轨道卫星组成,如图 9－3－3 所示。地球静止轨道卫星 GEO 的轨道平面与赤道平面重合,轨道高度 36 000 km,卫星的轨道周期等于地球自转周期为 T23:56:4.09 平太阳时(24 恒星时)。倾斜地球同步轨道卫星 IGSO 分布在相隔 120°的 3 个轨道平面内,轨道倾角为 55°轨道高度 36 000 km,卫星的轨道周期等于地球自转周期。中圆地球轨道卫星 MEO 分布在 3 个轨道平面内,轨道倾角为 55°,轨道高度 22 000 km,卫星的轨道周期为 T12:53:12 平太阳时(约 7 天 13 圈)。

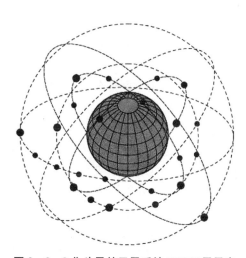

图 9－3－3 北斗导航卫星系统 BDS 卫星星座

北斗三号导航卫星系统提供三种公共服务信号:B_1(1 575.420 MHz)、B_2(1 176.450 MHz)和 B_3(1 268.520 MHz)。它融合了导航与通信能力,具有实时导航、快速定位、精确授时、位置报告和短报文通信服务五大功能。其中,导航、定位、授时和位置报告服务已于 2018 年 12 月向全球开通,全球短报文通信已于 2019 年 12 月完成服务平台建设,实现短报文通信服务高效、安全、规范管理,短报文通信应用和相关产业发展迎来了前所未有的历史机遇。2022 年 7 月 30 日,北斗三号短报文通信服务实现了大众智能手机卫星通信能力,在亚太地区的大众用户将享受到短报文通信服务。

2. 地面监控站

北斗导航卫星系统的地面监控站包括主控站、注入站和监测站等若干地面站,以及星间链路运行管理设施。主控站位于北京,注入站分别位于北京、喀什和三亚。目前,监测站主要分布于国内,包括北京、喀什、三亚、乌鲁木齐、成都、厦门、绥阳等地,此外在俄罗斯、巴基斯坦等地也建立了监测站。

3. 坐标系统和时间系统

北斗导航卫星系统的坐标系统采用中国 CGCS2000 国家大地坐标系,属于地心坐标系;时间系统为北斗时(BDT),起始历元为 2006 年 1 月 1 日协调世界时(UTC)T00:00:00,是一种原子时系统。

4. 定位精度

北斗导航卫星系统公开服务的定位、导航、授时服务性能指标如下:① 对于全球区域,平面位置和高程精度优于 10 m,测速精度优于 0.2 m/s,授时精度优于 20 ns;② 对于亚太地区,平面位置和高程精度为 5 m,测速精度优于 0.1 m/s,授时精度优于 10 ns。

四、欧洲全球卫星导航系统 Galileo

欧洲全球卫星导航系统(European Global Navigation Satellite Systems,E-GNSS,即 Galileo)。Galileo 系统由欧盟通过欧洲空间局和欧洲导航卫星系统管理局建设,主要面向民用。Galileo 第 1、2 颗试验卫星 GIOV-A 和 GIOV-B 已于 2005 年和 2008 年发射升空,目的是考证关键技术,其后有 4 颗工作卫星发射,验证 Galileo 的空间部分和地面监控部分相关技术。在轨验证阶段完成后,其他卫星的部署进一步展开,Galileo 系统于 2003 年开始建设,2011 年 8 月发射第 1 颗正式卫星至 2021 年 12 月 5 日 Galileo 第 27、28 颗卫星成功发射,截至 2021 年 12 月 Galileo 系统在轨卫星 22 颗,基本达到全球服务能力。

Galileo 系统由空间部分、控制部分和用户部分组成。卫星星座由 30 颗卫星组成,均匀地分布在三个轨道平面内,如图 9-3-4 所示。星座有 24 颗卫星分置于三个中圆地球轨道面内。Galileo 信号工作的主要频段为 E_2-L_1-E_1、E_5(分为 E_{5a} 和 E_{5b} 两个子信号)及 E_6 四种,各自发射独立的信号,发射的中心频率分别为:E_2-L_1-E_1(简称为 L_1)频段(1 559 MHz~1 592 MHz),E_5 频段(1 164 MHz~1 215 MHz)、E_6 频段(1 260 MHz~1 300 MHz)。为了实现与 GPS 的兼容互操作,Galileo 的 E_2-L_1-E_1(即

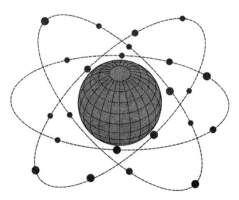

图 9-3-4 Galileo 导航卫星系统卫星星座

L_1)和 E_{5a} 两个信号的中心频率与 GPS 的 L_1 和 L_5 相互重合。出于同样的兼容互操作目的,伽利略的 E_{5b} 与 GLONASS-K 卫星播发的 L_3 载波信号(频段在 1 201.743 MHz~1 208.511 MHz)信号重叠。

Galileo 虽然提供的信息还是位置、速度和时间,但 Galileo 提供的服务种类远比 GPS 多。Galileo 提供五种服务:① 公开服务(Open Service,OS),与 GPS 的 SPS 相类似,免费提供;② 生命安全服务(Safety of Life Service,SoLS);③ 商业服务(Commercial Service,CS);④ 公共特许服务(Public Regulated Service,PRS);⑤ 搜救服务(Search and Rescue support Service,SAR)。以上所述的前四种是 Galileo 的核心服务,最后一种则是支持搜救卫星服务(Search and Rescue Satellite Aided Tracking,SARSAT)。由于生命安全服务实际运作有难度,近些年来已经不太提及。Galileo 服务种类较多且独具特色,能提供完好性广播、服务

保证,以及民用控制和局域增强。

Galileo 的公开服务提供定位、导航和授时免费服务,供大众导航市场应用。商业服务是对公开服务的一种增值服务,具备加密导航数据的鉴别认证功能,为测距和授时专业应用提供有保证的服务承诺。公共特许服务是为欧洲国家安全应用专门设置的,是特许的或关键的应用,以及具有战略意义的活动,其卫星信号更为可靠耐用,受成员国控制。Galileo 提供的公共服务定位精度通常为 15～20 m(单频)和 5～10 m(双频)两种档次。公共特许服务有局域增强时能达到 1 m,商用服务有局域增强时为 10 cm～1 m。

五、区域系统和增强系统

除了上述四大全球系统外,还包括区域系统和增强系统。其中区域系统有日本的 QZSS 和印度的 IRNSS;增强系统有美国的 WASS、日本的 MSAS、欧盟的 EGNOS 和印度的 GAGAN 等。

1. 日本导航系统 QZSS

日本导航系统(Quasi-Zenith Satellite System,QZSS,准天顶卫星系统)是日本卫星定位研究和应用中心(SPRAC)负责研发管理的。它是一个以 GPS 系统增强服务为主、自主导航为辅的区域民航卫星系统,其自主导航信号与功能大多存在试验、验证的成分,希望获得更高定位和导航性能,特别是如何提高定位精度,以满足高精度用户的需求,在 GPS 信号难以到达的山区和高层建筑林立的位置也可以稳定地获得高精度位置信息。

QZSS 卫星均停留在日本上空附近,服务于亚太地区,主要是日本。目前有 4 颗卫星在轨。相比美国的 GPS,QZSS 能提供 10 cm 以下的定位精度,是全球精度最高的定位导航卫星。2021 年,日本成功发射 QZS-1R 卫星,用以替换"准天顶卫星系统"空间段即将到期的首颗卫星 QZS-1,维持星座服务的状态。日本计划在 2023 年完成 7 颗卫星的工作体系,届时可完全不再依靠美国的 GPS 系统,而获得独立的卫星导航能力。

QZSS 自 2018 年投入初始运行并提供服务以来,日本积极推进 QZSS 的军事应用,在卫星导航服务、导航卫星平台载荷搭载等方面加强与美国的合作,提升自身天基导航、态势感知等方面的能力。

QZSS 短信服务是一种与"北斗"系统短报文服务类似的功能,主要为政府或相关部门、用户提供灾难管理和应急救援方面的短信息通信服务,以应对因灾害造成通信系统损失或失效情况下的应急通信服务。

2. 印度区域导航卫星系统 IRNSS

印度区域导航卫星系统(Indian Regional Navigation Satellite System,IRNSS)是一个由印度空间研究组织(ISRO)发展的自由区域型卫星导航系统,印度政府对这个系统有完全的掌控权,如图 9-3-5 所示。印度区域导航卫星系统将提供两种服务,包括民用的标准定位服务及供特定授权使用者(军用)的限制型服务。截至 2021 年底印度区域导航卫星系统(IRNSS)有 7 颗导航卫星在轨;IRNSS 系统最终会扩大到 14 颗卫星组网,完成这套卫星系统的总体组网任务。预计南北极上空各发 2 颗卫星,在地球中部近赤道的上方发射 3 颗导航卫星,从而实现全天候昼夜覆盖印度及其周边约 1 500 km 范围的较为精确的卫星定位、导航和授时服务。IRNSS 系统可以向印度境内及印度洋地区等核心区域内的用户提供 15 m以内的定位精度;可以向我国中西部及南海地区、澳洲西部等次级服务区域内的用户提供 20 m 以内的定位精度；可以向次级服务区周边地区的用户提供 30 m 以内的定位精度。

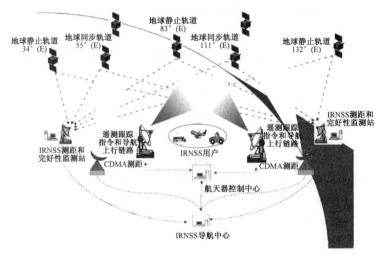

图 9‐3‐5　IRNSS 卫星导航系统卫星分布

六、星基增强系统

GNSS 可为全球用户提供实时、全天候、高精度的定位与导航服务。但受制于导航卫星误差以及用户位置等多方面的影响，部分区域（如地形复杂的山谷等）仅依赖 GNSS 并不能达到理想的导航定位效果，同时一些对导航性能有特殊要求的领域，如航空飞行，单独使用GNSS 也不能完成相应要求的导航定位服务。因此，星基增强系统（Satellite Based Augmentation Systems，SBAS）等导航定位增强系统应运而生。星基增强系统通过地球静止轨道卫星搭载导航卫星增强信号转发器，可向区域用户播发星历误差、卫星钟差、电离层延迟等多种修正信息，实现对原有导航卫星系统定位精度的提升。

目前，全球已经建立起多个 SBAS 系统，如美国的广域增强系统（WAAS）、俄罗斯的差分校正和监测系统（SDCM）、欧洲的欧洲地球静止导航重叠服务（EGNOS）、日本的多功能卫星增强系统（MSAS）和准天顶卫星系统（QZSS）、印度的 GPS 辅助静地轨道增强导航系统 GAGAN 及中国的北斗星基增强系统（BDSBAS）等。

北斗系统增强系统包括地基增强系统与星基增强系统，向中国及周边地区用户提供免费的符合国际民航组织标准的单频增强和双频多星座增强服务。北斗地基增强利用北斗/GNSS 高精度接收机，通过地面基准站网，利用卫星、移动通信、数字广播等播发手段，在服务区域内提供 1～2 m、dm 级和 cm 级实时高精度导航定位服务；北斗星基增强系统通过地球静止轨道卫星搭载卫星导航增强信号转发器，可以向用户播发星历误差、卫星钟差、电离层延迟等多种修正信息，实现对于原有卫星导航系统定位精度的改进。

第四节　GNSS 定位方法

在本章第二节中已述，GNSS 卫星定位的基本原理是空间距离交会。根据测距原理，其定位方法主要有伪距观测法、载波相位测量法和差分定位法等。对于所求定位，按其所处运动状态又可分为静态定位和动态定位。静态定位是指用 GNSS 测量相对于地球不运动的点位，GNSS 接收机在该点上接收数分钟或更长时间的卫星信号，以确定该点位置，又称为绝对定位。动态定位是确定运动物体的三维坐标，将两台或两台以上 GNSS 接收机分别安置在固定不变的已知点或待定点上，通过同步接收卫星信号，确定待定点的相对位置，称为相对定位。

用伪距法和载波相位法均可进行静态定位，但伪距法定位精度较低，通常采用载波相位法及其各种线性组合（即差分法），来减弱卫星轨道误差、钟差、电离层和对流层延迟等误差的影响，提高定位精度。

一、伪距法单点定位

由卫星发射的测距码信号到达 GNSS 接收机的传播时间乘以光速所得的距离，称为伪距测量，即式（9-1-1）中的 $\bar{\rho}_i$。

由卫星时钟产生一定结构的伪随机噪声码，该测距码与卫星星历的数据码叠加后，调制在载波上，经过时间 Δt 后到达接收机。接收机在本机时钟控制下，也产生一组结构完全相同的复制码（也称本地码），复制码通过接收机内的延时器进行相关处理。假定当延迟的时间为 τ 时，复制码与接收到的测距码正好对齐，即二者的自相关系数 $R_\tau = 1$。这时测定的延迟时间 τ 为卫星信号传送到接收机天线的时间。该时间乘以光速 c，即为卫星到接收机间的伪距。

伪距法单点定位根据接收机在待定点测设某一时刻从 4 颗以上卫星的伪距，以及从导航卫星电文中获得的卫星位置，按式（9-1-5）计算出待定点的位置。单点定位精度低，但具备定位速度快、无多值性问题等特点，因此在运动载体的导航定位上应用很广。

二、载波相位定位

由于伪随机码的波长较长，伪距定位精度通常只能达到几米。而 GNSS 卫星发射的载波波长比作为调制波的伪随机码要短得多，因此载波相位测量精度要高很多。由于载波信号是一种周期性的正弦信号，而相位测量只能测定不足一个波长的部分，无法测定其整数波长的个数（即整周期的倍数无法直接测定），载波相位观测需要求解整周期的倍数（称为整周未知数），载波相位的解算过程显得麻烦。

假设接收机在时刻 t_0 跟踪卫星信号，并开始进行载波相位测量。又设接收机本机振荡能够产生一个角频率和初相位与卫星载波信号完全一致的基准信号，那么 t_0 时刻接收机基准信号的相位为 $\varphi(R)$，如图 9-4-1 所示。接收到的卫星载波信号的相位为 $\varphi(S)$，并假定这两个相位之间相差 N_0 个整周信号和不到一周的相位值 $\Delta\varphi$，则可求得 t_0 时刻卫星到接收机的距离，即

$$\rho = \frac{c}{f}\left[\varphi(R) - \varphi(S)\right]/2\pi = \lambda\left(N_0 + \frac{\Delta\varphi}{2\pi}\right) \qquad (9-4-1)$$

式中：N_0 为信号的整周数；$\Delta\varphi$ 为不足整周的相位差；λ 为波长。

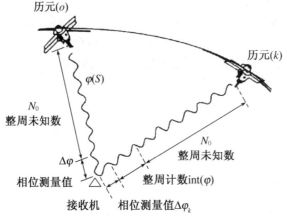

图 9 - 4 - 1　卫星载波相位信号

由于载波是余弦波,在载波相位测量中,接收机无法测定载波的整周数 N_0,也称整周模糊度,但可以精确测定 $\Delta\varphi$。如对波长为 19 cm 的 L_1 载波,设测量分辨率为 1/100,则载波相位量测精度为 19 mm。当接收机对卫星进行续跟踪观测时,由于接收机接收到的卫星信号频率因多普勒效应发生频移,信号的相应值会发生变化。只要卫星信号不失锁,N_0 值就不变,即可从累计计数器中得到载波信号的整周变化计数 $\text{int}(\varphi)$(φ 以 2π 为单位),所以 i 时刻接收机的相位观测值为:$\varphi'_i = \text{int}(\varphi_i) + \Delta\varphi_i$

卫星到天线的相位观测值为:

$$\varphi^j_i = N^j_i(t_0) + \varphi^j_i = N^j_i(t_0) + \text{int}(\varphi^j_i) + \Delta\varphi^j_i \qquad (9-4-2)$$

现仍设卫星原子钟之差改正为 V_{t_i},接收机钟差改正为 V^j_T,电离层延迟改正为 δ_{I_i},对流层折射改正为 δ^j_T,则可得到载波相位测量观测方程为:

$$\varphi_i = \frac{f}{c}(\rho^j_i - \delta_{I_i} - \delta^j_T) + fV_{t_i} - fV^j_T - N^j_i(t_0) \qquad (9-4-3)$$

两端乘以 $\lambda = c/f$,且令 $\lambda\varphi_i = \bar{\rho}^j_i$,可得

$$\rho^j_i = \bar{\rho}^j_i + \delta_{I_i} + \delta^j_T + c(V^j_{T_i} - V^j_{t_i}) + \lambda N^j_i(t_0) \qquad (9-4-4)$$

式(9-4-4)与式(9-1-5)比较两个方程的实质是一致的,式(9-4-4)中多了一项整周未知数 $N^j_i(t_0)$。由于每颗卫星观测方程中都有 $N^j_i(t_0)$,所以无法像伪距法那样单点定位,而是采用两台以上的接收机进行相对定位。确定 $N^j_i(t_0)$ 是载波相位测量中的关键问题,需要通过其他途径求出,这里不做详细介绍。

若将接收机至卫星几何距离在接收机的近似坐标 (X^0_j, Y^0_j, Z^0_j) 处用泰勒级数展开:

$$\rho^j_i = (\rho^j_i)^0 + \frac{X^0_j - x_i}{\rho_0}\mathrm{d}x + \frac{Y^0_j - y_i}{\rho_0}\mathrm{d}y + \frac{Z^0_j - z_i}{\rho_0}\mathrm{d}z \qquad (9-4-5)$$

式中:$(\rho^j_i)^0 = \sqrt{(X^0_j - x_i)^2 + (Y^0_j - y_i)^2 + (Z^0_j - z_i)^2}$。

将式(9-4-5)代入式(9-4-4)得载波相位测量的观测方程:

$$(\rho_i^j)^0 + \frac{X_j^0 - x_i}{\rho_0}\mathrm{d}x + \frac{Y_j^0 - y_i}{\rho_0}\mathrm{d}y + \frac{Z_j^0 - z_i}{\rho_0}\mathrm{d}z - \bar{\rho}_i^j - \delta_{I_i} - \delta_T^j - c(V_{T_i}^j - V_{t_i}^j) - \lambda N_i^j(t_0) = 0$$

$$(9 - 4 - 6)$$

三、相位观测量差分

用载波相位测量进行相对定位一般需要两台以上的 GNSS 接收机,分别安置在测线(又称基线)两端,固定后同步接收卫星信号,利用相同卫星的相位观测值进行解算,求定基线端点的相对位置(称基线向量)。当其中一个端点坐标已知,则可推算另一个待定点坐标。

载波相位相对定位普遍采用将相位观测值进行线性组合的方法,具体有单差法、双差法和三差法。

1. 在接收机间求一次差

在接收机间求一次差即单差法。如图 9-4-2 所示,在 t_1 时刻于测站 T_1、T_2 同时对卫星 S_i 进行载波相位测量,可得测站 T_1 对卫星 S_i 的观测方程和测站 T_2 对卫星 S_i 的观测方程,将两个观测方程两端对应相减,可求得一次差(单差)虚拟观测方程。一次差观测方程可消除卫星钟差的影响,同时也可削弱卫星星历误差和大气折射改正残余误差的影响。

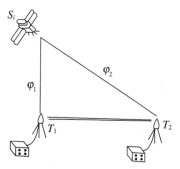

2. 在接收机和卫星间求二次差

在接收机和卫星间求二次差即双差法。若在同一时刻 t_1,接收机 T_1、T_2 除对卫星 S_i 进行观测外,还对卫星 S_j

图 9-4-2　载波相位法单差

进行观测,如图 9-4-3 所示,则可得另一个一次差观测方程,将两个一次差观测方程的两端对应相减,即可得接收机 T_1、T_2 与卫星 S_i、S_j 间的二次差(双差)虚拟观测方程。二次差观测方程进一步消去了 t_1 时刻接收机的相对钟差改正数,减少了未知数的个数,故广为采用。

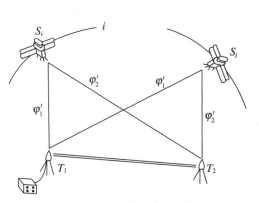

图 9-4-3　载波相位法双差

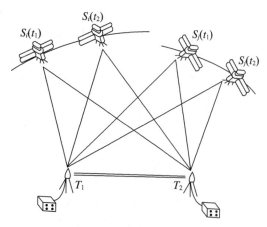

图 9-4-4　载波相位法三差

3. 在接收机、卫星和历元之间求三次差

在接收机、卫星和历元之间求三差即三差法。将时刻 t_1 和 t_2 的二次差观测方程两端对应相减,可得接收机 T_1、T_2 和卫星 S_i、S_j 在历元 t_1 和 t_2 间的三次差观测方程。如图 9-4-4 所示,在三次差观测方程中已不存在整周未知数了。

四、GNSS 动态差分定位

利用 GNSS 对运动物体进行实时定位(如 1 Hz 或 10 Hz 采样率),常采用 GNSS 接收机单点定位。由于其定位精度受钟差、大气折射率等误差影响,利用伪距单点定位精度很低。为提高实时定位精度,采用 GNSS 动态差分定位技术。

1. GNSS 动态差分定位系统组成

(1) 基准站

在已有地心坐标点上(称基准站)安置 GNSS 接收机(图 9-4-3 中 T_1),利用已知坐标和星历计算 GNSS 的观测值,并通过无线电通信链(称数据链)将校正值实时地向运动中的 GNSS 接收机 T_2(称流动站)提供差分修正信号。

(2) 流动站

流动站 T_2 接收 GNSS 卫星信号和基准站 T_1 发送的差分修正信号,利用校正值对自己的 GNSS 观测值进行修正,并进行实时定位。

(3) 无线电通信链

将基准站差分信号传送到流动站。

2. GNSS 动态差分方法

(1) 位置差分

位置差分是将基准站 GNSS 接收机伪距单点定位得到的坐标值与已知坐标作差分,并将坐标修正值无线电传送至流动站,对流动站测得的坐标进行修正。位置差分精度可达 5～10 m,位置差分要求流动站接收机单点定位所用卫星与基准站所用卫星完全一致,否则将大大降低差分精度。

(2) 伪距差分

伪距差分利用基准站已知坐标和卫星星历,求卫星到基准站的几何距离,作为距离精确值;然后将此值与基准站所测的伪距值求差,作为差分修正值;再通过数据链传给流动站,流动站接收差分信号后,对所接收的每颗卫星的伪距观测值进行修正,最后进行单点定位。

由于伪距差分是对每颗卫星的伪距观测值进行修正,所以不要求基准站和流动站接收的卫星完全一致,只要有四颗以上相同的卫星即可。基准站与流动站距离可达 200～300 km,定位精度为 3～10 m。后来又发展出用相位观测值精化伪距值的方法,称相位平滑伪距差分,差分精度可达 1 m。

(3) 载波相位实时差分

载波相位实时差分也称为实时动态(Real-time Kinematic,RTK)测量技术,是以载波相位观测量为基础的实时差分测量技术,是当代 GNSS 测量技术发展中的突破。

RTK 技术原理是在基准站上安置一台 GNSS 接收机,对所有可见的 GNSS 卫星进行连续观测,并将观测数据通过无线电传输设备,实时地发送给在各流动测站上移动观测(1～3 s)的 GNSS 接收机。移动接收机在接收 GNSS 信号同时,通过无线电接收设备接收基准站传输的观测数据,再根据差分定位原理,得到经差分改正后流动站较准确的实时三维坐标及精度,如图 9-4-5 所示。如果距离近(<50 km),且有 5 颗以上共视 GNSS 卫星,精度可达 1~2 cm。

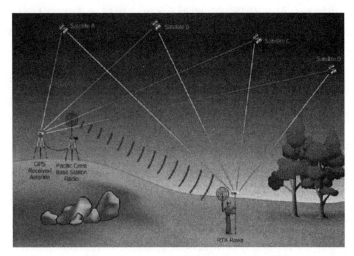

图 9-4-5　GNSS 实时差分 RTK 定位原理

RTK 测量的精度取决于高频数据传输设备的可靠性与抗干扰性,软件解算系统对保障成果可靠与精确具有决定性作用。在城市及隐蔽地区,因受环境影响,流动站载波相位观测值可能发生失锁现象,这将限制 RTK 的应用。

将实时单点定位技术与互联网技术及卫星通信技术结合,出现了全球动态定位技术。其采用世界范围内的若干个固定位置的双频接收机对卫星信号跟踪,并实时地发回至数据处理中心,经处理后形成一组差分改正数,将其传送到国际海事卫星上,然后通过卫星向全世界广播,采用全球动态定位技术的 GNSS 接收机在接收 GNSS 卫星信号的同时,也接收到国际海事卫星发出的差分改正信息,从而达到全球实时高精度定位。

五、精密单点定位

精密单点定位(Precise Point Positioning,PPP)是利用预报的 GNSS 卫星的精密星历或事后的精密星历作为已知坐标起算数据;同时利用某种方式得到的精密卫星钟差来替代用户 GNSS 定位观测值方程中的卫星钟差参数;进行实时动态定位或较快速的静态定位。用户利用单台 GNSS 双频双码接收机的观测数据在数万 km^2 乃至全球范围内的任意位置都可以达到 2~4 mm 级的精度,精密单点定位是实现全球精密实时动态定位与导航的关键技术,是 GNSS 定位的前沿研究方向。

1. 基本原理

GNSS 精密单点定位一般采用单台双频 GNSS 接收机,利用 IGS 提供的精密星历和卫星钟差,基于载波相位观测值进行的高精度定位。解算出来的坐标和使用的 IGS 精密星历的坐标框架即 ITRF 框架系列一致,而不是常用的 WGS-84 坐标系统下的坐标,因此 IGS 精密星历与 GNSS 广播星历所对应的参考框架不同。

2. 误差及改正

在精密单点定位中,影响其定位结果的主要误差包括:与卫星有关的误差(卫星钟差、卫星轨道误差、相对论效应);与接收机和测站有关的误差(接收机钟差、接收机天线相位误差、地球潮汐、地球自转等);与信号传播有关的误差(对流层延迟误差、电离层延迟误差和多路径效应)。由于精密单点定位没有使用双差分观测值,有很多的误差没有消除或削弱,所以必须组成各项误差方程来消除粗差。有两种方法来解决:① 对于可以精确模型化的误差,采用模型改正。② 对于不可以精确模型化的误差,加入参数估计或者使用组合观测值。如双频观测值组合,消除电离层延迟;不同类型观测值的组合,不但消除电离层延迟,也消除了卫星钟差、接收机钟差;不同类型的单频观测值之间的线性组合消除了伪距测量的噪声,当然观测时间要足够得长,才能保证精度。

第五节　GNSS 测量的实施

与传统的控制测量方法一样,GNSS 测量也包括外业和内业两项工作。外业工作主要包括选点、建立观测标志、野外观测以及成果质量检核等;内业工作主要有技术设计、数据处理及技术总结等。

一、GNSS 测量控制网设计

GNSS 测量控制网(简称"GNSS 网")设计是根据用户提交的任务书或合同进行的。设计者在实地踏勘的基础上,按照测区已知控制点的分布、测区范围及特点,依据国家或部门的技术规范或规程选择布网方式及控制网的等级。

(一) GNSS 测量的精度指标

GNSS 测量的精度取决于控制网的用途,设计时应根据用户的实际需要和现有设备确定网的精度等级。精度指标通常以网中基线向量的距离中误差 σ 表示,其形式为:

$$\sigma = \pm \sqrt{a^2 + (b \times D)^2} \tag{9-5-1}$$

式中:σ 为距离中误差,mm;a 为固定误差,mm;b 为比例误差,ppm;D 为相邻点间的距离,以 km 计。

GNSS 网的 A、B、C、D、E 各等级的精度指标见表 9-5-1 和表 9-5-2(《全球定位系统(GPS)测量规范》GB/T 18314—2009)。

表 9-5-1　A 级 GNSS 测量的主要技术指标

级别	坐标年变化率中误差		相对精度	地心坐标各分量年平均中误差/mm
	水平分量/(mm · a⁻¹)	垂直分量/(mm · a⁻¹)		
A	2	3	1×10^{-8}	0.5

表 9 - 5 - 2　B、C、D 和 E 级 GNSS 测量的主要技术指标

级别	相邻点基线分量中误差		相邻点间平均距离/km
	水平分量/mm	垂直分量/mm	
B	5	10	50
C	10	20	20
D	20	40	5
E	20	40	3

A 级 GNSS 网由卫星定位连续运行基准站构成,其精度应不低于表 9 - 5 - 1 的要求。B、C、D 和 E 级的精度应不低于表 9 - 5 - 2 的要求。

(二) GNSS 网形布设

1. GNSS 网的基本概念

(1) 观测时段:测站上开始接收卫星信号到观测停止时连续工作的时间。

(2) 同步观测:两台或两台以上的接收机同时对同一组卫星进行观测。

(3) 同步观测环:三台或三台以上接收机同步观测获得的基线向量所构成的闭合环。

(4) 独立观测环:由独立观测获得的基线向量所构成的闭合环。

(5) 异步观测环:在构成多边形闭合环的所有基线向量中,只要有非同步观测基线向量,则该多边形环路即称为异步观测环。

(6) 独立基线:对于 N 台 GNSS 接收机构成的同步观测环,有 J 条同步观测基线,$J = N(N-1)/2$,其中独立基线数为 $N-1$。除独立基线外的其他基线称为非独立基线。

2. GNSS 网的网形设计

GNSS 网应由一个或若干个独立观测环构成,以增加检核条件,提高网的可靠性,也可采用附合路线形式。设计的一般原则:

(1) 应通过独立观测边构成闭合图形,以增加检核条件,提高网的可靠性。

(2) 应尽量与原有地面控制网相重合,重合点一般不少于 3 个,且分布均匀。

(3) 应考虑与水准点相重合,或在网中布设一定密度的水准联测点。

(4) 点应设在视野开阔和容易到达的地方,联测方向。

(5) 可在网点附近布设一通视良好的方位点,以建立联测方向。

根据 GNSS 测量的不同用途,GNSS 网的独立观测边均应构成一定的几何图形,各个同步环之间的基本形式有:三角形网、环形网和星形网(图 9 - 5 - 1)。

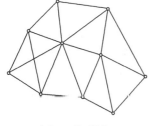
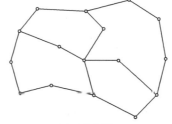
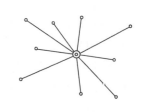

(a) 三角形网　　　　　　(b) 环形网　　　　　　(c) 星形网

图 9 - 5 - 1　静态网的图形设计

三角形网的优点是图形几何结构强,具有良好的自检能力,经平差后网中相邻点间基线向量的精度均匀。缺点是观测工作量大,只有在网的精度和可靠性要求比较高时,才单独采用这种图形。如图 9-5-1(a)所示。

环形网是大地测量和精密工程测量中普遍采用的图形。通常采用上述两种图形的混合图形,如图 9-5-1(b)所示。环形网优点是观测工作量较小,且具有较好的自检性和可靠性。缺点是非直接观测基线边(或间接边)精度较直接观测边低,相邻点间的基线精度分布不均匀。

星形网优点是观测中只需要两台 GNSS 接收机,作业简单。缺点是几何图形简单,检验和发现粗差能力差。星形网广泛用于工程测量、边界测量、低籍测量和碎部测量等,如图 9-5-1(c)所示。

GNSS 与国家等级控制点联测,联测点数一般不应少于 3 个。为了求 GNSS 点的正常高,还应进行水准测量联测。对于平坦地区联测点不少于 5~6 个,且分布均匀;丘陵或山区不宜少于 10 个。

3. GNSS 技术设计

在布设 GNSS 网时,技术设计是非常重要的。因为技术设计提供了布设 GNSS 网的技术准则,在布设 GNSS 网时所遇到的所有技术问题,都需要从技术设计中寻找答案。因此,在进行每一项 GNSS 工程时,都必须首先进行技术设计。完整的技术设计,主要应包含如下内容:

(1) 项目来源:项目的来源、性质。

(2) 测区概况:测区的地理位置、气候、人文、经济发展状况、交通条件、通信条件等。

(3) 工程概况:工程的目的、作用、要求、已知 GNSS 网等级、精度和完成时间等。

(4) 技术依据:作业所依据的测量规范、工程规范和行业标准等。

(5) 施测方案:测量所采用的仪器、采取的布网方法等。

(6) 作业要求:外业观测时的具体操作规程、技术要求等,包括仪器参数的设置(如采样率、截止高度角等)、对中精度、整平精度、天线高的量测方法及精度要求等。

(7) 观测质量控制:外业观测的质量要求,包括质量控制方法及各项限差要求等。

(8) 数据处理方案:数据处理的详细方案,包括基线解算和网平差处理所采用的软件和处理方法等。

二、GNSS 基线向量网布设工作步骤

布设 GNSS 基线向量网主要分测前、测中和测后三个阶段进行。

(一) 测前工作

GNSS 测量工程项目,往往是由工程发包方、上级主管部门、其他单位或部门提出,由 GNSS 测量队伍具体实施。对于一项 GNSS 测量工程项目,一般有如下的基本要求:

(1) 测区位置及其范围:测区的地理位置、范围,控制网的控制面积。

(2) 用途和精度等级:控制网将用于何种目的,其精度要求是多少,要求达到何种等级。

(3) 点位分布及点的数量:控制网的点位分布、点的数量及密度要求,是否有对点位分布有特殊要求的区域。

(4) 提交成果的内容:用户需要提交哪些成果,所提交的坐标成果分别属于哪些坐标

系,所提交的高程成果分别属于哪些高程系统,除了提交最终的结果外,是否还需要提交原始数据或中间数据等。

（5）时限要求：对提交成果的时限要求,即何时是提交成果的最后期限。

（6）投资经费：对工程的经费投入数量。

（7）技术设计：负责 GNSS 测量的单位在获得了测量任务后,需要根据项目要求和相关技术规范进行测量工程的技术设计。

（8）测绘资料的搜集与整理：在开始进行外业测量之前,现有测绘资料的搜集与整理也是一项极其重要的工作。需要收集整理的资料主要包括测区及周边地区可利用的已知点的相关资料（点之记、坐标等）和测区的地形图等。

（9）仪器的检验：对将用于测量的各种仪器包括 GNSS 接收机及相关设备、气象仪器等进行检验,以确保它们能够正常工作。

（10）踏勘、选点埋石：在完成技术设计和测绘资料的搜集与整理后,需要根据技术设计的要求对测区进行踏勘,并进行选点埋石工作。点位要选在交通方便、基础稳定、易于安置接收设备且视野开阔的位置,便于常规控制网的联测和加密。点位应避开对电磁波接收有强烈吸收、反射等干扰影响的金属构件和其他物体,如高压线、电台、大范围水面等。选好点后,应按规范或规程要求埋设标石,选埋后应做点之记和办理测量标志委托保管手续。

（二）测量实施

1. 实地踏勘,了解测区情况

由于在很多情况下,选点埋石和测量是分别由两个不同的队伍或两批不同的人员完成的,因此,当负责 GNSS 测量作业的队伍到达测区后,需要先对测区的情况做一个详细的了解。主要需要了解的内容包括点位情况、测区内经济发展状况、民风民俗、交通状况、测量人员生活安排等。这些对于实际测量工作的开展是非常重要的。

2. 卫星状况预报

根据测区的地理位置,最新的卫星星历,对卫星状况进行预报,作为选择合适的观测时间段的依据。所需预报的卫星状况有卫星的可见性、可供观测的卫星星座、随时间变化的位置精度因子 PDOP 值、随时间变化的相对定位精度因子 RDOP 值等。对于个别有较多或较大障碍物的测站,需要评估障碍物对 GNSS 观测可能产生的不良影响。

3. 确定作业方案

根据卫星状况、测量作业的进展情况以及测区的实际情况,确定出具体的作业方案,以作业指令的形式下达给各个作业小组,作业方案的内容包括作业小组的分组情况,GNSS 观测的时间段以及测站等。

4. 外业观测

GNSS 测量采用相对定位方法,GNSS 数据采集需使用 2 台或 2 台以上接收机进行同步观测。不同等级 GNSS 网的卫星高度角、有效观测卫星数量数、平均重复设站次数、时段长度、数据采样间隔等按相关规范或规程要求执行。每个 GNSS 观测小组在得到作业指挥员所下达的作业指令后,应严格按照作业指令的要求进行外业观测。在进行外业观测时,外业观测人员除了严格按照作业规范、作业指令进行操作外,还要根据一些特殊情况,灵活地采取应对措施。在外业中常见的情况有不能按时开机、仪器故障和电源故障等。

5. 数据传输与转储

在一段外业观测结束后,应及时地将观测数据传输到计算机中,并根据要求进行备份,在数据传输时需要对照外业观测记录手簿,检查所输入的记录是否正确。数据传输与转储应根据条件及时进行。

6. 基线处理与质量评估

(1)基线解算:利用载波相位观测值或差分观测值,求解两个同步观测测站之间的基线向量坐标差的过程,称基线解算,也称观测数据预处理。对所获得的外业数据及时地进行处理,解算出基线向量。

(2)观测成果检核:基线解算完成后,应进行独立闭合环、复测基线、同步观测环、异步观测环检验,及时重测超限成果,并对解算结果进行质量评估。

作业指挥员需要根据基线解算情况做下一步 GNSS 观测作业的安排,直至完成所有 GNSS 观测工作。

(三)测后工作

1. 结果分析(网平差处理与质量评估)

对外业观测所得到的基线向量进行质量检验,并对由合格的基线向量所构建成的 GNSS 基线向量网进行平差解算,得出网中各点的坐标成果。如果需要利用 GNSS 测定网中各点的正高或正常高,还需要进行高程拟合。

2. 技术总结

GNSS 测量工作结束后,应按规范要求编写技术总结报告,其内容涉及施测项目状况和测量工作的设计、作业、数据处理和精度、成果的分析和特别经验教训、技术设计书、展点图、点之记、野外观测记录、基线解算网平差计算结果、坐标成果表、技术结题报告等纸质版及电子版成果文件的全面技术总结,并经验收后上交。

3. 成果验收

观测记录的存储介质及其备份、纸质成果资料。包括以下方面:

(1)实施方案是否符合规定和技术设计要求。

(2)补测、重测和数据剔除是否合理。

(3)数据处理的软件是否符合要求,处理的项目是否齐全,起算数据是否正确。

(4)各项技术指标是否达到要求。

(5)验收完成后,应写出成果验收报告。在验收报告中对成果的质量做出评定。

第六节　GNSS 基线向量网与高程平差

GNSS 基线解算就是利用 GNSS 观测值,通过数据处理,得到测站的坐标或测站间的基线向量值。整个 GNSS 网观测完成后,经过基线解算可以获得具有同步观测数据的测站间的基线向量。解算得到 GNSS 基线向量是在 WGS - 84 下的方位基准和尺度基准。

为了确定 GNSS 网中各个点在某一特定局部坐标系(如西安 80 大地坐标系)下的绝对坐标,就需要通过"平差"的概念,引入该坐标系下的起算数据来实现需要提供位置基准、方位基准和尺度基准。GNSS 基线向量网的平差,还可以消除 GNSS 基线向量观测值和地面观测中由于各种类型的误差而引起的矛盾。

一、坐标系变换与基准变换

在 GNSS 测量中,经常要进行坐标系变换与基准变换。所谓坐标系变换就是在不同的坐标表示形式间进行变换,基准变换是指在不同的参考基准间进行变换。

(一) 空间直角坐标系与空间大地坐标系间的变换方法

在相同的基准下,空间大地坐标系向空间直角坐标系的转换方法为:

$$\left.\begin{array}{l} X = (N+H)\cos B\cos L \\ Y = (N+H)\cos B\sin L \\ Z = \left[N(1-e^2)+H\right]\sin B \end{array}\right\} \qquad (9-6-1)$$

式中:$N = \dfrac{a}{\sqrt{1-e^2\sin^2 B}}$ 为卯酉圈的半径;$e^2 = \dfrac{a^2-b^2}{a^2}$;$a$ 为地球椭球长半轴;b 为地球椭球的短半轴。

在相同的基准下,空间直角坐标系向空间大地坐标系的转换方法为:

$$\left.\begin{array}{l} L = \arctan\left(\dfrac{Y}{X}\right) \\[2mm] B = \arctan\left\{\dfrac{Z(N+H)}{\sqrt{(X^2+Y^2)\left[N(1-e^2)+H\right]}}\right\} \\[2mm] H = \dfrac{Z}{\sin B} - N(1-e^2) \end{array}\right\} \qquad (9-6-2)$$

在采用(9-6-2)式进行转换时,需要采用迭代的方法,先将 B 求出,最后确定 H。

空间坐标系与平面直角坐标系间的转换空间坐标系与平面直角坐标系间的转换采用的是投影变换的方法。在我国一般采用的是高斯投影。关于高斯投影,请参见第二章及有关文献。

(二) 空间坐标系统的转换方法

不同坐标系统的转换本质上是不同基准间的转换,不同基准间的转换方法有很多,其中最为常用的是布尔沙模型,又称为七参数转换法。如图 9-6-1。

设两空间直角坐标系间有七个转换参数:3 个平移参数、3 个旋转参数和 1 个尺度参数。

若$[X_{C_A}, Y_{C_A}, Z_{C_A}]^T$ 为点 C 在空间直角坐标系 A 的坐标;$[X_{C_B}, Y_{C_B}, Z_{C_B}]^T$ 为点 C 在空间直角坐标系 B 的坐标;$[\Delta X_0, \Delta Y_0, \Delta Z_0]^T$ 为空间直角坐标系 A 转换到空间直角坐标系 B 的平移参数;$(\omega_X, \omega_Y, \omega_Z)$ 为空间直角坐标系 A 转换到空间直角坐标系 B 的旋转参数;m 为空间直角坐标系 A 转换到空间直角坐标系 B 的尺度参数。

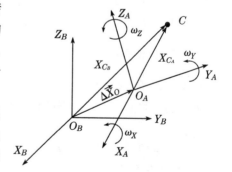

图 9-6-1 布尔沙模型转换

则由空间直角坐标系 A 到空间直角坐标系 B 的转换关系为:

$$\begin{bmatrix} X_{C_B} \\ Y_{C_B} \\ Z_{C_B} \end{bmatrix} = \begin{bmatrix} \Delta X_0 \\ \Delta Y_0 \\ \Delta Z_0 \end{bmatrix} + (1+m)R(\omega)\begin{bmatrix} X_{C_A} \\ Y_{C_A} \\ Z_{C_A} \end{bmatrix} \qquad (9-6-3)$$

式中：

$$R(\omega_X) = \begin{bmatrix} 1 & 0 & 0 \\ 0 & \cos\omega_X & \sin\omega_X \\ 0 & -\sin\omega_X & \cos\omega_X \end{bmatrix}; \quad R(\omega_Y) = \begin{bmatrix} \cos\omega_Y & 0 & -\sin\omega_Y \\ 0 & 1 & 0 \\ \sin\omega_Y & 0 & \cos\omega_Y \end{bmatrix};$$

$$R(\omega_Z) = \begin{bmatrix} \cos\omega_Z & \sin\omega_Z & 0 \\ -\sin\omega_Z & \cos\omega_Z & 0 \\ 0 & 0 & 1 \end{bmatrix}。$$

一般 ω_X、ω_Y 和 ω_Z 均为小角度，可以认为：$\sin\omega \approx \omega$，$\cos\omega \approx 1$。则有：

$$R(\omega) = R(\omega_Z)R(\omega_Y)R(\omega_X) = \begin{bmatrix} 1 & \omega_Z & -\omega_Y \\ -\omega_Z & 1 & \omega_X \\ \omega_Y & -\omega_X & 1 \end{bmatrix}$$

将转换公式表示为：

$$\begin{bmatrix} X_{C_B} \\ Y_{C_B} \\ Z_{C_B} \end{bmatrix} = \begin{bmatrix} X_{C_A} \\ Y_{C_A} \\ Z_{C_A} \end{bmatrix} + \begin{bmatrix} 1 & 0 & 0 & 0 & -Z_{C_A} & Y_{C_A} & X_{C_A} \\ 0 & 1 & 0 & Z_{C_A} & 0 & -X_{C_A} & Y_{C_A} \\ 0 & 0 & 1 & -Y_{C_A} & X_{C_A} & 0 & Z_{C_A} \end{bmatrix} \cdot \begin{bmatrix} \Delta X_0 \\ \Delta Y_0 \\ \Delta Z_0 \\ \omega_X \\ \omega_Y \\ \omega_Z \\ m \end{bmatrix} \qquad (9-6-4)$$

每个已知控制点（例如地方坐标系与 WGS-84 坐标系）可以列出上述三个方程式，解算 $[\Delta X_0、\Delta Y_0、\Delta Z_0、\omega_X、\omega_Y、\omega_Z、m]$ 七个未知数改正数至少需要三个控制点，用最小二乘法求解。解算出七个未知数改正数后，用公式（9-6-3）求出其余各点的地方坐标。

二、GNSS 网平差

根据平差所进行的坐标空间，可将 GNSS 网平差分为三维平差和二维平差，根据平差时所采用的观测值和起算数据的数量和类型，可将平差分为无约束平差、约束平差和联合平差等。

(一) 三维平差和二维平差

1. 三维平差

指平差在空间三维坐标系中进行，观测值为三维空间中的观测值，解算出的结果为点的三维空间坐标。GNSS 网的三维平差，一般在三维空间直角坐标系或三维空间大地坐标系下进行。

2. 二维平差

指平差在二维平面坐标系下进行，观测值为二维观测值，解算出的结果为点的二维平面坐标。

（二）无约束平差、约束平差和联合平差

1. 无约束平差

GNSS 网的无约束平差指的是在平差时不引入会造成 GNSS 网产生由非观测量所引起的变形的外部起算数据。常见的 GNSS 网的无约束平差，一般是在平差时没有起算数据或没有多余的起算数据。

2. 约束平差

GNSS 网的约束平差指的是在平差时所采用的观测值完全是 GNSS 观测值（即 GNSS 基线向量），而且，在平差时引入了使得 GNSS 网产生由非观测量所引起的变形的外部起算数据。

3. 联合平差

GNSS 网的联合平差指的是在平差时所采用的观测值除了 GNSS 观测值以外，还采用了地面常规观测值，这些地面常规观测值包括边长、方向、角度等观测值。

三、GNSS 高程

（一）高程系统

在测量中常用的高程系统有大地高系统、正高系统和正常高系统。GNSS 大地高与国家高程基准正常高的关系参见第一章图 1-2-5。

1. 大地高系统

大地高系统是以参考椭球面为基准面的高程系统。某点的大地高是该点到通过该点的参考椭球的法线与参考椭球面的交点间的距离。大地高也称为椭球高，大地高一般用符号 H 表示。大地高是一个纯几何量，不具有物理意义，同一个点，在不同的基准下，具有不同的大地高。

2. 正高系统

正高系统是以大地水准面为基准面的高程系统。某点的正高是该点到通过该点的铅垂线与大地水准面的交点之间的距离，正高用符号 H_g 表示。

3. 正常高

正常高系统是以似大地水准面为基准的高程系统。某点的正常高是该点到通过该点的铅垂线与似大地水准面的交点之间的距离，正常高用 H_r 表示。

4. 高程系统之间的关系

大地水准面到参考椭球面的距离，称为大地水准面差距 N，大地高与正高之间的关系可以近似表示为：

$$H = H_g \cos e + N, \ H \approx H_g + N \tag{9-6-5}$$

似大地水准面到参考椭球面的距离，称为高程异常，记为 ζ。大地高与正常高之间的转换需要知道该点处的垂线偏差 e，由下式计算：

$$H = H_r \cos e + \zeta \tag{9-6-6}$$

当无重力观测值而未知垂线偏差 e 时，可视 $e=0$，故有大地高与正常高之间的关系可以表示为：

$$H = H_r + \zeta \tag{9-6-7}$$

似大地水准面与 GNSS 参考椭球面的差距 ζ 在不同地区有不同的数据,可以采用大地测量的方式测定,对于小范围内可视为常数。高程异常一般可达几十米。由于我国境内尚未建立高精度的高程异常 ζ 分布数据,ζ 的精度较差,约为 3～6 m,部分地区在 1 m 以内,难以满足 GNSS 高程转换的要求。

(二) GNSS 高程转换方法

1. 等值线图法

从高程异常图或大地水准面差距图分别查出各点的高程异常 ζ 或大地水准面差距 N,然后分别采用下面两式可计算出正常高 H_r 和正高 H_g。

$$H_r = H - \zeta \tag{9-6-8}$$

$$H_g = H - N \tag{9-6-9}$$

在采用等值线图法确定点的正常高和正高时要注意以下几个问题:① 等值线图所适用的坐标系统;② 求解正常高或正高;③ 要采用相应坐标系统的大地高数据。采用等值线图法确定正常高或正高,其结果的精度在很大程度上取决于等值线图的精度。

2. 地球模型法

地球模型法本质上是一种数字化的等值线图,目前国际上较常采用的地球模型有 OSU91A 等。不过可惜的是这些模型均不适合于我国。

3. 高程拟合法

所谓高程拟合法就是利用在范围不大的区域中,高程异常具有一定的几何相关性这一原理,采用数学方法,求解正高、正常高或高程异常。通常用下面介绍的曲面拟合法解决。

在小区域的 GNSS 网内,将似大地水准面当作曲面,高程异常 ζ 表示为平面坐标的函数 $f(x, y)$。通过 GNSS 网中的公共点(即经过水准测量的 GNSS 点)已知的高程异常 ζ 确定测区的似大地水准面形状,一般采用二次多项式为拟合函数:

$$\zeta'(x, y) = f(x, y) + v = a_0 + a_1 dx + a_2 dy + a_3 dx^2 + a_4 dxdy + a_5 dy^2 + v$$

写成:

$$-v = a_0 + a_1 dx + a_2 dy + a_3 dx^2 + a_4 dxdy + a_5 dy^2 - \zeta'(x, y) \tag{9-6-10}$$

式中:(x, y) 为点位坐标;$a_0, a_1, a_2, a_3, a_4, a_5$ 为待定参数;$dx = x - x_0$,$dy = y - y_0$,$x_0 = \dfrac{1}{n}\sum x$,$y_0 = \dfrac{1}{n}\sum y$;n 为 GNSS 网的点数;v 为拟合误差。

若共存在 n 个这样的公共点,则可列出 n 个方程。

$$-v_1 = a_0 + a_1 dx_1 + a_2 dy_1 + a_3 dx_1^2 + a_4 dx_1 dy_1 + a_5 dy_1^2 - \zeta'_1(x, y)$$

$$-v_2 = a_0 + a_1 dx_2 + a_2 dy_2 + a_3 dx_2^2 + a_4 dx_2 dy_2 + a_5 dy_2^2 - \zeta'_2(x, y)$$

$$\cdots\cdots\cdots\cdots\cdots\cdots\cdots$$

$$-v_n = a_0 + a_1 dx_n + a_2 dy_n + a_3 dx_n^2 + a_4 dx_n dy_n + a_5 dy_n^2 - \zeta'_n(x, y)$$

写成矩阵形式:

$$\boldsymbol{V} = \boldsymbol{AX} - \boldsymbol{L} \tag{9-6-11}$$

式中:

$$\boldsymbol{A} = \begin{bmatrix} 1 & dx_1 & dy_1 & dx_1^2 & dx_1 dy_1 & dy_1^2 \\ 1 & dx_2 & dy_2 & dx_2^2 & dx_2 dy_2 & dy_2^2 \\ \vdots & \vdots & \vdots & \vdots & \vdots & \vdots \\ 1 & dx_n & dy_n & dx_n^2 & dx_n dy_n & dy_n^2 \end{bmatrix}$$

$$\boldsymbol{X} = \begin{bmatrix} a_0 & a_1 & a_2 & a_3 & a_4 & a_5 \end{bmatrix}^{\mathrm{T}}$$

$$\boldsymbol{L} = \begin{bmatrix} \zeta'_1(x,y) & \zeta'_2(x,y) & \cdots & \zeta'_n(x,y) \end{bmatrix}^{\mathrm{T}}$$

通过最小二乘法可以求解出多项式的系数:

$$\boldsymbol{X} = (\boldsymbol{A}^{\mathrm{T}}\boldsymbol{P}\boldsymbol{A})^{-1} \cdot (\boldsymbol{A}^{\mathrm{T}}\boldsymbol{P}\boldsymbol{L}) \tag{9-6-12}$$

其中:$\boldsymbol{P}$ 为权阵,它可以根据水准高程和 GNSS 所测得的大地高的精度来加以确定,已知 6 个及 6 个以上的公共点,应用最小二乘法的原理求得六个待定参数 a_0,a_1,a_2,a_3,a_4,a_5。

求得以曲面形式表示的大地水准面形状后,待定点(x_i,y_i)的高程异常:

$$\zeta'(x_i,y_i) = a_0 + a_1 dx_i + a_2 dy_i + a_3 dx_i^2 + a_4 dx_i dy_i + a_5 dy_i^2 \tag{9-6-13}$$

最后求得正常高:

$$H_{r_i} = H_i - \zeta'(x_i,y_i) \tag{9-6-14}$$

高程拟合法同样适合于大地高 H 与正高 H_g 的变换。

(三) 高程拟合法注意事项

上面介绍的高程拟合法,是一种纯几何的方法,因此,一般仅适用于高程异常变化较为平缓的地区(如平原地区),其拟合的准确度可达到0.1 m 以内。对于高程异常变化剧烈的地区(如山区),这种方法的准确度有限,这主要是因为在这些地区,高程异常的已知点很难将高程异常的特征表示出来。

1. 选择合适的高程异常已知点

已知点的高程异常值一般是通过水准测量测定正常高,通过 GNSS 测量测定大地高后获得的。在实际工作中,一般采用在水准点上布设 GNSS 点或对 GNSS 点进行水准联测的方法来实现,为了获得好的拟合结果要求采用数量尽量多的已知点,它们应均匀分布,并且最好能够将整个 GNSS 网包围起来。

2. 高程异常已知点的数量

若用零次多项式进行高程拟合时,要确定 1 个参数,因此,需要 1 个以上的已知点;若采用一次多项式进行高程拟合,要确定 3 个参数,需要 3 个以上的已知点;若采用二次多项式进行高程拟合,要确定 6 个参数,则需要 6 个以上的已知点。

3. 分区拟合法

若拟合区域较大,可采用分区拟合的方法,即将整个 GNSS 网划分为若干区域,利用位于各个区域中的已知点分别拟合出该区域中的各点的高程异常值,从而确定出它们的正常高。

第七节　GNSS 连续运行参考站系统（CORS）

在常规 RTK 和实时差分 GNSS 的基础上，一种网络 RTK 定位技术正在兴起，又称基准站 RTK。它是在一定区域内建立多个（一般 3 个以上）坐标为已知的 GNSS 基准站，对该地区进行网状覆盖，并以这些基准站为基准，计算和发送相位观测值误差改正信息，对该地区内的卫星定位用户进行实时改正的定位方式，又称多基准 RTK，其主要优点为覆盖面广，定位精度高，可实时提供厘米级定位。

一、网络 RTK 与 CORS 的概念

GNSS 网络 RTK 的基本原理是在一个较大的区域内稀疏地、较均匀地布设多个基准站，构成一个基准站网，然后借鉴广域差分 GNSS 和具有多个基准站的局域差分 GNSS 的基本原理和方法来设法消除或削弱各种系统误差的影响，获得高精度的定位结果。

网络 RTK 是由基准站网、数据处理中心和数据通信线路组成的，如图 9 - 7 - 1 所示。基准站上应配备双频全波长 GNSS 接收机。该接收机最好能同时提供精确的双频伪距观测值。基准站的站坐标应精确已知，其坐标可采用长时间 GNSS 静态相对定位等方法来确定。此外，这些站还应配备数据通信设备及气象仪器等。基准站应按规定的采样率进行连续观测，并通过数据通信链实时将观测资料传送给数据处理中心。数据处理中心根据流动站送来的近似坐标（可据伪距法单点定位求得）判断出该站位于由哪三个基准站所组成的三角形内。然后根据这三个基准站的观测资料求出流动站处所受到的系统误差，并播发给流动用户来进行修正以获得精确的结果。有必要时可将上述过程迭代一次。基准站与数据处理中心间的数据通信可采用数字数据网 DON 或无线通信等方法进行。流动站和数据处理中心间的双向数据通信则可通过移动电话 GSM、GPRS 等方式进行。

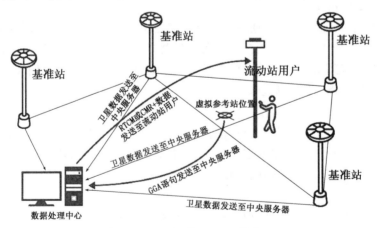

图 9 - 7 - 1　网络 RTK 工作原理

随着网络 RTK 定位技术的发展，建立省、市级区域的卫星导航定位连续运行基准站（Continuously Operating Reference Station，CORS）已成为新的发展方向。CORS 是网络 RTK 的一种组成形式，是现代 GNSS 发展的热点之一。CORS 系统将网络化概念引入到了大地测量应用中，该系统的建立不仅为测绘行业带来深刻的变革，而且也将为现代网络社会

中的空间信息服务带来新的思维和模式。

CORS 可以定义为一个或若干个固定的、连续运行的 GNSS 参考站,利用计算机、数据通信和互联网(LAN/WAN)技术组成的网络,实时地向不同类型、不同需求、不同层次的用户自动地提供经过检验的不同类型的 GNSS 观测值(载波相位、伪距),各种改正数、状态信息,以及其他有关 GNSS 服务项目的系统。CORS 理论认为,GNSS 主要误差源来自卫星星历,在同一批测量的 GNSS 点中选出一些点位可靠、对整个测区具有控制意义的测站,采取较长时间的连续跟踪观测,通过这些站点组成的网络解算,获取覆盖该地区和该时间段的"局域精密星历"及其他改正参数,用于测区内其他基线观测值的精密解算。

由于 CORS 能够全天候连续不断运行,用户只需一台全球导航卫星系统接收机即可进行多种精度级别的实时定位,而且还可以纳入国家新型大地测量动态框架体系。因此,我国不少地区正陆续建立连续运行参考站系统。例如江苏省于 2006 建成了卫星导航定位连续运行参考站 JSCORS,为全省提供高精度、高时空分辨率、高效率、高覆盖率的全球导航卫星系统综合信息服务。

由于传统的 RTK 技术需要有测区附近控制点的点位数据,针对当前项目需要架设基准站,以及考虑到初始化时间、改正模型等各方面的因素,CORS 的建立对于大中城市的基础测绘来说是实用且经济的。

CORS 是一种现代科技结晶的产物,它是 GNSS 导航定位技术、无线通信技术、计算机技术、测绘技术等多种技术集成的实用性网络系统,它提供移动定位、动态连续的空间框架等空间位置信息服务,是城市、地区和国家不可缺少的空间信息基础设施。

CORS 可以向政府、地质、测绘以及各相关部门提供高精度、连续的、实时的时空基准信息,满足城市数字化管理、信息化测绘、地质灾害监测与预警、矿产资源管理、城市地质调查等信息获取实时动态连续化的需要,同时也能为地震、气象、公安、交通、金融、保险、水利、农林、环境等部门提供服务,为政府管理部门和决策部门快速提供可靠的动态信息,提高城市管理水平和应变能力,达到"一个平台,一次投资,多种功能"的效果。

二、CORS 的分类

1. 单基站系统

就是只有一个连续运行站。类似于 1+1 的 RTK,只不过基准站由一个连续运行的基准站代替,基准站上有一个控制软件实时监控卫星的状态,存储和发送相关数据。

2. 多基站系统

分布在一定区域内的多台连续观测站,每一个观测站都是一个单基站,同时每一个单基站还有一个中央控制计算机控制。

最初的网络 RTK 是利用分布较为均匀的连续运行参考站进行单站控制,用户站从一个参考站的有效精度范围进入另一个参考站的精度范围。严格意义上讲是多参考站常规 RTK,如果要使基线精度优于 3 cm,需要在一个区域内密集的布设参考站,站间距离应小于 30 km。精度随着基线的增长而衰减,且分布不均匀,如果要求按一定精度覆盖整个区域,需要架设较多的参考站。

多参考站常规 RTK 模式虽然在一个较大范围内满足了精度要求,但需要的投资也是巨大的,我们完全可以在一个较大的范围内均匀稀疏地布设参考站,利用参考站网络的实时观测数据对覆盖区域进行系统误差建模,然后对区域内流动用户站观测数据的系统误差进行估计,尽可能消除系统误差影响,获得厘米级实时定位结果,网络 RTK 技术的精度覆盖范围大大增大,且精度分布均匀。

三、CORS 系统的实现方式

目前,CORS 系统有三种实现方式,即虚拟参考站 VRS、区域改正数 FKP、主辅站技术 MAX。

1. 虚拟参考站 VRS

与常规 RTK 不同,VRS 网络中,各固定参考站不直接向移动用户发送任何改正信息,而是将所有的原始数据通过数据通信线发给控制中心。同时,移动用户在工作前,先通过无线网络(GSM 的短信息功能)向控制中心发送一个概略坐标,控制中心收到这个位置信息后,根据用户位置,由计算机自动选择最佳的一组固定基准站,根据这些站发来的信息,整体地改正 GNSS 的轨道误差,电离层、对流层和大气折射引起的误差,将高精度的差分信号发给移动站。这个差分信号的效果相当于在移动站旁边,生成一个虚拟的参考基站,从而解决了 RTK 作业距离上的限制问题,并保证了用户的精度。

其实 VRS 技术就是利用各基准站的坐标和实时观测数据解算该区域实时误差模型,然后用一定的数学模型和流动站概略坐标,模拟出一个临近流动站的虚拟参考站的观测数据,建立观测方程解算,虚拟参考站到流动站间这一超短基线。由于虚拟参考站到流动站的距离一般为几米到几十米之间,如果将流动站发送给处理中心的观测值进行双差处理后建立虚拟参考站,这一基线长度可能只有数米,从而改进以往 RTK 作业中存在的长距误差的弊端。

2. 区域改正数 FKP

GNSS 区域改正数法 FKP 是指利用 GNSS 基准站观测数据(相位观测值和伪距观测值等)及基准站已知坐标等信息,计算得到基准网范围内与时间或空间相关的误差改正数模型,然后利用测量点的近似坐标内插出测量点的误差改正数,将它应用到观测值中,从而消除各种与时间和空间有关的误差,获得高精度的定位结果。

VRS 和 FKP 唯一的不同就是最后在定位方法上:一个是利用虚拟观测值和流动站观测值做单基线解算,另一个是利用改正后的观测值做单点定位解或加入各基准站做多基线解。虚拟参考站(VRS)具有的优势是:它允许服务器应用整个网络的信息来计算电离层和对流层的复杂模型;相反,FKP 在对电离层残差影响的模型化方面能力有限,它用于修正的模型非常简单(大多数情况下仅采用了线性内插)。在 FKP 中,流动站仅能获取两个站的数据来计算大气模型。VRS 的另一个优势是消除了对流层误差,正如我们上面所显示的那样,在整个 VRS 生产步骤中对流层模型是一致的。而在 FKP 模式中,则存在着服务器和流动站所用对流层模型不一致的危险 。

虚拟参考站系统的另一个显著优点就是它的成果的可靠性、信号可利用性和精度水平在系统的有效覆盖范围内大致均匀,同离开最近参考站的距离没有明显的相关性。

3. 主辅站 MAX

MAX 是由徕卡测量系统有限公司基于"主辅站概念"推出的新一代参考站网络技术。主辅站概念就是从参考站网以高度压缩的形式,将所有相关的、代表整周未知数水平的观测数据,如弥散性的和非弥散性的差分改正数,作为网络的改正数据播发给流动站。

连续运行的 GNSS 参考站系统技术的实现很大程度上改变了测绘工作。总体上通过间接形式为国家建设服务,它将一系列的定位信息利用网络和数字通讯技术提供、分发给广大用户,使基础测绘工作能以更快捷、更广泛的直接开放形式服务于国家建设。CORS 建设是目前国内乃至全世界 GNSS 的最新技术和发展趋势,在数字城市基础建设中将会得到更广泛应用,它将大大加速我国城市测量进入信息化、数字化和自动化的步伐。它同样适用于气象、监测、水利、公安、交通、石油、地质、矿产等众多应用领域,逐步构建综合性空间信息服务和应用系统。一台 CORS 移动站实现全国范围的无缝测绘的梦想将要变成现实。

四、RTK 与 CORS 技术应用

1. 控制测量

传统的大地测量、工程控制测量采用三角网、导线网方法来施测,不仅费工费时,要求点间通视,而且精度分布不均匀。采用常规的 GNSS 静态测量、快速静态、动态方法,在外业测量过程中不能实时知道定位精度,如果测量完成后,回到内业处理后发现精度不合要求,还必须返测。而采用 RTK 来进行控制测量,能够实时知道定位精度,如果点位精度要求满足了,用户就可以停止观测了,而且知道观测质量如何,这样可以大大提高作业效率。如果把 RTK 用于公路控制测量、电子线路控制测量、水利工程控制测量、大地测量,则不仅可以大大减少人力强度、节省费用,而且大大提高工作效率,测一个控制点在几分钟甚至于几秒钟内就可完成。

2. 地形测图

过去测地形图时一般首先要在测区建立图根控制点,然后在图根控制点架上全站仪或经纬仪配合小平板测图,现在发展到外业用全站仪和电子手簿配合地物编码,利用大比例尺测图软件来进行测图,甚至发展到最近的外业电子平板测图等等,都要求在测站上测四周的地形地貌等碎部点,这些碎部点都与测站通视,而且一般要求至少 2~3 人操作,需要在拼图时一旦精度不合要求还得到外业去返测。现在采用 RTK 时,仅需一人背着仪器在要测的地形地貌碎部点上等待 1~2 s,并同时输入特征编码,通过手簿可以实时知道点位精度,把一个区域测完后回到室内,由专业的软件接口就可以输出所要求的地形图,这样用 RTK 仅需一人操作,不要求点间通视,大大提高了工作效率。采用 RTK 配合电子手簿可以测设各种地形图,如普通测图、铁路线路带状地形图的测量,公路管线地形图的测量,配合测深仪可以用于测水库地形图、航海海洋测图等等。

3. 工程放样

工程放样是测量的一个应用分支,它要求通过一定方法采用一定仪器把人为设计好的点位在实地给标定出来。过去采用常规的放样方法很多,如经纬仪交会放样,全站仪的边角放样等等。一般要放样出一个设计点位时,往往需要来回移动目标,而且要 2~3 人操作,同时在放样过程中还要求点间通视情况良好,在生产应用上效率不是很高,有时放样中遇到困难的情况会借助于很多方法才能放样。如果采用 RTK 技术放样,仅需把设计好的点位坐标输入到电子手簿中,背着 GNSS 接收机,它会提醒你走到要放样点的位置,既迅速又方便,由于 GNSS 是通过坐标来直接放样的,而且精度很高也很均匀,因而在外业放样中效率会大大提高,且只需一个人操作。

4．航摄飞机的导航

航空摄影时采用 GNSS 进行飞机导航已经十分普遍。而在过去导航总是利用罗盘配合现有的地图、像片等资料来进行目视导航。应用目视导航时要求地面标志明显，一旦地面上地物发生较大的变化，地图就显得过于陈旧，因而会造成导航错误。在地物稀少的森林、沙漠和大规模的农业区，由于明显地物的缺少，可见范围内的地物都很相似，也使得目视导航极为困难。

对于导航目的而言，手持式单机 GNSS 即可以满足空中定位的要求。飞行人员可把现有地图上的飞行航线的数据输入 GNSS 接收机，来辅助导航。目前已有较为先进的导航系统应用于航摄飞机的导航。它使用计算机来提供连续更新的图形显示以表明飞行航线及飞机当前的位置，飞行人员能很清晰生动地观察到飞机自身的位置和飞行的航线及航迹。理论上可以是全自动导航。一些航摄飞机的导航系统可以将预先设计的摄影位置输入计算机，当飞机进入该区域时系统自动启动快门摄取航空像片。GNSS 导航大大提高航空摄影的效率，并使其自动化程度大为提高。

5．GNSS 用于航测空中三角测量

航摄像片的定向一直是摄影测量的基本问题之一。长期以来，像片的外方位元素主要依赖于空中三角测量和地面控制点来间接求解。20 世纪 50 年代开始各种辅助数据的利用，成为航空摄影测量中空中三角测量研究的热点之一。GNSS 具有高精度和精密三维动态定位的能力，可用于在航空摄影的同时确定像片的外方位元素（或用于测定地面控制点），从而使得摄影测量的工作量大为减少，甚至可以完全免除地面控制点来进行空中三角测量。GNSS 在摄影测量中主要用于航空摄影时的导航、区域网平差中的地面控制和空中控制。在遥感图像处理中，可用于几何精纠正时的控制点测定。

GNSS 用于空中三角测量是全球定位系统在航测中应用的重点。由于 GNSS 全球定位系统可用于动态定位，因此我们可以利用置于地面固定点上和飞机上的多台 GNSS 接收机同时快速连续地记录 GNSS 信号，通过采集动态载波相位 GNSS 相对定位技术的离线数据，经过处理后，获得航摄飞行时摄影机曝光时刻，摄站相对于地面已知点在 WGS－84 坐标系中的三维坐标；然后将其视为辅助观测数据，引入摄影测量区域网平差中，获取最终的大地坐标。GNSS 在空中三角测量中的应用，可以大大节省，甚至可以完全免除航测外业控制点的测量工作。

6．GNSS 卫星测量技术在海洋开发中的应用

为了维护我国海洋国土的完整和权益，开发和利用海洋资源，海洋测绘是一项超前期的基础性建设；GNSS 卫星测量技术的问世，为海洋测绘开创了高新技术新途径。

GNSS 技术海洋测量中的应用可概括如下：① 远洋船舶的最佳航程和安全航线测定；② 远洋船队在途航行的实时调度和监测；③ 内河船只的实时调度和自主导航测量；④ 海洋救援的探寻和定点测量；⑤ 远洋渔船的结队航行和作业调度；⑥ 海洋油气平台的就位和复位测定；⑦ 海底沉船位置的精确探测；⑧ 海底管道敷设测量；⑨ 海岸地球物理勘探；⑩ 水文测量；⑪ 全球 GNSS 验潮网的测设；⑫ GNSS 海底大地测量控制网的布测；⑬ 海底地形的精细测量；⑭ 船运货物失窃报警；⑮ 净化海洋（如海洋溢油的跟踪报告）；⑯ 海事纠纷或海损事故的点位测定；⑰ 浮鼓抛设和暗礁爆破等海洋工程的精确定位；⑱ 港口交通管制；⑲ 海洋灾害监测等。

GNSS 用于海洋灾害监测,已成为一个研究热点,也需海洋学家、测绘学家和地球物理学家协同探索的一个高新技术难点。海洋灾害监测,在于研究灾害性海况的成因和发展。GNSS 技术的问世,为建立海底大地测量提供了有效的技术新途径。如图 9 - 7 - 2 所示,现行 GNSS 海底大地测量的布测方法是,通过 GNSS 信号测量船载 GNSS 信号接收天线的实时位置,同步测量海底声标和测量船之间的水下声距,而联合解算出每一个海底声标的精确位置。实验计算表明,当船载 GNSS 实时点位的二维位置精度为 $\pm 5\,\mathrm{m}$,而船位高度和水下声距的测量精度为 $\pm 5\,\mathrm{m}$ 时,声标点位的平均中误差为 $\pm 4\,\mathrm{m}$ 左右,声标点位的最大中误差在 $\pm 10\,\mathrm{m}$ 以内,这已能满足某些海底工程建设的需要,而受到海洋学界的高度重视。但是,米级精度的海底大地测量控制点,不能满足海底地球动力学研究和灾害性海况信息探测的需要,必须将其提高 1～2 个数量级,特别是同一个点位的重复测量精度,需要达到 cm 级甚至更高,才能准确地测得海底地壳动态参数,捕获灾害性的海况信息,这是当今海底大地测量的一个国际性难题。

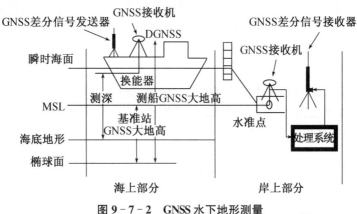

图 9 - 7 - 2　GNSS 水下地形测量

第八节　北斗卫星定位技术的应用

北斗导航定位系统从提供服务以来,除了测绘领域的常规应用外,在交通运输、农林渔业、水文监测、气象测报、通信授时、电力调度、防灾减灾、公安反恐、公共安全及大众应用等领域也得到了广泛应用。主要表现如下。

1. 交通运输

如车辆自主导航、车辆跟踪监控、车辆智能信息系统、车联网应用、铁路运营监控等;航海应用,如远洋运输、内河航运、船舶停泊与入坞等;航空应用,如航路导航、机场场面监控、精密进近等。2022 年度,超 790 万辆道路营运车辆,超 4 万多辆邮政快递干线车辆,超 4.7 万艘船舶,超 1.3 万座水上辅助导航设备,近 500 架通用飞行器应用北斗系统,全面提升了交通信息化水平,显著降低了重大交通事故发生率。

2. 农林渔业

北斗的农机作业监管平台实现农机远程管理与精准作业,为渔业管理部门提供船位监控、紧急救援、信息发布、渔船出入港管理等服务。农业方面:主要包括农业机械无人驾驶、农田起垄播种、无人机植保等应用。林业方面:主要包括林区面积测算、木材量估算、巡林员巡林、森林防火、测定地区界线等应用。在国家森林资源普查中,北斗卫星导航技术结合遥感等技术,发挥了重要作用。渔业方面:主要包括渔船出海导航、渔政监管、渔船出入港管理、海洋灾害预警、渔民短报文通信等应用。2022年度,基于北斗系统的农机自动驾驶系统超过10万台,北斗林业综合应用服务平台管理超10万台终端,北斗智慧放牧定位项圈超2万套,安装北斗船载终端的渔船超10万条,极大提高了作业管理效率,提升了农林渔业安全管理水平。

3. 地质灾害

地质灾害包括崩塌、滑坡、泥石流、地面沉降、体面塌陷和地裂缝等,严重危害人民的生命财产安全和生存环境以及国家的重大工程建设。北斗卫星定位技术监测地质环境、山体、坡坝等的微小形变,已经获得了广泛应用。

4. 防灾救灾

防灾减灾是北斗应用较为突出的行业应用领域之一。通过北斗系统的短报文与位置报告功能,实现灾害预警速报、救灾指挥调度、快速应急通信等,可极大提高灾害应急救援反应速度和决策能力。主要包括灾情上报、灾害预警、救灾指挥、灾情通信、楼宇桥梁水库等监测等应用。

5. 气象水文

基于北斗的多山地域水文测报信息的实时传输,提高灾情预报的准确性,为制定防洪抗旱调度方案提供重要支持。气象测报型北斗终端设备,提高了国内高空气象探空系统的观测精度、自动化水平和应急观测能力。

6. 通信授时

突破光纤拉远等关键技术,研制一体化卫星授时系统,开展北斗双向授时应用。精确授时是利用卫星上安装的高稳定度原子钟,将时间信息发布到地面,地面设备同时接收卫星广播的时钟信号,从而实现全球统一的时间基准。

7. 电力调度

主要包括电网时间基准统一、电站环境监测、电力事故分析、电力预警系统、保护系统及电力车辆监控等应用,其中电网时间基准统一等迫切需要高精度北斗服务。

8. 金融监管

金融行业计算机网络时间同步,涉及国家政治经济民生安全,自主北斗应用势在必行。金融管理部门通过使用北斗授时功能,实现金融计算机网络时间基准统一,保障金融系统安全稳定运行。主要包括金融计算机网络时间基准统一、金融车辆监管等应用。

9. 公安反恐

主要包括公安车辆指挥调度、民警现场执法、应急事件信息传输、公安授时服务等应用。应急事件信息传输使用了北斗特有的短报文功能,全国40余万部警用终端联入警用位置服务平台。

10. 公共安全

基于北斗卫星系统的指挥救援系统,是利用北斗卫星系统,由移动车辆获取自身的空间位置信息,利用地面公众无线移动网络作为信息传输链路,建立对运动目标实时监控、指挥,重点提高对野外运动目标监控效率和预警能力;在地面公众无线移动网络不能覆盖的作业区域,则可以利用北斗卫星系统的短信息通信能力,实现移动目标的位置信息上报。

11. 大众应用

利用北斗定位功能,实现手机导航、路线规划等一系列位置服务功能,使大众生活更加便捷。主要包括手机应用、车载导航设备、可穿戴设备等应用,通过与信息通信、物联网、云计算等技术深度融合,实现了众多的位置服务功能。包括华为、小米、苹果等国内外主流智能手机厂商均支持北斗,2022 年国内新入网的智能手机支持北斗出货量共计 2.6 亿部,占比达到 98.5%。

复习思考题

1. 全球定位系统主要包括哪些部分? 各有什么作用?
2. GNSS 定位为何需要 4 个未知数? 卫星上的时钟与地面接收机上的时钟有何区别?
3. 简述伪距法 GNSS 定位与载波相位法定位的基本原理。
4. 什么是伪距单点定位? 什么是载波相位相对定位? 载波相位的相对定位具体有哪些方法?
5. 简述 GNSS 测量的工作程序,并说明选点有哪些基本要求?
6. GNSS 的数据处理一般包括哪些主要内容?
7. 什么是单差法、双差法、三差法?
8. GNSS 定位的坐标系与我国西安 80 坐标系有什么差别? 为什么要进行坐标转换?
9. 以二次多项式高程拟合方法为例,简述 GNSS 高程平差原理,至少需要几个控制点?
10. 简述网络 RTK 技术与 CORS 的实现方法。
11. 简述 GNSS 的实时动态定位 RTK 技术的应用领域? 并以水下地形测量为例,说明其应用方法。

第十章　地形地籍的测绘与测设

导　读

测量工作的程序必须遵循"从整体到局部、先控制后碎部"的原则,地形测图工作必须在控制测量完成后进行。首先在测区范围内建立测量控制网,然后以此为基础或依据,进行碎部测量或测设。我国的1∶500～1∶2 000大比例尺地形图测量主要采用实地测量法,1∶1 000～1∶10 000地形图则采用摄影测量法测绘(在第十二章介绍);土地测绘地籍测量也是重要的测量工作;测设工作是把图纸上设计的构筑物在实地放样。

本章首先从图解地形测量原理的概念、地形的表示方法入手,介绍普通地形测图的准备工作,经纬仪、平板仪等常规地形图测绘方法和测图工作流程,重点是碎部测量极坐标法、方向交会法、距离交会法等;第五节简要介绍地籍与地籍图的基本知识、地籍测量工作主要方法;第六节是如何把图纸上设计的方案在实地放样的测设工作简述,介绍角度、距离、高程与平面位置等测设。

地形图是将测区地表的地形形态按照一定的投影方式投影至投影面上(参考椭球面),再投影至成图平面上,经过综合取舍及按比例缩小后,用规定的符号和一定的表示方法描述成的正形投影图。所谓正形投影,也称为等角投影,是将地面点沿铅垂线投影至投影面上,并使投影前后的角度保持不变。普通测量把地球看作圆球,故投影面应为球面。当测区面积较大($\geqslant 100 \text{ km}^2$)时,将投影至椭球面上的地表形态再投影至成图平面时,就必须考虑地球曲率的影响。

在具体测图中,先把一系列起控制作用的地面点,经过一定的数学方法(地图投影)处理后,作为进一步测绘及制图的基础。当测区范围较小时,投影面本身可视为平面,即不考虑地球曲率,地图投影简化为将地面点直接沿铅垂线投影于水平面上。本章一至四节讨论的有关大比例尺(指1∶500、1∶1 000、1∶2 000、1∶5 000)地形测图均属于小范围不考虑地球曲率的一种投影成图方法。

为了在统一的地面坐系中测定地面点在投影面上的位置及高程,我国在全国范围内建立起了国家平面控制网和国家高程控制网。目前平面控制网采用"CGCS 2000 国家大地坐标系",高程控制网采用"1985 国家高程基准"。依据控制网可在统一的坐标系统中开展测图工作。

投影于成图平面上的地形要素形态均应在一定的坐标系中予以描述表达。地形图上一般采用全国统一规定的高斯平面直角坐标系统,某些工程建设也有采用假定的独立平面坐标系统。地形的起伏形态一般以地形要素的绝对高程为依据表示在地形图上，某些小型的工程建设用图有时也会采用独立的高程系统。

第一节　图解地形测量原理

野外地形测量是我国目前各测绘生产单位用于测绘大比例尺地形图的一种常用的方法。平板仪是在野外直接测绘地形图的一种仪器，它可以同时测定地面点的平面位置和高程。在平板仪测量中，水平角用图解法测定，水平距离用皮尺、视距测量或图解法测定，因此平板仪测量又称图解测量。

如图 10-1-1 所示，设在地面上有 A、B、C 三点，在 B 点上水平安置一块平板，图板上固定一张图纸，在纸上画出表示地面点 B 在图纸上的投影点 b，使 b 点和 B 点在同一铅垂线上(平板整平对中)。

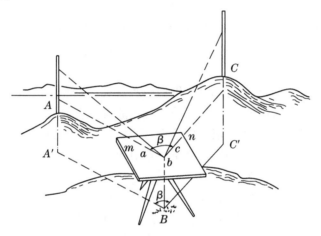

图 10-1-1　地形测图原理

设想通过 BA、BC 作两个铅垂面，与图板的交线 bm、bn(称方向线)，即 BA 和 BC 两个方向在图板上的水平投影。方向线 bm 和 bn 间的夹角即为 $\angle ABC$ 的水平角 β。如果再用视距法测得 BA 和 BC 的水平距离并按一定比例尺(1：M)从 b 点起截取 BA 和 BC 的水平距离得 a、c 两点，则图上的 a、b、c 三点组成的图形与实地上 A、B、C 三点水平投影组成的图形 A'、B、C' 以顶点 B 构成相似图形，这就是图解地形测量测定地物点平面位置的原理。

应用视距测量或水准测量的方法，测定 B 点至 A、C 两点的高程，根据 B 点的高程，求得 A、C 点的高程，并将其注在图纸上相应的点旁(高程注记)，根据许多高程注记点，即描绘等高线地形图。

第二节　地形的表示方法

一、地形的表示方法

地表形态中,大多自然形成或人工建筑的物体被称为地物,如江河湖泊、森林湿地、城市街道及道路管线等。而反映地面起伏状态的地形元素被称为地貌,如山丘、峡谷、陡坎峭壁及雨裂冲沟等。无论地物地貌,其形态位置经测量、投影缩绘到成图平面上后,须以大家易识别的符号表示。我国统一采用由国家市场监督管理总局和自然资源部联合颁布的《地形图图式》。

(一) 地物的表示

地物在图上按其性质和大小分别用比例符号、非比例符号、线性符号及注记符号表示。

1. 比例符号

有些地物的轮廓较大,如房屋、运动场、湖泊、森林等,它们的形状和大小可依比例尺缩绘在图上,称为比例符号。在用图时,可以从图上量得它们的大小和面积。

2. 非比例符号

有些地物,如三角点、水准点、独立树、里程碑和钻孔等,轮廓较小,无法将其形状、大小依比例绘到图上,则不考虑其实际大小,而采用规定的符号表示,这种符号称非比例符号。

非比例符号不仅其形状大小不依比例绘出,而且符号的中心位置与该地物实地的中心位置关系,也随各种不同的地物而异,参见第三章地图语言第一节地图符号。

3. 半比例符号(线形符号)

对于一些带状延伸地物(如道路、通讯线、管道、垣栅等),其长度可依测图比例尺缩绘,而宽度无法依比例表示的符号,称为半比例符号。使用地图时可以从图上量取它们的长度,而不能确定它们的宽度。其符号的中心线一般表示其实地地物的中线位置。如城墙和垣栅等,其准确位置在其符号的底线上。

4. 地物注记

用文字、数字或特有符号对地物加以说明,称为地物注记。诸如城镇、工厂、河流、道路的名称,桥梁的长宽及载重量,江河的流向、流速及水深,道路的走向,森林、果树等的类别等,都用文字、数字或配以特定符号加以注记说明。

这里应该指出:在地形图上,对于某些地物(如房屋、运动场等),究竟采用比例符号还是非比例符号,主要取决于测图比例尺的大小。测图比例尺越小,不依比例描绘的地物就越多。在测绘地形图时,必须按照各种不同比例尺《地形图图式》中的规定绘图。

部分常见的1:500、1:1 000地形图图式示例列于表10-2-1。

(二) 地貌的表示

在平坦地区,地貌上要用高程注记点表示;在丘陵山区,地貌主要用等高线表示。局部微小地貌,用规定符号加以突出表示,如冲沟、滑坡及峭壁等。

图上相邻两条等高线的高差称为等高距。等高距是根据地形图的比例尺和地面起伏状况确定的。表10-2-2为大比例尺地形图等高距的参考值,不同部门测量规范中有类似的规定。

表 10-2-1 地形图图式(1:500、1:1 000)示例

符号说明	符号	符号说明	符号	符号说明	符号
小三角点 横山——点名 95.93——高程	3.0 ▽ 横山 95.93	土墙	10.0 0.5	水渠	
图根点 N25——点名 62.74——高程	2.5 1.5 ⊚ N25 62.74	栅栏 栏杆	10.0 1.0	车行桥	砼
水准点 II京石5——点名 32.804——高程	2 ⊗ II京石5 32.804	篱笆	1.0 10.0	人行桥 (非比例)	
一般房屋 (四层)	4	铁丝网	10.0 1.0	地类界	0.25 1.5
简单房屋		铁路	0.2 10.0 0.2 0.5	旱地	1.0 10.0 2.0 10.0
厕所	厕	公路	0.15 沥砾 0.3	竹林(大 面积的)	2.0 3.0 10.0 10.0
水塔	2.0 1.0 3.5 1.0	简易公路	0.15 碎石 0.15	草地	1.5 0.8 10.0 10.0
烟囱	3.5 ▲ 1.0	大车路	0.15 8.0 2.0 0.15	耕地 (水稻田)	10.0 2.0 10.0
电力线 (高压)	4.0	小路	4.0 1.0 0.3	菜地	2.0 2.0 10.0 10.0
电力线 (低压)	4.0	阶梯路	0.5	等高线	461.6 465 460
围墙(砖石 及混凝土墙)	10.0	河流、湖泊 水涯线 及流向			

表 10-2-2 大比例尺地形图基本等高距

比例尺 \ 等高距(m) \ 地形类别	6°以下 平 地	6°~15° 丘 陵 地	15°以上 山 地
1:500	0.5	0.5	1
1:1 000	0.5	1	1
1:2 000	1	1 或 2	2
1:5 000	1 或 2	2 或 5	5

同一张图上通常只用一种等高距,图10-2-1(b)所示的等高距为5 m。

二、地貌特征点与地性线

地貌虽然比较复杂,但可以归纳为山、盆地、山脊、山谷、鞍部等5种基本地貌形态。基本地貌形态及其等高线表示如图10-2-1所示。

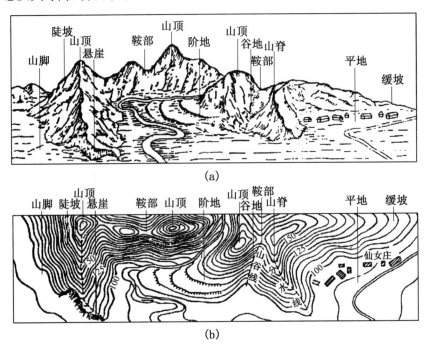

(a)

(b)

图10-2-1 基本地貌形态及其等高线

(一) 山

较四周明显凸起的高地称为山,其等高线呈现套合的闭曲线,高程自外圈向内圈逐渐升高。

(二) 盆地

低于四周的较大洼地称为盆地。其等高线与山的等高线类似,但高程自外圈向内圈逐渐降低。为读图方便,可绘出垂直于等高线且指向坡降方向的示坡线,以利于区别山与盆地。

(三) 山脊

山的凸棱由山顶延伸至山脚者称为山脊,山脊最高处的棱线称为山脊线,山脊的等高线呈一组套合的凸向低处的抛物线状曲线。

(四) 山谷

相邻两山脊之间的凹部称为山谷、山谷中最低点的连线称为山谷线;山谷等高线与山脊等高线类似,只是曲线凸向高处。

(五) 鞍部

相邻两山顶间呈现马鞍形的低地称为鞍部,鞍部的等高线形似一组套合的双曲线。

地球表面的形态虽有千差万别,但都可看作是由不同方向、不同倾斜度的平面所组成。

两相邻倾斜面相交处所构成的棱线,称为地性线(地貌特征线)。山脊线、山谷线、山脚线、变坡线都是地性线。在地面上坡度或方向变化的点称为地貌特征点。如山顶点、鞍部最低点、谷口点、山脚点、坡度变换点等。这些特征点和特征线构成了地貌的骨架,它们决定了等高线的形状和位置。在地貌测绘中,如果测定了地貌特征点的平面位置和高程,连接地性线,便可得到地貌整个骨架的基本轮廓,按等高线的性质,依据平距与高差成比例的关系进行内插,对照实地情况就能描绘出地貌的等高线。准确完整地测绘好地貌特征点及地性线,是用等高线真实逼真地表示好实际地貌的关键。

第三节 测图前的准备工作

一、收集资料

准备好地形图测图规范及地形图图式,熟识规范及图式内容。抄录测区内所有控制点(平面及高程)的成果,并尽量收集旧图等有用的其他测绘资料。

当测区内控制点的密度不能满足测图需要时,则在测图前先进行地形控制测量,完成图根控制点的加密,已于第八章介绍。

二、准备图纸及展绘控制点

(一) 绘制坐标格网

图纸一般采用聚酯薄膜。大比例尺地形图采用正方形分幅,图幅为 40 cm×40 cm 或 50 cm×50 cm。图纸上需精确地绘出坐标格网。具体绘制过程可在数控绘图仪上完成,也可仅使用直尺来完成。以下介绍使用直尺绘制格网的方法。

首先在图纸上绘两条对角线,如图 10-3-1(a)所示,以交点 O 为中心用尺截取等长的线段 OA、OB、OC、OD。连接 A、B、C、D 四点成一矩形。然后以 A 为起点沿 AC 及 AD 方向每隔 10 cm 截取一点,分别为 1、2、3、4、5 和 1′、2′、3′、4′、5′各点。在相对边 DB 及 CB 上同样截得 1、2、3、4、5 和 1′、2′、3′、4′、5′各点。最后将相应点对联结,擦去无用线条,即得一个 50 cm×50 cm 的坐标格网。

方格网画好后,须用直尺沿格网对角线方向检查各方格的顶点是否在一直线上,并量测各方格边长及对角线长度,其误差均不得超过 0.2 mm,否则重绘。

(二) 展绘控制点

坐标格网最外围的四条边线即是地形图的内图廓线。图廓西南角点的地面坐标(在高斯平面坐标系或独立平面坐标系中)由分幅确定,并将其注记在图廓西南角旁。其余坐标格网线所表示的纵横坐标值推算后在内图廓外加以注记,如图 10-3-1(b)所示。

展绘控制点时,首先确定控制点所在方格。图 10-3-1(b)中,设点 D 的坐标为 $X_D = 46\ 168.17$ m,$Y_D = 87\ 657.23$ m,则点 D 位于方格 klnm 内。然后从 m、n 点按比例向上量取 68.2 m,得 c、b 两点,再从 k、m 向右量取 57.2 m,得 c、d 两点。最后连接 ab 和 cd 得交点即为 D,并标注高程为 50.13 m。

一幅图内所有控制点展绘完后,依比例尺在图上量取两控制点间的距离与实地距离做比较,以资检核,其误差不应超过图上 0.2 mm,超限差时则必须检查展点的正确性。

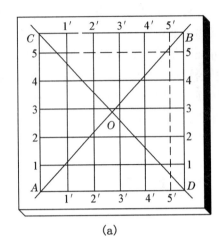

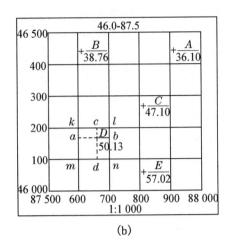

(a)   (b)

图 10 - 3 - 1　坐标格网的绘制及控制点展绘

第四节　常规地形测图

常规测图方法是相对第十一章数字测图方法而言的,即在现场将地形信息直接测绘于图纸上,测量所用基本仪器是经纬仪或大平板仪。

一、测定碎部点点位的基本方法

碎部点是测图时对地形的离散化点,是表达地形的特征点,亦是测量的目标点。测定碎部点的高程值通常采用前述的三角高程算法,这里不再赘述。下面阐述测定碎部点平面位置的基本方法。

(一) 极坐标法

极坐标法是测定碎部点位最常用的一种方法。

如图 10 - 4 - 1 所示,A、B 为已知地形控制点,测站点 A,定向点为 B,通过观测水平角 β_1 和水平距离 D_1 就可确定碎部点 1 的位置,同样有观测值 β_2 和 D_2 又可测定点 2 的位置。对于已测定的地物点应该连接起来的要随测随连,例如房屋的轮廓线 1—2、2—3 等,以便将图上测得的地物与地面上的实体相对照。这样,测图时如有错误或遗漏,就可以及时发现,并及时予以修正或补测。

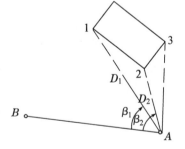

图 10 - 4 - 1　极坐标法确定点的平面位置

极坐标法适用于通视良好的开阔地区,每一测站所能测绘的范围较大,且各碎部点都是独立测定的,不会产生误差的累积和相互影响,个别测错的点可以个别改正,不影响全局。但此法由于须逐点竖立标尺,故工作量和劳动强度均较大,对于难以攀登或难以到达的碎部点,应用此法困难较大。

(二) 方向交会法

当地物点距离较远,或遇河流、水田等障碍不便丈量距离时,可以用方向交会法来测定。如图 10 - 4 - 2 所示,A、B 为已知地形控制点,设欲测绘河对岸的特征点 1、2、3 等,自 A、B

两控制点与河对岸的点 1、2、3 等量距不方便,这时可先将仪器安置在 A 点,经过对点、整平和定向以后,测定 1、2、3 各点的方向,并在图板上画出其方向线,然后再将仪器安置在 B 点,按同样方法再测定 1、2、3 点的方向,在图板上画出方向线,则其相应方向线的交会点,即为 1、2、3 点在图板上的位置,并应注意检查交会点位置的正确性。

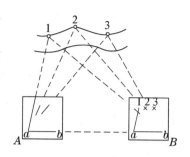

图 10-4-2　方向交会法确定点的平面位置

方向交会法适用于通视良好、特征点目标明显和距离较远的情况。但生产中情况复杂,通常与极坐标法混合运用。

(三) 距离交会法

在测完主要房屋后,再测定隐蔽在建筑群内的一些次要的地物点,特别是这些点与测站不通视时,可按距离交会法测绘这些点的位置。如图 10-4-3 所示,图中 P、Q 为已测绘好的地物点,若欲测定 1、2 点的位置,如图所示,首先用皮尺量出水平距离 D_{P_1}、D_{P_2} 和 D_{Q_1}、D_{Q_2},然后按测图比例尺算出图上相应的长度。在图上以 P 为圆心,用两脚规按 D_{P_1} 长度为半径作圆弧,再在图上以 Q 为圆心,用 D_{Q_1} 长度为半径作圆弧,两圆弧相交可得点 1,再按同法交会出点 2。连接图上的 1、2 两点即得地物一条边的位置。如果再量出房屋宽度,就可以在图上用推平行线的方法绘出该地物。

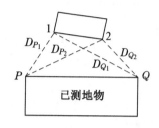

图 10-4-3　距离交会法确定点的平面位置

距离交会法适合于隐蔽地区,尤其是居民区内少数房屋的推求,采用距离交会比较简便。

(四) 直角坐标法

如图 10-4-4 所示,P、Q 为已测建筑物的两房角点,以 PQ 方向为 y 轴,用直角棱镜找出地物点在 PQ 方向上的垂足,用皮尺丈量 y_1 及其垂直方向的支距 x_1,便可定出点 1。同法可以定出 2、3 等点。与测站点不通视的次要地物,靠近某主要地物,地形平坦且在支距 x 很短的情况下,适合采用直角坐标法来测绘。

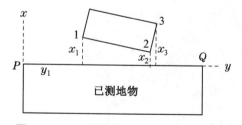

图 10-4-4　直角坐标法确定点的平面位置

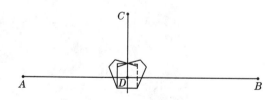

图 10-4-5　双五角棱镜示意图

在碎部测量方法中,采用量测法时往往需要设置直角,因此介绍一种设置直角的工具——双五角棱镜。这种双五角棱镜由左右两块五角棱镜,中间夹一块平板玻璃,按图 10-4-5 所示胶合而成的。图中,D 点是直线 AB 外一点 C 的垂线足,在 A、B、C 三点处均立一根花杆,在 D 点安置双五角棱镜,根据五角棱镜使光线偏转 90° 的原理,则在双五角棱镜的视场内,三根花杆的影像将重合在一直线上。

（五）方向距离交会法

与测站点通视但量距不方便的次要地物点,可以利用方向与距离交会法来测绘。方向仍从测站点出发来测定,而距离是从图上已测定的地物点出发来量取,按比例尺缩小后,用分规卡出这段距离,从该点出发与方向线相交,即得欲测定的地物点。

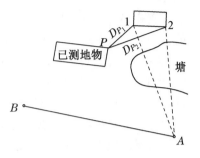

图 10-4-6　方向距离法确定点的平面位置

如图 10-4-6 所示,P 为已测定的地物点,现要测定点 1、2 的位置,从测站点 A 用 B 点定向后瞄准点 1、2,绘出方向线,从 P 点出发量取水平距离 D_{P_1} 与 D_{P_2},按比例求得图上的长度,即可通过距离与方向交会得出点 1、2 的图上位置。

方向距离交会法为极坐标法的变异方法,极坐标法的方向与距离是从同一点出场而方向距离交会法是分别从两个点出发。从交会的精度来看,距离与方向的交角应愈小愈好,但限制也不必太严,一般规定以不大于 45°为宜。

测图中一般以极坐标法为主。对不易到达的碎部点,可用方向交会法。测图中根据不同现场条件,还可灵活采用一些其他算法,如距离交会法、直角坐标法等。

二、经纬仪测图法

经纬仪测图法是在控制点上安置经纬仪,测量碎部点的方位数据(水平角、距离、竖直角等),用图解方法将点的平面位置展绘到图纸上,并结合点位高程值绘制成地形图的一种方法。

（一）施测方法

(1) 如图 10-4-7 所示,将经纬仪架设在测站点(控制点)上,小图板安置在近旁,测定经纬仪竖盘指标差 x(只需工作开始时测一次),量出仪器高 i;选定另一控制点为起始零方向,并配置该方向的水平度盘读数为00°00′00″;数据一并记入手簿,见表 10-4-1。

图 10-4-7　经纬仪测图地形特征点选取

表 10-4-1　碎部测量手簿

测区：<u>小庄</u>　日期：<u>2018 年 4 月 18 日</u>　观测者：<u>王晓文</u>　记录者：<u>李明明</u>

测站：<u>SI9</u>　测站高程：<u>19.244m</u>　零方向：<u>SI10</u>　仪器高(i)：<u>1.470</u>m

指标差(X)<u>0</u>′　大气：<u>晴</u>　仪器：<u>DJ6</u>

| 测站点 | 尺上读数 | | 视距间隔 (m) | 竖直角 | | 高差(m) | | | 水平角 。 ′ | 水平距离 (D) (m) | 测点高程(H) (m) | 备注 |
	上丝 中丝 (l) 下丝			观测角值 。 ′	改正后角值 。 ′	计算值 h'	$i-l$	高差 h				
1	2 328 2 082	2 200	0.246	4　32	4　32	1.924	−0.730	+1.194	48　00	24.52	20.438	
2	2 325 1 876	2 100	0.449	0　42	0　42	0.549	−0.630	−0.081	162　18	44.90	19.163	
3	1 238 1 062	1 150	0.176	−0　54	−0　54	−0.276	+0.320	+0.044	57　42	17.60	19.288	
4	…… ……											

（2）照准立于碎部点上的标尺，读取水平角 β，再读取经纬仪的下、上、中三丝读数，最后读取竖盘读数，记入手簿相应栏内。

（3）采用第七章第二节视距测量方法计算出碎部点与测站间的水平距离及高差，并算出碎部点的高程。

（4）用量角器和直尺，按极坐标法将碎部点图解展绘至图纸上，并注记该点高程值。

（5）重复（2）～（4）步骤，测其他碎部点。

仪器搬至其他控制点上后，应复测上一测站所测的若干碎部点，检查确认无误后，再在新测站上开始测绘。

（二）碎部点的选择

地形图是根据测绘到图纸上的地形特征点（也称碎部点）描绘而成的，因此地形特征点选择恰当与否，直接影响地形图的质量。

1. 地物特征点的选择

地物通常具有明显的能反映地物形状的特征点，例如房屋的房角、围墙、电力线的转折点、河流的曲折点、道路交叉口、电杆、独立树的中心点等，测量出足够的特征点，便能在图上绘出与实际相似的地物形状。由于地物形状极不规则，一般规定，主要地物凹凸部分在图上大于0.4 mm 时均应表示出来；在地形图上小于0.4 mm，可以用直线连接。如图 10-4-7 所示。

2. 地貌特征点的选择

如图 10-4-7 所示，地貌特征点首先要正确反映出地性线的位置及起伏形态，其次还要足以反映地貌局部的变化。地貌特征点应选在最能反映地貌特征的山脊线、山谷线等地性线上，如山顶、鞍部、山脊和山谷的地形变换处，山坡倾斜变换处和山脚地形变换处。特征点的多少由成图比例尺及地貌崎岖程度决定。地形测图时碎部点的最大间距和最大视距可见表 10‑4‑2。

表 10‑4‑2　碎部点的最大间距和最大视距

测图比例尺	地貌点最大间距/m	最大视距/m			
		主要地物点		次要地物点和地貌点	
		一般地区	城市建筑区	一般地区	城市建筑区
1∶500	15	60	50	100	70
1∶1 000	30	100	80	150	120
1∶2 000	50	180	120	250	200
1∶5 000	100	300	—	350	—

根据所测地貌特征点,即可在图上勾绘出相应的等高线。图 10‑4‑8 所示为一例。

(三) 地形图的描绘

地形图上的地形信息是用规定的符号语言表达的,地形图图式对各种地物地貌所采用的图式符号,在形式及描绘方法上都做了规定与说明。

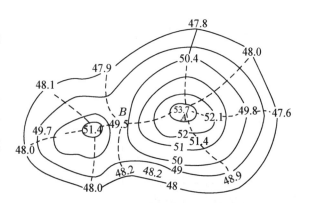

图 10‑4‑8　山区碎部特征点与等高线

1. 符号的描绘

符号的描绘主要涉及符号在图上的定位及描绘方向。

对比例符号,根据所测定的特征点位即可确定符号形状、大小、位置及方向,如房屋、池塘等;对线性符号,则以符号中心线或主轴线为定位线。如铁路符号的中心线代表实地所测中心线位置,城墙符号以主轴线(粗线)作为实地中心线位置。

对非比例符号,其描绘较为复杂。单个几何图形符号,如水准点,以其几何中心为定位点。下部为几何图形的符号,如变电所,以其下部图形几何中心为定位点。宽底图形符号,如碑,以其底边中心为定位点。底部为直角形的符号,如独立树,以其直角顶点为定位点。底部开口的符号,如窑,以其下方两端点连线的中心为定位点。非比例符号在图上大多直立绘出,即与南图廓边垂直,但与地貌密切配合的符号则顺山坡方向描绘,如山洞等;而采用俯视图形的符号按真方向描绘,如变电所等。

各种地形符号(包括注记)在图上不是孤立的,当出现相接或重叠时,描绘原则是次要地物避让重要地物,地貌符号避让地物符号,并保证地形图的易阅读性。

2. 等高线的勾绘

等高线是图上表示地貌的主要符号。测量时沿地性线在坡度变化和方向变化处测得了地貌碎部点,图上相邻碎部点之间的地面坡度可视作均匀的,因此,在内插高程等值点时,可按平距与高差成正比关系处理,示例见图 10‑4‑9。将高程相同的等值点连

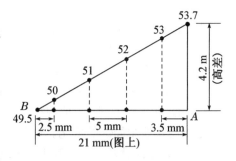

图 10‑4‑9　等值点的内插方法

接成光滑曲线即为等高线。实际测图时,插绘等高线采用目估法徒手勾绘。

三、光电测距仪测绘法

光电测距仪测绘地形图与经纬仪测绘法基本相同,所不同的是用光电测距来代替经纬仪视距法。先在测站上安置测距仪(+电子经纬仪),量出仪器高 i;后视另一控制点进行定向,使水平度盘读数为 $0°00'00''$。立尺员将测距仪的单棱镜装在专用的测杆上,并读出棱镜标志中心在测杆上的高度 l(为计算方便,使 $l=i$)。立尺时将棱镜面向测距仪立于碎部点上。观测时,瞄准棱镜的标志中心,读出水平度盘读数 β,测出斜距 S,竖直角 α,并做记录。

由 α、S 计算平距 D 和碎部点高程 H,然后,与经纬仪测绘法一样,将碎部点展绘于图上。

四、大平板仪测图法

大平板仪是专用于测绘地形图的一种仪器,如图 10-4-10 所示。与经纬仪测绘法相比,大平板仪测量时,水平角直接用图解法测得,平板仪测图由观测与绘图组成。测图时首先完成对中、整平及定向安置,再按以下步骤进行。

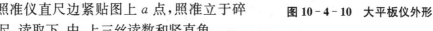

图 10-4-10　大平板仪外形

(1) 在测站 A 点上安置好大平板仪,测定竖盘指标差 x,量取仪器高 i。

(2) 使照准仪直尺边紧贴图上 a 点,照准立于碎部点上的标尺,读取下、中、上三丝读数和竖直角。

(3) 计算出碎部点与测站间的水平距离及碎部点高程。

(4) 根据水平距离,沿立尺边在图上按比例绘出碎部点的点位,并注记该点高程。

(5) 重复(2)~(4)步骤,测绘其他碎部点。

五、地物地貌的测绘方法

(一) 地物测绘

地物可分为居民地、道路、独立地物、管线、垣栅、水系、植被、地籍界址点等不同类别,下面依次介绍其测绘要点。

1. 居民地测绘

居民地房屋的排列形式很多,农村中以散列式即不规则的排列房屋较多,城市中的房屋排列比较整齐。

测绘居民地根据所需测图比例尺的不同,在综合取舍方面就不一样。对于居民地的外轮廓,都应准确测绘。其内部的主要街道以及较大的空地应区分出来。对散列式的居民地、独立房屋应分别测绘。1:1 000 或更大的比例尺测图,房屋应逐个测绘;1:2 000 测图房屋可适当综合取舍,围墙、栅栏、栏杆等可根据其永久性、规整型、重要性等综合考虑取舍。

2. 道路测绘

(1) 铁路测绘　铁路符号按图式规定表示。测绘铁路时,标尺应立于铁轨的中心线上。对于 1:2 000 或更大比例尺测图时,可测定下列点位。

① 路堤:铁路中心线、路堤的路肩、路堤的坡底或边沟。铁路线的高程是铁轨面的高

程,测出铁轨面的高程后注记在中心线上,如图 10 - 4 - 11 所示。

图 10 - 4 - 11　路堤测绘

② 路堑:中心线、路肩、边沟、路堑的上边缘,如图 10 - 4 - 12 所示。

图 10 - 4 - 12　路堑测绘

　　铁路的直线部分立尺点可稀,曲线及道岔部分应密,这样才能正确地表达铁路的实际位置。铁路两旁的附属建筑物如信号灯、板道房、里程碑等,都应按实际位置测出。

　　(2) 公路　应实测路面位置,并测定道路中心高程,中心、两侧、一侧实量宽度。转弯、交叉处尺点密,附属物实测。测量方式有中心线法、边线法等。

　　① 高速公路:应测出两侧围建的栅栏、收费站、斜坡、水沟、绿化带、栅栏或铁丝网等视用图需要测绘。路堤、路堑应测定坡顶、坡脚的位置和高程。

　　② 等级公路:路基宽和铺面宽、铺设材料、国道应注明。

　　③ 等外公路:路基宽、铺设材料。

　　(3) 其他道路测绘　其他道路有大车路、乡村路和小路等。测绘时立尺于道路中心线路,宽度能依比例表示时,按道路宽度的二分之一在两侧绘平行线。

　　(4) 桥梁测绘　铁路、公路桥应实测桥头、桥身和桥墩位置。桥面应测定高程,桥面上的人行道图上宽度大于 1 mm 的应实测。各种人行桥图上宽度大于 1 mm 的应实测桥面位置,不能依比例的,实测桥面中心线。

　　3. 独立地物的测绘

　　独立地物对于利用地形图时判定方位、确定位置、指示目标等起着重要的作用,因此对某些具有明显特征可用作定向目标的地物(不一定是高大突出的地物)应着重表示。独立地物应准确测定其位置。凡图上地物轮廓大于符号尺寸的,应依比例测其轮廓,并配上适当符号表示,如变电设备。图上地物轮廓小于符号的,如属几何形状的地物,应测定其几何图形的中心点(如独立坟);杆状地物(如照射灯、风车等)应测定其杆底部中心点。总之,测独立地物的中心位置,然后用相应的非比例符号表示,注意符号的定位点必须与测点重合。由于这类地物中心点一般无法立尺,所以测方向时照准地物中心,得到其准确方向;测距离时,可将标尺立在地物一侧距离相当的位置(即以测站为圆心、原距离为半径的圆弧上),这样才能测准位置。

4. 管线测绘

(1)地面管线　地面上的电力线、电信线的电杆线、铁塔位置应实测。电杆上有变压器时,变压器的位置按其与电杆的相应位置绘出。架空的、地面上的、有堤基的管道应实测。当架空管道直线部分的支架密集时,可适当取舍。

(2)地下管线　地下管线包括地下的给水、排水(雨水、污水)、煤气、热力、电力、电信和工业等七类。地下管线测绘应测定地下管线的平面位置和埋探(高程)。地下管线测绘的,应在地面上设置管线点标志。管线点分为明显管线点(如地下管线检修井中心)和隐蔽管线点。地下管线检修井测定其中心位置按类别以相应符号表示。对于隐蔽管线点应用地下管线探测仪。探查地下管线的地面投影位置和埋深,并在地面作标志。测量管线点的三维坐标,按地下管线类别用相应符号表示。

5. 水系的测绘

(1)水系的界线　水系包括河流、渠道、湖泊、池塘等地物,通常无特殊要求时均以岸边为界,如果要求测出水涯线(水面与地面的交线)、洪水位(历史上最高水位的位置)及平水位(常年一般水位的位置)时,应按要求在调查研究的基础上进行测绘。

(2)湖泊的边界　湖泊的边界经人工整理、筑堤、修有建筑物的地段是明显的,在自然耕地的地段大多不甚明显,测绘时要根据具体情况和用图单位的要求来确定以湖岸或水涯线为准。在不甚明显地段确定湖岸线时,可采用调查平水位的边界或根据农作物的种植位置等方法来定。

(3)水系的定位　水系的边界在保证精度的前提下,小的弯曲、岸边不甚明显地段适当取舍。对于在图上只能以单线表示的小沟,不必测绘其两岸,只要测出其中心位置即可。渠道比较规则,有的两岸衬堤,测绘时可以参照公路的测法。对那些田间临时性的小渠不必测出,以免影响图面清晰。

6. 植被的测绘

测绘植被是为了反映地面的植物情况。所以要测出各类植物的边界,用地类界符号表示其范围。再加注植物符号和说明。如果地类界与道路、河流、栏栅等重合时,则可不绘出地类界,但与境界、高压线等重合时,地类界应移位绘出。

7. 地籍界址点测绘

地籍界址点测绘是地籍要素测绘的重要内容,界址点是制作地籍图、宗地图和量算土地面积等工作的基础。界址点的测量方法可以直接测定计算其坐标,也可量取界址点与邻近地物点之间的距离来确定其位置。在界址点附近的建筑物轮廓点,如房屋角、围墙角等其测量精度应和界址点的测量精度相同。

(二)各种地貌的测绘

地貌测绘和地物测绘是同时进行的。一般来说,在一个测站工作时,应先测一些重要地物再测地貌,这样,地貌特征点位置测得正确与否就有了参照,并可及早发现错误。地貌测绘实际就是测定足够数量的地貌特征点的平面位置和高程,然后描绘等高线以显示地面起伏形态。简言之,地貌测绘就是测绘等高线。

测绘等高线一般可分为三个步骤:先是测定地貌特征点,勾绘地性线以构成地貌骨架;再在各地性线上确定基本等高线的通过点(即等分内插);然后连接相应各分点,勾绘出各等高线。

1. 山顶

山顶是山的最高部分。山地中突出的山顶,有很好的控制作用和方位作用。因此对山顶要按实地形状来描绘。山顶的形状很多,有尖山顶、圆山顶、平山顶等。各种形状的山顶,等高线的表示都不一样,如图 10 - 4 - 13 所示。

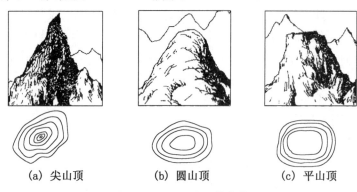

(a) 尖山顶　　　　　　(b) 圆山顶　　　　　　(c) 平山顶

图 10 - 4 - 13　山顶等高线

尖山顶的山顶附近倾斜比较一致,因此,尖山顶的等高线之间的平距大小相等,即使在顶部,等高线之间的平距也没有多大的变化。测绘时标尺点除立在山顶外,其周围山坡适当测一些特征点就够了。

圆山顶的顶部坡度比较平缓,然后逐渐变陡,等高线之间的平距在离山顶较远的山坡部分较小、愈至山顶、平距逐渐增大,在顶部最大。测绘时山顶最高点应立尺,在山顶附近坡度逐渐变化的地方也需要立尺。

平山顶的顶部平坦,到一定范围时坡度突然变化。因此,等高线之间的平距在山坡部分较小,但不是向山顶方向逐渐变化,而是到山顶的平距突然增大。测绘时必须特别注意在山顶坡度变化处立尺,否则地貌的真实性将受到显著影响。

2. 山脊

山脊是山体延伸的最高棱线,山脊的等高线均向下坡方向凸出,两侧基本对称。山脊的坡度变化反映了山脊纵断面的起伏状况,山脊等高线的尖圆程度反映了山脊横断面的形状。山地地貌显示得像不像,主要看山脊与山谷,如果山脊测绘得真实、形象,整个山形就较逼真。测绘山脊要真实地表现其坡度和走向,特别是大的分水线、坡度变换点和山脊、山谷转折点,应形象地表示出来。

山脊的形状可分为尖山脊、圆山脊和台阶状山脊。它们都可通过等高线的弯曲程度表现出来。如图 10 - 4 - 14 所示,尖山脊的等高线依山脊延伸方向呈尖角状;圆山脊的等高线依山脊延伸方向呈圆弧形;台阶状山脊的等高线依山脊延伸方向呈疏密不同的方形。

圆山脊的脊部有一定的宽度,测绘时需特别注意正确确定山脊线的实地位置,然后立

(a) 尖山脊　　　　　(b) 圆山脊　　　　　(c) 台阶状山脊

图 10-4-14　山脊等高线

尺。此外对山脊两侧山坡也必须注意坡度的逐渐变化,恰如其分地选定立尺点。

对于台阶状山脊,要注意由脊部至两侧山坡坡度变化的位置。测绘时,应恰当地选择立尺点,才能控制山脊的宽度。不要把台阶状山脊的地貌测绘成圆山脊甚至尖山脊的地貌。

山脊往往有分歧脊,测绘时,在山脊分歧处必须立尺,以保证分歧山脊的正确位置。

3. 山谷

山谷等高线表示的特点与山脊等高线所表示的相反。山谷的形状也可分为尖底谷、圆底谷和平底谷。如图 10-4-15 所示,尖底谷是底部尖窄,等高线通过谷底时呈尖状;圆底谷是底部近于圆弧状,等高线通过谷底时呈圆弧状;平底谷是谷底较宽,底坡平缓,两侧较陡,等高线通过谷底时在其两侧近于直角状。

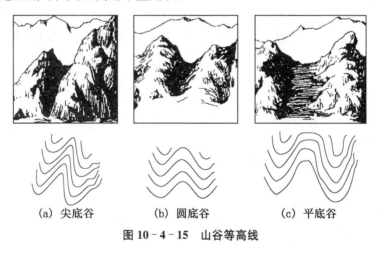

(a) 尖底谷　　　　　(b) 圆底谷　　　　　(c) 平底谷

图 10-4-15　山谷等高线

尖底谷的下部常常有小溪流,山谷线较明显。测绘时,标尺点应选择在等高线的转弯处。圆底谷的山谷线不太明显,所以测绘时,应注意山谷线的位置和谷底形成的地方。平底谷多系人工开辟耕地之后形成的,测绘时,标尺点应选择在山坡与谷底相交的地方,这样才能控制住山谷的宽度和走向。

4. 鞍部

鞍部属于山脊上的一个特殊部位,是相邻两个山顶之间呈马鞍形的地方,分为窄短鞍部、窄长鞍部和平宽鞍部。鞍部往往是山区道路通过的地方,有重要的方位作用。测绘时在鞍部的最低点必须有立尺点,以便使等高线的形状正确。鞍部附近的立尺点应视坡度变化情况选择。鞍部的中心位于分水线的最低位置上,鞍部有两对同高程的等高线,即一对高于鞍部的山脊等高线,另一对低于鞍部的山谷等高线,这两对等高线近似地对称。如图

10-4-16 所示。

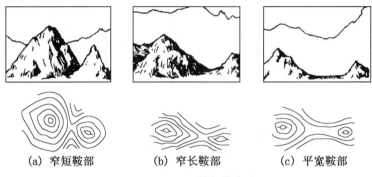

(a) 窄短鞍部　　　　(b) 窄长鞍部　　　　(c) 平宽鞍部

图 10-4-16　鞍部等高线

5. 盆地

盆地是中间低四周高的地形。其等高线的特点与山顶相似,但其高低相反,即外围的等高线高于内圈的等高线。测绘时除在盆底最低处立尺外,对于盆底四周及盆壁地形变化的地方均应适当选择立尺点,才能正确显示出盆地的地貌。

6. 山坡

在上述几种地貌形状之间都有山坡相连,山坡虽都是倾斜的面,但坡度并不是没有变化的。测绘时,标尺位置应选择在坡度变化的地方。坡面上的地形变化实际也就是一些不明显的小山脊、小山谷。等高线的弯曲也不大。因此,必须特别注意选择标尺点的位置,以显示出微小地貌来。

7. 梯田

梯田是在高山上、山坡上及山谷中经人工改造了的地貌。梯田有水平梯田和倾斜梯田两种。测绘时沿田坎立标尺,在地形图上一般以等高线、梯田坎符号和高程注记(或比高注记)相结合的形式来表示,如图 10-4-17 所示。

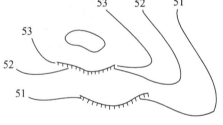

图 10-4-17　梯田等高线

8. 不用等高线表示的地貌

除了用等高线表示的地貌以外,还有些地貌如雨裂、冲沟、悬崖、陡壁、砂崩崖、土崩崖等都不能用等高线表示。对这些地貌,用测绘地物的方法,测绘出这些地貌的轮廓位置,用图式规定的符号表示。

六、测图注意事项

在测图过程中,应注意以下事项:

(1) 为了方便绘图员工作,观测员在观测时,应先读取水平角,再读取视距尺的三丝读数和竖盘读数;在读取竖盘读数时,要注意检查竖盘指标水准管是否居中;读数时,水平角估读至 5′,竖盘读数读至 1′即可,每观测20～30个碎部点后,应重新瞄准起始方向检查其变化情况,经纬仪测绘法起始方向水平读盘读数偏差不得超过 3′。

(2) 立尺人员在跑点前,应先与观测员和绘图员商定跑尺路线;立尺时,应将标尺竖直,并随时观察立尺点周围情况,弄清碎部点之间的关系,地形复杂时还需给出草图,以协助绘图人员做好绘图工作。

（3）绘图人员要注意图形正确、整洁，注记清晰，并做到随测点，随展绘，随检查。

（4）当每站工作结束后，应进行检查，在确认地物、地貌无测错或漏测时，方可迁站。

七、地形图拼接、整饰、检查及验收

地形图是分幅施测的，在相邻图幅的接边处，由于测量误差和绘图误差的存在，图上地物地貌不能完全衔接，故需作拼接处理。地形图整饰是按图式要求对地形图外观的最后修饰。检查、验收则是确保及评价地形图测绘质量的工作程序。以上工作都必须对照测图规范进行。

（一）图幅拼接

为了图幅拼接方便，测图时每幅图的西、南两边应测出图廓线外 2 cm 左右。拼接时，将两幅图的接边内图廓线重合，把图廓线两侧地形蒙绘于一张透明纸上，就可以看出接边情况，如图 10-4-18 示例。若地物错开在 2 mm 以内（有些部门测图规范的规定更为严格），等高线错开不超过相邻等高线的平距，则两边地物地貌的位置各改正一半，使之完全重合；反之，若接边差超过限值，或有地形漏测，则必须重测或补测。

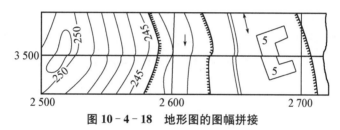

图 10-4-18　地形图的图幅拼接

数字测图可以不按图幅组织施测，对所测地物地貌的拼接已体现在图形编辑过程中。

（二）地形图整饰

图幅拼接后，按照图式对图面进行最终修饰。若是铅笔原图，则需清绘。若是数字测图，则在人机交互式图形编辑及图廓设置过程中完成图的整饰。除了注意图形符号的清晰、齐全、明了外，整饰的重点是要做到地形表示的合理性、规范性和协调性。整饰不是简单的描绘，而是影响地形图质量的创作性工作。当然，内外图廓、坐标格网及各种图外注记（如图名、图号、比例尺、测图单位、时间、坐标系统等）也是整饰的对象，参见图 10-4-19 示例（已缩小）。

现代测绘部门大多已采用计算机数字测图，经外业测量的地形数据，依据草图，通过 AutoCAD 等绘图软件进行地形图的机助绘制。

（三）地形图检查与验收

地形图测绘过程的各工序设有阶段性质量检查，在拼接、整饰后，还须做全面检查。检查分室内、室外两部分。

室内主要检查图面精度，指地形表示是否正确、合理、完整、清晰、协调，注记是否齐全、易读等。室外主要检查数学精度，指点位及高程精度，也包括检查地形表示的完整性和准确性。室外检查除对照图做现场巡视外，还须用仪器抽查检测。

地形图检查合格后，将地形图及有关资料、图历簿一并上交，经有关验收部门审核后保存，必要时还要评定质量等级。

图 10-4-19　地形图整饰示意

第五节　地籍测量概论

一、概述

(一)地籍

地籍就是土地的户籍,指由国家监管的、以土地权属为核心的、以地块为基础的土地及其附着物的权属、位置、数量、质量及用途等,并用文件、数据、图件和表册等各种形式表示出来。现代地籍不仅为税务和产权服务,而且为城市规划、土地利用、不动产管理、交通、管线建设提供规划、法律、经济、管理和统计等多方面的信息和基础资料。

(二)地籍调查

政府为取得土地权属和土地利用现状的基本地籍资料而进行的社会调查工作。它的任务是查清每一宗地或地块的坐落位置、所有者、权属、权源、地号、地类、等级、面积、使用者、利用状况、土地质量等,并进行必要的地形要素测绘,为地籍测绘提供权属界线,为编制土地利用图、地籍簿册和土地管理提供依据。

(三)地籍测绘

对地块权属界线的界址点坐标进行精确测定,并把地块及其附着物的位置、面积、权属关系和利用状况等要素准确地绘制在图纸上和记录在专门的表册中的测绘工作。地籍测绘的成果包括数据集(控制点和界址点坐标等)、地籍册、登记卡、地名集等的文字型资料,地籍图、规划图、影像图等的图形资料,人口状况、教育状况、文化与公共设施管理的人文资料,能源、环境、水系、植被的资源资料及经济资料等等。

1. 地籍测绘的目的

地籍测绘的目的是获取和表述地块及其附着的建筑物的产权、位置、形状、数量等有关信息，为产权管理、税收、规划、市政、环境保护、统计等多种用途提供定位系统和基础数据。地籍测量是直接服务于地籍管理的一种专业测量，是在土地权属调查的基础上，由测量人员以一定的精度测定每宗土地的权属界线位置、形状及地类界等，绘制地籍图（包括宗地图），并计算其面积的测量工作。即地籍测量是以测量学的基础理论和方法进行地籍要素测量，特别是土地权属界线的测绘。

地籍测绘是一种政府行为，涉及土地及其附着物权利的测绘，属于法定行为。

地籍测绘具有以下三种基本功能：

（1）保持和不断更新现有资料，以便为土地利用服务——财政功能；

（2）确定地界位置，决定产权与使用权——法律功能；

（3）地籍测量的资料是建立通用信息系统的基础，对城市发展很重要——系统功能。

2. 地籍测量的内容

在测绘科学领域，地籍测绘已成为一门相对独立的分支学科。地籍测绘的内容包括地籍建立或地籍修测中的控制测量、地籍要素调查和测量、地籍图绘制、面积量算与统计等。具体内容如下：

（1）调查不动产的权属资料、权属位置及拥有土地的编号、土地利用现状类型、质量等级以及与税收有关的地籍要素；

（2）进行地籍控制测量，测设地籍基本控制点和地籍图根控制点；

（3）测定行政区划境界线、土地权属界线的界址点坐标值和权属范围的面积；

（4）测定测区内各种土地利用类型的图形及其上覆盖物的几何位置和面积，包括测绘地籍图、测算地块和宗地的面积；

（5）进行土地信息的动态监测及地籍变更测量，包括地籍图的修测、重测和地籍簿册的修编，以保证地籍成果资料的现势性、正确性与现实性。

像其他测量工作一样，地籍测量也遵循一般的测量原则，即先控制后碎部、从高级到低级、由整体到局部的原则。

图解地籍测量和数值地籍测量是两种基本的地籍测量方法。

3. 地籍测量的特点

地籍测量技术特点除需按国家标准测绘大比例尺地籍图外，还应在测量工作开始前进行地籍调查，取得不动产的地理、经济和法律诸方面的信息，以图形、图表与文字等形式编辑成地籍簿册。地籍簿册与地籍图统称为地籍测量资料，是地籍测量的最终成果。

地籍测量与基础测绘和专业测量有着明显不同，其本质的不同表现在凡涉及土地及其附着物的权利的测量都可视为地籍测量，具体表现为：

（1）带有法律性的行政行为；

（2）具有较高的能满足地籍管理的精度指标；

（3）要求有配套的成果资料，包括图、表、册、卡成套的成果；

（4）要保持地籍成果资料的现势性，更新没有固定的周期，当地籍要素变化后，要及时同步地进行变更测量。

地籍测绘已作为测绘四大分类（基础测绘、专业测绘、军事测绘、地籍测绘）之一写入我国《测绘法》中。

(四) 地籍管理

地籍工作体系的统称,是国家为了掌握土地信息,管理土地权属,保护土地所有者、使用者的合法权益,仲裁土地纠纷,研究有关土地政策而采取的行政、经济、法律和技术的综合措施体系。地籍管理是整个土地管理的基础。

1. 地籍管理的内容与原则

我国现阶段地籍管理的内容包括:土地调查、土地登记、土地统计、土地定级估价、地籍信息管理五大部分。地籍管理必须按国家规定的统一制度进行,保证地籍资料的连贯性、系统性、可靠性和精确性、概括性与完整性。

2. 地籍调查

土地调查可分为土地条件调查、土地利用调查和地籍调查。地籍调查是其中最基础的工作,是国家采用科学方法,依照有关法律程序,通过权属调查和地籍测量,查清每一宗土地的位置、权属、界线、数量和用途等基本情况,以图、簿示之,在此基础上进行土地登记。这是一项政策性、法律性、社会性都很强的综合系统工作。

地籍调查的主要内容是核实宗地的权属,确认宗地界址的实地位置,并掌握土地利用状况;通过地籍测量获得宗地界址点的平面位置、宗地形状及其面积的准确数据。地籍调查的核心是土地权属调查。地籍调查分为初始地籍调查和变更地籍调查两大类。初始地籍调查是一定区域内的首次普通的综合调查;变更地籍调查是指变更土地的调查,是日常性的管理工作。

3. 土地权属调查

土地权属调查是通过对宗地权属及其范围的调查,在现场标定宗地界址位置,绘制宗地草图,调查用途,填写地籍调查表,为地籍测量提供工作草图和依据。权属调查的关键是界址调查与确认。土地权属调查应按国家统一规定的程序和方法,由专业执法人员进行。

二、地籍图与地形图

地形图与地籍图都是测量工作者的测绘成果,基本测绘方法是相同的。但地形图是基础用图,反映的是自然地理属性,广泛应用于国民经济建设和国防建设,是各行业的工程用图。地籍图是一种专题地图,反映的是社会经济属性,主要应用于土地的权质管理,行使国家对土地的行政职能,是一种法律文件。

地形图与地籍图用途上的差别导致了两者表示内容的差别,为此国家专门制定《地籍图图式》。地籍图的基本内容有:界址点、线,地块及编号,宗地或区的编号和名称,土地利用类别,永久性建(构)筑物,各级行政边界线,平面控制点,道路和水系,地理名称和单位名称等。地籍号包括:地籍区(街道)号、地籍子区(街坊)号、宗地号。

按地籍图的基本用途,日前我国城镇地籍图可划分为分幅地籍图、宗地图和农村居民地地籍图三类。

(一) 分幅地籍图

分幅地籍图是按照国家统一的矩形或正方形分幅编号方法逐幅测绘的地籍图。城镇地区(指城市及建制镇以上地区)地籍图的比例尺可选用为 1:500,1:1 000,1:2 000;农村地区(指建制镇以下的农村集镇)地籍图的测图比例尺可选用 1:5 000,1:10 000;农村居民地(或称宅基地)地籍图的测图比例尺可选用 1:1 000,1:2 000。分幅地籍图(以下简称地籍图)是按国家统一的分幅编号方法测绘的地籍图:1:500,1:1 000,1:2 000比例尺地籍图采用矩形或正方形分幅和编号;1:5 000,1:10 000比例尺地籍图采用国际分幅和编号方法。

地籍图表示的内容由地籍要素、地形要素和数学要素三部分组成。以地籍要素为主,辅以与地籍要素密切相关的地形要素和数学要素,以便图面主次分明,清晰易读,在图面负载允许条件下,适当反映其他与土地利用和管理有关的内容。地籍要素包括行政境界、土地权属界线、界址点及编号、土地编号、房产情况、土地利用类别、土地等级、土地面积等;地形要素包括测量控制点、房屋、道路、水系以及与地籍有关的必要地物、地理名称等;数学要素包括图廓线、坐标格网线及坐标注记;埋石的各级控制点位及点名或点号注记;图廓外测图比例尺等。

地籍图一般选用单色(黑色),也可根据需要选用双色。选用双色时,地籍要素用红色,其他用黑色。数字地籍图可分层绘制,用多色显示。如图10-5-1。

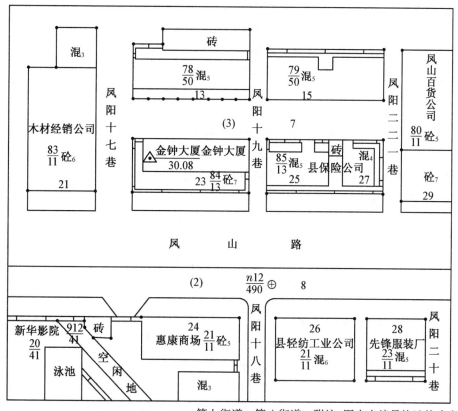

图例说明:

1. 宗地内标注 $\dfrac{21}{11}$砼$_5$ / 24 ,其中: $\dfrac{21}{11}\dfrac{\text{宗地号}}{\text{地类号}}$;砼——房屋结构;5——房屋层数;24——门牌号;

2. $\dfrac{912}{41}$ $\dfrac{\text{快地号}}{\text{地类号}}$

3. 7 街道编号

4. (3) 街坊编号

图10-5-1 城镇地籍图

(二) 宗地图

宗地是地籍的最小单元,是有边界、有确定权属主和利用类别的土地。宗地图是以宗地为单位编绘的地籍图,宗地图上的内容与地籍图上的内容必须统一。宗地图是土地证上的附图,具有法律效力的图件。

宗地图是以宗地为单位绘制的,是处理土地权属的原始资料,也是土地证书附图的基本图件。对宗地图的比例尺不做统一规定,依据宗地大小及繁简程度一般选用 32 开、16 开或 8 开图纸。如图 10 - 5 - 2 所示。

宗地图的内容主要包括:门牌号、本宗地宗地号、地类利用代号、宗地面积、界址点及界址点号、界址线及界址线边长注记、建筑占地面积、邻宗地地号、邻宗地界址线、相邻地物(如围墙、墙壁)的归属、宗地四至关系以及地籍图上所表示的房屋建筑等要素。宗地图还应注出宗地所在地籍图图号、街道号、街坊号、权属主名称、指北方向和宗地图的比例尺等。

宗地图是在分幅地籍图的基础上编制而成,一般从地籍图上蒙绘和从数字地籍图开窗绘制,其比例尺为 1∶100,1∶250,1∶500,1∶1 000 和 1∶2 000。主要取决于宗地的大小。如果在未测绘地籍图的地区,又急需宗地图时,可暂时利用宗地草图和勘丈数据绘制宗地图。

(三) 农村居民地地籍图(岛图)

农村居民地是指建制镇(乡)以下的农村居民地住宅区及集镇。由于农村地区采用

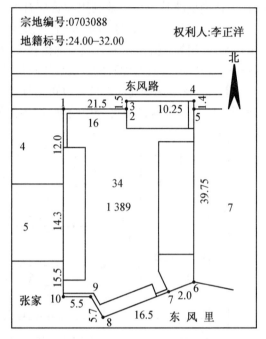

宗地编号:0703088　　　　权利人:李正洋
地籍标号:24.00–32.00

1∶500

绘图日期:2012.03.13　　　　绘图员:李涛
审核日期:2012.3.20　　　　审图员:王玉民
图例说明:
1. 宗地内注记
34—地类号　1 389.3—宗面积　16—门牌号
本宗地界址线、界址点及界址点号用红色表示。

图 10 - 5 - 2　宗地图

1∶5 000,1∶10 000 较小比例尺测绘分幅地籍图,地籍图上无法表示出居民地的细部位置,不便于村民宅基地的土地使用权管理。故需要测绘大比例尺农村居民地地籍图,用作农村地籍图的补充,是农村地籍图的附图,以满足地籍管理工作的需要。

农村居民地地籍图的范围轮廓线应与农村地籍图上所标绘的居民地地块界线一致;采用自由分幅以岛图形式编绘。

农村居民地地籍图表示的内容一般包括:自然村居民地范围轮廓线,居民地名称,居民地所在的乡(镇)、村名称,居民地所在农村地籍图的图号和地块号;户地权属界线、户地编号、房屋建筑结构和层数,利用类别和户地面积;作为权属界线的围墙、垣栅、篱笆、铁丝网等线状地物;居民地内公共设施、道路、球场、晒场、水塘和地类界;居民地的指北方向;居民地地籍图的比例尺等。

三、地籍测量方法

地籍测量主要是测定每块土地的位置、面积大小,查清其类型、利用状况、记录其价值和权属,以建立土地档案或信息系统,以供合理使用土地。它是地籍管理的前提和土地管理的技术基础,是搞好国家建设的基本工作之一。随着社会的发展,各种土地问题层出不穷,因此地籍测量工作是经常性的事务。

地籍测量不同于普通测量。普通测量一般只注重于技术手段,如测绘地形图,主要呈现地形之现状;而地籍测量则是技术与法学的综合应用,它以确定界址为重点,无论有无明显界线,测量时必须查明并标定于地籍图上。所以地籍测量人员不仅应具有熟练的测绘技能,而且也应熟知有关法律章程。

(一) 地籍图的测绘方法

野外实测成地籍图一般包括测图前的准备(图纸的准备、坐标格网的绘制、图廓点及控制点的展绘),测站点的增设,碎部点(界址点、地物点)的测定,图边拼接,原图整饰,成图检查验收等工序。

碎部点一般都采用极坐标法测定。实际测绘地籍图时,通常先利用实测的界址点展绘出宗地位置,再将宗地内外的地籍、地形要素位置测绘于图上,这样做可减少错误发生。地籍测量根据条件可采用三种方法:解析法、部分解析法和图解法实施。

1. 解析法

解析法是在控制测量的基础上,将每宗地四周的全部界址点编号标定后,重点实测各界址点及重要地物点的坐标来展绘地籍图的一种方法。同时,可利用计算机辅助系统对野外获得的数据进行处理,建立地籍数据库,以及利用绘图机进行地籍图的自动绘制,这是向多用途地籍和土地信息系统发展的重要手段。解析法适合新兴城市、城镇新建区和工业开发区。

解析法应先布置密度较大的地籍控制网,配备经纬仪、短程测距仪、全站仪或全球定位GNSS 设备来实测各界址点的坐标。对于街坊外围的所有界址点,应尽量在野外设站测定;对于街坊内部无法设站观测的界址点,可按解析几何方法求得解析坐标,但必须进行检核。对于宗地内部的建筑物的主要特征点尽可能在测定界址点时一并测定。最后按界址点和地物特征点的坐标展绘成地籍图。解析法数值地籍测量的野外观测值及各点坐标可以贮存于记录器中,它是建立地籍信息系统的基础。数字摄影测量方法也可以用于数字地籍测量,它能提供较准确的数据,但在航片上辨认界址点较为困难。

2. 部分解析法

部分解析法是将测区内的每一个街坊外围用导线的形式布置控制网,采用解析法测定街坊外围界址点和街坊内部分明显界址点的坐标,再用图解法测定街坊内部的宗地界址点、地物点及其他地籍、地形要素平面位置,以街坊外廓控制内部宗地。以解析法测出的界址点为基础展绘出街坊,再依据图解法测定的宗地位置、形状,经宗地草图的有关数据检核后转绘街坊内部成地籍图。部分解析法具有精度较高、速度较快、比解析法易于实现等优点,但精度不够均匀。

3. 图解法

在特别困难地区,无法用解析法或部分解析法成地籍图时,也可采用图解法成图。

图解法一般用于测区已有不失现势性的大比例尺地形图,利用图解法直接获取测定界址点和其他地籍、地形要素平面位置;根据地籍调查的结果和宗地草图的勘丈结果进行编辑,参照界标物,标明界址点和界址线,删除部分不需要的内容,加注街道号、街坊号、宗地号、地类号、宗地面积、门牌号及各种境界线等地籍要素,经修饰加工后制成地籍图。图解法具有成图速度快、成本低等优点,但精度低,不便于地籍变更。

无论采用何种测量方法,都应包括下列基本内容:

(1) 地籍测量以埋设标志的控制网为基础,控制网要具有一定精度。

(2) 观测成果一般须转换成地籍图的形式,或以其他形式贮存起来(如磁盘、磁带机等),说明资料应完备。

(3) 地籍测量的记录资料应具有现时性和连续性。

(二) 地籍测量程序

任何一种测量工作都会产生误差,所以在测量时应采取一定的程序或方法,减少和防止测量误差的积累。地籍测量同普通测量一样,遵循"先整体后局部"的原则,"先控制后碎部"的作业程序,其具体步骤是:① 地籍平面或高程控制测量;② 地籍调查;③ 碎部测量(也称土地测量);④ 编绘地籍图;⑤ 面积测算;⑥ 地籍测量成果归档建库。

地籍测量与社会秩序、公共信誉及个人利益息息相关,在碎部测量之前,应作翔实的地籍调查。测量成果应严格检查核准予以公布,依法办理土地登记后,在法律上它就具有绝对效力。

四、地籍图的测绘

(一) 测前准备

测前准备工作是做好地籍测量的前提,下面简要介绍一下有关事宜。

1. 测区范围的确定

以现有大比例尺地形图或航片,参照自然界线(如河流、道路、地类界等),配合行政分区来确定范围,并实地勘察,会同当地政府主管部门最终确定范围,在图上以红线勾绘示之。若为地籍更新测量,则以原地籍图分区作为实施单位。测区确定后予以公布。

2. 拟定实施计划

地面测量和航测是地籍测量的两种方式,各有其优劣之处:乡村地区采用航测方式为主;城镇地区,特别是地价较高的商业繁华区,只能采用地面测量方式。地面测量的作业方法有图解法、数值法和综合法。由于作业方式及方法的不同,所采用的仪器设备、材料、经费预算均不一样。所以它们是拟定计划的必要条件。计划内容主要包括:

(1) 作业量大小,所属地区及完成期限。

(2) 根据工作量及标准计算人力配备。

(3) 根据测量精度决定仪器类型,作业人员组成以及仪器数量。

(4) 依据作业方法、工作量及人力等因素制订测量程序与作业进度。

(5) 参考有关规范订出作业精度要求。精度要求是作业时应遵守的标准,也是成果检核的依据。

3. 比例尺确定

地籍原图比例尺在城镇繁华区采用 1∶250 或更大,城镇其他地区采用 1∶500∼

1∶1 000,乡村地区可采用1∶2 000～1∶5 000,荒僻地区采用1∶10 000或更小,特殊情况酌情选择。

(二) 地籍图的成图方法

地籍图的成图方法与地形图的成图方法基本一致,其不同之处在于地籍图的成图精度要求较高。地籍图一般只测地物的平面位置,不需测地物点的高程。地物的综合取舍,除根据规定的测图比例尺和规范的要求外,必须首先充分根据地籍要素及权属管理方面的需要来确定必须测绘的地物。与地籍要素和权属管理无关的地物在地籍图上可不表示。对一些地物如房屋、道路、水系、地块的测绘还有些特殊的要求。

地籍图的成图方法主要有:白纸测图、编绘成图、野外采集数据机助成图以及用摄影测量方法测制地籍图。

1. 白纸测图

白纸测图的方法与地形测图相同,一般有经纬仪测记法、经纬仪与小平板仪联合测绘法、经纬仪配合光电测距仪测绘法等。这些测图方法是在野外测定方向,丈量距离,直接把碎部点(界址点或其他地籍要素)展绘到图纸上,以确定其在图纸上的位置。最后与宗地草图上勘丈的数据校核,若符合要求,即作为地籍图的内容。

碎部点距测站的距离不应超过50 m。碎部点精度为:相邻界址点间距、界址点与邻近地物点关系距离的允许误差为图上0.3 mm,宗地内部地物点的点位允许误差0.5 mm,邻近地物点间距允许误差为0.4 mm。

为确保成图质量,应对铅笔原图进行图面审查和野外巡视检查。检查重点是各地籍要素是否遗漏,相关距离是否准确,同时注意与草图上的相应距离比较。检查无误后,按《城镇地籍调查规程》和《地籍图图式》的规定对地籍原图进行整饰。

2. 编绘地籍图

为满足对地籍资料的急需,暂时无条件实测地籍图时,可利用测区内已有地形图、影像平面图,经过纠正图纸的变形后,再实地进行外业补测工作,可编绘地籍图,但精度必须满足规定的要求。编绘法成图的精度,略低于所用的地形图的精度,即编绘法成图界址点和地物点相对于邻近地籍图根控制点的点位中误差及相邻界址点的间距中误差不得超过图上0.6 mm。编绘法成图的作业程序如下:

(1) 首先选用符合地籍测量精度要求(点位中误差小于0.5 mm以内)的地形图、影像平面图作为编绘底图。编绘底图的比例尺大小应尽可能选用与编绘的地籍图所需比例尺相同。

(2) 编绘底图图廓方格网须进行图纸变形伸缩的检查,其限差不得超过原绘制方格网、图廓线的精度。

(3) 外业调绘工作可在该测区已有复制地形图上进行,按地籍测量外业调绘的要求执行。外业调绘时,对测区的地物变化情况加以标注,以便制订修测、补测的计划。

(4) 外业补测时应充分利用测区内原有控制点设站施测,施测少量所需补测的界址点的位置、权属界址线及新增设或变化了的地物等地籍和地形要素。补测后相邻界址点和地物点的间距中误差,不得大于图上0.6 mm。

(5) 外业调绘与补测工作结束后,将调绘结果转绘到工作底图上,并加注地籍要素的编号与注记,然后进行必要的整饰、着墨,制作成地籍图的工作底图(或称草编地籍图)。

（6）在工作底图上，采用薄膜蒙透绘方法，透绘地籍图所必需的地籍和地形要素，舍去地籍图上不需要的部分（如等高线）。蒙透绘所获得的薄膜图经清绘整饰后，即可制作成正式地籍图。

3. 野外采集数据机助成图

野外采集数据机助成图是数字地籍成图的重要方法。指利用测量仪器如全站仪、GNSS、电子经纬仪、测距仪、钢尺等，在野外对界址点、地物点进行实测，以获取观测值（水平角、天顶距、距离等），然后将观测值存入存储器，再通过接口，将数据传输到电子计算机，由电子计算机进行数据处理，从而获得界址点、地物点的坐标，最后利用计算机内的应用编制软件，将地籍资料按不同的形式输出。如屏幕上显示各种成果表及图形，打印机打印各种数据，资料存入磁盘，数控绘图机绘制各种比例尺地籍图等。以上设备和过程实现了野外采集数据机助成图。野外采集数据机助成图既减轻测量人员的工作量，提高成图效率和质量，又便于建立地籍数据库和管理系统，是现代地籍管理的重要手段。

4. 用摄影测量方法测制地籍图

摄影测量已广泛应用于地籍测量工作中，尤其是数字摄影测量的发展，为地籍测量提供了新的技术手段。摄影测量在地籍测量中的应用主要有如下几个方面：

（1）用现代摄影测量方法测制多目的地籍图。

（2）摄影测量应用于土地利用现状分类的调查和制作农村地籍图。

（3）用高精度摄影测量方法加密界址点坐标。

（4）用数字摄影测量系统作为地籍信息系统、土地信息系统和地理信息系统的数据采集站。

（三）地籍面积量算

地籍面积量算在野外测量和调绘基础上在地籍图上量取，或根据界址点或地物点的坐标（规则几何图形的几何要素）计算求得。面积量算内容包括：各级行政管辖区的面积、地块面积、房屋面积、房屋用地面积及各种土地利用分类的面积等。面积量算的总体原则是：从整体到局部，层层控制，分级量算，块块检核，逐级汇总，按面积成比例平差。

数字地籍图面积主要采用坐标解析法和几何要素解析法测算，坐标解析法是根据多边形拐点的坐标按（10-5-1）式计算：

$$P = \frac{1}{2} \sum_{i=1}^{n} (x_{i+1} + x_i)(y_{i+1} - y_i) \qquad (10-5-1)$$

式中：P 为宗地面积；x_i、y_i 为宗地第 i 个界址点坐标；n 为宗地界址点数。

几何要素解析法是将多边形划分为若干个三角形，分别计算面积。

面积量算结束后根据规范评定面积量测精度。

最终将地籍测量成果归档建库。地籍测量上交的成果包括：① 地籍测量（调查）技术设计；② 地籍调查表（含宗地草图）；③ 地籍控制测量资料；④ 地籍勘文原始记录；⑤ 界址点成果表；⑥ 地籍图；⑦ 宗地图；⑧ 地籍图分幅接合图表；⑨ 面积量算计算表；⑩ 以街道为单位宗地图面积汇总表；⑪ 城镇土地分类密集统计表；⑫ 技术验收报告、技术报告和协议书等。

第六节 测设工作概论

测设工作是根据工程设计图纸上待建的建筑物、构筑物的轴线位置、尺寸及其高程,算出待建的建筑物、构筑物的轴线交点与控制点(或原有建筑物的特征点)之间的距离、角度、高差等测设数据,然后以控制点为根据,将待建的建筑物、构筑物的特征点(或轴线交点)在实地标定出来,以便施工。

测设工作的实质是点位的测设。测设点位的基本工作仍为距离、角度、高程三个定位元素,即测设已知的水平距离、水平角和高程。

一、已知水平距离的测设

已知水平距离的测设,是从地面上一个已知点出发,沿给定的方向,量出已知(设计)的水平距离,在地面上定出另一端点的位置。其测设方法如下:

如图 $10-6-1$ 所示,设 A 为地面上已知点,D 为已知(设计)的水平距离,要在地面上给定 AB 方向上测设出水平距离 D,以给出线段的另一端点 B。具体做法是从 A 点开始,沿 AB 方向用钢尺拉

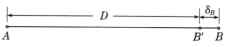

图 $10-6-1$ 测设已知水平距离

平丈量,按已知设计长度 D 在地面定出 B' 点的位置;然后按第七章第一节介绍的精密量距方法,测量 AB' 的距离,并加尺长、温度和倾斜三项改正数,求出 AB' 的精确水平距离 D'。D' 与 D 的差值 $\delta_B=D-D'$,B 沿 AB 方向以 B' 点为起点进行改正。当 δ_B 为正时,向外改正;反之,向内为正。

【例 $10-6-1$】 已知设计水平距离 D_{AB} 为 25.000 m,试在地面上由 A 点测设 B 点。现用 30 m 钢尺按一般方法由 A 点测设得 B' 点,经测量 $D_{AB'}=25.008$ m,钢尺的检定实长为 29.996 m,检定温度 $t°=20℃$,测量时温度 $t=8℃$,AB 两点间高差为 0.65 m。则求得三项改正数为:

尺长改正: $\Delta l_d=(29.996-30)\div 30 \times 25.008=-0.03$ m

温度改正: $\Delta l_t=1.25\times 10^{-5}(8-20)\times 25.008=-0.04$ m

倾斜改正: $\Delta l_h=-0.65^2\div(2\times 25.008)=-0.08$ m

则 AB 的精确平距 $D'=D_{AB'}+\Delta l_d+\Delta l_t+\Delta l_h=24.993$ m,$\delta=0.007$ m,故 B' 点向外移动 7 mm 得到正确的 B 点,此时 AB 的水平距离正好是 25.000 m。

另外,精确方法也可以根据已给定的水平距离 D,反求沿地面应量出的 D_0 值。由钢尺的尺长方程式、测设时温度 t 以及 AB 两点间的高差 h,可求得三项改正数,则

$$D_0=D-\Delta l_d-\Delta l_t-\Delta l_h \tag{10-6-1}$$

再根据 D_0 值来确定直线端点 B 的位置。

利用全站仪或光电测距仪测设水平距离时，安置仪器于 A 点，瞄准已知方向，如图 $10-6-2$。沿此方向移动棱镜位置，使仪器显示值略大于测设的距离 D，定出 B' 点。在 B' 点安置棱镜，测出棱镜的竖直角 α 及斜距 S。计算水平距离 $D' = S \cdot \cos\alpha$，求出 D' 与应测设的已知水平距离 D 之

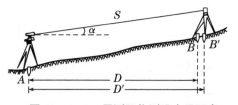

图 $10-6-2$ 用测距仪测设水平距离

差 $\delta = D - D'$。δ 为正时，向外改正；反之，向内改正。在实地用小钢尺沿已知方向改正 B' 至 B 点，并在木桩上标定其点位。为了检核，应将棱镜安置于 B 点，再实测 AB 的水平距离，与已知水平距离 D 比较，若不符合要求，应再次进行改正，直到测设的距离符合限差要求为止。

二、已知水平角的测设

已知水平角的测设，就是在已知角顶点并根据一已知边方向标定出另一边方向，使两方向的水平夹角等于已知角值。测设方法如下：

（一）一般方法

当测设水平角的精度要求不高时，可用盘左、盘右分中的方法测设。如图 $10-6-3$ 所示，设 AB 为地面已知方向，A 为角顶，β 为已知角值，AC 为欲定的方向线。为此，在 A 点安置经纬仪，对中、整平，用盘左位置照准 B 点，调节水平度盘位置变换轮，使水平度盘读数为 $0°00'00''$，转动照准部使水平度盘读数为 β 值，按视线方向定出 C' 点。然后用盘右位置重复上述步骤，定出 C'' 点。取 $C'C''$ 连线的中点 C，则 AC 即为测设角值为 β 的另一方向线，$\angle BAC$ 即为测设的 β 角。

（二）精确方法

当测设水平角的精度要求较高时，可先用一般方法按已知角值测设出 AC 方向线（图 $10-6-4$），然后对 $\angle BAC$ 进行多测回水平角观测，得观测值 β'，则 $\Delta\beta = \beta - \beta'$。根据 $\Delta\beta$ 及 AC 的长度 D_{AC}，可以按下式计算垂距 CC_0 为：

$$CC_0 = D_{AC} \cdot \tan\Delta\beta = D_{AC} \cdot \Delta\beta'' / \rho'' \qquad (10-6-2)$$

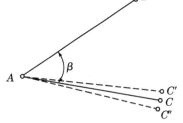

图 $10-6-3$ 测设水平角

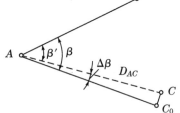

图 $10-6-4$ 精确测设水平角

从 C 点起沿 AC 边的垂直方向量出垂距 CC_0，定出 C_0 点，则 AC_0 即为测设角值为 β 时的另一方向线。必须注意，从 C 点起向外还是向内量垂距，要根据 $\Delta\beta$ 的正负号来决定。若 $\beta' < \beta$，即 $\Delta\beta$ 为正值，则从 C 点向外量垂距；反之，则向内改正。

三、已知高程的测设

已知高程的测设是利用水准测量的方法,根据附近已知水准点,将设计高程测设到地面标志上。如图 10 - 6 - 5,已知水准点 A 的高程 H_A 为 24.367 m,测设于 B 桩上的已知设计高程 H_B 为 25.000 m。水准仪在 A 点上的后视读数 a 为 1.534,则 B 桩的前视读数 b 为:

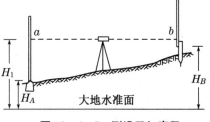

图 10 - 6 - 5　测设已知高程

$$b = (H_A + a) - H_B$$
$$= 24.367 - 25.000 + 1.534 = 0.901 \text{ m}$$

测设时,将水准尺沿 B 桩的侧面上下移动,当水准尺上的读数刚好为 0.901 m 时,紧靠尺底在 B 桩上划一红线,该红线的高程即为 25.000 m。

当向较深的基坑和较高的建筑物上测设已知高程时,除出水准尺外,还需借助经鉴定后的钢尺采用高程传递的方法来进行。

四、点的平面位置的测设方法

点的平面位置测设是以控制点为依据,将待建的建筑物、构筑物的特征点(或轴线交点)在实地标定出来,以便施工。测设方法有直角坐标法、极坐标法、角度交会法和距离交会法。至于采用哪种方法,应根据控制网的形式、地形情况、现场条件及精度要求等因素确定。

(一)直角坐标法

直角坐标法是根据直角坐标原理,利用纵横坐标之差,测设点的平面位置。直角坐标法适用于施工控制网为建筑方格网或建筑基线的形式,且量距方便的建筑施工场地。

1. 计算测设数据

如图 10 - 6 - 6 所示,Ⅰ、Ⅱ、Ⅲ、Ⅳ 为建筑施工场地的建筑方格网点,a、b、c、d 为欲测设建筑物的四个角点,根据设计图上各点坐标值,可求出建筑物的长度、宽度及测设数据。

建筑物的长度 $= y_c - y_a = 580.00 - 530.00 = 50.00$ m;

建筑物的宽度 $= x_c - x_a = 650.00 - 620.00 = 30.00$ m。

测设 a 点的测设数据(Ⅰ点与 a 点的纵横坐标之差):

$$\Delta x = x_a - x_{\text{Ⅰ}} = 620.00 - 600.00 = 20.00 \text{ m};$$

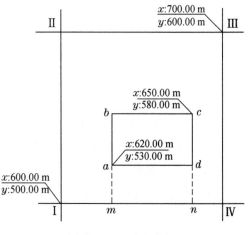

图 10 - 6 - 6　直角坐标法

$$\Delta y = y_a - y_{\text{Ⅰ}} = 530.00 - 500.00 = 30.00 \text{ m}。$$

2. 点位测设方法

(1)在Ⅰ点安置经纬仪,瞄准Ⅳ点,沿视线方向测设距离 30.00 m,定出 m 点,继续向前测设 50.00 m,定出 n 点。

（2）在 m 点安置经纬仪,瞄准Ⅳ点,按逆时针方向测设 90°角,由 m 点沿视线方向测设距离 20.00 m,定出 a 点,作出标志,再向前测设 30.00 m,定出 b 点,作出标志。

（3）在 n 点安置经纬仪,瞄准Ⅰ点,按顺时针方向测设 90°角,由 n 点沿视线方向测设距离 20.00 m,定出 d 点,作出标志,再向前测设 30.00 m,定出 c 点,作出标志。

（4）检查建筑物四角是否等于 90°,各边长是否等于设计长度,其误差均应在限差以内。

测设上述距离和角度时,可根据精度要求分别采用一般方法或精密方法。

（二）极坐标法

极坐标法是根据一个水平角和一段水平距离测设点的平面位置。极坐标法适用于量距方便,且待测设点距控制点较近的建筑施工场地。

1. 计算测设数据

如图 10-6-7 所示,A、B 为已知平面控制点,其坐标值分别为 $A(x_A, y_A)$、$B(x_B, y_B)$,P 点为建筑物的一个角点,其坐标为 $P(x_P, y_P)$。现根据 A、B 两点,用极坐标法测设 P 点,其测设数据计算方法如下:

（1）计算 AB 边的坐标方位角 α_{AB} 和 AP 边的坐标方位角 α_{AP},按坐标反算公式计算:

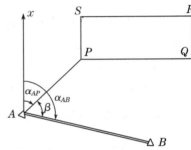

图 10-6-7　极坐标法

$$\alpha_{AB} = \arctan\left(\frac{\Delta y_{AB}}{\Delta x_{AB}}\right); \quad \alpha_{AP} = \arctan\left(\frac{\Delta y_{AP}}{\Delta x_{AP}}\right)$$

$$(10-6-3)$$

注意:每条边在计算时,应根据 Δx 和 Δy 的正负情况,判断该边所属象限。

（2）计算 AP 与 AB 之间的夹角:

$$\beta = \alpha_{AB} - \alpha_{AP} \qquad (10-6-4)$$

（3）计算 A、P 两点间的水平距离:

$$D_{AP} = \sqrt{(x_P - x_A)^2 + (y_P - y_A)^2} = \sqrt{\Delta x_{AP}^2 + \Delta y_{AP}^2} \qquad (10-6-5)$$

2. 点位测设方法

（1）在 A 点安置经纬仪,瞄准 B 点,按逆时针方向测设 β 角,定出 AP 方向。

（2）沿 AP 方向自 A 点测设水平距离 D_{AP},定出 P 点,作出标志。

（3）用同样的方法测设 Q、R、S 点。全部测设完毕后,检查建筑物四角是否等于 90°,各边长是否等于设计长度,其误差均应在限差以内。

同样,在测设距离和角度时,可根据精度要求分别采用一般方法或精密方法。

（三）角度交会法

角度交会法适用于待测设点距控制点较远,且量距较困难的建筑施工场地。

1. 计算测设数据

如图 10-6-8(a)所示,A、B、C 为已知平面控制点,P 为待测设点,现根据 A、B、C 三点,用角度交会法测设 P 点,其测设数据计算方法如下:

（1）按坐标反算公式,分别计算出 α_{AB}、α_{AP}、α_{BA}、α_{BP}、α_{CB} 和 α_{CP}。

（2）计算水平角 β_1、β_2 和 β_3。

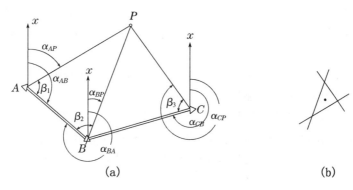

图 10 - 6 - 8　角度交会法

2. 点位测设方法

(1) 在 A、B 两点同时安置经纬仪,同时测设水平角 β_1 和 β_2 定出两条视线,在两条视线相交处钉下一个大木桩,并在木桩上依 AP、BP 绘出方向线及其交点。

(2) 在控制点 C 上安置经纬仪,测设水平角 β_3,同样在木桩上依 CP 绘出方向线。

(3) 如果交会没有误差,此方向应通过前两方向线的交点,否则将形成一个"示误三角形",如图 10 - 6 - 8(b)所示。若示误三角形边长在限差以内,则取示误三角形重心作为待测设点 P 的最终位置。

测设 β_1、β_2 和 β_3 时,视具体情况,可采用一般方法和精密方法。

(四) 距离交会法

距离交会法是由两个控制点测设两段已知水平距离,交会定出点的平面位置。距离交会法适用于待测设点至控制点的距离不超过一尺段长,且地势平坦、量距方便的建筑施工场地。

1. 计算测设数据

如图 10 - 6 - 9 所示,A、B 为已知平面控制点,P 为待测设点,现根据 A、B 两点,用距离交会法测设 P 点,其测设数据计算方法如下:

根据 A、B、P 三点的坐标值,分别计算出 D_{AP} 和 D_{BP}。

2. 点位测设方法

(1) 将钢尺的零点对准 A 点,以 D_{AP} 为半径在地面上画一圆弧。

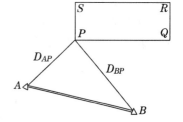

图 10 - 6 - 9　距离交会法

(2) 再将钢尺的零点对准 B 点,以 D_{BP} 为半径在地面上再画一圆弧。两圆弧的交点即为 P 点的平面位置。

(3) 用同样的方法,测设出 Q 的平面位置。

(4) 丈量 P、Q 两点间的水平距离,与设计长度进行比较,其误差应在限差以内。

五、利用全站仪进行点坐标测设的操作步骤

现阶段全站仪已经普及,使用全站仪是坐标测设的主要方法。其步骤如下:

(1) 测设数据:将要测设的角度、边长和高程(或坐标值)输入全站仪。

（2）测站设置：在测站点对中整平仪器，在全站仪里输入测站点 A 的坐标和仪器高 l。

（3）后视定向：在后视点 B 上用对中杆立好棱镜，并在全站仪上输入后视定向点 B 的坐标和棱镜高度 i。

（4）输入或者直接调用存储在全站仪里的放样点 P 的坐标数据，输入放样点反射棱镜高度 i，指引手持对中杆和棱镜的跑尺员进行放样。

（5）全站仪照准前方跑尺员手中的手持棱镜，在放样过程中仪器显示角度、边长和高程的实测值与放样值之差，根据显示的偏离值及符号调整棱镜位置，直至偏离值为零，此时棱镜所处位置即为要测设的点位。某些全站仪还可通过图形显示棱镜上下左右以及前后的移动方向。

复习思考题

1. 简述大比例尺测图原理。
2. 等高线有哪些特性？试用等高线表示山头、山脊、山谷和鞍部等典型地貌。
3. 什么是等高线、等高距、等高线平距？等高距、等高线平距与地面坡度三者有何关系？
4. 何谓地貌、地貌特征点和地性线？地性线有哪几种？
5. 什么是地物？在地形图上表示地物的原则是什么？
6. 地物符号分哪几大类？
7. 何谓碎部测量？在测量工作中称哪些点为碎部点？
8. 测定碎部点的基本方法有哪几种？一般常用哪一种方法？
9. 简述经纬仪测绘法测图的步骤。
10. 简述小平板与经纬仪联合测图的步骤。
11. 为什么要进行地形图的拼接？地形图的整饰与图廓之外包括哪些内容？地形图的检查工作主要有哪几方面？
12. 按下图中碎部点的位置，用目估法勾绘等高距为 10 m 的等高线。

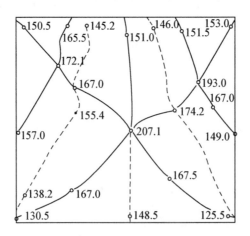

第 12 题图　等高线的勾绘

13. 地籍测量的任务是什么？地籍要素有哪些？地籍测量包括的主要内容有哪些？

14. 测设的基本工作有哪几项？测设与测量有何不同？

15. 测设点的平面位置有几种方法？

16. 要在坡度一致的倾斜地面上设置水平距离为 126.00 m 的线段，已知线段两端的高差为 5.400 m（预先测定），所用 30 m 钢尺的鉴定长度是 29.993 m，测设时的温度 $t=10℃$，鉴定时的温度 $t_0=15℃$，试计算用这根钢尺在实地沿倾斜地面应量的长度。

17. 已测设直角 $\angle AOB$，并用多个测回测得其平均角值为 $90°00'48''$，已知 OB 的长度为 100.000 m，问在垂立于 OB 的方向上，B 点应该向何方向移动多少距离才能得到 $90°00'00''$ 的角？

18. 已知 $\alpha_{AB}=280°04'00''$，$X_A=14.22$ m，$Y_A=86.71$ m；$X_1=34.22$ m，$Y_1=66.71$ m；$X_2=54.14$ m，$Y_2=10\,140$ m。试计算仪器安置于 A 点，用极坐标法测设 1 与 2 点的测设数据，并简述测设过程。

第十一章　数字地形测图

导　读

　　随着科学技术的进步,电子测量技术迅速发展,以激光测距、电子测角为核心的全站型电子速测仪的广泛应用,以及计算机硬件和软件技术的迅猛发展,促进了地形测绘的自动化和信息化。以数字制图为核心的数字地形测量近年来发展十分迅速,测量部门已逐步取代传统的经纬仪、水准仪、平板仪"老三仪"测量模式,它的优越性是毋庸置疑的。电子经纬仪、光电测距仪和全站仪等新测量仪器在计算机技术的支持下形成的数字测图技术已经在测绘领域得到广泛应用,它所形成的产品可以方便地进入 GIS(地理信息系统)之中。

　　本章首先从数字测图原理、大比例尺数字地图特点入手,介绍数字测图作业模式,第四节以徕卡 TS60 超高精度全站仪为例,重点介绍全站仪的特点及应用;然后第五节阐述数字测图系统及其作业过程;第六节重点是碎部点坐标的数学计算方法,本章最后两节介绍数字测图外业数据采集与内业处理的具体方法。

第一节　数字地图及其特点

一、数字地图的概念

　　我们通常看到的地图是以纸张、布或其他可见的真实物体为载体,地图内容被绘制或印制在这些载体上。随着电子技术和计算机技术日新月异的发展及其在测绘领域的广泛应用,20 世纪 80 年代产生了电子测角、测距、电子数据终端和 GNSS,并逐步组成野外测量数据采集系统,记录的数据可直接到计算机,在相应的程序系统下进行人机交互处理,获取大比例尺地图图形数据。与内业机助制图系统结合,形成从野外数据采集到内业制图全过程的数字化测量制图系统。而地图产品以图形数据的形式贮存在数据载体上,这就是数字地图(也称为电子地图),它也可以用自动绘图仪绘图。

　　数字地图(Digital Map)是以数字形式存储在磁盘、磁带、光盘等数据载体上的数字形式的大比例尺地图。数字地图内容是通过数字来表示的,需要通过专用的计算机软件对这些数字进行显示、读取、检索和分析。数字地图可以表示的信息量远大于普通地图。与传统的地形图相比,数字地图是一种"活"的地图。数字地图可以非常方便地将一种或多种普通地图或专业(专题)地图的内容进行任意形式的要素分层组合、拼接、增加、删减等操作,形成新的实用地图。人们可以对数字地图进行任意比例尺、任意范围的放大、缩小、裁切和绘图输出等。数字地图制图时间较常规制图方法大大缩短。数字地图可以十分方便地与卫星遥感影像、航空像片、其他电子地图和其他信息数据库进行整合、拟合、挂接显示等,生成各种类别的新型地图。

数字地图按数据的组织形式和特点分为矢量型数字地图和栅格型数字地图。矢量型数字地图首先依据相应的规范和标准对地图上的各种内容进行编码和属性定义,确定地图要素的类别、等级和特征,地图上的内容用其编码、属性描述加上相应的坐标位置来表示。矢量数字地图的制作通过实地测绘、卫星与航空像片测图、现有地图数字化及对已有数据进行更新等方法实现。栅格数字地图(像素数字地图)是一种由像素所组成的图像数据像素数字地图,通过卫星与航空像片、对纸质地图或分版胶片进行扫描而获得。栅格型数字地图制作方便,能保持原有纸质地图的风格和特点,通常作为地理背景使用。

数字测图(Digital Surveying and Mapping, DSM)系统是以计算机及其软件为核心,在外接输入、输出设备的支持下,对地形空间数据进行采集、输入、成图、绘图、输出、管理的测绘系统,也称为数字化测图(简称数字测图)或机助成图。

数字地图(电子地图)与传统纸介质地图相比,具有如下优点:

(1) 制作工艺先进、成本低、速度快、效益高;

(2) 数字化存储信息量大,可以网上传输,体积小,便于携带;

(3) 保存时间长,不易损坏和变形,节省档案保存空间;

(4) 制图精度高,无介质变形,可接受多种投影变换;

(5) 数字信息可与多种空间信息拟合,便于更新、修编、组合,生成各种图件;

(6) 输出绘制方便,出版方便,复制方便,使用方便;

(7) 是数字地球、数字城市、数字政府、数字商务、数字化可视管理必需的基础工作。

二、数字地图的图层概念

数字地图与常规图不同,它们是分层表示的。图层就像透明的覆盖层,用户可以在上面组织和编组各种不同的图形信息。图层用于按功能在图形中组织信息以及执行线型、颜色及其他标准。使用图层控制,可以使用图层控制对象的可见,还可以使用图层将特性指定给对象。可以锁定图层以防止对象被修改。也可以创建和命名图层,通过将对象分类放到各自的图层中,快速有效地控制对象的显示以及对其进行修改。

国家测绘局 2003 年以前制定的 1∶1 万数字线划图 DLG 的图层共 16 层:0 基本层;B 面状居民地;B02 点、线状居民地及相关的独立地物、通信设施、电力设施等;C 控制点;CHECK 检查层;F 境界建库用;F02 境界出图用;GRID 图廓及整饰;H 水系线面层;H02 水系附属设施层;R 道路;SYMBOL 面状植被符号层;T 土质、等高线、高程注记;T02 比高、特殊高程点;V 面状地形(如依比例土堆、土坑等);V02 植被点线层。见图 11-1-1 所示。

2004 年以后制定的 1∶1 万数字线划图 DLG 规范共 17 层:0 为基本层;B 为面状居民地;B02 为点、线状居民地及相关的独立地物、通信设施、电力设施等;C 为控制点;F 为境界建库用;F02 为境界打印用;F03 为界址点(桩);H 为水系线、面层;H02 为水系附属设施;L 为面状植被范围线;L02 为植被点、线;M 为地貌面;M02 为地貌点线;R 为道路点、线;R02 为依比例的交通设施(如依比例的码头、依比例的公路收费站等);SYMBOL 为面状植被符号;T 为图廓及整饰。

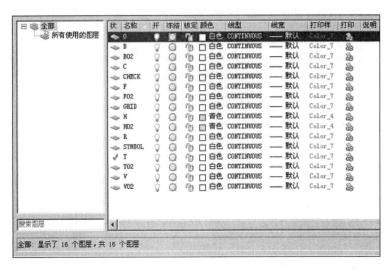

图 11-1-1 2003 年以前制定的 1:1 万图层(16 层)

三、数字地图的编码

计算机是通过测点的属性信息来识别测点是哪一类特征点,用什么图式符号来表示的,为此,在数字测图系统中必须设计一套完整的地物编码来替代地物的名称和代表相应的图式符号,以表明测点的属性信息。

(一) 地理要素编码设计应遵循的原则

要素编码依据其自然地理、人文、工程和专题应用分类进行编码。在对地理要素进行编码的过程中,重点考虑以下原则:

(1) 分类编码的科学性。分类编码依据要素的本质属性进行,确保编码对象为完整实体;要素的描述性信息(质量、数量、空间分布特征)不参与编码,编码应适合于计算机、地理信息系统、数据库技术对数据的处理、管理以及应用。

(2) 分类编码的通用性。地形图、航海图、航空图所有要素综合分类分级,统一定义,统一编码。实现各图种数据共享、相互兼容。

(3) 分类编码的唯一性。分类编码不受比例尺限制,各种比例尺同一实体唯一编码,便于不同比例尺数据相互转换。

(4) 要素编码的可扩充性。为满足不同用户和发展的需要,编码应具有可扩充性。

针对数字地形图而言,编码一般要求:① 符合国标图式分类,符合地形图绘图规则;② 简练,便于操作和记忆,符合测量人员的习惯;③ 便于计算机处理。

(二) 要素分类及编码结构

基础地理信息要素编码由若干位数组成:包括大类码、小类码和顺序码。大类码为要素的分类码(层码),小类码为要素的亚分类,顺序码为要素的识别码,共同构成要素的唯一标识码。编码结构如图 11-1-2。按国家标准,1:500～1:2 000比例尺地形图要素分为九大类:控制点、居民地和垣

大类码 小类码 顺序码

图 11-1-2 地形图编码结构

栅、工矿建筑物及设施、交通及附属设施、管线及附属设施、水系及附属设施、境界、地貌和土质、植被,每一大类又分为若干小类。

在通用的数字测图系统中,一般将每一个地物编码和它的图式符号及汉字说明都编写在一个图块里,形成一个图式符号编码表存储在计算机内,只要按一个键,编码表就可以显示出来;用光笔或鼠标点中所要的符号,其编码将自动送入测量记录中,用户无须记忆编码,随时可以查找。实际上,对于一些常用的编码,像导线点 105、图根点 106、一般混凝土房201 等,多用几次也就记熟了。

第二节　野外数字测图的特点

一、野外数字测图的基本概念

(一) 地形点的描述

按测量学定义,测量的基本工作是测定点位,或通过测量水平角、竖直角、距离来确定点位,或直接测定点的直角坐标以确定点位。传统的测图工作均是用仪器测得点的三维坐标,然后由绘图员按坐标(或角度与距离)展绘到图纸上,跑尺员根据实际地形向绘图员报告,测的是什么点(如房角点),这个(房角)点应该与哪个(房角)点连接等等,绘图员则当场依据展绘的点位按图式符号将地物(房子)描绘出来。就这样一点一点地测和绘,一幅地形图也就生成了。

因此,对地形点必须同时给出点位信息及绘图信息。综上所述,数字测图中地形点的描述必须具备三类信息:

(1) 测点的三维坐标;

(2) 测点的属性,即地形点的特征信息,绘图时必须知道该点是什么点(房角、消火栓、电线杆……),点有什么特征等等;

(3) 测点的连接关系,据此可将相关的点连成一个地物。前一项是定位信息,后两项则是绘图信息。

测点的点位是用仪器在外业测量中测得的,最终是 $x,y,z(H)$ 三维坐标,表示时要标明点号,点号在测图系统中是唯一的,根据它可以提取点位坐标。

测点的属性是用地形编码表示的,有编码就知道它是什么点,图式符号是什么。反之,外业测量时知道测的是什么点,就可以给出该点的编码并记录下来。

测点的连接信息,是用连接点属性和连接线型表示的。

(二) 野外数字测图的基本思想

数字测图就是要实现地形信息数字化和作业过程的自动化或半自动化,尽可能缩短野外作业时间,减轻野外劳动强度,而将大部分作业内容安排到室内去完成。将大量手工作业转化为电子计算机控制下的人机交互操作,这样不仅减轻劳动强度,而且不会损失观测精度。

数字测图是经过计算机软件自动处理(自动识别、自动检索、自动连接、自动调用图式符号等),自动绘出所测的地形图。其实质是将图形模拟量转换为数字量,这一过程通常称为数据采集。数字测图的基本成图过程,就是通过采集有关地物、地貌的各种信息并及时记录在数据终端(或直接传输给便携机),然后在室内通过数据接口将采集的数据传输给电子计算机,并由计算机对数据进行处理而形成绘图数据文件,最后形成电子地图或由绘图仪绘制所需的地形图或专题图。

野外测量时,知道测的是什么点? 是房屋还是道路等,当场记下该测点的编码和连接信息;显示成图时,只要知道编码,就可以从图式符号库中调出与该编码对应的符号成图。也就是说,如果测得点位,又知道该测点应与哪个测点相连,还知道它们对应的图式符号,那么,就可以将所测的地形图绘出来了。这一少而精、简而明的测绘系统工作原理,正是由面向目标的系统编码、图式符号、连接信息一一对应的设计原则所实现的。

广义的数字测图主要包括:地面野外数字测图、地图数字化成图、摄影测量和遥感数字测图。狭义的数字测图指地面野外数字测图。数字测图已成为各种大比例尺数据采集和处理的重要方法。本章主要介绍地面数字测图技术。

二、数字测图需要解决的问题

归纳起来,数字测图所要解决的问题是:

(1) 各种地形要素的计算机识别。众所周知,计算机只能识别数码,因此首先必须将图形要素数字化。图形要素可以分解为两类信息:一类是定位信息,用平面直角坐标和高程来表示;另一类是绘图信息(属性信息),用类码和文字表示,它包括地物属性、连接关系、绘图方向等。

(2) 计算机按照既定的要求对这些信息进行一系列的处理,形成一定形式的数字地图产品,或构成地图数据库。

(3) 如何将经过处理的数据和文字信息转换成可阅读图形,由屏幕输出或绘图仪输出各种所需的图形,这种由图形到数字,再由数字变为图形的变换过程就是数字地图制图的实质。

(4) 如何按照一定的数字模型完成各类数字化图形的应用问题。如面积计算与统计、土方计算、坡度计算及图形管理等。

为了解决上述 4 个问题。数字测图系统需有一系列硬件和软件组成。用于野外采集数据的硬件设备有全站式或半站式电子速测仪。用于室内输入、处理和输出的硬件设备有数字化仪、计算机、打印机和数控绘图仪。最基本的软件设备有系统软件和应用软件。应用软件主要包括控制测量计算软件、数据采集和传输软件、数据处理软件、图形编辑软件、等高线自动绘制软件、绘图软件及其他应用软件等。

三、大比例尺数字地图的特点

(一) 点、符号与注记

大比例尺数字地图以数字形式表示地图的内容。地图的内容由地图图形和文字注记两部分组成。地图图形可以分解为点、线、面三种图形元素,而点是最基本的图形元素。数字地图以数字坐标表示地物和地貌点的空间位置,以数字代码表示地形符号、说明注记和地理名称注记。大比例尺地图要求精确、真实地反映地表包含的全部人工和自然的碎部要素。

(二) 图层与图的分类

大比例尺数字地图的内容满足多用户的需要,进行分层贮存。例如将地物分为控制点、建筑物、行政边界和地籍边界、道路、管线、水系以及植被等,而地貌则以高程点与数字高程模型 DEM 表示,即以规则格网点的平面位置和高程表示。在城市复杂地区,如果把地表的全部碎部要素绘在一幅地图上,那就很不清晰,因此往往按不同用途分成几种地图,例如城市地形图、地籍图和地下管线图等。数字地图可以包含地表的全部空间位置信息,还可以将与空间位置有关的非图形信息一起在信息系统中进行管理。

数字地图并不是依某一固定比例尺和固定的图幅大小来贮存一幅地图,它是以数字形式贮存的 1∶1 的数字地图。根据用户的需要,在一定比例尺范围内可以输出不同比例尺和不同图幅大小的地图,输出各种分层叠合的专用地图。例如,以地籍边界和建筑物、土地利用分类为主的地籍图、土地利用图和房产图;以地下管线以及两侧建筑物为主的地下管线图等。

（三）数字地图的更新

地图必须保持其现势性。城市的发展加速了城市建筑物和城市结构的变化,城镇地籍中地界也经常发生变化,这都需要对地图进行连续的更新。常规更新测量采用地面测量与摄影测量。城镇地区采用地面数字测量、无人机测绘方法能够克服大比例尺地图连续更新的困难,只要将地图变更的部分输入计算机,通过数据处理即可对原有的数字地图和有关的信息作相应的更新,使大比例尺地图有良好的现势性。

（四）数字地图的精度

对于城市、工矿企业而言,大比例尺数字地形图是一种基本地形图,一次成图应满足各方面用户的需要,避免各部门为各自目的生产专用的数字地图。而为工程设计目的进行的大比例尺数字地图,也应在统一的坐标系中进行,以便在工程竣工后能利用这些测量资料。

根据城市测量规范规定,常规图解测量图上地物点相对于邻近图根点的点位中误差小于图上 0.5 mm,在 1∶500 比例尺地图上相当于地面距离为 25 cm。即使提高碎部测量的精度,但手工绘图的精度很难高于图上 0.2 mm,在 1∶500 比例尺地图上则相当于实地距离为 10 cm。现代城市的发展,在大比例尺城市测图中,有必要提高重要建筑物和界址点的测量精度。大比例尺地面数字测图,在野外采用电子速测仪测量,具有较高的位置测量精度,按目前的测量技术,地物点相对于邻近控制点的位置精度达到 5 cm 是不困难的。用自动绘图仪依据数字地图绘制图解地图,其位置精度均匀。自动绘图仪的精度一般高于手工绘制精度。

（五）地图的使用

大比例尺数字地图以数字形式贮存,因此,不仅测绘生产部门需要有建立数字地图的软件系统,而使用大比例尺地图的部门同样要有应用数字地图的软件,才能对大比例尺数字地图的数据进行存取和处理,所以软件的选择要做周密的考虑。

城市建设的发展,有更多的部门需要利用大比例尺地图。大比例尺数字地图为与空间位置有关的信息系统提供基础数据,这些数据能够用电子数据处理系统进行管理和处理,使更多的用户共享地图数据资源,使大比例尺地图得到新的应用。

自动绘图仪依据数字地图可快速地绘制出图解地图,但数字地图不能完全取代图解地图。采用人比例尺数字测图技术,可以使生产纸质地图的周期缩短,提供更多的地图品种。

四、数字测图的优点

大比例尺数字测图有力地冲击着传统的平板仪、经纬仪测图方法,它的优越性是显而易见的。

（一）点位精度高

地形测图时地物点平面位置的主要误差为：① 测量图根点的测定误差和展绘误差；② 测定地物点的视距误差、方向误差；③ 地物点的刺点误差。1∶1 000 比例尺传统地形测图时，综合影响可达图上约为±0.59 mm，主要误差源为视距误差和刺点误差。经纬仪视距高程法测定地形点高程时，即使在较平坦地区（0°～6°），视距为 150 m，地形点高程测定误差也达±0.06 m，而且随着倾斜角的增大，高程测定误差会急剧增加。

用数字测图，测定地物点的误差在距离 450 m 内约为±22 mm，测定地形点的高程误差在 450 m 内约为±21 mm。若距离在 300 m 以内，则测定地物点误差约为±15 mm，测定地形点的高程误差约为±18 mm。数字测图的精度明显高于白纸测图。

（二）便于成果更新

数字测图的成果是以点的定位信息和绘图信息存入计算机，当实地有变化时，只需输入变化信息的坐标、代码，经过编辑处理，很快便可以生成更新的图，从而可以确保地面的可靠性和现势性。

（三）避免各种误差传播

测图数字化实现了数据采集、记录、处理和成图的自动化，大大地降低了劳动强度，有效地减少了人为差错；表示在图纸上的地图信息随着时间的推移图纸产生变形而产生误差。数字测图的成果以数字信息保存，避免因图纸伸缩带来的各种误差。

（四）能以各种形式输出成果

数字地图可以非常方便地对普通地图的内容进行任意形式的要素组合、拼接，形成新的地图。可以对数字地图进行任意比例尺、任意范围的绘图输出。它易于修改，可极大地缩短成图时间；可以很方便地与遥感影像、航空像片等信息源结合，获取更新信息。

传统的几何测图比例尺一经确定，其成果的数学精度和信息量就随之确定了，其成果尤其不能满足较大比例尺的成图要求。数字测量成果不受比例尺精度限制，其成果可满足不同比例尺精度要求，可以变比例尺输出。

计算机与显示器、打印机联机时，可以显示或打印各种需要的资料信息。与绘图仪联机，可以绘制出各种比例尺的地形图、专题图，以满足不同用户的需要。

（五）便于成果综合利用

数字测图的数据分层存放，可大大增加地面目标信息量，不受图面负载量的限制。如房屋、电力线、铁路、植被、道路、水系、地貌等均可储存于不同的层中，通过提取不同图层相关信息，便可方便地得到所需的测区内各类专题图、综合图，如路网图、电网图、管线图、地形图等。在城市数字地籍图的基础上，可以综合相关内容补充加工成不同用户所需要的城市规划用图、城市建设用图、房地产图以及各种管理用图和工程用图。

（六）作为 GIS 的重要信息源

地理信息系统（GIS）功能十分强大，它可以进行相关信息查询检索功能、空间分析功能以及辅助决策功能。在国民经济、办公自动化及人们日常生活中都有广泛的应用。然而，要建立一个 GIS，数据采集上的经费、工作量约占整个工作的 70%～80%。GIS 要发挥辅助决策的功能，需要现势性强的地理信息资料。数字测图能提供现势性强的地理基础信息。经过一定的格式转换，其成果即可直接进入 GIS 的数据库，并更新 GIS 的数据库。数字测图系统是 GIS 的一个子系统。

五、大比例尺数字地图的用途

大比例尺地图是为满足城市和工程建设的需要而施测的。随着经济的发展,城市的复杂性日益增长,城市人口的密集带来住宅、交通和各种管线的迅速增加,城市各管理部门迫切要求有城市环境的综合信息系统,这就是需要建立城市地理信息系统。而城市测绘工作所提供的地图和其他测量成果资料是城市地理信息系统的基础。为适应建立城市地理信息系统的需要,从事城市测量的测绘部门应该提供数字形式的大比例尺数字地图。

城镇的发展,建设用地大量增加,土地权属关系和土地利用类别也将随之变化。为保持地籍资料的不断更新,城镇地籍测量的成果应能用计算机进行管理。为此应进行数字地籍图的测绘和建立数字地籍数据库。

在工程建设中,计算机辅助设计已经广泛应用,这种情况下为工程设计提供的大比例尺地形图也必须是以数字形式表示,能用计算机进行存取和处理。

社会进步推动测绘工作的进展,在大比例尺测图工作中将应用电子测量仪器、计算机和自动绘图机使常规的大比例尺测图由手工作业转变成自动化。实现大比例尺数字测图和建立大比例尺地图数据库,测绘工作将能更好地为城市和工程建设服务。使城市和工程的现代化管理得到保障。

在人类所接触到的信息中有 70%～80%与地理位置和空间分布有关。因此,网络和地理信息系统等现代信息技术的发展,对空间信息服务软件和提供服务的方式方法的要求也越来越高。运用空间信息技术的工具和手段,为监测全球变化和区域可持续发展服务,为社会各阶层服务。空间信息作为全球变化与区域可持续发展研究提供获取时空变化信息的技术方法、为政府部门提供空间分析和决策支持和为普通大众提供日常信息服务的功能越来越引起人们的重视。

第三节　　数字测图作业模式

数字测图的基本成图过程,是通过采集有关地物、地貌的各种信息并及时记录在数据终端(或直接传输给便携机),然后在室内通过数据接口将采集的数据传输给电子计算机,并由计算机对数据进行处理而形成绘图数据文件,最后由计算机控制绘图仪自动绘制所需的地形图,最终由磁盘、磁带等贮存介质保存电子地图。

数字测图虽然生产成品仍然以提供图解地形图为主,但是它以数字形式保存着地形模型及地理信息。

大比例尺数字地图的建立分为三个阶段:数据采集、数据处理和地图数据的输出。数据采集是在野外和室内利用电子测量与记录仪器获取数据,这些数据要按照计算机能够接受的和应用程序所规定的格式记录。从采集的数据转化为地图数据,需要借助于计算机程序在人机交互方式下进行复杂的处理,如坐标变换、地图符号的生成和注记的配置等,这就是数据处理阶段。地图数据的输出以图解和数字方式进行。图解方式是用自动绘图仪绘图,数字方式是数据的贮存,建立数据库。

大比例尺数字地图的建立在数据采集阶段可采用摄影测量方法、地图数字化方法和野外地面测量方法。这里简单介绍与后两种数据采集方法有关的大比例尺数字地图的建立方法。

一、地图数字化方法

纸质地图可以通过数字化方法转换成数字地图。该方法是我国早期(20 世纪 80 年代)数字化成图的主要作业模式。大多数城市都有精度较高、现势性较好的地形图。要制作多功能的数字地图,这些地形图是很好的数据源。数字化方法包括手扶跟踪数字化仪数字化和扫描矢量化数字化,目前生产单位以后者为主。首先用扫描仪扫描得到栅格图形,再用扫描矢量化软件将栅格图形转换成矢量图形。扫描矢量化作业模式速度快,劳动强度小。地图数字化将地图的图解位置转换成统一坐标系中的解析坐标,并应用数字化地图符号菜单或计算机键盘输入地图符号和注记代码。这样建立的数字化地图的精度不会高于原数字化底图的精度,不能满足数字地图某些用途的要求。因此,应用单纯的地图数字化方法建立大比例尺数字地图只是一种应急措施,例如为了在计算机上进行工程设计而将平板仪或经纬仪测量的地图进行数字化。

二、地面数字测图方法

在没有合乎要求的大比例尺地图的地区,例如新开发的建成区,或者工程设计需要大比例尺数字地图,可直接采用地面数字测图方法,也称为内外业一体化数字测图法。在野外对地图上所有需要表示的地形点进行测量和计算其精确坐标,并用代码给出点的连接关系和地图符号信息,通过计算机程序处理,建立数字地图。采用内外业一体化数字测图建立大比例尺数字地图的特点是精度高,重要的地物点相对于邻近控制点的位置精度在 5 cm 以内。

建立大比例尺数字地图需要耗费很大的人力、物力和财力,因此要周密计划,按照各用户对大比例尺数字地图的要求,确定数字地图的内容、基本比例尺和精度要求,有计划地组织实施。

由于设备不同,软件设计者思路不同,不同软件所支持的作业模式不尽相同。目前国内流行的数字测图软件所支持的作业模式大致有如下几种:

(一) 普通经纬仪＋电子手簿测图模式

本作业模式适合暂时还没有条件购买全站仪的用户,它采用记录器(如带记录程序的电子手簿 iPad)来记录观测数据。由于用手工键入数据,其数据可靠性和工作效率显然都存在一定的问题。然而,由于它对仪器设备的要求较低,也有一些单位仍在采用。

(二) 平板仪测图＋数字化仪测图模式

本作业模式也几乎被所有的数字测图软件所支持。该模式的基本做法是先用平板测图方法测出白纸图,可不清绘,然后在室内用扫描数字化将白纸图转为数字地图。这种作业模式所得到的数字地图的精度较低,特别是数字地图用于地籍管理等精度要求较高的工作时,精度问题可能更突出。极少数单位仍在使用。

(三) 全站仪＋电子手簿测图模式

本作业模式为绝大部分软件所支持,且自动化程度较高,可以较大地提高外业工作的效率。在采用这种作业模式时的主要问题是地物属性和连接关系的采集。使用全站仪测图,测站和镜站的距离较远,测站上就难以观测到所测点的属性和与其他点的连接关系。属性和连接关系正确与否对于内业成图十分重要。一般在镜站处用草图形式采集属性和连接关系,测站处电子手簿记录几何数据(坐标)。在内业编辑时用"引导文件"引入属性和连接关系。这样,既保证了数据的可靠性,又大幅度地提高了外业工作的效率,可以说是一种较理想的作业模式。这是国内生产部门常用方法。

(四)电子平板测图模式

本作业模式即电子平板,基本思想是用计算机屏幕来模拟图板,用软件中内置的功能来模拟铅笔、直线笔、曲线笔,完成曲线光滑、符号绘制、线型生成等工作。具体作业时,将便携电脑移至野外,现测现画,且可不需要作业人员记忆输入数据编码。这种模式的突出优点是现场完成大部分工作,因而不易漏测;另外内业编辑工作量小。然而,它首先对设备要求较高,要求每个作业小组配备一台档次较高的便携电脑。其次,由于几何数据和连接关系都在测站采集,当测、镜站距离较远时,属性和连接关系的录入仍将是较为困难的。这种作业模式适合条件较好的测绘单位,用于房屋密集的城镇地区的测图工作。

(五)镜站遥控电子平板测图模式

本作业模式将现代化通信手段与电子平板结合起来,从根本上改变了传统的测图作业概念。该模式由操作便携式电脑的作业员在跑点现场指挥立镜员跑点,并发出指令遥控驱动全站仪观测,观测结果通过无线传输到便携机,并在屏幕上自动展点。作业员根据展点即测即绘,现场成图。由于由镜站指挥测站能够"走到、看到、绘到",不易漏测,能够同步地"测、量、绘、注",以提高成图质量。这种作业模式效率高,可能代表未来的野外测图发展方向。但该测图模式由于需数据传输的通信设备,需高档便携机及带伺服马达的全站仪(非单人测图时可用一般的全站仪),设备昂贵,我国一般测绘单位难以承受,欧美测绘部门运用较多。

三、摄影测量成图模式

本作业模式的基本方法是:通过模拟或数字摄影测量像片,用数字摄影测量工作站及软件,采用人机交互的模式,采集数字形式的地形数据,并将量测结果传送到计算机,形成数字化测图软件能支持的数据文件。经验证明,这种作业模式能极大地减少工作量。然而,由于受摄影测量方法本身的局限和精度方面的限制,这种作业模式适合于1:500~1:10 000的大比例尺成图。该作业模式将于第十二章介绍。

四、实测坐标更新现有数字地图方法

在已有大比例尺地图的地区,进行更新测量或地籍测量、地下管线测量时,可以在野外采用电子速测仪和电子记录手簿进行碎部测量,得到一些建筑物点的精确坐标。在地图数字化作业中,用这些点的精确坐标代替相应点的数字化方法得到的坐标。当然,这种代替会影响没有精确坐标的临近点之间的相互关系。为了消除这种矛盾,可以采用一种"均匀化"的方法,使地物点之间的相互位置关系得到调整,既可提高现有比例尺地图的精度,又在一定程度上提高了原有图解地图的精度。随着地图不断更新,具有精确坐标的地物点将逐步增加,地图的精度也相应得到提高,这是已有大比例尺地图地区建立数字地图通常采用的方法。

第四节　全站型电子速测仪及其应用

在传统测量中的所谓"速测法",是指一种从仪器站同时测定某一点的平面位置和高程的方法。早期速测仪的距离测量是通过光学方法(视距)来实现,而高程则是用三角测量方法来确定的。由于其快速、简易,而在短距离(100 m 以内)、低精度(1/200~1/500)的测量中,如地形测量碎部点测定中,有其优势,得到了广泛的应用。

一、全站仪的基本概念

电子测角和测距技术的出现,大大地推动了速测技术的发展。用电磁波测距仪代替光学视距经纬仪,使得测程更大、测量时间更短、精度更高。根据测角方法的不同分为半站型电子速测仪和全站型电子速测仪。半站型电子速测仪是指用光学方法测角的电子速测仪;全站型电子速测仪则是由电子测角、电子测距、电子计算和数据存储单元等组成的三维坐标测量系统,测量结果能自动显示,并能与外围设备交换信息的多功能测量仪器。

随着电子计算机技术、光电测距技术的发展,测量仪器厂家开发出现代测量仪器的代表仪器——全站型电子速测仪,简称全站仪(Electronic Total Station)。这种仪器把测距装置、测角装置和微处理器结合在一起,不仅能同时完成自动测距、自动测角,进行平距、高差和坐标计算,而且还能通过电子手簿实现自动记录、自动显示、存储数据,并可以进行数据处理,在野外直接测得点的坐标和高程。它还能与外围设备自动交换信息,一次安置仪器就可完成该测站上的全部测量工作。通过输出设备把野外观测数据输入到计算机,经计算机处理后,可由绘图仪自动给出所需比例尺的图件,由打印机打印出所需的成果表册。

全站型电子速测仪具有速度快、精度高、功能强等优点,在自动化测图中起着十分重要的作用。它使测绘工作的外业和内业有机地连接起来,实现了真正的数据流,因此,它代表了当代测量仪器的发展方向之一。

(一) 全站仪的基本组成

全站型电子速测仪是由电子测角、电子测距、电子计算和数据存储系统等部分组成,如图 11-4-1,它本身就是一个带有特殊功能的计算机控制系统。从总体上看,全站仪由下列两大部分组成:

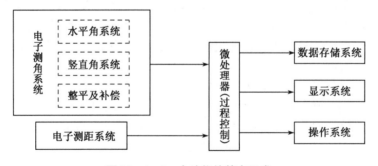

图 11-4-1　全站仪的基本组成

（1）为采集数据而设置的专用设备：主要有电子测角系统、电子测距系统、数据存储系统，还有自动补偿设备等。

（2）过程控制机：主要用于有序地实现上述每一专用设备的功能。过程控制机包括与测量数据相连接的外围设备及进行计算、产生指令的微处理机。

只有上面两大部分有机结合，才能真正地体现"全站"功能，即既要自动完成数据采集，又要自动处理数据和控制整个测量过程。

（二）全站型电子速测仪的结构

1. 电子经纬仪

电子经纬仪的外形、机械转动部分和光学照准部分与一般光学经纬仪基本相同，其主要的不同点在于电子经纬仪采用电子手段测定不同方向的角度。在其内部还装置了一个微处理器，由它来控制电子测角、测距，以及各项固定参数，如温度、气压等信息输入和显示，还由它进行安置、观测误差的改正，有关数据的实时处理及控制电子手簿。

2. 光电测距仪

目前，全站仪大都采用电磁波测相技术和连续累计式测距方式。短程红外测距仪的测距频率均采用分散的直接测距频率。而长测程的测距仪均采用集中的间接测距频率，即用组合的方式解析得到一组间接测距频率，以便扩大确定整波数 N 的范围。三频率测量原理是采用分散的直接测距频率和集中的间接测距频率的组合混合测距频率方式。

3. 数据自动记录装置（电子手簿）

目前新推出的全站仪采用大容量内存和插入式存储卡，可存储上万点的数据，实现了观测与存储装置一体化，可非常方便地进行数据自动记录和查询。部分全站仪配有数据自动记录装置，该装置使用时可挂在支撑全站仪的三脚架上或拿在手上，功能像常规测量中的手簿，俗称"电子手簿"。电子手簿包含微处理器，能方便地配置仪器与联系计算机。全站仪一般通信接口为蓝牙、RS－232C 标准通用接口及 USB 通用接口。

（三）全站仪的主要功能

电子速测仪的基本功能是在仪器照准目标时，通过微处理器的控制，能自动地完成测距、水平角、天顶距（或高度角）读数和观测数据的显示、存贮。数据的记录随仪器的结构不同有三种方式：

（1）仪器有数据传输接口，通过电缆和记录器连接。

（2）仪器的记录器和电子速测仪组成一个整体，内置有记录数据内存。

（3）仪器除数据传输接口外，并可插上数据记录模块。

现今的大部分电子全站仪采用上述的（2）（3）两种方式。电子速测仪除基本功能外，还有其他一些功能，但不同型号的仪器差别很大，有的电子速测仪只有平距、高差计算功能，有的电子速测仪能计算观测点的坐标。测距精度为：$\pm(1\sim5)$ mm$+(0.5\sim10)\times$ppm（ppm 为测距 km 数），测角精度为 $0.2''\sim15''$。

全站仪可以提供：

（1）距离数据：测站点到目标点的平距参与坐标计算，测站点到目标点的高差用于计算坐标点的高程（H）。

（2）角度数据：测站点到目标点的水平角用于计算目标点的平面坐标，测站点到目标点的高度角，用于计算目标点的高程。

全站仪常见机载应用程序种类:坐标放样、坐标测量、边角放样、对边测量、悬高测量、直线放样、面积测量、后方交会、高程传递、相对直线坐标、坐标正反算、相对直线放样、线路放样、断面测量和地形测量等。

全站仪数字化测图方法:(1)全站仪野外采集坐标、绘制草图;(2)全站仪数据下载到电脑并进行数据格式转换;(3)坐标数据展绘到成图软件;(4)根据野外草图绘制地形图;(5)编辑地形图;(6)地形图输出,地形图入库。

二、全站仪的介绍

全站仪可以根据测角精度分为 0.5″、1″、2″、3″、5″、7″等几个等级,目前世界上全站仪主要品牌有徕卡(Leica Geosystems)、索佳(Sokkia)、拓普康(Topcon)、天宝(Trimble)、中纬、南方和苏一光等。

瑞士徕卡(Leica)公司生产的电子全站仪产品根据面向的测量领域不同,可分为建筑测量型徕卡 iCB70/iCR80、工程测量型 TZ 系列、专业测量型徕卡 TS16 系列、超高精度精密测量型徕卡 TS60 以及监测型全站仪徕卡 TM60 和徕卡 MS60 高速影像全站扫描仪等。

徕卡 TS60 超高精度精密测量型全站仪属于 0.5″级高精度全站仪,距离测量精度为 0.6 mm＋1 ppm,手动测量和自动测量都可以达到 0.5″测角精度,具备自动目标照准、压电陶瓷马达、一键自动量高、双像机辅助测量等技术,在高精度控制测量、自动化监测、高铁/地铁施工与运营、水利水电等众多行业中有着广泛且成熟的应用。

在 2020 年,徕卡全球上市了 MS60 高速影像全站扫描仪,该设备采用了 Leica Merge TEC 技术,同时具备全站仪与激光扫描仪功能,集超高精度测量技术、三维激光扫描技术、数字影像技术于一身,实现一机多用,同时满足高精度自动化测量、高精度精密扫描等测量需求,可以输出高精度点云成果,测量物体表面的细微变化,并且还能够进行影像测量及与 GNSS 联合作业。

美国天宝(Trimble)公司生产手动型全站仪 Trimble C3、Trimble C5、Trimble C5HP、Trimble M3;自动型全站仪 Trimble S5、Trimble S7、Trimble S9、Trimble S9HP;天宝光谱精仪的自动伺服全站仪 FOCUS2、FOCUS8、FOCUS35 等。

日本索佳(Sokkia)公司生产索佳 NET 系列全站仪、FX 系列全功能智能型全站仪、SX 智能型全站仪、IM 系列精密工程型全站仪及索佳 DX 自动照准型全站仪等。

日本拓普康(Topcon)公司生产 ES 系列工程全站仪、GM100 系列大地测量全站仪、OS 系列专业型全站仪、GT1000 系列超声波马达全站仪及 MS 系列超高精度全站仪等。

日本宾得(PENTAX)生产 PTS、ATS 系列全站仪;R300NX 系列免棱镜全站仪。

日本尼康(Nikon)生产 Nivo. 1C、2C、5C;Nivo. 2M、3M、5M 全站仪等。

我国南方测绘仪器公司生产 NTS－332、NTS－341、NTS－342、NTS－362、NTS－372、NTS－382、NTS－391、NTS－552、NTS－572、NTS－A11R10S 系列全站仪;NTS－582 智能超站仪及 NTS－591R10 1″高精度、超长测程全站仪等。

中纬测量系统(武汉)有限公司、广州中海达卫星导航技术股份有限公司、北京合众思壮科技股份有限公司、苏一光仪器有限公司等也生产全站仪。

(一)瑞士徕卡 TS60 超高精度全站仪简介

徕卡全站仪系列根据不同的设计用途,主要可分为建筑测量型全站仪、大地测量型全站仪(工程测量、专业测量及超高精度)及监测型全站仪；根据是否具备自动目标照准功能可分为自动型和手动型全站仪。图 11-4-2 为徕卡 TPS 的简要分类。

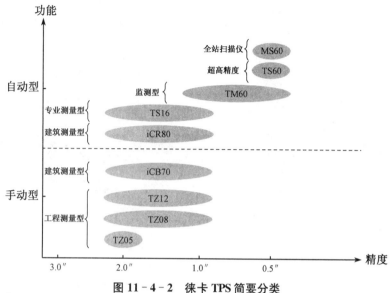

图 11-4-2　徕卡 TPS 简要分类

徕卡 TS60 全站仪属于超高精度自动型全站仪，主要由电源系统、测角系统、测距系统、数据处理系统、通信接口、显示屏、键盘等基本部分组成。仪器角度和距离测量系统能同轴进行光学测量，一次照准便可完成角度和距离测量，正反两面均安装了 5 英寸彩色触摸 WVGA 显示器和 37 个按键的全功能键盘，可以实时显示水平距离、高差、角度等测定数据并操作仪器。同时，还搭载了 500 万像素的广角像机和 30 倍的望远镜像机进行辅助测量，采用压电陶瓷马达驱动技术配合自动照准(ATRplus)功能可以实现目标棱镜的自动照准、自动对焦、跟踪锁定等自动测量功能，自动测量测角精度与手动测量精度一致，均可达到 0.5″。

仪器操作简单快捷，可以输入检定的加、乘常数，以及温度、气压测定值并在测距结果中自动加入改正。仪器的机身内存 2 G 并可搭配 1 G 或 8 G SD 卡，可以记录存储海量的测量数据，数据可由 RS-232C 标准接口、SD 卡、USB、蓝牙或 WLAN 等多种方式传输到计算机，并且具备 IP65 防尘防水等级，适应-20 ℃～50 ℃的工作温度范围。

(二)徕卡 TS60 全站仪的仪器构成与功能特点

1. 徕卡 TS60 全站仪的仪器构成

徕卡 TS60 全站仪的仪器构成如图 11-4-3 所示，具备集成度高、机动性强、测量高效的特点。

2. 超高的测角和测距精度

徕卡 TS60 具有手动照准和自动照准(ATRplus,Automatic Target Recognition plus) ±0.5″角度测量精度，棱镜测距 3 500 m，无棱镜测距可达 1 000 m，测距精度为±0.6 mm+ 1 ppm。在恶劣环境下测量依然稳定可靠，适用于高精度监测与检测项目。

3. 自动目标识别与照准(ATRplus)功能

在全站仪目标方向观测中，其测量精度受目标照准、度盘读数两部分影响，仪器标称测

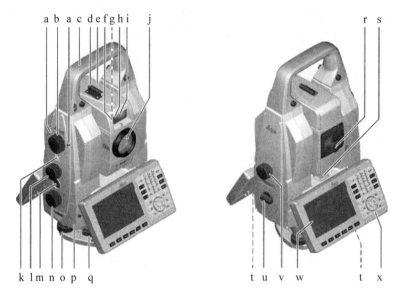

a—自动对焦按钮;b—伺服对焦螺旋;c—手柄;d—光学瞄准器;e—望远镜集成电子距离测量(EDM)、自动目标照准(ATRplus)、像机、电子导向光(EGL)、超级搜索(PS);f—电子导向光(EGL);g—广角像机;h—超级搜索(PS)发射器;i—超级搜索(PS)接收器;j—角度和距离同轴光学测量,距离测量可见激光出口;k—扬声器;l—竖直微动螺旋;m—用户自定义智能键;n—水平微动螺旋;o—基座脚螺旋;p—SD卡和USB;q—基座保险钮;r—可更换目镜;s—圆水准器;t—触摸屏输入笔;u—电池盒;v—竖直微动螺旋;w—触摸屏;x—键盘。

图 11-4-3 徕卡 TS60 全站仪的仪器构成结构

量精度往往只能在人工照准目标测量时实现。20 世纪 90 年代中叶,自动目标识别与照准技术的出现,突破了角度测量中需要人工照准目标的限制,使得全站仪的自动化角度测量发生了质的飞跃,全站仪向自动化、智能化方向不断发展。徕卡 TS60 自动全站仪采用了ATRplus 自动目标照准技术,实现了自动化高精度角度测量。

自动目标照准(ATRplus)模块安装在全站仪的望远镜上,主要有三个过程:目标搜索过程、目标照准过程和测量过程。在人工粗略照准棱镜后,启动 ATRplus 功能。首先进行目标搜索过程,在视场内如未发现棱镜,则望远镜在马达的驱动下按螺旋式或矩形方式连续搜索目标,一旦探测到棱镜,望远镜马上停止搜索,转为进入目标照准过程。ATRplus 需要棱镜作为反射目标,配合进行目标识别。ATRplus 的角度测量和距离测量是同时进行的,在每一次 ATRplus 测量过程中,十字丝中心相对棱镜中心的角度偏移量都会重新测定,并相应改正水平方向和垂直角,进而精确地测量出距离或计算出目标点坐标。当使用 ATRplus方式进行测量时,由于其望远镜不需要对目标调焦或人工照准,因此不但加快了测量速度,而且测量精度与观测员的水平无关,测量结果更加稳定可靠。

4. 压电陶瓷驱动技术

徕卡 TS60 驱动采用的是压电陶瓷马达驱动技术,可以将电能直接转换为机械动能。在仪器旋转轴旁边,一对压电陶瓷对称分布在其左右,精确而快速的驱动固定在旋转轴边上的陶瓷柱形环。压电陶瓷驱动技术的主要特性是转速快、加速度快而且步长非常小,非常适合精密测量。能抵消力矩的压电陶瓷技术在高速下功耗也很低,其特性非常适合为 0.5″测角精度提供基础,无齿轮的设计更具有耐磨性和较长的免维护期。

5. 自动量高功能

在已知点设站等场景下,量取全站仪的仪器高是一项基础性的工作。为提高仪器高测量精度,通常需要测量人员使用钢尺多角度量取仪器高后取平均值。TS60 具有自动量高模块,如图 11-4-4 所示,其使用电子距离测量(EDM)同轴测距技术,可由仪器底部发射激光测高,一键量取仪器高,量高精度可达±1.0 mm,量高范围可达 0.7~2.7 m。

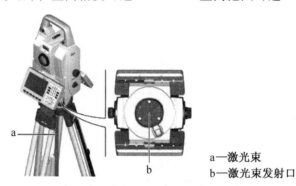

a—激光束
b—激光束发射口

图 11-4-4　自动量高模块激光束发射示意

6. 显示屏与操作系统

徕卡 TS60 配备了 5 英寸的 WVGA 的显示屏,搭载智能的 3D Captivate 系统(图 11-4-5),能够进行海量的测量数据管理,清晰地显示全站仪的状态信息及各类测量成果,包括二维、三维点位成果或 DXF、IFC 格式模型数据,还可以触屏操作更改各类全站仪设置。

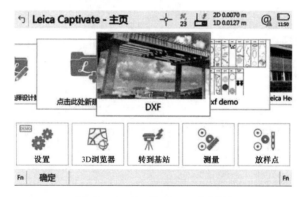

图 11-4-5　Captivate 主界面

徕卡 TS60 全站仪屏幕支持按键操作与触摸操作,点选对应图标即可弹出相应设置,在屏幕右上角通过不同图标集成显示当前设备状态信息(图 11-4-6)。

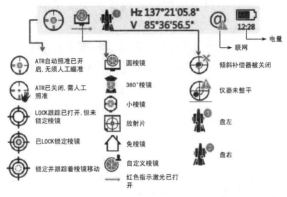

图 11-4-6 右上角状态栏详解

7. 防尘防水/防雨等级

测量作业难免会遇到高温度、高湿度或粉尘较多的环境,此时就要求全站仪具备一定的防护等级,在恶劣的外业环境中仍能保持稳定的工作状态,保障数据的精准可靠。徕卡TS60 防护等级达到 IP65,防雨等级达到 MIL-STD-810G,较高的防护等级为高精度测量提供了基础保障。

(三) 徕卡 TS60 全站仪的操作键

徕卡 TS60 全站仪设计有功能键、导航键、数字键三大区域,共 37 个键位,如图 11-4-7所示。

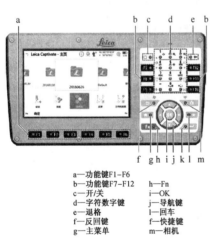

按键		功能
功能键F1—F6		对应活动窗口下面的六个软按键。
功能键F7—F12		用户自定义为执行所选命令或进入选择页面的按键。
字符数字键		输入字符及数字。
相机		适用相机获取图像。
返回键		离开当前页面并且不保存任何修改。
Fn		第一和第二级功能键之间切换。
回车		选择加亮显示行并且进入下一逻辑菜单/对话框。 进入编辑模式以编辑字段。 打开一个可选列表。
开/关		如仪器处于关机状态:可按住2 s打开 如仪器处于关机状态:按压2 s,进入电源选项菜单。
快捷键		进入快捷键菜单。
主菜单		切换至主菜单。 同时按住SHIFT回到Windows EC7开始菜单。
导航键		在屏幕上移动焦点。
OK		选择加亮显示行并且进入下一逻辑菜单/对话框。 进入编辑模式以编辑字段。 打开一个可选列表。

a—功能键F1-F6   h—Fn
b—功能键F7-F12   i—OK
c—开/关   j—导航键
d—字符数字键   l—回车
e—退格   f—快捷键
f—反回键   m—相机
g—主菜单

图 11-4-7 徕卡 TS60 键盘分布与功能

(四) 徕卡 TS60 程序与功能

全站仪不仅是角度和距离的测量仪器,它还配备具有数据处理(CPU)系统,并且有一定的运行空间和存储空间,具有典型的 PC 微机结构。因此,全站仪像计算机一样,可以运行较为复杂的应用测量程序,对获取的角度和距离等数据做进一步处理,实时获取、计算新的测量信息。

全站仪具有运行应用测量程序的能力,并且可与计算机进行联机通讯,实现对全站仪的在线控制。因此,近年来不断出现以全站仪为主的传感器测量系统,广泛应用于工程测量和工业计量等领域,拓展了全站仪的功能。

1. 徕卡测量系统程序

全站仪机载测量程序是指全站仪中可独立运行的应用测量程序。因功能的不同,机载测量程序有的固化在内存之中,作为全站仪的一个固定功能选项供用户使用,如徕卡 TS60 标配的默认可用的程序有设站、测量、放样点及 COGO 计算(即全站仪测量计算器,包含① 反算;② 方向和距离;③ 交会;④ 弧计算;⑤ 平移,旋转,尺度;⑥ 角度计算;⑦ 水平弧;⑧ 三角形、矩形等计算功能)。有的可根据需要添加或删除,如徕卡 TS60 的多测回测角测量程序、导线测量程序、重复检测程序等。丰富多彩的机载测量程序大大减轻了野外测量的劳动强度,极大地提高了测量工作效率,正成为全站仪不可或缺的重要组成部分。

2. 全站仪机载测量程序开发

虽然性能各异的应用程序极大地丰富了全站仪的功能,但也不可能完全满足各行各业的测量需求。因此,部分全站仪除了提供尽量多的机载应用测量程序的同时,也提供机载应用测量程序的开发工具。

徕卡 TS60 留有 GeoCom 接口,用户可使用任意编程语言发送相应 GeoCom 字符串指令驱动全站仪转动、测量或数据传输,实现用户的个性化测量需求。

(五)徕卡 TS60 全站仪的测量步骤

1. 项目设置

3D Captivate 系统以项目管理测量数据,不同测量数据保存至不同测量项目中。新建的项目自动位于屏幕中间位置,并成放大效果状,表示当前正在或将要使用的项目。如果有多个项目时,需要左右滑动项目名称,选择目标的项目名称居中显示即代表选中该项目。新建项目,可自主选择存储数据在机身或 SD 卡中。

单击当前项目,会弹出项目快捷菜单,可以删除项目,批量导入导出数据,点击【查看 &编辑数据】可以查看已有点坐标或手工输入新点坐标,使用拍照功能拍摄现场照片作为项目头像,方便后续查找。需设置棱镜类型和测距模式,气象参数(温度、气压和湿度)。

2. 设站

根据现场情况选择适宜的设站方式,仪器自带的设站方式:已知后视点、设置方位角、后方交会【自由设站】、线定向等。

3. 开始测量

基本参数设置完成后,将当前作业居中显示后,点击【测量】进入测量界面。输入点号和目标棱镜高后,点击【测距】会显示当前距离坐标等观测值信息,但是数据未存储,需要点击【保存】才记录数据到项目里。点击【测量】则自动测量并保存数据,自动显示下一待测点点号,无法看到当前观测距离坐标值等信息,还可根据需要设置双面测量、自定义测量界面或调用望远镜像机、长焦像机辅助测量。

4. 放样

选择放样点所在的项目名称居中后,点击【放样点】程序,根据自己习惯和项目需求,可以进行放样方式更改【设置】,在【点号】处,可以通过左右导航键选择不同的点号,但此种方法选择放样点号,仪器不会自动照准该点,可以按【Fn】键—【工具】,点击【TS 转向平面点】,或者点击【TS 转向三维点】。

三、超站仪、镜站仪的概念

超站仪是集合全站仪测角功能、测距仪量距功能和 GNSS 定位功能，不受时间地域限制，不依靠控制网，无须设基准站，没有作业半径限制，单人单机即可完成全部测绘作业流程的一体化的测绘仪器。例如，TS60 可与 GNSS 天线组成超站仪（图 11‑4‑8(a)），若再搭配控制手簿与棱镜组，还可组成单人测量系统或镜站仪使用，极大拓展了应用范围（图 11‑4‑8(b)）。

(a)　　　　　　　　　　　　　　　　　　　　　　　(b)

图 11‑4‑8　超站仪与镜站仪应用

第五节　大比例尺数字测图系统及作业过程

一、数字测图系统结构

数字测图系统是以计算机为核心，再外连输入、输出设备硬件，在软件的支持下，对地形空间数据进行采集、输入、成图、绘图、输出、管理的测绘系统。数字测图系统主要由数据输入、数据处理和数据输出三部分组成。

由于硬件配置、工作方式、数据输入方法、输出成果内容的不同，可产生多种数字测图系统。如，按数据输入方法可区分为：原图数字化数字成图系统，航测数字成图系统，野外数字测图系统，综合采样(集)数字测图系统；按硬件配置可区分为：全站仪配合电子手簿测图系统，电子平板测图系统等；按输出成果内容可区分为：大比例尺数字测图系统，地形地籍测图系统，地下管线测图系统，房地产测量管理系统，城市规划成图管理系统等等。

目前大多数数字化测图系统内容丰富，具有多种数据采集方法，具有多种功能，应用广泛。一个优秀的数字测图系统结构如图 11‑5‑1 所示。

二、数字测图系统的硬件配置

数字测图系统所需硬件的基本配置及其联结方式如图 11‑5‑2 所示。图中的航测仪器和数字化仪为可选配置。

使用全站仪或测距仪加电子经纬仪采集数据，可实现野外观测数据自动输入；用测距仪

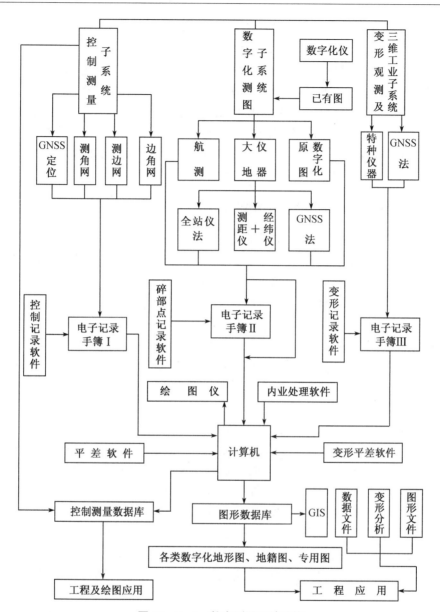

图 11-5-1 数字测图系统结构

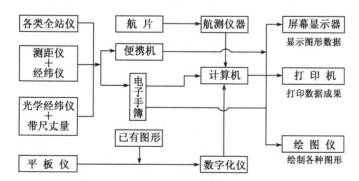

图 11-5-2 数字测图系统硬件配置

加光学经纬仪采集数据,测距仪部分的数据可自动输入电子手簿(或便携机),而光学经纬仪采集的数据则需通过手工键入;用光学经纬仪视距及钢尺丈量等采集数据,必须人工输入。电子手簿用于记录、存贮野外观测数据,也可对观测数据进行简单处理(如计算坐标,也可以驱动绘图仪和打印机,绘制观测草图和打印数据成果)。计算机的主要任务是接收野外采集或室内采集(数字化仪采集、航测仪器采集)的地形信息数据,按照给定的专业化应用软件进行数据处理及图形编辑,然后控制绘图仪和打印机,给出所需的图形和打印所需的数据和说明。便携机可将外业数据采集的电子手簿的功能和内业数据处理的计算机的功能集于一身,使数字测图更直观简明。

三、大比例尺地面数字测图的基本作业过程

大比例尺地面数字化测图需经过外业与内业两个阶段。数据采集和编码是内业计算机制图的基础,这一工作主要在外业期间完成。内业进行数据的图形处理,在人机交互方式下进行图形编辑,生成绘图文件,由绘图仪绘制大比例尺地图。

数字测图的具体过程,概而言之可分为数据获取、数据处理、数据输入三项。然而数字测图的作业过程与作业模式、数据采集方法、使用的软件等不同而又有很大区别。

在众多的数字测图模式中,以全站仪+电子手簿测图模式(通常称测记式)和电子平板测图模式应用最为普遍。由于电子平板测图模式与传统的大平板测图模式作业过程相似,下面着重介绍测记式电子平板数字测图的基本作业过程。

(一)准备工作

野外数字化测图前,必须按规范检验所使用的测量仪器,如全站仪的轴系关系、光学对中器及各种螺旋是否正常、反射棱镜常数的测定和设置等;还需要安装调试电子手簿及数字化测图软件,并通过数据接口传输或按菜单提示键盘把图根控制点按点号、代码及三维坐标$(L、B、H)$或平面坐标$(x、y)$和高程(H)的形式录入全站仪或电子手簿。

目前绝大多数测图系统在野外数据采集时,要求绘制较详细的草图。绘制草图一般在准备的工作底图上进行,工作底图最好用旧地形图、平面图的晒蓝图或复印件制作,也可用航片或卫片影像图制作。另外,为了便于野外观测,在野外采集数据之前,通常要在工作底图上对测区进行"作业区"划分。一般以沟渠、道路等明显线状地物将测区划分为若干个作业区。

(二)图根控制测量

图根控制测量的目的是在高级地形控制测量的基础上再加密一些直接供测图使用的控制点,以满足用于测绘地物地貌的测站点的需要。

由于采用全站仪,测站点到特征点的距离即使在500 m以内也能保证测量精度。等级控制点的密度,根据地形复杂、稀疏程度,可有很大差别:一般以在500 m以内能测到碎部点为原则,选择通视条件好的地方,图根点可稀疏些;地物密集、通视困难的地方,图根点可密些(相对白纸测图时的密度)。

数字测图一般不必按常规控制测量逐级发展。对于大测区(如15 km² 以上)通常先用GNSS或导线网进行三等或四等控制测量,而后布设二级导线网。对于小测区(如15 km²以下)通常直接布设二级导线网,作为首级控制。等级控制点应尽量选在制高点或主要街区上,控制测量主要使用导线测量,观测结果(方向值、竖角、距离、仪器高、目标高、点号等)自

动或手工输入电子手簿,采用平差软件进行平差计算,各项限差应在允许范围之内,如有不符合要求的情况,应进行补测或重测。用电子手簿及时计算各图根点的三维坐标(x, y, H),并记录图根点代码。目前,控制测量大量采用 GNSS 或全站仪测量方式。

(三) 野外碎部点采集

碎部点采集的方法随仪器配置不同及编码方式不同有所区别。全站仪由于具有自动记录功能,野外采集数据的速度较快。测量人员根据事先的分工,各司其职。数字测图要求测定所有碎部点的坐标及记录碎部点的绘图信息,并记录在全站仪的内存中,而后传输到计算机,并利用计算机辅助成图。但在野外数据采集中,若用全站仪测定所有的碎部点,不仅工作量大,而且根据实际地形无法直接测定。因而,必须灵活运用"测算法",结合测定碎部点的坐标,并用电子手簿记录碎部点三维坐标(x, y, H)及其绘图信息。点号每次自动生成,顺序加 1。绘图信息输入主要区分为全码输入、简码输入、无码输入三种。大部分情况下采集数据时要及时绘制观测草图。

(四) 数据传输

用专用电缆将电子手簿与计算机连接起来。通过键盘操作,将外业采集的数据传输到计算机。一般每天野外作业后都要及时进行数据传输。

(五) 数据处理与图形编辑

数据预处理是对外业采集数据的各种可能的错误检查修改并将野外采集的数据格式转换成图形编辑系统要求的格式(即内部码);接着对外业数据进行分幅处理、生成平面图形、建立图形文件等操作,再进行等高线数据处理,即生成三角网数字高程模型(DEM)、自动勾绘等高线等。

图形编辑一般采用人机交互图形编辑技术。对照外业草图,消除一些地物、地形的矛盾,进行文字注记说明及地形符号的填充,进行图廓整饰等,也可对图形的地形、地物进行增加或删除、修改。对漏测或错测的部分进行野外补测或重测。

(六) 内业绘图

经过编辑可由绘图仪绘制不同要求、不同目的的图形。

(七) 检查验收

按照数字化测图规范的要求,对数字地图及由绘图仪输出的模拟图进行检查验收。对于数字化测图,明显地物点的精度很高,外业检查主要检查隐蔽点的精度和有无漏测。内业验收主要看采集的信息是否丰富与满足要求,分层情况是否符合要求,能否输出不同目的的图形。

四、数字测图过程特点

数字测图工作主要包括外业工作、数据处理和图形文件生成、地图和测量成果报表的输出等作业过程。

(一) 外业工作

地面数字测图的外业工作包括地图数据的采集和编码。采用电子速测仪或者是测距仪＋经纬仪进行观测,用电子手簿记录观测数据或经计算后的测点坐标。每一个碎部点的记录,通常有点号、观测值或坐标,与地图符号有关的符号码以及点之间的连接关系码。这些信息码以规定的数字代码表示。数字测图软件通过识别测量点的信息码完成相关任务。

信息码的输入可在地形碎部测量的同时进行,即观测每一碎部点后随即输入该点的信息码,或者是在碎部测量时绘制草图,随后按草图输入碎部点的信息码。地图上的地理名称及其他各种注记,除一部分根据信息码由计算机自动处理外,不能自动注记的需要在草图上注明,在内业通过人机交互编辑进行注记。

常规的地形测图工作要求对照实地绘制,而数字测图记录的数字,很难在实地进行巡视检查。为克服数字测图记录的不直观性,在观测数据编码后,可用便携机显示图形,对照草图检查。更好的办法是用简易绘图仪绘制工作图,用外业巡视检查,是否有漏测,地物符号和地貌表示是否与实地一致。特别在作业地点远离内业地点的情况下,必须有一定的措施对记录数据和编码进行检查,以保证内业工作的顺利进行。

大比例尺地面数字测图的外业工作和常规测图工作相比,具有以下一些特点:

(1) 常规测图在外业基本完成地形原图的绘制,地形测图的主要成果是以一定比例尺绘制在图纸或薄膜上的地形图。地形图的质量除点位精度外,往往和地形图的手工绘制有关。地面数字测图在外业完成观测,记录观测值或者是坐标和输入信息码,不需要手工绘制地形图,使地形测量的自动化程度得到明显的提高。

(2) 常规测图先完成图根加密,按坐标将控制点和图根点展绘在图纸上,然后进行地形测图。地面数字测图工作的地形测图和图根加密可同时进行,即使在记录观测点坐标的情况下也可在未知坐标的测站点上设站,利用电子手簿的坐标计算功能,观测计算测站点的坐标后,即可进行碎部测量。例如采用自由设站方法,通过对几个已知点进行方向和距离的观测,即可计算测站点的精确坐标。

(3) 地面数字测图主要采用极坐标法测量地形点。根据红外测距仪的观测精度,在几百米距离范围内误差均在 2～3 cm 以内。因此在通视良好、定向边较长的情况下,地形点到测站点的距离比常规测图可以放长。

(4) 常规测图是以图板,即一幅图为单元组织施测,按规则划分测图单元,往往给图边测图造成困难。地面数字测图在测区内部不受图幅的限制,作业小组的任务可按照河流、道路的自然分界来划分,以便于地形测图的施测,也减少了很多常规测图的接边问题。

(5) 数字测图按点的坐标绘制地图符号,要绘制地物轮廓就必须有轮廓特征点的全部坐标。虽然一部分规则轮廓点的坐标可以用简单的距离测量间接计算出来,地面数字测图直接测量地形点的数目仍然比常规测图有所增加。在常规测图中,作业员可以对照实地用简单的几何作图绘制一些规则的地物轮廓,用目测绘制细小的地物和地貌形状。而地面数字测图对需要表示的细部也必须立尺测量。地面数字测图地物位置的绘制直接通过测量计算的坐标点,因此数字测图的立尺位置选择更为重要。

(二) 数据处理和图形文件生成

数据处理是大比例尺数字测图的重要环节,它直接影响最后输出的图解图的图面质量和数字地图在数据库中的管理。外业记录的原始数据经计算机数据处理,生成图块文件,在计算机屏幕上显示图形。然后在人机交互方式下进行地图的编辑,生成数字地图的图形文件。

数据处理分数据预处理、地物点的图形处理、地貌点的等高线处理。数据预处理是对原始记录数据做检查,剔除已作废除标记的记录和删去与图形生成无关的记录,补充碎部点的坐标计算和修改有错误的信息码。数据预处理后形成点文件,点文件以点为记录单元,记录内容是点号、符号码、点之间的连接关系码和点的坐标。

根据点文件形成地物与地貌图块文件,将与地物有关的点记录生成地物图块文件,与等高线有关的点记录生成地貌图块文件。地物图块文件的每一条记录以绘制地物符号为单元,其记录内容是地物符号代码,按连接顺序排列的地物点点号或者是点的 x、y 坐标值,以及点之间的连接线型(直线、圆弧和曲线)码。等高线处理是将表示地貌的离散点在考虑地性线、断裂线的条件下自动连接成三角形网,三角形顶点是通过测量的地形点。在三角形边上用线性内插法计算等高线通过点的平面位置。然后搜索同一条等高线上的点,依连接顺序排列起来,用曲线连接,形成每一条等高线的图块记录。

图块文件生成后在人机交互方式下进行地图编辑。主要包括剔除出错误的图形和不需要表示的图形,修正不合理的符号表示,增添植被、土壤等配置符号以及进行地图注记。编辑必须根据测量的原始地形点数据和草图进行。在编辑中发现的问题应按地形测量规范合理解决,必要时要通过外业复查后修改。

图块文件经编辑后得到图形文件,图形文件根据数字地图的用途不同有不同的要求,图形文件按一幅图为单元贮存,用于绘制某一规定比例尺的地图。

作为大比例尺数字地图数据库的图形文件还需要在图形文件的基础上作进一步处理。例如,地物分层处理、封闭图块处理、图形属性处理以及数字地面模型的处理等。进入数字地图数据库的图形文件和图块文件有很大的差别,它是按地图数据库的要求来建立的。

(三) 地图和测量成果报表的输出

编辑完成后的数字地图图形文件可以用磁盘存储和通过自动绘图仪绘制地图。计算机制图一般采用联机方式,将计算机和绘图仪直接连接,计算机将处理后的数据和绘图指令送往绘图仪绘图。绘图过程中,计算机的数据处理和图形的屏幕显示处理基本相同。但由于绘图仪有它本身的坐标系和绘图单位,因此需将图形文件中的测量坐标转换成绘图仪的坐标。

打印机是测量成果报表的输出设备。此外,打印机也可以打印图形,这时将打印机设置为图形工作方式。打印机绘制的图形精度低,仅是一种粗略的图解显示,也可绘制工作图,用于核对检查。

第六节　碎部点坐标测算

数字测图要求先测定所有碎部点的坐标及记录碎部点的绘图信息(即数据采集),并用数据存储器(电子手簿)存储起来,而后利用计算机辅助成图。在野外数据采集中,若用全站仪测定所有独立地物的定位点、线状地物、面状地物的折点(统称碎部点)的坐标,不仅工作量大,而且有些是无法直接测定。因此必须灵活运用"测算法"测算结合,测定碎部点坐标。

碎部点坐标"测算法"的基本思想是:在野外数据采集时,利用全站仪用极坐标法方向交会法、距离交会法测定一部分碎部点的位置(坐标),最后充分利用直线、直角、平行、对称、全等等几何特征,在室内(或现场)计算出所有碎部点的坐标。在数字化测图中,只要灵活应用各种碎部点测算法,需要测定的基本碎部点就不很多,对于较规则的市区更是如此。

下面介绍几种常用的碎部点测算方法。

一、极坐标法

极坐标法是测量碎部点最常用的方法。如图 11-6-1 所示，Z 为测站点，O 为定向点，P 为待求点。在 Z 点安置好仪器，量取仪器高 i；照准 O 点，读取定向点 O 的方向值 L_0（常配置为零，以下设定向点的方向值为零），然后照准待求点 P，量取觇标高（镜高 l），读取方向值 L_P，再测出 Z 至 P 点间的距离（斜距）S_{ZP} 和竖角 α（或天顶距 T），$T = 90° - \alpha$，则待定点坐标和高程可由下式求得：

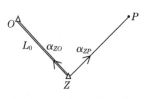

图 11-6-1　极坐标法

$$\left.\begin{aligned}
x_P &= x_Z + S_{ZP} \sin T \cdot \cos\alpha_{ZP} \\
y_P &= y_Z + S_{ZP} \sin T \cdot \sin\alpha_{ZP} \\
H_P &= H_Z + S_{ZP} \cos T + i - l
\end{aligned}\right\} \qquad (11-6-1)$$

式中：$\alpha_{ZP} = \alpha_{ZO} + L_P - 360°$。

二、方向交会法

该方法主要包括方向直线交会法和方向直角交会法两种。

（一）方向直线交会法

如图 11-6-2 所示，A、B 为已知碎部点，欲测定 i 点。在 Z 点安置好仪器，量取仪器高 i；照准 A 点，读取定向点 A 的方向值 L_A，此时只要照准 i 点，读取方向值 L_i，应用前方交会戎格公式可计算出 i 点的坐标：

$$\left.\begin{aligned}
x_i &= \frac{x_A \cdot \cot\beta + x_Z \cdot \cot\alpha - y_A + y_Z}{\cot\alpha + \cot\beta} \\
y_i &= \frac{y_A \cdot \cot\beta + y_Z \cdot \cot\alpha + x_A - x_Z}{\cot\alpha + \cot\beta}
\end{aligned}\right\} \qquad (11-6-2)$$

式中：$\alpha = \alpha_{AZ} - \alpha_{AB}$，$\beta = L_i - L_A$。

使用该法测定规则的家属区很方便。

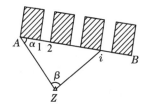

图 11-6-2　方向直线交会法

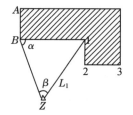

图 11-6-3　方向直角交会法

（二）方向直角交会法

对于构成直角的地物，可用方向直角交会法很方便地测定通视点的位置。

如图 11-6-3 所示，测出两个房角点 A、B 后，只要连续照准角点 1，2，3，…分别读取方向值，就可连续求出照准点的坐标。

当照准目标位于 ZA 方问的右侧时，则

$$\left.\begin{aligned}\alpha &= \alpha_{AZ} - \alpha_{AB} + 90° \\ \beta &= L_A - L_i \\ x_1 &= \frac{x_A \cdot \cot\beta + x_Z \cdot \cot\alpha - y_A + y_Z}{\cot\alpha + \cot\beta} \\ y_1 &= \frac{y_A \cdot \cot\beta + y_Z \cdot \cot\alpha + x_A - x_Z}{\cot\alpha + \cot\beta}\end{aligned}\right\} \quad (11-6-3)$$

当照准目标位于 ZA 方向的左侧时，则

$$\left.\begin{aligned}\alpha &= \alpha_{AB} - \alpha_{AZ} + 90° \\ \beta &= L_i - L_A \\ x_1 &= \frac{x_Z \cdot \cot\beta + x_A \cdot \cot\alpha - y_Z + y_A}{\cot\alpha + \cot\beta} \\ y_1 &= \frac{y_Z \cdot \cot\beta + y_A \cdot \cot\alpha + x_Z - x_A}{\cot\alpha + \cot\beta}\end{aligned}\right\} \quad (11-6-4)$$

其余 $2,3\cdots$ 各点计算类似。

三、直角坐标法

直角坐标法又称为勘丈支距法，它是借助测线和垂直短边支距测定目标点的方法。勘文支距法使用钢尺丈量距离，配以直角棱镜作业。支距长度不得超过一个尺长。

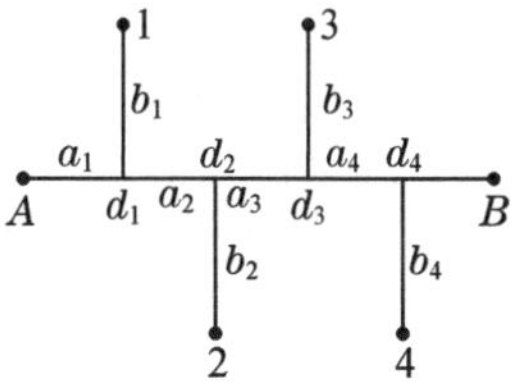

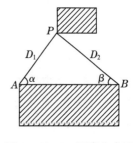

图 11-6-4　直角坐标法

如图 11-6-4 所示，已知 A、B 两点，欲测碎部点 i，则以 AB 为轴线，自碎部点 i 向轴线作垂线（由直角棱镜定垂足）。假设以 A 为原点，只要量测得到原点 A 至垂足 d_i 的距离 a_i 和垂线的长度 b_i 就可求得碎部点 i 的位置。

$$\left.\begin{aligned}x_i &= x_A + D_i \cdot \cos\alpha_i \\ y_i &= y_A + D_i \cdot \sin\alpha_i\end{aligned}\right\} \quad (11-6-5)$$

式中：$D_i = \sqrt{a_i^2 + b_i^2}$；$\alpha_i = \alpha_{AB} \pm \arctan\left(\dfrac{b_i}{a_i}\right)$；当碎部点位于轴线（$AB$ 方向）左侧时，取"$-$"，右侧时取"$+$"。

四、距离交会法

如图 11-6-5 所示，已知碎部点 A、B，欲测碎部点 P，则可分别量取 P 至 A、B 点距离 D_1、D_2，即可求得 P 点的坐标。

先根据已知边 D_{AB} 和 D_1、D_2，用余弦定理求出角 α，β。

$$\left.\begin{aligned}\alpha &= \arccos\frac{D_{AB}^2 + D_1^2 - D_2^2}{2D_{AB} \cdot D_1} \\ \beta &= \arccos\frac{D_{AB}^2 + D_2^2 - D_1^2}{2D_{AB} \cdot D_2}\end{aligned}\right\} \quad (11-6-6)$$

图 11-6-5　距离交会法

再利用 A、B 点坐标和 α，β，前方交会戎格公式即可求得 x_P、y_P。

五、直线内插法

如图 11-6-6 所示,已知 A、B 两点,欲测定 AB 直线上 1,2,3,…,i 各点,可分别量取相邻点间的距离 D_{A1}、D_{A2}、D_{A3}、…,从而求出各内插点的坐标:

图 11-6-6 直线内插法

$$x_i = x_A + D_{Ai} \cdot \cos\alpha_{AB} \atop y_i = y_A + D_{Ai} \cdot \sin\alpha_{AB} \right\} \qquad (11-6-7)$$

式中:$D_{Ai} = D_{A1} + D_{12} + \cdots + D_{i=1,i}$。

六、计算法

计算法一般不需要外业观测数据,仅利用图形的几何特性计算碎部点的坐标。它包括以下六种算法:① 矩形计算法;② 垂足计算法;③ 直线相交法;④ 平行曲线法;⑤ 对称点法;⑥ 平移图形法。这里不再详述。

第七节 野外数据采集

数据采集就是采集供自动绘图用的定位信息和绘图信息,是数字测图的一项重要工作。

一、野外数据采集方式

采用大地测量仪器进行数据采集可分为以下几种采集方式,它们的连接关系如图 11-7-1 所示。

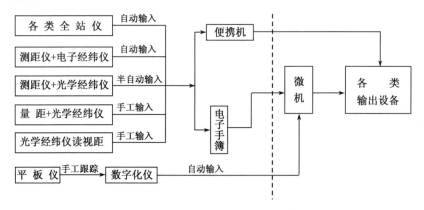

图 11-7-1 野外数据采集连接关系

对于全站仪采集方式,全站仪与电子手簿通过通讯电缆连接(有些全站仪内装有记录磁卡,观测结束,通过读卡器,将数据输入计算机),可将采集到的数据信息直接传送入电子记录手簿,电子手簿和计算机通讯可将保存在手簿中的各种数据信息送入计算机中。

对于测距仪配合电子经纬仪采集方式,要求电子经纬仪和测距仪必须有数据输出端口,通过 Y 型通讯电缆与电子手簿连接,将采集到的数据信息直接传送入电子手簿。该种采集方式由于可利用两种较廉价的使用较广泛的测量仪器,故很多测绘单位可用这种方式进行数字测图。

对于测距仪配合光学经纬仪采集方式,必须手工将角度(方向)值键入电子手簿,距离部分的数据可自动输入电子手簿。对于光学经纬仪配合量距的采集方式,距离和角度都需要人工键入电子手簿。这两种采集方式由于需人工输入数据,记录的数据容易出错。再则,外业工作量大,采点点位精度低,故不适于较大范围的数字测图。

上述几种数据采集方式,若采用电子平板作业模式,可省去电子手簿,直接将观测数据信息输入便携机,并现场绘制地形图。

对于平板仪采集方式,野外仍用传统平板仪测图,但不清绘,室内用数字化仪在成图软件的支持下手工跟踪将其输入计算机,通过图形编辑与整饰,得到数字地图。

二、电子手簿使用

数字测图系统中,用于野外测量数据的采集与存储的设备习惯上称为电子手簿。目前,电子手簿主要有 3 种类型:仪器内藏的可置换的存储模块(或插入卡)、仪器的专用电子记录器(电子手簿)、以袖珍机或便携机为依托的电子手簿。目前多以通用的掌上电脑为载体,由测绘人员自行开发编制的电子手簿。这类电子手簿价格低廉,功能齐全,使用方便。

目前电子手簿记录的定位信息,很少直接记录原始的观测数据(水平角、竖角、距离、觇高等),通常利用电子手簿的解算功能,将观测数据转换为三维坐标(x, y, H),以固定格式进行记录,供内业数据处理使用。目前的电子手簿通常具有丰富的扩展功能,可接收并处理多种测量方法得到的数据,可进行测量平差计算,面积土方量算,计算放样数据,还可控制绘图仪展点及绘制草图。

三、野外采集地形信息的数据编码

野外采集的数据,除了测定碎部点的位置外,还必须包括地物点的连接关系和地物类别(或称地物属性)等绘图信息。如前所述绘图信息一般用一定规则构成的符号来表示,这些符号(串)称为地形信息的数据编码或代码。其内容原则上应包括:地物的类别,碎部点的连接关系及连接类别(直线、圆弧、一般光滑曲线等),定位点计算及管理信息等。绘图信息可在输入点的定位信息之前或之后输入。数字测图中地形点的描述必须具备三类信息:① 测点的三维坐标(点号与坐标);② 测点的属性,即地形点的特征信息(地形编码);③ 测点的连接关系(连接点和连接线型)。

室内成图时,利用测图系统中的图式符号库,根据编码,从相应库中调出与该编码对应的图式符号成图。测图软件是由面向目标的系统编码、图式符号、连接信息一一对应的设计原理所实现的。

目前,国内开发的测图软件已很多,一般都是根据各自的需要、作业习惯、仪器设备及数据处理办法等设计自己的数据编码,制定各自的属性信息输入方案。一个优秀的数字化测图系统通常采用几种编码混合作业,通过软件处理,统一为程序内部码。

数据编码是按一定规则构成的符号申来表示地物属性信息和连接信息。数据编码的基本内容包括:地物要素编码(或称地物特征码、地物属性码、地物代码)、连接关系码(或连接点号、连接序号、连接线型)、面状地物填充码等。图 11-7-2 为全要素编码形式。

南方测绘仪器公司开发的 CASS 地形地籍成图系统,使用电子手簿采集数据时,可采用三种编码方式作业,即应用程序内部码、野外操作码(简码)、无码作业。程序内部码是生成图形的基本代码,由地物要素和标识码组成,具体有以下几种:① 地物要素码+地物顺序码+测点顺序码(用于面状、线状地物);② P+地物要素码+地物顺序码(用于线状地物的平行线);③ Y_0+半径(用于圆形地物);④ A+数字(用于点式地物)。各点编码可通过软件批量处理,自动追加一些管理信息,便于地图数

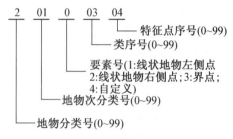

图 11-7-2　全要素编码形式

据库的建立。由于程序内部码码长、难记,野外作业时很少使用。野外操作码也称为简码,由地物代码和连接关系(关系码)的简单符号组成。其形式简单、规律性强,无须特别记忆。地物代码是按一定规则设计的,如代码 F_0、F_1、F_2……分别表示特种房、普通房、简单房……("F"取"房"字拼音第一个字母)。关系码由"+""-""P""A$"等符号组成,不连续配合数字使用。当野外地形地物较复杂密集时,可采用无码作业,即在野外无须向电子手簿键入任何代码,而是将地物、地貌关系勾绘一份含点号顺序的草图。内业首先是根据外业草图编辑"编码引导文件",然后经过软件处理生成程序内部码。也可根据外业勾绘的草图和记载的有关说明信息,直接用鼠标进行屏幕编辑成图(连线、加符号、注记、整饰等)。采用无码作业方法,可大大加快野外采集速度,提高外业工作效率。

EPSW 电子平板测图系统的绘图信息分地形点的特征信息(属性信息)及其连接信息(连接点号和连接线型)。属性信息采用三位数字的地形编码。线型区分为:① 直线;② 曲线;③ 圆弧。野外要直接输入每个地形点编码是比较困难的,为了解决这个问题,EPSW 系统采用了"无记忆编码"法,该法将每一个地物编码和它的图式符号及汉字说明都编写在一个图块里,形成一个图式符号编码表,存储在计算机内,供测量时调用。

四、野外数据采集数据记录内容和格式

通常大比例尺数字测图野外采集的数据包括:

(1) 一般数据:如测区代号、施测日期、小组编号等。

(2) 仪器数据:如仪器类型、仪器误差、视准轴误差对水平方向影响的改正、测距仪加常数、乘常数等。

(3) 控制点数据:如点号、类别、坐标和高程等。

(4) 测站数据:如测站点号、零方向点号、仪器高、零方向读数等。

(5) 方向观测数据:如方向点号、目标的觇标高、方向、天顶距和斜距的观测值等。

(6) 碎部点观测数据:如点号、连接点号、连接线型、地形要素分类码、方向、天顶距和斜距的观测值、觇标高(或者是计算的、坐标和高程)等。

五、野外数据采集方式

野外数据采集包括两个阶段,即控制测量和地形特征点(碎部点)的采集。控制测量方法与白纸测图法中的控制测量基本相同,但主要使用导线测量方式。由于数字化测图主要用电磁波测距,测站点到地物、地形点的距离即使在 500 m,也能保证测量精度,故对图根点的密度要求已不很严格。一般以在 500 m 以内能测出碎部点为原则。通视条件好的地方,

图根点可稀疏些;地物密集、通视困难的地方,图根点可密些,控制点尽量选在制高点。控制测量主要使用导线测量,观测结果(方向值、竖角、距离、仪器高、目标高、点号等)自动或手工输入电子手簿。一般直接由电子手簿解算出控制点坐标与高程。

碎部点数据采集的作业方法与传统的白纸测图有较大差别。下面着重介绍用全站仪进行碎部点的数据采集。

(一)测记法施测

测记法数据采集时作业组人员配置:观测员 1 名,绘草图领尺(镜)员 1 名,立尺(镜)员 1~2 名,其中绘草图领尺员是作业组的核心、指挥者。仪器配备:全站仪 1 台、对讲机 1~2 副、电子手簿 1 台、数据通信电缆 1 根、单杆棱镜(对中杆)1~2 个、皮尺 1 盘。

数据采集之前通常先将作业区的已知点成果输入全站仪或电子手簿。进入测区后,绘草图领尺员首先对勘察测站周围的地形、地物分布勾绘一份含主要地物、地貌的草图(事先准备旧地图或卫星影像作为工作底图会更准确),便于观测时在草图上标明所测碎部点的位置及点号。仪器观测员指挥跑镜员到事先选好的某已知点上准备立镜定向,自己快速架好仪器,量取仪器高,启动全站仪,选择测量状态,输入测站点号和定向点号、定向点起始方向值。瞄准定向棱镜,定好方向通知持镜者开始跑点。输入仪器高,瞄准棱镜,用对讲机确定镜高及所立点的性质,输入镜高、地物代码,准确瞄准后,记录相应坐标与相关信息。检查无误继续测点。

野外数据采集,由于测站离测点可以比较远,观测员与立镜员或绘草图者之间的联系需用对讲机或其他通信设备,测站与测点两处作业人员必须时时联络。观测完毕,观测员要告知立镜者,以便及时对照手簿上记录的点号和绘草图者标注的点号,两个点号必须一致。否则应查找原因,位置遗漏或测重时,必须及时更正。

绘草图人员必须把所测点的属性标注在草图上,以供内业处理、图形编辑时用。草图的编制要遵循清晰、易读、相对位置准确,比例一致的原则。草图示例如图 11-7-3。图中为某测区在测站 1 上施测的部分点。另外,需要提醒一下,在野外采集时,能测到的点要尽量测,实在测不到的点可利用皮尺或钢尺量距,利用电子手簿的量算功能,生成这些直接测不到点的坐标。在一个测站上所有的碎部点测完后,要找一个已知点重测进行检核,以检查施测过程中是否存在错误操作、仪器碰动或出现故障等原因造成的错误。检查完,确定无误后关掉仪器电源,中断电子手簿,关机、搬站。到下一测站,重新按上述采集方法、步骤进行施测。

(二)电子平板法施测

电子平板法测图时作业人员配置:观测员 1 人,电子平板(便携机)操作人员 1 人,跑尺员 1~2 人。仪器配备:全站仪 1 台、对讲机 1~2 副、笔记本计算机 1 台、数据通信电缆 1 根、单杆棱镜(对中杆)1~2 个、皮尺 1 盘。

进行碎部测图,一般先在测站安置好全站仪,输入测站信息:测站点号、后视点号以及仪器高。然后以极坐标法为主,配合其他碎部点测量方法施测。数据采集可采用角、距记录模式,对话框如图 11-7-4。

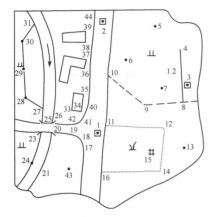

图 11-7-3　野外绘制草图

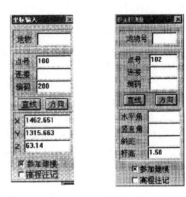

图 1-7-4　清华山维电子平板坐标记录框

在记录对话窗口中：

点号：即为点的测量顺序号。第一个点号输入以后，其后的点号不必再由人工输入。每测一个点，点号自动累加 1。

编码：顺序测量时同类编码只输一次，其后的编码由程序自动默认。只有测点编码变换时才键入新的编码。

H,V,S 或 x,y,Z 各项：由全站仪观测并自动输入。

连接点号：凡与上一点相连时，程序在连接点栏自动默认上一点点号。当需要与其他点相连时，则需要键入该连接点的点号。电子平板系统则可在便携机的显示屏上，用光笔或鼠标捕捉连接点，其点号将自动填入记录框。

线型：表明点间（本点与连接点间）的连接线型。可用鼠标单击直线按钮，改变线型时自动加入线型代码，直线为 1，曲线为 2，圆弧为 3，三点才能画圆或弧，独立点则为空。

标杆高：由人工键入，输入一次后，其余测点的标杆高则由程序自动默认（自动填入原标杆高），只有标杆高改变了，才重新键入新规标高。

其他选项是为完善测图系统而增加的功能项，如"方向"按钮可随时修正有向线符号的方向等。

对于电子平板数字测图系统，数据采集与绘图同步进行，内业仅做一些图形编辑、整饰工作。用电子平板进行野外数字化测图，从人员组织到各种测量方法的自动解算和现场自动成图，真正做到内外业一体化，测图的质量和效益都将超过传统的人工白纸测图，是今后测绘大比例尺地形图的重点发展方向。

第八节　数字测图内业简介

一、数字测图主要软件

要完成数据与图形的处理，单有计算机等硬件设备是远远不够的，还必须有相应的软件支持才行。目前国内市场上比较有影响的数字测图软件主要有：① 武汉瑞得公司的 RDMS；② 南方测绘仪器公司的 CASS；③ 清华山维公司的 EPSW 电子平板。

它们都能测绘地形图、地籍图,并有多种数据采集接口,成果都能被 GIS 软件所接受;都具有丰富的图形编辑功能和一定的图形管理功能,操作界面较友好。武汉瑞得公司的 RDMS 全部用高级语言开发,可以直接在 GIS 环境下运行,具有结构紧凑、运行速度较快的特点;南方测绘仪器公司的 CASS 以 AutoCAD 为开发和运行平台,具有使用方便、扩充性强、接口丰富的特点。清华山维公司的 EPSW 是在 Windows 环境下用C++语言开发和运行,具有界面美观、可现测现绘、不易漏测、操作直观方便的优点。

二、内业处理的主要作业过程

对于测记法,当数据采集过程完成之后,即进入到数据处理与图形处理阶段,亦称内业处理阶段。内业处理主要包括数据传输、数据转换、数据计算、图形编辑与整饰直至最后的图形输出。其作业流程用框图表示,如图 11-8-1 所示。

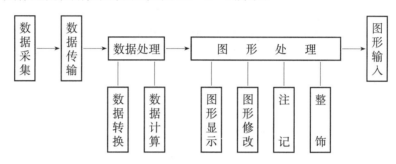

图 11-8-1　内业处理的主要作业过程

数据传输主要是指将采集到的数据按一定的格式传送到做内业处理的计算机中生成数据文件,供内业处理使用。数据处理中的数据转换指计算机可识别的内部码的生成。数据计算主要是等高线的插值计算与等高线的光滑。在此过程的最后要建立图形数据文件,为图形处理做好准备。图形处理主要包括图形的显示、修改、注记、整饰和最后的图形输出。

(一)数据处理

当用某种数据采集方法获取了野外观测信息(包括点号、编码、三维坐标等)后,还需要将这些数据传输到计算机中,并对这些数据进行适当的加工处理,才能形成适合于图形生成的绘图数据文件。

数据处理主要包括两个方面的内容:数据转换和数据计算。数据转换是将野外采集到的带简码或无码数据文件转换为带绘图编码的数据文件,供计算机识别绘图使用。对于简码数据文件的转换,软件可自动实现;对于无码数据文件,则还需要通过地物关系(根据草图,编制引导文件来实现转换)。数据计算主要是针对地貌关系的。当数据输入到计算机后,为建立数字高程模型绘制等高线,需要进行插值模型建立、插值计算、等高线光滑三个过程的工作。在计算过程中,需要给计算机输入必要的数据,如插值等高距、光滑的拟合步距等。必要时需对插值模型进行修改,其余的工作都由计算机自动完成。数据计算还包括对房屋类呈直角拐弯的地物进行误差调整,消除非直角化误差。

经过数据处理后,未经整饰的地形图即可在计算机屏幕显示,同时计算机将自动生成以数字形式表示的各种绘图数据文件,存于计算机的外存设备中供后续工作使用。

（二）图形处理

图形处理就是对经数据处理后所生成的图形数据文件进行编辑、整理。要想得到一幅规范的地形图，除要对数据处理后生成的"原始"图形进行修改、整理外，还需要增加汉字注记、高程注记，进行图幅整饰和图廓整饰，并填充各种面状地物符号。要利用编辑功能菜单项，对图形进行删除、断开、修剪、移动、比例缩放、复制、修改等操作，补充插入图形符号，进行汉字注记和图廓整饰等，最后编辑好的图形即为我们所需要的地形图。编辑好的图形可以存盘或用绘图仪输出。

（三）图形输出

经过图形处理以后，即可得到由计算机保存的数字地图，也就是形成一个图形文件。数字化成图通过对层的控制，可以编制和输出各种专题地图（包括平面图、地籍图、地形图），以满足不同用户的需要。在用绘图仪输出图形时，还可按层来控制线划的粗细或颜色，绘制美观、实用的图形。还可通过图形旋转，绘制工程部门所需的带状图。

为了使用方便，往往需要用绘图仪或打印机将图形或数据资料输出。用绘图仪输出图形时，首先将绘图仪与计算机连接好，并将各种参数配置好，然后在图形界面下按菜单提示操作。当输入一些绘图信息（尺寸单位、笔宽、绘图比例等）后，由计算机驱动绘图仪绘制所需的图形。

三、数字化地形地籍成图软件 CASS

（一）CASS 软件概述

CASS 地形地籍成图软件是广州南方测绘仪器有限公司基于 AutoCAD 平台开发的一套集地形、地籍、空间数据建库、工程应用、土石方算量等功能为一体的 GIS 前端数据采集软件。自 1994 年推出 CASS 1.0 以来，已经成为业内应用最广、使用最方便快捷的软件之一，广泛应用于地形成图、地籍成图、工程测量应用、空间数据建库等领域。CASS 使用骨架线实时编辑、简码用户化、GIS 无缝接口等先进技术，优化了底层程序代码，完善了等高线、电子平板、断面设计、图幅管理等技术，并使系统运行速度更快更稳定，界面操作、数据浏览管理、系统设置更加直观和方便。CASS 用户涵盖了测绘、国土、规划、房产、市政、环保、地质、交通、水利、电力、矿山及相关行业。

CASS 7.0 版本相对于以前各版本除了平台、基本绘图功能上做了进一步升级之外，针对土地详查、土地勘测定界的需要开发了专业实用的工具。在空间数据建库的前端数据的质量检查和转换上提供更灵活更自动化的功能。为适应当前 GIS 系统对基础空间数据的需要，该版本对于数据本身的结构也进行了相应的完善。图 11-8-2 为 CASS 7.0 的技术框架。

近年来科技发展日新月异，地理信息系统（GIS）技术取得了长足的发展。同时，社会对空间信息的采集、动态更新的速度要求越来

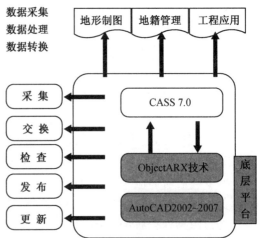

图 11-8-2　CASS 7.0 技术框架

快,特别是对城市建设所需的大比例尺空间数据获取方面的要求越来越高,与空间信息获取密切相关的测绘行业在近十余年来也发生了巨大而深刻的变化,基于 GIS 对数据的新要求,测绘成图软件也正由单纯的"电子地图"功能转向全面的 GIS 数据处理,从数据采集、数据质量控制到数据无缝进入 GIS 系统,GIS 前端处理软件扮演越来越重要的角色。

(二) CASS 7.0 数字测图内业的基本操作

数字测图系统的内业主要是计算机屏幕操作。成熟的数字测图软件的操作界面一般都很友好,通常都是采用屏幕菜单和对话框进行人机交互操作,完成数据处理、图形编辑、图幅整饰、图形输出及图形管理。

如图 11-8-3 是 CASS 7.0 的主操作界面,包括:顶部下拉菜单区、屏幕右侧菜单区、底部提示区和图形显示区。下拉菜单区汇集了 CAD 的图形绘制"工具""编辑""显示"等项,以及 CASS 所增加的"数据处理""绘图处理""等高线""地物编辑""地籍图纸管理"项目。运用它可完成图形的显示、缩放、删除、修剪、移动、旋转、绘地形图、绘地籍图、图形修饰、文件管理、图形管理等工作。右侧菜单区是一个测绘专用交互绘图菜单,包括控制点、居民地、道路、管线、水系植被等图式符号均放在其中,使用时只需用鼠标直接点中所需要的项目,即可将符号绘制在屏幕上。图形区显示所绘图形,可在此用各种编辑功能对图形进行编辑加工。命令区是 AutoCAD 的命令提示区,在对图形进行编辑的过程中,要随时注意此区中所给出的提示,只有按提示要求输入相应的内容后才可完成一个命令。把鼠标移到屏幕顶部,点取"绘图处理"出现下拉菜单。在下拉菜单子项中,标记…表示有二级菜单,标记……表示有对话框。操作"绘图处理"的下拉菜单,基本上可完成地形图形和地籍图的制作。右侧菜单有四种定点方式,即"坐标定位"定点、"测点点号"定点、"电子平板"定点与"数字化仪"定点。若用鼠标点取"测点点号",会出现如图 11-8-3 所示的右侧菜单,根据屏幕测点点号

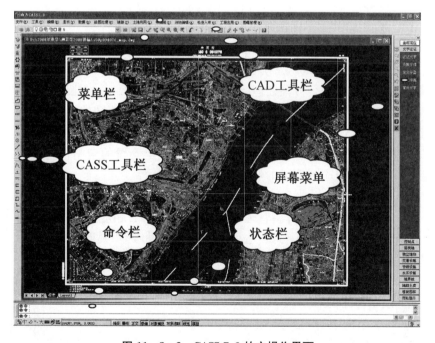

图 11-8-3　CASS 7.0 的主操作界面

和外业草图,操作右侧菜单也可绘制地形图和地籍图。

要完成图形的绘制与编辑工作,主要与有关的菜单、对话框及文件打交道。不同的测图软件系统,其内业处理方法不同,具体操作差别很大。要使用好一套测图系统,掌握具体的操作方法,必须对照操作说明书反复练习。

1. 用 CASS 7.0 绘制地形图

(1)数据通信

CASS 7.0 可直接读入南方、索佳、徕卡、拓普康、宾得、尼康等系列主流全站仪的内存数据格式并转换成 CASS 7.0 的坐标数据格式;也可直接读入测图精灵的 *.SPD 文件,并自动生成 *.DWG 的图形文件、*.DAT 的坐标数据文件和 *.HVS 的原始测量数据文件。如图 11-8-4 所示。

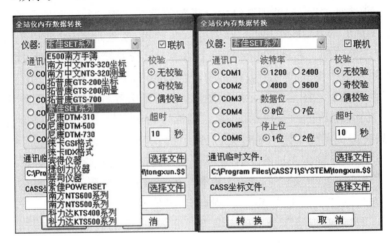

图 11-8-4 全站仪的数据通信菜单

CASS 数字测图软件的草图法数字测图将外业采集数据按一定的格式传输入计算机内,并将数据格式转换成图形编辑系统要求的格式(生成内部码),即可展绘点号点位,然后根据测量草图对外业数据进行分幅处理、绘制平面图,再进行等高线处理,即自动建立数字高程模型(DEM)、自动生成等高线等。经过数据处理后,未经整饰的地形图即可显示在计算机屏幕上。

CASS 软件的电子平板法测图时笔记本电脑与测站上安置的全站仪直接连接,全站仪测得的碎部点坐标自动传输到笔记本电脑并展绘在绘图区。

(2)图形绘制

CASS 7.0 对图形的管理是分层管理,每一图层存放具有相应特征的地物符号。CASS 7.0 有按国家标准制作的图示符号库。在制图的过程中,将野外测点展绘出来后,可通过点号定位或者坐标定位定点,然后选图层、选地物符号,将地物展绘出来,整个过程简单明了,易于掌握。图 11-8-5 是工业设施的符号库。作业人员必须熟悉有关的菜单、对话框及文件,完成图形的绘制与编辑工作。

草图法作业时绘图人员根据野外测量点和有关数据以及绘制的草图对数据处理后所生成的图形数据文件进行编辑、整理。除了"原始"图形进行修改、整理外,还需要加上文字注记、高程注记,进行图幅和图廓整饰,并填充各种面状地物符号等,编辑成合格的地形图。

电子平板法的数字测图图形绘制和编辑,全站仪测得的碎部点坐标自动传输到笔记本电脑并展绘在绘图区,完成一个地物的碎部点测量工作后,采用与草图法相同的方法进行现场实时绘制地物,它在野外作业现场实时连线成图,其特点是野外现场"所测的数据即所得";可以及时发现错误,立即修改。

（3）等高线绘制

CASS 7.0 绘制等高线时,充分考虑到等高线通过地性线和断裂线的处理,如陡坎、陡崖等。CASS 7.0 自动切除通过地物、注记、陡坎的等高线。在绘等高线之前,必须先将

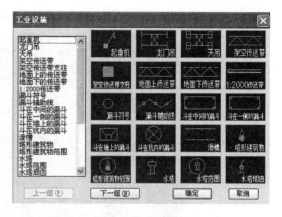

图 11‑8‑5　工业设施的符号库

野外测的高程点建立数字高程模型（DEM）,然后在数字高程模型上生成等高线。图 11‑8‑6 是三角网的自动生成。图 11‑8‑7 为生成的等高线。

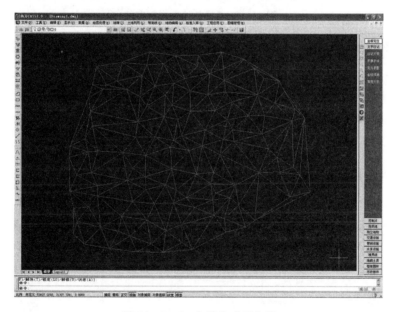

图 11‑8‑6　自动生成三角网

建立的 DEM 还可进行编辑和修改,存取,使之更接近于实际地形。也可对三角网进行写入读出。绘出来的等高线也可进行修饰,可以注记等高线、修剪等高线等。根据等高线可绘制实际地形的立体模型。

（4）图廓整饰

完成图形编辑和 DEM 处理的图形,最后参照国标图式加绘图名、接合表、比例尺、义字说明等。

点击菜单"绘图处理—建立格网—标准图幅",输入"图名",分别输入"测量员""绘图员""检查员"等信息;在"左下角坐标"的"东""北"栏内分别输入相应的坐标值,在"删除图框外

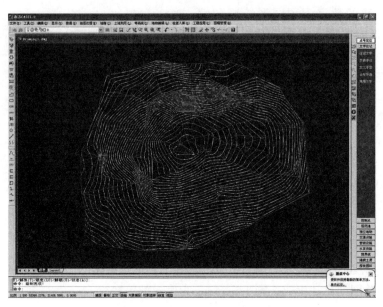

图 11 - 8 - 7 自动生成等高线

实体"栏前打勾,然后按确认,获取整饰图,如图 11 - 8 - 8 所示。将图形生成符合国标图式的分幅图。

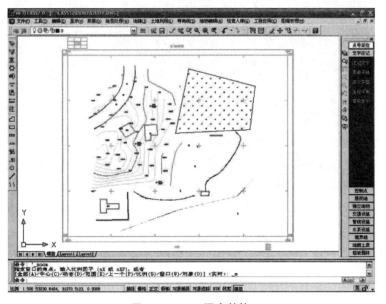

图 11 - 8 - 8 图廓整饰

2. 用 CASS 7.0 绘制地籍图

CASS 7.0 可通过绘界址线直接绘权属图,也可先生成权属文件,再依权属文件绘权属图。生成权属文件有四种方法,用户可以依照具体的情况进行选择:① 可以由权属合并即由权属信息引导文件和坐标数据文件合并生成权属信息文件;② 可以由图形生成权属,写入宗地的相关信息;③ 可以根据复合线来生成权属;④ 还可以由界址线来生成权属。根据生成的权属文件即可绘出权属图。

要完成图形的绘制与编辑工作,主要与有关的菜单、对话框及文件打交道。不同的测图软件系统,其内业处理方法不同,具体操作差别很大。要使用好一套测图系统,掌握具体的操作方法,必须对照操作说明书反复练习。

将数字化技术引入地形测量后,实行一体化作业,大大减轻了室外作业的强度,缩短了成图周期。不仅减轻劳动强度,而且不会损失观测精度,与传统白纸测图相比,全数字地形测图不仅仅是方法的改进,更是技术本质上的飞跃。

复习思考题

1. 简述数字化测图的基本思想? 大比例尺数字测图的主要优点是什么?
2. 简述大比例尺地面数字测图的基本作业过程。
3. 数字化测图的硬件主要有哪些?
4. 试述数字化测图的作业过程。
5. 测定碎部点坐标的方法主要有哪几种? 试写出计算公式。
6. 数据编码方案可归纳为哪几种?
7. 如何进行野外数据采集?
8. 试述数字化测图的内业处理主要作业过程。

第十二章 摄影测量与无人机测绘

导　读

摄影测量是地图与地理信息获取的主要方法。近年来,无人机测绘随着无人机技术和数码影像技术的进步而快速发展,成为重要的地理信息采集手段,具有作业成本低、工作效率高、测量精度高等特点,极大地提高了地形测绘的快速性、准确性及可靠性。本章从无人机测绘技术的特点切入,结合实际探讨了其在地形测绘领域方面的应用,推动测绘行业的可持续发展。

本章首先第一节介绍了摄影测量的原理及基本内容,数字摄影测量采集 4D 产品;第二至六节是无人机测绘的基本概念及无人机的分类,重点介绍了无人机测绘技术的系统平台,无人机测绘作业流程。详细叙述了无人机测绘的内外业工作,无人机测绘的应用,最后对三维激光扫描测量做了简述。

摄影测量是测绘产品的主要获取手段,传统常采取航空摄影与卫星影像。随着传感器技术的发展及需求的多样化,出现了新的航空摄影测量作业方式,适用于困难场景的三维重建。首先,倾斜摄影测量利用航空飞行器搭载多个倾斜像机,从不同角度对目标地物进行拍摄,解决了地物侧立面影像数据缺失的问题,在注重侧面信息的城市三维重建任务中能够发挥重大作用。其次,摄影测量的飞行平台也有较大的改变,出现了无人机。相比于有人机,无人机可以快速获取目标区的高分辨率影像和精细化的三维结构信息。此外,无人机的出现使面向对象的摄影测量成为可能。无人机测绘(也称无人机航测)颠覆了传统测绘的作业方式,通过无人机摄影获取影像数据,快速实现地理信息的获取,生成三维地理信息模型。无人机测绘具有效率高、成本低、精度高、操作灵活等特点,可满足测绘行业的不同需求,在基础地理信息测绘、地理国情监测、地理信息应急监测方面起到了无可替代的作用,逐渐成为测绘部门航空遥感数据获取的重要补充方法。无人机测绘可广泛用于地形测绘、应急抢险、高危区域调查、环境监测和军事应用等。

无人机测绘有以下明显优势:(1) 快速反应。无人机通常低空飞行,空域申请便利,受气候条件影响较小。(2) 时效性、性价比高。相比传统航测与卫星测绘,可做到短时间内快速完成,及时提供用户所需成果,且价格具有相当的优势。(3) 监控区域受限制小。因为我国面积辽阔,地形和气候复杂,很多区域常年受积雪、云层等因素的影响,导致卫星遥感数据的采集受到一定限制;在边境地区也存在边防的问题。(4) 快速获取地表数据和建模能力。可快速获取地表信息,获取超高分辨率数字影像和高精度定位数据,生成 DEM、三维正射影像图、三维景观模型、三维地表模型等二维、三维可视化数据,便于进行各类环境下应用系统的开发和应用。

第一节　航空摄影测量成图

一、航空摄影测量的基本概念

摄影测量与遥感是通过对非接触式传感器系统获得的影像及其数字表达进行记录、量测和解译来获得自然物体和环境的可靠信息的一门工艺、科学和技术(ISPRS,1988)。影像表现物体信息丰富、客观真实。摄影测量不仅具有不触及物体的间接式测量优点,而且具有可测量复杂形态物体、可测量动态物体的优点。摄影测量被广泛应用于地形测量及非地形测量领域。随着地理信息系统(GIS)、遥感(RS)和全球定位系统(GNSS)3S 集成技术的兴起,作为地形信息(包括数字形式地图)最重要获取手段的摄影测量技术,尤其是解析摄影测量和数字摄影测量的研究会成为遥感技术的热点之一。摄影测量学研究的内容包括:① 获取被摄物体的影像;② 研究单张和多张像片影像的处理方法(包括理论与技术);③ 地理信息成果以图解形式或数字形式输出的方法。

摄影测量已有一百多年的历史,经历了模拟摄影测量、解析摄影测量和数字摄影测量三个阶段。航空摄影测量主要是利用机载摄影机对地面拍摄得到影像,再经过影像的处理获取地形信息及其他空间信息(如地理信息、工程信息等)。我国 1∶1 000～1∶50 000 的大中比例尺地图大都采用摄影测量的方法。近二十年来,摄影测量已发展成为测绘大比例尺地形图(1∶500～1∶2 000)的重要方法。与需在现场作业的常规测图或电子平板测图相比,航空摄影测量成图具有作业劳动强度低、成图周期短、图面精度均匀、大范围测图经费省等优点。当前,摄影测量的应用领域从初期单一的地形图测绘到现在的工业、农业、林业、生物、建筑、考古、地质地理等各个方面,除了提供常规的纸质线划地形图外,还有影像地图、正射影像图、立体正射摄影像图,解析和数字测图的数字形式地形图、数字地形模型和地形数据库等。

模拟摄影测量是用光学或机械方法模拟摄影过程,使两个投影器恢复摄影时的位置、姿态和相互关系,形成一个比实地缩小的几何模型,即所谓"摄影过程的几何反转";在此模型上的量测即相当于对物体的量测;其结果通过机械或齿轮传动方式直接在绘图桌上绘出各种图件——地形图或各种专题图。解析摄影测量实现测量成果数字化,在机助测图软件控制下,将在立体模型上测得的结果首先存在计算机中,然后再传送到数控绘图机上绘出图件,其结果以数字形式存储在计算机中的地图,构成了测绘数据库和建立各种地理信息系统的基础。数字摄影测量是解析摄影测量的进一步发展,包括数字测图和全数字测图,无须精密的解析摄影测量仪器,可建立相应的数据库。解析摄影测量和数字摄影测量不受像片数、像片内外方位元素、地形类别和模型比例尺等各种模拟法难以克服的因素影响。

航摄像片是由机载的量测用航空摄影机在空中对地拍摄而得。航空摄影时,飞机沿航线在一定高度匀速飞行,摄影机则按一定的时间间隔开启快门拍摄,所摄像片的影像在地面上形成如图 12-1-1 所示的覆盖。一条航线拍摄完毕,飞机进行相邻航线的拍摄。相邻两航片之间要有影像重叠,规定航向重叠不小于 60%,旁向重叠不小于 30%。如此,直至所有航线拍摄完毕,整个测区即被航空影像全部覆盖,航空摄影一般委托专门的部门来完成。

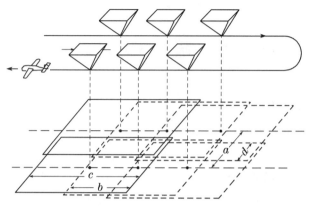

图 12-1-1　航空摄影示意

航空摄影测量方法测制地形图,包括航空摄影、航测外业、航测内业三部分内容。航测外业主要包括像片控制测量和像片调绘;航测内业则包括空中三角测量控制点加密和测图。具体测图内容有测制线划地形图、像片平面图、影像地形图以及数字高程模型(DEM)等。

二、摄影测量综合法测图

摄影测量方法测图,关键是要消除像片倾斜引起的像点位移 δ_a 以及地形起伏引起的像点移位 δ_h,从而将中心投影的地形形态转换为正射投影的形态,并归化比例尺。从技术上分,摄影测量测图主要有综合法测图和立体测图两种方法。

航空像片客观真实地反映了地面物体的各种地面特性,具有丰富的信息。对于平坦地区而且要求不太高的工作而言,可以把它近似地作为平面图使用,通过立体观察,还可以研究像片范围内的地物和地貌特征,起到一部分地形图的作用。然而,一张像片的面积毕竟有限,不易观察出地区的全貌,航摄像片与地形图相比又存在种种误差。因此,我们根据不同的工作需要,把航空像片编制成各种类型的影像图。可以分为:① 像片索引图;② 像片略图;③ 像片平面图;④ 影像地图。

综合法测图适合于平坦地区成图。作业的基本原理是将倾斜像片变换为按成图比例尺的水平像片,并限制由于地形起伏引起的像点移位的大小。综合法测图工艺流程如图 12-1-2 所示。综合法测图作业成果一般是影像地形图。

(一) 像片纠正图

将航摄像片进行投影变换,转化为成图比例尺的水平像片,并使地形起伏引起的影像变形误差符合成图要求的作业过程称为像片纠正。

如图 12-1-3 所示,将平坦地区的航摄负片 P 恢复成摄影时的空间方位后进行投影,重建航片 P、投影中心 S 及地面 T 之间的中心投影关系。以一个投影距为 H/M 的水平面 E 与投影光束相截,E 面影像即是比例尺为 $1/M$ 的水平影像,也称之为水平像片或纠正像片。

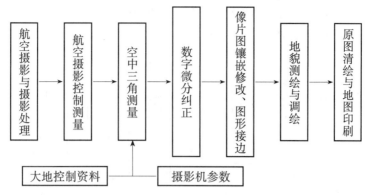

图 12 - 1 - 2 摄影测量综合法测图流程

纠正像片消除了像片倾斜引起的像点位移误差。然而,地面总是有起伏的,凡高出或低于水平地面 T 的点,在纠正像片上仍存在有地形起伏引起的像点位移误差 δ_h。测图规范规定,这种像点位移误差在纠正像片上只要不超过 ± 0.4 mm,即满足成图几何精度要求,相应的地面称为平坦地区。显然消除了 δ_a 误差并限制了 δ_h 误差大小的纠正影像可被认作为按成图比例尺的地面正射影像。

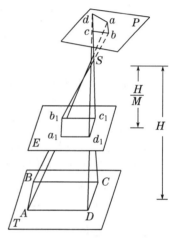

（二）像片平面图的制作

像片纠正作业是通过数字微分纠正进行,经过纠正对点、像片晒印及影像镶嵌得到一幅按图幅分幅规定比例尺的正射影像,即是像片平面图。

（三）像片调绘及高程测绘

像片平面图虽然是按图幅的具有成图比例尺的地面正射

图 12 - 1 - 3 航空像片纠正原理

影像,但与地形图相比,它缺少地形图注记及高程表达。因此,综合法测图中,取得像片平面图后,须经实地的像片调绘来完成对像片平面图的地形注记,如建筑物层高、厂矿名称、道路宽度、陡坎比高、作物种类等等。对少数影像上没有构像或难以辨别的地物,如涵洞、山洞、水井、通讯线等,也须实地调查后,用图式符号按位置描绘在像片平面图上。注记整饰都须严格按图式规范进行。

平坦地区的高程表示较简单,综合法采用经纬仪或全站仪实地测绘。由于以像片平面图作底图,故高程测绘将会简单快捷。顺便说明,因测图过程结合了摄影测量方法与实地测绘方法,综合法由此得名。

完成以上工作后,经过必要的整饰,就得到了影像地形图。影像地形图上,地形高程仍由等高线及高程点表示,而地形的平面位置及形态则主要由影像表示。与由符号表示地形的线划图相比,影像图保留了丰富的地面信息。

三、摄影测量立体测图原理

立体测图是航空摄影测量成图的最主要方法,该方法依据在测图仪上建立的地面立体模型,内业一次完成地物、地貌的测绘,故也称为全能法。该方法不仅适应对所有地形的测绘,而且充分发挥了摄影测量成图的优势。除测图外,该方法还广泛应用于地理信息系统和土地信息系统的基础数据采集、工程勘测等。图 12-1-4 是立体测图作业流程图。

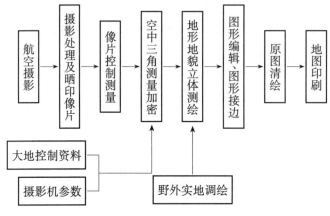

图 12-1-4 摄影测量立体测图流程

立体测图的基础是地面立体模型。沿航线方向相邻两张航片称为一个立体像对,构成立体测图的基本单元。摄影时,相邻像片的一对同名投影光线(同一地物点发出的光线)AS_1a_1 和 AS_2a_2 由地物的点 A 发出,也看作同名光线交会于地物点 A,$\triangle AS_1S_2$ 称为交会三角形。若在室内仪器上设法恢复两张像片的内外方位元素,即恢复摄影时的像片方位,只是缩短了两投影中心 S_1、S_2 之间的距离,则同名光线仍对相交会,交会点的全体即构成地面立体模型,如图 12-1-5 所示。与摄影时的几何状态相比,形成模型的交会三角形只是相似地缩小。因此,交会所得立体模型是与实地形态几何相似的,即双像"摄影过程几何反转"。仪器建立了立体模型,同时仪器满足作业员对模型的立体观察及对模型点空间三维坐标(X,Y,Z)的量测。显然,地形测绘可在立体模型完成。

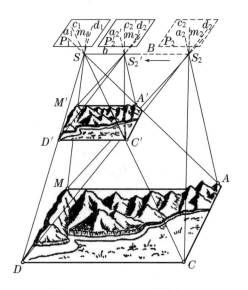

图 12-1-5 立体测图原理

四、数字摄影测量

(一) 数字摄影测量的定义

数字摄影测量是基于数字影像和摄影测量的基本原理,应用计算机技术、数字图像处理技术、影像匹配、模式识别等多学科的理论与方法,提取所摄对象用数字方式表达的几何和物理信息的摄影测量新技术。也称为全数字摄影测量或软拷贝摄影测量。数字摄影测量是利用计算机对数字影像或数字化影像(它可以是利用传感器直接获得的数字影像,也可以是像片通过影像扫描仪进行数字化获得数字影像),由计算机视觉(核心是影像匹配和模式识别)代替人眼的立体观测与识别,自动提取影像的几何和物理信息。

（二）数字摄影测量主要内容

全数字摄影测量中，除了常规的坐标信息外，包括影像的辐射信息，具体体现为灰度 D，一个目标点向量可以表示为：

$$H_P = (X, Y, Z, D)^{\mathrm{T}} \tag{12-1-1}$$

辐射信息（如灰度 D）在全数字摄影测量中是非常重要的，它是实现摄影测量自动化的基础。与常规摄影测量相同，数字摄影测量的基本内容仍然是确定被摄物体的几何和物理特性，即对数字影像的量测与理解。在数字摄影测量的量测方面，单像量测的"高精度定位算子"和立体量测的"高精度影像匹配"的研究已进入实用阶段，精度可达到子像素级。而自动影像理解尚在研究的初级阶段。因此，现阶段全数字摄影测量主要是生成数字地形模型（DEM）和正射影像图，其主要内容包括：

1. **影像数字化或数字影像的获取**

对像片进行数字化或直接获取数字影像。

2. **定向参数的计算**

（1）对数字影像的框标定位，计算扫描坐标系与像片坐标系间的变换参数。

（2）对相对定向用的标准点和绝对定向用的大地点进行定位和二维相关运算，寻找同名点的影像坐标。

（3）计算相对定向和绝对定向参数。

3. **影像匹配**

（1）按同名核线将影像的灰度重新排列。

（2）沿核线进行一维影像匹配，求出同名点。

（3）计算同名点的空间坐标。

4. **建立数字地面模型**

根据影像匹配结果内插建立数字地形模型（DEM）。

5. **测制等高线和正射影像地图**

（1）自动形成等高线。

（2）数字纠正产生正射影像。

（3）数字镶嵌叠加产生正射影像地图。

（三）数字摄影测量立体测图

内业测图前，必须先完成航测外业工作，包括像片控制及像片调绘。像片控制的目的是实地测定像片控制点的地面坐标。像片调绘的目的主要是对照影像实地调查测图所需的注记信息，并标注在调绘像片上，供内业使用。

内业测图由作业员在数字摄影测量工作站上进行。首先，依据航片及控制点资料，调用定向模块进行像对定向，建立规定比例尺的地面立体模型，并将模型纳入地理坐标系中。然后，对照调绘像片，调用数字测图模块进行数字测图。数字测图原理与电子平板的数字测图原理相似，主要完成对地形碎部点的测量、编码和记录等，只是由丁数字摄影测量立体测图的特点，测图过程变得更为快速有效。例如，立体测图时，地物测量大多可逐个完成，可按图块进行图形信息编码。又如，测量道路、河流等线状地物时，在软件支持下，作业员只需用测标在立体模型上沿线状地物中心线或边线跟踪，程序即自动完成对线状地物的测量与记录。

再如,地形等高线是在立体模型上自动完成后辅以编辑,故表示地貌逼真。最后,作为数字测图成果的图形文件经编辑后贮存,需要时由数控绘图仪按图幅输出图解图。显然,对存储的图形及属性还可进一步处理,生成数字地图。

全数字摄影测量技术的出现,使得昂贵的摄影测量光学机械设备不再成为必需,代之的计算机工作站及外设等硬件和必需的软件,更适合于遥感技术与地理信息系统的发展。

随着全球定位系统(GNSS)技术的发展,数字摄影测量中测定摄影中心在曝光瞬间的空间三维坐标和姿态的 POS 系统进入实际应用阶段。数字摄影测量的发展目标是实现全自动化测绘。虽然数字摄影测量的发展起步不久,但数字摄影测量系统已经进入生产。功能上,系统已经可以全自动地生产带有等高线及高程注记的正射影像图(像片平面图)。数字摄影测量将把摄影测量技术带入一个崭新的领域。

五、倾斜摄影测量

倾斜摄影技术是近年来航测领域逐渐发展起来的一项高新技术,它颠覆了以往正射影像只能从垂直角度拍摄的局限,通过在同一飞行平台上搭载多台传感器(目前常用的是双镜头或五镜头像机)。如图 12-1-6 所示,同时从 1 个垂直,4 个倾斜等 5 个不同的角度采集影像。构建倾斜像对,采集丰富的地物侧面影像及位置信息,即可形成地物侧面的前方交会测量数据,基本消除了立体像对同名点的死角,从而能够获取地面物体更为完整准确的面貌。

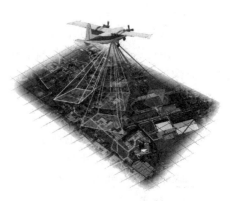

图 12-1-6 五镜头倾斜摄影

六、贴近摄影测量

贴近摄影测量是 2019 年初由武汉大学张祖勋院士团队提出,面向对象的摄影测量。这是以物体的"面"为摄影对象,利用旋翼无人机贴近摄影获取高分辨率影像,并进行精细化地理信息提取,因此可高度还原地表和物体的精细结构。

贴近摄影测量源于滑坡、危岩崩塌的地质调查、监测与预警。生产中利用无人机对研究坡面进行贴近摄影,并生成剖面正交影像图与三维立体信息。贴近摄影测量是精细化对地观测的需求与无人机结合的产物,有助于推动无人机摄影测量与精细化三维建模的发展,广泛应用于滑坡监测、城市精细重建、古建筑重建、水利工程监测等方面。

第二节 无人机测绘基本概念

在测绘领域空中摄影与卫星遥感可以快速、及时、全方位地获取地理环境信息。21 世纪以来,无人机作为一种新的空中平台,在国民经济建设和现代战争中发挥着越来越重要的作用。基于无人机平台的测绘技术可以弥补传统航测或卫星遥感技术的缺陷,能够满足实时获取的要求。

无人机测绘具有结构简单,操纵灵活,使用成本低,反应快速,以及自动化、智能化、专业化的特点,可以灵活快速地获取高分辩率、大比例尺、高现势性的影像及空间信息,可实现对目标进行实时获取、建模、分析等处理,成为实景三维中国建设的重要基础。

一、无人机基本概念

无人机全称无人驾驶飞行器(Unmanned Aerial Vehicle,UAV),是以空气动力为升力来源,无人员搭载,利用无线电遥控或自备程序控制装置操纵的空中飞行器。UAV由地面遥控站通过无线电通信控制飞机的起飞,到达指定空域,实行摄影与定位操作以及返回遥控站降落等操作。无人机可实现危险区域目标图像实时获取、空中侦察与目标搜索、环境监测、海区巡视、救援指挥、大气参数测量、有毒污染地区空中监测等多种载人机无法完成或不易完成的任务。

无人机平台主要包括机身、动力装置、机翼、导航装置、供电系统和遥控系统等。无人机动力装置主要由电动机主体和取动器组成,在整个飞行系统中,起到提供动力的作用,固定翼飞机的机翼主要产生升力,旋翼飞机的机翼即桨叶通过自身旋转,将电机转动功率转化为动力。

无人机飞行控制系统集成了高精度的感应器元件,主要由陀螺仪、加速计、角速度计、气压计、卫星定位芯片及控制电路等部件组成,不同机型有不同类型的飞行控制系统。导航装置的作用是引导无人机沿着预定航线,在指定时间内将其引导至目的地,向无人机提供飞行载体在空间中的即时位置、速度和姿态、航向等。电池作为整个飞行系统中的能源,为整个动力系统和其他电子设备提供电力来源。目前,在固定多旋翼飞行器上,一般采用普通锂电池或者智能锂电池等。遥控系统由遥控器和接收机组成,是整个飞行系统的无线控制终端。

无人机飞控软件市面上比较常见的有大疆创新 DJI GO、UMap、RTechGo 和Pix4Dcapture 无人机飞控软件等。

无人机种类繁多,依据不同的分类标准可以做如下分类:

1. 按无人机执行的任务区分,可分为民用和军用两大类

(1)民用无人机可分为消费级无人机和工业级无人机。

消费级无人机关注拍摄效果与操作简易性,以影视拍摄、日常拍摄等航拍娱乐类为主。工业级无人机致力于经济效益的创造和行业问题的解决,主要包括遥感探测类:用于国土资源调查、测绘地理信息、资源勘探、气象探测等;公共安全类:用于搜捕营救、反恐除暴、治安巡逻和边境巡检等;生产作业类:用于农业植保、环境监测、灾情调查、林业防护、电力巡检和通信等;物流运输类:用于短途快递投放、长途物资运输等。

(2)军用无人机可分为无杀伤型和杀伤型。

无杀伤型无人机分为侦察、诱饵、标靶、运输、测绘、通信中继、防化探测和特种无人机等;杀伤型无人机分为软杀伤(如电子干扰)与硬杀伤(如无人作战飞机)两种。

2. 按飞行平台构型区分,可分为固定翼、旋翼、扑翼、伞翼无人机和无人飞艇等

固定翼无人机(图12-2-1),是指由动力装置产生前进的推力或拉力,由机身的固定机翼产生升力,在大气层内飞行的重于空气的航空器;结构上,由机身、发动机、机翼、尾翼、起落架五个部分构成。固定翼无人机的优势是速度较快、续航时间长,所以适合较大面积的

测绘,包括垂直摄影和倾斜摄影。大型固定翼无人机可以进行 100 km² 以上的测绘,不过需要跑道起降,对场地有一定的要求。小型固定翼无人机可以进行几十 km² 以内的测绘,优势是不需要跑道,弹射起飞,回收时采用伞降。

图 12‑2‑1　固定翼无人机

多旋翼无人机(图 12‑2‑2)也称多轴飞行器,能够垂直起降,以螺旋桨作为动力装置的无人飞行器;主要由机架、电机、电调和桨叶组成,能满足实际飞行需要,一般还需要配备电池、遥控器及飞行辅助控制系统;飞行器的机动性通过改变不同旋翼的扭力和转速来实现,构造精简,易于维护,操作简便,稳定性高且携带方便。多旋翼无人机的机身上均匀分布了多个螺旋桨(通常是四旋翼、六旋翼及八旋翼等)。多旋翼优势是飞行稳定,可以悬停,速度可快可慢,而且在倾斜摄影时能方便采集多角度的图像,但电动旋翼的续航时间往往较短。

图 12‑2‑2　大疆四旋翼 M300 RTK& 禅思 P₁ 摄影机

目前,较大面积的垂直摄影,多数采用固定翼无人机;中等面积(几十 km²)的垂直摄影常用小型固定翼无人机或体积稍大、航程长的多旋翼无人机;而小范围(如几 km²)的测绘或倾斜摄影建模,采用旋翼无人机更为合适。

伞翼无人机是一种用柔性伞翼代替刚性机翼的飞机;伞翼形状大部分为三角形,也有长方形;伞翼可收叠存放,张开后利用迎面气流产生升力而升空,起飞和着陆滑跑距离短,只需百米左右的跑道;常用于运输、通信、侦察、勘探和科学考察等。

扑翼无人机是模仿昆虫或小鸟通过扑动机翼产生升力进行飞行的无人飞行器。无人飞艇是依靠密度小于空气的气体的静升力而升空的无人飞行器,飞艇是一种有发动机驱动的,可以操纵的航空器,现代飞艇在目前的空中勘测、摄影、广告、救生以及航空运动中都得到了广泛的应用。

3. 按无人机大小或重量区分,可分为大型、中型、轻型、小型和微型无人机

大型无人机质量一般在 500 kg 以上;中型无人机一般为 200～500 kg;轻型无人机一般为 100～200 kg;小型无人机为 1～100 kg;微型无人机质量一般小于 1 kg。

4. 按任务半径或续航时间区分，可分为超近程、近程、短程、中程和远程无人机

航程是无人机的重要性能指标，指无人机起飞后能飞越的最大距离。任务半径指顺利完成指定任务的最大距离，一般是最大航程的 25%～40%。

超近程无人机的任务半径在 15 km 以内，续航时间为 1～2 h；近程无人机的任务半径为 15～50 km，续航时间为 2～3 h；短程无人机的任务半径为 50～200 km，续航时间为 3～12 h；中程无人机的任务半径为 200～800 km，续航时间为 12～24 h；远程无人机的任务半径一般大于 800 km，续航时间在 24 h 以上，因此也称长航时无人机。

5. 按任务高度区分，可分为超低空、中空、高空和超高空无人机

超低空无人机的飞行高度一般低于 100 m；低空无人机为 100～1 000 m；中空无人机为 1 000～7 000 m；高空无人机为 7 000～20 000 m；超高空无人机一般大于 20 000 m。

二、无人机测绘概述

无人机测绘，指通过无人机搭载的数码像机获取目标区域的影像数据，同时在目标区域通过传统测量或 GNSS 方式测量少量控制点，然后应用数字摄影测量技术对获得的数据进行全面处理，从而获得目标区域的正射影像图、数字地形图以及三维地物模型等三维地理信息模型的一种技术。

无人机测绘系统通常包括无人机平台、地面控制子系统（任务规划与控制站）、任务载荷子系统、数据链路子系统以及影像数据处理与测绘成果制作子系统五个部分。

1. 无人机平台

无人机平台用于搭载任务设备并执行航拍测绘任务，其性能指标主要有以下几个方面：

（1）航程　这是衡量无人机飞行距离的重要指标，与无人机翼型、结构、动力装置等有关。

（2）续航时间　这是衡量无人机任务持续性的重要指标，不同类型的无人机系统，对续航时间的要求是不同的。飞机耗尽其可用能量所能持续飞行的时间称为最大续航时间。

（3）升限　这是飞机能维持平飞的最大飞行高度，分为理论升限和实用升限。

（4）飞行速度　包括巡航速度和最大速度。巡航速度是指飞机在巡航状态下的平飞速度，一般是最大速度的 70%～80%。

（5）爬升率　这是在一定飞行重量和发动机工作状态下，飞机在单位时间内上升的高度，也可用爬升到某高度所耗用的时间来表示。

2. 地面控制子系统

地面控制子系统的主要功能包括：

（1）可进行测绘飞行任务的规划与设计。图 12-2-3 所示为大疆经纬 M300 RTK 遥控器 DJI Pilot App。

（2）通过数据链，地面控制子系统可以向飞行控制系统发送数据和控制指令等。

（3）可接收、存储、显示、回放无人机的高度、空速、地速、航迹等飞行数据。

（4）能显示任务设备工作状态，显示发动机转速、机载电源电压等数值。

（5）出现机载电源电压不足，导航定位卫星信号失锁、发动机停车、无人机平台失速等危急情况时，可报警提示。

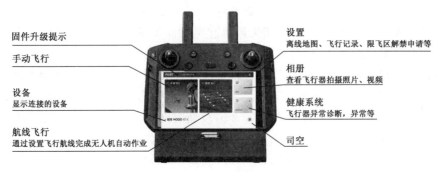

图 12-2-3　DJI Pilot App 遥控器

3. 任务载荷子系统

任务载荷子系统主要用于遥感影像的获取与存储。可根据不同类型的遥感任务,使用相应的机载遥感设备,如高分辨率 CCD(或 CMOS)数码像机、轻型光学像机、多光谱成像仪、红外扫描仪、激光扫描仪、磁测仪、合成孔径雷达等。该系统应具备数字化、体积小、重量轻、精度高、存储量大等特点。

大疆禅思 P_1 是 2020 年 10 月 14 日大疆公司推出的测绘像机(图 12-2-4)。禅思 P_1 拥有更小的图像畸变,可以使用较低的重叠率进行航测作业,能提高作业效率。其特点是高像素,即 4 500 万像素的全画幅传感器;免像控,平面精度 3 cm 或高程精度 5 cm;高效率,单架次作业面积为 3 km²;三轴云台智能摆动拍摄;机械全局快门,快门为 1/2 000 s;TimeSync 2.0 μs 级时间同步(采用立体测图航拍任务,3 cm GSD,航向重叠率为 75%,旁向重叠率为 55%)。

图 12-2-4　大疆禅思 P_1 像机

4. 数据链路子系统

数据链路子系统分为空中与地面两个部分,主要用于地面控制系统与无人机飞行控制系统及其他设备之间的数据和控制指令的双向传输。

5. 影像数据处理与测绘成果制作子系统

影像数据处理与测绘成果制作子系统是对获得的影像数据进行专业处理,包括空中三角测量、DEM 生产作业、DOM 生产作业和 DLG 生产作业等,最终形成目标区域的三维模型信息。无人机测绘系统支持低空近地观测、多角度观测、高分辨率观测、通过视频或图像的连续观测,并形成时间和空间重叠度高的序列图像,信息量丰富,特别适合对特定区域,重点目标的观测。

三、无人机测绘的系统与作业流程

无人机测绘作业系统主要分为航空摄影系统和地面处理系统两大部分(图 12-2-5)。

外业测量包括:资料收集,确定测区范围;施测范围航摄参数计算,规划航线;像控点布设与测量;无人机影像获取和外业调绘。内业数据处理包括:空中三角加密;数字正射影像图(DOM)与数字高程模型(DEM)生产;数字线划地图(DLG)测图;编辑成图和数据检查验收。其工作流程如图 12-2-6 所示。

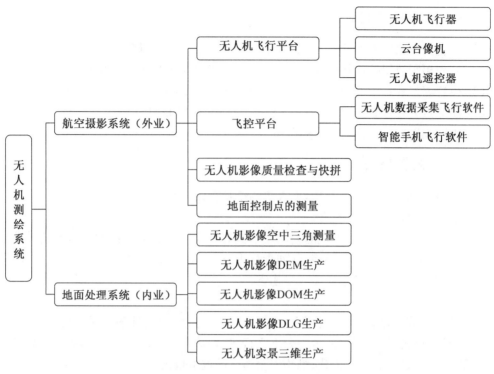

图 12-2-5 无人机测绘系统的组成

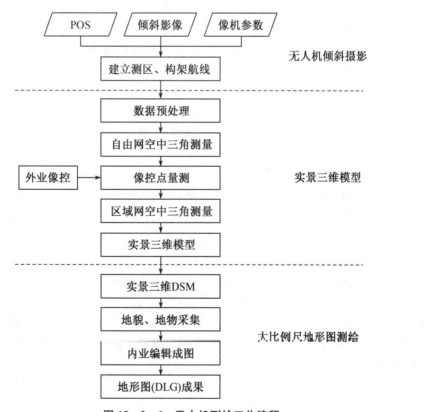

图 12-2-6 无人机测绘工作流程

四、无人机测绘的常用数据软件

（1）正直摄影数据处理软件：PhotoMod、Inpho、PixelGrid、IPS。

（2）倾斜摄影数据处理软件：ContextCapture、Pix4D、街景工厂、PhotoScan。

（3）位置姿态解算软件：NovAtel IE、POSpac、苍穹 KGO。

（4）激光点云处理软件：TerraSolid、Li DAR Suite、Li DAR-DP。

（5）视频编辑软件：会声会影、爱剪辑。

五、无人机测绘的特点

与卫星测绘和有人机测绘相比，无人机测绘具有以下特点：

1. 成本低且无人员伤亡风险

在大比例尺成图方面，无人机测绘的成本具有巨大优势。无人机的安全性使其能够在对人的生命有害的危险或恶劣环境下（如森林火灾、火山、有毒气体等）直接获取影像，即便设备出现故障、发生坠机，基本上无人身伤害。

2. 作业方式灵活快捷

无人机结构简单，操作灵活，设备便于携带，转移方便，机动性强。无人机不需机场，升降灵活，方便实施各类紧急任务；可在云下飞行，特别适合在建筑物密集的城市地区、地形复杂区域和多云地区应用；平台构建、维护以及作业的成本也极低。

3. 空间分辨率高，可获得多角度影像

无人机可低空摄影，可携带高精度的数码成像设备，能够获取高空间分辨率、高重叠度的影像，有利于提高后续数据处理的可靠性和精度；具备垂直或倾斜摄影的能力，可以低空多角度摄影，获取建筑物侧面高分辨率纹理影像，解决卫星遥感和普通航空摄影获取城市建筑物时，遇到的侧面纹理获取困难及高层建筑物遮挡的问题。

4. 时间分辨率高，针对性强

无人机测绘的时效性好，不受重访周期的限制，可以根据任务需要随时起降，受天气影响较小，空中飞行灵活，适用于中小区域的快速作业；可以对重点目标进行长时间的凝视监测，针对性强。

5. 飞行姿态的不稳定性

无人机飞行控制程序对全球导航卫星系统和通信系统的依赖性高，安全及稳定性能有待改进，容易出现事故。由于无人机机身小、抗风能力弱，飞行抖动厉害，影像姿态和重叠度不稳定，最终给影像自动化匹配和空中三角测量带来巨大困难。

6. 数据处理的特殊性

相对于专业航摄仪来说，小数码影像畸变大。无人机测绘获取的影像数据还存在幅宽较小、整体数据量较大、重叠度不规则等问题，给数据处理带来一系列的困难。

无人机测绘的这些特点，给测绘技术带来了新的机遇和挑战。传统的测绘技术已无法完全满足无人机测绘的要求，必须针对无人机测绘的特点在影像处理技术上进行突破和创新，形成新的产品体系。

第三节　无人机测绘外业工作

无人机测绘成图的外业工作主要包括无人机航空摄影和像控点测量。无人机航空摄影是指利用无人机搭载像机,按照一定的技术要求对地面进行摄影获得影像数据的过程。航空摄影的目的是对目标区域进行测量,获取目标区域的地理信息,通常情况下需要基于地面控制点对拍摄的影像进行位置和姿态标定以及检查生产精度。不同于传统航空摄影,无人机由遥控装置进行控制,飞机上的像机也由遥控装置进行控制摄影。随着科技进步,无人机都安装有 GNSS 定位装置和自动巡航软件,可以实现对目标区域的航带飞行和摄影。

一、无人机航空摄影

(一) 无人机航空摄影系统

无人机航空摄影系统是指将像机安装在无人机上,对目标进行拍摄的整个飞行摄影系统,通常由无人机、飞行控制系统、像机、摄影控制系统组成。无人机飞行控制系统需要实时了解飞机的位置,因此要求飞机上必须有 GNSS 定位设备。无人机飞行控制系统的功能非常丰富,通常与像机控制系统统一处理,实现预先制定飞行路线、飞行高度、摄影位置等全自动航空摄影。比如,大疆经纬 M300 RTK 飞行平台的遥控器 DJI Pilot App(也可以外配 iPad 等)可自动执行测绘航摄任务。

(二) 外业航飞准备工作

飞行作业前应向有关部门申请空域。我国的空中管制十分严格,由空军、公安和中国民用航空安全监督管理局统一管理,所有的航空摄影项目一般都需要进行空域申请,得到批复后才可以实施飞行与测量。

1. 飞行环境

在进行外业航飞之前,应该根据已知的测区资料和相关数据对无人机系统的性能进行评估,判断飞行环境是否满足飞机的飞行要求,影响无人机飞行的因素主要包括:

(1) 地形和地貌　地形和地貌主要影响无人机成图的质量,对于地面反光强烈的地区,如沙漠、大面积的盐滩、盐碱地等,在正午前后不宜摄影。对于陡峭的山区和高密集度的城市地区,为了避免阴影,应在当地正午前后进行摄影。

(2) 海拔　测区的海拔应该满足无人机的作业要求,无人机飞行的高度应该适应飞行区的海拔和航高。

(3) 风气和风向　地面的风向决定无人机起飞和降落的方向,空中的风向对飞行平台的稳定性影响很大,尽量在风力较小时进行摄影航测。

(4) 电磁和雷电　无人机空中飞行平台和地面站之间通过电台传输数据,要保证导航系统及数据链的正常工作不受干扰。

在实际到达现场时,应记录现场的风速、天气、起降坐标等信息,留备后期的参考和总结。

2. 现场勘查与准备

作业员需要对测区周边进行踏勘,收集地形地貌信息及附近重要设备和交通信息,为无人机的起飞、降落、航线规划提供资料。

在作业正式开始前应认真做好以下准备工作：

（1）对测区范围内的基础资料进行收集，包括当前控制成果、地形图和卫星影像资料等，确定测区所在地理位置及其他实际情况。

（2）对无人机搭载的像机进行检校，得到内方位元素及各项畸变参数。

（3）对飞行平台的所有设备实施常规检查和检校，保证各个设备的技术参数满足相关规范提出的要求。

（4）通过现场踏勘确定适宜的无人机起降场地。

3. 航高的确定

像片比例尺定义为像片上的线段与地面上相应水平线段之比：

$$1/m = f/H \qquad\qquad (12-3-1)$$

式中：H 为相对测区平均水平面的高度；f 为像机主距；像片比例尺 $1/m$ 的选定取决于成图比例尺 $1/M$，选定了像机和比例尺以后，可根据（12-3-1）式计算航高。

针对无人机测绘而言，还涉及地面影像分辨率（GSD），即指图像中相邻两个像素中心的距离代表的实际距离，飞行高度决定了 GSD。飞行高度与地面影像分辨率呈反比，飞行越高地面影像分辨率越低。

$$H = \frac{f}{a} GSD \qquad\qquad (12-3-2)$$

式中：H 为飞行高度；f 为镜头焦距；a 为像元大小。

成图比例尺与影像分辨率有表 12-3-1 的关系。

表 12-3-1　成图比例尺与影像分辨率的关系

成图比例尺	影像地面分辨率（cm/pixel）
1∶500	4.2
1∶1 000	8.4
1∶2 000	16.8

实际作业时考虑到飞行时的环境影响，一般会选择计算得到的飞行高度的一半左右进行作业，所以 1∶500 作业时建议采用 GSD 为 2.5 cm/pixel。

【例 12-3-1】　如何采集 GSD 为 2.5 cm 的数据？

大疆 P_4R：$f=8.8$ mm，$a=2.41\ \mu m$，$H=36.5\times GSD=91.25$ m。

禅思 P_1 在使用不同焦段的镜头时数据不同：

① $f=50$ mm，$a=4.4\ \mu m$，$H=114\times GSD=285$ m；

② $f=35$ mm，$a=4.4\ \mu m$，$H=80\times GSD=200$ m；

③ $f=24$ mm，$a=4.4\ \mu m$，$H=55\times GSD=137.5$ m。

实际飞行时，建议 H 更低一些。

4. 像片重叠度

无人机进行航测时，根据项目需求不同，可分为以下三种：（1）航测生产地形图 DLG；

航向重叠度一般设置为80％，旁向重叠度一般设置为60％；（2）项目要求只需要生产正射影像DOM，航向重叠度一般设置为70％，旁向重叠度一般设置为60％；（3）无人机倾斜三维建模要求，航向重叠度和旁向重叠度至少均为70％。针对不同的地貌与具体情况，可参见表12-3-2。

表12-3-2　像片重叠度

地表地貌	航向重叠	旁向重叠	适用项目
山地、密集建筑区	75％～85％	75％～85％	地籍、1∶500地形图
一般建筑区	65％～75％	65％～75％	1∶500地形图、规划类
稀疏建筑区、荒地	60％～70％	60％～70％	数字城市、规划类

（三）航线规划

无人机航线规划是无人机测绘任务中一项十分重要的前置工作，要根据任务情况、地形环境、无人机飞行性能和天气条件等因素，设置航线规划参数，计算得到具体的飞行航线，保证无人机按照既定的路线飞行，并完成设定的数据采集任务。

飞行航线规划一般可以利用专门的软件完成，常用的航线规划方案有两种，一种是"S"形航线，另一种是构架线。一般软件提供规则图形（如矩形、平行四边形）的航线规划，如图12-3-1所示。航线规划一般分为两步：首先是飞行前预规划，即根据既定任务，结合环境限制与飞行约束条件，从整体上制定最优参考路径；其次是飞行过程中的重新规划，即根据飞行过程中遇到的突发状况，如地形、气象变化和未知限飞禁飞因素等，局部动态调整飞行路径或改变动作任务。航线规划的内容包括出发地点、途经地点、目的地点的位置信息，飞行高度、速度及需要达到的时间段。

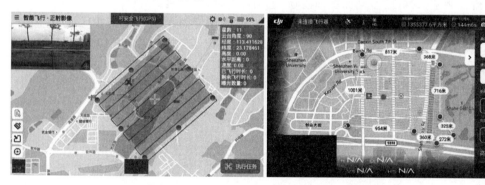

图12-3-1　不同无人机飞控软件的航摄航线规划

（四）无人机测绘航摄作业实施

无人机测绘航摄作业流程主要包括：起飞前设备检查、航摄设计与航摄准备、航空摄影、现场数据整理与检查，以及成果提交。

1. 起飞前设备检查

在进行航飞前，应对所有的设备、装置进行检查，主要包括航测像机的检校、飞机性能检测、电池电量，飞机内部各部件之间的连接、电台、GNSS、像机检查等。在环境复杂的山区航飞时，为了防止飞机丢失，可以在飞机上配置移动定位设备。对于弹射起步的无人机，还应检查弹射架的状况。准备好外业用到的工具,建议外业作业时要携带插头、螺丝刀、充电器、TYPE-C 数据线等物品,以备不时之需。具体如下:

(1) 通信状态检查:确认网络及网络 RTK 覆盖情况。包括线缆连接检查,确保 GNSS 天线视野开阔,gBox 正常启动及锁定卫星检查。

(2) 像机检查:包括内存卡检查,像机设置检查,设置快门速度,清洁像机镜头和滤镜,像机热插拔线路连接,尼龙扣带固定,像机触发器检查和快门反馈检查。

(3) 跟踪器检查:确保跟踪器打开,对接收器接收信号进行检查。

(4) 升降翼检查:包括外旋升降翼与内旋升降翼水平检查,升降翼反应检查。

(5) 发射架检查:装配发射架,将安全插销插入发射架,检查弹力绳力度。

(6) 空速反应检查:确保空速反应正常。

(7) 飞机定位检查:将飞机装配到发射架上,检查定位螺旋桨位置、飞机位置是否正确。完成起飞前检查后,拆除安全插销,启动无人机系统,等待系统正常启动后,即可发射无人机。

2. 航摄设计与航摄准备

飞行准备包括基本情况分析、确定设计用图、空域申请、摄影技术设计等。

工作实施前,应制订详细的飞行计划,针对可能出现的紧急情况制订紧急预案。严格遵照民航、通航和空域管理部门的有关规定执行。

现场状况分析:障碍物高度、起降场地;根据起飞点环境及空域选取起飞点;编辑航线参数,并根据天气现场状况调整参数。使用机场时,应按照机场的相关规定飞行。航摄实施前对工程使用的设备、材料进行认真检查,并做好检查记录。派出经验丰富的项目负责人现场组织安排和指挥生产,选择适合航飞的天气,确保飞行质量、摄影质量与生产工期。摄影尽量协调、安排在碧空天气进行,确保影像清晰、色调均匀、层次丰富。

按照略高于成果所需的地面分辨率进行设计,航线能完整覆盖整个航拍区域,适当外扩,根据无人机的性能参数(比如巡航速度、续航时间、遥控信号是否有遮挡以及航摄地区的地形特征变化等),规划无人机的飞行航线,单架次的最大飞行距离不易太远,保证无人机的飞行安全。在航线规划时要考虑到飞行中是否有信号遮挡情况,飞行场地应尽量选择空旷的场地。

3. 航空摄影

在无人机起飞之后,根据规划好的路线采集地面的影像数据,由地面站对无人机实际工作状态实施动态监控,相应的技术人员需要时刻关注风速,确定无人机实际状态及各项指标。如发现异常时,应立即做出正确的判断与处理;若正常则按照预定好的路线飞行,采集完数据后,在指定地点返航降落。

(1) 飞行环境检查

天气要求:天气晴朗、低空(通常在 1 000 m 以下)、无云雾、风速在 8 m/s 以下、能见度大于 5 km、太阳高度角大于 45°时进行。

起降场地:一般为平坦的空地或宽阔的道路面,其周边无高层建筑及高压线,起降方向与当时风向一致,无人员、车辆走动。

电池检查:检查飞行电池的电量,有没有鼓包;如果电池存放时间较长,电量可能时虚电,飞行中电量容易发生瞬间下降,造成飞行器迫降,因此飞行前应对电池补电,确保电量满电;飞行中留意低电量警告。

地磁校准：主要作用是消除外界磁场对地磁的干扰。地磁指南针是一种测量航向的传感器，航向是飞行器姿态三维角度中的一个，是组合导航系统中非常重要的一个状态量。一般有两种方法：一种是机转人也转；另一种是机转人不转。根据 APP 提示依次进行水平、垂直、侧向旋转校正，校正完毕后重启飞机电源。

（2）准备起飞

检查飞行任务，包括作业面积、分辨率、航高、重叠率、飞行速度、飞行时间、拍照点数等信息。上电开机：检查遥控器在安全档位，先开遥控器电源，再开飞机电源，最后开像机电源（关机时步骤反之）。检查飞机状态：组装检查、联机状态、锁星情况、电池电压、飞控温度、遥控器档位、像机试拍等（一般飞控软件都有检查的基本流程）。

（3）飞行执行

根据制定的分区航摄计划，寻找合适的起飞点，对每块区域进行拍摄采集像片。在设备检查完毕，并确认起飞区域安全后，将无人机解锁起飞。起飞时飞手通过遥控器实时控制飞机，地面站飞控人员通过飞机传输回来的参数观察飞机状态，需注意飞行高度、锁星状态、航速、风速、电压、拍照状态、任务进程等信息。

飞机到达安全高度后由飞手通过遥控器收起起落架，将飞行模式切换为自动任务飞行模式。同时，飞手需通过目视无人机时刻关注飞机的动态，留意飞控软件中电池状况、飞行速度、飞行高度、飞行姿态、航线完成情况等，以保证飞行安全。遥控器信号丢失时无人机的飞行安全不容忽视，有很多潜在的原因都有可能导致"炸机"事故。实际飞行时，遇到突发情况，要沉着冷静，切勿盲目打满杆；避免飞行器转换航向时由于惯性过大偏移太快，防止出现人为判断失误，操纵失误的情况。监测飞机直至任务结束返航。

（4）飞行结束

无人机完成飞行任务后，降落时应确保降落地点安全，避免路人靠近。完成降落后检查像机中的影像数据、飞控系统中的数据是否完整。数据获取完成后，需对获取的影像进行质量检查，对不合格的区域进行补飞，直到获取的影像质量满足要求。

4. 现场数据整理及检查

现场对航飞数据进行整理及检查。核查拍摄像片数量与飞行轨迹参数是否一致，是否出现漏拍现象；检查像片质量，是否有模糊不清等情况；核查 POS 数据、基站 PPK 数据、基站坐标、像控点坐标及像片和坐标系统参数。现场对航飞质量进行全面、快速检查，计算航向重叠度、旁向重叠度，生成检查结果报表等。

质量检查包括数据质量、飞行质量、影像质量、附件质量的检查。检查基站记录时间大于飞机记录时间、检查像片质量（清晰度和完整度）、检查像片数量和 POS 数据对应。检查完成后如存在质量问题，则需重新补摄飞行；如果没有质量问题，则可完成这一次航摄。

5. 成果提交

无人机测绘一般要提交的成果有影像数据、航线示意图、航摄像机在飞行器上的安装方向示意图、无人机摄影技术设计书、航空摄影飞行记录、像机检定参数文件、航摄资料移交书、空域批文、航摄资料审查报告以及其他相关资料等。

二、像控点布设与测量

外业控制测量是在测区内测定用于内业计算的影像控制点的平面位置和高程,是数字摄影测量内业计算与测图的基础,主要用于解算相应影像数据的六个方位元素。通过野外实地测量方法获取一定数量的控制点,而控制点的布设位置、布设精度和布设密度都会影响基准的解算精度。通过方位元素可以计算格网点的平面位置、高程,从而进行后续的内业测图及建立三维模型。

地面控制点(GCP,Ground Control Point)是表达地理空间位置的信息数据,除了空间位置坐标外还需保存点位局部影像、点位特征描述及说明(点之记)和辅助信息等。

1. 外业控制点的布设

根据测区地形环境的不同,一般有两种布设方案,分别是在摄前布设控制点和摄后布设控制点。对于山区或者地面标志物较少的地区,没有明显的特征点,所以需要在航飞之前布设像控点。对于建筑密集的城市,有明显的特征点,则可以在飞行之后布设控制点。

外业控制点的选择和布设直接关系到影像的最终影像匹配精度,所以遵从控制点的布设原则,保证控制点的布设密度,选择合适的控制点位是外业控制点布设的基本要求。

(1) 控制点的选择和布设不仅和布设方案有关,还要考虑影像成图、误差改正等对控制点的具体点位要求,所以应遵循以下原则:

① 控制点的目标影像应清晰易判读,控制点要与周边地物形成灰度反差,易于进行影像判读和识别控制点。控制点的实地选择应避免受到阴影、相似地物的影响。

② 像控点布设要在整个测区均匀分布,选点要尽量选择固定、平整、清晰易识别、无阴影、无遮挡区域。

③ 为了减弱和消除投影差对影像匹配结果的影响,控制点的位置距离影像边缘应至少在 $1.0 \sim 1.4$ cm。

④ 控制点的位置要便于测量,若选用 GNSS 进行点位测量,需要远离大片水域、电视塔、通信线路等,以免发生电磁干扰。

(2) 像控点的布设应尽量在测区保持分布均匀,可采用九宫格布点法,航线两端及中间均隔一或两条航线布设平高点,这样既能保证成图精度,又能减少外业工作量。如果是带状测区,布点需要在带状的左右侧布点,可以按照"S"形路线布点。

(3) 像控点应该选择在航摄像片上影像清晰、目标明显的像点,接近正交的细小线状地物交点和直角拐点,如平顶房角、水池角、围墙内外角、花坛角、旱地角,以及能准确判定几何中心的固定点状地物等;山区也可选择道路交叉口等,但不能选在树木或者建筑物的遮挡处、人字顶房角、有草丛的田块、有弧度的田角等。实地选点时,也应考虑侧视像机是否会被遮挡。对于弧形地物、阴影、狭窄沟头、水系、高程急剧变化的斜坡、圆山顶、跟地面有明显高差的房角、围墙角以及航摄后有可能变迁的地方,均不应当作选择目标。可以利用斑马线角点、地面直角点;一定要拍现场照片,箭头标注。

(4) 目标成像不清晰、周围环境色差小及地面有明显高差的目标,会影响空三内业的刺点精度,因此均不能用作像控点。因实际情况中航摄区域未必都有合适的像控点,为提高刺点精度,保证成图精度,应在航摄前采用刷油漆的方式提前布置像控点标志。外业实际情况中航摄区域很难有合适的像控点,为提高刺点精度,保证成图精度,应在航摄前采用刷红色

（或白色）油漆或者贴胶布的方式提前布置像控点标志。标志可刷成"L"形或"十"形。布置成"十"形时，应在十字中心加喷直径为 4 cm 的圆点，以提高刺点精度。

像控点需根据测区的实际情况在测区范围内均匀布设，如图 12-3-2 所示。根据建筑物密集程度及地形地貌，如 1∶500 测图，控制点应每 200～300 m 布设一个，且均匀分布，应布设于区域四周及中间部位，不可布设成直线。

控制点所处地面应尽量平整，无高低落差，确保刺点时高程无异议。选点时还需查看点位地物近期是否会发生变化或遭人为破坏，尽量避开人流量大和人为活动多的地方。平高像控点的实地判刺精度应小于图上 0.1 mm。目标选定后，宜设置人工标志，并选择影像最清晰的像片进行野外标注。

2. 像控点的测量

像控点平面坐标及高程可采用卫星测量中的实时动态或静态定位、全站仪等方式测量，也可采用 CORS 进行施测。像控测量平面高程精度均不能超过±0.02 m。在所选像控点上安置 GNSS 移动站，气泡居中后用三角支撑杆固定，确定点号、测点类型、天线高等设置无误后，按照

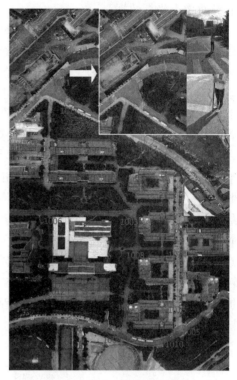

图 12-3-2　像控点的布设

图根点精度要求施测。为确保像控点精度，同一像控点一般观测三次，每次观测要间隔 60 s。将三次观测成果平差后即获得该像控点的三维坐标成果。高程控制测量可采用 GNSS、水准测量或全站仪三角高程测量。

若项目要求测量成果使用非 WGS-84 坐标系统（如 CGCS2000），则需要在观测之前进行坐标系转换，求出 WGS-84 坐标系与目标坐标系之间的转换关系。根据已知点的已知坐标和 WGS-84 坐标系的坐标数据，计算四参数或者七参数，求得两坐标系之间的转换系数。

第四节　无人机测绘内业成图

无人机测绘的目标是通过无人机获取目标区域影像，进而获取目标区域的三维地理信息模型。无人机测绘成图内业生产主要包括空中三角测量、数字高程模型（DEM）生产、数字正射影像图（DOM）生产、数字线划地图（DLG）生产等。

一、空中三角测量

传统的空中三角测量是基于航带进行的，但是无人机飞行时容易受到气流影响，发生航线漂移，导致影像旋转角及航线弯曲度大，影像航向、旁向重叠度不规则，无法按传统航空摄影测量分出航带。但是无人机飞行时通常都需要卫星定位信号指导飞行，因此无人机获取

的影像一般都有卫星定位数据甚至定姿数据,即无人机每个航点拍摄瞬间都有三维坐标(经度、纬度、飞行高度)及姿态。在空中三角测量处理时,在平差解算时作为外方位元素的初值,解算像点坐标数据。

POS(Position and Orientation System)是指机载定位定向系统,是基于全球定位系统(GNSS)和惯性测量装置(IMU)的可直接测定影像外方位元素(GNSS 测量得到位置参数,IMU 得到姿态参数 φ、ω、κ)。POS 辅助空中三角测量得到每张像片的外方位元素,实现无地面控制点的航空摄影测量或少量地面控制点共同参与空三的航空摄影测量方法。POS辅助航空摄影测量极大减少甚至完全免除了常规空中三角测量所必需的地面控制点,以节省野外控制测量工作量、缩短航测成图周期、降低生产成本、提高生产效率。

空中三角测量前要进行数据预处理,主要包括建立测区、像片检查、POS 数据处理、控制点数据录入等。预处理完成后利用相应软件(ContextCapture、Pix4Dmapper、DPGrid、PhotoScan 等)进行空三加密处理,包括将影像数据的坐标系由大地坐标系转为直角坐标系,对影像的畸变进行改正,构建影像模型,连接航带,像控点刺点及平差等。像控点刺点时,在立体像对的点位上选刺控制点,从所有控制点位中选择一定数量点作为控制点,其余点位作为检查点;同时为了增加模型连接的强度,避免由于某一个控制点的误差粗差造成解算失败,还需相邻像片的模型连接点参与空中三角测量平差。剔除粗差,求得满足精度要求的像片方位元素和控制点平面坐标和高程,最终确定加密点坐标。图 12 - 4 - 1 为空中三角测量流程。

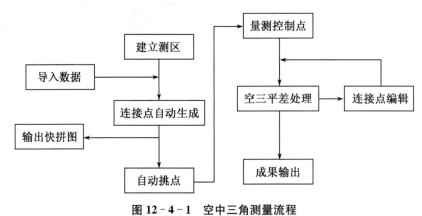

图 12 - 4 - 1　空中三角测量流程

二、DEM 生产

三维地理信息模型中最重要的内容之一即三维地形信息,通常通过大量地面点空间坐标和地形属性数据来描述,即 DEM。无人机测绘的 DEM 生产主要基于数字摄影测量软件,通过立体采集特征点线(如山脊线、山谷线、地形变换线、坎线等),构建不规则三角网,自动获得 DEM 数据并加以编辑。

常用的 ContextCapture 或 DPGrid 等内业处理软件生成 DEM 均采用密集匹配的思想,即在空中三角测量的基础上,由每张像片的内外方位数据,通过同名点前方交会得到地面点坐标,通过各种匹配算法获得测区密集点云的一种方法,其特点是可以生成密集格网的地面点。生成密集点云后,通过点云处理,对整个点云数据进行规则格网处理,生成标准的

DEM 数据。

三、DOM 生产

根据空中三角加密的成果,利用 DEM 数据对影像进行数字微分纠正和影像重采样进行 DOM 生产。由于无人机飞行高度较低,高层地物同名点视差较大,按照摄影机中心投影的成像原理,影像边缘投影误差较大,往往会出现裂缝或建筑物边缘扭曲的现象,所以正射影像拼接时需要对正射影像的镶嵌线进行人工编辑。镶嵌线的选取及修改尽可能避免穿过大型建筑物,选择纹理较少的位置,远离影像的边缘,尽量沿道路及地面实体的边缘等。同时,对于不同拍摄角度、位置的像片存在的色差、亮度差进行匀光和匀色处理,镶嵌线周边羽化处理能保证像片镶嵌自然,整体影像亮度、色差一致。

四、DLG 生产

通过无人机航空摄影测量获取数据,可以利用业内的立体信息将所测区域的地形数据信息进行采编与管理。为了保证测量数据的立体采编的准确性与可靠性,要用人工方式采编居民地、道路边界和水涯线等重要的信息,其他普通信息使用计算机通过相关软件进行立体采编。需要注意要精确控制物体线节点与地形结构数据等,才能确定航摄获取的数据精确性,否则会影响立体采编的准确性。若进行房屋结构的信息测绘,应先处理房屋外部边缘轮廓,对房檐改正或者轮廓纠正以便确保数据测量的准确性;若存在无法进行测量的区域,要仔细标记,找出原因重飞或用其他方法补充,保证获取地形数据的准确性与完整性。无人机测绘成图生产要精确地测量目标区域的地物,如房屋、道路等设施的轮廓坐标,所有目标区域中的主要地物、地貌信息都采用矢量线进行描述。DLG 生产需要在专业立体环境中进行。

清华山维的 EPS 是常用的采编软件,制作 DLG 具体的步骤为:

(1)数据准备,把所有必要文件都放到相同的文件夹,并使文件的前缀名称完全一致。

(2)新建工程,在 EPS 平台中利用航测采编功能模块对该项目的工程文件进行创建。

(3)选定立体测图功能菜单,对立体像对进行加载,实现对立体模型的恢复。

(4)设置相应的工作区,开始对数据进行连续采集。

(5)根据立体模型可以实现全要素采集,然后按照内业定位和外业定性基本原则开始数字化跟踪与调绘修编。

DLG 的技术特征为地图地理内容、分幅、投影、精度、坐标系统与同比例尺地形图一致,图形输出为矢量格式,任意缩放均不变形。

五、倾斜三维高精度测图软件介绍

倾斜三维高精度测图是基于倾斜摄影技术、实景三维模型技术采集地形、地貌数据,建立实景三维模型并进行测图的新技术。它采用低空无人机搭载多方向镜头进行倾斜摄影测量,全方位获取建筑物纹理信息,加入控制点,通过三维建模精确还原建筑物形状,全要素展现地表物体,具有极高的真实度(图 12 - 4 - 2 是用大疆智图制作的南京大学仙林校区真实三维)。目前,比较主流的摄影测量软件有美国 Bentley 公司的 ContextCapture,瑞士 Pix4D 公司 Pix4D mapper,俄罗斯 Agisoft 公司的 PhotoScan,俄罗斯 Racurs 公司的

PHOTOMOD,武汉大学的 DPGrid 等。

图 12-4-2　三维实景模型

(一) 无人机影像处理软件 ContextCapture 的特点

无人机测绘数据处理软件较多,本节主要介绍无人机影像处理软件 ContextCapture(简称 CC)。CC 是应用最广泛的三维模型的软件,Bentley 公司于 2015 年全资收购法国 Acute3D 公司,将 Smart3DCapture 软件更名为 ContextCapture。CC 的特点是能够基于数字影像全自动生成高分辨率真三维模型。像片可以来自数码像机、无人机载像机或航空倾斜摄影仪等各种设备。适应的建模对象尺寸从近景对象到中小型场所、街道,甚至整个城市。目前,CC 软件在全球生产部门及科研单位都得到了广泛的应用。CC 软件的具体特点如下:

1. 快速、简单、全自动

CC 软件能无须人工干预地从简单连续影像中生成最逼真的实景三维场景模型。无须依赖昂贵且低效率的激光点云扫描系统或 POS 定位系统,仅仅依靠简单连续的二维影像,就能还原出最真实的实景真三维模型。

2. 身临其境的实景真三维模型

CC 软件不同于传统技术仅仅依靠高程生成的缺少侧面等结构的 2.5 维模型,可运算生成基于真实影像的超高密度点云,以此生成基于真实影像纹理的高分辨率实景真三维模型,对真实场景在原始影像分辨率下的全要素级别的还原达到了无限接近真实的机制。

3. 广泛的数据源兼容性

CC 软件能接受各种硬件采集的各种原始数据,包括大型固定翼飞机、载人直升机、大中小型无人机、街景车、手持数码像机甚至手机。它直接把这些数据还原成连续真实的三维模型,无论大型海量城市级数据,还是考古级精到毫米的模型,都能轻松还原出最接近真实的模型。

4. 优化的数据格式输出

CC 软件能够输出包括 OBJ、OSG(OSGB)、DAE 等通用兼容格式,可生成二维和三维 GIS 模型,使用一系列完整的地理数据类型(包括真正射影像、点云、数字高程模型等)生成准确的地理参考三维模型。CC 软件可保证与用户选择的 GIS 解决方案的数据具有互用性。CC 软件生成的三维 CAD 模型,通过格式转换,能够方便地导入各种主流 GIS 应用平台,能够流畅应对本地访问或是基于互联网的远程访问浏览。

（二）ContextCapture Center Engine 软件构成

软件主要模块:Setting(设置)、Master(主控台)、Engine(引擎)、Viewer(浏览)等。

（1）Setting:主要帮助 Engine 指向任务的路径。

（2）Master:创建任务、管理任务、监视任务的进度等。具体功能包括导入数据集、定义处理过程设置、提交作业任务、监控作业任务进度、浏览处理结果。

Master 不执行处理任务,而是将任务分解成基本的作业并将其提交到作业队列。主控包含工程(Project)、区块(Back)、重建(Reconstruction)和生产(Production)。其中,"工程"是一个工程包含一个或多个区块作为子项,管理所有与它对应场景相关的处理数据;"区块"是一个区块管理着一系列用于一个或多个三维重建的输入图像与其属性信息,包括传感器尺寸、焦距、主点、透镜畸变以及位置与旋转等姿态信息;"重建"是一个建管理用于启动一个或多个场景制作的三维重建框架;"生产"具有错误反馈、进度报告、模型导入等功能。

（3）Engine:负责对所指向的 Job Queue 任务进行处理,可以独立于 Master 进行打开或关闭。

（4）Viewer:可预览生成的三维场景和模型。

（三）ContextCapture Center Engine 三维建模基础流程

飞行及数据要求:（1）飞行方式为倾斜摄影;（2）重叠度为常规航向 80%,旁向 70% 以上;（3）飞行过程中全程 RTK 固定或使用 PPK 数据。

CC 软件的三维建模基础流程如下:

1. 新建工程

（1）新建工程:工程路径、数据路径使用字母 abc 与数字 123 组合,不含汉字空格和特殊字符。

（2）导入影像及数据:选择区块—影像—添加影像（图 12-4-3）,添加整个目录或者添加影像均可;导入 POS 数据及其他数据,如"点云"中添加点云数据,"测量"中添加连接点和控制点。

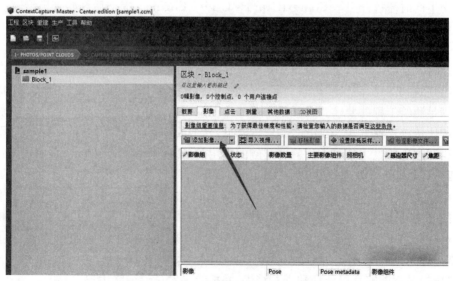

图 12-4-3　ContextCapture 导入影像

(3)修改参数:修改传感器尺寸为像机的,坐标系根据需要进行修改,可保持默认 WGS-84,或者选择 CGCS2000。

(4)检查工程 3D 视图:检查影像空间分布关系,确认与航线一致。

2. 空中三角测量

(1)常规自由网空三计算(无控制点):提交空三,概要—提交空中三角测量—使用引擎处理,空三后区块名称保持默认;平差约束勾选影像位置元数据;参数设置,位置/姿态;重新计算、光学属性评估模式;多步进行。需打开 Context Capture Center Engine。

(2)自由网空三结果检查:计算成功后报告检查照片全匹配成功。选择"Surveys—Edit Control Points",打开控制点编辑器,添加控制点并标记控制点。添加连接点后重新进行空三计算。

3. 模型重建

(1)模型重建:重建参数设置,建模开始前必须进行建模参数设置。

(2)提交重建:在检查结束,确认空三成果无误后,再提交建模;在概要—新重建项目—三维重建。

4. 模型生产

(1)坐标系设置,根据项目需求设置坐标系。

(2)建模范围设置,可以导入 kml 进行约束,或者编辑兴趣区进行约束。

(3)切块设置,规则平面切块,切块大小使跑单块模型内存占用物理内存的 50%～70%。

(4)选择"Reconstruction_2",点击概要—提交新的生成项目—使用引擎处理。

(5)名称可以保持默认,或者根据所需成果类型修改,不建议用中文。

(6)根据需要选择成果类型,通常生产三维模型,选择"三维网格"。

(7)选择产品格式,三维模型测图通常使用 OSGB,JPEG 质量推荐选择 90%。

(8)勾选裙边、坐标系,根据项目情况,选择合适的坐标系;范围通常可以保持默认。

(9)成果路径,通常选择保持默认。

提交生产时需打开引擎 ContextCapture Center Engine。提交后开始跑模型,跑完之后即可展示模型成果。

ContextCapture 在内业测图中,在三维立体模型裸眼即可清晰看到建筑群体的分布状况、房屋结构、层数。可以全方位观察到建筑物模型的细节,真实全面,可直接在实景三维模型上勾绘建筑物图斑,测量和记录其属性数值,因而又称为"裸眼测图"。三维实景的精度完全可以满足测绘工程的要求。大量的外业工作在室内实景三维模型上即可完成,效率高、精度高。相比传统建模方式,工期缩短,成本降低,具有良好的兼容性,支持多种数据源,在地形图测绘和地理信息采集等方面具有广阔的应用前景。

(四)无人机影像处理软件 Pix4Dmapper 简介

Pix4Dmapper 是一款专业的航空摄影测量软件,能够进行专业无人机测绘,提供了一套完整的制图和建模解决方案,可将影像转换为高度精确的地理参考的 2D 镶嵌图和 3D 模型。Pix4Dmapper 无须过多人为干预即可获得专业的精度,整个过程完全自化,并且精度更高,真正使无人机变为新一代专业测量工具。其流程如图 12-4-4 所示,无须专业操作员、飞机操控员就能够直接处理和查看结果,并把结果发送给最终用户。

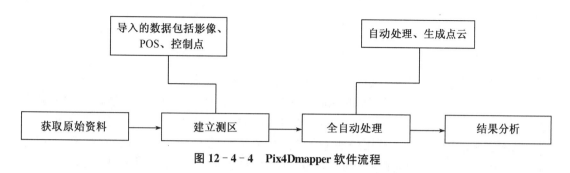

图 12 - 4 - 4　Pix4Dmapper 软件流程

Pix4Dmapper 可以将无人机航空影像转换成 GIS 软件可以读取的 DOM 和 DEM 数据,与摄影测量软件及 GIS 进行无缝集成。

第五节　无人机测绘的应用领域

目前,无人机航摄技术逐渐成熟,无人机民用需求不断扩大,民用领域的各行各业都已经被该技术渗透。它可以应用于国土资源勘察、数字城市发展建设、通信站建立、国家地图测绘、城市发展规划、突发事件实时监测、灾害预测和评估、城市街道交通、网线铺设、矿产开发、环境管理和生态保护、森林治理、数字化农业等领域。同时无人机在新农村建设、数字化城市建设等方面也将起到不可代替的作用。

一、国土测绘(大比例尺地形图测绘)

无人机测绘为大比例尺地形图测绘提供了新技术,得到了测绘行业的广泛认可,国土测绘是测绘无人机主流的应用领域。我国国土幅员辽阔,地形多样,环境复杂,气候多变,给传统测绘带来多方面的限制和困难。传统国土测绘还存在难度大、成本高等问题。无人机测绘从空中进行测绘,摆脱了地形、环境、气候等限制,测绘范围更广、效率更高。降低人力支出成本,安全性高。

无人机搭载高精度定位系统,依据 POS 数据,可以在稀少控制点或者无控制点条件下实现比例尺为 1∶1 000、1∶2 000 的大比例尺地形图测绘,平面和高程测量精度均能达到规范要求;通过优化空三加密算法实现了无人机 1∶500 大比例尺地形图;利用空地一体化的方式,通过三维激光扫描与无人机相结合实现了大比例尺地形图测绘。

二、应急救援

无人机测绘以其轻便灵活、机动高效的特点在应对突发事件中发挥着巨大的作用,可为突发事件处置提供及时、得力、高效的测绘地理信息保障,被誉为"灾区上空的眼睛"。无人机测绘技术在 2008 年汶川地震、2013 年芦山地震、2017 年九寨沟地震、2018 年茂县山体滑坡等灾害救援中均发挥了重要的作用。

利用无人机对受灾地区进行航摄,快速提供高清影像动态数据,对于灾后救援具有重要的意义。无人机的参与为救援工作的安全提供了保障,通过航摄形式避免了那些可能存在塌方的危险地带,能够为合理分配救援力量、确定救灾重点区域、选择安全救援路线以及灾后重建选址等提供参考依据。此外,无人机还可以对受灾地区情况进行实时监测,以防引发次生灾害。

三、动态监测

无人机监测作业中,不同飞行高度的无人机既可以实施多架无人机配合工作进行大范围的高空监测,又可以对面积较小的地面范围进行实时监测。快速生成监测区域影像分辨率达 0.1～0.5 m 的清晰图像和各项数据,并对获取的信息及时进行高效处理,最终得到监测区域的整体信息。还可以利用三维仿真模拟技术对监测区域情况进行宏观展示,不仅提高测绘的现实性,还提高监测效率和应急服务能力,在处理和应对紧急事件中供相关部门及时进行分析和做出相应对策,因而无人机更适用于灾害监测、非法建筑物监测和军事侦察等。

四、国土权属与地籍测量

无人机进行土地权属测量具有成本较低、操作方便、自动化程度高、精确度高等优势。城镇与农村的集体土地登记确权发证工作中,通过无人机航摄建模来获取基础地形图数据,可对农村集体土地范围内的大面积土地进行数据采集、影像拍摄,获取高精度的地表三维数据,再通过实景三维建模,绘制大比例尺的地形图,协助农村集体土地所有权确权登记发证工作的顺利进行。运用无人机对国土资源进行监测,可以全面准确地掌握国土资源数量、质量、分布和变化趋势。

地籍测量是对地块权属界线的界址点坐标进行精确测定,并把地块及其附着物的位置、面积、权属关系和利用状况等要素准确地绘制在图纸上和记录在专门的表册中的测绘工作。传统的地籍测量使用全站仪和 RTK 进行外业测量,投入成本高、外业工作量大、效率较低。随着无人机倾斜摄影技术的快速发展,利用倾斜影像建立高精度实景三维模型生产大比例尺地籍图已经成为现实。

五、土石方及堆体测量

利用无人机测绘可以计算出指定区域的土石方及堆体测量体积与面积,矿山、火电厂、建筑工程施工过程中的土堆沙堆计量,港口码头的散装货物估算,还有粮仓里的粮堆估算,这些都离不开堆体测量技术。

目前堆体测量,主要通过全站仪、GNSS 等测量仪器测量,而利用无人机测绘并建模也是一种便利的方法。无人机测绘在作业区域上空自动作业采集数据,生成三维模型数据,并据此进行空间距离、体积的测量,或者进行斜面等不规则堆体面积的模拟测量,为工程建设规划和生产作业等提供准确的数值参考。

六、农业遥感

农业遥感是无人机测绘应用的重要领域之一。无人机进行测绘农作物面积量测,能对传统农作物面积统计带来变革。从空中采集、传输和处理数据,不再费时费力地进行实地测量再录入,大幅提升了测绘效率,节约成本并提升了准确率。

无人机提供高分辨率影像能够提供准确的土地纹理和作物分类信息,可应用于农业用地分析、作物类型识别、森林火灾监测、森林覆盖率监测等。针对特定农业作物,确定种植面积、生长状况、生长阶段和产值预估,比如在烟草、农业物联网等行业有重要应用。

七、文物保护

文物保护也是无人机测绘应用的重要领域之一。在各种大型文物的保护中,例如长城、宫殿、墓葬等。文物测绘一方面需要测绘获取文物各种数据,以便帮助文物修复和保护;另一方面,测绘过程中又需要避免对文物的破坏。无人机测绘是从空中无接触进行的,因此不会对文物带来破坏,还能打破空间限制,提升测绘效率和精度,降低成本。对于文物数据获取和后续修复保护来说,无人机测绘作用明显。

贴近摄影测量技术能实现对文物的近距离测绘,面向目标的摄影测量,以文物面为摄影对象,针对三维空间任意坡度、坡向的面进行摄影,获取目标的位置结构信息,再依据粗模成果,规划无人机贴近摄影测量航线,进而生成精细化的三维模型。

八、矿产资源监测

矿产开采活动严重破坏了大量的耕地和建设用地,导致了严重的水土流失和土地荒漠化,直接诱发了地质灾害和次生地质灾害。利用无人机遥感技术开展多元精细化调查有利于综合整治矿区环境、保持矿产资源的可持续开发与利用。无人机低空遥感技术可以在矿山开发状况、矿山环境等多目标遥感调查与监测、矿山复绿、矿山执法等领域发挥重要作用。

九、城市规划管理

在各地智慧城市建设中,地理信息系统是城市建设的基础内容,城市基础地理信息在城市规划建设、交通管理、社会与公众服务以及可持续发展研究等众多领域发挥了重要的作用。无人机航测不仅为城市建设系统提供更加实时高效的基础底图和地理信息,而且构建的城市三维数字模型逐渐成为建立智慧城市的重要基石,为数字城市、智慧城市建设的全面发展发挥作用。采用无人机测绘技术可获取大量高精度的地形信息,能减少地面测绘的限制和盲点,提升了测绘效率与精度,还能节约测绘成本,保护人员安全。无人机测绘能制作数字高程模型、数字正射影像,能够快速、精准地进行城市规划测量,成为传统人工测量的有效补充手段。因而无人机测绘能够支持有关部门和人员做出科学的城市规划决策和管理。

十、环境及水利监测

在环境方面,尤其是排污污染监控方面,高效快速获取高分辨率航空影像能够及时对环境污染进行监测。此外,海洋监测、溢油监测、水质监测、湿地监测、植被生态等方面都可以借助遥感无人机拍摄的航空影像或视频数据实施。

在水利监测与管理方面,包括水域规划、水利监测与水利管理。无人机可根据地形和河流情况,确定航线,并进行水情监测、河道走向、水库监测、洪灾区域检查等,查看水毁桥梁、淹没区域等情况,还有凌情应急监测、滩区洪水灾害监测、水污染等突发事件等。无人机因其机动灵活的起降方式、低空循迹的自主飞行方式、快速响应的多数据获取能力,在坏境监测及水利管理上具有巨大的应用前景,为决策部门科学决策提供了科学依据,为最大限度地减轻地质环境与水利灾害损失提供了至关重要的帮助。

无人机航测技术与地理信息技术结合后获得了快速发展,其优点不言而喻,如使用成本低、机动灵活、载荷多样性、操作简单。同时也存在一定的不足,如像机畸变大、影像像幅小、像片数量多、基高比小。同时,多旋翼无人机总体质量较小,高空风力会对无人机航测作业产生不利影响,造成其飞行不够平稳,导致最终获取的影像数据的清晰度降低;无人机设备传感器发展仍存在一定的缺陷,精度不够高,因而影响了航测数据的精准性;此外,电子通信技术也是影响无人机航测精度的因素之一。为了提高无人机测绘数据的准确性和可靠性,还必须科学规范地开展无人机测绘工作。

第六节　三维激光扫描测量简述

三维激光扫描测量技术作为一种新兴的测绘技术,推动空间数据的采集方式向实时、高精度、数字化和智能化的方向发展。三维激光扫描技术是同 GNSS 空间定位技术与无人机测绘技术一起作为测绘技术革新,将使测绘数据的获取方法、服务能力与水平、数据处理方法等进入新的发展阶段。三维激光扫描测量作为一种新的测量技术手段,是"面"测量,能为现有大比例尺地形图的测绘提供作业模式。

三维激光扫描按扫描平台可分为机载(或星载)、地面型和便携式激光扫描系统;按有效扫描距离可分为短距离、中距离、长距离和超长测程激光扫描仪。图 12-6-1 为无人机激光雷达系统。图 12-6-2 为南方测绘 SZT-R1000 轻型长测程车机载一体化移动测量系统。

图 12-6-1　无人机激光雷达系统　　　　图 12-6-2　地面车载激光雷达系统

原理:激光测距设备主动发射激光脉冲,同时接受由自然物表面反射的信号从而可以进行测距。针对每一个扫描点可测得测站至扫描点的斜距,再配合扫描的水平和垂直方向角,可以得到每一扫描点与测站的空间相对坐标。如果测站的空间坐标是已知的,那么可以求得每一个扫描点的三维坐标,从而得到地表目标的空间信息。

三维激光扫描测量能够大面积、高分辨率、快速、非接触地获取被测对象表面的三维坐标数据。通过三维扫描系统对地物、地貌进行高分辨率的扫描,获得反映其空间位置信息的点云数据,得到高精度的三维立体模型。

无人机载激光雷达技术获取空间信息的速度快、效率高、作业安全。三维激光扫描技术的主要特点如下:

(1)非接触性测量方式。通过记录激光信号往返被测物体的时间获得仪器与被测物体间的距离,间接计算出被测物体的三维空间数据,避免了因接触或对被测物体表面进行处理造成的破坏,同时为人力难以企及的情况提供了更安全可靠的测量方式。

(2) 高精度、高分辨率。提供不同密度的数据采集方式,采样密度间隔最小 1 mm,其单点定位精度最大可达 2 mm,保留了传统监测仪器的高精度。

(3) 采样率高。随着三维激光扫描系统集成技术的不断发展和更新,其采样率可达数万点/秒至数百万点/秒,减少了有效工作时长,方便数据更新。

(4) 数据化采集方式兼容性好。获取的被测对象的空间数据以数字信号进行存储和管理,具有全数字特征,方便与其他软件进行数据交换与共享。

(5) 主动性、动态性、实时性和直观性。不受扫描环境的约束,如温度、气压、光线的影响等,工作效率高,现场可以显示采集的点云数据,如有遗漏可及时进行补扫。

(6) 可配合外置像机、GNSS 系统使用。与其他设备的结合扩大了三维扫描仪的使用范围,并使获得的信息更加丰富、准确。

(7) 降低劳动强度、提高作业效率。采用非接触、自动化、免反射棱镜的测量方式,很大程度地降低了外业测绘的难度及工作量。

基于三维激光扫描的大比例尺测图的作业方法的主要步骤:测区踏勘、控制点布设、点云数据采集(拍照、扫描)、数据处理(拼接、去噪、抽稀、建模)、获取地形数据。

2019 年国庆 70 周年阅兵期间,在装备方队信息作战第四方队的方阵中有一排军用越野车辆,外挂各种神秘的传感器,威猛而科幻的外形格外引人注目。这是立得空间研发的"测绘神器"——移动测量系统(MMS),即图 12 - 6 - 3 所示。该系统由 GNSS(包括 GPS 或北斗)+立体摄影测量+激光雷达测量+惯性导航测量+导航地图一体化的自动测量系统,可支持现代化的移动作战。

图 12 - 6 - 3 立得空间一体化自动测量系统

三维激光扫描技术可以应用在工业测量、地形测量、公路测绘、河道测绘、铁路测绘、隧道检测及变形监测、土木工程、大坝的变形监测、桥梁及建筑物测绘、地下工程测绘、矿山测量、文物数字化保护、城乡规划、自然灾害调查及体积计算等领域。

复习思考题

1. 简述摄影测量综合法测图的作业过程。

2. 摄影测量立体测图的原理是什么?

3. 简述摄影测量常用的两种成图方法。

4. 简述数字摄影测量的定义,包含哪些主要内容。

5. 按不同的分类标准,无人机如何分类?

6. 无人机测绘如何定义,它具有哪些特点?

7. 试述无人机测绘作业流程。

8. 无人机测绘航摄作业包括哪些内容?

9. 无人机航空摄影测量的内业生产包括哪些内容?

10. 简述三维激光扫描测量的特点及主要应用。

第十三章　普通地图

导读

地学工作者需要经常接触和使用普通地图，编制专题地图也常以普通地图作为地理底图。熟悉普通地图的基本内容和表示方法，读懂普通地图是最基本的要求。

本章首先介绍普通地图的基本内容和主要任务，后三节分别着重介绍普通地图的三大要素：自然地理要素、社会经济要素及辅助要素的表示方法。

第一节　普通地图基本内容与主要任务

一、普通地图的基本内容

普通地图以相对均衡的详细程度表示制图区域各种自然地理要素和社会经济要素的基本特征、分布规律及其相互联系，它的首要任务在于正确地反映地域分异规律和区域地理特征。因此，普通地图应全面反映水系、地貌、土质、植被、居民地、交通线、境界及其他标志，而不突出表示一种要素。它们在地图上表示的详细程度、精度、完备性、概括性和表示方法，在很大程度上取决于地图的比例尺。地图比例尺愈大，表示的内容愈详细。

普通地图的内容包括数学要素、地理要素和辅助要素三大类，各自的主要内容如图13-1-1所示。

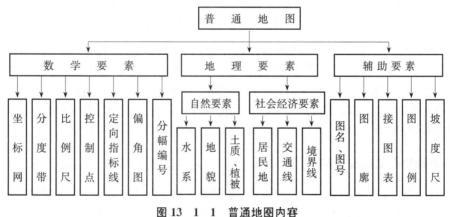

图13-1-1　普通地图内容

二、普通地图的基本特征

普通地图除具有地图的基本特征(具有严密的数学基础、运用地图语言表示事物、实施

科学的制图综合)外,还具有以下几个基本特征:

(1)普通地图主要表示制图区域中客观存在的自然和社会经济要素的一般特征,不突出表示其中的某一种要素。因而,普通地图广泛用于国民经济建设、国防、科学文化教育等许多方面,也是编绘小比例尺地图和专题地图的基本资料。其中地形图是一个国家的基本地图,是国防和经济建设的基础资料。

(2)普通地图具有严密的数学基础和高精度的可量测性。普通地图具有严格的地图投影、坐标网和比例尺等数学要素,因此,可以在普通地图上准确表示地物的真实位置、形状和大小,从而可以从地图上获取地面物体的方向、方位、坡度、面积和距离等间接数据信息。

(3)普通地图是以描绘人类活动的可见环境为主,在地图内容的表示上,大多采用图案化的符号,符号与实地物体图形具有相似性或者象征性。普通地图符号的图形特征具有象形和会意的特点,在地图上的位置通常代表着实地物体的真实位置,从而使地图具有准确的可量测性。

普通地图中符号的尺寸大多与地图比例尺成比率。普通地图符号具有如下特征:

① 普通地图符号的图案化特征:具体的事物用抽象的符号表示,抽象程度随认识程度的提高而提高。对称的图形是最简明的。

② 普通地图符号的逻辑性特征:图形的变化规律与所描述的对象的规律相符。

③ 普通地图符号的尺寸变化特征:由于普通地图,特别是地形图具有可量测性,很多时候都希望能从地形图上了解实地物体的大小、长短等信息。普通地图中这类符号的尺寸必须与地图比例尺成比率。

④ 普通地图符号的定位及定向特征:普通地图符号在地图上的位置通常代表实地物体的真实位置,从而使地图具有准确的可量测性。特别是在地形图上,符号的定位问题是地图准确性的核心。普通地图上符号放置的方向有的代表一定的实际意义,有的基于地图的艺术性和人的读图习惯,因此符号在图上并不是随意放置的。通常,依比例符号和半依比例符号都不存在定向问题,只有记号性的非依比例符号才存在着定向问题。如固定方向、非固定方向、依光照定向、依风向定向。

(4)普通地图的色彩,特别是我国大比例尺地形图一直采用四色印刷。黑色表示人工物体,如居民地、道路、境界、管线等;蓝色表示水系要素,如江、河、湖、海、井、泉等;棕色表示地貌与土质,如等高线、各种地貌符号等;绿色表示大面积植被,如森林、竹林、果园等。随着人们审美观念的变化和数字地图出版技术的发展,地形图的设色将有所改变,如地形图设色的黑、棕、蓝、绿改为黑、红、蓝、绿系列,并且调整图上各种颜色的用色比例,充分利用各种颜色的多种网点层次,丰富地形图色彩,增强其艺术性,既可提高地形图的清晰易读性,又能改善用图者阅图时的心态环境。从色彩学角度来看,更符合科学配色原则。

三、普通地图的主要任务

普通地图包含丰富的地理信息,广泛用于经济建设、国防建设、科学研究和文化教育等方面。不同比例尺的普通地图,其任务和使用范围也不相同。现以我国国家基本比例尺地形图为例,阐述普通地图在经济、国防方面的基本任务和主要用途,详见表 13-1-1。

表 13-1-1　国家基本比例尺地形图以及比例尺小于 1：100 万地图的基本任务和主要用途

比 例 尺	基 本 任 务	用于国民经济建设	用于国防建设和作战
1：5 000～ 1：2.5 万	工程建设现场图；农田基本建设用图；城市规划用图；基本战术图	各种工程建设的设计以及农业、林业生产的研究等	国防重点地区的基本技术、战术用图；炮兵射击，坦克兵等兵种的侦察和作战
1：5 万～ 1：10 万	规划设计图；战术图；专题地图的地理底图	各种建设规划设计；道路勘察，地理调查，地质勘察，土壤调查，农林研究等	广泛用作战术用图，司令部和各级指挥员在现场的用图
1：25 万～ 1：50 万	区域规划设计图；战役、战术图；专题地图的地理底图	各种建设的总设计；工农业规划；运输路线规划；地质、水文普查等	军以上等级司令都使用；合成军协同作战中应用较多；空军在接近大型目标时使用
1：100 万	国家和省、市、自治区总体规划图；战略图；飞行图；专题地图的地理底图	了解和研究区域自然地理与社会经济概况；拟定总体建设规划，工农业生产布局，资源开发利用计划；小比例尺普通地图和专题地图的编图资料	统帅部战略用图；空军空中领航使用
小于 1：100 万	一览图	一般参考；文化教育和科学研究用图；专题地图和地图集的编图资料	确定战略方针；研究飞行设计；中远程导弹的发射等

第二节　自然地理要素的表示

普通地图的地理要素主要包括自然要素和社会经济要素，自然要素主要包括水系、地形、土质、植被等。

一、水系及其表示

水系是指地球表面的各种水域，分为海洋和陆地水系两大部分。水系是自然地理环境中最重要的要素之一，对自然环境和人类活动有很大的影响。水系不仅影响地貌的发育、土壤的形成、植被的分布和气候的变化；而且对居民地和道路的分布、对工农业生产的配置和建设也有较大的影响。水系可以用作交通线、提供丰富的水力和水产资源、城乡生产和生活用水；在军事上，水系可以作为防守的屏障、成为进攻的障碍，亦是空中和地面判定方位的重要目标。在编图中，水系常被视为地形的"骨架"，在地图上具有特殊的意义。表示水系的核心问题是正确地表示水陆的分界线，以便清楚地显示出大陆和海洋的轮廓。在地图上正确地表示海洋、河流、湖泊、水源等水系要素的轮廓特征，有助于阅读其他地理要素，特别是地貌要素，例如根据水系类型与流向，可以判断地表起伏与地貌类型，能够识别河谷及地面的倾斜方向。

地图上表示水系的主要要求是，显示出各种水系要素的基本形状及其特征，河网、海岸和湖泊的基本类型，主流和支流的从属关系，水网密度的差异，以及水系与地貌要素之间的统一协调关系等。

（一）海洋要素的表示

海洋约占地球表面面积的 71%，研究它的形态及其发生、发展规律有着重要的意义。在普通地图上所表示的海洋要素主要是海岸及海底地形地貌，有时也表示海流、潮流、底质、冰界和航行标志等。地理图表示的重点是海岸线及海底地形。

1．海岸及其表示

海岸是海洋和陆地相接的一条狭长地带，亦是海洋与陆地的一条重要分界线，但它不是海水与陆地的固定接触线。由于地球运动及波浪、潮汐等因素的影响，海水不停地升降，它和陆地相互作用形成一条宽窄不一的狭长海岸地带，这个海岸带随潮汐变化而改变，高潮时，向陆上推移，低潮时，则向海上推移，最大宽度可达 15 km，上下高差可有 15 m。

海岸主要由沿岸地带、潮侵地带和沿海地带组成（图 13-2-1）。

（1）沿岸地带是高潮线以上狭窄的陆上地带，它的宽度不定，视潮汐大小及地势的陡缓而改变。

（2）潮浸地带位于高潮线和低潮线之间，又称干出滩或潮间带。高潮时，这个地带的沙滩、岛礁等均淹没于海中；低潮时，则露出海面。

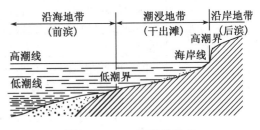

图 13-2-1　海岸的组成

地图上表示的海岸线是多年大潮的高潮位时形成的海陆分界线。根据海岸线的特征，可以判断出海岸的类型。

（3）沿海地带是在低潮线以下直至波浪作用的下限，是一个位于海水之下的狭长地带。

海岸的分类方法较多，但主要是根据海岸的形态和成因进行划分。结合我国具体情况，根据综合标志，我国海岸的分类如下：

（1）沙泥质海岸

由沙泥质组成，沿岸地带低平，主要分布在我国东部大平原的前缘。它又分三种类型：

① 三角洲海岸　　如黄河、长江和珠江三角洲。

② 淤泥质平原海岸　　如苏北海岸、辽东湾、渤海湾、莱州湾。

③ 沙砾质平原海岸　　如台湾西海岸。

（2）基岩海岸

由岩石组成，岸线曲折，岛屿众多，海湾深入陆地。我国浙江、福建、广东、广西的绝大部分海岸，山东半岛、辽东半岛的部分岸段及台湾东海岸都属于这类海岸。因岩石组成、地形结构及动力条件的不同，它又分为：

① 基岩侵蚀海岸　　如辽东半岛、山东半岛，台湾东部、福建、广东、广西也有分布。

② 基岩沙砾质海岸　　如山东芝罘岛、福建平潭岛、广西钦州岛。

③ 港湾式淤泥质海岸　　如山东半岛五垒岛湾和浙江、福建沿海。

④ 断层海岸　　如台湾东海岸。

（3）生物海岸

由于动植物的作用而形成的特殊海岸形态。它又分两类：

① 珊瑚礁海岸　　珊瑚是生长在海洋中不能移动的动物，多分布在岛屿或大陆边缘的温暖的海水中，改变了原有海岸的形态和性质。

② 红树林海岸　红树林是一种特殊的热带植物群落,生长在海湾或河口附近的淤泥中。红树林海岸分布在海南岛、雷州半岛、广东东部和福建福州以南沿海某些岸段。它对于航道水深及攻防作战有一定的影响,在地图上要显示其分布范围。

海岸的表示主要通过海岸线、沿岸地带、潮浸地带(干出滩)、沿海地带、海中岛屿、航行标志等来体现。

海岸线大比例尺地形图上用 0.1 mm 的蓝色实线绘出多年大潮高潮线,低潮线一般用黑色点线概略绘出,并与干出滩的外缘大致重合,必要时要区分海岸的性质,如岩岸、沙岸、泥岸等。

沿岸地带主要通过等高线或地貌符号表示,例如用陡岸符号表示有滩陡岸。无滩陡岸则用陡岸符号的上缘线同海岸线重叠绘出表示,齿形符号绘于岸线上。

潮浸地带(干出滩)是海岸线与低潮线之间的潮间浅滩地带,也叫海滩。因海边地质构造不同以及海水侵蚀力的大小不等,露出来的干出滩物质差别很大,有沙滩、沙砾滩、砾石滩、岩滩、珊瑚滩、淤泥滩、贝类养殖滩、红树滩等,这在地形图上应予重点表示。沙滩是由 70%以上的细沙组成,用沙点符号表示;砾石滩是由大小不等的石块、卵石、砾石组成,有时也夹杂泥沙;沙砾滩是由沙和砾石混合组成,在图上采用沙点中加石块的符号,以注记加以区分;淤泥滩是由 70%以上的淤泥组成,泥泞下陷,通行困难,图上以短横线加"淤泥"注记表示;沙泥滩是由沙和泥混合组成,图上用沙点加绘短横线符号和"沙泥"注记表示;珊瑚滩是热带和亚热带海洋中珊瑚虫死后,由石灰质遗骸与泥沙、海生动物贝壳等胶结而成的大片礁体;岩滩是由坚硬的岩石组成,在图上用同一种符号,以"珊瑚"与"岩"注记区分;贝类养殖滩为人工养殖和繁殖贝类的地段,图上以配置贝类符号加"贝类"注记表示;红树滩是热带和亚热带浅水淤泥海湾内生长常绿的小灌木和小乔木红树林的滩地,是防风、防浪的良好天然护岸林,亦是登陆作战的重要障碍物,图上以配置圆圈符号加"红树"注记表示;它们的外缘均为低潮线。沿海地带重点表示与航行有关的要素,如危险岸、礁石、水深点及有关的航行标志等。

危险岸,是指沿岸的海面有许多礁石,海浪冲击,波涛汹涌,船只不能靠近的地段,图上按实地范围错落配置其符号,面积较大的应注出"危险岸"。

礁石,包括明礁、干出礁和暗礁三种。明礁是指露出大潮高潮面的礁石,面积大于 100 m² ,则按岛屿绘出礁石岸线,小于 100 m² 时,则用非比例符号表示;干出礁是指高潮时没于水下,低潮时又露出水面的礁石,即高出理论深度基准面的礁石;暗礁是指经常在海水面以下,即在理论深度基准面以下的礁石,深度一般不到 10 m,孤立于海中或沿海地带,是航行时的危险物;图上对礁石周围加绘点线符号为航行危险的区域范围,成丛分布的各类礁石,在其分布的范围内按真实位置绘以相应符号,对依比例表示的暗礁和干出礁,图上分别注以"干"或"暗",珊瑚礁则注"珊瑚"。

海中岛屿在图上要保持其位置和基本形状的正确。图上面积大于 0.35 mm² 的则依比例表示,小于 0.35 mm² 的用不依比例的点状岛屿符号表示,在彩色地图上印成深蓝色。

航行标志主要有导航、指险和信号三种标志,其作用是:准确标示航道方向、界限、标示航道内和附近的水上或水下的障碍物和建筑物,指示航道的最小深度,预告风讯及指挥狭窄航道和急流河段的水上交通等。

灯塔(桩)是建筑在沿海航线附近的岛、礁上或港口海岸上的建筑物,装有发光设备,引导舰船航行,形体高大、明显,图上除绘其符号外,还标注高程。

信号杆、台、立标,有水深信号标、风讯信号标、通行信号台、鸣笛标、界限标、电缆标等,用作指示航道水深,预告风讯和水底管线位置,指挥狭窄航道上的水上交通,保证安全航行。灯船、浮标,是指险标志,设在水中,用于指示航道界限,指示有水上或水下障碍物。

小比例尺地图上海岸的表示与大比例尺地形图上表示的大致相似,但海岸线要加粗到0.25 mm,表示的内容较为概略。

2. 海底地貌及其表示

海底地貌与陆地地貌在成因和形态上虽然有所差别,但它们之间有着不可分割的联系。作为地球体的表层,它应与陆地地貌一样,在地图上得到较为详细的反映。测量海深的方法如图 13 - 2 - 2 所示。

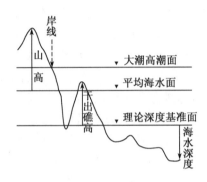

图 13 - 2 - 2　测深、海深

(1) 海底地貌类型

① 大陆架　大陆边缘在海水下的延伸部分,水深一般在 200 m 以内,宽度由几千米至几百千米不等。整个坡度平缓,水深变化小,地貌形态多样,多水下三角洲、小丘、垄岗、洼地、水下谷地、浅滩、岛礁、海底阶地等。

② 大陆坡　大陆架向海底过渡的斜坡地带,坡度较陡,最大可达 20°以上,水深度一般为 200~2 500 m,常被海底峡谷切割得较破碎。

③ 海盆　大陆坡以下的海底凹地,其面积占海底面积的 80%,是海洋的主体部分,水深度一般为 2 500~6 000 m。地势起伏不大,有规模巨大的海底山脉及海岭、海山、海原、海沟等,其中海沟深度一般在 6 000 m 以上,最深的是太平洋中的马里亚纳海沟,深达 11 034 m。

(2) 海底地貌的表示

海底地貌可以用水深注记、等深线、分层设色和晕渲等方法表示。

① 水深注记　水深点深度的注记,类似于陆地上高程注记。地图上的水深点注记不标其点位,而是用注记整数的几何中心来代替(图 13 - 2 - 3)。可靠的、新测的水深点用斜体字注出,不可靠的、旧资料的水深点用正体字注出;不足整米的小数用较小的字注于整数后面偏下的位置,中间不用小数点,例如 23_5 表示水深 23.5 m。

0 1 2 3 4 5 6 7
10 20 50 100 200

图 13 - 2 - 3　水深点定位方法

② 等深线　从理论深度基准面(理论上的最低低潮面,略低于多年大潮低潮面)起算的等水深点连成的闭合曲线。它有两种形式,一是点线符号,二是细实线符号(图 13 - 2 - 4)。

点线符号的形式是根据不同的深度用不同的点线组成,优点是直观易读。细实线符号表示海底地貌较易为读者接受,特别是结合水深注记,再配以等深线注记更能收到较好的效果(图13-2-5)。此外,底质、潮流等也应与水深注记、等深线一并表示。在中小比例尺地图上,有时采用明暗等深线法,用以增强等深线的立体感,更多的则

⋯⋯⋯⋯⋯1	—————9	—·—1 000—·—
⋯⋯⋯⋯⋯2	——10	—·—2 000—·—
⋯⋯⋯⋯⋯3	——20	—·—4 000—·—
⋯⋯⋯⋯⋯4	——30	—·—6 000—·—
————5	——50	—·—8 000—·—
————6	——100	— ——不精确———
⋯⋯⋯⋯⋯7	——200	单位:m
⋯⋯⋯⋯⋯8	——500	

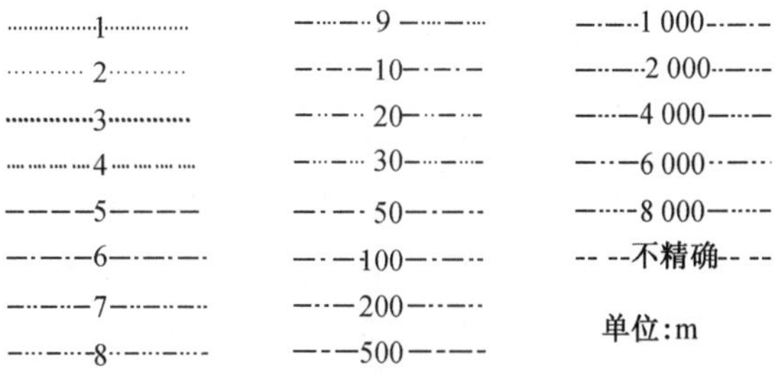

图 13-2-4 海图上的等深线符号

是采用分层设色法或晕渲法配合等深线表示海底地貌的起伏。

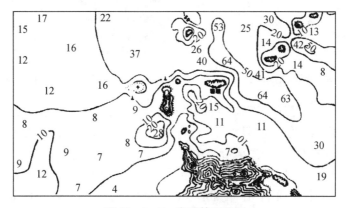

图 13-2-5 海域等深线图

(二)陆地水系的表示

陆地水系是陆地上的井、泉、贮水池、河流、运河、沟渠、湖泊、水库、池塘等及其附属物的总称。

1. 水源、盐田及其表示

(1)水源

地下水在地面上的露头,有天然和人工水源之分。正确表示水源对了解地区的水文条件有重要意义,特别在干旱地区,对发展生产、安排生活、国防建设的意义更大。

① 泉 地层里自然流出地面的地下水,为天然水源。按其性质可分矿泉、温泉、间歇泉、毒泉等。图上用蓝色符号表示,以符号实心圆的中心为定位点,其"尾形"表示流向,并加注记(图13-2-6)。

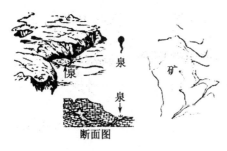

图 13-2-6 泉

1. 竖井 2. 暗渠 3. 含水层 4. 明渠

图 13-2-7 坎儿井

② 坎儿井　新疆吐鲁番、哈密一带干旱地区地下水通过地下渠道灌溉农田的水利设施。从山地水源处挖一条暗渠,每隔20～30 m打一竖井与暗渠相通。图上用蓝色虚线表示暗渠,小圆表示竖井,以其两端的小圆代表真实位置,中间的均作符号配置(图13-2-7)。

③ 水井　人工水源。图上仅表示居民地以外的有方位意义的水井,缺水地区的水井一般都予表示,尤其是西北干旱地区应全部表示。并注以质量和数量注记,标明水质(淡、咸、苦),水井地面高程和井口至水面深度。

④ 贮水池　干旱地区用石或水泥构筑的雨水坑或水窖,用于存蓄雨水、雪水。图上用实心方形符号表示(图13-2-8)。

图13-2-8　水窖、贮水池

图13-2-9　沼泽地

⑤ 沼泽地　生长有苔草、芦苇、真藓等植物的过度潮湿或被水浸渍的地方;其中草甸沼泽发育在河漫滩、湖滨、低洼地、泉水旁、平坦的分水岭地带;森林沼泽发育在森林之中;盐咸沼泽分布在盐沼泥漠地区或海滨地带。在沼泽的下部常发育有泥炭层。按其通行程度又分能通行和不能通行两种。图上用相应的蓝色晕线表示各种沼泽及其分布范围,用相应的符号表示各种植被,对能通行沼泽加注水深和软泥层深度,以注记说明通行状况(图13-2-9)。

(2) 盐田

在海边利用海水晒盐或在内陆挖凿盐池、盐坑取卤水制盐的场所。图上对小面积盐田用 1.5 mm× 2.2 mm 的格状符号表示;大于此尺寸的则依比例表示,其各部分的分格线按实地或规划的疏密程度表示,并加"盐田"注记(图13-2-10)。

图13-2-10　盐田

2. 河流及其表示

地图上的河流应能反映河流发育阶段、类型、长度、水文特征、河网密度和其他附属物等。河流在地图上用相应的蓝色线状符号表示。当河流较宽或地图比例尺较大时,用蓝色实线按常水位正确描绘河流的两条岸线,其间水部多用蓝色网点或网线表示;如果雨季的高水位与常水位相差很大,则在大比例尺地形图上同时要用棕色虚线表示其高水位岸线,用棕色细点表示洪水淹没的滩地土质。地图上大多数河流用不依比例的单线表示,以 0.1～ 0.4 mm的单线由细渐粗的自然过渡变化来反映河流的流向、形状和主支流的关系;当图上河宽大于 0.4 mm时,则用双线表示,单双线符号相应于实地的宽度如表13-2-1;往往为了与单线河衔接及美观的需要,常用间距 0.4 mm 的不依比例双线过渡到依比例的双线(图13-2-11)。

表 13-2-1 单线河、双线河的实地分级标准

符号 \ 实地宽(m) \ 比例尺	1:2.5 万	1:5 万	1:10 万	1:25 万	1:100 万
单线河 0.1~0.4 mm	<10	<20	<40	<100	<400
双线河	>10	>20	>40	>100	>400

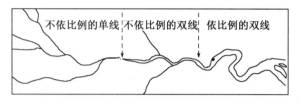

图 13-2-11 地面上的河流符号

小比例尺地图上的河流有两种表示法,一是用不依比例单线符号配合不依比例和依比例双线表示,二是用不依比例单线配合真形单线符号表示。

① 河流水文特征及其表示 河流的水文特征主要指河宽、水深、流向、流速、底质、瀑布和石滩等,一般用符号加数量与质量注记表示。

② 河流附属物及其表示 指在各类河流上的各种人工建筑物,含交通渡运和水利工程两方面,如渡口、徒涉场、跳墩、水坝、水闸、码头、加固岸、防波堤、轮船停泊场和干船坞等;这些物体,在地形图上用半依比例或不依比例的符号表示,在小比例尺地图上则不表示。

3. 湖泊及其表示

湖泊,指面状分布的水体。地图上用蓝色水涯线配合水部普染浅蓝色。在地图上除需按比例表示湖泊的大小和形状、分布特点外,还要通过湖泊的分布位置和岸线形状等特征的表示,反映出湖泊的类型及与其他要素的关系,尤其是与河流、等高线、沼泽、居民地等的协调关系;在小比例尺地图上,湖泊面积小于 2 mm²,以蓝色的点状符号表示。

二、地貌及其表示

地貌是自然地理各要素中最重要的要素之一。它的高低起伏与走向在一定程度上决定着热量、水分的再分配,影响水系的发育与形态;制约植被和土壤的形成;对居民地、道路也有较大的影响;在国防建设和军事行动上更有重要的意义。

在地图上,地貌不仅可以作为地物点位的平面与高程控制,而且还可以为读者了解地理环境特征、找寻经济发展的有利与不利条件提供依据。

地貌是三维空间的,如何将它科学地表示在地图平面上,使之既富有立体感,又具备可量测性,人类经历了漫长的历程和多种尝试,创设了写景法、晕翁法、晕渲法、等高线法、分层设色法等多种表示地貌的方法,现分别介绍如下:

(一) 写景法

写景法是以绘画写景的形式概略地表示地貌形态和分布位置的方法,又称透视法,是一种古老而质朴的方法(图 13-2-12)。

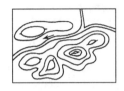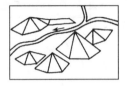

图 13 - 2 - 12 根据等高线绘制地貌写景图

根据等高线图形作密集而平行的地形剖面,然后按一定的方法叠加,获得由剖面线构成的写景图架构,经艺术加工可以制成地貌写景图,图 13 -2 - 13 分别为剖面线按正位叠加、斜位叠加和经透视处理后叠加而绘成的地貌写景图。

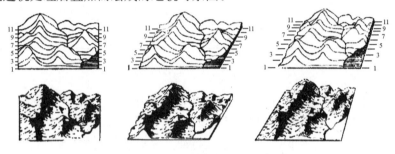

图 13 - 2 - 13 由剖面叠加绘制地貌写景图

根据等高线图形还可以由计算机自动绘制立体写景图。图 13 - 2 - 14 即是由一组平行剖面和两组平行剖面所构成的立体写景图,图形精度高,形态逼真。

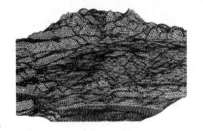

图 13 - 2 - 14 计算机绘制的立体写景图　　　　**图 13 - 2 - 15 晕翁法**

(二) 晕翁法

晕翁法是沿地面斜坡方向布置晕线以反映地貌起伏和分布范围的一种方法(图 13 - 2 - 15)。出现在 17 世纪中叶。依据光源与地面位置关系,分直照晕翁和斜照晕翁两种。

对于小比例尺地图,无论用哪种晕翁法,由于都不能依据晕翁线确定地面的高程,难以精确测定坡度,绘制工作量大,密集的晕翁线还掩盖地图的其他内容,总体效果不及晕渲法,所以现已被晕渲法、等高线法所取代。

(三) 晕渲法

晕渲法出现在 18 世纪初,是根据假定光源对地面照射所产生的阴暗程度,用浓淡的墨色或彩色沿斜坡渲绘其阴影,造成明暗对比,显示地貌的分布、起伏和形态特征的一种方法,又称阴影法或光影法(图 13 - 2 - 16)。晕渲法依其光源位置不同,分为直照晕渲、斜照晕渲和综合光照晕渲三种(图 13 - 2 - 17)。

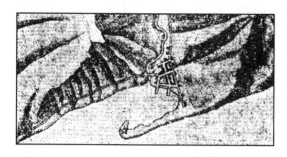

图 13－2－16　晕渲法表示地貌

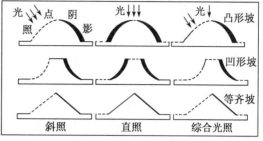

图 13－2－17　三种不同光照的晕渲法

（四）等高线法

等高线，是近现代地图上用于表示地势起伏形态的世界各国公认的最理想的一种地图符号。地形图上一簇等高线不仅可以显示地面的高低起伏形态、实际高差，并且有一定的立体感。根据地形图上等高线的密度和图像，可以判断地貌特征、斜坡坡度和方向、确定盲区（不可通视区）以及在图上进行高程、面积、体积、坡度等各种量算。

1. 等高线原理

等高线是地面上高程相等的相邻点所连成的闭合曲线。按平截法之说，假设以平均海水面作为高程起算的基准面，然后用许多平行于此基准面，且间隔相等的水准面，一一去横截地表；再将水准面与地表的截口线按正射投影的方法投影到基准面上，所得图形是一圈套一圈的闭合曲线；每一条闭合曲线上的各点高程均相等，故称之等高线（图13－2－18）。另有淹迹法一说，即假设淹没小山的

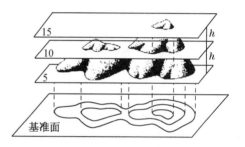

图 13－2－18　等高线构成原理

海水按一定间隔的高度间隙地退落，在每次间隙期内海浪击蚀山体都留下一圈闭合的水涯线痕迹线；水迹线上各点的高程相等，故此线即为实地可见的等高线；这一层层闭合的水迹线正射投影到平均海水面上，所得到的一簇闭合曲线即为图面上的等高线。

实际上，等高线在地面上是一条虚拟的曲线；在地形图上，却是地面等高线的水平投影按比例缩小的图像。因此，地面上与图面上的等高线之间存有一定的数学关系。

2. 等高距

等高距，即相邻两等高线的高程差，常以 h 表示。地形图上的等高线有三项基本规定：一是同一幅地形图上采用统一的等高距，称为基本等高距，以有利于地势高低的对比；二是每根等高线的高程要为基本等高距的整倍数，等高线的高程顺序必须从 0 m 起算；三是在地势陡峻高差很大地段，等高线十分密集时可以只绘计曲线或合并两条计曲线间的首曲线。

等高距的大小对表示地貌的详细程度有很大关系，等高距愈小，则等高线愈密，所表示的地貌就愈详细，但测绘工作量也就愈大。相反，等高距愈大，则等高线愈稀，所表示的地貌也就愈概略。因此，确定一个正确的等高距十分重要。等高距的确定要考虑地图比例尺大小、测图区域地面起伏状况和用图目的等因素，计算基本等高距 h 的公式为：

$$h=\frac{d \cdot M}{1\,000} \cdot \tan\alpha \tag{13-2-1}$$

式中:M 为地图比例尺分母;d 为相邻等高线在图上距离(mm)且不得小于地图比例尺极限精度(0.1 mm)的 2 倍;α 为地面坡度。

一般地图比例尺愈小,地面高差愈大、愈陡的山地,选用的等高距较大;地图比例尺大,地面高差小的平原与低山,选用的等高距较小。一般测图和国家基本比例尺地形图的等高距均是固定的,小比例尺地图的等高距和水域的等深线都采用变距,即地势愈高(深),等高(深)距愈大;专题地图地理底图的等高距完全视需要而定。国家基本比例尺地形图的等高距都是由原国家测绘地理信息局统一制定的,不仅规定了一般地区的等高距,而且还规定了特殊地区的等高距,从而实现了全国等高距的规范化和标准化。全国各单位测制和出版地形图均以此为准,不得自行改变。但在地势陡峻、高差很大地段,等高线十分密集时,为便于阅读,可以只绘计曲线或适当合并两计曲线间的首曲线(表 13-2-2)。

表 13-2-2　各种比例尺地形图的等高距　　　　　　　　　　单位:m

比例尺	平原、低山	高山区
1:500～1:2 000	0.5	1
1:5 000	1	2
1:1 万	2.5	5
1:2.5 万	5	10
1:5 万	10	20
1:10 万	20	40
1:25 万	50	100
1:50 万	50	100
1:100 万	50	250

3. 等高线种类

在地形图上,为了精确地表现地貌,便于测图和用图时计算高程,将等高线分为首曲线、计曲线、间曲线、助曲线四种(图 13-2-19),此外还有草绘曲线。

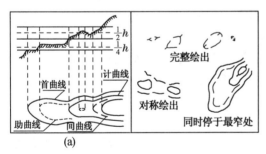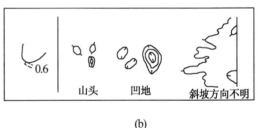

图 13-2-19　等高线种类与示坡线

(1)首曲线　又称基本等高线。即按相应比例尺地图规定的基本等高距,由零点(高程基准面)起算而测绘的等高线,如 1:5 万比例尺地形图的首曲线为 0 m、10 m、20 m、30 m、…,图上用 0.1 mm 细线表示。

(2)计曲线　又称加粗等高线。为了读图时判读等高线高程的方便和使加粗等高线的高程为整数(m),由零点起算每隔 3 根或 4 根首曲线加粗描绘的那根(即 4 倍或 5 倍等高距的)首曲线,称为计曲线,如 1:5 万比例尺地形图的 50 m、100 m、150 m 的等高线,在图上用 0.2 mm 粗线表示。

（3）间曲线　又称半距等高线。当用基本等高线难以显示某些重要的地形碎部,如小山头、阶坡、鞍部、小凹地等,则采用 1/2 等高距的等高线予以补充描绘,在图上用 0.1 mm 细长虚线表示。

（4）助曲线　又称辅助等高线。当首曲线和间曲线都不能显示出的某些重要的微型地貌,则采用 1/4 等高距的等高线予以辅助描绘,在图上用 0.1 mm 的短虚线表示。

因间曲线与助曲线只用于局部地段,所以无须像首曲线那样一定要自身闭合,除山头和凹地要完整绘出外,表示阶坡时两端终止于最窄处,表示鞍部时,要对称地绘出两条。

（5）草绘曲线　又称草绘等高线。是在无实测资料情况下,参考其他资料概略绘出的等高线。草绘曲线的精度不符合规范要求。在图上按绘首曲线和计曲线的要求,分别用 0.1 mm 和 0.2 mm 的长虚线绘出首曲线和计曲线。

对于独立山头、凹地以及在图上不易辨认斜坡降落方向的等高线,要加绘示坡线符号。

示坡线是指示斜坡降落的方向线。在图上用 0.6 mm 长的短线垂直于等高线绘在等高线拐弯处,通常绘在山头、谷地及斜坡方向难以辨认的地方、凹地的最高与最低的那条等高线上。

4. 等高线平距

等高线平距,系指相邻等高线间的水平距离,常以 d 表示。鉴于同一幅地形图上等高距 h 相同,所以等高线平距大小直接反映地面坡度的变化。由图 13-2-20 可见等高线平距愈小的地段,地面坡度 i 则愈大,等高线亦愈密集;反之,地面坡度则愈小,等高线亦愈稀疏。同样,也可根据等高线的疏密情况判断地面坡度的陡缓。坡度、等高距、等高线平距三者之间的关系如下式:

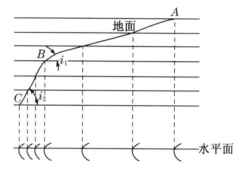

图 13-2-20　等高线平距与地面坡度

$$\tan i = \frac{h}{d} \qquad (13-2-2)$$

等高线平距大小的变化亦反映地面坡形的特点。如图 13-2-20 所示,由山上至山下,当等高线平距由大逐渐变小,则地面由缓逐渐变陡,呈凸形坡;相反,则地面由陡逐渐变缓,呈凹形坡;若等高线平距大小相间出现,则地面陡缓交替出现,呈阶状坡;若等高线平距大小保持不变,则地面无陡缓变化,称均匀坡或称直线坡、等齐斜坡。

5. 等高线特性

综上所述,等高线具有下列特性:

（1）同一条等高线上各点的高程相等,各同名等高线的高程亦相等。

（2）等高线是闭合的连续曲线,只在图幅边缘才断开;若不在本图幅内闭合,则必然在相邻图幅内闭合。

（3）除悬崖、绝壁外,不同高程的等高线不能相交。

（4）在比例尺和等高距相同条件下,等高线愈疏,则地面坡度愈平缓,反之则愈陡,平距相等,则地面坡度相等。

（5）等高线与山脊线、山谷线成正交,并分别向山脊线降低和山谷线升高的方向凸出。

（6）等高线间最短线段(即垂直于两等高线)的方向,为该地具有最大坡度的方向。该方向线即为该地的最大坡度线。

等高线地貌表示法的优点很多,首先是它有明确的数量概念,在等高线地图上,近似的高度和坡度都可以直接判读出来,例如图上等高线相距很近表示陡坡,相距较远则表示缓坡;从高程注记上可以了解某一点的绝对高度;从等高线图形上还可以判断出地貌主要形态和典型特征,甚至最细微的碎部,这是其他地貌表示法所不及的。更重要的是它的实用价值较高,无论是军事上最大视野和相对地势的分析,工程方面关于路线坡降、填挖土方、水库库容的设计和计算等等,都是根据等高线地形图制成剖面图,加以分析比较得出的。用等高线法表示地貌,可以反映地面各点的高程、各类地貌的基本形态及其变化,可量算出地面点的高程、地表面积、地面坡度和体积等,所以它是国际公认的最好的地貌表示法。

等高线法的不足之处,主要是立体感不够强。为了增强它的立体效应,在等高线法的基础上,可以采用粗细等高线或明暗等高线来弥补不足。粗细等高线是指将处于背光部分的等高线加粗,形成暗影,从而显现立体感(图 13-2-21)。

图 13-2-21 粗细等高线

图 13-2-22 明暗等高线

明暗等高线是依每条等高线不同的受光位置,将受光部位的等高线绘成白色,处于背光部位的等高线绘成黑色,用灰色线条表现过渡地带。从明显的黑白对比中可获得地貌的立体感(图 13-2-22)。

(五) 分层设色法

分层设色法是根据地面高度划分高度带,逐带设计不同的颜色,以反映地貌高低起伏的一种表示方法(图 13-2-23)。它出现在 19 世纪初,在等高线的基础上,首先根据地图用途、地图比例尺及制图区域地理特点,特别要考虑到地貌形态、构造和成因以及水系等因素,选择若干条能反映这个地区地貌特征(从深海到高山)的等高线,组成高度表或高程带,如在我国应包括 0 m、200 m、1 000 m 等特征等高线与常用等高线;然后在高度表的每两条等高线之间涂以不同的颜色,组成色层高度表,借助于颜色色调和饱和度的视觉感受,建立地貌高低起伏的立体效果。

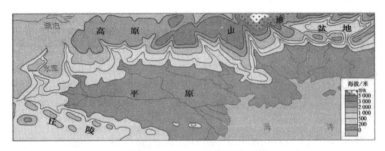

图 13-2-23 分层设色法

分层设色的立体效果,主要靠有规律的配色来实现。例如,奥地利制图学家 F·豪斯拉布(Friedrich von Hauslab,1798—1883 年)依据光照规律于 1854 年提出"越高越暗"的设色原则,他认为平原及部分丘陵地区,人口稠密,社会经济要素较多,用明亮色调显示较好,随着地面高度增大,社会经济要素相对较少,则用暗色调表示。1898 年,奥地利制图学家 K 波伊克(Peucker,1854—1940 年)按照色彩的透视规律,创设了"越高越亮"的设色原则,他认为俯视地面时,高地比低地离视者近,高地上的物体比低地上的物体清楚明亮,所以用明亮色调表示高地,暗色调表示低地,地貌便能呈现立体感。此外,他还提出了另外两个设计原则,即越亮越饱和、光谱适应的原则;前者依据的是人们阅读地图时,相当于从空中俯视地面,高地距离眼睛近,颜色显得饱和,低地距离眼睛远,颜色则显得不饱和,因此可用颜色饱和度的变化来表示地面高度的变化;光谱适应是以光谱色由暖色向寒色顺序排列而产生立体感为依据,由此所建立的高度表也可表示地面高度的起伏。

通常,越高越暗的设色原则应用较多。既能产生地貌的立体感,又有利于丘陵、平原地区其他众多要素的表达。根据越高越暗设色原则所建立的色层表,有简单和多色相两种。简单色层表通常由 3～4 种颜色组成,其中绿—褐色表示陆地部分,蓝色表示水部,适用于地面高度变化不大的地区或用以显示局部地貌,如图 13－2－24(a)所示。多色相色层表用在高度表划分较多的地图上,但用色也不宜过多,关键在于要选择好表示高程变化的几根主要等高线,并使色层颜色过渡自然,如图 13－2－24(b)所示。

分层设色法的优点是能够醒目地显示地貌各高程带的范围以及不同高程带地貌单元的面积对比,具有一定的立体感,便于了解地面高低起伏的变化,判定不同地貌类型的分布。缺点是不能量测,颜色设计要求高。

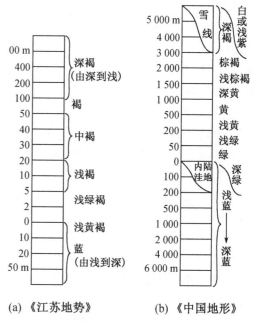

(a)《江苏地势》　　(b)《中国地形》

图 13－2－24　色层表

分层设色法通常用在以表示地貌为主的中小比例尺地势图上,常辅以晕渲法强调地势的立体感。

（六）特殊地貌的表示方法

毋庸置疑,等高线是表示地貌的最科学方法。但是,受地图比例尺和等高距的限制,一些特殊地貌,在等高线图上仍无法表示。对此,只有设计相应的特殊地貌符号予以弥补。特殊地貌形态可归纳为独立微地貌、激变地貌和区域微地貌等。

1. 独立微地貌

指微小且独立分布的地貌形态,如山洞、溶斗、岩峰、山隘、火山口、土堆、坑穴等。

2. 激变地貌

指较小范围内产生急剧变化的地貌形态,包括冲沟、陡崖、陡石山、梯田坎、崩崖、滑坡、现代冰川等。在地形图上除梯田坎和冰川的冰雪分别用黑色和蓝色符号表示外,其余均用棕色的相应符号表示。

3. 区域微地貌

指实地高度甚小但成片分布或仅表明地面性质和状况的沙地、石块地、龟裂地、干河床(图13-2-25)、小草丘地、残丘地等地貌形态。这类地貌在地图上均用棕色的相应符号表示。

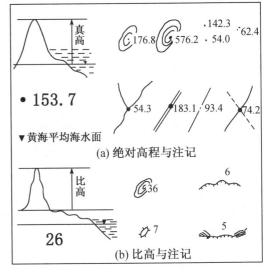

图 13-2-25　干河床

(七) 地貌注记

地貌注记分地貌高度注记、地貌性质和名称注记。

1. 地貌高度注记

地貌的高程点注记、地貌物体比高注记和等高线高程注记。

高程点注记是用以表示三角点、水准点等测量控制点的高程和等高线不能显示的山头、凹地、倾斜变换处等地貌特征点及高程,在地图上均用黑色注记表示,加注在点旁,如图13-2-26(a)所示。

比高注记是用以表示瀑布、陡岸、堤、路堑、路堤、城墙、独立石、岩峰、陡崖、梯田坎、有测量控制点的土堆等地物地貌突出地面的部分的高度,地形图上以与所属要素用色一致的原则注出比高注记,如水体用蓝色,人工地物用黑色,地貌物体用棕色等,如图13-2-26(b)所示。

图 13-2-26　地貌高程点注记

等高线高程注记是为了迅速判明等高线的高程,通常选在曲线平滑处,用棕色数字注出,字头方向朝向山顶。

2. 地貌性质注记

用以说明地貌类型特征,主要用于上述的一些特殊地貌类型,在地形图上要按图式规定与相应符号配合使用。

3. 地貌名称注记

指山峰、山脉等名称注记。山峰名称多与其高程注记配合注出;山脉名称则沿山脊中心线注出,过长的山脉应重复注出名称。

三、土质植被及其表示

(一) 土质要素的表示

土质是指地面表层的覆盖物。在大比例尺地形图上专指沼泽、沙地、沙砾地、戈壁滩、石块地、盐碱地、龟裂地、小草丘地、残丘地等。实际上它们中的一部分是属水源地,大部分是一种特殊形态的微地貌类型,因此特将其表示法归在水系和地貌要素中一并讲授。在地形图上表示土质不仅能反映区域的地理景观特征,而且对经济建设和军事行动有一定作用,不同土质类型对地面通行情况、战斗行动、隐蔽、通视条件和工程施工等均有影响。

（二）植被要素的表示

植被是指覆盖在地面上的各种植物群落的总称。植被的分布与自然界的水、热和地势有着密切关系，因而具有一定的规律性，即纬度地带性和垂直地带性，从赤道到极地和从山脚到山顶，植被依次为热带雨林、常绿阔叶林、落叶阔叶林、针叶林、灌木丛、草甸、冰原、终年积雪带；有的植被不具有地带性，如沼泽地。植被具有明显的生态特征，既是判断地区自然条件优劣的重要标志，又是重要的自然资源，对发展工农业和在军事上有很大作用。地形图上不仅要反映其分布范围，而且还要反映质量和数量特征。

植被按其成因分为天然植被和人工植被两种，前者如原始森林、草地等，后者如人工栽培的各种果木、经济作物和水、旱地等；植被又分为乔木类、灌木类、竹类、草本植物类和经济作物类。

植被一般表示法：植被多呈面状分布，亦有呈线状和点状分布。依各类植被的分布特征和占地面积的大小不同，用依比例、不依比例、半依比例和示意性四种符号表示。凡图上面积大于 10 mm² 的，称大面积的，用依比例符号表示；小于10 mm² 的，称小面积的，用不依比例符号表示；凡图上宽度窄于 1.5 mm 的，称狭长的，用半依比例符号表示；对只反映植被分布特征的，称示意性的，如疏林、高草地、草地、稻田等，用配置示意性符号（即说明符号）表示（图13－2－27）。依比例表示的植被符号又称面积符号，在大比例尺地形图上通常采用地类界、底色、说明符号和质量、数量注记相互配合表示，即在地类界范围内普染或套印绿色，以显示轮廓面积，在其内填绘说明符号和质量、数量注记。如森林则用绿色普染林区整个轮廓范围，并配以相应的说明符号和注记，来说明具体树种及其数量特征。

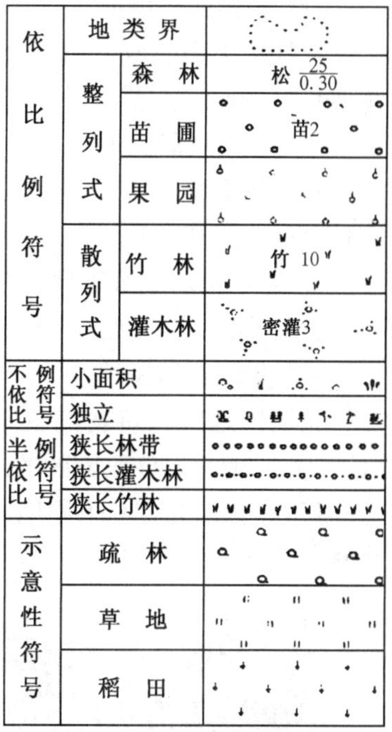

地类界是指不同类别的地表覆盖植物的分界线，在地形图上用点线符号表示。

质量、数量注记是指在植被分布范围内加注文字和数字注记，用以说明植被的种类、平均高度和粗度等质量与数量特征。

		地 类 界	
依比例符号	整列式	森 林	松 25/0.30
		苗 圃	苗2
		果 园	
	散列式	竹 林	竹 10
		灌 木 林	密灌3
不依比例符号		小面积	
		独 立	
半依比例符号		狭长林带	
		狭长灌木林	
		狭长竹林	
示意性符号		疏 林	
		草 地	
		稻 田	

图 13－2－27　植被的表示

第三节　社会经济要素的表示

普通地图上表示的社会经济要素主要是居民地、交通线和境界线等。

一、居民地及其表示

（一）居民地表示的意义与要求

居民地是人类居住和从事政治、经济、文化等活动的场所。居民地的类型及分布的密集程度可以反映出区域经济、交通、文化的发达程度和行政意义。根据居民地的类型和分布，还可以研究居民地与自然条件的相互联系。在军事上，居民地常被作为防御阵地和进攻的目标。因此,居民地是普通地图的一项重要内容。在地图上应表示出居民地的类型、形状、质量、行政意义和人口数量等特征。

（二）居民地分类

1. 从地图的角度

根据政治、经济地位,人口数量和职业特点,建筑结构及其质量特征等指标,我国居民地一般分为城市、集镇和村庄三类:

（1）城市式居民地

指国家和省、市、县各级行政区域的政治、经济中心,人口集中,数量大,多数人从事工业、商业、金融、文教卫生、科研和行政管理等职业;其建筑物多为坚固的高层建筑,并构成街区。包括直辖市、省辖市、自治州政府及地区、盟行政公署驻地,县、市、旗政府驻地等。

（2）集镇式居民地

指性质上类似城市,而程度与规模较城市次之的居民聚居地,包括乡镇、国有农场驻地、主要集市、圩场、大型厂区、经济开发区、居住区、疗养区、度假区等。

（3）村庄式居民地

指居民数量小,以务农为主,或亦工亦农,多为散列式或分散式结构,不坚固房屋占有一定比例的农民聚居地。

2. 按居民地平面图形和房屋特征

分为集团式、散列式、分散式和特殊式四类:

（1）集团式居民地

指居民地内建筑物的规模较大,外围轮廓明确,分布相对集中,单体建筑相距不足10 m,并依街巷划分成街区的居民地。多建在道路、河流两侧及交会处。集团式居民地分布很广,在我国北方和平原地区规模较大,分布较稀疏;南方和山区规模较小,分布密集。城市和集镇均为集团式居民地,北方的村庄多为集团式居民地(图 13-3-1)。

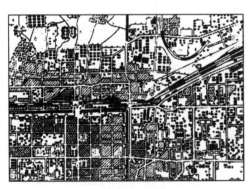 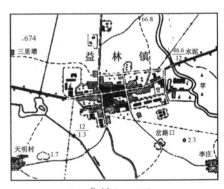

(a) 城市(1:5万)   (b) 集镇(1:5万)

图 13-3-1 集团式居民地

（2）散列式居民地

指房屋沿河、渠、堤或路呈有规律带状分布,房屋之间距离大于 10 m,街道不明显,大多数不能连成街区,须单个表示主要房屋的居民地。主要分布在我国江苏沿海、沿江、杭州湾沿岸、珠江三角洲和新疆盆地等处(图 13-3-2)。

 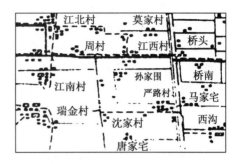

图 13-3-2　散列式居民地

（3）分散式居民地

指由各个独立的房屋无规律地大体均匀分布于较大地区范围的居民地。四川、江浙一带较为典型，湖南、湖北两省亦有分布（图 13-3-3）。

（4）特殊式居民地

指由特殊房屋组成的或具有特殊性质的居民地。一般指窑洞、牧区帐篷、蒙古包及其他如工棚、小草棚、渔村等季节性的临时房屋，多分布在黄土高

图 13-3-3　分散式居民地

原、内蒙古、新疆、青海、西藏，林区和江、河、湖、海岸边等地（图 13-3-4 和图 13-3-5）。

3. 按街区和街巷结构特征

分为方格状、辐射状和不规则状三类：

（1）方格状居民地

指居民地内的街巷呈东西和南北向分布成方格状，分隔出的街区呈矩形。多见于平原地区的城镇，我国以北京和西安最为典型，如图 13-3-6(a)所示。

（2）辐射状居民地

指居民地内街巷由一个或几个中心地向四面八方伸展，并与横向街巷一起分隔出梯形街区。我国以沈阳、长春最为典型，如图 13-3-6(b)所示。

图 13-3-4　窑洞

图 13-3-5　蒙古包与牧区帐篷

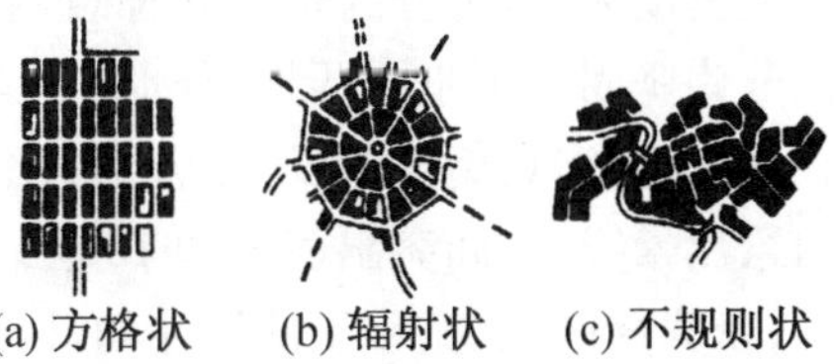

(a) 方格状　(b) 辐射状　(c) 不规则状

图 13-3-6　城镇居民地平面图形

（3）不规则状居民地

指依山傍水的山城或港湾城市,受水域或山势等自然因素的影响,街巷无规律分布,我国的上海、青岛、重庆、渡口等城市最为典型。另外,老城市或城市中的老区,亦多为不规则状,如图 13-3-6(c)所示。

（三）居民地分级

在地图上,居民地的分级常以行政意义、人口数为其指标。

1. 按行政意义分级

（1）首都级　国家中央政府驻地的聚落。

（2）省会级　省、自治区、直辖市、特别行政区政府驻地的聚落。

（3）地市驻地级　市、自治州、特区和相当于此级的风景名胜区政府及地区、盟行署驻地的聚落。

（4）县府驻地级　县(市、区)、旗及相当于县级(含风景名胜区)的政府驻地的聚落。

（5）乡镇驻地级　乡镇和相当于此级的风景名胜区及国营农、林、牧、渔场政府驻地的聚落。

（6）村庄级　自然村、自然镇等非政府驻地的聚落。

2. 按人口数

我国居民地在 1:100 万地形图上分为六级:>100 万、50 万～100 万、10 万～50 万、5 万～10 万、1 万～5 万、<1 万。

（四）居民地表示方法

表示居民地的符号为正形符号。依平面轮廓图形的大小,分为依比例、不依比例和半依比例符号三种。表示居民地的主要符号有普通房屋、突出房屋、街区和街道、窑洞、蒙古包、牧区帐篷、工棚、破坏房屋等。

1. 普通房屋

指各种类型零散分布的单幢或几幢联结在一起的房屋。普通房屋符号多用于表示农村或城镇郊区,一般受自然条件影响,依天然地势呈散列或分散式分布的居民地,如图 13-3-7(a)。

2. 突出房屋

指居民地内,凡是高度或形状出众,并起方位作用的房屋。因是军事上的良好方位物,故用比普通房屋更加突出的符号表示,除用不依比例符号"黑块"表示外,再加绘细框线,使其醒目;对大于此尺寸的房屋用在黑粗框轮廓内加绘两组相互垂直的晕线的依比例符号表示,如图 13-3-7(b)。在 1:10 万地形图上不予表示。

3. 街区

指城镇居民地中由街道、河流、道路、围墙等所包围的区域范围。主要由建筑区和非建筑区组成,其中有工业、建筑、文化设施、居住区、各种服务点以及绿化地带等。建筑区按其内部建筑物密度大小,可分为密集和稀疏两类街区;1991 年前已出版的地形图还将建筑物按性质分为坚固和不坚固两种,分别以在轮廓内两组相互垂直相交的晕线和平行斜晕线表示。在地图上,密集街区的长、宽分别大于 1.2 mm 和 1.0 mm 时,均依比例绘出轮廓线,并在其内绘晕线,其间突出房屋和 10 层以上高层建筑区,分别用突出房屋和高层建筑区符号表示;密集街区长、宽小于此尺寸的,以及稀疏街区内的房屋可用相应的普通房屋符号表示,如图 13-3-7(c)。在 1:10 万地形图上均用黑块表示。

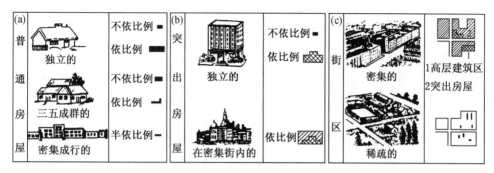

图 13-3-7　居民地符号

4. 街道

指居民地内的街、巷、胡同等各种通道。在地图上用两条平行线表示;当街道两侧有街区时,以街区边线代替街道线,一侧有街区时,则在另一侧加绘街道线。地图上按街道的通行条件,分为主要街道和次要街道:能通行载重汽车,并贯穿整个居民地与公路相连接,或通向车站、码头、广场、公园的街道为主要街道;不能通行载重汽车的为次要街道。在地图上,对主要街道,若图上宽大于 0.5 mm,则按真宽依比例表示,并加注名称注记(图 13-3-8)。

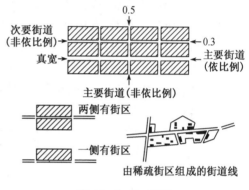

图 13-3-8　街道

5. 窑洞

指建造在坡壁和冲沟壁上的洞穴,是我国华北、西北黄土高原地区农村主要居住形式之一。窑洞分地面上和地面下两种,前者是在坡壁上挖成的,后者是在平底大坑的坑壁上挖成的。在地图上,依其分布特征用相应的符号按真方向表示。

6. 蒙古包、牧区帐篷

蒙古包是我国蒙古民族传统的居住形式,主要分布在内蒙古、新疆等地;帐篷是牧区放牧时的临时居住地,多见于西北牧区。它们的特点是随着四季草场的变迁而移动。在地图上只表示比较固定的或季节性的,有名称的则加名称注记,季节性的须注出居住月份。

7. 棚房

指有棚顶而四周无墙或仅有简陋墙壁的建筑物,如工棚、看管田园和森林的小草棚、季节性居住的渔村等。用依比例或不依比例的符号表示,并注出居住月份,有名称的注出名称注记。

8. 破坏房屋

指已没有屋顶,仅有不完全的墙壁和屋架,不能住人,但有方位作用,在地图上视平面轮廓的大小,用依比例或不依比例的符号按真方向表示。

二、交通线及其表示

交通线是各种交通运输路线的总称。它是联系居民地的纽带,人类活动的通道,可以反映地区开发程度和条件,在国民经济、国防和社会生活中是一个不可缺少的重要因素。它包括陆路交通、水路交通、航空交通和管线运输等几类。在地图上应正确表示交通线的类型和等级、位置和形状、通行程度和运输能力以及与其他要素的关系等特征。

(一) 陆路交通要素的表示

陆路交通,在地图上应表示铁路、公路和其他道路三类。其中铁路和公路是地面交通运输的主要动脉,在现代化战争中,它们不仅是地面或空中判定方位的重要目标,而且是部队实施战场机动的重要条件。根据道路的分布状况和运输能力,还可以判断经济和文化的发展情况。因此地图上要详细地表示出道路的类型、等级和通行能力,对于高级道路还应注明路宽和质量,道路的各种附属物体亦应全面表示。道路是狭长的线状物体,表示道路的符号均属半依比例符号。

1. 铁路

地面交通的大动脉,在大比例尺地图上应区分单线和复线、普通铁路和窄轨铁路、普通牵引铁路和电气化铁路、现用铁路和建筑中铁路等;而在小比例尺地图上,铁路只区分主要(干线)和次要(支线)铁路两种。我国大中比例尺地形图上,铁路皆用传统的黑白相间的“花线”来表示,其他的一些技术指标,如单线、复线用加辅助线来区分,标准轨和窄轨以符号的宽窄、花线节长短来区分,已成和未成的用不同符号来区分等。小比例尺地图上,多采用黑色实线来表示(图 13-3-9)。

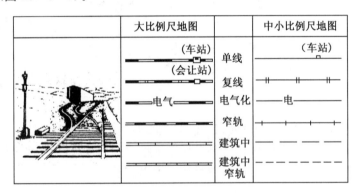

图 13-3-9 地图上的铁路符号

2. 公路

连接城镇、乡村和工矿基地之间的供汽车行驶的道路。在地形图上,以前分为主要公路、铺装公路、普通公路和简易公路等几类;后改为公路和简易公路两类。主要以双线符号表示,再配合符号宽窄、线号的粗细、色彩的变化和质量数量注记等反映各项技术指标。例如注明路面的性质、路面的(路基)宽度(图 13-3-10)。新图式将公路的名称和分级,依国家标准划分为高速公路、等级公路和等外公路三类(图 13-3-11)。

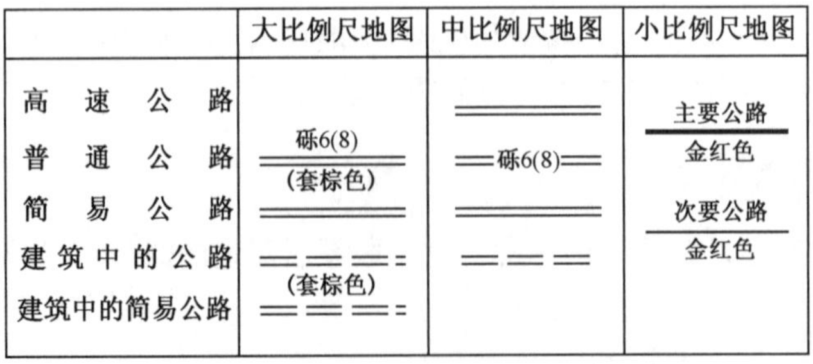

	大比例尺地图	中比例尺地图	小比例尺地图
高 速 公 路			
普 通 公 路	砾6(8) (套棕色)	砾6(8)	主要公路 金红色
简 易 公 路			次要公路 金红色
建 筑 中 的 公 路	(套棕色)		
建筑中的简易公路			

图 13-3-10 以往地图上公路的表示

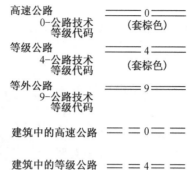

高速公路
0-公路技术
等级代码
（套棕色）

等级公路
4-公路技术
等级代码
（套棕色）

等外公路
9-公路技术
等级代码

建筑中的高速公路

建筑中的等级公路

图 13-3-11　新 1∶25 万、1∶5 万、1∶10 万地形图上公路的表示

（1）高速公路

供汽车分道高速行驶，全部控制出入的公路。

（2）等级公路

路基坚固，路面铺有水泥、沥青材料的公路，分一、二、三、四级。

（3）等外公路

路基不太坚固，路面铺有砾石或砂碎石，宽度较窄的公路，通往林区等的专用公路亦属此类。在地图上以双线表示，每隔 20 cm 注一个等级代码，高速公路和等级公路均套印棕色。在小比例尺地图上，公路等级相应减少，符号亦随之简化，一般多用实线描绘。

3．其他道路

指公路以下的低级道路，包括机耕路（大车路）、乡村路、小路、时令路和索道等。如图 13-3-12 所示。

（1）机耕路亦称（大车路）

指路面经过简易修筑，但没有路基，一般为通行拖拉机、大车等的道路，某些地区也可通行汽车。在地图上用粗实线表示。

（2）乡村路

乡村中不能通大车、拖拉机的道路，路面不宽，某些地区用石块或石板铺成，是连接集镇、乡、农场等大居民地间行人经常往来的主要道路。山地、谷地、林区以及沙漠半沙漠等荒僻地区的驮运路，与乡村路同用一种长虚线符号表示。

（3）小路

乡村中不能通行大车的次要道路，或是通过山区、林区、沼泽地等困难地区的道路，包括人行栈道，一般只能供单人或单骑行走，图上用短细虚线表示。

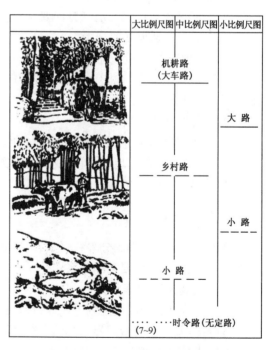

图 13-3-12　地图上低级道路

（4）时令路

在一定季节通行的道路；只有走向而没有固定路线的无定路，同样亦用点线符号表示，并加注通行的月份。

（5）架空索道

一种架空运输设备，供山区运输木材、矿物、风景名胜区运送游客等使用。主要由高架、钢索和运输斗车或缆车等组成。图上只表示固定的，两端的支架按实地位置用圆点表示（图 13 -3 -13）。在小比例尺地图上，公路以下的其他道路通常表示得更为概略。

图 13 - 3 - 13　架空索道

道路附属设施是指道路上的桥梁、车站及其附属物、隧道、路堤、路堑、涵洞、里程碑和路标等构筑物。

（二）水路交通要素的表示

水路交通主要区分为内河航线和海洋航线两种。地图上常用带有箭头的短线表示河流通航的起讫点。在小比例尺地图上，有时还以颜色标明定期和不定期通航河段，以区分河流航线的性质。海洋航线常由港口和航线两种标志组成：港口只用符号表示其所在地，有时还根据货物的吞吐量区分其等级；航线多用蓝色虚线表示，常区分为近海航线和远洋航线，近海航线沿大陆边缘用弧线绘出，远洋航线常按两港口间的大圆航线绘出，但要注意绕过岛礁的危险区；相邻图幅的同一航线方向要一致，要注出航线起讫点的名称和距离。

（三）航空交通要素的表示

在普通地图上，航空交通是由图上表示的航空港来体现的，一般不表示航空线路。我国规定地形图和小比例尺地图上不表示境内的航空港和任何航空标志。对国外的航空港等，图上则要详细表示。

（四）管线运输要素的表示

管线运输要素主要包括运输管道和高压电线、通讯线三种，它是交通运输的另一种形式。

运输管道有地面和地下两种，我国地形图上目前只表示地面上的运输管道，一般用线状符号加质量注记表示，如输送石油、煤气、水等的管道，分别加注"油""煤气""水"等。

三、境界线及其表示

境界线是区域范围的分界线，包括政区和其他地域界，在图上要求正确反映出境界线的等级、位置以及与其他要素的联系。

（一）政区界线的表示

政区界线又分为政治区划线和行政区划界线两种。政治区划界线是国家或地区间的领域分界线，其中主要指国界，它又区分已定国界线与未定国界线两种。

国界线是表示国家领土归属的界线。国界线是关系国家的领土主权，涉及国与国之间的政治、外交关系等重大问题，必须严肃认真对待。国界线的表示必须根据国家正式签订的边界条约或边界议定书及其附图，按实地位置在图上准确绘出，并在出版前按规定履行报批手续，经外交部和原总参谋部审查批准后方能印刷出版。

行政区划界线是指国内各级行政区划范围的境界线,具有政治意义和行政管理意义,地形图上必须准确而清楚地绘出。在不同比例尺地图上,国界线表示的详细程度略有差异,但表示国界线时一般应该注意:

(1) 陆地上的国界线符号必须准确地连续不断地绘出;界桩、界碑按坐标值绘出,注出编号,并尽量注记高程;国界线上的各种注记应注在本国界内,不得压盖国界线符号(图13-3-14)。

(2) 以河流及其他线状地物为界的国界线按下列原则处理:

① 以河流中心线或主航道线为界的国界线,在明确岛屿归属的情况下,当河流用双线描绘,且其间能容纳国界线符号时,可在河流中心线或主航道线位置上,间断地绘出国界线符号,如图13-3-15(a)。

② 当双线河流符号内不能容纳国界线符号或河流用单线描绘时,则沿河流两侧间断地交错绘出国界线符号,每段绘3～4节,河中若有岛屿,则用附注标明岛屿的归属,如图13-3-15(b)和图13-3-15(d)。

③ 以河流的一侧为界的国界线,应在所在国的一侧不间断地绘出国界线,如图13-3-15(c)。

④ 以共有河流或其他线状地物为界时,国界线符号在河流或其他线状地物两侧每隔3～5 cm交错绘出一段符号,每段绘3～4节,但境界线的交接点、明显的拐弯点以及出图廓界端要绘出,岛屿用附注标明归属,如图13-3-15(d)所示。

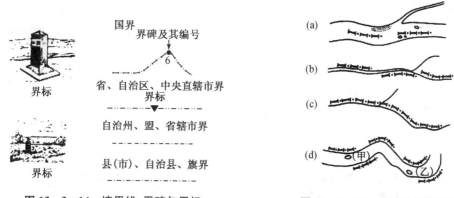

图 13-3-14　境界线、界碑与界标　　　　　图 13-3-15　国界以河流分界

⑤ 当国界线符号不能明显地反映河流中的岛屿、沙洲的领属关系时,应在岛屿、沙洲名称注记下方标注隶属国名的简称,对无名称的岛屿、沙洲,也要标注归属,如图13-3-15(d)所示。

⑥ 国界线沿山脊延伸或跨越山脊时,国界线符号的位置应与地貌图形相协调。

⑦ 凡属两国共有的界山、界河、界标等名称,一般将名称和高程或编号分别注在两国境内;如两国山名相同,有时将名称注在一国境内,高程注在邻国境内,如图13-3-16;界河名称相同时,可交替注在方便的一侧。

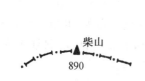

图 13-3-16　共有山名的处理

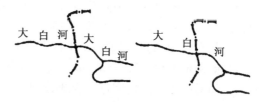

图 13-3-17　穿越国界河名的处理

⑧ 穿越国界线的河流、山脉名称可分段注在各国境内;若两国名称相同,河流或山脉在图上较短时,可跨越国界线注,如图 13-3-17 所示。

⑨ 海域中的国界线,如我国台湾地区、南海诸岛等处,应遵循我国已出版地图的传统绘法。

国内省、市、县等各级行政区划界线也很重要,它牵涉到各行政区划单位的地域范围与资源分享、区域经济发展的大计。为加强行政管理、促进区域开发,我国政府已拨专款,勘定各级行政区划界线。

国内行政区划界线的表示方法与国界线的表示基本相同。如果有两级以上行政区划或其他境界线重合时,只绘出最高一级境界线符号,飞地的界线用其所隶属行政区的界线符号表示,如县或市的飞地则分别用县或市界符号绘出,并在其范围内加隶属注记。

(二) 其他境界线的表示

其他境界线是指地区界、停火线界、禁区界等一些专门界线,例如巴拿马运河地区界、克什米尔印巴停火线界、朝鲜"三八线"军事分界线、神农架自然保护区界线、白云山国家森林公园界线等。表示这些界线的处理原则亦与政区界的基本相同。

地图上的境界线符号是用线号不等、结构不同的对称性符号或不同颜色的符号表示。政区界中除未定界外,均以不同形式的点与线组合符号表示,而其他境界线均以相应的虚线、点线或其他形式的符

国　界	行政区界	其他界

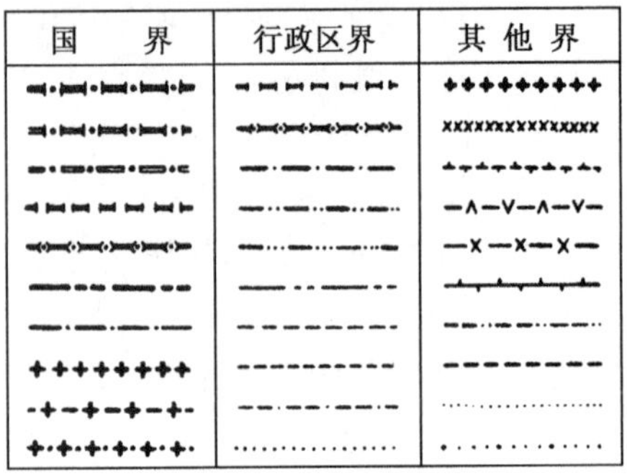

图 13-3-18　境界线符号

号表示,如图 13-3-18 所示。为了突出表示政区范围,在小比例尺地图上,往往将境界线符号配以一定宽度的色带作为晕边,其用色和宽度依地图内容、用途、幅面和区域大小而定。色带有绘于行政区划界线外侧、内侧和骑线三种形式,如图 13-3-19 所示。色带的颜色常见有紫色或紫红色、红色等。

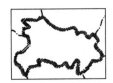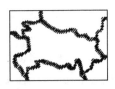

图 13-3-19　色带的表示方法

四、独立地物及其表示

(一) 独立地物要素的表示

独立地物是指在形体结构上自成一体,且在地面上长期独立存在又具方位作用的地物;是大比例尺普通地图的必备内容之一。在我国现行大比例尺地形图图式中,独立地物符号有 30 多种,加上其他要素的独立符号共 50 种。虽然它们均系实地较小的物体,但一般都有突出、目标明显的共同特点,如水塔、古塔、工厂烟囱、突出树、塔形建筑物等均是重要的方位物。独立地物在地理调查、军事行动中都有很大的意义,如根据其符号的定位点可以判定方位、指示目标、确定位置,是炮兵联测、战斗指挥的良好目标和重要依据,同时还可作为修测地图和进行简易测绘时的控制点。因此,地形图上应予以详尽表示。

地图上表示独立地物的符号绝大部分为不依比例符号,其图形特征多为侧形,也有一部分是象征性符号。为确保独立地物符号的精确位置,地形图上必须严格按照定位法则定位。独立地物符号的方向,只有土堆、土坑、露天矿及饲养场等少数依比例表示的人工物体是按真方向描绘的,其余均为直立描绘。为使独立地物符号清晰易读,邻近的其他地物符号一般要与它保持一定的间隔,有些还加质量注记予以说明,如在油井符号右方注"油""盐""气"等以区分石油井、食盐井和天然气井,在塔形建筑物右方注"散热"或"伞"、"蒸馏"、"北"等以表明它是散热塔或跳伞塔、蒸馏塔和北回归线标志塔等。

（二）垣栅要素的表示

垣栅是居民地、工矿建筑物或地物范围的附属设施,主要指城墙、围墙、栅栏、铁丝网、篱笆、堤等。它们对军事行动有屏障作用,其中有些古代的垣栅已成为重要的人类文化遗产,如世界之最的万里长城和南京城墙,可供游人观赏,是重要的旅游资源。垣栅亦是普通地图的必备内容之一,即使在小比例尺地图上也择要表示。

垣栅,在图上用半依比例符号表示。对砖石城墙、长城的城门、城楼顶部应朝城外方向描绘,不得倒置,在适当处注出城墙的比高,并注其专有名称(图 13 - 3 - 20)。

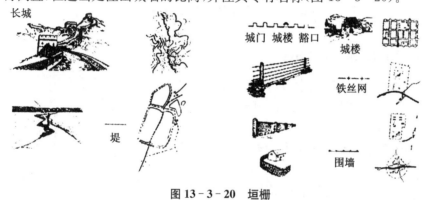

图 13 - 3 - 20　垣栅

第四节　辅助要素的表示

在普通地图的图廓上及其外侧,除注明图名、图号,还配置有供读图用的一些工具性图表、标记和说明性内容等辅助要素,按配置的位置分为图廓上和图廓外要素。

一、图廓上辅助要素及其表示

配置在图廓上的辅助要素,包括本图的及其与邻图有关的两部分。

（一）本图的辅助要素

本图的辅助要素包括内图廓线、外图廓线、经纬度注记、分度带、磁子午线注记、本图直角坐标网(方里网)及其注记。

（二）本图与邻图有关的辅助要素

图廓上与邻图有关的内容包括行政区划名称、大居民地名称注记、道路通达地及里程注记、邻图图号注记和邻带坐标网标记等。

邻带坐标网标记是为了与邻带图拼接量算之用,在外图廓外侧用 1 mm 长的短线绘出,并标注坐标值(图13-4-1)。

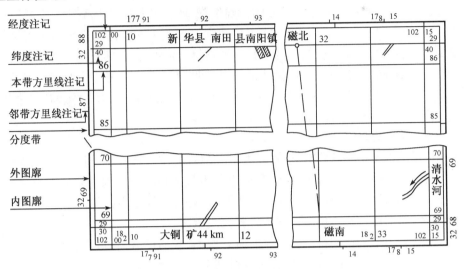

图13-4-1 地形图图廓上的地图内容

二、图廓外辅助要素及其表示

配置在图廓外侧的辅助要素,包括读图工具和说明资料两部分,其具体配置位置见图13-4-2。

(一) 读图工具

读图工具通常包括图例、比例尺、坡度尺、偏角图、接图表等。

图例是将表达地图内容所用的符号,有序地排列在图廓外,并标明其含义,作为读图的向导。

坡度尺是量算地面坡度所用(图13-4-3)。

偏角图是为了判明地图上的真北方向、坐标北方向和磁北方向,在大比例尺地形图左下配置偏角图,说明本图"三北"方向的相互关系,便于实地用图。

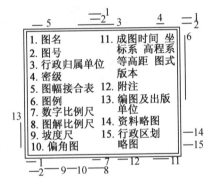

1. 图名	11. 成图时间 坐标系 高程系 等高距 图式 版本
2. 图号	
3. 行政归属单位	
4. 密级	
5. 图幅接合表	12. 附注
6. 图例	13. 编图及出版单位
7. 数字比例尺	
8. 图解比例尺	14. 资料略图
9. 坡度尺	15. 行政区划略图
10. 偏角图	

图13-4-2 地形图图廓外地图内容配置

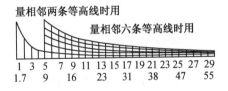

图13-4-3 地形图的坡度尺

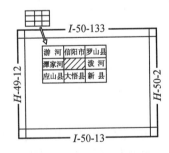

图13-4-4 接图表与邻幅图

接图表一般放在左上角,说明该图幅周围图幅的名称和编号。我国地形图的图幅接图表只标注邻图图名,邻图图号标注在相应的外图廓线上(图13-4-4)。

（二）文字说明

文字说明包括编图与出版单位、航摄与成图时间、地图投影（小比例尺地图）、平面和高程坐标系、资料说明及资料配置略图等。这些都是了解和评定地图质量不可缺少的重要资料。

复习思考题

1. 叙述普通地图的基本内容和主要任务。
2. 试比较海岸线、0 m 等高线和 0 m 等深线之间的区别和联系。
3. 分析用等高线法表示地貌的优缺点，如何弥补其不足。
4. 在大比例尺地形图内外图廓间配置哪些要素？叙述各自的含义。
5. 举例说明地图上居民地符号的详略是如何受地图比例尺制约的？
6. 叙述表示国界线时应掌握的原则。

第十四章 专题地图与地图集

导 读

　　专题地图是地图学最具活力的一个分支。其应用范围涉及社会各个领域,只要其管理的信息中包含有地理信息,就可以用专题制图方法使信息可视化、数据可视化。专题内容有 10 种传统的表示方法,选择何种表示方法主要依据专题内容的特点、地图比例尺和用途所决定。用计算机进行专题地图制图,可以提高专题地图的精度和编图的速度,并能实现数据即时更新的动态专题地图,大大提高了专题地图的现势性和实用价值。

　　本章首先重点介绍专题地图的特征、内容与类型;专题地图的设计;第三、四节是专题地图的 10 种表示方法介绍及比较,这是本章重点;最后介绍了地图集的相关知识。

第一节　专题地图特征、内容与类型

一、专题地图的基本特征

　　专题地图是指为满足某种专门需要而着重表示制图区域内一种或几种自然现象或社会经济现象的地图,由地理底图和专题内容构成。专题地图除具有地图的基本特征(具有严密的数学基础、运用地图语言表示事物、实施科学的制图综合)外,还具有以下几个基本特征:

　　(1)专题地图表示的内容专一,着重表示普通地图要素中的某一种或某几种要素,其他要素概略表示或根本不予表示。例如,政区图上详细表示居民地、交通线和境界线,择要表示水系,地貌、土质植被不予表示,或给予简略表示;地势图上详细表示地貌和水系,而社会经济要素则择要简略表示。

　　(2)专题地图的主要内容大部分是普通地图上所没有的,以及在地面上不能直接观察到的,如人口密度、民族组成、环境污染、地磁分布、工农业产量和产值;或存在于空间而无法直接进行量测的,如气候变迁;或者是不可重现的历史事件,如战役发展、历史变迁等。专题地图的内容取材广泛,遍及人类社会的各个领域;编图资料多为各个学科的科研成果、文献记载、专题论著、统计资料与其图表、勘测资料、地图和遥感图像等。

　　(3)专题地图不仅可以表示现象的现状、分布规律及其相互联系,而且还能反映现象的动态变化与发展规律,包括运动轨迹,运动过程,质和量的增长及发展趋势等,如进出口贸易、人口迁移、经济预测、气候预测等。

　　(4)专题地图具有专门的符号和特殊的表示方法,可以通过地图符号的图形、颜色和尺寸等的变化,使专题要素突出于第一层平面,而地理底图要素则作为背景要素退居第二层平面。

二、专题地图的内容与类型

专题地图的内容极其广泛,涉及大千世界的方方面面,各种事物或现象均可为其内容。专题地图的类型可以根据内容的专门性、内容的繁简程度,以及地图的用途、比例尺等分类如下:

(一) 专题地图按内容分类

专题地图按内容可分为自然地理图、社会经济地图和其他专题地图三类,每一类又可以细分为若干种。

1. 自然地理图

表示自然界各种现象的特征、地理分布及其相互关系为主题的专题地图。可细分为:

① 地势图　显示区域地势起伏和水系特征为主题的地图。

② 地貌图　以反映各种地貌的外部形态特征、成因、年代、发育过程、发育程度,以及相互关系为主题的地图。如地貌类型图、地貌区划图、地面切割密度图等。

③ 地质图　以显示区域地质组成及构造特征为主题的地图,反映该地区地质发展史及地质构造状况。如普通地质图、矿产图、岩石分布图、大地构造图、水文地质图等。

④ 地球物理图　显示各种地球物理现象及其分布和规律为主题的地图。如磁差、磁力异常、火山、地震等地图。

⑤ 气象气候图　反映各种气象气候要素的状况,以及气候区划等为主题的地图。如反映太阳辐射、地面辐射、气压、气流线、气团、气旋、风向、风力(或风速)、气温、降水、湿度、蒸发、云量、日照、霜期、冰期、积雪等各种气象、气候要素的地图。

⑥ 水文图　反映水文要素质量、数量的分布或水体流动特征,以及与其他自然地理现象相互关系为主题内容的地图。有海洋水文图和陆地水文图。前者反映潮汐、洋流、海水温度、密度、盐分,后者表示径流量、径流系数和降水量等,如陆地水文图、海洋水文图等。

⑦ 土壤图　反映自然界各种土壤的类型及其地理分布规律等特征为主题的地图。有土壤类型图、侵蚀土壤图、森林土壤图和土壤改良图等。

⑧ 植被图　显示自然界各种植物群落类型及其地理分布规律等为主题的地图。有植被图、植被区划图、农业植被图等。

⑨ 动物地理图　反映动物的分布、生态、迁移、动物区系形成和发展等为主题的地图。有某类动物分布图、鱼类回游路线图、候鸟冬夏迁移图等,如兽类、鸟类、鱼类、昆虫类等的分布图。

⑩ 月球图　显示月球表面的平原、山脉、环形山等形态特征为主题的地图。

⑪ 天体图　反映宇宙间各种星体及其分布位置为主题的地图。

⑫ 综合自然地理图　显示制图区域内各种自然地理要素相互联系、相互制约关系的综合发展规律为主题的地图,故又称景观地图。如景观类型图、综合自然区划图等。

2. 社会经济地图

表示各种社会经济现象的质量和数量及其空间分布为主题的专题地图。它可细分为:

① 政区地图　反映国家或地区的领域范围,国内行政区划状况及行政中心驻地为主题的地图。如江苏省地图、长江流域地图等。

② 人口地图　反映人口的分布、密度、构成、迁移、自然变动、宗教信仰、民族分布、居民的其他构成等为主题的地图。如人口分布图、人口构成图、民族分布图等。

③ 城市地图　反映城市现状和规划为主题的地图。主要表示城市的形态、结构、功能、交通、建筑、绿化、环境保护、发展规划等内容,如城市结构图、城市游览图、城市发展规划图等。

④ 经济地图　反映制图区域内一定时期的经济活动的特点、生产条件、规模、配置、发展及其联系为主题的地图,如动力资源与矿产分布图、综合经济图等。

⑤ 文化地图　反映科研、文教、卫生等方面的机构与设施的分布、发展状况,公民文化水平为主题的地图。

⑥ 历史地图　表示古代国家及其疆域、民族分布、各国某一历史时期的政治、军事、经济、文化、自然状况等人类社会历史现象为主题的地图。

3. 其他专题地图

不能归属于上述两类的专题地图。主要有:

① 航海图　反映海区与航海有关的要素为主题的地图。图上着重表示海岸性质、干出滩、海底地貌、港区建筑物、助航设备、航行障碍物及海洋水文等内容。

② 航空图　表示与航空有关的地理要素、航空设施和领航资料等为主题的地图。用于计划航线,确定飞行的位置、距离、方向、高度和寻找地面目标。

③ 军用地图　表示军事设施、兵要地志等为主题,专供陆海空三军使用的地图。

④ 规划设计地图　反映依据生产发展的条件和需要所拟订的生产发展规划为主题的地图。如城市规划图、旅游区规划图、风景名胜区旅游发展规划图等。

⑤ 宇航地图　反映宇宙航行轨道设计、飞行控制、预测预报及记录等为主题的地图。

⑥ 环境地图　反映自然环境、人类活动对自然环境的影响、环境对人类的危害和治理措施等为主题的地图。如环境污染图、环境质量评价图、环境保护更新图、自然资源评价图、环境医学地图等。

⑦ 旅游地图　反映各地山水、名胜古迹、土特产品以及与旅游有关的交通、食、宿、娱、购等各项服务设施为主题的地图。

⑧ 教学地图　是结合教材内容编制的,供各级学校教学用的地图。

(二) 按内容的描述方式分类

专题地图按内容的描述方式可分为定性专题地图和定量专题地图。

定性专题地图是指以表示专题要素的分布、质量、类型为主的专题地图。如矿产资源分布图、旅游地图等。

定量专题地图是指以表示专题要素的数量特征为主的专题地图。如科技人口数量图、工农业总产值地图、降水量图等。专题地图大多是定量专题地图。

(三) 专题地图按用途分类

专题地图按用途可分为通用和专用专题地图两大类。通用专题地图又分为一般参考用图和科学参考用图;专用专题地图又分为教学用图、军事用图、工程技术用图等。

（四）专题地图按比例尺分类

与普通地图一样,按比例尺大小亦分为大、中和小比例尺三种。

（五）专题地图按其他指标分类

（1）按其使用方式,分为桌图、挂图两种。

（2）按其分幅特点,分为单幅和多幅两种。

（3）按其出版方式,分为单页专题地图、成套系列专题地图、装订成册(集)的专题地图。

（4）按其制图区域,分为地球或其他星球的、大洲的、国家的、省区的、城市的、市的、县的、乡镇的、各种自然或人文地域单元的专题地图。

（5）按其信息存贮形式,分为线划专题地图、盲文专题地图、数字专题地图、影像专题地图等。

（6）按其载体性质,分为纸质、丝绸、塑料、磁带、磁盘等专题地图。

第二节　专题内容表示方法的设计

一、专题地图制图对象的基本特征

专题地图所表示的制图对象与普通地图有很大的不同。普通地图的制图对象除境界线外,都是存在于地表的、可见的、有形的、具体的事物,表示的是事物的外部形态、分布位置、分布形式、分布范围、质量特征、数量指标等,对事物的动态变化信息未予表示;而专题地图则不然,它的制图对象包罗万象,既有可见的、有形的、具体的,又有不可见的、无形的、抽象的事物或现象,所表示的特征,既有事物空间结构特征的全部信息,又有事物时间系列变化的单向发展、周期变化、历史发展、现代过程、未来趋势等信息,以及事物间内在联系的信息。当然,就某一幅专题地图来讲,它也仅能显示上述诸种特征中的某一种或某几种。

二、专题要素的时空分布特征

（一）专题要素的空间分布

大千世界,万事万物的分布形式各异,但就其几何特征,一般可归纳为点、线、面三种状态:

1. 点状分布

某事物或现象在实地上分布的空间范围较小,按比例仅成了可供定位的一个点,如居民地、观测台站等。

2. 线状分布

某事物或现象在实地上延伸的空间较长,按比例仅能定其首尾点位及其长度,而不能显示其宽度,呈线状或带状,如道路、河流、海岸、地质构造线等。

3. 面状分布

某事物或现象在实地上离散或连续分布而占据较大空间范围,按比例可以显示其分布区范围轮廓,呈面状,如行政区域、湖泊、海洋、林区等。呈面状分布的又分三种情况:

（1）某事物或现象间断而成片分布于制图区域的,如湖泊、沼泽、森林、煤矿、风景名胜分布区等。

（2）某事物或现象连续而布满整个制图区域的，如气温、地层、土壤类型、土地利用类型等。

（3）某事物或现象分散分布于制图区域的，如农作物、动物、人口、民族等。此种分布状况具有一定的相对性，分散分布的集群可以视为成片分布。

（二）专题要素的时间变异

事物或现象的时间变异通常有四种情况：

（1）反映特定时刻的某种现象，如截止某日期的城市环境状况或工业产值、人口数量等；这里会有历史的、现状的和未来的三种情况。

（2）反映某一时段内某现象的变化情况，如两个时间的旅游经济指标的对比。

（3）反映某现象周期变化的情况，如气候、地震、火山、潮汐等现象。

（4）反映某现象变迁过程的，如人口迁移、战线移动、地理探险、货物运输等。

三、专题地图符号的特点

由于专题地图中专题要素既可以是具有一定形体的自然现象、社会经济现象，也可以是不具形体的抽象概念、统计数据；既可以表示其定性特征，还能较好地表示其定量特征，所以专题地图中的符号与普通地图的符号有一定差别，大量采用的是抽象性几何符号。符号的形状多样、色彩丰富，符号的尺寸与专题要素的数量成比例，既有精确定位的符号又有概略定位的符号。

（一）点状符号

指表示定位点上的地图信息的地图符号。点状符号的形状和色彩是专题要素定性表示和分类表示的重要视觉变量，点状符号的尺寸可以表示专题要素的数量特征。当表示专题要素分级特征时，符号的尺寸表示了要素的等级。当需要表示要素的精确数值时，符号尺寸随数据的不同而改变，即符号的尺寸与所表示的数据成比例。如统计图表符号的尺寸，就是根据不同形状、种类的统计图表，确定单位长度所代表的数量，从而可确定相应指标的符号的高度或长度、个数、百分比等。点状符号不仅可以表示单一要素，还可以表示多种联合要素的各方面特征。

（二）线状符号

指定位于一条线上的地图信息的地图符号。线状符号主要表示呈线状分布的专题要素的各方面特征。线状符号通常表示的线状分布现象有：界线、轮廓线、等值线、动线等，由不同形状的点状符号沿线段排列组合而成。形状变量的应用使线状符号具有不同的特征：实线、双实线、虚线、点线、点虚线等。线状符号由粗到细再到虚线的变化体现专题类型由高级到低级（大类—亚类—子类）的变化。利用形状、色彩视觉变量表示线状分布的专题要素的质量特征、类型特征；利用尺寸视觉变量表示要素的数量特征。

（三）面状符号

以面作为符号本身，主要表示呈面状分布的要素。面状符号由面符号和轮廓线组成。这里仅指面符号设计，其视觉变量是色彩和图案。色彩通过不同的色相来表示要素的定性和分类，而用明度和彩度的变化来表示要素的顺序和间隔分级，有时也使用色彩的其他性质，如用色彩的远近感来表示等级。图案也可以表示面状符号的定性、分类和分级，有时面状符号可以用色彩（底色）加图案来表示，这主要是用于强调，例如在用不同的图案分类后，又给每种图案以不同的色彩以加强分类的效果。面状符号在表示数量差异时通常用明度、饱和度的变化来体现,或用图案纹理的疏密来体现。

四、专题内容表示方法设计思想

地图学家根据专题要素的时空分布特征,结合地图用途等方面的种种要求,研究设计出一整套专题内容的表示方法。与分布特征的具体对应关系如下:

(一) 依专题要素空间分布特征设计的表示方法

(1) 点状分布要素——定点符号法;

(2) 线状分布要素——线状符号法;

(3) 面状分布要素包括:

① 连续分布而布满制图区域的现象——质底法、等值线法(含其变种:等值线分层设色法)、定位图表法;

② 间断而成片分布的现象——范围法;

③ 离散分布的现象——点值法、分区图表法、分级比值法(含其变种:范围密度法);

④ 运动状态的现象——动线法。

上述表示方法同样可以用于显示现象在时间系列上的变化,以及现象的数量和质量特征;其中,有些可以直接运用,有些则需要加以组合或配合以图形或颜色的变换。

(二) 依专题要素时间系列变化设计的表示方法

(1) 显示某特定时刻的现象——除动线法外,皆可采用;

(2) 显示某一时段内现象的变化——定点符号法、线状符号法、等值线法、点值法、范围法、分区图表法、分级比值法;

(3) 显示现象周期性的变化——定位图表法;

(4) 显示现象的变迁——动线法及其与定点符号法、线状符号法等的配合。

(三) 依专题要素质量或数量特征设计的表示方法

(1) 显示现象质量特征为主——质底法、范围法、线状符号法;

(2) 显示现象数量特征为主——等值线法、点值法、定位图表法、分级比值法;

(3) 显示现象质量与数量特征——动线法、定点符号法、分区图表法。

五、专题内容表示方法的特点

一种表示方法可以用于表示多种现象,一种现象亦可以运用多种表示方法。因此,从总体上讲,专题地图不像普通地图那样有统一的、固定的表示方法。制作专题地图的关键在于如何"因地制宜"地选择表示方法。例如,制作人口图,可供使用的表示方法有点值法、范围密度法、分级比值法等,至于选择哪一种方法,主要取决于现象的性质和分布特征、地图的用途和比例尺等因素。

第三节　专题内容表示方法

专题地图表示方法是将专题地图中用于表示专题要素及其各方面特征的图形组合方式进行分类,即某一种专题要素及其不同方面的特征可以用某一种固定的方法来表示。如质量底色法,表示的是呈面状分布的专题要素的质量或分类特征的方法。专题要素表示方法的选择是制图可视化的重要环节。根据大量制图实践,专题要素表示方法可归纳为以下十种:定点符号法、线状符号法、质底法、等值线法、定位图表法、范围法、点值法、分区图表法、分级图表法和动线法。

一、定点符号法

(一) 基本概念

定点符号法简称符号法是指用点状符号表示呈点状分布的专题要素的数量与质量特征的表示方法。符号的形状、色彩和尺寸等视觉变量可以表示专题要素的分布、内部结构、数量与质量特征。定点符号法是以符号的定位点代表现象的位置,因此要尽可能把符号配置在现象的实地位置上,特定环境下亦可以取概略定位。定点符号法的实现实质上是进行点状符号的设计。

定点符号法用途较广,居民地、工矿企业、学校、气象台站等多用此法表示。它能简明而准确地显示出各要素的地理分布和变化状态。通常以符号的形状和颜色表示现象的质量特征,符号的大小表示数量指标。

(二) 符号的形状与颜色

形状、色彩视觉变量可以区分专题要素的质量差别,表示其定性或分类的情况。其中,色彩(指色相)差别比形状差别更明显,特别是在电子地图设计中色彩尤为重要。表示多重质量差别时,可以用点状符号的色彩表示主要差别,用其形状表示次要差别,反之,亦然。

符号按形状可以分为几何符号、文字符号和艺术符号三种,艺术符号又分为象形符号和透视符号两种(图 14-3-1)。

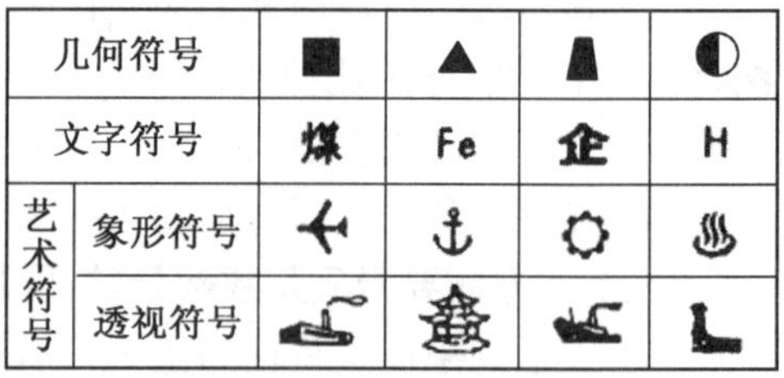

几何符号以简单的几何图形作符号。具有图形简单、绘制方便、面积小、定位准确、区别明显、大小易于比较等优点,使用广泛,多用于工业或经济制图。

几何符号	■	▲	◣	◑
文字符号	煤	Fe	企	H
艺术符号 象形符号	✈	⚓	✿	♨
透视符号				

图 14-3-1 符号的种类

文字符号以文字或字母作符号。有"望文生义",无须图例即能识别的功效,如矿产图上用"Fe"代表铁矿、"煤"代表煤矿,气象图上用"H"或"高"代表高压中心。

艺术符号是采用一定艺术造型的符号。其中的象形符号生动直观、简单明确,容易记忆和理解;透视符号按物体透视关系绘成,形象通俗,易于理解。在宣传用的商贸图和旅游图上常使用艺术符号。

艺术符号和文字符号的缺点是不易定位,难以比较数量差异,在图上占据面积较大。

定点符号与图形和颜色相配合表示有两个以上含义的某个现象时,可以用图形表示现象的最主要、最本质的差别,以颜色表示现象的次要差别,或者反之。一般情况下,在人的视觉上颜色的差别比图形的差别更为明显,因此常用颜色表示现象本质的差别,用图形表示次要的差别。例如用红色表示机械工业,蓝色表示纺织工业,而机械工业和纺织工业内的不同行业,则用相应颜色系统的不同形状或内部结构的符号表示。

（三）符号尺寸与亮度

在专题地图上，一般点状符号的尺寸大小或图案的亮度变化可以表示专题要素的数量特征和分级特征。实际设计中，主要是利用尺寸这个视觉变量，所以实质上是进行分级点状符号和比率符号的设计。但需要注意的是不能根据比率符号在地图上所占面积来判断专题要素的分布范围。如果符号尺寸的大小与所表示的数量指标成一定比率关系，称之比率符号，如人口图上表示城镇人口数的圈形符号。若符号尺寸的大小与现象的数量指标之间无任何比率关系，称之非比率符号，如政区图上表示行政意义的居民地符号。

比率符号又可以分为绝对比率符号和任意比率符号两种；它们又都可以是连续的和分级的，因此，在理论上比率符号有绝对连续、绝对分级、任意连续、任意分级四种（图14-3-2）。

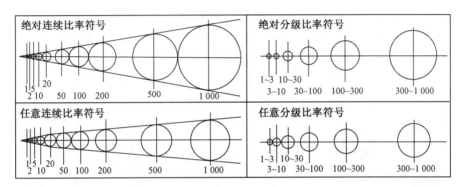

图 14-3-2　各种比率符号

1. 绝对比率符号

指符号面积的大小与其所代表现象的数量指标成绝对正比关系。

2. 任意比率符号

指所绘符号面积大小与其所代表现象的数量指标之间不成绝对的比率关系，只反映现象间相对大小。运用任意比率符号，可以根据需要任意控制符号的尺寸，使其大小适中。

3. 连续比率符号

指现象的每一个数量指标，均有一个相应的一定大小的符号作代表，符号大小与它所指代的数量指标都是连续的。即所绘符号面积的大小随着所代表现象的数量指标的变化而连续变化。

4. 分级比率符号

指将制图现象按数量指标进行分级，把属于同一级的不同数量指标的物体均用同样大小的符号表示。也就是使符号的大小在一定数量间隔范围内保持不变。

分级比率法减少了确定相应符号大小的工作量，继而减轻了绘图工作量；简化了相应的图例，方便了读者；分级后，尽管现象的数量指标不断在变化，但只要未越过所在级别的极限值，均无须改变符号，使地图在一定时期内仍保持其现势性，进而延长了地图的寿命；最重要的还是由于分级，模糊了各个物体的具体数量指标，从而提高了地图信息保密的可靠性。

分级比率法因分级而模糊了物体的具体数量指标，产生了掩盖差别和使部分物体失真较大的问题。采用分级比率时，级别的划分是至关重要的。分级要适当，分级太少，制图综合的概括程度太大,有损现象数量特征的显示,分级太多,必然制图综合的概括程度太小,图面不清晰,影响读图效果。

　　分级的方法,常用的是等差分级和等比分级两种。级别的划分要与不同数量指标的分布状况相适应,一般是数值较低的级别包括的物体数目要多些,数值较高的物体数目虽少,但仍要使它有个归属的级别,以便得到突出显示。

(四) 符号结构与定位

　　符号按其构成的繁简程度和构成方式,可分为单一符号、结构符号、集合符号、系列组合符号和发展符号五种。单一符号是只表示某一个或某一方面的单一现象的符号。结构符号是根据现象内部组成的比例将符号划分成几个相应部分,分别填绘不同形式的晕线、晕点或颜色,以反映现象的内部结构;这种符号多用于表示工农业组成、土地利用结构、国民经济各组成部分等一类现象(图 14-3-3)。集合符号是将一个符号等分成若干部分,以显示位于某一点上相应几个不同现象;即以一个符号图形取代显示几种不同现象的各单一符号;当在一个点位上需要用符号正确显示几种不同现象及其分布位置时,常采用集合符号(图14-3-4)。系列组合符号,即将几何符号与文字符号、艺术符号,加之颜色,按现象的类别进行有机地组合,并各自构成一个系统,多方位显示现象包含的信息如图 14-3-5。

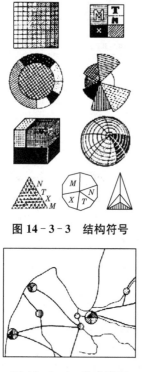

图 14-3-3　结构符号

图 14-3-4　集合符号

符　　　号　　　种　　　类			符号大小
部　门	类　　型	行　　业	规　　模
◆ 采矿业	黑底 ⬦ 矿石(银) 白底 ◇ ⋯⋯⋯⋯⋯⋯ 蓝底 ⬦ 盐(食盐) 红底 ◇ ⋯⋯⋯⋯⋯⋯	┌ 黑　 石煤 棕　 褐煤 └ 黑　 轴 黑　 铁矿	各级菱形的对角线 与正方形的边等长
■ 能源工业	红底 ▨电力工业 蓝灰底 ☐煤炭燃料工业 黄底 ☐石油工业		各级矩形的高与 正方形的边等长
▲ 冶金工业		黄红底 ☐有色冶金业 红灰底 ☐黑色冶金业	各级等腰梯形的边 与正方形的边等长
■ 制造工业	蓝底 ☐纺织工业⋯⋯ 小红底 ☐机械工业 黄底 ☐化学工业 紫底 ☐食品工业 红灰底 ☐建材工业 蓝灰底 ☐皮革工业 蓝绿底 ☐缝绣工业 绿底 ☐森林工业 桔红底 ☐文艺品工业 桔黄底 ☐其他工业	┌黑 ☐棉纺织业 黑 ▨毛纺织业 黑 ▨丝纺织业 黑 ▨化纤等纺织业 黑 ☐印染业 ├黑 ☐机器制造业 黑 ☐日用品制造业 └黑 ☐自行车制造业 ⋮	☐<100万元 ☐100万~1 000万元 ☐1 000万~10 000万元 ☐>10 000万元

图 14-3-5　系列组合符号

　　定点符号法可用符号本身由小到大或由大到小的变化来表示某个时期现象的发展动态;表示现象发展动态的符号,称发展符号。一般情况下,发展动态是指由小到大,或由少到多,但也可以相反,如某些疾病在某时期以前非常流行,后来由于政府的重视,大力发展医疗卫生事业,这些疾病大大减少了,这在某种意义上讲,也是一种发展,但它是由多到少,而不是由少到多。发展符号可以采用外接圆、同心圆或其他同心符号,并配以不同颜色表示,也可以绘成其他形状或立体符号,表示各个不同时期的数量指标,更形象地表示现象的发展动态(图14-3-6)。

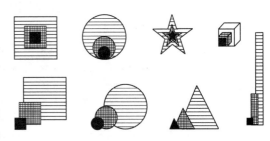

图 14-3-6　发展符号

在专题地图中采用符号法时,必须准确地表示出重要的底图要素(河流、道路、居民点等),这样有利于专题要素的定位。应注意以下几点:

(1)需准确地表示出河流、道路、居民地等重要的地理底图要素。这些地理要素不仅有利于符号的定位,而且更能准确地反映专题要素的地理分布特征。在同一幅地图上,符号定位原则应该一致。

(2)符号密集时可以交叠而不可移位。定点符号法运用几何符号可以将所示物体的位置准确地定位于图上;当地图上某一处符号过于密集时,不可以用移位的方式来解决密集问题,应使较大的符号颜色具有较大的透明度,以显示较小的符号;当符号相互交叠时,应该保持较小符号图形的完整,而压断较大符号的边线;对符号混成一片的特别密集地区,则可以在主图内使符号大幅度交叠表示,用扩大图的形式,把这一局部地区专题现象的分布状况详细地表示出来。

(3)巧用集合符号。当不同现象的各个同类符号共同定位于一点而产生不易定位和符号重叠时,可以保持定位点的位置,将各个符号改化为一个集合符号来表示;尽管集合符号的各部分共同定位于一点,但它们仍然是相互独立的。

(五)资料统一性要求

不管采用哪种比率来确定符号的大小,各点的统计资料都应该是同一性质和同一时期的,否则会失去相互比较的意义;倘若反映的仅仅是现象的质量指标,则对统计资料的时间要求可以不必太严,但应尽可能使用现势资料。

定点符号法的不足之处是符号图形在图上所占的位置较大,特别是当许多大小不同、形状各异的符号并存时,容易发生重叠或挤压。

二、线状符号法

线状符号在普通地图上的应用是常见的。线状符号法是用不同形状或不同宽窄、长短和颜色的线状符号表示呈线状或带状分布专题现象的主要方向、数量质量特征与时间变化的一种方法。在专题地图上表示地质构造线、山脉走向、气象上的锋、社会经济现象间的联系线等的符号,都属于线状符号。线状符号有多种形式(图14-3-7),通过不同的图形和颜色显示现象的质量特征,如区分海岸类型、道路类型、潮汐性质、不同的地质构造线(图14-3-8),也可以反映现象在不同时间的变化,如表示某河段在不同时期内的河床变迁位置。这些线划都有其自身的地理意义、定位要求和形状特征。

线状符号可以用色彩和形状表示专题要素的质量特征,也可以反映不同时间的变化,但一般不表示专题要素的数量特征。如区分海岸类型,区分不同的地质构造线,表示某河段在不同时期内河床的变迁位置。线状符号的线划的粗细只代表现象质量等级的差异,区分要素的主次顺序,如山脊线的主次。对于稳定性强的重要地物或现象一般用实线,稳定性差的或次要的地物或现象用虚线。

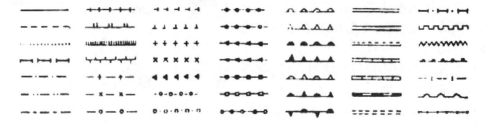

图14-3-7 线状符号

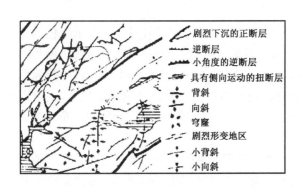

图14-3-8 用线状符号表示地质构造线

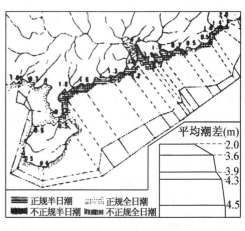

图14-3-9 海洋潮汐图

在专题地图上的线状符号常有一定的宽度,在定位时与普通地图不完全一样。在普通地图上,线状符号往往定位在表示物体的中心线上;而在专题地图上线状符号与所示专题现象的位置关系有三种情况:一是定位的,线状符号绘在现象的中心线上,如水系图中的岸线、流域分界线;二是不严格定位的,如空中航线、海上航线,通常绘成连接两点的直线或曲线;三是侧位定位,即符号的一侧边严格按所示专题现象实际位置描绘,而另一侧则用颜色和晕线绘成一定宽度的色带或晕线带,如境界线、海岸类型、海洋潮汐性质(图14-3-9)等。

三、质底法

质底法是以不同的底色显示连续而布满整个制图区域某种现象在各地分布的质量差别的一种方法,又称底色法。因为此法是表示现象的质量特征,而不表示其数量特征,故又称质别底色法。采用此法时,首先按现象的不同性质进行分类或分区;然后拟定图例的用色、晕线或其他符号;再将整个制图区域按所分类别或区划,划分成若干部分而不留一点空白,并在地理底图上依地形部位,以及与其他地物的相互关系勾绘出各部分的范围界线;最后按图例,分别在各部分内填绘相应的颜色或晕线、花纹,形成底色,制成地图。如编制普通地质图,首先就对地表的基岩露头按不同的年代或岩相分类;以此拟定相应图例所用的颜色、晕线、字母等;在底图上绘出各年代地层或岩相分布的范围界线;再将拟定的图例符号填绘在相应类型的分布区内。分布区的划分可以根据现象的某一属性,也可以按组合指标来划分,如上述的地质图即以地质年代或岩相这单项指标划分;各种区划地图都是按组合指标划分的。质底法可以用于有精确范围界限的各种类型图和区划图,如地质、地貌图、土壤图、植被图、土地利用图、政区图、自然区划图、经济区划图等(图 14-3-10)。

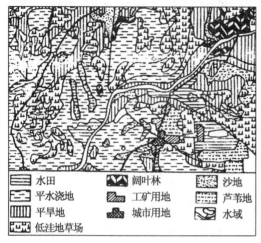

图 14-3-10 质底法(土地利用图)

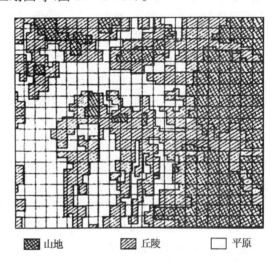

图 14-3-11 网格式质底法(相对地势图)

质底法按分区界线的准确程度,又可以分为精确的和概略的两种。用网格法分区,即属概略质底法。因现象分布的范围受网格限制而呈棱角状,所以只能表示现象分布的概略范围;此法对统计数据较为方便,可以用于表示分布界限不十分精确的土地类型、相对地势、民族分布、语言分布等现象的地图(图 14-3-11),而不适宜用于表示有精确范围界限的现象。

在质底法图上,图例的说明要尽可能详细地反映出分类的指标、类型的等级及其标志,并注意分类标志的次序和完整性。选用颜色要力求使类型相近的现象采用相似的颜色。

质底法图上每一界线范围内的现象只能属于某一类型或某一区划,而不能同时属于两个类型或区划。

若用质底法显示两种性质的现象时,则常用颜色表示现象的主要方面,用晕线或花纹表示现象的次要方面,如普通地貌图上,用颜色表示各种地貌类型的分布,用晕线表示地貌的切割程度。

质底法具有图面鲜明美观、清晰易读的优点;缺点是不容易显示不同现象之间的渐进性和渗透性;当分类很多时,图例比较复杂。

四、等值线法

等值线法是用一组连接数值相等各点的连线显示现象数量连续分布逐渐变化特征的一种方法。如等高线、等深线、等温线、等压线、等降水量线等(图 14-3-12)。

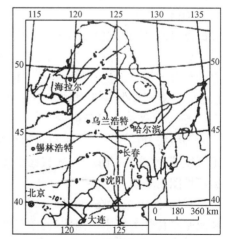

图 14-3-12 等值线法(年平均气候)

（一）等值线法的特点

（1）等值线法适宜表示连续分布而又逐渐变化的现象，等值线间的任何点可以插值求得其数值或强度；适用于表示自然现象，如自然现象中的地形、气候、地壳变动等现象，不宜表示呈离散分布的现象，如人口等。等值线法一般在等值线上加数值注记，方便读图。等值线上的各点并不都是实测或是已知的，大部分是用内插法求出的；根据已绘等值线分布的规律，采用外推法，绘出另一部分等值线。

（2）对于离散分布而逐渐变化的现象，通过统计处理，也可用等值线法表示。这种根据点代表的面积指标绘出的等值线称为伪等值线。

（3）等值线法既可反映现象的强度，还可反映随着时间变化的现象，运用色彩可以将几种等值线绘于同一幅图上，以反映不同现象之间的相互联系或某一现象的动态变化。如大气污染图上用红色绘污染物超标区的首条等值线，以示现象由量变到质变的分界线；用棕、红、绿、蓝四色等值线分别表示春、夏、秋、冬四季气温的分布，以示季节分布的变化，或分别表示某地区不同历史时期年平均气温，以示气候的历史变迁。

（4）采用等值线法时，等值线的数值具有同一的基础，其数量指标必须完全是同一性质的。例如一幅地图上的各条等高线都必须是同一高程起算面；气候图上的等温线、等降水量线必须依据各气象台站同时段较长时间内观测的平均值，否则会失去可比性。

（5）等值线的间隔最好保持一定的常数，以便依据等值线的疏密程度判断现象的变化程度；另外，如果数值变化范围大，间隔也可扩大（如地貌等高距）。如在小比例尺地图上，等高线通常采用变距形式，即随地势增高而等高距增大。等值线数值间距大小的选定要考虑到地图比例尺、用途、观测点多少和现象本身变幅大小等特点。

（二）等值线的绘制

绘制有关专题要素的等值线，可参照依据地形点高程内插勾绘等高线的方法进行。

手工绘制等值线时，在图上把数据点的位置确定下来，确定等值线间距，再把各点连线，在线上进行内插，即按相邻控制点之间的距离比例得到某值，然后由该值确定等值线的位置，最后将等值的诸点联成一条平滑曲线。一般来说，大多数手工内插方法是假设数据点间呈均匀或线性变化。若要绘制显示气温或降水的等值线，则首先搜集各地气象台站同一时段内相同时刻观测记录的资料，并加以整理，求出月或年的平均值，然后在地理底图上，将各个平均值分别标注于相应台站的点位旁，再按拟定的等值线数值间距内插出等值线通过的等值点，最后将数值相等的各点连成平滑曲线，即得气温或降水等值线地图。

计算机绘制等值线的算法通常分两步进行：一是初步内插，即计算出制图区域加密网格上的所有数据点的值；二是再次内插，根据内插网模型确定等值线的位置，通常采用线性内插法。计算机绘制等值线的方法有网格法和三角网法。

（三）等值线分层设色

等值线分层设色是一种以等值线分层，依层次设色显示现象分布的表示方法。通常用于气候图、水文图、地磁图、大气污染图，以及小比例尺普通地图。运用等值线分层设色可以提高地图的表现力。

采用此法，关键在于如何合理地划分层次。层次的划分，要以能够满足用图要求和突出现象基本特征为原则。因此，制图时要根据编图的目的与要求、现象的特点进行分层。例如地势图的分层要使平原、丘陵、山地、高山、极高山等基本地形单元得到明晰的显示，大气污染图的分层要能反映出环境质量超标与达标的分布范围和污染物的分布规律。在设色方面除需注意颜色由浅渐深、由寒到暖的逐渐过渡外,要特别注意色彩的象征含义。

五、定位图表法

定位图表法,又称定位统计图法,是一种将固定地点上某种现象的统计资料用图表形式绘在图上相应地点,以显示该地点上该现象的数量特征或在一定周期内数量变化的表示方法。例如显示城镇人口性别、年龄或职业结构的统计图表,全年12 个月气温和降水量变化的曲线柱状图表、风向频率和风力的玫瑰图表等。

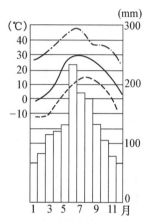

图 14 - 3 - 13　曲线柱状图表

定位图表法主要用于反映具有周期性变化现象的数量特征,如气温、降水量(图 14 - 3 - 13)、风向频率与风力的年变化,潮汐的半月变化,相对湿度,河流沿线各水文站的水文图表等。定位图表一般配置在图内相应地点上,但因图表所占面积较大而使定位不能像定点符号那样准确,应尽量靠近现象所在的地点配置图表;有时也可以配置在地图之外,以地名注记表明所在地点。从形式上看,单个定位图表显示的仅是点上的现象,但是由若干个点就可以构成面,通过对各个点上现象的分析,就可以看出面上现象的变化规律。将若干个同类型的定位图表较均匀地配置在图上较大区域范围内,即可以反映整个区域内面状分布现象的空间变异(图 14 - 3 - 14),其中制作各个点的图表所需数据必须是同一基础。

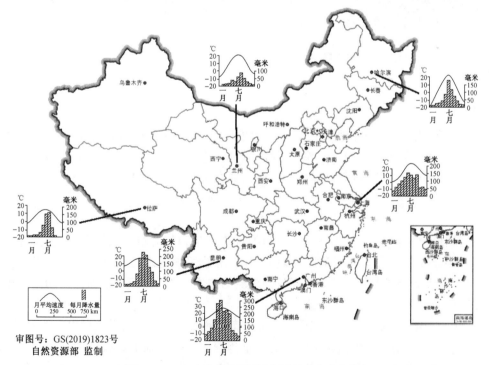

审图号:GS(2019)1823号
自然资源部 监制

图 14 - 3 - 14　定位图表法(中国部分省会气候)

定位图表的形式有多种,常见的有金字塔式、曲线柱状式和玫瑰式等。金字塔式图表多用于表示人口构成(图14-3-15),它能同时表示男女各年龄段的人口数量、婚姻状况或职业等;首先统计出全区域人口总数,并按性别和年龄分组,计算每年龄组人数占总人口数的百分比,最后将人口的年龄组及其数量表示在图表上,其纵坐标表示年龄组,横坐标表示人口数量百分比。曲线柱状图表多用于表示水文、气候要素,以其左右纵坐标值分别表示气温和降水量,横坐标表示月份,曲线表示各种气温的变化,柱状表示各月的降水量(图14-3-13);此图表亦可以表示工业产值的各年增长情况。玫瑰图表(图14-3-16)多用于表示具有方向性的现象的或然率,如各方向风的频率和风速、无风率与平均风速、洋流的速度与频率等,故亦称之风玫瑰图;图中各方向长短不同的线段表示相应各方向风向频率或风速的大小,右图线尾的短线表示风力,每条短线代表按蒲福氏分级的2级风力,各方向线上所注数字为一年内来自此方风向的日数,图中心数字表示无风日数;此图表亦可以用于无方向性的社会经济现象,如城市的功能、人口数及其构成、环境质量构成等。

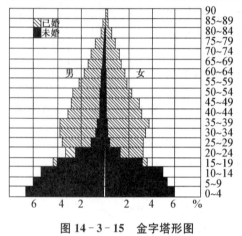

图14-3-15 金字塔形图

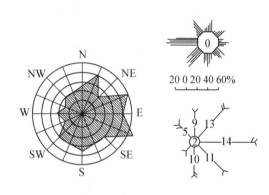

图14-3-16 玫瑰图

六、范围法

范围法是用面状符号在地图上表示某专题要素在制图区域内间断而成片的分布范围和状况的表示方法,如煤田、森林、农作物、旅游风景区等的分布。范围法在地图上标明的不是个别地点,而是具有一定的面积的区域,因此又称为面积法或区域法。此法可用于制作各种现象的分布图。范围法用面状符号来表示,其轮廓线以及面的色彩、图案、注记是主要的视觉变量。

依据现象的分布情况,范围法可以分为绝对范围法和相对范围法两种。绝对范围法是指所示的现象仅局限在该区域范围之内,如在轮廓线之内是煤田,轮廓线之外就不是煤田了;相对范围法是指图上所标示的范围只是现象的集中分布区,而在范围以外的同类现象,只因面积过小且又不集中,则不予表示。

区域范围界线的确定一般是根据实际分布范围而定,根据范围界线可以分为精确范围法和概略范围法。精确范围法是指现象的分布范围界线是明确的或精确的,可以在界线内着色或填绘晕线或文字注记表示,如图14-3-17(a)和图14-3-17(b)所示;概略范围法表示的现象没有明确的分布范围界线,其界线采用虚线、点线表示,如图14-3-17(c)和图

14-3-17(d)所示,或完全不绘其界线,只以文字或单个符号表示这一带有某种现象分布,如图 14-3-17(e)～图 14-3-17(h)所示。

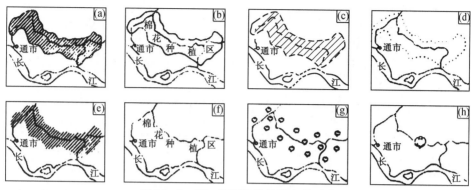

图 14-3-17　范围法的几种表示形式

　　制图时是采用精确范围法,还是采用概略范围法,取决于地图的用途、比例尺、资料的精确程度和现象的分布特征。一般科学参考图、工程设计图,用精确范围法;教学用图或宣传用图则用概略范围法;各种动物的分布等,其范围界线是难以精确划定的,多采用概略范围法表示。

　　在同一幅地图上,可以用不同色相或形式的范围线或晕线、符号等同时表示几种现象,通过图形的相互重叠或符号的穿插配置,以显示现象的重合性、渐进性和相互渗透性(图14-3-18)。

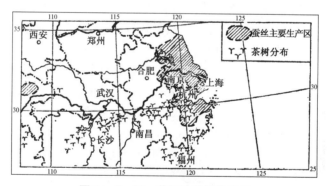

图 14-3-18　范围法的重叠表示

　　范围法一般表示现象的质量特征,而不显示数量特征。若要反映数量特征,可借助于符号的大小与多少、注记字的大小、晕线的疏密或粗细、颜色的深浅,或直接标注其数字(图 14-3-19)。另外,以现象不同时期范围的重叠和变化,还可以显示现象的发展动态。

　　范围法具有简明、清晰和相互渗透等优点,常与其他表示方法配合使用,以显示现象的互补性。例如,在以质底法表示的农业分区图上,再用范围法表示某些农作物的分布、工业原料产区,用符号法表示工矿企业所在地,制成某种经济地图;与等值线法配合,可以显示地磁异常区或月平均气温低于某度的分布范围;与质底法配合,在第四纪沉积物图上,显示出不同冰期的范围。

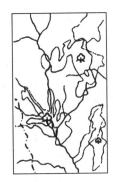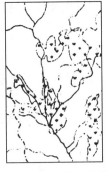

图 14 - 3 - 19 用范围法表示数量指标的方法

七、点值法

点值法又称点法、点描法。代表一定数值的大小相等、形状相同的点,反映某要素的分布范围、数量特征和密度变化的表示方法。从图上点的颜色或形状的不同就可以看出现象的种类,从点的疏密分布便可以判别现象的集中或分散的程度,从点的数目多少可以统计出现象的数量指标(图14 - 3 - 20)。它适用于表示不均匀的呈离散或集群分布的现象,如人口、农作物、牲畜等的分布。

图 14 - 3 - 20 点值法

用点值法制图,重要的工作是确定点的大小和每个点所代表的数值以及布点的方式。点子的大小及其所代表的数值是固定的;点子的多少可以反映现象的数量规模;点子的配置可以反映现象集中或分散的分布特征。在一幅地图上,可以有不同尺寸的几种点,或不同颜色的点。尺寸不同的点表示数量相差非常悬殊的情况;颜色不同的点,表示不同的类别,如城市人口分布和农村人口分布。点值法主要目的是传输空间密度差异的信息,通常用来表示大面积离散现象的空间分布。如人口分布、农作物播种面积、牲畜的养殖总数等。

确定点径和点值大小的基本原则是:在最稠密地方,点子可以近于紧接而不能重叠;在稀疏的地方,也能看到有点的表示。一般说来,点径不宜过大或过小;过大了,图上点子过于稀疏;过小了,不易分辨;点的大小,依地图比例尺、用途等条件而有所不同。实践表明,适宜的点径为 0.4~0.5 mm,点的间距为 0.2 mm。究竟采用多大的点径,最好是根据具体情况,通过多次试验比较,决定其大小。

确定点值,即在制图区域内选定一个现象分布密度最大的小区域,根据圆点间紧接而不重叠,无间距地将圆点以梅花形均匀布满小区全境的原则,计算其点值。

点值法的布点有均匀布点和定位布点两种方式。均匀布点就是将点均匀地配置在相应的区划单位内,此法反映不出区域内部的差异,如图14 - 3 - 21(a)。定位布点就是参考与该现象分布

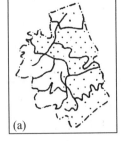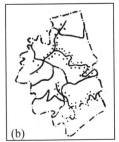

图 14 - 3 - 21 布点方式

有密切关系的现象,因地制宜地调整布点的疏密,以反映现象分布的实际情况,如图14-3-21(b)。例如,表示牲畜分布,依草场分布资料,在草场地区布点密些,非草场地区布点稀疏些;表示耕地的分布,按地形特征,在平原与河流两岸布点密些,在山地则布点少而稀。这两种布点方法比较起来,定位布点法较好,但做起来困难一些。

制图中,为了便于利用现成的统计资料,通常采用按行政区域布点。例如编全国人口图,掌握各省或各县的人口统计数字,就可以在各省或各县境内均匀地或按地理条件有差别地布点。采用均匀布点法,应尽量采用小区划单元;区划单元越小,在其内布点的点位误差相对也就越小,在整个图面上就不再是均匀布点,而是呈现有差异分布的定位布点了。如编省人口密度图,用乡或村级区划单位的统计资料,在其境内布点,就可以达到上述效果。

在用均匀布点法时,地理底图上不要详细表示出地貌、水系、道路及小居民地等地理要素,因为均匀布点法制作的地图不能显示现象的实际分布与环境的关系,有了这些地理要素有时反而会产生一些不协调现象。相反,在用定位布点法时,则应该尽可能在底图上详细表示有关的地理要素,以提供布点疏密的依据。用点值法作图,成图上只需表示总的制图区域界线,不必表示其内的二级区划界线;若要表示,也常以浅、淡、不醒目的界线符号置于第二层平面。在多色地图上,所要表示的地理底图要素应以较浅的颜色作为背景,布点则用鲜明而浓郁的颜色。

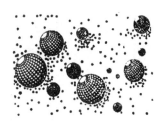

当区划单位内要布很多的点子时,为便于计算与统计,在一幅图上也可以采用两三种不同大小的点,代表相应不同的点值(图14-3-20);采用此法时要力求使点的面积之比与相应点值之比相一致,并注明不同点径所代表的具体数值;另外,也可以设计一种符号表示更大的数值(图14-3-22)。

点值法简单明了,便于统计,适合于计算机处理。在同一幅图上,若采用不同颜色或圆、方、三角形等不同形状的点子分别表示几种现象的分布情况,则可以在表示现象数量特征

图14-3-22　点值法(球形代表城镇人口,点代表农村人口)

的基础上,又表示出现象的质量特征及其发展动态。例如,在农业图上用不同颜色和形状的点子表示各种农作物,在人口图上表示各民族的人口分布;用蓝色点子表示原有棉花田的分布,用红色点子表示新增棉花田的分布,从而显示出棉花田种植面积的扩展情况。

八、分区图表法

分区图表法又称分区统计图表法,是一种依据制图区域各区划单位某同类现象的统计资料作成图表,绘在相应区划单位内,以示各区划单位同一现象绝对数量指标的总和及其动态变化的表示方法。此法还能以结构符号形式表示现象的内部构成(图14-3-23),常用于表示各行政区划单位的工业或农业产量、产值、耕地、作物构成等方面统计数量的差异。

分区图表法由于只表示每个区划单位内某现象的数量总和,而无法反映现象的地理分布及区划内的差异;图表配置在区划内任意一处,图表所在的地点并非是现象的发生地点。因此,分区图表法是一种非精确制图表示法,属于统计制图的一种。制图时,区划单位愈大,各区划内的情况愈复杂,则对现象的反映愈概略;但是区划单位也不能太小,否则难以将图表绘在区划内。

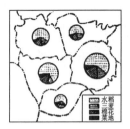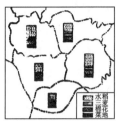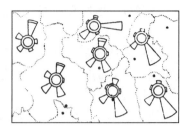

图 14-3-23　分区图表法

分区图表法显示的是现象的绝对数量指标,而不是相对数量指标,可以用由小到大的渐变图形或图表反映不同时期内现象的发展变化(图14-3-24)。

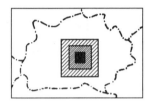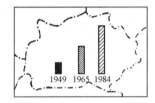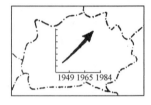

图 14-3-24　分区图表法(表示发展动态)

分区图表法所采用的图表形式有很多种,常见的有圆、正方形、正三角形、正多边形、柱状、线状、星状等,这些图表还可以设计成立体的和结构的形式。

设计图表的一个重要问题,就是如何使读者能迅速地判断数量关系,通常借助于附加的标尺来实现。

分区图表法的图表是按区划单位配置的,区划单位的界线就成为地图上最重要的要素之一,因此必须要清楚地描绘出各区划的界线,并尽可能注出区划单位的名称及统计数据,其他地理要素概略表示。

分区图表法所用资料,通常是由国家各级行政区划或其他区划单位统计出来的,比较可靠,能较明确地表示现象的时空分布状况。

九、分级比值法

分级比值法又称分级统计图法,是一种通常依据各行政区划单位某同类现象的统计资料,将其密度、强度或发展水平等比值划分等级,依级别的高低,在图上各区划范围内分别填绘相应深浅的不同颜色或疏密不同的晕线,以显示各区划单位之间数量差异的一种表示方法(图 14-3-25)。分级比值法适于表示现象的相对数量指标,如人口密度(人/km²)、单产(总产/总公

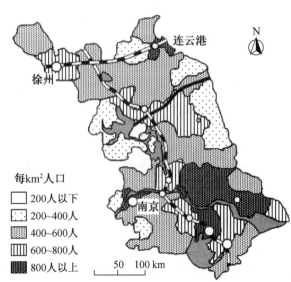

图 14-3-25　分级比值法(江苏省人口密度图)

顷)、人均耕地(总耕地/总人口)、耕地比重(耕地面积/全区面积)、人口增长率(出生人数/总人口数)等。

分级比值法与分区图表法一样,只能表示各区划单位之间的差别,不能反映各区划单位的内部差别。因此,分级比值法的区划单位愈小愈好;如作中国人口密度图,以省区为区划单位,则所示内容显得十分粗略,若以县或乡镇为区划单位,则比较合理。

分级比值法除以行政区划为制图单元外,还可以有三种做法。一种是以现象自然分布的各种多边形空间范围作为制图单元,如城市人口生活和生产的各种场所:居民住宅区、街坊、企事业单位大院、机关单位群的楼幢、厂区、校园、公园、剧院、医院、宾馆饭店、商场或商业区、街巷、车站、码头、仓库等,按这些空间分别进行统计,求其密度、分级、设计图例、制图,称之为多边形分级比值法;用此法制图,几乎无内部差异的概括,所反映的现象最近于实际,用于编制城市人口昼夜分布图,对反映城市人口动态特征效果颇佳,但资料不易获取。另一种是以现象分布的密度或强度相等的地区作制图单元,即按现象自然分布的空间范围统计资料,求其分布密度或强度,分级,然后将相邻的同等级的地区连成片,整饰成图,称之为范围密度法;适用于编制涵盖广大农村的国家或省区人口密度图、地面坡度图、噪声污染分布图等(图14-3-26)。第三种是以网格为制图单元,称之为网格分级比值法,如相对地势图(图14-3-27),此法的制图精度较低。

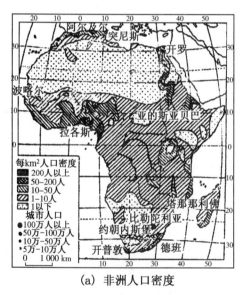

(a) 非洲人口密度

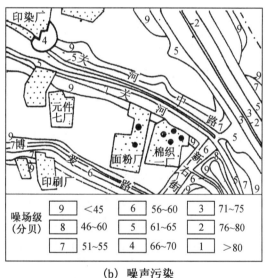

(b) 噪声污染

图14-3-26 分级比值法(范围密度法)

分级比值法图上级别划分的原则取决于编图的目的、现象分布特征和数量指标具体情况。宣传用图,分级宜少,科学参考用图,分级宜多;现象均衡分布,分级宜多,局部地区甚密,分级宜少;数量的极值相差小的,则级差宜小,反之,则宜大。一般情况下,分级不宜过多,否则,会使图面复杂,不易阅读;分级过少,反映不出现象的分布差异。分级的具体方法有等差、等比、逐渐增大(如:0~20~50~100~200 等)、任意(0~20~25~30~50~100 等)。级别划分标准不同,绘成的地图也不相同(图14-3-28)。

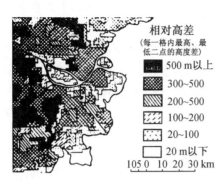

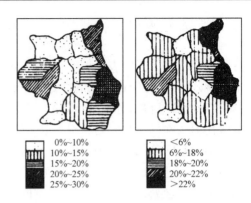

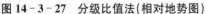

图 14 - 3 - 27　分级比值法(相对地势图)　　　　　图 14 - 3 - 28　分级不同绘成不同的分级比值

分级比值法常常与分区图表法结合使用,即以分级比值法地图为底图,再在每一分区内绘制统计图表。

在分级比值法图上,可以多保留一些地理基础要素,以便更好地反映现象的分布规律及与地理环境的联系。

十、动线法

动线法是一种用箭形符号(图 14 - 3 - 29)的不同宽窄显示自然现象和社会经济现象的运动趋向及其数量、质量特征的表示方法。动线法不仅可以表示现象的运动路线、方向、方式和速度,而且还能显示运动现象的质量、能量、强度、结构等特征。如自然现象中的洋流、风向,社会经济现象中的货物运输、资金流动、居民迁移、军队的行进和探险路线等。动线法实质上是进行带箭头的线状符号的设计,通过其色彩、宽度、长度、形状等视觉变量表示现象各方面特征。动线符号有多种多样的形式。

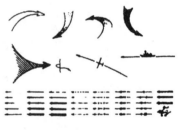

图 14 - 3 - 29　各种箭形符号

动线法用箭头表示现象运动的方向;用拉长的箭形符号表示洋流、大气环流、旅行、探险、考察、行军、航行、人口或动物迁移、资金流动、货物运输等的运动路线;在运动路线上配以火车、汽车、轮船和飞机等运输工具的图案,表示某种社会现象的运动方法(图 14 - 3 - 30)。表示运动路线有准确和概略之分,如图 14 - 3 - 31(a)表示基隆的货物由海上与铁路运往高雄,绘成较准确的货运路线,图 14 - 3 - 31(b)则用直线表示从基隆到高雄的货运概略的路线。

用箭形符号表示风向、洋流时,箭形的粗细表示其速度或强度,箭形的方向表示运动路线;单一的动线表示线状的运动现象,在整片区域范围内由许多条动线组成面状分布时,即表示面上的运动现象(图14 - 3 - 32)。

箭形符号常以不同颜色或不同形状区分现象质量特征,例如用红色箭形符号表示暖流或我军、蓝色箭形符号表示寒流或敌军。

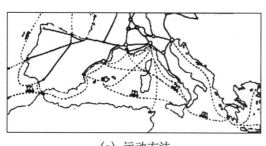

（a）运动方法

（b）运动方向

图 14 - 3 - 30　运动路线、方向与方法的表示

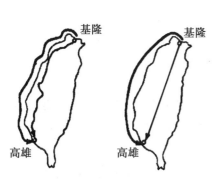

（a）较精确的运动线　（b）概略的运动线

图 14 - 3 - 31　运动线表示方式

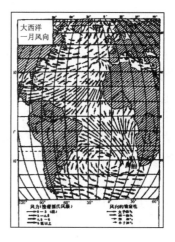

图 14 - 3 - 32　运动速度或强度、稳定性的表示

动线法用于表示现象的数量和结构时,常沿交通线用宽的线条或用不同晕线或不同颜色组成的"带"来显示。线条或带的宽度与现象的数量成一定的比率关系(图 14 - 3 - 33);带上的不同晕线或颜色表示现象的结构,如用红色、黑色、黄色线条分别表示燃料、钢材和有色金属等(图14 - 3 - 34)。

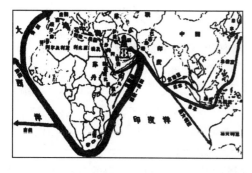

图 14 - 3 - 33　运动能量的表示(中东石油输出图)

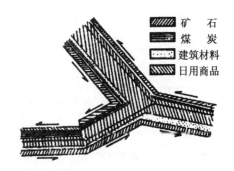

图 14 - 3 - 34　货运的方向、数量和构成

动线法制图,无论用准确动线还是概略动线均较简单,要掌握好动线粗细比例和颜色及形状的运用外,还要绘好箭头,使箭头与箭体上部的方向保持一致。

动线法具有简明生动的优点,但在图面上占面积较大,使图面拥挤而影响易读性。

第四节　专题地图表示方法比较

专题地图设计就是将专题信息以图形进行表达与传输的过程,它包括:表示方法和符号的设计与选择,图例设计,图面配置,色彩设计等。以同样的数据及资料进行地图设计,可以得到很多种可供选择的方案。我们所能见到的,或主观上所想象的,并不一定就是成功的设计。这需要设计人员充分运用设计基本原理与方法,通过反复比较,选择符合编图目的,容易为读图者理解与接受的优选方案。专题地图设计是专题地图编制中非常关键,并且又是十分具有创造性的环节。

一、表示方法的选择

专题地图表示方法,是以各种类型的地图符号为基础的。然而,符号作为专题信息的载体,除了它们各自所含有的信息外,当它们以一定的集合形式表现在专题地图上时,还可能包含着超过符号总量的潜在信息量,这在很大程度上取决于是否通过比较、试验后选用了最合适的表示方法。

表示方法的选取是专题地图可视化的重要环节。对于不同特征的制图现象选取表示方法是多种因素决定的,这些因素主要有:① 表示现象的分布性质;② 专题要素表示的量化程度和数量特征,如定性表示、分类表示、分级表示、数值表示等;③ 专题要素类型及其组合形式;④ 地图用途、制图区域特点和地图比例尺等。因此,我们描述表示方法选取的规则可初步总结如表 14 - 4 - 1。

表 14 - 4 - 1　表示方法确定的一般规律

专题要素类型	专题要素表示等级	指标数量及组合	采用的表示方法
精确点状分布	定性表示、分类表示 分级表示	单一指标或多种指标组合	定点符号法 分级图表法
精确的线状分布	定性表示、分类表示	单一指标	线状符号法
模糊线状分布	定性表示、分类表示、 分级表示	单一指标或多种指标组合	动线法
零星面状分布	定性表示、数值表示	单一指标或多种指标组合	范围法
断续面状分布	定性表示、数值表示	单一指标	范围法 点值法
连续面状分布	分类表示、数值表示	单一指标	质底法 等值线法
统计面分布	分级表示、数值表示	单一指标或多种指标组合	等值区域法 统计图表法

从表 14 - 4 - 1 中可以看出,对表示方法的选择主要取决于制图现象的分布特点。但是由于制图现象的表示等级、指标的多少,以及地图比例尺和用途的不同,可能有一种或几种

表示方法可供选择。虽然表示方法可以互换,但在许多情况下,如果制图人员不能正确理解表示方法的实质,也会做出错误的选择。例如,对非连续分布的现象,采用等值线法是不合适的;如人口的分布属非连续分布,使用等值线方法进行插值计算的结果就会与人口实际分布情况不符。

二、几种表示方法的比较

有的表示方法从图形特点能一目了然地识别,如动线法。然而许多表示方法之间,存在着许多相似性,必须认真比较才能予以区分。为了针对不同的专题现象正确选择表示方法,尽可能准确、全面地反映现象的特征,需要对有关表示方法的特点进行分析比较。

(一) 定点符号法与分区图表法

定点符号法与分区统计图表法所采用的几何符号或图形结构符号均呈点状,外形颇为相似;不仅均可以做成结构符号形式反映现象的内部构成,而且也都能以颜色或图形的变化表示现象的发展动态,但这两种图形在意义上却有本质的差别。定点符号是代表符号所在位置上的点状现象,符号的大小和颜色或形状表示现象的数量和质量特征,因此制图时需要知道符号相应的准确位置和统计资料的数量指标。分区统计图表中的每个图形一般是代表区划单位内同类现象数量指标的总和,它配置在有关区划内的任一适当位置上,不能精确反映现象的地理分布,仅是一种概略的显示(图 14-4-1),制图时只需要各区划单位的统计资料。

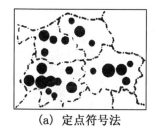

(a) 定点符号法　　　　　　　(b) 分区图表法

图 14-4-1　定点符号法与分区图表法之比较

(二) 定点符号法与定位图表法

这两种方法均能表示点上现象的数量特征,因此容易将定位图表法看成是定点符号法的一种,其实它们是有区别的。定点符号法是反映呈点状分布现象的数量和质量特征,符号精确地定位于现象所在的地点上,说明该点上此种现象在特定时刻或某一时段的状况,各点间彼此是独立的。定位图表法主要用于表示某点上呈周期性变化的某种现象的数量特征;图表不一定要配置在该点上,而多半是配置在现象所在地点的附近;均匀配置的若干个同类定位图表可以反映面状分布现象的空间变化。

(三) 定点符号法与用符号形式表示的概略范围法

这两种方法在其外形上往往相同,但有其本质区别。定点符号法表示有固定位置的个别现象,符号的位置即代表现象的所在地点,符号的大小明确表示现象的数量上的差别。而用符号表示的概略范围法,符号的定位点无任何意义,仅代表现象分布的概略范围;其符号一般不分大小,不表示数量的概念,有时只简单分大小两级,表示程度上的相对大小。

（四）线状符号法与动线法

线状符号法与动线法均可用线状符号表示定位于线（或两点间）的专题现象，有些图上这两种方法形式上也颇为相似，它们的本质区别在于：

（1）线状符号法表示的是实地呈线状分布现象的分布状况，反映的是静态特征；动线法则通常表示各种非线状分布现象的运动状态，反映的是一种动态特征。

（2）线状符号法一般仅反映现象的质量特征，如道路类型；动线法则表示现象数量与质量特征。

（3）线状符号法的符号结构一般较简单，定位比较精确；而动线法的符号结构有时很复杂，定位不很精确，有时仅表示两点间的联系或概略的移动路线，在表示面状现象时，符号仅表示其运动趋向，而无定位意义。

（五）质底法与范围法

质底法与范围法都是反映面状分布的现象，均用颜色、晕线、花纹等形式，以反映其质量特征为主，图斑看上去相似，但它们有着本质的区别。

（1）质底法表示布满整个制图区域的现象连续分布的质量差别，各种不同性质的现象不能重叠，全区无"空白"之处，一般不表示各现象的逐渐过渡和相互渗透。对某一具体区域来讲，不是属于这一类则必然属于另一类。而范围法所表示的现象不是布满整个制图区域的，它只表示某一种或几种现象在制图区域内局部的或间断分布的具体范围，在范围之外无此类现象即成为空白；不同性质的现象在同一幅图上可以表示其重合性、渐进性和渗透性（图 14 - 4 - 2）。

（a）范围法　　　　　　　　　（b）质底法

图 14 - 4 - 2　范围法与质底法之比较

（2）质底法表示不同性质的现象一般均有其明确的分布界线，此界线是在统一原则和要求下，经科学概括而明确划分的毗连两类现象的共同界线。而范围法表示的现象可以有明确的分布范围界线，也可以没有明确的分布范围界线；范围法只表示现象概略分布的范围。

（六）质底法与分级比值法

质底法与分级比值法均是在不同的区域范围内绘以不同的颜色或晕线等符号表示各种现象的分布，其图形极为相似。而它们的本质区别是质底法图上不同色斑表示某种现象的质量上的差异，该图只显示质的差异，不显示量的区别；分级比值法图上各区域深浅不同的颜色表示同一现象按相对数量指标分级的差异，此图只有量的差异，没有质的区别。

（七）质底法与范围密度法、等值线分层设色法

质底法图上各种不同底色的图斑，范围密度法图上按级别填绘深浅不同的颜色，等值线

分层设色法图上按等值线分层,依层设色,它们虽在外形上有些相似,但仍有下列区别:

（1）质底法图上各现象之间没有连续而逐渐变化的关系,如地质现象、土地利用状况,表示的是各种不同性质的现象,图上不同底色的图斑表示现象质量上的差异,图斑大小不一,图形比较复杂。

（2）范围密度法图上表示一种不一定有连续而逐渐变化的现象,如人口密度等;范围密度法是按某种现象的密度、强度或发展水平的差异而分等级,图面上深浅不同的颜色表示各个不同等级的同一现象数量上的差异,图形亦较复杂。

（3）等值线分层设色法图上表示的是一种有连续而逐渐变化的现象,如地势、气候等现象,是按现象的数量上的差异绘成一组等值线,依等值线划分层次;依层次进行设色,图上的颜色呈条带状,由浅至深地逐渐变化。

（八）等值线法与分级比值法

等值线法与分级比值法都是用来表示面状分布现象的数量特征,为了提高地图的表达效果,常在等值线之间或级别之间按数量大小普染颜色或疏密不同的晕线或花纹,从图面上看,这两种方法很相似,实际上二者有着本质的区别。等值线是绝对数量相同点的连线,每条线上都代表着具体的数量;由于等值线法是反映面状分布现象在数量上具有连续而逐渐变化的特性,因此相邻等值线之间的数量是逐渐增大或缩小的,等值线之间的其他各点都可以用内插法求得其数量,各等值线不能相交。分级比值法显示的数量不是绝对值而是相对值;同一比值级别内的各点均属于同一数量级,没有向邻级逐渐增大或缩小的变化;分级比值法相邻分级界线没有具体的数值。

三、各种表示方法的联合运用

几种方法配合运用可充分发挥各种表示方法的优点,但必须以一种或两种表示方法为主,其他几种表示方法为辅,为了更好地运用表示方法,通常应遵循下列原则:

（1）应采用恰当的表示方法和整饰方法,明显突出地反映地图主题内容;

（2）表示方法的选择应与地图内容的概括程度相适应;

（3）应充分利用点状、线状和面状符号的配合。

例如在表示气压与风向的图上,以等值线法表示气压,以动线法表示风向;在人口图上,以定点符号法表示集中居住的城市人口,以点值法或分级比值法表示分散居住的农村人口的分布和密度;在农作物分布图上,以分级比值法表示该作物在各区划单位内种植面积的比重,以点值法表示该作物分布和产量;又如在综合经济图上,一般应反映出制图区域的工农业和交通运输等经济发展的特点和条件,图上常以质底法表示农业的土地利用,概略范围法表示作物和牲畜分布,定点符号法表示矿藏分布和工业布局,动线法表示货物的运输路线等。

第五节　地图集

一、地图集定义与作用

地图集是指具有统一设计原则和编制体例的一系列地图的汇集。地图集具有重构复杂非线性地理世界的"百科全书"的作用。

一部地图集能够综合地反映整个世界、一个国家或地区的地理环境、自然资源、生产布局,以及政治、经济、文化等多方面现象的全貌,做出一目了然的总结和图示,犹如一部百科全书,向读者提供大量的地图信息和丰富的科学知识。国家地图集,通常由国家机关作为具有国家意义和声誉的作品而编制出版,综合地展示了国情的各个方面,因而它的政治思想性、科学性和艺术性,往往代表这个国家政府的政治立场、经济和科学文化发展到一定阶段的成就和水平,尤其是综合性的地图集是多学科共同发展的结晶。因此,各国都重视编制出版地图集。国家地图集实际上也是一部论述这个国家地理的巨著,而且比单纯的文字著作更直观、更具有表现力,给读者以更深刻的印象。鉴于地图的内容全面系统、科学性强,因而在政治、军事、经济和科学研究中成为重要的一种工具和手段。

二、地图集的特点和历史摘要

地图集并不是许多地图的总和或机械凑合,它是为了某一用途和服务对象,依据统一的编制原则系统地汇编而成,有统一的思想结构和地理基础;有协调而完善的表示方法;图幅与图组编排的先后次序、各类地图的比重、各图之间的相互协调配合,都符合逻辑性和系统性;图幅的配置和图例的表示有着一致的规格和原则;各地图内容的取舍、制图综合的要求有着统一的规定;地图投影、比例尺、各图的选题、图型、表示方法、图幅大小、文字说明、地名索引以及图集的整饰装帧等,都是经过详细研究和精心设计的,因此地图集是一部完整而统一的科学作品。

世界上第一本地图集,是公元 2 世纪希腊大学者托勒密(Claudius Ptolemaeus)首创。他所著的《地理学指南》实际上是第一部地图集的雏形,它包括了当时人们已知的人类居住区域的地图。这部"地图集"一直到 16 世纪,还算是一部完善的地图作品。

欧洲在中世纪,由于封建割据和神学统治,一直不能制作地图集。15 世纪末和 16 世纪初,地理大发现之后,因人们地理知识的扩大、航海的发展、商业的繁荣、殖民主义的扩张,促进了地图学的迅速发展,改进和丰富了前一时期的世界地图。1595 年出版了墨卡托的巨著——世界地图集,这本图集以它内在的统一、合理的投影、新颖丰富的内容及精致的整饰而著称。现在世界上通用拉丁文 ATLAS 作为地图集的名称,是由墨卡托首创的,他选用了古代神话中的勇士——撑天巨人阿特拉斯(图 14-5-1)作为自己的地图集名称,由于这一名称简短并富神话色彩,因而受到普遍欢迎和一致采用。

图 14-5-1 阿特拉斯

16 世纪至 18 世纪出版的各国地图集,主要是普通地图集和交通地图集。18 世纪欧洲地图集中,开始增加了自然地图和经济地图部分。

19 世纪的地图集有了明显的发展,主要表现在三个方面:由于地形测量的成就,充实和丰富了普通地图集的内容;出现了各种自然地图集和经济地图集,如德国贝格豪斯(Berghaus)地图集(第一版 1836~1842 年、第二版 1849~1852 年、第三版 1892 年)可以作为最完善的自然地图集的一个范例;19 世纪末综合性地图集开始形成,如 1899 年初版,以后多次再版的《芬兰地图集》(Suomen Kartasto)是第一本综合性国家地图集。

第一次世界大战后,地图学在苏联受到了重视,苏联《世界大地图集》(Большой Советский Атлас Мира 1937~1939 年),在当时是世界上一部科学技术水平较高的大型综合性地图集;近期日本、美国、英国、加拿大、瑞士、古巴等国出版的综合性国家地图集亦是颇为精湛的地图作品。随着社会分工的深入,各门科学的发展,各种类型的专题地图集也不断涌现,如海图集、地质图集、经济图集、城市图集、人口图集、癌症图集等等。

三、地图集的类型

现代地图集多种多样,随着经济建设、国防建设和各门科学的飞速发展以及实际生活的需要,地图集的类型将越来越多,题材范围将越来越专门化,内容则越来越深入。

地图集的主要分类指标,通常是依据制图区域范围、图集的内容、用途,此外,亦可以按面积和开本大小进行分类。

(一) 按图集的制图区域范围分类

1. 世界地图集

包括世界各部分的地图集,有的世界地图集还在序图中介绍地球在太阳系中与其他行星的关系、它们的运行状况以及月球资料等,如 1967 年版及以后各版的英国《泰晤士世界地图集》(The Times Atlas of the World)。

2. 国家地图集

从各个方面反映一个国家疆域内的自然、经济、文化等特征的地图集,如中华人民共和国地图集(1957、1972、1979 年版)、美国国家地图集(The National Atlas of the United States of America,1970 年)、法国地图集(Atlas de France 1946 年第一版,1959 年修订再版)等。

3. 区域地图集

通常系指跨国的世界某一局部区域,如大洲、大洋、大的地理单元的地图集和一个国家的一级或二、三级行政区域地理单元的地图集。前者如非洲地图集、太平洋地图集;后者如我国的江苏省地图集、黄河流域地图集、青藏地图集等。

4. 城市地图集

以城市及其所辖郊区为范围的地图集,如法国巴黎及巴黎地区地图集,我国上海市地图集、西安市地图集等。

(二) 按图集的内容分类

1. 普通地图集

以普通地图为主题内容的地图集。其中,有的还在序图组编入一定数量的专题地图,如1957 年版《中华人民共和国地图集》,是一本以分省图为主的普通地图集,但在序图中安排了中国政区、中国地形、中国地质、中国气候等十几种专题地图。

2. 专题地图集

以反映某类专题内容为主题的地图集。按其内容又可以分为自然地图集和社会经济地图集两种。

自然地图集又可分专题性自然地图集和综合性自然地图集。前者以反映某种自然地理现象为主题内容的地图集,如气候图集、地质图集、水文图集、土壤图集、海洋地图集等;后者为包含各种自然地理现象专题组的地图集。如 1965 年版《中华人民共和国自然地图集》,除序图外,包括了地质、地貌、气候、陆地水文、土壤、生物和海洋七个专题地图组,每组由 4~

14 幅图组成,这种地图集在于综合地揭示地理环境中各种自然现象的分布规律及其相互联系与相互制约的关系。

社会经济地图集同样亦可以分为专题性社会经济地图集和综合性社会经济地图集。前者以反映某种社会内容或经济部门为主题内容的地图集,如政区图集、人口图集、历史图集、经济图集;经济图集的种类较多,有工业图集、农业图集、能源图集等。综合性社会经济地图集包括各种社会经济现象专题组的地图集,如行政区划、人口、工矿、农、林、牧、副、渔、交通运输、邮电通讯、商贸、文教卫生、综合经济等专题组。

3. 综合性地图集

指包括普通地图、自然地图和社会经济地图在内的地图集。其显著特点是内容较完备、图幅众多、图种复杂,可以从各个方面完整地、系统地反映一个国家或地区的综合面貌和某项专题的系统资料。

(三) 按图集的用途分类

1. 教学地图集

我国编制出版的各种中、小学用的地图集,它们是按照相应年级的教学内容而编制的。一般讲,其内容较少,图面简单醒目、整饰色彩鲜明、内容的科学性强。

2. 参考地图集

按参考对象的不同,分一般参考、经济建设和科学研究参考、军事参考和其他参考四种参考用地图集。

一般参考地图集是供广大读者在学习、工作、生活中参考查阅使用的。其特点是着重表示行政区划和详注地名,大都市及主要城镇往往以附图表示,并附有详细的地名索引。

经济建设和科学参考地图集是供经济建设部门和科学研究单位有关人员使用的,其特点是内容完备、详细、精度高、信息丰富,如各种专题性自然地图集和大型综合性地图集。

军事参考地图集是供国防建设和统帅部门参考用的。这种图集不仅从军事角度完整地介绍制图区域的地理状况和有关国防建设的专门内容,而且还往往安排较多的战争历史地图。

其他参考地图集中较常见的是旅游图集,它着重于地名及交通路线,地貌用晕渲法表示,对风景区和名胜古迹则突出表示,常附照片和文字说明。此外,还有专供商品贸易用的商业地图集和供投资者决策用的投资环境地图集等。

(四) 按图集面积大小分类

地图集按其所有图面利用总面积的大小,一般分为大型、中型、小型地图集。总面积大于 15 m² 的为大型地图集,5~15 m² 的为中型地图集,小于 5 m² 的为小型地图集。

此外,地图制印工厂和地图资料管理部门,为了工作方便,常将图集开本的大小作为分类的标志,分为四开本、八开本、十六开本、三十二开本、六十四开本等地图集。

四、地图集的特性

地图集是一部完整的作品,其主要特性在于它的政治思想性、内容完整性、统一协调性、现势性和艺术性。

(一) 政治思想性

地图集的政治思想性是衡量其质量的重要标志之一。各个国家对国际事务的立场、观点和态度,对各国的关系和历史事件的处理等,都会在他们编制的地图集中反映出来。因此,在阅读任何一本地图集时,都应该注意其政治思想性。

(二) 内容完整性

地图集内容的完整性指的是所采编的地图能充分地阐明一切与图集的用途和任务有关的问题。例如,国家地图集,为保证其内容的完整性,首先必须有包括全国各部分的地图,其次必须有反映这个国家的自然条件和社会经济各方面情况的地图。

(三) 统一协调性

地图集的统一协调性,是指图集内有关地图之间的相互补充、彼此协调及其可比性。其目的在于保证各幅地图反映的现象之间相互联系和相互依存的规律能得到正确反映,以利于地图的使用。我们可以通过下列措施来确保图集内部的统一协调性:

(1) 投影选择和图幅安排的统一协调。依据地图的主题、用途和区域特征来选择适当的投影,但不宜过多。各类地图的安排既要全面又要有某些侧重,体现一般和特殊相结合的原则。按幅面大小和区域的特点,设计几种简单的,易于比较的比例尺。这样可以使图幅之间具有科学而严密的逻辑性。

(2) 采用统一的原则来设计地图内容。对同类现象采用共同的表示方法和统一的指标;各地图的内容,统一于一个确定的时段或几个时段,以便于比较。

(3) 采取统一协调的制图综合原则。主要反映在图例的统一分类、分级和内容概括的相互协调上。

(4) 采用统一协调的整饰方法。例如,采用统一协调的色标;相同性质的现象和地物在不同的地图上采用相同的符号,统一的注记字体。

(5) 采用统一协调的地理底图。地理底图的统一协调,是保证地图集统一协调的重要条件。

由于制图区域的范围和各类地图的内容不同,对底图的投影和地理基础内容就有不同的要求。为了保证地图集中底图的统一性,并照顾一些特殊情况,底图的设计可以分为若干个系统进行。

(四) 现势性

地图的现势性也是衡量地图集质量优劣的重要标志。只有利用最新资料,才能使地图集具有高度的科学水平和现实意义。

(五) 艺术性

地图集整饰和印刷质量的优美是地图集艺术性的具体表现。为此,必须使地图集中所用的色彩、符号、字体、封面和装帧力求精美,统一和协调。这也是评价地图集质量的重要方面。

上述的这些特性,只有通过有效的组织工作、认真细致的研究试验,以及在编制地图集过程中的每一阶段和每一道工序,都能得到有力的领导和仔细的审校才能达到。

五、地图集分析评价

地学工作者或地图工作者,为了提高设计与编制地图集的业务水平和介绍优秀地图作品,经常需要对已出版的地图集进行分析研究,从中吸取成功的经验,避免曾出现过的缺点。分析评价地图集,主要从政治思想性、科学性和艺术性等方面,分析整个图集的各部分,客观地指出图集的优缺点,特别要注意发现图集的创造性的成就。最后整理成文字材料。

分析评价地图集的方法和步骤大致为:

(1)通读地图集。将序言、目录、各图组的图幅、文字说明和地名索引等,阅读和浏览一遍,以对整本图集建立一个总的印象。

(2)收集和阅读有关文字材料。收集图集的总设计书、图组或图幅的编辑计划、技术总结以及该图集的介绍和评审意见等材料,阅读这些文件资料,对照验证图集的有关内容,确定是否达到了设计要求。同时,还可以找一些类型相同的地图集进行比较。

(3)详细分析地图集的内容、结构、表示方法、印刷、装帧等各个方面。

在内容方面:应根据图集的主题和宗旨、用途和总设计书的要求,分析图组的编排、图幅的选题、内容的表示方法等是否适当,资料的运用及其现势性程度,各个图幅之间以及各相关要素之间是否统一协调且具互补作用,特别要注意有无政治性或其他理论性的错误。

在内部结构方面:从投影的选择、地图配置、开本、比例尺、图面装饰等方面进行分析研究,例如各图的比例尺是否成简单倍数,图集的开本与比例尺的大小同地图集的基本内容和用途是否统一协调,是否充分利用了比例尺和版面,在地图配置上有无使用折页或破图廓过多的现象。

印刷和装帧方面:图集中各图幅的彩色设计和印刷质量如何,整本图集的色调是否美观协调并富有表现力,有无运用色版不经济之处,图集的标题、封面的艺术整饰等装帧设计,同图集的身份和开本大小是否相称。

附属资料方面:包括普通地图的统一图例、各专题地图图例、文字说明、插图、图表、地名索引等,对于这些内容的编排是否得当,文字阐述是否确切,对于阅读与检索是否方便等等。

(4)总结和评论。通过以上的阅读、分析和随时的记录,对整个图集进行总结、客观地评述它的特色和主要优缺点,对某一图组以至个别图幅都可以指出其优点和某些独创的特点或某种不足之处。最后将阅读分析过程中所作的记录,进行系统地归纳整理,使之成为一份读图报告或评图的文章。

复习思考题

1. 叙述专题地图的基本特征。
2. 熟练掌握专题内容十种表示方法的基本原理及应用范围。
3. 定位图表适用于表示什么样的地理现象?
4. 何谓绝对范围法和相对范围法,以及精确范围法和概略范围法?
5. 运用点值法制图如何确定点值和点径?
6. 根据本章所介绍的几种专题内容表示方法的比较,叙述它们的异同点。
7. 叙述地图集的主要特点和特性。举例说明地图集按其内容的具体分类。
8. 叙述专题地图制作方法及流程。
9. 对一本地图集,主要从哪些方面进行评价?

第十五章　地图编制

导　读

　　学会编制地图,尤其是编制专题地图,是地学工作者必须具备的基本技能。计算机地图制图使地图编制不再是地图学家的专利,繁琐的传统制图工艺被彻底取代。只要具备地图学的基础知识、地图设计的科学理念和会使用计算机,通过一段时间的计算机地图制图软件的技术培训,人人都可以成为制图者。

　　本章前四节重点介绍地图设计、地图编绘与地图制印的主要工作,这是地图编绘出版的全过程;第五节重点介绍专题地图编绘方法,它是非测绘部门制图的主要方式。计算机辅助制图已成为目前的主要编图方法,这在第六节介绍;近年来涌现了各种形式的电子地图,第七节将对此进行简要介绍;最后是遥感图像成图技术介绍。

第一节　地图生产过程概述

　　地图生产有测绘成图和编绘成图两个基本途径。测绘成图是指利用不同的测绘仪器与测量方法,经实地测量绘制成图后再复制成大量的地图。此法一般多限于大比例尺地图,我国1∶500～1∶1万的大比例尺地形图及部分偏远地区的1∶2.5万～1∶5万地形图均由实测或摄影测量的方法完成,属测量学范畴。编绘成图则是根据各种制图资料在室内用不同的设备和方法,缩编成图并印刷。此法一般多限于制作中、小比例尺地图和专题地图、地图集等,是地图学研究的基本课题。计算机地图制图是目前编制地图的主要手段。

　　无论是普通地图(包括测绘的和编绘的地图)还是专题地图,其生产工艺流程均可以分为地图设计、地图(测绘)编绘、出版准备和地图制印四个基本阶段。

　　地图设计,又称地图编辑设计,是指制定地图生产技术方案,并将其写成指导地图生产全过程的地图设计书的一项工作。即在实施地图编绘前的准备阶段中,根据编图目的和用途,搜集和分析评定有关制图资料,确定地图投影和比例尺,研究制图区域地理特征,确定地图内容和表示方法,选择或设计地图符号,确定制图综合原则和编图方法,进行编图试验,最后编写出地图设计书。地图设计是地图的创作构思过程。

　　地图编绘是指获得编绘原图的编图过程。一般是指根据编图要求,利用现有的地图资料,进行扫描数字化(或地图矢量化),通过计算机软件编辑加工、创意编排,完成新地图生成的编绘工作。

　　出版准备是指根据图式、规范和地图设计书规定的地图出版所要达到的要求,对已编绘的地图,进行符合出版要求的一系列工作,包括逐层逐要素的地图内容检查,地图要素用色、线型、符号等的规范化。最后经彩色喷墨绘图仪等地图输出设备绘制地图或输出 PS 文件,通过 RIP 解释,在激光照排机上输出供印刷用的分色胶片。

地图制印是指根据地图出版的要求,经制版印刷,复制成大量的比原稿更为美观和清晰易读,可以供广大读者直接使用的地图的一项工作。

第二节　地图设计

一、设计前期的准备工作

在具体实施地图设计之前,首先应深入细致地研究和了解新编地图的主题和用途,这是确定地图性质、地图内容各要素表示的广度和深度,以及选择相应表示方法和确定制图综合原则的出发点,是建立正确设计思想的基础。

对现有同类地图进行分析评价,总结其优缺点,并结合本单位的实际与可能,确定新编地图的设计原则,这也是新编地图设计前期一项非常重要的工作。

资料是地图编制的物质基础,在地图设计前期的准备工作中,必须广泛搜集各种制图资料,包括地图资料、影像资料、文字资料、统计数据和实测数据等数字资料。对资料进行分析评价,在此基础上明确资料的可利用程度和使用的方法。如内容的完备性、现势性和精确性,以及用这些资料进行复制加工的可能性,从而选择并确定编绘新地图所用的基本资料、补充资料和参考资料。并制作资料配置略图,标明各种资料在制图区域内的分布与衔接关系,供编图时参考。

基本资料是编图的基础资料,主要指能构成制图区域轮廓和含有经纬网、河流、交通干线和主要居民地等基本地理内容的资料。根据新编地图的性质和用途,一般选择内容完备、精度良好、现势性强、图面平整整洁、比例尺接近或较大的地形图作基本资料。

补充资料是用以补充或修改基本资料上某些不足或欠缺的地图要素的资料。补充资料的范围较广,如最新的地形图、交通图、水利图、政区图、土地利用图等专题地图、地图集、遥感图像以及有关统计资料等,都可以用作补充资料。

参考资料仅起参考或引证作用。如供一般了解制图区域概况的各种地图、图表以及文字资料等。

深入研究制图区域的地理特征,对选择和分析制图资料,进行地图内容的正确选取和化简,均具有重要的意义。因此,对制图区域地理特征的研究,除从宏观上了解概况和地理特征规律这类定性指标外,同时还要注意了解能够进行定量分析的数量指标。研究制图区域地理特征,除阅读地图和文献资料外,还应有重点地进行实地考察。

二、设计工作事项

(1) 确定制图区域范围　包括新编地图的分幅(开本)与内外图廓尺寸的设计,比例尺系统与分幅原则的确定。

(2) 选择和设计投影　包括投影设计要求、坐标网间隔、地图配置与方向的确定。

(3) 图面配置与整饰的设计　即处理主区与周围邻区的关系,图面的有效利用,主题内容的表述,图名、比例尺、附图、附表、文字说明的配置及图廓整饰等问题。

(4)确定各要素选取指标　正确地确定各要素的选取指标,其作用是保证不同地区之间的大体协调,避免出现主次、大小、疏密的倒置现象。

(5)设计图式图例　符号设计要求有通用性、习惯性、系统性,并力求简单、明显、形象、便于绘制和定位,同时要求整饰美观、规格合理。

(6)设计成图工艺　鉴于地图生产具有多工序相互制约的特点,因此在总体设计中必须明确规定上下工序衔接关系和整个工艺的流程,以免返工而造成不应有的浪费和损失。

(7)试验工作　其目的在于检验设计思想的可行性,以便发现和纠正设计中不合理部分。试验的内容包括检验资料的使用方法、要素的选取指标、图形化简尺寸、表示方法及图式图例的应用。

三、编写设计书

地图设计书是地图设计思想的具体体现,是指导新编地图作业的指导性文件。地图设计书又称编辑计划或编图大纲。

地图设计书的编写并没有统一格式,但一般应包括以下几部分主要内容:

(1)编图目的、任务和要求　明确新编地图的主题、用途、政治性、艺术性,如何便于使用,制图的数量和完成任务的期限。

(2)地图数学基础　明确新编地图的比例尺、地图投影及其变形性质和分布规律、经纬网密度、控制点的数量,以及数学基础的精度要求等。

(3)制图区域地理特征　简要说明制图区域内制图对象分布的基本特点和规律。

(4)编图资料　说明资料分析评价的结果,指出使用的程度和方法。

(5)地图内容的编绘　这是设计书的主要内容,通常是分要素进行说明,具体说明各要素的表示方法和分类分级、地图概括标准和技术方法。

(6)图式图例设计　说明图例符号的设计要求。

(7)编图技术说明　对地图要素的分层、层压盖顺序、线型、符号、颜色表等做出规定与说明,对工作环境做出相关规定。

(8)出版准备　说明地图各要素检查验收的要求,彩喷样图进行检查,对地图各要素用色比例、线符规格等进行详细规定。

(9)制印工艺说明　地图制印工艺方案与成品图质量要求和有关规定。

(10)附件　具体包括设计略图、图例符号、编稿样图、彩色样图、色标、制图工艺方案框图、资料配置略图、投影坐标成果表、图面整饰规格图、各种参考略图等。

第三节　地图编绘

地图编绘,亦称原图编绘。编绘地图并不是将编图资料机械地缩放,拼拼凑凑,而是根据地图的用途、比例尺和制图区域的地理特征,将各种编图资料的有关内容采用一定的技术方法,通过制图综合的创造性加工处理编绘地图,使之成为内容和面貌焕然一新的地图。

地图编绘一般要经过建立数学基础、制作编绘底图、编绘地图内容、图幅接边、审校验收等几个程序。

一、建立地图数学基础

编绘地图首先要建立数学基础,即按规定展绘图廓、各种制图网(经纬网与平面直角坐标网)和控制点。对不同比例尺的地图,展绘的内容及其规定不尽相同,但所有的地图都要展绘图廓。这一工作一般由计算机程序完成。

二、制作编绘底图

将编绘用的地图资料先进行符合编图目的的手工编绘,然后用此地图进行扫描,对扫描影像根据已建立的地图数学基础进行定位,然后即可进行地图编绘数字化工作。

三、编绘地图内容

编绘地图内容的最终成果是得到编绘原图。编绘原图是根据新编地图的用途和比例尺,采用科学的制图综合方法,在编绘底图上用彩色图形塑造反映制图区域地理要素的构成及其分布与相互联系的一种新的地理结构模型;编绘原图是制作印刷原图的依据,因此对编绘原图应有严格的要求。各要素的编绘及制图综合等方面的精度均须符合规范的要求;制图综合的程度及各项相互关系的处理要符合规范或编辑计划的规定,各要素应主次分明、清晰易读;图上注记要准确无误,指位明确,不同字体和字号要区分清楚;所用符号尺寸、线划粗细要符合图式规定,整饰亦须和图式规定一致;所用颜色均应满足出版要求。因此,编图人员在作业前一定要深刻领会地图设计书的内容,认真贯彻执行,严格按一定的程序进行作业。

四、图廓外整饰

此项工作是在完成地图内容各要素制图综合和抄接边之后进行的。它是按编辑计划的规定,对地图的图廓及图廓外的图名、图号、图例等关于该地图的各种说明和附图附表进行必要的整饰。

五、元数据生成与图历簿填写

地图元数据是对数据的描述,应认真填写。

图历簿是编绘原图的附件,它是在整个"原图编绘"阶段随做随记,并作为技术档案与编绘原图一并保存起来。它一般包括以下几部分内容:编绘本图的技术要点,进度计划,制图资料使用状况,地图数学基础的数据,各要素编绘过程中的重大问题及其处理原则、方法、结果、编图质量评语等。

六、审校验收

地图的制作是多工序的生产技术过程,各道工序互相衔接,相互影响,对任何一道工序质量的任何疏忽,都会降低成图质量,甚至造成返工,所以在地图生产过程中,必须根据每道工序的特点和任务进行严格的审校,以便发现和消除错漏,实行层层质量把关。

审校工作贯穿于地图生产全过程,但各个阶段有各自的审校重点。对编绘原图的审校是着重检查编绘规范或编辑计划的各项规定的落实情况,地图的内容和质量等各项指标是否符合规定的要求,同时要消除各种错误和遗漏。审校中发现的问题经修改后还要进行复查,并由上一级有关机构进行质量验收,直到完全符合要求为止。验收与审校都是一种检查;不过验收是有重点的抽样检查,而审校是一种全面深入的检查。

对于一个作业员来说,要坚持边编绘边审校;一个要素编完了要进行阶段审校,各要素编完了要进行一次全面的自校;一幅图编完了,作业组里要进行审校,如果发现大错,则要返工;最后统一进行验收。

以上制作编绘原图的主要工作内容,除填写图历簿是在整个"原图编绘"阶段及时填写外,其他各项工作是先后有序依次进行,既有分工又相互联系的过程。

第四节　地图制印出版

地图出版之前,需要将编绘原图生成适合于出版印刷要求的胶片的一种数据文件——PS 文件供输出分色胶片,并且对前面的工作进行一系列检查验收工作。它是地图出版前的一项准备工作,同样也是地图生产工艺程序中的一个重要阶段。

地图制印,是指地图的制版印刷。由测绘或编绘得到的原图,用制印的方法将其图形和文字转印到纸张上或其他介质上,以获得数量多、外观美、内容清晰易读的地图复制品,满足各方面的需要。地图因线划精细、图形复杂,套印精度要求较高,故它与一般的书刊、彩画印刷有所区别。

印刷的方法较多,主要分为凸版印刷、凹版印刷和平版印刷。凸版印刷的印刷要素突出于空白部分,印刷要素上油墨,通过一定压力转印到纸上,这种方法主要用于报纸、书刊印刷。凹版印刷的印刷要素低于空白部分,印刷时先上油墨,然后将空白部分油墨刮去,低凹部分仍保留油墨,通过压力将印刷要素上的油墨转印到纸上,由于印刷要素深浅不同,可以表达浓淡层次,这种方法主要用于制印钞票、邮票和精美的图画等。平版印刷是印刷要素与空白部分在同一平面上,利用油水相斥原理,通过化学方法使印刷要素吸附油墨排斥水分,而空白部分吸附水分排斥油墨,印刷时先转印到印刷机的橡皮布上,然后再转印到纸上,这种方法又称胶印。

地图印刷的幅面一般较大,印刷的精度和质量要求高;地图内容复杂,印刷多色地图时,要求各色套印准确;制印过程中要能在版面上修改和补充;要求制印方法简单,成图快,成本低。由于平版印刷是用照相制版,便于改变比例尺,又能满足地图印刷的要求,所以目前地图印刷主要使用平版印刷。

现代地图印刷,主要采用电子出版印前系统的方法。将激光照排机输出的分色胶片,经过常规的晒版、印刷工序,得到地图产品。

运用此种方法制作地图,成本低于传统的制印方法,并且减轻劳动强度,减少环境污染,缩短成图周期。而最突出的则是易于修改、检查,图形、色彩变化丰富,线划及注记精细、美观,全面提高了地图产品的质量。

第五节 专题地图编制

一、专题地图的图面内容总体设计

在同一幅地图上,图面内容的安排包括:各种大小或类型的地图的配置;地图的图名、图例、比例尺、统计图表、照片、影像、文字说明等的位置与大小;专题要素与底图要素的配合与取舍;专题内容与图廓的关系等。在很多情况下,一个幅面上所表示的不仅只有一幅地图,可能有多幅地图,而这些地图之间的关系可能是同等重要的,也可能有主、有次,幅面的大小、比例尺、区域范围、专题内容等也可能有很大不同。如何进行合理、有序的安排,是图面设计的重要内容。

(1) 主图 是专题地图图幅的主体,应占有突出位置及较大的幅面空间。

(2) 副图 是指补充说明主图内容不足的地图,如主图位置示意图、内容补充图等。如地理位置示意图,简明、突出地表现主图在更大区域范围内的区位状况;内容补充图是把主图上没有表示,但却又是相关或需要的内容,以附图形式表达,如地貌类型图上配一幅比例尺较小的地势图。

(3) 附属要素 ① 图名的主要功能是为读图者提供地图的区域和主题信息,应表示出图名"区域、主题、时间"三要素。图名应当突出、醒目,要尽可能简练、确切。② 图例应尽可能集中在一起,为避免图例内容与图面内容的混淆,被图例压盖的主图应当镂空;通过对图例的位置、大小,图例符号的排列方式、密度、注记字体等的调节,还会对图面设计的合理与平衡起重要作用。③ 比例尺一般被安置在图名或图例的下方。专题地图上的比例尺,以直线比例尺的形式最为有效、实用。④ 统计图表与文字说明是对主题的概括与补充比较有效的形式,由于其形式(包括外形、大小、色彩)多样,能充实地图主题、活跃版面,因此有利于增强视觉平衡效果。统计图表与文字说明在图面组成中只占次要地位,数量不可过多,所占幅面不宜太大。

(4) 地图的色彩设计 必须在色彩基本原理基础上,充分考虑地图内容、用途以及表示方法,经过制图者的创意,取得图面设计的色彩效果。地图设色对提高地图的清晰性和易读性,增加整体图面的视觉对比度,增强地区的表现力,突出图形在背景上的轮廓,协调图形的视觉平衡效果,增加地图的层次结构,都有明显作用,是专题地图图形设计的重要内容。网纹对单色与彩色地图有不同的功效:对单色地图,能替代彩色的许多基本功能;在彩色地图上,网纹与彩色相结合,能补充与提高彩色地图的表现能力。

专题地图的图面设计,不像普通地图,特别是地形图那样在很多方面可以执行规范的要求,而必须由编图人员自行设计。图面设计是否得当,将会显著影响专题信息的传递,从而直接影响用图者的感受效果。进行图面设计还应考虑地图的使用条件及经济效益的核算。地图的使用条件可有几种情况:阅读方式是桌面用图还是墙上用图;图幅组合是单幅图、多幅图、系列图还是地图集;显示方式是纸介质地图、计算机屏幕显示还是缩微阅读机显示。经济效益的核算是指在满足成图其他要求的前提下,版面利用率、纸张质量、色彩等因素对成本的影响。

二、专题地图编制程序与方法

专题地图的编制亦分为地图设计、原图编绘、出版准备与制印三个基本阶段,但有它的特殊性。在编绘程序上,一般分为明确任务和目的,编写编图大纲与收集、整理编图资料,准备地理底图,编绘作者原图,图例设计,制作编绘原图,图面配置与整饰等阶段。现分述如下:

(一) 地图设计

在具体进行地图设计之前,应先了解与确定编图目的、任务及用图对象。这对选取地理底图及专题要素的内容、表示方法及色彩,考虑图面配置的方案等都是直接相关的。在此基础上拟定一个初步设计方案,并将主图的主要内容、表示方法、图面安排、色彩等绘成一幅概略的草图,经征求意见修改后,即可着手收集编图所需资料,进行资料的处理、分析与评价,然后正式开始地图设计。

1. 明确编图任务和目的

专题地图的种类繁多,形式各异,各有特定的用途和使用对象,要求不尽相同。因此编制专题地图须首先了解委托单位的编图目的和要求,明确其主题,并以此为依据进行构思和设计,使用适宜的制图手段和方法。

2. 编写编图大纲与收集整理编图资料

明确编图任务之后就着手构思地图内容,并编写编图大纲草案,用以指导编图资料的收集和分析评价工作,研究地图内容的特征,进行必要的科学试验;在此基础上,补充、修改编图大纲草案,制定出完善的编图大纲,成为编图的指导性文件。编图大纲的内容通常包括地图的名称、主题、用途及服务对象,制图资料分析评价及使用说明,地图内容特征,地图的数学基础与图幅大小,地图的地理基础要素与专题内容的分类分级,表示方法、图例设计、制图综合、图面配置与整饰等原则,制印工艺特点等。各幅专题地图因其内容有异,所以应该有各自的编图大纲。

鉴于专题内容的多样性,决定了制图资料收集的广泛性和复杂性,以及对制图资料的特殊要求。编图前要在广泛收集制图区域的下列资料:

(1) 普通地图

普通地图较全面地反映了制图区域的地理面貌,一是可以用于编制地理底图或直接用作地理底图;二是用作某些专题要素。因此收集的普通地图,其比例尺应该相同或稍大于新编地图。

(2) 专题地图和野外填绘的原图

根据资料的质量,有的可以作为新编地图的基本资料,有的则作为补充资料或参考资料。例如地质、地貌、土壤和植被等方面的大比例尺专门实测地图往往是编制小比例尺地质、地貌、土壤和植被等图重要的原始资料;中小比例尺矿产分布图可以作为编制综合经济地图的一种基本资料;中小比例尺地貌、植被和土壤图可以作为编制相应比例尺区划图的一种基本资料。气候图又成为编制农业地图,进行农业分区和正确实施制图综合的参考资料;编制气候图参考有关地貌图,可以正确地勾绘等值线。

(3) 遥感资料

航空像片和卫星图像是遥感信息的源泉,是专题地图现势资料的重要来源之一。它能全面反映地理景观的空间结构、区域差异及相互联系,并以鲜明的图像和绚丽的色彩显示出来,因而广泛应用于地图的修测和更新,用于制作影像地图和系列专题地图。特别是遥感影像信息丰富,可以按需要进行假彩色合成,突出某些专题内容,便于解译,并能制作系列成图。近年来,随着航天技术和遥感遥测技术的不断发展,能在短期内获得丰富的信息;通过信息的处理,可以快速而准确地区分并获得各种地物的轮廓线,将推动专题制图的自动化进程。

（4）统计资料和其他数字资料

气候、水文、历史、经济、人口等各个方面均有系统的统计资料。这类资料对许多专题地图有着特别的意义;但要注意统计资料必须是同一时期按同一指标连续统计的,具有一定点或面上的定位资料;统计的分区越小越好;统计资料必须完备、全面。

（5）科研成果和其他文字资料

有关文件、专著、论文、科研报告、访问记录和报刊报道等文字资料对编制专题地图,特别是编制人文地图有它的重要价值,但要注意其论点的科学性。

为了保证新编地图有较好的政治性、科学性、精确性和现势性,需要用正确的观点和方法,对上述收集的各类资料,就其现势性、完备性、可靠性、精确性、方便使用和定位的可能性以及观点是否正确等方面,进行分析、研究和评价,决定资料的使用价值和使用程度。

3. 地理底图的编制

地理底图,是指标绘有专题内容的地理基础要素,以示专题现象生存环境的背景地图,亦称基础底图。地理底图一般以相同比例尺的普通地图为基本资料进行编绘,它与普通地图的编制方法十分相似。地理底图的内容是专题地图整体内容的一个组成部分,在专题地图的编制阶段,它是转绘专题要素的控制基础。编制专题地图通常是按地形、河网、道路等地形地物的对应关系转绘专题要素,在使用专题地图时,以所表示的地形地物为标定地图方位的依据,并表明专题现象的分布与周围地理环境的内在联系,为读者提供潜在信息,从而提高专题地图的应用效果和使用价值。

地理底图内容的选取和表示的详略,视专题地图的主题要素、用途、比例尺和制图区域地理特点而定。

在底图编制中,必须注意以下问题:

（1）专题内容较多或者编制专题地图的时间较紧迫时,可考虑直接选用相应比例尺的国家基本比例尺地形图作为基础底图。在制图技术人员较少的单位也以采取这种做法较为稳妥。其通用性较好,数学精度能有保证,但专题适用性较差,还会造成图面上底图要素与专题要素混杂不清,对专题地图的整体效果影响较大。因此,只要有可能,还以自编专用的地理底图为好。

（2）工作底图的编制应尽早进行,初稿还需经过缜密的审校,并必须在正式编制专题地图之前将地理底图交付专业编图人员使用。

（3）地理底图在专题地图中起背景作用和位于底层平面,编制地理底图宜采用较精细的符号和线划,以增加地图的容量;同一地区的各地理底图上的图例符号应该协调一致。底图符号和注记的规格不宜繁杂,在保证足够的数学精度前提下,图形的综合程度应适当加大。底图的用色宜浅淡些,色数要少,工作底图更以单色(如浅蓝、钢灰、淡棕)为好。

（二）编绘作者原图

作者原图，是指由专业人员在地理底图上编绘有专业内容的一种专业原图或编稿图。制作作者原图的过程，实际上就是专业人员设计地图内容的过程。根据他们对专题内容的理解，或在制图人员的配合下，用一定的表示方法，将专题内容完整、准确地定位表示在地理底图上，成为作者原图。不同类型的专题地图，专题内容的表示方法和编绘方法有所不同，有繁有简。一般的步骤是专业人员根据新编专题地图的任务和要求、地图比例尺、制图区域特点和其他编图资料，首先确定新编地图的图型，并将专业内容分类分级，确定制图单元，设计图例；再根据各要素间的内在联系，以及与地形部位、河流、道路等地形地物的相对位置，在地理底图上勾绘所示专题现象的点位或轮廓界线，并在其中填绘颜色或晕线、花纹、图表等相应的符号，制成图稿。视其科学质量和成图的程度而决定是否用作编绘专题地图的基本资料或重要的参考资料。作者原图的编者都需遵从编辑设计书的基本要求，确保专业内容完备无误，定位准确，文字与符号要工整正确；而对其线划和色彩整饰质量等方面不做严格要求；作者原图还需附说明编图所用原始资料、成图过程、编图方法、图例制定原则等文字说明，作者原图是编绘原图的基础。

编绘原图的步骤及方法与普通地图编制相似，由制图人员按编图大纲要求进行。原图编绘之前，应先制作地理底图，再按一定的编图方法，将作者原图上的内容转绘到地理底图上。

1. 图例设计

图例是地图上所使用全部地图符号的说明。

（1）图例的作用

图例对地图信息传递的全过程都具有重要意义，专题地图图例是专题地图的内容、表示方法及其科学性、思想性的缩影。在地图制作阶段，通过图例的确定，可对地图编绘过程中共同工作的所有人员产生一种具有约束性的、明确的、不可改变的作用，即必须按照图例的规定把空间信息转换成地图信息。在该图用图阶段，图例起着从地区模式转换为获取空间实际状况的作用。而只有当读图者理解了图例的内涵后，才有可能真正实现将地图符号模型恢复为现实空间。由此可见，图例设计是地图编制中相当重要的环节。图例决定的专题内容及其分类分级系统制约着地图的科学性与地图主题突出程度以及地图的载负量。

（2）图例的类型

图例可以分为两种，以编图人员为主要对象的工作图例和以读图、用图者为主要对象的应用图例（出版图例）。应用图例可以认为是工作图例的一种简化，它只需要对出现在图幅中每个符号作出准确、简练的说明；而不必像工作图例，还必须为编图者规定这些图例的形式、尺寸、字级以及适用范围等许多规则。一般所指的图例设计，就是应用图例的设计。

（3）图例设计方法

专题地图图例设计工作，实际上是进行一系列科学研究和试验的工作，其具体工作有：

① 研究制图对象　　对地图上将要表示的制图对象的数量和质量特征、分布特点以及与其他现象的相互联系等方面进行深入的分析研究。

② 图例分类分级　　在对现象分析研究基础上，依据新编专题地图的用途、类型、比例尺和专题内容的特点，决定对现象的具体分类。由现象分类，经过综合概括，过渡到符合于地图用途、比例尺所要求的图例分类。图例通常有单一图例、组合图例、复合图例、分解图例等

几种类型。例如在森林分布图上,林木的树种很多,先列出详细的种类,然后概括为四类或五类。若按几个特征指标综合分类,就需要采用组合图例。组合图例应有两个或两个以上的分类指标,其中一个指标用图形表示,其他指标则用颜色或晕线或花纹表示。

③ 设计图例内容　在对制图对象分析研究和分类分级的基础上,设计出地图上显示制图对象的符号和颜色等;列出各种符号,并给予文字说明。

④ 图例配置　将设计出的图例符号与用色,按制图对象的分布情况在制图区域内作一定的安排配置,并从制图与用图效果方面进行评价,以至不断修改完善设计方案。一般要求要有几个不同的方案做比较,经试验和征求意见后,择定一种最佳方案。

（4）图例设计要求

图例设计应遵循一些基本要求,其中最主要的是图例符号的完备与一致性,以及图例系统的科学性。

完备性主要指图例应包括图幅中所有出现的专题符号。普通地图的符号,在专题地图的图例中可以省略。图例符号的一致性,对点状、线状、面状符号有不同的含义:对点状符号是指在形状、尺寸、色彩、结构等方面与图内相应符号要保持严格的一致,而对线状、面状符号而言,情况就比较复杂,可以理解为图面与图例符号相对应图形变量的同类性。如线状符号,应选取能概括该符号完整外形特征的线划,并保持尺寸、色彩的一致;面状符号表示的专题现象分布,形状是不固定的,图例中通常以矩形的方式统一替代,但在色彩（或网纹）上与图上相同,类别一致。

图例系统的科学性表达了多种含义,主要在于能设计出专题内容的科学体系,如各要素的层次及相互关系,指标的分类、分级,转换成图例系统的顺序和位置。通常应将主要的排在前面,并明确标注出质量概念以及所代表的数值、单位。对一些复合的或多变量的图例符号,可以列成图表。在以色级表现数量差异时,要注意以等值线或等值区域制图（分级或分区）对数据系列不同的标注方式,并按惯例,从左到右或从上到下,对应的数据顺序从小到大排列。此外,图例符号的设计还应考虑艺术性、易读性以及便于制作等。

图例设计必须遵循以下基本要点:

① 图例必须完备包括地图上所有的图形和文字符号以及图表等;

② 图例中所用的各种视觉变量及文字规格必须与图面内容一一对应;

③ 图例的编排应能反映出要素的分类分级和类别结构。

（5）图例设计

由于专题地图所表示的内容及方法各不相同,所以专题图的图例设计须具有针对性。针对以上的特点,下面以单一图例、组合图例和复合图例的设计为例分别进行说明。

① 单一（标志）图例的设计　在解析类型的大量分布图中,表达质量特征（定性）的图例及表达数量特征的（定量）图例,都属单一图例,图例设计比较简单。其中表示定性特征的个体符号是图形变量固定的符号,图例设计时只需把已经设计好的图内个体符号按一定顺序罗列于图例中,并加注简单的标注即可。表示定量的符号有些是非常简单的,如点数法中只需表示一个点,并加注点值;等值线只需表示其类型,并标注数值;如果是分层设色则应表示整个系统,并对每一等值线标注其数值。

② 组合（标志）图例的设计　专题地图中有属于组合类型的大量类型图和区划图,由于进行分类时采用的是不同质量特征的组合指标,所以在进行图例设计时要综合考虑其组合

指标的各自特征。比较简单的做法是：先按单一系列单独设计，然后按其组合状况，在图例中将它们组合起来。如图15－5－1。

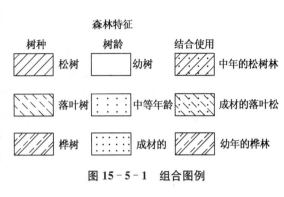

图 15－5－1　组合图例

③ 复合（标志）图例的设计　根据地图各要素进行符号分组，并按内容要素的重要性排序；各组符号又按其要素的相对意义和相对关系，按顺序配置；每组内部的符号予以合理的安排。在专题地图中有很多综合型类型的地图，如综合性的经济总图、综合性的地貌图、综合性的地震图等。

2. 制作编绘原图与图面设计

专题地图的编绘原图是指制图人员根据作者原图的质量和出版要求，应用设计的图例对作者原图进行再加工，使之符合复制成印刷原图要求的一种地图原稿。对可以作为基本资料用的作者原图，就将其全部内容转绘到地理底图上，经制图综合和统一协调等处理即制成编绘原图；对那些只能作参考资料用的作者原图，制图人员需运用其他资料，进行较多的编辑工作，才能制成编绘原图。

（三）专题地图的图面配置及整饰

专题地图不仅要有好的内容，而且还要有好的形式相配合，这主要体现在图面配置与整饰是否得当。图面配置，是指地图的主图及辅助要素在图面上的位置和大小的一种安排。即在地图上，除了要确定制图区域的位置和范围外，对图名、比例尺、附图和说明图表等也要根据新编地图的特点和要求，做出合理的配置。图面整饰，是指研究地图内容的表现形式和方法，即依据新编地图的用途和内容，通过对符号、色彩、注记及其配合的设计来显示地图内容的特点，使图面不仅具有高度的政治思想性和丰富的科学内容，而且还有美观和清晰易读的图面效果的一项设计工作。专题地图的图面配置与整饰较普通地图复杂多样，一般由地图作者根据具体情况自行设计。

1. 专题地图的图面配置

（1）图面配置的内容与形式

专题地图图面配置的内容与形式随地图内容而异，一般包括：各种统计图表、示意图、位置附图、扩大图、接补图（"飞地"或其他附图，如南海诸岛）、增感效果图、图名等辅助要素等。

（2）图面配置的要求

地图图面配置恰当，可以缩小图面尺寸，节约纸张；或在保持原来图幅大小的条件下，使地图内容更加丰富。反之，若图面配置不当或所附的内容过多，不仅容易分散读者的注意力，而且还可能降低地图的清晰度和易读性。因此须十分慎重地进行图面配置的设计，尽可能通过多次试验再定之。图面配置所涉及的条件是多方面的，既有原则性的问题，也有技术性的问题，一般应考虑以下几点：

① 在图面上不仅要详细地显示出主区，而且还要尽可能绘出四邻关系。

② 附图的大小应与地图比例尺相适应，不应该大于主图的大小。

③ 图面配置应尽可能符合纸张的规格，其标准规格为 787 mm×1092 mm，大规格为

850 mm×1168 mm。

④ 图面配置既要合乎逻辑，又要美观实用。即主图在图面上始终占主要地位，附图应处于辅助的次要地位；对地域接补的附图，配置的位置要与实地的方位协调。如美国的阿拉斯加图应配置在主图的西北角，我国的南海诸岛图应配置在主图的东南角。

⑤ 图面配置要保证地图的政治思想性。地图配置是否合宜，有时与地图的政治思想性有关，如我国南海诸岛在中国地图上往往以附图形式表示，但在中国政区图上，为了表示我国领土的完整，就不宜用附图形式(图 15-5-2)。

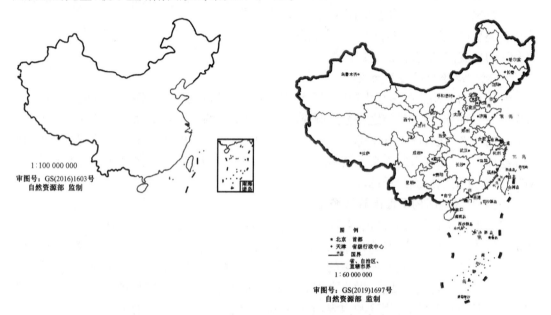

图 15-5-2　中国地图(左)与中国政区图(右)的图面配置

⑥ 图面配置要能达到减少绘图工作量和节约纸张的目的。为此，可以采取充分合理地利用图面空隙，或破图廓、方位偏斜等形式。利用图面空隙安插附图附表，不仅可以减少邻区的绘图工作量，而且又以增加信息的方式节约了纸张。破图廓，即使主图的小块区域突出图廓之外，如江苏省地图(图 15-5-3)，但破图廓不宜过多过大。方位偏斜，即将斜长的主图区域斜置于图面上，如甘肃省地图(图 15-5-4)，这样就可以使主图区在有限的幅面范围内取得较大的比例尺，以增加地图的载负量。

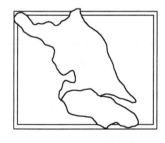

图 15-5-3　破图廓

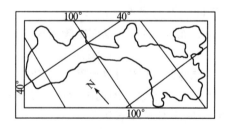

图 15-5-4　方位偏斜

　　⑦ 图名等辅助要素的配置,根据具体情况,配置在适当位置上,并进行必要的整饰,以达到清晰美观,便于阅读。一般情况下,单幅地图的图名多取扁形或长形,置于地图右上方或左上方,也可以放在图廓外正上方;图例、图表、比例尺等置于地图的左下方或右下方。系列地图或地图集的各幅地图上,则采用统一协调的图面配置形式。实际工作中,并不完全如此,主要看图幅内主图区域轮廓图形以外有无空白位置,然后再考虑如何进行图名、图例、附图、图表、比例尺和其他文字说明的配置(图 15-5-5)。

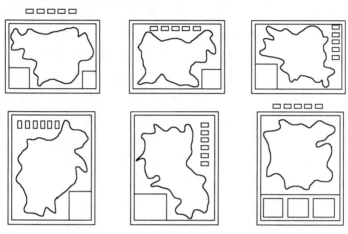

图 15-5-5　图名等辅助要素的配置

　　⑧ 图面配置的视觉平衡。

　　图面的视觉效果主要包括:整体感、等级感、数量感、质量感和立体感(深度感),在进行图面配置时,除主区外,总是利用各种附图、插图、图名和图例的尺寸、结构、颜色及摆放的位置来调整图面上的视觉平衡。所谓"视觉平衡"就是指按一定的原则布置各图形要素的位置,使整个图面看起来均衡合理。

　　影响视觉平衡的主要因素有:

　　(a) 视觉中心:读者的视觉中心与图廓的几何中心不一致,视觉平衡要求所有的图形都围绕视觉中心来配置。但由于一幅地图中有两幅或两幅以上的多单元地图,所以存在多个集合中心,则整幅图面配置的平衡要靠组成这多单元地图的各个部分去平衡它。

　　(b) 视觉重量:地图上的图形由于所处的位置,图形本身的大小、颜色、结构及其背景的影响,会给地图读者造成重量感。

　　(c) 视觉方向:读者会存在习惯的方向性,通常视线从左上方进入,然后扫视全图从右下方退出。其中进入点和退出点都是视觉上的重点,针对以上特点,制图者往往将图名置于地图左上方,将图例置于右下方。视觉方向还涉及对称问题,所以要求地图的布局要遵循这一规律。

　　在图面配置时,无论是主单元地图还是多单元地图,当地图的重心与视觉中心不一致时,应利用附图、插图、图名和图例的尺寸、结构、颜色及摆放的位置来调整图面上的视觉平衡。

　　专题地图的内容形式多样,要素构成复杂丰富,因此专题地图的配置样式也是极为多样的。但是总的原则是保证地图主题得到很好的表现,信息得到有效的传输;其次,构图要符合一般意义上的审美法则,即对称、均衡、和谐统一,所以在专题地图构图时需要主体突出、图面平衡、疏密均衡。

2. 专题地图的图面整饰

图面整饰是表达地图内容的一种重要手段。不同类型的专题地图,采用不同的整饰方法。可以自行设计几个方案,进行评比,从中择定一种清晰易读,鲜明美观的方案。图面整饰时需考虑以下几点:

(1) 图例设计的分类分级系统清楚,符号的图形和色彩具有逻辑性和象征意义,对某一现象不能同时用两种整饰方法。例如水系要素用蓝色,地貌要素用棕色,林地用绿色;寒流、水电站、最低气温用蓝色,暖流、热电站、最高气温用红色;在人口密度图上,确定以色彩深浅变化表示人口密度地域差异后,就不能再用晕线疏密表示其中某些地区的人口密度。

(2) 要注意符号和色彩在视觉感受上的影响。如道路平行线的平行关系遭破坏,等长线段在视觉上不等长;圆形填实后改变了面积对比,看上去似乎小了一些等等。

(3) 尽量采用惯用符号和标准图式,以便地图的统一协调,有助于地图的阅读和使用。

(4) 用色要层次明显,深浅得当,并注意协调对比。一般情况下,线划与符号色宜深不宜浅,面积色宜浅不宜深;面积要素的普染色,大面积的宜浅不宜深,小面积的宜深不宜浅;整个幅面设色不宜过多,以免增加印刷成本和读图的难度。

(5) 内容复杂的地图,采用多层平面表示。把说明主题的重要因素用鲜明色彩置于首层平面,将次要的要素与地理底图要素印以浅淡颜色,构成次层和底层平面,使地图内容主次分明,层次清楚。专题地图中包括专题要素和地理底图要素,两者有主次之分。在专题要素比较丰富的情况下,整个图面需要在视觉上体现出突出专题要素的效果。所谓图面"视觉层次"就是指采用图层控制等手段,使整个图面具有层次感,将需要突出的要素置于上层,其他的置于下层,从而形成若干层的视觉效果,达到专题图内容表现主次之分的目的。根据专题地图内容的构成,视觉层次包括:专题要素与底图要素间的层次差别,专题要素是地图的核心,须将其突出表现,置于底图要素层之上,从而拉开两者之间的视觉差距;不同专题要素间的层次差别,专题图内容很丰富时,也须产生层次感。各专题要素间也有主次之分;同类要素中不同等级符号间也有层次差别。

(6) 邻区的底色要比主图区浅淡,以使主图区醒目突出,图面主次分明。

(7) 专题地图的外图廓,可以由一组平行或立体的线划或花纹、图案组成,其形式力求与地图内容协调,以增强地图的艺术性。此外,旅游图以制图区域的风景名胜、历史古迹等风景画,农业图以与农业生产有关的机械、化肥、谷穗等象征图案构成图廓,均是理想的选择。图廓的宽度与图幅大小相适应,一般为某一图边长的 1.5%。

(8) 专题地图的图名应能清楚地反映地图的内容实质,常用艺术体、隶体、魏体等,图名的大小与排列视图幅的大小及形状而定。

(9) 注记是地图的语言之一,可以弥补符号的不足,要给予充分利用。注记字体要因专题内容性质而异;其大小随表达的对象而定。为使图面清晰易读,图上注记不宜过多。

(四)出版准备

经过作者原图与编绘原图的编制所得图件,在计算机环境下制作供出版用的印刷原图,然后才能转入地图制印阶段,进行大量的复制。

三、专题地图的制图综合

专题地图的制图综合与普通地图一样,受到地图的用途、比例尺、内容要素分布特点等因素的影响。

（一）专题地图制图综合特点

鉴于专题地图本身具有特殊性,与普通地图相比,其制图综合有如下一些特点:

（1）专题地图制图综合主要为横向综合,着重于现象质量和数量特征的概括。专题地图的编制不像普通地图一定要以较大比例尺的同类地图为基本资料进行缩编制图,而只要内容合适,无论什么比例尺的地图都可以用作制图资料,且又多以统计资料和文字资料为其主要资料,因此专题地图制图综合内容的侧重面和实施的场合就与普通地图不一样。普通地图的制图综合是在编绘底图上进行的,依比例尺缩小的程度而对制图现象作相应的选取和轮廓图形的概括,是一种处理纵向关系的综合方式;专题地图的制图综合却是在处理制图资料、图例设计过程中,在各制图现象之间进行的,主要体现为对制图现象进行新的分类分级、确定制图单元,是一种处理横向关系的综合方式。

（2）影响专题地图制图综合的主要因素是专题内容和表示方法的特点。实施制图综合时,要看地图的内容是单一的、合成的还是综合的;是点状的、线状的还是面状的;在时间或空间上是连续分布的、间断分布的还是离散分布的;是其数量特征,还是质量特征。内容特征不同,所择用的表示方法不尽相同。针对专题要素的不同分布特征,可供择用的有定点符号法、线状符号法、动线法、质底法、范图法、等值线法、点值法、定位图表法、分区图表法、分级比值法等多种表示方法,各种表示方法又都有其各自的制图综合方法。专题地图的制图综合,实质就是通过确定制图单元和各种表示方法的制图综合而实现的;它不像普通地图那样,制图综合主要受制于地图比例尺。

（3）专题地图制图综合程度大小随专题现象的主次而异。在制图综合的程度上,普通地图各要素的概括程度基本上相同,而专题地图则不一样,对地图的主题内容,概括程度较小,予以详细表示;对补充主题内容的次要内容,概括程度较大,图示得较概略。即使在综合性的专题地图上,各要素的概括程度也不尽一致。

（4）专题地图经制图综合,有可能引起表示方法的转换。专题内容的表示方法较多,也较灵活,有时一种内容既可以采用这种方法表示,也可以用另一种方法反映,因而在制图综合中存在着某一种表示方法向另一表示方法转换的可能性。例如,由点值法表示的棉花生产地区,经制图综合有可能转换为用范围法表示棉区。

（二）专题地图制图综合的方式

1. 资格选取

根据编图的要求,确定选取资格,以保证必要的专题内容得以表示。其资格的指标可以是现象的长度或面积、拥有的数量级,也可以是现象的政治或经济、历史文化等方面的地位。

2. 质量特征概括

通过合并现象某些相近的分类,以概括的分类代替详细的分类。例如将松树林、榆树林、竹林合并为林地;把白菜、青菜、萝卜和芹菜四种蔬菜地合并为菜地。

3. 数量特征概括

扩大现象分级的级差,减少分级,以较少的分级代替过多的分级。

4．线划图形与轮廓范围的简化

对制图现象的轮廓线形状作保留大弯曲，舍去或合并小弯曲的简化；对现象分布的范围做一些合并、删除、夸大或改变表示方法的简化。

（三）专题内容分类分级与确定制图单元

分类分级是编制专题地图的基础，依据专题内容的质量和数量特征进行分类分级的过程，实际上就是对专题内容进行制图综合的过程，在分类分级之后，拟定表示方法和设计图例。同样的专题内容，给予不同的分类分级，设计出的图例就会不一样，制出的地图就会有不同的面貌。例如植被图，在自然植被和人工栽培植被两大类的基础上，再按林种、群落与树种、草类，水旱作物与作物品种细分出二级分类表示，各类植被及其分布的空间具体化，提高了地图的科学性和实用性。分类分级工作是编好专题地图的重要环节，但分类分级也要适当，以免分得太细使图面紊乱，不便于绘图和读图。根据编图目的要求和比例尺大小，恰当地以概括的分类分级代替详细的分类分级，是实施专题内容制图综合的重要方面。

1．分类分级方法

在进行专题内容分类分级时，首先要依据地图的类型和主题确定是否采用单项指标或多项指标，并按专题内容的种类确定指标的具体内容。例如，民族或森林等一类分布图，则应采用单项指标，以民族种类或林种、树种为指标内容；农业区划图等一类类型图与区划图，则应采用多项指标分类，以自然条件与农业生产结构、经营方式、生产水平等地区差异为综合指标划分不同的农业区域。

在专题地图上，地图比例尺的大小，并不影响是否采用单项指标或多项指标进行专题内容的分类分级，而只影响到专题内容分类与分级的多少，比例尺大，分类细分级多，比例尺小，则分类粗分级少。因此在对专题内容分类分级时，可以按新编地图的比例尺确定其分类分级的多少。

2．确定制图单元

制图单元是指根据现象的特征和地图用途、比例尺等因素，对专题内容进行分类分级而确定的图示的基本单位。例如在城市环境图集中，作为研究城市污染发生系统用的大比例尺人口分布密度地图，必须明确而具体地反映出城市人口的时空分布特征，为此就拟以市民活动的具体空间——居委会、企事业单位或单位群、公共场所等为制图单元，并据此收集、统计、加工处理资料，设计图例，进行制图。一幅地图的制图单元，可以是一级，也可以是数级。上述人口图的制图单元只是一级；而在1∶400万中国土壤图上则采用两级制图单元，第一级为土类，以颜色加罗马数字代号表示，第二级为土种，在一级制图单元土类代号上辅以右下角码小代号表示。

（四）图形轮廓的概括

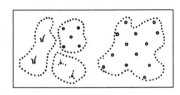

图形轮廓的概括主要表现在对图斑轮廓线形状的概括和图斑面积大小的取舍等方面。当地图由较大比例尺过渡到较小比例尺，或为突出现象轮廓的主要特征，须保留其大的弯曲，合并小的弯曲。将小片的竹林、幼林、灌木林等聚集地这种较低级的轮廓合并到高级别的林地轮廓中去，以只绘出林地的轮廓线而舍去竹林等小轮廓线（图15－5－6）。另外，把

图15－5－6　轮廓线的概括

一些如小块青菜地的性质相同小图斑合并为一块大图斑，在某些小比例尺地图上舍去一些

面积很小的图斑、夸大一些小而重要的图斑,或将一些具有特殊意义的而无法用图斑表示的现象,由质底法改为定点符号法表示,均是实现图形轮廓概括的一种手法。

(五) 专题内容各种表示方法的制图综合

1. 定点符号法的综合

定点符号法用于表示工矿企事业中心时,一方面要对其进行选取,同时还可以把几种同类企事业予以合并,如将炼铝工业、炼铜工业、炼镍工业、铅锌冶炼工业合并为有色金属冶炼工业。如果图上定点符号过分集中,不易图示,也可以采用结构或集合符号表示。对一些次要的制图现象,予以删除。定点符号法综合后,还可以转换为范围法,如在工业分布图上,沈阳及其周围地区有许多符号表示各种不同的工业,可以将其综合成范围法,形成一个总的概念,表明这一地区是一个工业区。

2. 线状符号的综合

除了简化图形外,主要表现为删除次要的、缩减分类分级、合并方向和性质相同或相邻现象,如上海至青岛、天津、大连三条航线在海上合并为一条表示。

3. 动线法的综合

表现为简化路径,将准确的路径综合成概略路径;改变表示方法,由原来用动线法表示的货物转运站改变为符号法表示;缩减分类分级;选取主要的,舍去或合并次要的;或将较多的内容合为总的概念,如在货流图上,将机械、仪器、车辆等多种货物运输合并为工业品货物运输;或舍去次要的运输线,只表示主要运输线。

4. 等值线法的综合

除简化等值线轮廓图形外,主要通过扩大等值线的数值间距值来实现,例如等高线的等高距原为 20 m,综合后改为 40 m;气候图上的等温线的间距值原为 1℃,综合后改为 2℃。

5. 质底法的综合

主要通过合并图例,以简化分类分级。如何简化,需视地图的用途、现象的繁简程度以及在图上表示的可能性。例如在农业图上把谷物和经济作物综合为农作物;将大比例尺土壤图上表示的各种砖红壤、各种赤红壤、各种红壤,统统归并为红壤这一类;将省区行政区划图上,以乡镇为制图单元改为以市或县为制图单元。

6. 范围法的综合

除简化范围界线轮廓、合并同类小范围外,主要通过现象的取舍来实现,但不完全取决于现象数量上的大小,还要考虑到现象的质量特征。例如某一油田面积虽然很大,但质量不好;而另一油田面积虽然不大,但油质却很好,综合时可以保留油质好的小面积油田。

7. 点值法的综合

主要通过点值的增大,以减少点的数量;减少点的颜色或形状,以合并类型或简化发展动态。若用于表示连续分布逐渐变化的现象,则可以将点值法改为等值线法。图 15-5-7 即表示由点值法转换为等值线法的过程:先在点值法的图上(图 15-5-7(a))画出正方形网格,统计各格中的点数,作为该格的值,并以该格的中心点代表这个数值,如图 15-5-7(b),在各点间内插出等值线,如图 15-5-7(c)。此外,点值法也可以改为范围法或分级比值法。

8. 统计图法(定位图表法、分区图表法、分级比值法)的综合

主要由缩减现象的分类分级来体现,或将较小的区划单位合并为较大的区划单位,如将原来以乡镇为区划单位的改为以市或县为区划单位。

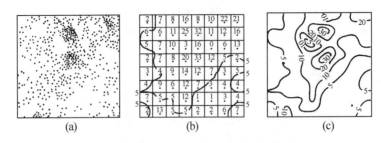

图 15 - 5 - 7　点值法转换为等值线法

值得注意的是,综合时绝不是由简单的表示方法变为详细的表示方法,不可能通过制图综合而使地图内容变得更为详细。

第六节　数字地图制图

长期以来,地图作为了解客观地理环境的手段一直是以纸质的形式被广泛应用。地图清晰易读,一目了然,在国民经济建设和军事上发挥着重要的作用,成为人类认识和利用生存环境的一种重要工具。但是,无论是测绘成图,还是编绘成图,在20世纪60年代以前均属手工制图,因成图周期过长,新出版的地图往往成了过时的地图,大大影响了地图的使用价值。现代计算机技术的产生和发展,为开辟地图制图新途径创造了有利条件。

计算机的出现,使人类社会进入了信息时代。所谓数字地图就是在计算机中存储,表示形式是一组数据,由坐标位置、属性和一定的数据结构所组成 ,通过软件处理和相关方法的应用,在计算机屏幕上和输出设备上可以再现成色彩鲜艳、符号化的地图。

与传统地图相比,数字地图具有以下特点:

(1) 灵活性:以地图数据库为后盾,不受地图的分幅和比例尺的限制,可分层、分类、分级提供使用;

(2) 选择性:所提供的内容可以检索和查询,用户可以任意组合,可以开窗、放大 、漫游;

(3) 现势性:更新形式多样,更新速度快捷;

(4) 动态性:可以连续显示不同时期的地图数据。

在地图制图学科所用技术和方法发生重大转变的过程中,有两个显著的特点被人们所公认:生产手段的变化,手工成图方式转变为数字成图方式;地图产品的多样化,数字地图以及多媒体电子地图日益增多。

国际上,自20世纪60年代起,计算机技术已经应用到地图制图领域,并经历了理论探讨、设备研制、软件开发、应用试验等阶段,到了70年代已取得明显进展,许多国家都已开展了由数字统计资料到地图、由地图资料到地图、由遥感影像到地图的自动化制图工作。目前,不少国家都已相继建立了软、硬件相结合的数字地图制图系统(图15-6-1),并进入到实用阶段。数字地图已成为现代地图学的一个重要发展方向。我国于60年代末在该领域开展研究,发展迅速,现在不仅可以用于生产,而且已达到了直接生成供印刷制版的分色胶片的程度,走在了世界的前列。

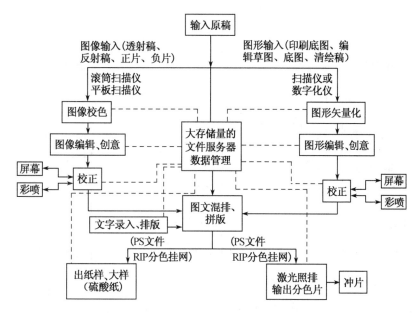

图 15-6-1　计算机地图制图系统示意图(注：虚线部分为网络连接)

一、数字地图制图基本原理

数字地图是随着计算机技术的应用而出现的一类不同于纸质地图的新型地图产品，它在计算机环境下生产、制作和应用，是以数字形式记录和存贮的地图。数字地图是对现实世界地理信息的一种抽象表达，是空间地理数据的集合。它还能够以胶片或其他方式进行输出，得到纸质地图。

数字制图(计算机数字地图制图)是指利用计算机软硬件设备，对传统的地图制图原理和方法进行模拟，从事地图的设计、编绘和印前制版等工作的一种地图生产方法。计算机地图制图是应用一系列制图设备代替手工制作地图，由计算机、图形输入输出装置等硬件设备和实现制图作业各道工序的软件组成。

众所周知，地图是由点、线、面各要素集合而成。计算机地图制图就是把地图图形上点的坐标记录下来，在计算机中模拟和再现地图模型，并对这些数字形式的图形信息进行编辑处理，然后将加工好的信息输出，完成制作地图的全过程。计算机具有高速运算、巨大存贮、快速检索和信息重复利用等特点，从而可以节省大量的人工劳动，大大缩短成图周期，提高了地图的质量，使地图更新变得方便快捷。目前数字地图制图已成为地图生产的主要方法。

计算机技术的应用，使专题地图的编制过程有了很大变化。它与传统的方法相比，虽然其编制过程仍为地图设计、地图编绘、出版准备三个阶段，但所包含的具体内容，已有明显变化。计算机专题地图编制已逐渐成为主要的编制手段，图 15-6-2 为数字地图制图生产流程。

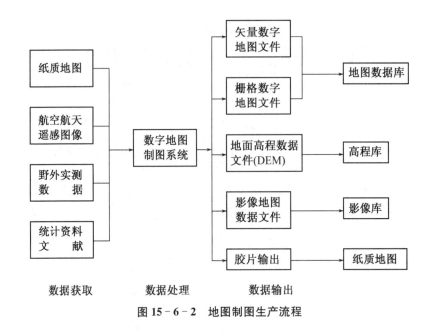

图 15 - 6 - 2 地图制图生产流程

二、数字地图制图的基本过程

(一) 地图设计

数字地图的地图设计工作与传统方法相同,主要包括资料的收集、分析评价及确定专题地图所需要的编图资料。此外,还有若干必要的编辑设计前的准备工作。数字地图制图工作者必须具备坚实的地图学基础知识、地图设计理念以及必要的计算机知识,包括地图投影、地图符号、制图综合、专题地图内容的表示方法、图例符号设计、色彩的基本知识和用色设计、图面配置设计等。

地图设计部分工作内容可由计算机辅助完成,如拟定初步设计方案进行的主图内容、表示方法、图名安排及色彩等的试验与选择,概略草图的绘制都可通过计算机显示,以便反复比较及修改,因此更能符合设计人员的设计意图。

(二) 地图编绘

编绘原图由专业人员根据编辑任务书的要求进行。由于计算机硬件设置及软件功能各有不同,使计算机编制专题地图的具体操作流程有不少差异。其工作内容主要包括各类数据的输入、处理、编辑,生成所编地图中需要的各种地图、图表文件。

目前,在计算机上地图制图过程大致分为原稿输入、编辑处理、创意编排和图形输出四个阶段。

1. 数据采集或从现有数据库中提取数据

根据地图设计的要求,收集、分析、评价和确定编图资料,选定地图投影、比例尺、地图内容、表示方法等,然后将资料图输入计算机。

在没有现有地图数据库或地图数据可用的情况下,地图数据的采集只有通过地图扫描矢量化或手扶跟踪的方法来获取。用来进行数字化作业的底图一般都要把实地最新的变化标绘上去,要保证数字化底图的质量和精度。数字化底图的质量高低、内容的新旧程度和详细程度对最终成图的质量有很大的影响。

如果是从地图数据库中或现有数据文件中抽取数据,则要根据地图生产的要求利用一定的软件来进行提取。在此过程中,矢量地图数据预处理的部分工作就必须进行,如地图数据格式转换、点位坐标的变换和纠正以及对地图数据的抽取和利用等。如果成图比例尺和地图数据库的比例尺相同,成图的内容又与地图数据库中的内容相近,地图要素制图综合的问题要小些,否则提取什么样的内容、怎样提取,取舍指标怎样控制、其他内容怎样补充都需要研究,并要进行充分的试验。

计算机只能接受以数字形式表示的信息,实施计算机地图制图必须将已获得的图形或图像资料转换成数字即数字化。数字地图的数字形式有栅格式和矢量式两种(图15-6-3)。现在通行的地图数字化方法是:首先将地图资料用图像扫描仪扫描成彩色或黑白图像文件,然后,在计算机中进行图像配准,赋予地图图像以适合的地图投影和坐标系统,再利用地图矢量化软件,进行自动、半自动和屏幕跟踪数字化。

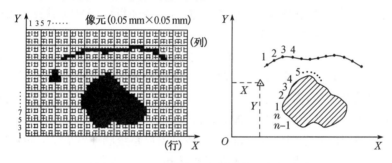

图15-6-3　地图数字化的栅格和矢量形式

2. 数字地图数据处理与编辑

编辑处理是指对地图图形数据进行编辑、加工、处理。该项工作必须在相应的计算机地图制图软件中进行。目前,国内外开发的地图制图软件系统很多,通用制图类软件有CorleDraw、Illustrator、Freehand以及图像处理软件Photoshop等,主要用于插图、宣传图片、广告的制作,也可以用来生产地图集和小幅面的地图作品。地图制图类软件有MicroStation、MapInfo、MAPGIS、方正智绘、SuperMap、AutoCAD以及在基于相关软件二次开发的一些制图系统。地图制图类软件大都提供了数字化仪采集、扫描矢量化、地理数据格式转换、地图投影变换、坐标变换、几何纠正、地图编辑、地图整饰、专题图制作和输出EPS等功能。

数字地图数据处理是数字地图生产和应用的重要环节,也是数字地图生产和应用的主要内容。数字地图数据处理可分为三类:① 预处理,指从数据获取到数据存储前的基本处理,其主要目的是消除数据错误和误差,进行数据变换,保证提供使用数据的正确性和规范性;② 符号化处理,按地图产品的制图要求将地图要素变成符号化图形所进行的各种处理;③ 应用处理,包括的内容很多,例如数据的各种量算、分析、分类、检索等。

下面以国内使用比较普遍的MapInfo系统为例,叙述计算机地图制图的基本思路和制图过程。

MapInfo系统是美国MapInfo公司于1986年研制开发的矢量型桌面地图信息系统,经过几十年的不断推陈出新,功能已相当完善。其计算机地图制图功能非常强大,尤其突出的是专题地图制图功能。

MapInfo 将地图内容要素中的图形和符号分成点、线和面三类对象,地图注记定义成文本对象。

点对象可以包括:各类控制点、测量点、高程点、点位符号、圈形符号表示的居民地等。系统记录其点位坐标和所用符号的描述信息(符号类型、颜色和大小等),同时系统还可以记录点对象的属性数据,如居民点的名称、人口、面积等。

线对象可以表达的地理实体:单线河流(有方向)、各类管线、线状符号(如双线道路、铁路、陡坎、围墙、公交线路等)等。系统记录其坐标串数据和所用线状符号的描述信息(线型、颜色和宽度等),同时系统还可以记录线对象的属性数据,如公路的名称、长度、宽度、等级、铺设材料和建设年代等。

面对象可以表达的地理实体:境界(区)、自然或人文分区、城市道路、房屋、双线河流、湖泊等。系统记录其坐标串数据和所用面状符号的描述信息(边界线的线型、颜色和宽度,区域中心点,区域内部的填充图型和颜色等),同时系统还可以记录面对象的属性数据,如湖泊的名称、面积、容量和平均深度等。

文本对象可以是一切地图注记,系统记录文本的内容、字体、字号和字色等。

计算机地图制图就是要用上述四种对象类型描绘、模拟地图的所有内容要素。到底使用何种对象来描绘和模拟,需要根据地图比例尺、内容是否需要管理和要素之间的相互关系等诸多因素来决定。需要不断积累经验,以便统筹兼顾。

MapInfo 将地图内容分图层存放,这也是所有图形系统的通常做法,并赋予图层不同的属性,以控制图层的显示与否、可否编辑和可否选择等。不同的地图要素,在地图数字化(矢量化)之时就被安排在不同的图层上。如果是接受其他系统或专用矢量化软件的现成数据(可接收 DXF 格式的数据),就要对地图内容进行重新安排。将地图内容进行分层需要预先设计分层方案,巧妙利用层与层之间的叠置关系。例如城市街道地图,可以利用在底色(街区的颜色)上叠盖绿地、河流、湖泊,街道可以用某种颜色(如白色或淡黄色)不同粗细的线对象表示,这样街区就自然而然地显现出来了。形成注记、点位符号、街道、河流、湖泊、绿地、街区、农地的分层设计和图层顺序。

MapInfo 地图以表结构的形式存放地图图形数据和属性数据,每一个图层存放一类地图要素,并可以管理其属性数据。

专题地图制图功能是 MapInfo 的一大特色。利用其管理的属性数据可以制作丰富多彩的专题地图,且即时修改设计元素(表示方法、颜色、图例、符号、分类、分级等),瞬间自动成图,真正实现了灵活、快速、高效的地图制图最高境界。专题制图的一般步骤是:数字化专题地图制图单元的地图对象(也可以用现成的地图数据文件编辑而成),录入专题数据,并与相应的地图对象链接,成为其属性数据;选择专题地图表示方法(MapInfo 提供了范围法、直方图地图、饼图地图、等级符号法、点密度法、独立值法和格网法等多种专题内容表示方法供选用);选择专题变量(即专题数据);定义专题制图参数,包括分类分级方案、颜色、符号、图例等。

3. 创意编排

创意编排包括彩色图形与图像扫描创意编排和图文图表拼版创意编排两个方面。这是编制图文合一地图与地图集的一道重要工序,亦是实现地图编辑人员艺术创意的重要手段。

拼版排版过程，实际上也是一个创意过程，表现为版面图形、图像、文字等的合理配置；色彩的搭配；字体、字号及变体字的选择与运用；适当的底纹、花边装饰等诸多方面。

通过创意处理，在背景更换、缺陷修补、边缘淡化、冗余擦除、总体校色、局部变色、扭曲变形、两图渐化、阴影消除、模糊锐化、多重叠影、任选字体、图文合一、整版输出等方面产生传统地图制图工艺意想不到的特殊效果，而获得颇具艺术性的地图作品。

在此阶段，还需运用分色软件对编辑成的地图内容进行分色处理，以便输出后得到理想的 4 色分色片。

(三) 地图出版准备

对待编地图进行整体拼装，经检查无误后，将地图以底片形式生成，即可转入制印阶段。

经组版软件将由制图软件生成的图形文件或经图像处理生成的图像文件与文字融为一体后生成 PS 文件，通过文件服务器，经光栅图像处理器 RIP（Raster Image Proceor）输出，显示在屏幕上或由绘图机和激光照排机等设备输出图形。计算机地图制图系统用彩色喷墨绘图机喷绘出彩色地图，供校对或解决用户少量用图的需要。在反复校对修改，确认无错漏后，再经文件服务器由 RIP 输出到大型高精度激光照排机输出直接用于晒制印刷版的 4 色胶片。

在地图出版方面，印刷出版向数字化、网络化方向发展，技术设备不断推陈出新。计算机直接制版（CTP）技术、网络或远程传输制版、数字化出版工作流程等技术已经相当成熟和完备，并已迅速得到应用和与推广。根据技术方法的不同，无须软片的地图电子出版系统又可以分为三个方面：

1. 计算机直接制版系统

计算机直接制版（Computer-to-Plate，CTP）是地图电子出版系统的高级形式。该系统主要特点是可将地图图文信息直接输出到印刷板材上，省略了上述系统的"输出分色胶片-晒版"的必经环节，从而提高了制图的速度和精度，降低了生产成本。

CTP 的关键技术是将图文信息直接记录到新型印刷版上，构架在 DTP（Desktop Publishing）桌面出版系统上。

2. 印刷机直接制版系统

该系统由美国 Presstek 公司研发，主要特点是：彩色组版系统的版面分色数字信息能直接输入印刷机，分别在印刷机相应的四块印版上扫描成像，采用无水印刷工艺进行"流水线式"印刷。德国海德堡公司采用此技术研制成功 GTO-DI 直接数字式电子印刷系统，它不仅省掉了输出软片、晒版工序，而且还完全淘汰了传统印版，实现了由分色制版印刷系统向全数字式自动印刷系统的跨越，其超低的制印成本，尤其适合小批量的彩色短版印刷。

3. 地图数码制印一体化系统

该系统能使彩色组版系统所产生的版面信息分四个输出头直接连接在印刷机的印刷滚筒上扫描成像，一次性完成四色版的制作与同步印刷。滚筒上原有的转印图像印刷完工后，即可清除干净，为接受下一次转印图像做好准备，如此不断往复，以此实现地图印制的完全自动化。

地图生产的电子化技术现已相当成熟，并且还在不断发展和完善。对于更加先进的印刷机直接制版系统、数码制印一体化系统，虽然技术还不成熟，目前应用也不是很多，但随着新技术的不断进步，相信今后会日益成熟和普及。

三、地图数据的处理过程

数字地图数据编辑处理是指用于地图数据修改的一类操作,如数据的删除、增加、合并、移位、替换等。地图数据编辑往往作为数字地图生产和应用中必不可少的工具,应用于数字地图制图的各个环节。

(一) 矢量数字地图数据处理与编辑

1. 预处理

(1) 图幅定向

地图扫描时地图的坐标系与扫描仪的坐标系往往不一致,图幅定向的目的就是使地图的坐标系与数字化仪或扫描仪的坐标系平行,这往往通过坐标旋转完成,关键是求出旋转角。图幅定向在数据采集前进行。

(2) 几何纠正

几何纠正是消除从底图上采集数据时,原始资料的纸质地图的伸缩变形,常用的方法有仿射变换等,用一定已知点的理论坐标数据和实际采集的相应点坐标来确定纠正底图变形。

(3) 地图投影变换

当数字化底图的投影与数据获取要求的地图投影不同时,必须进行地图投影变换。在平面直角坐标和经纬度坐标相互转换时,地图投影变换发挥着重要的作用。

(4) 地图比例尺变换

当数字化底图的投影与数据获取要求的地图投影相同而比例尺不同时,要进行比例尺变换。

(5) 数据格式变换

地图数据在获取、存贮、处理和输出的各个阶段,数据格式可能会有所不同,预处理中的格式变换主要是按数字地图产品要求提供规范化的标准格式的数据。

(6) 数据匹配

数据匹配可以在图形编辑方式下交互进行或用算法完成,常用的有结点匹配和数字接边。结点匹配是指数字化时,公共结点可能被数字化多次,得到多个不同的坐标值,而数据处理时根据自动建立拓扑关系的要求,同名点的坐标值必须相同,这时就要进行结点匹配。数字接边是指对分幅数字地图在相邻公共边上进行相同的地图要素的匹配,包括属性和坐标的匹配。

(7) 数据压缩

数字地图的数据压缩分两种:一种是信息量的压缩;另一种是存贮空间的压缩。信息量的压缩又称数据综合,是从原始数据集中抽出一个子集,在一定的精度范围内,要求这个子集所含数据量尽可能少,并尽可能近似反映原始数据信息,目的是减少存贮量,删除冗余数据,常用的方法有特征点筛选法、距离长度定值比较法,道格拉斯-普克法等。存贮空间的压缩是在信息量不变的情况下压缩存贮空间。

2. 矢量数据编辑

对矢量数据进行编辑,最常用的是人机交互的图形编辑方式。编辑的对象,可以是某个区域、某个要素层、某种类型或等级的地图要素,也可以是一个实体或一个目标。矢量数据编辑的最小对象是目标,并且可以对组成目标的属性数据、几何数据等各部分分别进行编辑。通常有删除、增加、替换、分割、合并和匹配等，它是地理信息编辑的主要功能。

（二）矢量数字地图符号化

1. 地图符号绘制方法

有了地图数据，为了进行纸质地图生产或要在屏幕上实现地图符号化显示，这时就要进行地图要素的符号化。

数字地图数据的符号化有下列三种手段：编程法、信息块法、交互设计法。

（1）编程法

将地图符号分解为基本图元，然后通过编程的方法调用绘制这些图元的函数，由图元的组合来实现地图符号的绘制。

（2）信息块法

人工的方法是将要绘制的符号离散成数字信息，用统一的结构和方法进行描述，这些描述信息存放在数据文件中，一个符号构成一个信息块。绘图时只要通过程序处理数据文件中的信息块，即可完成符号的绘制。

（3）交互设计法

在一定的图形设计软件中，有一系列的图形元素绘制工具供用户选择和使用，用户采用精确输入的方法把构成符号的各个图元按照相互之间确定的关系有机地把它们组合在一起，并选择一个定位点。绘制好的符号起个名字存放在相应的符号库中。

2. 地图符号库的建立和应用

把设计好的程序或者符号有目的地存放在一起，进行统一管理的地图符号的集合，就称为地图符号库。为了地图符号库使用的方便，在地图符号库建立的时候应对全部的地图符号进行统一编码。

地图符号库的建立要易于扩充和完善，管理要简洁高效，使用起来方便灵活。

采用编程的方法实现一幅地图的计算机绘制，其地图符号库中应包括以下几方面的内容：

（1）图元和基本图形绘制程序

各种图元绘制程序包括圆、圆弧、椭圆、多边形、线段、线串、点、实心几何图形、正多边形等，基本图形绘制程序有平行线、加粗线、虚线以及曲线光滑程序；另外，还有汉字、数字书写程序。

（2）基本计算程序

基本计算程序包括交点计算，图形旋转、缩放、平移、镜像计算，经纬度与图幅编号计算，地图投影计算，点位纠正变换，地图内容拼接以及拓扑化等。

（3）地图符号绘制程序

地图符号绘制程序包括地图数学基础绘制程序，点状符号绘制程序，线状符号绘制程序，面状符号绘制程序，图外整饰程序等。

（三）栅格数据的编辑与处理

栅格数据的编辑与处理，主要包括对像素值的修改、图像质量的改进、图像数据的变换处理等。

1. 栅格数据的基本运算

栅格数据编辑与处理中，常用的一些基本的栅格数据运算有：平移、组合、加粗、细化、二值化、填充、收缩与膨胀等。

2. 平滑去噪声

平滑去噪声是改善二值化栅格数据质量的常用方法。在扫描获取的地图栅格数据中，常见的是因扫描底图上脏污而产生的小黑斑，面目标内的小孔洞（白点），图形线划发虚产生的缝隙，图像变换时产生的裂隙，以及线划不光滑、边缘凹陷产生的小毛刺等。

3. 基于栅格数据的编辑

栅格数据的中像素的增加、删除和修改是最基本的编辑功能。基于像素的编辑可包含对一个像素、一条线段、一个多边形区域的增加和删除，但实质都是对点即每一个像素的增加和删除。修改则是改变像素的颜色（或灰度）值。二值化数据的修改意味着部分像素的删除或增加。

4. 栅格数据编辑处理的方式

栅格数据的编辑处理，一般分为批处理和人机交互两种方式。

（1）批处理

软件工具自动实现栅格数据的编辑和处理。它建立在一定的算法基础上，能够很快完成某一类操作或某一类数据的修改和误差纠正，例如消除噪声、对扫描图像进行地图投影变换或图像细化处理等，效率比较高。批处理一般是面向数据自动进行的。

当地图数据较为复杂或要处理的问题软件自动实现起来有一定困难时，此时批处理不是很有效，则需要进行人机交互以提高作业效率，例如要素识别、等高线的自动赋值等。

（2）人机交互

用以实现各种编辑功能，但交互过多会影响效率，工作量大。人机交互编辑一般只是在批处理后补充进行，用于修改遗留错误和批处理无法解决的编辑问题。

四、数字地图制图系统的软硬件

数字地图制图系统由硬件和软件两部分构成。

（一）系统硬件构成

（1）输入设备　即图数转换仪，其功能是将地图图形转换成数字。输入设备主要由扫描仪、电子扫描分色机组成。扫描仪（平台式和滚筒式）采用光电转换原理将连续调图像，转换为可供计算机处理的数字图像，实现图像信息的数字化输入；电子扫描分色机采用 PMT 作为光电接收器件，使用激光在感光材料表面曝光实现信息的记录。

（2）计算机工作站　是计算机地图制图的核心设备。数字地图制图系统对计算机的一般要求是：高速 CPU，大容量内存和硬盘，大屏幕显示器及高档显卡，以满足地图数据量大、图形显示要求高的需要。

（3）输出设备　主要包括激光打印机、喷墨打印机、数码打样机、激光照排机、直接制版机等。输出设备可完成数字印前的所有工作，可直接输出印版。

自动绘图机是数字地图制图系统中最重要设备之一。当绘图文件检查无误输入绘图机后，可以在无人管理下自动控制绘图。绘图机种类较多，如惠普 Designjet Z6100 、DesignjetT T7100（CQ101A）、佳能 iMAGePROGRAF iPF9010S、爱普生 Stylus Pro 11880C 等大幅面的滚筒绘图仪，用来喷绘单色或彩色地图，可以选用多种类型的纸张和薄膜。

激光照排机，以激光扫描输出图形，可以输出单色或彩色 4 色胶片（图 15 - 6 - 4）。计算机地图制图硬件系统多配置大型激光照排机,有外滚筒式、内滚筒式和绞盘式三类。品牌有海德堡普胜102激光照排机、克里奥450L激光照排机等。与激光照排机配套的还有光栅图像处理器RIP(Raster Image Proceor)和冲片机。RIP是用来将由排版软件生成的PS文件数据转换成照排机可以使用的数据,以驱动激光照排机工作;冲片机是接受激光照排机输出的胶片,在暗室里进行自动显影、定影、干燥,以提供可见的分色胶片,用于晒版印刷。

图15-6-4　激光照排机

数字地图制图系统是通过网络将各自独立的硬件部分连接起来的,连接各个工作站点,并配备一台大容量文件服务器、网络适配器和通讯线缆。文件服务器是用来集中存贮大容量的图像文件数据,控制文件数据的传递和调度管理输出队列;系统内所有设备均与服务器对话,服务器成为系统的生产中心和调度中心。

(二)系统软件构成

数字地图制图系统的软件:图像处理软件,图形处理软件(矢量数据采集软件、栅格数据处理软件、DEM生成软件、图形编辑与输出软件、数字地图质量检查软件、电子地图制作软件),排版软件,拼版软件(PageMaker,InDesign,QuarkXPress,FIT)等。

信息技术突飞猛进的发展,给各学科带来了机遇和挑战。地图学同其他学科一样正经历着翻天覆地的变化。纸质地图这一古老的载体形式并没有因此而消亡,反而越发重要。因为纸质地图携带方便,成本低廉,信息丰富,表现的内容经过信息加工,形象直观、一目了然,这些是其存在的基础,更重要的是人们习惯使用纸质地图,而且"固定"信息有助于人们强化记忆和理解。因此生产纸质地图仍然是地图工作者的主要任务,并将要长期存在下去,而生产方式随着信息技术的发展已从手工制图走向了数字制图。

第七节　电子地图制图

一、电子地图的概念

地图的发展始终与人类文明的进步紧密结合,从历史角度来看,地图的发展大体可分为古代地图、近代地图和现代地图三个阶段。随着人类科学技术的发展、空间认知水平的持续提高、生产需求的不断变化,地图的演进周期也变得越来越短。同时,随着信息技术的发展和人类空间活动的精细化发展,电子地图(Electronic Map)已经成为一种技术成熟和应用有效的地图产品形式。目前,对电子地图的定义众说纷纭,主要原因是电子地图与现代信息技术关系密切,两者相互融合,不断地推出新的电子地图应用形式,因此在短时间内,很难给出一个简洁、科学、明确的定义。

目前,地图学界对电子地图的概念有着不同的理解。有学者认为电子地图应该是"在电子介质上显示的地图";有学者认为由于多媒体技术的发展,计算机图像可以实时地转换为电子影像,因此显示电子地图的介质不一定是电子介质,故认为"电子地图是基于电子技术的屏幕地图"。有学者认为"电子地图是以地图数据库为基础,在屏幕上显示的一种地图"。有学者认为电子地图也称为数字地图,是地图制作的一个系统,是数字化了的地图。有学者认为数字地图是电子地图的基础,是存储方式。电子地图是地图数据的可视化产品,是数字地图的可视化表示方式。由原国家测绘局提出的《导航电子地图安全处理技术基本要求(GB 20263—2006)》认为电子地图是应用电子学和计算机技术建立起来的视屏显示地图。还有学者从狭义和广义两个角度认识电子地图:狭义上的电子地图是以数字地图为数据基础,以计算机系统为处理平台,并能在电子屏幕上实时显示的可视地图;广义上的电子地图是指屏幕地图与支持其显示的地图软件的总称,前者强调了电子地图的地图特性,后者反映了电子地图的综合特征。

对电子地图的内在特性和外在表现进行综合分析,认为电子地图具有如下基本性质:

(1)电子地图首先是一种地图,它能反映地理信息,同时具有地图的三个基本特征,即数学法则、制图综合和特定的符号系统。这就使得电子地图区别于可视化的遥感影像以及虚拟仿真图。

(2)电子地图的数据来源是数字地图,即电子地图所包含的信息以数据的形式储存在计算机磁带、硬盘、CD-ROM等介质上。这种数字地图的数据类型既可以是矢量数据,也可以是栅格数据。

(3)电子地图的数据采集、设计与使用都是在计算机平台环境下实施的。计算机系统为电子地图提供了强大的软件和硬件支持。

(4)电子地图的表达载体是屏幕。这里所说的屏幕既可以是电子介质的,比如计算机屏幕、手机屏幕、平板电脑屏幕、电视屏幕等,也可以是投影屏幕等其他形式。另外,在屏幕上显示的电子地图和纸质地图的最大区别是电子地图的显示不是固态和静止的,而是实时的、可变化的。

根据电子地图的定义和基本性质,即使电子地图的形式、范畴都可能随着技术、方法的发展而延伸,依然可以判断出新形式地图是否属于电子地图。例如,网络地图虽然是通过计算机网络实现地图数据的传输,但是它同时符合上述的四个基本特征,所以网络地图又称为网络电子地图;而直接采用数码摄像(摄影)设备拍摄的地图影像,尽管可以通过 VCD、DVD影碟机等在电视机上播放、浏览,但是缺少数字地图的数据管理和计算机平台的支持,不能在通常意义上称为电子地图。

二、电子地图的特点与功能

与传统纸质地图相比,电子地图有以下特点:

1. 可交互性

即用户和地图之间可交互。电子地图具有交互性,可实现查询、分析等功能,以辅助阅读、辅助决策等。在电子地图中,能真正实现人机交互。电子地图的数据存贮与数据显示是分离的,地图的存贮是基于一定的数据结构以数字化形式存在的,因此当数字化数据进行可视化显示时,地图用户可以对显示内容及显示方式,如色彩和符号的选择等进行干预,将制图过程与读图过程在交互中融为一体。不同的用户由于使用电子地图的目的不同,以及自己对地图内容的理解不同,在同样的电子地图系统中会得到不同的结果,即电子地图的使用更加个性化,更加满足用户个体对空间认知的需求,同时也增加了读图的趣味性。除了用户可以对地图显示进行交互探究外,电子地图的数据查询、图面量算等工具也为用户获取地图信息提供了非常灵活的交互式探究手段。

2. 无极缩放性

即用户可根据需要调整一定范围内比例尺的大小。由于纸质地图的纸张大小限制,在制作纸质地图之前需要先确定比例尺的大小,一旦比例尺确定,就不能更改了。因此,在制作大比例尺地图时,需要进行分幅处理,以保证地图内容的显示完整性。但是这样的纸质地图不易携带,看起来也费时费力。电子地图的比例尺不是固定的,是可以根据用户的需要在一定范围内任意无极缩放和开窗显示的。所选择的比例尺越小,显示的内容越粗略;比例尺越大,显示的内容越详细。由于人们的视觉能力是有限的,一旦地图内容超过这个限制,地图就会变得难以阅读,所以电子地图具有无极缩放功能的同时,还可以动态地进行地图载负量的调整,保证人的视域内所显示的地图内容保持在一定的容量,从而保证地图的易读性。

3. 表现形式的多样性

电子地图有多种表达方式。纸质地图的存贮介质只能是纸张,使得纸质地图的表现形式比较单一,多以二维平面的形式表示地图内容,三维信息的表达通常借助的是等高线、等温线等以等值线的方式在地图上标注,通过读图者对等值线不同的数值与形状在大脑中构建三维地图。当然,目前部分纸质地图尝试将三维地形通过纸张的凹陷与凸起实现地形的逼真模拟,但是由于其比例尺固定且难以携带,在教学中的可用性不强。电子地图除了直接在地图上显示等高线外,在地图数据库中还加入了 DEM 数据。这使得电子地图可以经过内部算法直接生成三维地图,甚至可以叠加矢量或栅格的地理图层,逼真的再现或模拟真实的地面状况。另外,近几年有将街景地图与矢量地图融合的趋势。

4. 资源的共享性

传统地图一般印刷在纸张上,大幅地图复制比较困难,成本也比较高,难以实现资源的快速共享。电子地图是数字化的信息,能够快速的复制并通过互联网实现数据的共享。用户可以直接打开网络地图,下载电子地图软件以及手机电子地图 APP 实现电子地图的共享。另外,在谷歌地球以及 sufer 中支持 KML 文件的导入,这意味着教师在备课时做好的地图只需要转换成 KML 格式的数据,就可以将其带到教室中,只需要在同一电子地图软件中导入,就可以实现所制作的地图的共享。

5. 动态性

纸质地图作为静态的图像,显示了某一时刻地理事物的状态以及与其他地理事物之间的联系,难以表达地理事物随着时间的变化而产生的变化。电子地图具有动态性的特点,表现在两个方面:① 时间的变化,电子地图数据库通过对不同时间地图图像的记录,可以动态的展示某一地区随着时间其城市面貌、地理环境的变化情况;② 空间的变化,电子地图可以通过放大和缩小比例尺,实时的展现用户希望得到的地理信息。

6. 易于存储和传输

电子地图作为数字化表达的地图,可以借助网络进行传输,并且在电子存储介质中存储,相较于以往的传统纸质地图,其传输地图信息需搬运绘有地图的纸张本身,且纸质地图保存需注意存放条件。电子地图在存储和传输方面具有非常优良的特性,可通过网络迅速而简单的传输,存储在电子介质中一般情况下也不会损坏,方便备份。

7. 易读性

传统纸质地图有其固有的地图主题,如地形图、交通图、景点图等,由于纸质图面篇幅有限,为了避免图中信息过于拥挤,保证地图的可读性,其涵盖的信息相对单一固定。电子地图可将不同主题的信息集成于同一图中,分层存放,待用户搜索相关内容,电子地图即调用有关图层显示相应的信息,这样就兼顾了地图信息的全面性和可读性。

8. 用户中心化服务

电子地图可以为用户量身定做服务,如驾驶过程中提供语音导航,用户无须目视获取信息;结合手机朝向旋转地图,让用户迅速辨别方向;以用户实时位置规划交通路线等。传统纸质地图是信息中心化,即不论用户的需求如何,只提供固定的信息内容,且提供方式不变。

9. 电子地图支持兴趣点(POI,Point of Interest)检索功能

通常情况下,人们想在传统的纸质地图上找寻某个地点是非常困难的,有可能想寻找的地点在某个比例尺下的地图上根本就不会显示,即便是标注了,使用起来也缺乏便捷性,需要一点点查找。电子地图有一个显著特点就是可以检索 POI,在电子地图 APP 中输入希望检索的地点,APP 就会在合适的比例尺下显示该 POI 的位置、信息等。

10. 电子地图支持路径规划及导航

通过电子地图的路径规划及导航功能,人们对于地图的使用场景有了更多的可能性。制图企业尽可能详尽地搜集、采集客观地理地貌信息,不仅采集的信息量比制作纸质地图更大,采集和制作的信息种类也有了大幅增加。以道路信息为例,除了采集道路的走向外,还需要包含道路的等级信息、车道数信息、道路类别、道路的方向、道路和道路之间的联结关系、道路上的指示标牌等。除了与导航功能最为关联的道路信息外,电子地图中还包含了诸如 POI 信息、图形图标信息、背景图信息、显示文字等,海量的与地理位置相关的数据融合在电子地图中,为电子地图的展示、检索、导航等提供了基础的支持。

三、电子地图分类

地图是按照严密的数学法则,用特定的符号系统,将地球或其他星球的空间现象,以二维或多维,静态或动态可视化形式,抽象概括,缩小模拟等手段表示在平面或球面上,科学的分析认知于交流传输事物的时空分布、数质量特征及相互关系等多方面信息的一种图形与图像。从上述关于现代地图的概念中可以得出地图的两种基本分类方式:(1) 纸质地图,以二维、静态的方式展现各种地理信息;(2) 电子地图,以多维、动态可视化形式展现各种地理信息。传统的地图分类中所提到的地图大多是以纸质地图的形式呈现,但随着计算机、遥感、航空航天等技术的发展,地图的展现形式发生了巨大变化,电子地图成为现代社会人们使用地图的最主要形式。实际上在 20 世纪末及 21 世纪初时期,就已经有学者开始讨论电子地图的分类,但是随着技术的快速发展,包括智能手机的出现,计算机技术的突飞猛进,电子地图的分类标准出现了新的变化。

对电子地图的分类主要分为基本分类与拓展分类。基本分类主要参考传统地图分类的指标,包括地图的内容、地图所展现的区域范围以及地图的功能。拓展分类是电子地图特有的分类方法,划分依据主要有数据结构、功能特征、使用方式、技术特色、时间状态等。

1. 基本分类

(1) 按内容可分为:普通电子地图、专题电子地图。

(2) 按区域划分范围可分为:自然区域电子地图、行政区域电子地图、自然行政区域混合电子地图。

(3) 按用途可分为:气象电子地图、地质电子地图、自然灾害电子地图、人口电子地图、

航空电子地图、旅游电子地图等。

2. 拓展分类

（1）按数据结构可分为：矢量电子地图、栅格电子地图、矢量栅格混合电子地图。

（2）按功能可分为：查询型电子地图、分析型电子地图、浏览型电子地图、制图型电子地图。

（3）按表现形式可分为：网络型电子地图、软件型电子地图、APP 型电子地图。

（4）按技术特色可分为：二维电子地图、三维电子地图、多媒体电子地图、虚拟现实型电子地图。

（5）按应用场景可分为：互联网地图、车载地图和手机地图。

（6）按地图能够达到的精度可分为：传统导航电子地图、高级驾驶辅助系统地图（ADAS, Advanced Driving Assistance System）和高精度地图。

（7）按数据采集方式（数据来源）可分为：商业电子地图、众源电子地图（众源街景数据与商业街景数据）。

四、电子地图的设计

电子地图是一个完整的系统，而不是简单地将地图内容照搬到显示屏幕上，电子地图系统的建立涉及保障电子地图数据流程的各个方面，如数据的获取与处理、电子地图的显示及电子地图的应用等。因此，电子地图系统设计主要包括电子地图的数据组织设计、可视化设计和功能设计等。

1. 电子地图设计的概念

一方面，电子地图的出现，让人们感到了地图的神奇变化，即地图不再固化、不再呆板，可以动态（时间维）变化，可以与读者交互，甚至可以让读者"走进"地图之中（虚拟环境）。另一方面，电子地图的出现，使地图的许多概念、规则和方法等都发生了变化，如出现了屏幕比例尺的概念，地图比例尺由固定到不固定，由不变到可变；地图色彩更加丰富多彩，地图的呈色原理由减色法变为加色法；地图制图综合由单纯的图形综合变为数据与图形的一体化综合；符号设计不仅有静态视觉变量的设计，还有动态视觉变量和听觉变量等的设计等。因此，电子地图设计与纸质地图设计相比有其独特之处。

电子地图设计也是一种创造性的智力劳动，是电子地图制图人员在制图业务准备阶段的所有构思过程的总称。电子地图设计不仅需要对电子地图的内容、图形进行设计，还要对其数据进行处理，对功能进行实现。因此，电子地图设计是"数据—图形—功能"的一体化设计。即电子地图设计是在计算机技术支持下，确定电子地图的显示内容和数据处理方法，设计电子地图内容的可视化表达方案（包括图形、文字、色彩、注记、媒介的组合等），实现电子地图使用的动态交互显示功能，使电子地图显示具有信息传输的层次性、色彩效果的协调性、图面表达的清晰性、地图内容的自适应性和操作使用的交互性。

2. 电子地图设计的特点

从电子地图的显示和制作使用特点看，电子地图与传统地图相比，在显示载体、显示方式和阅读过程等认知环境方面发生了巨大的变化，因而相应的制图方法也应随之变化。虽然电子地图设计与传统地图设计一样都离不开人脑思维，是一种创造性的智力劳动，但与传统地图设计相比，电子地图设计除了遵循内容的科学性、图面的美观性和使用的方便性等基本原则外,还要注意体现电子地图设计的一些新理念和新方法。

(1)以用户为中心的设计

电子地图设计需着重考虑用户的感受和环境的影响,强调面向使用的电子地图设计。电子地图设计的发展方向是"按需制图",即内容按需选取、比例尺按需确定、表达方案按需设计等,电子地图设计呈现出多样化、个性化的特点。

(2)数据、图形和功能一体化设计

传统地图设计主要是针对一幅地图的主区、邻区、图名、图例等图形元素进行的设计。而电子地图设计不仅需要对符号和图形元素进行设计,还要对地图的数据结构、数据模型、界面、显示方式、使用功能等进行设计。

(3)特殊符号及表示方法的设计

随着计算机制图技术和图形图像技术的发展,电子地图的符号类型和视觉变量种类迅速增加,因此,电子地图符号设计的概念、视觉变量的种类及应用规律都发生了变化。电子地图的表示方法也有较大发展,不仅有图形表示法、色彩表示法还有注记表示法和多媒体表示法;而传统地图的表示方法主要是图形表示法和色彩表示法,更无法实现对多媒体数据的表示。

第八节　遥感制图

一、遥感的基本概念

"遥感"即遥远的感知,意指通过非直接接触目标的方式,而能获取被探测目标的信息,并能通过识别与分类,了解该目标的质量、数量、空间分布及其动态变化的有关特征。

遥感技术,是指从地面到高空,对地球和天体进行观测的各种综合技术总称,由遥感平台、传感仪器、信息接收、处理、应用等部分组成。

目前,世界各国已发射了数百种遥感卫星。如我国的中巴资源卫星(CBERS-1,2)、资源系列卫星、环境系列卫星、高分系列卫星、风云系列卫星,美国的陆地卫星(Land sat)、哨兵、Terra、气象卫星(NOAA)、海洋卫星(Seasat),法国的 SPOT 卫星,日本的 MOS 卫星、JERS 卫星、ADEOS 卫星,欧空局的 ERS 卫星和印度的 IRS 卫星,各国的商用小卫星和美国商用小卫星 IKONOS 等。

遥感信息具有以下主要特点:

(1)宏观性和综合性。从航天或航空飞行器所获得的遥感图像,可真实、客观地观察到更加广阔的地域空间和地物,了解其分布特征、相互联系和规律。

(2)多波段性遥感仪器以可见光到微波的各个不同波段去探测和记录信息,远远超出了人们肉眼所能感受的波谱范围。

(3)多时相性遥感卫星以比较短的时间间隔,对地球表面进行重复探测,因此可以得到同一地区的多时相信息。

由于遥感具有上述特点,因此在自然和社会的诸多领域得到了广泛应用。

遥感制图,是指利用航天或航空遥感图像资料制作或更新地图的技术。其具体成果包括遥感影像地图和遥感专题地图。遥感影像,因现势性强,可作为新编地图的重要信息源。

用于遥感制图的影像信息源的选择应从以下方面着手:

（1）空间分辨率及制图比例尺的选择

空间分辨率即地面分辨率，指遥感仪器所能分辨的最小目标的实地尺寸，也就是指遥感图像上一个像元所对应实地范围的大小。例如 Landsat TM 的一个像元，对应的地面范围是 30 m×30 m。由于遥感制图就是利用遥感图像来提取专题制图信息，因此在选择遥感图像空间分辨率时要考虑以下两点因素：一是判读目标的最小尺寸；二是地图的成图比例尺。遥感图像的空间分辨率与地图比例尺有密切关系：空间分辨率愈高（像元对应的地面尺寸愈小）、图像可放大的倍数愈大，地图的成图比例尺也愈大。图像需要放大的倍数，应以能否继续提供更多的有用信息为标志。

（2）波谱分辨率

波谱分辨率是由传感器所使用的波段数目，也就是选择的通道数，以及波段的波长和宽度所决定。各种遥感器波谱分辨率在设计时，都是有针对性的，多波段的传感器提供了空间环境不同的信息。

（3）时间分辨率和时相的选择

时间分辨率，是指对同一地区遥感影像重复覆盖的频率。时间分辨率的变化范围从静止气象卫星的每次半小时到陆地卫星的每次几天到几周，而航空遥感飞机通常几个月一次，甚至几年一次摄影或扫描。由于遥感图像信息的时间分辨率差异很大，因此用遥感制图的方式反映某种制图对象的动态变化时，不仅要搞清这种制图对象本身变化的时间间隔或变化周期，同时还要了解有没有与之相对应的遥感信息源。

二、遥感图像预处理

根据遥感制图的任务要求，确定了遥感信息源之后，还必须对所获得的原始遥感数据进行加工处理才能进一步利用。

（一）遥感图像的纠正处理

人造卫星在飞行过程中，由于飞行姿态和飞行轨道、飞行高度的变化以及传感器本身误差的影响等，常常会引起卫星遥感图像的几何畸变。因此，把遥感数据提供给编制专题图之前，必须经过纠正处理（预处理），包括粗处理和精处理。粗处理是为消除传感器本身及外部因素的影响所引起的种种系统误差而进行的处理。精处理是为进一步提高卫星遥感图像的质量而进行的几何校正和辐射校正，以满足遥感制图的要求。

（二）遥感图像的增强处理

在进行遥感图像判读之前，要进行图像增强处理，包括光学图像增强处理和数字图像增强处理。光学图像增强处理主要是为了加大不同地物影像的密度差。常用的方法有假彩色合成、等密度分割和图像相关掩膜。其中以假彩色合成最为常用。

数字图像增强处理的主要特点是借助计算机来加大图像的密度差。常用的方法用反差增强、边缘增强、空间滤波等。数字图像增强处理的功能齐全、反应速度快、操作灵活，是目前广泛使用的一种处理方法。

三、遥感图像信息提取

经过增强处理后的遥感图像，即可进行专题信息提取，提取方法有目视判读和计算机自动识别。

（一）目视判读

用肉眼或借助简单判读仪器，运用各种判读标志，观察遥感图像的各种影像特征和差异，经过综合分析，最终提取出判读结论。

（1）常用方法有直接判定法、对比分析法和逻辑推理法。

直接判定法，是通过色调、形态、组合特征等直接判读标志，判定和识别地物。

对比分析法，是采用不同波段、不同时相的遥感图像，各种地物的波谱测试数据及其他有关的地面调查材料，进行对比分析，将原来不易区分的地物区别开来。

逻辑推理法，是专业判读人员利用专业知识和实践经验，利用地学规律进行相关分析，将潜在专题信息提取出来。

（2）工作程序包括判读前的准备工作，建立判读标志，室内判读及野外验证。

判读前的准备工作，包括搜集资料，选择和处理遥感图像，熟悉判读地区的基本情况，制订判读工作计划。建立判读标志，首先在室内对判读区的遥感图像进行总体浏览分析，确定野外对照判读的典型路线和典型地段。通过室内预判和野外对照判读，确定各种地物目标在遥感图像上的判读标志。

室内判读，在完成建立判读标志工作之后，即在开展整个制图区域遥感图像的判读工作之前，首先通过宏观分析，对制图区域形成一个总体概念，然后按判读标志，进行专题内容的识别与分析。

野外验证，在完成判读工作之后，要经过野外抽样检查、验证，确定判对率，经过核实和修改后，完成专题影像图。

（二）计算机自动识别与分类

计算机自动识别，又称模式识别，是将经过处理的遥感图像数据（如CCT磁带），根据计算机研究获得的图像特征进行处理，是利用遥感数字图像信息，由计算机进行自动识别与分类，从而提取专题信息的方法。

根据统计模式的计算机自动分类，有监督分类和非监督分类两种。

（1）监督分类：根据已知试验样本提出的特征参数建立判读函数，对各待分类点进行分类的方法。

（2）非监督分类：事先并不知道待分类点的特征，而是仅根据各待分点特征参数的统计特征，建立决策规则并进行分类的一种方法。

计算机自动识别与分类结束之后，应该采取抽样方法进行野外核实与验证，经修改后，形成分类的图形文件。

此外，常用的遥感图像分类与信息提取方法还有基于知识的方法，机器学习/深度学习方法，混合像元分解、面向对象的方法，频谱分析方法，地表各种特性参数的遥感反演等。

四、遥感图像在制图中的应用

（一）制作影像地图

1. 影像地图的特点

影像地图，指绘有地图符号和注记，纠正成正射投影的航空或卫星遥感影像反映制图对象的一种新型地图。影像是经过纠正的正射像片；符号和注记按照一定原则选用，如河流、居民地等在影像上容易识别的地物不另加符号，直接由影像来显示；地貌等高线、境界线和地物名称等影像不能显示的地物,电力线、高程点等影像过小的地物,沟渠与堤或路形状相似等难以解译的内容,则以相应的符号或注记表示。影像地图具有真实直观、立体感强、与实地直接对比性好、便于阅读,地物的平面精度高、图面信息丰富、资料来源快、现势性强、简化图式符号、减少制图工作量、成图周期短,以及节约大量外业测绘工作,改善制图人员工作条件等优点。因而影像地图对于反映地理概貌、综合调查和分析评价,进行工农业生产及自然资源调查与制图具有较大的实践意义。卫星影像地图在国际上已得到了广泛应用,其比例尺一般在 1:1 万至 1:600 万不等。

2. 影像地图种类

影像地图按其内容可以分为普通影像地图和专题影像地图两类。

(1) 普通影像地图

综合了遥感影像和地形图的特点,在影像的基础上增添了如等高线、境界线、沟渠、路、堤、高程、名称等符号和注记,依需求的不同,可以制成黑白、彩色、单波段和多波段合成的影像地图。按遥感资料性质,又可以分为航空影像地图(图 15-8-1)和卫星影像地图(图 15-8-2)两种。前者的比例尺较大,影像分辨率高,适用于工程设计、地籍管理、区域规划、城市建设以及区域地理调查研究和编制大比例尺专题地图;后者是由陆地卫星多光谱扫描仪(TM)扫描获得的 M4、M5、M6、M7 等波段的影像经纠正后编制的,属于中小比例尺影像地图,区域总体概貌清晰,有利于大范围的分析研究,适用于研究制图区域全貌、大地构造系统、区域地貌、植被分布、制定工农业总体规划,进行资源调查与专题制图等。

图 15-8-1　航空影像地图　　　　　　　　图 15-8-2　卫星影像地图

(2) 专题影像地图

以普通影像地图作基础底图编制而成,通过解译、加绘有专题要素位置、轮廓界线和少量注记制成的一种影像地图。因像片上有丰富的影像细节,专题要素又以影像作背景,两者可以相互印证,不需要编制地理底图,因而具有工效高、质量好等优点,是有发展前景的一种新型地图。

3. 影像地图制作方法

运用电子计算机编制影像地图方法:① 搜集和分析地图和遥感图像资料;② 数字化遥感图像和底图的基本地理要素;③ 计算机对图像作增强和几何校正处理;④ 匹配底图;⑤ 扫描绘图,输出得影像地图。

(二) 制作各种专题地图

利用遥感图像,采取目视和计算机方法可以编制很多专题地图,通常有:

(1) 地质图和地质构造图　利用遥感图像,通过岩石类型、地表线性特征等的识别和研究,编制地质图和地质构造图。这不仅能清楚地反映某一区域的地质构造特点,而且也为找矿提供了线索。

（2）植被类型图　用图像增强技术和数字图像处理方法自动编制植被图,既准确又详细,可以区分出十几种植被类型。

（3）土地利用和土地类型图　通过图像处理系统可以划分出 18～20 种小到 0.02 km² 的土地类型;能识别出所有一级土地利用大类,精度达 90%,10 个以上的二级土地利用类型,识别精度达 60%～90%;利用卫星像片可编制 1∶100 万到 1∶1 万比例尺土地利用图。

（4）冰雪覆盖图　在遥感图像上能直接量测和绘制冰雪覆盖范围和冰川结构类型,可以制作区域性冰雪覆盖图;与地形图配合可以绘出雪线,估算出冰雪的储水量。

（5）洪水淹没图　利用卫星遥感图像可以查明大水体的面积变化,确定洪水淹没范围,编制监视洪水变化的动态图。

（6）海洋地图　利用遥感图像可以制作河口演变、浅海、海滩、海岸动态、海流、海冰、潮汐、海洋动态、鱼群、海洋生物圈、海洋污染等多种海洋专题地图。

（7）通过遥感反演获得大气、地表、地下各种特性参数的专题地图,如大气气溶胶含量、植被净第一性生产力、地表温度、土壤湿度等专题地图。

（三）遥感图像综合系列制图

在一定的制图区域内,采用统一的遥感图像资料,通过多专业联合调查,相互引证,综合分析,结合各自专业特点,按照统一的比例尺、分类原则和制图单元编制成套的专题地图,这样,既有专业要素的特点又具备有系统的综合性,从而为各自然要素统一协调和综合制图提供了保证。地理环境信息综合系列地图,主要是通过土地基本单元即自然地理单元轮廓界线图派生出来,从而为派生各类专题地图提供了基础。例如,利用陆地卫星图像编制与农业有关的多种自然条件方面的地质图、地貌图、土壤图、土地利用图等;利用一次摄影成果编制相同主题不同比例尺的 1∶100 万、1∶50 万、1∶25 万等的土地资源图;利用不同时期摄影成果编制相同内容和比例尺的时间系列地图。

（四）修正小比例尺普通地图

遥感图像不仅覆盖面积较大,而且在时间上是连续的,因而具有能反映自然现象的动态变化和现势性的长处,有利于用来及时修正小比例尺普通地图。在自然要素方面可以修改补充水体要素、植被和栽培作物等;在社会经济要素方面可以修改变化较快的居民地、交通线等内容。利用遥感图像修编、更新普通地图上的河流、湖泊、水利工程等水系要素会有较好的效果。例如在南美沙漠和半沙漠地区,从遥感图像上发现了 320 个以往地图上未曾有过的干盐湖和咸水湖,并对现行地图上已有的 86 个咸水湖及其边界作了较大的修改,完全依据遥感图像绘出了 38 处湖泊和季节性洪水范围;在遥感图像上也发现了我国地图在西藏申扎地区遗漏了 80 km²、32 km² 和 16 km² 的三个大湖泊。因线状地物在遥感图像上分辨率较高,加拿大测绘局曾利用遥感图像修测了 1∶5 万图上的道路、输电线和海岸线。

（五）指导编图

用大比例尺航片或地形图编制较小比例尺地图。因大比例尺航片或地形图上的信息量大,难以决定取舍,利用遥感图像指导编图作业就能顺利解决这个问题。例如以往要利用 1∶2.5 万航片或地形图编 1∶25 万地形图,需要经过数次缩编,现在可利用放大到 1∶25 万的卫星图像做参考,使图上各种要素的转绘有一个宏观控制的图像标准,可以加快制图进度。

计算机辅助遥感制图的基本过程见图 15 - 8 - 3。

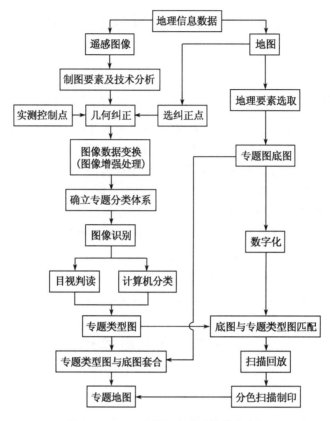

图 15 - 8 - 3　计算机遥感制图基本流程

复习思考题

1. 地图生产的基本过程一般分为哪几个阶段?
2. 叙述地图设计工作的具体内容。
3. 叙述地图制印的方法及其主要工艺程序。
4. 叙述专题地图地理底图的作用,并举例说明如何设计和编绘地理底图。
5. 对专题地图的作者原图有哪些要求? 如何制作作者原图?
6. 专题地图图例设计的重要性是什么? 如何设计图例?
7. 叙述专题地图制图综合的特点和专题内容分类分级的方法。
8. 叙述计算机地图制图的基本原理和一般过程。
9. 利用 MapInfo 软件编制中国政区图和人口密度图。
10. 叙述电子地图的定义和功能特点。
11. 叙述遥感制图的基本原理和一般过程。

第十六章　地图分析应用

导　读

　　地图以能存贮不同历史时期丰富的空间信息,成为人类认识和改造生存环境的科学手段和有力工具。应用地图可以从地理空间这一全新的角度去理解各个领域的知识,从而促进各个领域的知识创新,引导学科向纵深发展。对地学工作者来说,地图尤其不可缺少。只有学会和掌握地图的分析应用方法,才能成为一名出色的地学工作者。

　　本章首先介绍地形图的室内阅读与野外实地使用,然后针对专题地图详细叙述其评价体系,最后两节是本章的重点,主要是地形图的分析与应用以及几种新型地图的应用。

第一节　地形图阅读

一、读图目的

　　阅读地形图的目的在于详细了解区域地理环境。通过在地图上目视观测和解译,以及对某些现象的距离、方位、面积和高程等的地图量测,进而分析不同地理现象之间的相互关系,获取地图上丰富的地理信息。地图可以帮助人们延伸足迹,扩大视野。国际著名地理学家卡尔·李特尔在 1811 年就曾通过阅读以等高线绘制的欧洲地势图,成功地编写了两卷欧洲地理教科书,成为地图阅读的典范。

二、读图程序

(一) 选择地形图

　　依据特定的任务和要求,选用相应的地图,并就地图的比例尺、内容的完备性、精确性、现势性、整饰质量和图边说明的详细程度等方面分析评价地图,从中挑选出合适的地图作为阅读的材料。例如要考察区域地势特征,选用 1∶10 万或 1∶25 万地形图或更小比例尺的地形图;若要进行自然资源综合考察,摸清区域发展的有利或不利条件,并将考察成果填于图上、量取一些数据,供制定区域发展规划用,则要选用近期出版、精确可靠的 1∶5 万地形图。除此之外,还需收集区域的地形地貌、水系、人口和经济等方面的文字材料。

(二) 了解地形图图幅外注记

　　读图的一般原则是先图外后图内,先地物后地貌,先注记后符号,先主要后次要。首先读取图幅的辅助要素,包括图名图号、接图表与图外文字说明、行政区划、资料略图、比例尺与坡度尺、三北方向、图幅范围、图式图例、测图方式和时间、平面和高程坐标系等辅助要素，可以帮助我们更详细、更准确地理解地图的内容，提高读图速度。

(三) 熟悉地图坐标网

在大比例尺地形图上，绘注有地理坐标、平面直角坐标及其分度带和方里网。熟悉地图坐标网，才能正确、便捷地确定各地物的位置及其相互关系。

(四) 概略读图

在阅读地图内容前，应该先对照区域的文字介绍，概略地浏览整个地区的地形和地貌等内容，了解地理要素的一般分布规律和特征，以建立一个整体的印象。如该地区是平原还是丘陵、山地，地势高低，河网疏密，居民点疏密，交通发达与否等。

(五) 详细读图

详细读图是对区域进行深入的研究，可以分要素进行。为了显示和了解地势起伏状况，需在图内选几条剖面线，作剖面图；详细阅读各种地貌形态、水系的组成特征和植被的分布等；观察和量测地面的相对高度、河谷的宽度、山坡坡度等；读出由一观察点所能看得到的各种地形地物；研究居民地的分布、与道路的联系以及与地形的相互关系；了解其他社会经济现象及其与居民地、道路和地形的联系等。

三、读图方法

读图的基本方法是在熟悉图式符号和了解区域地理概貌之后，先分要素或分地区、顺着考察路线详细地阅读，最后理解整个区域的全部内容；同时，要运用本人已有的知识和经验，以综合的观点，分析研究各种现象之间的相互联系、相互依存、相互制约的关系，以及人与自然的相互关系，尽可能正确读出地图上隐含的各种地理特征及其现象之间的相互关系。例如研究居民地，就要研究它与地形、交通、水系的关系；研究植被时需要了解它与地形、土壤之间的内在联系。

1. 地物地貌的识别

地形图反映了地物的位置、形状、大小和地物间的相互位置关系，以及地貌的起伏形态。为了能够正确地应用地形图，必须要读懂地形图（即识图），并能根据地形图上各种符号和注记，在头脑中建立起相应的立体模型。地形图识读包括如下内容：

（1）图廓外要素的阅读 图廓外要素是指地形图内图廓之外的要素。通过图廓外要素的阅读，可以了解测图时间，从而判断地形图的新旧和适用程度，以及地形图的比例尺、坐标系统、高程系统和基本等高距，以及图幅范围和接图表等内容。

（2）图廓内要素的判读 图廓内要素是指地物、地貌符号及相关注记等。地物读图内容有：测量控制点、居民地、工矿企业建筑、独立地物、道路、管线和垣栅、水系及其附属设施、植被的分布、类别、面积、境界等。例如，铁路和公路并行，图上是以铁路中心位置绘制铁路符号，而公路符号让位，地物符号不准重叠。地貌主要根据地形图上的等高线进行判读，读图内容有地面坡度的变化、地势起伏的大体趋势、是否有山头、鞍部、山脊、山谷及其大致走向，了解该图幅范围总体地貌及某地区的特殊地貌。

2. 各要素相互关系的分析研究方法

（1）地貌与水系 流水侵蚀是地貌的成因之一。地质构造、基岩性质、地表起伏是制约水系类型和河谷形态特征的物质基础。因而从河流分布和水流方向即可以了解地貌起伏的一般规律,解译出分水岭、阶地、冲积扇等地貌的分布。同样,从地貌类型及其特征,亦可以了解河网类型、河谷发育阶段、河流的流向等特点。

(2)土地利用与土质植被、地貌、水系、居民地 土质植被是某地气候条件和土地适宜性的综合反映。地貌制约耕地的坡度及水土保持能力、可耕地块大小、肥力高低;居民地密集程度可以反映精耕或粗放、利用方式以及复种指数的大小。因此,研究土地利用时,不仅要了解和研究土质植被的分布,而且必须与地貌、水系、居民地的分布联系起来,研究它们的相互关系。

(3)植被种类及其分布对气候、土地利用、人类活动的影响。植被的种类和分布受制于气候,同时森林和田间防护林等植被又是"绿色水库",可以调节气候、改变土地利用方式、提高利用效率、改善人类生存环境;植被亦是发展区域经济的一种重要的自然资源,可以提供木材、建材、药材及其他加工的原材料;植被的枝叶、花、果等种种季相变化,成为人们研究各地不同季节的自然景观特征的重要途径;树林既是军事上瞭望和行动的障碍,又是防空、掩蔽和伏击敌人的良好掩体,突出树是军队行进、量测距离和射击方位的重要标志,水田则给军事行动带来不便。

(4)居民地与地理环境的关系。居民地的最初产生,常在防御、给水和食物供应上都是较为方便的地方。人类会选择交通便利的平原、河谷、盆地处聚居,很少建于山岭和高地。在两河汇合点、山隘和峡谷出口、港湾附近、水陆交通会合点、道路交叉点逐渐发展成大城镇;近代又在煤田、油田、水电站和矿山附近不断涌现出像大庆等一些新兴的工业城市;位于海、河、湖畔的居民地,为了避免海潮和洪水而多建于离岸地势较高处。地形图上居民地的分布状况可以反映出当地的地理环境。

(5)道路与地貌交通线所取方向与地貌关系最密切。主要交通线通常在平坦地区或循谷而行,翻山越岭时必须择其坡度最小的山隘。铁路的穿山隧道总是选在山岭两侧坡度不大、山体厚度较小之处。公路和大道翻山越岭时,为减小坡度,常以"S"或"之"字形迂回盘旋而过。因铁路和公路要求地面最大坡度分别在$1°$和$3°$以下,且无水冲淹等危害,所以在地形图上根据铁路、公路的分布就可以解译出那里的地面坡度、水患和区域经济状况等地理条件。

(6)政区界线与地貌、水系有关。在国际上,除非洲少数国家、美国与加拿大西段国界,以及美国境内一些州界依据经纬线划分外,绝大多数政区界线的走向都与地貌、水系有关。一般以山脊线、分水岭、河流、主航道线为界。根据此种规律可以分析政区界线的走向,确定其位置,以资正确区分地域的归属,便于分区进行分析研究和统计数据。

(7)人工建筑物与地貌条件、矿物及动力资源、地质构造、对外交通、学校、寺院、教堂、桥梁、道路、水井、工厂、高楼大厦、城镇等的分布都与人口的分布有关。凡是人口稠密或是平原、矿物与动力资源产地、对外联系方便的地区,此类建筑物既多又大,反之,则小而少。水电站必定建在瀑布、急流峡谷或有大量水源可以拦河筑坝的地段。军事设施贵在利用有利地形,多建于制高点处。城镇要达到6级防震标准,就要建在远离地震易发的地壳破裂地带。

(8)名胜古迹与民族、文化、历史名胜古迹的类型、风格、规模、数量等特征与当地居住的民族种类、地区开发历史的长短、经济与文化发达的程度以及政治地位等都有着密切关系。例如,藏族与汉族的寺院庙宇就有很大差别;中原和北方自古即为帝都之域,因而多皇家园林；南方苏杭一带，古代经济文化昌盛，多私家园林。

（9）地名与地理环境　地名具有民族性、区域性、历史性和科学性等多种特性，因而蕴含民族烙印、区域特色、历史痕迹和科学内涵。根据地名命名的渊源，可以分为部族地名、人物地名、区域地名、植物地名、动物地名、天候地名、土壤地名、矿物地名、物产地名、商贸地名、地形地名、方位地名、工程地名、军事地名、环境地名、神话传说地名、比喻地名等 60 余种不同类型的地名。地名以其蕴含得名时期的某种信息，可以为我们进行历史地理、自然和社会环境演变的研究提供不可多得的线索和资料。

四、整理读图成果

详细读图之后，应就下列几方面进行总结，整理成文。

（一）位置和范围

首先说明所读地图的图名图号，其次用经纬度表述研究区域的地理位置，然后说明该区所在的各级行政区划名称，空间范围的东西与南北各长多少千米，以及区内的主要地貌、水系、居民地和道路等。

（二）水系和地貌

先从水系分布和等高线图形及疏密特征，说明该区地貌的基本类型，进而详细叙述平原、丘陵、山地、河谷等每一种地貌单元的分布位置，绝对高程和相对高程，范围、走向、发育阶段、形态特征，地面倾斜的变化，各山坡的坡度、坡形和坡向，山谷的形态和宽度，地面切割密度和深度；尽可能读出地貌与地质构造的联系；对地貌起伏较复杂地区，做一些剖面图，以显示地貌起伏变化特征。对于水系，要着重说明河网类型及从属关系，水流性质，河谷的形态特征及其各组成部分的状况，河谷中有无新的堆积物，阶地与河漫滩、沼泽、河曲等的发育程度，以及它们的高程和比高等。

（三）土质植被

说明该区各种土质植被的类型、规模、数量和质量特征，地带性特点，与地貌、水系、居民地的关系，对气候和土地利用的影响等。

（四）居民地

说明该区内居民地类型、密度、分布特点，在政治、经济、交通、文化等方面的地位，以及与地貌、水系、交通和土地利用的联系。

（五）交通与通讯

说明该区交通与通信设施的类型、等级、密度，以及与地貌、水系、居民地、工矿的联系，对本区经济发展的保障程度。

（六）土地利用和厂矿

说明该区土地利用和厂矿的类型、规模、数量和分布状况，工农业和交通用地的比例，本区土地利用程度，以及与地貌、水系、居民地和气候的关系。

最后，综上所述，给该区域自然和社会经济条件作一综合性评价，并根据读图的任务和要求，提出有利和不利条件，以及利用有利条件的方式和改造不利条件所采取的措施。

第二节　实地使用地形图

一、准备工作

根据工作任务与要求,收集和选用相应比例尺的地形图;阅读和分析地图,评价其内容是否能够满足实际需要;为便于野外填图,对选定的分幅地图要拼贴和折叠,即先将邻幅图按左压右、上压下的顺序拼贴成一张,再按纵向和横向分别对折再对折的方式折叠,大小与工作包或图夹相适应;为避免遗漏,保证野外考察工作顺利进行,需用彩笔在地形图上标注出考察的路线、观察点和疑难点等。

二、地形图实地定向

在野外借助地形图从事任何一项地理考察工作,均必须使地形图与实地的空间关系保持一致,以便正确地读图和填图;这就要求在开展工作之前先要进行地形图的实地定向。其方法有下列两种:

(一) 用罗盘仪依三北方向线定向

1. 依真子午线定向

将罗盘仪置于地形图上,使其南北线(0°~180°)与地形图的东(西)内图廓线一致,然后转动地形图,使磁针指示出偏角图中所注的磁偏角值,此刻地图就与实地空间位置关系取得一致了。转动地形图的具体方法是,当磁子午线东偏时,要使地形图的北图廓一端向西转动;磁子午线若是西偏,则北图廓一端向东转动(图 16-2-1)。

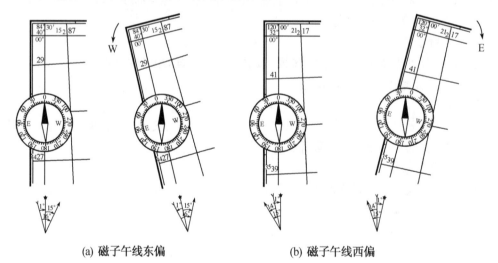

(a) 磁子午线东偏　　　　　　　　　　(b) 磁子午线西偏

图 16-2-1　依真子午线定向

2. 依磁子午线定向

将罗盘仪置于地形图上,使其南北线与地形图上的 PP′线一致,然后转动地形图,使磁针亦与 PP′线一致,此刻地形图就与实地空间位置关系取得一致了。用 PP′线定向是最便捷的一种定向方法。

3. 依坐标纵线定向

将罗盘仪置于地形图上,使其南北线与地形图上某方里网的纵线一致,然后转动地形图,使磁针指示出偏角图中所注的坐标偏角值。此刻地形图就与实地空间位置关系取得一致了。转动地形图时要参照磁子午线是在坐标纵线东边还是西边,其操作方法与依真子午线定向的相同。

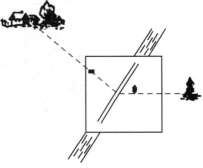

(二) 依据地物定向

在野外,在实地两个不同方向上分别找出一个与地形图上地物符号相对应的明显地物,如桥梁、村舍、道口、河湾、山头、控制点上的觇标等,然后在站立点上转动地形图,使视线通过图上符号瞄准实地相应地物,当两个方向上都瞄准好时,地形图就与实地空间位置关系取得一致了(图 16-2-2)。依地物定向,是野外工作中实施地形图定向的主要方法,只有在无明显地物可参照时才使用罗盘仪定向。

图 16-2-2　依地物定向

三、确定站立点在地形图上的位置

在野外考察中,须随时确定站立的地点在地形图上的位置,这是实地观察前首先要做的事。其方法有依地貌、地物定点和用后方交会法定点两种。

(一) 依地貌地物定点

在实地考察时,根据自己所站地点的地貌特征点或附近明显地物,对照地形图上的等高线图形或与相应地物的位置关系,确定站立地点在地形图上的位置。如图 16-2-3,考察者站立在一平缓山梁的分水岭上,位于两侧大冲沟连线的南侧,据此在地形图上依等高线图形和地貌符号判定出站立点的位置。图 16-2-4,考察者立于小河北岸、村舍正右方,左距公路150 m远处,依此方位关系,判定站立地点的位置。

图 16-2-3　依地貌确定站立点

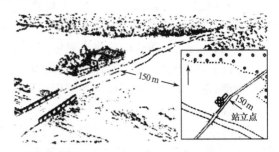

图 16-2-4　依地物确定站立点

(二) 后方交会法定点

当在站立地点附近没有明显地貌或地物时,多采用后方交会法,即依靠较远处的明显地貌或地物来确定站立点的位置。其做法是,考察者站在未知点上,用三棱尺等照准器的直尺边靠在地形图上两三个已知点上,分别向远方相应地貌或地物点瞄准,并绘出瞄准的方向线,其交点即为考察者站立的地点(图 16-2-5)。

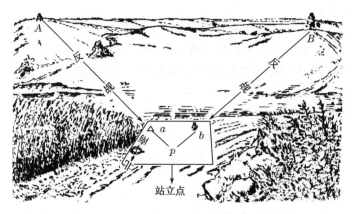

图 16 - 2 - 5　后方交会法确定站立点

四、实地对照读图

在确定站立点在地形图上的位置和实施地形图定向之后,便可以与实地对照读图。通常以联合运用从图到实地和由实地到图两种方式进行,即先根据地形图上站立点周围的地貌和地物符号与实地对照,找出实地上相应的地貌和地物,再将在这些实体附近看到的其他地貌或地物,在地形图上找出它们的符号和位置;如此往复地对照读图,直至读完全图内容。此间要对地貌和地物的类型、形态特征及其相互关系等方面进行仔细观察和分析研究。与实地对照读图,一般采用目估法测其方位、距离及地貌地物间的位置关系。为避免遗漏,须遵循从左到右、由近及远、先主后次、分要素逐一读取的原则。实地对照读图,要特别注意观察现场与地形图不一致的地方。

五、野外填图

野外填图是地理考察工作的一个重要组成部分。其主要目的是给地理考察成果予以确切的空间位置和形态特征,以保证考察成果具有实际价值,这是任何文字记述所不可比拟、无法替代的。另外,填图的成果亦是供室内分析研究和编制考察成果图的基础资料。

填图前,应根据地理考察任务,收集和阅读考察地区的有关资料,初步确定填图对象的主要类型,备一本图式或拟订一些图例符号,选择填图路线,准备好罗盘仪、三棱尺和铅笔等填图工具。

填图过程中,应该经常注意沿途的方位物,随时确定站立点在地形图上的位置和地形图的定向。站立地点应该尽量选择在视野开阔的制高点上,以便观测到更大范围内的填图对象,洞察其分布规律,依其与附近其他地貌、地物的空间结构关系,确定其分布位置或范围界线;对于地形图上没有轮廓图形或无法以空间结构关系定点定线的填图对象,需要用罗盘仪或目估法确定其方位,用目估或步长法确定其距离或长度。根据经验公式,一个人正常步伐的步长等于身高的 $1/4$ 加 $0.37\,\mathrm{m}$。目估距离时,可以参照一些地物间的固定距离或视觉极限效果的距离,例如通讯电线杆间距 $50\,\mathrm{m}$,高压电线杆间距 $100\,\mathrm{m}$;人的眼睛、鼻子和手指的清晰可辨最大距离为 $100\,\mathrm{m}$,衣服纽扣的可辨最大距离为 $150\,\mathrm{m}$,面部、头颈、肩部轮廓的可辨最大距离为 $200\,\mathrm{m}$,两足运动的清晰可见最大距离为 $700\,\mathrm{m}$,步兵与骑兵的可辨最大距离为 1 000 m,向军队远望(如黑色人群)的最大距离为 1 500 m;另外,还要注意光线明暗和位置高低对目估距离的影响,如在颜色鲜明的晴朗天气,由低处向高处观测,易将成群的目标估计得偏近;而在昏暗的雾天,由高处向低处观测,易将微小目标估计得偏远。目估误差的大小,各人不一,需要通过实地多次测试验证,求出个人习惯的偏值常数,目估时给予改正,即可以求得较准确的距离。获得观测数据后,按填图的比例尺在地图上标出填图对象的位置或范围界线,并填绘以相应的图例符号,回到室内进行整理。

第三节　地图评价

地图评价,是对地图质量优劣的评定。通过对地图的评价,可以掌握地图对用途的满足程度,以便正确有效地使用地图。因此,评价地图就成为使用地图的开端。地图类型不同或使用地图的目的不同,评价地图的标准也就不一样,通常从地图的政治思想性、科学性和艺术性等方面来评价地图。地图生产过程中形成的各种技术档案,如编图大纲或编辑计划、图历簿、制图技术总结、成果鉴定证书等,是分析评价地图质量的关键资料,但是这类资料往往是不易得到的。所以常常采用比较法,与制图区域近期出版的,比例尺相同或接近的其他有关地图就其主要内容逐项进行比较,从对比中见高下,最后做出综合评价。

一、地图的政治思想性

地图的政治思想性主要体现在处理疆域界线、行政区划、经济与军事机密、地名等方面所表现出的政治立场和政治倾向,这在政区地图、军事地图、社会经济地图上显得尤为突出。疆域界线牵涉到国家或地区的领土主权,稍有出入,必将引起国际纠纷,直至导致战争;行政区划界线亦是各行政区权益的象征,同样需要正确绘制;经济与军事机密的事物涉及国家和民族利益,是不可以在公开版地图上出现的;地名具有鲜明的政治性和民族性,处理地名问题必须遵循"名从主人"的原则,处理疆域边界附近和民族地区的地名要持严肃认真态度,绝不可以使用异国人命名的地名和改变民族语地名,以维护领土主权、民族尊严和民族团结。殖民主义者不仅肆意改变一些国家或地区的边界,而且到处更改地名;为清除殖民统治的痕迹,在地图上不可以用殖民主义者制造的边界线作为疆域界线,切忌注上带有殖民色彩的地名。评价地图的政治思想性时,需要从上述几个方面仔细读图和分析评价。

二、地图的科学性

地图的科学性指地图在数学精度与地理精度方面所达到的水平。地图的主题和用途不同,对其数学精度和地理精度的要求不尽相同,因此对地图科学性的评价,应该从各种地图的特定主题和用途出发,恰当地予以评价。

地图数学精度:主要表现在地图投影选用是否合适,地物点位几何精度误差的大小等方面。因此,对地图数学精度的评价,首先要分析其所选用的地图投影是否符合地图内容和用途的要求;并根据所用地图投影的投影方式和变形分布规律分析地图投影对地图几何精度的影响。其次是分析地图的几何精度,这要考虑地图所采用的比例尺大小对地图生产过程中规定展绘坐标网、控制点、图廓,转绘地图要素,制图综合,清绘,制印等各个环节精度允许误差的大小;通过对地图的图廓边长和部分控制点间距离的量算,并与其理论值比较,以评定其几何精度。另外,还要考虑地图编图资料几何精度的影响,可以根据资料配置略图来分析评价地图各部分的几何精度。最后根据上述各项分析结果,给予综合评价。

地图地理精度:主要包括地图内容的完备性、地理适应性、现势性、统一协调性和实用性等。

地图内容完备性指地图内容要素的种类及其上图数量的多少,对它们数量质量特征的表达,满足制图目的、地图比例尺和地图用途要求的程度,以及对制图区域有关制图信息的利用程度。凡是制图区域内该表示的地图内容各要素都得到了表示,且在数量和质量特征的显示上又达到了制图目的、地图比例尺和用途要求的,充分利用了制图区域有关制图信息的,其内容就认为是完备的;对其中某一方面的要求未能满足的地图,则不能认为它的内容是完备的。不同比例尺、不同种类、不同用途的地图,以及即使比例尺相同、种类相同、用途相同而制图区域地理环境不同的地图,衡量其内容完备程度的指标是不可能相同的。所以在评价地图内容完备性时,不仅要从上述这些方面去分析,而且更应该予以区别对待。另外,如果是系列地图或地图集,则要分析它是否包括了反映构成系列或图集所要求的有关要素的基本图幅或选题。

地图地理适应性:也称地理精确性、可靠性。即通过制图工艺处理所塑造出来的地理模型与其实地空间的相似程度。凡能正确体现制图区域地理环境空间结构特征,各种地貌、地物相关位置正确的地图,其地理适应性是好的;若歪曲了制图区域地理环境空间结构特征,地貌、地物有串位现象的地图,则它的地理适应性就差,甚至完全失去了地理适应性,这样的地图是没有使用价值的。但是对在成图之后,由于人类活动或自然因素使制图区域地理环境产生某种变化,或出现一些新的事物和现象,则应该另作别论。评价地图的地理适应性,通常采用阅读和研究制图区域有关地理文献、解译航卫像片等途径来获取制图区域的地理概念;深入实地考察也是一种好方法,但要看客观条件是否允许。

地图现势性:指地图内容表现出的最新程度。衡量地图的现势性,首先要了解制图使用资料的截止日期,并从资料配置略图上了解各部分所用资料的新旧程度。然后阅读制图区域最新版其他各种地图、航卫像片、有关统计资料和考察报告等,分析地图是否利用了制图区域各种最新资料,是否反映了各项地理要素的最新变化。人类社会和自然界总是不断变化的,新事物不断涌现,加之地图有一定的生产周期,致使地图内容难免具有一定的滞后性。任何一幅地图,自问世之时起,其内容就已经不是全新的了。地图内容的“陈旧”程度与地图内容要素的种类及制图区域经济开发程度有密切关系。一般自然要素变化小,使地图陈旧得较慢,社会经济要素变化快,则加快了地图的陈旧速度。由此可见,经济发达地区较经济欠发达或未开发地区,地图容易陈旧。因此,评价地图的现势性也要综合考虑多方面因素,给予科学评价。

地图统一协调性:指一幅地图内各要素之间相互依存、相互制约、相互联系关系的合理表现;多幅地图的各部分地图之间与地图集中各相关地图之间,在其底图内容与表示的详细程度和形式、地图内容制图综合程度、图例符号形式、相关内容轮廓界线、图面配置和整饰规格等方面表现出的协调一致性。在评价地图的统一协调性时,就要从上述诸方面分析是否存在着矛盾和分歧,以及处理得未尽合理的情况。

三、地图的艺术性

地图的艺术性，是指由表示地图内容的符号、注记和图面配置等整饰的综合效应而显示出的一种表达力和精美的艺术效果。评价地图的艺术性，重点是分析地图内容的表示方法、符号与注记设计的科学性、清晰易读性和图面配置的合理性。首先是从地图的用途与制图对象的特点来分析所用的表示方法是否合适，能否较好地反映制图对象的分布规律；其次分析图上所用符号的图形、大小和颜色以及注记设计的系统性和科学性，是否具有较好的直观性、逻辑性、易读易记，图面层次是否分明，主要内容是否突出于首层平面，线划与符号、注记在图面上所占总面积是否达到或超过 12% 这一适度载负量的指标；再则，依据地图比例尺、制图区域形状和纸张尺寸等情况，分析地图的主图、附图、附表、图例、图名、比例尺和图廓外的说明资料等配置的合理性，是否均衡和适当，图幅的有效面积是否得到充分利用，并达到既减轻绘图工作量，又增加地图信息的效果；最后，分析评价地图图型设计的总体效果，即分析地图的科学内容与表示方法、地图的科学性与艺术性是否得到很好地结合，设计的地图图型能否达到充分反映制图对象空间结构特征，给读者以明快的视觉感受和深刻印象等效果。

第四节　地图分析

地图分析，是指采用一定方法来认识和分析研究运用地图语言再现的空间地理模型，以提取所需要的有关地图信息，解决现实问题的一种手段或方法。它不同于以评价地图为目的而进行的分析。现代地图分析的方法有多种，主要有地图目视分析法、地图量算分析法、地图图解分析法、地图数理统计分析法、地图数学模式分析法等。

一、地图目视分析法

地图目视分析法，是读者用肉眼观察地图，借视觉感受与思维活动的配合获取地图信息的一种地图分析方法。再现空间地理模型的地图语言，是一种视觉语言，因而地图用户可以采用视觉感受和思维活动相结合的方法阅读地图，以获取有关制图对象的空间结构特征和时间系列变化的信息。目视分析着重于现象质量特征的分析，但也可以粗略确定现象的数量特征。例如居民地、湖泊、山体等各种制图对象轮廓界线的形状，森林、农作物等多种现象空间分布范围的大小、疏密程度及水平地带或垂直地带的分布规律，植被类型、土壤类型、气候类型等各种自然现象之间以及人与自然环境之间的相互依存、相互制约和相互联系的关系，政区形势变化、气候变迁、动物迁移、河床改道、湖泊消长、海岸进退等动态变化。

实施目视分析，常用单项分析、综合分析、叠置分析三种方法。单项分析法亦称演绎法，即按地图内容的各单项要素单项指标，逐一分析研究它们的空间结构、分布规律和质量数量等特征。例如在地形图上利用等高线图形特征判断地面点间的通视情况、识别基本地貌形态等。综合分析法又称归纳法，即将地图内容的多项要素多项指标综合在一起进行系统分析，以获取它们相互依存和相互制约的联系，以及发展动态。综合分析可以针对某一幅地图，也可以针对系列地图或地图集所反映的各种要素进行；通过系统的分析研究，可以对制图区域自然综合体或经济综合体的结构和体系，以及总体特征得到全面系统的认识。例如在某地《耕地及作物构成比率图》上，通过对各区划单位耕地的比重、作物构成种类及其所占比率的大小、地理底图要素的综合系统分析研究,就可以得出各区划单位发展农业生产的自然地理条件及社会经济状况的差异及其根源。叠置分析法,即将同一地区几种有关的地图按照相应的数学或地理基础叠置在一起,进行比较,分析相关要素轮廓线的重合程度或变异状况。例如,从叠置的植被与土壤图上,不难看出它们轮廓界线的吻合程度。

二、地图量算分析法

地图量算,是指通过在地图上对有关要素的量测和计算,以获取其数量特征的一种方法。地图量算,可以使地理研究由描述性的定性研究变为更为科学的定量研究。可以利用多种方法从地图上获取地理要素的数量特征,有方向(角度)、坐标、高度(深度)、坡度、长度(距离)、面积、体积、密度、梯度和强度等。例如从地图上可以量算出任一地面点的高程和平面坐标,任一方向线的方位角,海岸线、河流和道路的长度,任意两地面点间的距离,政区、海域、湖泊、水库、森林、耕地、草场等的面积,湖泊、水库的容积,山丘的体积,地面的倾斜坡度、切割密度,水系、道路网和居民地分布密度,森林和绿地的覆盖率等等。

(一) 影响地图量算精度的因素

地图量算的精度受多种因素的影响,其中主要受地图的精度、量测的仪器和方法、地图投影性质和图纸变形等影响。

1. 地图精度的影响

编制地图,总要建立数学基础和转绘地图内容要素,其中展绘坐标网、控制点和图廓点,以及转绘地图内容的对点拼贴,均有 $0.1\sim0.2$ mm 的点位允许误差;在制图综合中由于对地理要素数量、质量和轮廓图形特征实施的取舍和概括,以及在要素密集地段对次要要素移位等,都会使地物在位置、长度、面积、体积等方面产生一定程度的变化。另外,地图的现势性对地图量算精度的影响也是不容忽视的因素。因此,为保证量算的精度,应尽量选用较大比例尺和最新版本的地图进行量算。

2. 量测仪器和方法的影响

采用不同的量测仪器和技术方法,其结果往往是不同的。用平面直角坐标计算两地面点间距离,因不受地图投影和图纸变形的影响,其结果较在地图上直接量测精确得多;量算面积,用权重法、平行线法比用方格法精度高;用精密的金属直尺又比用普通直尺或分规量测距离或长度精度高。

3. 地图投影的影响

地图投影的性质和方式不同,其长度、面积和角度变形的大小和分布规律致使在地图上不同部位或方向上量测的结果不一样。在等角投影地图上量测方向精确可靠,各个方向上的长度变形相等。在等积投影地图上量测面积可以得到精确的数值,但各个方向上的长度变形不等。在墨卡托投影地图的赤道上量长度和面积可以得到准确数值。在等角割圆锥投影的1:100万地形图上,标准纬线附近长度和面积变形较小,离开标准纬线越远,其变形的绝对值越大。在高斯-克吕格投影的大中比例尺地形图上无角度变形,其长度和面积最大变形在投影带边缘。在地图上量算时,根据量算任务的要求,选用合适的地图投影是极为重要的。

4. 图纸变形的影响

用于量测的地图图纸的新旧、扭曲、褶皱等均会使图面本身的长度、面积和地物间相互关系产生某种程度的变化,从而使量算的结果与实地不符。一般,新版地图的图纸伸缩变化较小;顺纸纹方向上的伸缩变形较小;在不同温度与湿度条件下,图纸伸缩变形亦会有所变化。因此,量算作业应在最新出版的平整的地图上,并考虑图纸变形因素。

(二)量测地面点的高程

地势的高低影响气候变化、土壤发育、植被生长、地表物质的风化堆积等演变,因此地面点的高程成为地理研究中用于相关分析的一项重要因素。地学工作者应善于运用地形图测定地面点高程。

如果点位不在等高线上,则可按内插求得。如图16-4-1突出树所在的 F 点。F 点位于 160 m 和 170 m 两条等高线之间,这时可通过 F 点作一条大致垂直于两条等高线切线方向的直线,分别交等高线于 a、b 两点,在图上量取 $ab=10$ mm,$aF=4$ mm,又已知等高距为 $h=10$ m,再根据坡度一定时,等高线平距与高差成正比例关系,则 F 点相对于 a 点的高差 h_{aF} 可按下式计算:

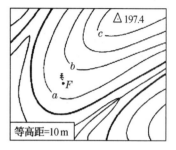

图 16-4-1　量测高程

$$H_F = H_a + h_{aF} = H_a + \frac{aF}{ab}h = 160 + \frac{4}{10} \times 10 = 164(\text{m})$$

通常根据等高线用目估法按比例推算图上点的高程。

要测定两地面点的高差,则须按上述方法先求出两地面点的高程,再求其高差。

(三)量测地面点的坐标

量测了地面点的高程,仅解决确定三维空间的地面点位置的一维,因而仍未能确定其空间位置;而且,只有求出地面点在平面上的纵向和横向坐标值,才便于确定和记述考察地区地面点的方位及距离。掌握测定地面点坐标的方法,亦是地学工作者不可缺少的一项基本技能。确定地面点平面位置的方法有平面直角坐标和地理坐标两种。

1. 测定平面直角坐标

根据地形图上的方里网及其注记,确定待测点所在方里网格西南角点 a 的坐标值 X_a 和 Y_a;过待测点 P 作平行于方里网纵线和横线的直线,交方里网西、南两边分别为 b、c 两点(图16-4-2);用分规截取方里网西边、南边,以及 ab、ac 长度,分别移至地形图的直线比例尺上读距,得待测点 P 在此方里网内的坐标增量 ΔX 和 ΔY;若图纸已有变形,则需按图纸变形影响坐标增量计算公式:

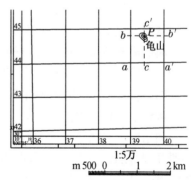

$$\Delta X(\text{或 } \Delta Y) = \frac{L}{l} \cdot l' \qquad (16-4-1)$$

图 16-4-2　测定地面平面直角坐标

式中:L 为方里网边线的理论长度;l 为图上量得的方里网边线实际长度;l' 为相应截取的增量边线长度;最后按下式得待测点 P 的坐标值:

$$X_P = X_a + \Delta X \qquad X_P = Y_a + \Delta Y \qquad (16-4-2)$$

2. 测定地理坐标

解析法测定地理坐标,首先分别连接待测点 P 所邻地形图图廓中对应的经度分度带和纬度分度带,构成经纬网格;根据地形图图角点经纬度注记,确定待测点 P 所在经纬网格西南角点 A 的坐标 λ_a 和 φ_a;因大比例尺地形图上的经纬线近于直线,故可以过 P 作平行于经线边和纬线边的直线,交经纬网格西、南两边分别于 b、c 两点(图 16 - 4 - 3);若在中小比例尺地形图上,则应过 P 作经线和纬线的垂直线;用直尺或分规量取该经纬网西边、南边及 ab、ac 长度;若图纸已有变形,则须引进图纸变形影响坐标增量计算公式,计算量取的长度;依相似形的比例关系和经纬网格每边相当于 $1'$(即 $60''$)经线或纬线长,计算待测

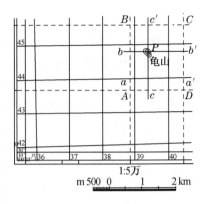

图 16 - 4 - 3　测定地面点地理坐标

点 P 在此经纬网格内的坐标增量 $\Delta\lambda$ 和 $\Delta\varphi$;最后按下式求得待测点 P 的地理坐标值:

$$\lambda_P = \lambda_a + \Delta\lambda \qquad \varphi_P = \varphi_a + \Delta\varphi \qquad (16 - 4 - 3)$$

(四) 量测地面坡度

地面起伏变化是地表形态的基本特征。有起伏就有坡面,坡面是构成各种地貌单元的基本要素。因起伏有大有小,坡面就有陡缓之分。在地球内外引力作用下,坡面又表现出上下倾斜角度大小几乎相等的均匀坡或直线坡、上缓下陡的凸形坡、上陡下缓的凹形坡和陡缓相间出现的阶状坡。坡面陡缓的程度称为坡度,以倾斜角(α)或两地间高差 h 与水平距离 D 之比的百分率(i)表示,分别由下式求得:

$$\tan\alpha = \frac{h}{D} \qquad (16 - 4 - 4)$$

或

$$i = \frac{h}{D} \cdot 100\% \qquad (16 - 4 - 5)$$

坡度可以促成自然景观分异。在农田水利、道路、工矿、城镇建设和国土整治等改造自然方面坡度起着很大作用。自然界以坡度影响人类生息,人类利用坡度改造自然。地学工作者活动的主要舞台恐怕就是不同坡度的坡面。因此,地学工作者要善于借助等高线性质及其图形特征,认识坡面,测定坡度,利用坡度。

测定地面坡度的工具是坡度尺。一般地形图的南图廓外均附有坡度尺。

利用坡度尺测定地面坡度是根据等高距为一常数时,有一个定值 D 必有一个对应值 α 的原理进行的。鉴于方向不同,地面起伏大小不一,坡度不尽相同,测定地面坡度通常是指测定地面沿某一方向线的坡度。因此测定地面坡度首先要根据测定坡度的目的和要求做出某一方向的地势剖面线;按等高线疏密程度划分若干地段分别量测,如图 16 - 4 - 4(a)分 5 段进行;用分规沿剖面线截取所测地段相邻两至六条等高线间的水平距离,移至坡度尺上,使分规一只脚尖落在坡度尺水平基线上,并前后徐徐移动,以使另一只脚尖在垂直于水平基线的方向上恰好落在坡度尺的某一平滑曲线上;若是量相邻两条等高线间的地面坡度,则应落在第一条平滑曲线上,量相邻三条等高线间的地面坡度,则应落在第二条平滑曲线上,量相邻六条等高线间的地面坡度,则应落在第五条平滑曲线上;当分规两只脚尖落在恰当位置

后,依据落在水平基线上的那一只脚尖所示的 α 值读取坡度数值,如图 16 - 4 - 4(b)所示,分规脚尖正好落在注 2°的分划线上,则地面坡度为 2°,倘若落在 2°与3°分划线之间,则用目估法确定分规脚尖左右两侧各占的比例,如果是左 7 右 3,则地面坡度为 2.7°。

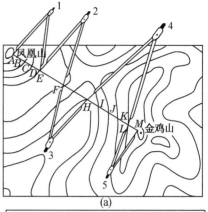

（五）量测长度

地面物体的长短或距离的远近,是分析研究和记述地物性状的因素之一;确定地物的长度或距离亦为地学工作中不可缺少的一项工作。

地物的长度或两点间距离,有呈水平直线、倾斜直线和曲线等几种不同情况,因而量测方法不尽相同。现分别介绍如下:

1. 直线长度的量测

在地形图上量取直线长度的方法主要有用直角坐标计算水平距离、直尺或三角板量取水平距离、分规量取距离等。

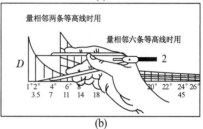

图 16 - 4 - 4　利用坡度尺量测坡度

用直角坐标计算水平距离:首先在地形图上用依方里网求地面点坐标的方法,求出待测距离的两端点直角坐标;然后将求出的坐标值 X_a、Y_a 和 X_b、Y_b 代入下式:

$$D_{ab} = \sqrt{(X_b - X_a)^2 + (Y_b - Y_a)^2} \qquad (16 - 4 - 6)$$

即可求得实地距离,而无须顾及地图比例尺的大小。此法适用于量算跨图幅的较长直线距离。

对于求地面倾斜直线长度,可先用依等高线测定地面点高程的方法求出斜坡直线两端点的高差 h,再用上述任一方法求出这一两点间水平距离 D,然后用下式求出斜坡的长度 d。

$$d = \sqrt{h^2 + D^2} \qquad (16 - 4 - 7)$$

2. 曲线长度的量测

地图上表现为曲线的要素甚多,如道路、堤、河流、湖泊和海洋的岸线、各种境界线等,国家统计部门和科研生产单位都需要掌握这些地理要素长度的数据及其变化情况,地学工作者在地理研究中也经常需要量测这些数据。

在实地,表现为曲线的地物轮廓线的曲折程度不尽相同,因而在地图上量取其长度,也必须根据不同特点采用不同的量测方法。

传统的量算方法主要有近似折线段长度累加法、曲线量测仪、弹簧两脚规或分规量算法等。在计算机和数字地图软件支持条件下,可直接调用相应的算法模块实现量测。

对于弯曲较平缓曲线的量测,可以作近似折线量算以尽量小的矢径结合曲线方向变化特征点,将弯曲较平缓的曲线划分成若干段,并标出曲线方向变化特征点,连成折线;然后,用量测直线长度的方法量取各折线段的长度,累加即得该曲线的近似长度。对于多急剧小弯曲曲线的量测,可以利用弹簧两脚规或分规进行量测。

（六）量测面积

地学工作者在从事地理综合考察或区域开发规划与管理工作中,经常需要诸如政区、地籍土地、风景区、流域、水域、山地、丘陵、耕地、荒地、草场、林地等面积数据;这些数据除少数可以在野外测得外,绝大多数只有在地图上才能量得出来。在地图上量测面积的方法颇多,可归纳为图解法和计算法等。

1. 图解法

（1）几何图形法

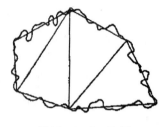

在地图上,将量测的图形划分成若干简单几何图形,如三角形、矩形、梯形等(图16-4-5),用相应的几何公式计算各个面积,累加后即得所求图形的面积。对于不规则的边线,可以将其取直,使曲线边在直线内外所围成的面积大致相等,以所构成的几何图形计算其面积。此法量测的误差约为1%。

图16-4-5　几何图形法量面积

（2）坐标网格法

在地图上将量测面积的图形所覆盖的经纬网格,对其中不足1个网格的,加密出小网格,不足1个小网格的,则目估它占1个小网格的十分之几,最后将大小网格面积累加,即得所量图形的总面积。若地图上绘有方里网,则依据所量图形覆盖的方里网进行统计,同样对不足一方里网的,进行加密或目估处理,累加后即得所量图形的总面积。此法常用于量算大面积区域。

另外,还有方格法、平行线法、电子求积仪等测量面积的方法。

2. 坐标解析法面积量算

在数字地图上,各顶点的坐标已知,则可以利用坐标计算法精确求算该图形的面积。如图16-4-6,各顶点按照逆时针方向编号,则面积为:

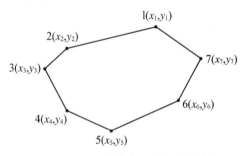

$$S = \frac{1}{2}\sum_{i=1}^{n}(x_{i+1} + x_i)(y_{i+1} - y_i)$$

$$(16-4-8)$$

图16-4-6　坐标解析法面积量算

用计算机制图软件例如 AutoCAD 中的面积量测命令,可以量测各种图形的面积。

（七）量测体积

在科学研究和工农业生产建设的规划设计、城市规划、风景区建设规划,以及国防建设中,经常需要用到湖泊、水库、谷地的容量,山丘的体积,开河、筑路、平整地基等的土石方工程量,矿体储藏量等数据。在地形图上,可依据等高(深)线图形量测体积。鉴于待测体积的对象形状各异,工作条件和精度要求的不同,采用的量测方法不尽相同。常用的量测方法有等高线法、微方均高法和微段均长法等。

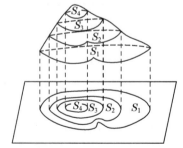

1. 等高线法

等高线法,系依据等高(深)线将山(水)体分割成以等高(深)距为高的若干正截锥体和山顶或水底锥体(图16-4-7),

图16-4-7　等高线法求体积

求出这些正截锥体体积之和,再加上山顶或水底锥体的体积,即得山(水)体的体积。设 S_1、S_2、S_3 及 S_4 为各等高线围成的面积,h 为等高距,h_k 为最上一条等高线至山顶的高度,则

$$V_1 = \frac{1}{2}(S_1 + S_2)h, V_2 = \frac{1}{2}(S_2 + S_3)h, V_3 = \frac{1}{2}(S_3 + S_4)h, V_4 = \frac{1}{3}S_4h_k$$

$$V = \sum_{i=1}^{n} V_i$$

$$(16-4-9)$$

2. 微方均高法

微方均高法,系以某一边长的小方格网将待测体积的山体所占范围面积细分,用依等高线测定任一点高程的方法内插出各小方格 4 个角点的高程,取其均值得平均高程,以此平均高程减去零线高程(即体积起算面的高程),得平均高差,再乘以小方格面积得各方格柱体的体积,各方格柱体累加后即得山体的体积。

3. 微段均长法

微段均长法是将待测体积的山体划分成若干等长地段,并作每个断面的断面图,以每段的前后两断面面积平均值乘以等间距长度,得该地段体积,各段累加即得整个山体的体积。

(八) 直线坐标方位角的量测

方位角在地图上主要体现为反映地物空间关系。地面上的万事万物都是相对地存在于一定的空间,通过各种方式彼此密切联系着,方位的角度大小即为其中一项重要标志,掌握了一事物的方位,就可以很快地从繁杂的事物中寻着它。无论是在室内还是在野外的综合地理考察中,要寻查地理实体,分析和综述它的性质和特征,均离不开方向,因此地学工作者必须掌握从地图上测定地理实体方位的方法。

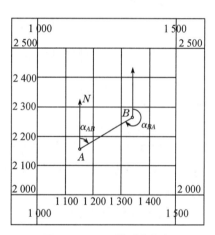

图 16 - 4 - 8 量测方位角

如图 16 - 4 - 8 所示,需要在图上计算方位角 α_{AB}。可过 A 点作坐标纵线的平行线,得坐标北方向线 AN,使量角器圆心与图上 A 点重合,零度分划线与 AN 方向线重合,直接在量角器上读出 AN 方向线的坐标方位角 α_{AB}。当精度要求较高时,应先分别测得 A、B 两点的坐标,然后用下式计算:

$$\alpha_{AB} = \arctan \frac{Y_B - Y_A}{X_B - X_A} = \arctan \frac{\Delta Y_{AB}}{\Delta X_{AB}} \qquad (16-4-10)$$

三、地图图解分析法

地图图解分析法,是一种借助地形图所制作的各种图形来分析各种现象的方法。利用地形图可以制作的图形有多种,但应用较多的是剖面图、块状图和坡度尺等,用来反映现象的结构、数量和质量特征,以及些主要相关因素之间的关系,颇具直观性。主要方法有剖面图分析法、视线等高线分析法、块状图分析法等。

四、地图数理统计分析法

数理统计分析,是通过对现象一定数量的观测,透过众多偶然次要的因素来阐明客观存在的规律。地图上表示的现象多数是不能一次确定的一种随机事件,往往需要在一定数量重复条件下才能得出规律性。因此,对地图上表示的现象用数理统计分析方法进行数量特征分析,研究它们在时空分布方面的变异,从中找出事物内在的规律性,是分析研究地图内容数量特征及相互关系的一种有效方法。地图数理统计分析方法主要用于研究某种制图现象统计特征、分布密度函数性质和不同制图现象之间的相关性等方面。

五、地图数学模型分析法

地图数学模型分析法,系用由地图上获得的原始数据建立各种现象或过程的空间数学模型来分析图示的各种现象和过程的方法。鉴于地图上所表示的各种现象或过程相互之间存在着空间或时间的函数关系,地图数学模型分析法便成为区域研究和实现预测预报的有效方法。实际用于分析各种现象或过程随时空变化的数学模型较多,有描述某一制图现象与另一种或多种制图现象之间因果关系的回归模型、说明许多制图现象中存在的主要和独立要素及其组合的主因子(主成分)模型、反映制图现象亲疏关系和分类分级的聚类模型、揭示并阐明制图现象空间分布规律的趋势面数学模型等。

六、数字地图几种常见分析方法

利用数字地图可以获取有关地理对象的空间位置、分布、形态、形成和演变等信息,以下为常见分析方法。

(一)空间量算

空间量算是建立在几何数学的基础上,主要包括地物对象之间的距离、角度、面积、中心等的计算。长度量算可以探知两点之间的(欧式)距离、点到直线的距离、三维空间中线到线的空间距离、线目标的长度等。分布中心可以用来概括表现地表空间的总体分布位置,如人口变迁、土地利用类型的转变等,其表示方法主要有算术平均中心、加权平均中心、中位中心、极值中心等。

(二)数据检索分析

空间数据的检索查询相较于传统数据库的检索,其优势在于能够将空间数据与属性数据联合起来实施检索分析,检索的条件可以是属性、空间拓扑关系或者两者的结合。空间数据的检索分析主要可分为属性统计分析和布尔逻辑查询两种。

属性统计分析是针对属性数据库中的某字段或类别进行统计学分析,如在某乡镇的土地详查图中统计建筑用地的总面积。布尔逻辑允许用户按属性数据、空间特性形成任意的组合条件来查询数据,使数字地图在检索功能方面具有了极大的灵活性。

(三)叠置分析

传统的地图分析中,为分析两个不同专题要素之间的空间关系,需要将两个要素在同一幅图中描绘出来,或者用透图桌将两幅图叠加,这对于研究多要素之间的关系是非常困难的。数字地图以图层的方式存储和管理不同专题的图形和属性数据,简化了不同要素的空间关系分析研究方法。

叠置分析是指将同一地区、同一比例尺、同一数学基础,不同信息表达的两组或多组专题要素的图形或属性数据进行叠加,根据各类要素位置、形态关系建立具有多重属性组合的新图层(图 16-4-9)。如用行政区划图叠加其他的专题地图,就可以得到各行政区内的专题详细信息。

输入图层 + 叠加图层 = 结果图层

图 16-4-9 叠置分析基本原理

(四) 缓冲区分析

缓冲区分析是研究根据数据库的点、线、面实体,自动建立其周围一定宽度范围内的缓冲区多边形实体,从而实现空间数据在水平方向得以扩展的信息分析方法(图 16-4-10)。例如,城市道路扩建需要对临街建筑进行部分拆除,就需要建立距离道路中心一定距离的缓冲区,落在缓冲区内的建筑即可能是需要拆除的建筑。

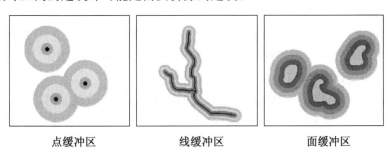

点缓冲区　　　　　　线缓冲区　　　　　　面缓冲区

图 16-4-10 缓冲区示意图

(五) 网络分析

网络是数字地图中一类独特的数据实体,它由若干线性实体通过结点连接而成。现实世界中的交通网、通讯网、地下管线网络都可以抽象表示为网络模型。网络分析是空间分析的一个重要方面,是依据网络拓扑关系(线性实体之间、线性实体与结点之间、结点与结点之间的联结、连通关系),并通过考察网络元素的空间、属性数据,对网络的性能特征进行多方面的分析计算。网络分析主要有路径分析和资源分配等。

路径分析的核心是对最佳路径和最短路径的求解。从网络模型的角度看,最佳路径就是在指定节点之间寻找阻抗最小的路径,如旅游路线规划。最短路径分析则是计算所有起点到终点之间的路径方案,从中选择最短的一条。图 16-4-11 中,粗箭头指示的路线为站点 1 到站点 2 的最短路径。

资源分配主要是优化配置网络资源的问题,网络模型的资源分配概念类似于区位中心论,可以使资源合理分配、有效流动。资源分配模型在大范围上可用于商业中心的选址、港口选择等,延伸到小区域可用于消防站(图 16-4-12)、学校等的选址。

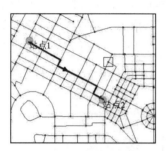

图 16 - 4 - 11　站点 1 到站点 2 的最短路径分析

图 16 - 4 - 12　消防站及时反映服务范围

(六) 数字地形分析

地球表面是一种高低起伏连续变化的曲面,数字高程模型(DEM)是通过有限的地形高程数据实现对地形曲面的数字化模拟,它是对二维地理空间上具有连续变化特征的地理现象的模型化表达和过程模拟。数字地形分析(DTA,Digital terrain analysis)是指在数字高程模型上进行地形属性计算和特征提取的技术手段。

数字地形分析能够根据 DEM 数据提取坡度、坡向、曲率等多种地形因子和地形点、地形线、地形面等地形结构,是认知地形环境的重要手段。地形分析还能延伸应用于流域、视域分析等不同领域。

具有共同出水口的地表径流流经的集水区域被称为流域。流域分析又称为水文分析,通常指用 DEM 和流向来勾绘河网和流域。流域分析的一般过程:DEM 洼地填充,水流方向确定,流量累积量计算,河流链路生成,流域生成。

视域指的是从一个或多个观察点可以看见的地表范围,提取视域的过程称为视域分析或可视性分析(图 16 - 4 - 13)。连接观察点和观察目标的线称为视线,如果观察范围内任意一点地表或目标高于视线,则该目标对于此观察点不可视。视域分析广泛应用于通信站点建设、瞭望站点、航海导航设置等。

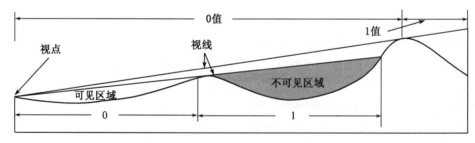

图 16 - 4 - 13　视域分析

(七) 空间统计分析

地理学第一定律指出,地物之间相互联系且与其空间距离相关。空间统计分析是将空间信息整合到经典统计分析中,以研究与空间位置相关的事物和现象的空间关联和空间关系,从而提示要素的空间分布规律的空间分析方法。常用的空间分析方法有空间自相关、空间插值等。

空间自相关能够反映某种地物现象或某一属性值与其邻近单元上同一现象或属性值的

相关程度。空间自相关分析能够延伸应用到各个学科领域，如人口统计学中分析人口、种族的分布情况，生态学中量化生物种群的聚集程度。

空间插值是通过已知点的特征值来估算未知点的特征值的方法。主要分为整体插值和局部拟合两大类。经典的插值方法有克里金插值、趋势面拟合、反距离权重等。空间插值有着广泛的应用，如根据降水站点的信息拟合整个研究区内降雨分布情况，根据高程点绘制等高线也是一种插值的应用。

第五节　地图应用

测制或编制地图的目的，归根结底在于应用。每一种地图都是为着某种或某些方面的需要而制作的。现就地图在科学研究、国民经济建设和国防建设等方面的实际应用介绍如下：

一、地图在科学研究中的应用

地图具有模拟、信息负载和传输、认识等功能，由此可以知道，地图在科学研究方面的应用是十分广泛而深入的；尤其在地学中，地图已成为一种重要的研究手段和方法。在科学研究中地图可以帮助确定野外考察路线和考察点，研究各种现象的分布规律、相互关系、动态变化，对自然资源、土地属性和环境质量进行评估，对现象时空变化进行预测预报等。

（一）研究确定野外考察路线和考察点

地理现象的分布呈点、线、面三种状态。对于面状分布现象的研究，鉴于时间和人力的限制，通常采取抽样方法，跑几条典型的剖面线，选择几个点，进行详细考察，深入研究。因此在野外地理考察出发前，须根据地形图，分析和确定考察地区地面点间通视范围，哪一条线路上现象类型既多又全，通行程度好，等等，以拟定考察路线，选择观察点；力求以最短的路线，最少的观察点，考察到最大的范围，获得最多的信息。

分析等高线图形确定地面点通视情况，是以通晓地面高程、坡形和坡向为基础的。首先通过对等高线图形特征的分析，读出各个地形的高度、坡形特征及坡面间的关系。当两地面点间为较高于它们的地形所隔，则不能互相通视，反之，则可以通视；两地面点间的地形只高出其中的一个，则不一定能通视，须作视线地势剖面图解决，介于中间的地形若与较低的地面点同高，则一定可以通视，与较高的地面点同高，则肯定不能通视；两地面点间为无高起地物的平地，则可以通视；两地面点间的坡面为凹形坡，则必然通视，若是凸形坡，则不能通视；两地面点间的坡面为直线形，则一定可以通视，呈阶状的，则不一定能通视；两地面点若位于相对的两坡面上，一般均可以通视，若位于相背的两坡面上，则肯定不能通视。

在各个观察方向上，依山脊线、坡形变换处标出阻止视线的障碍点，按辐射原理确定被物体遮掩区的渐阔界点，依透视法则确定视线穿越豁口或鞍部的纵深范围，参照地形变化趋势，将各障碍点、掩区渐阔界点和纵深终点连成闭合曲线，则得不可见区域范围，其余皆为通视范围。

（二）利用地图研究现象的分布规律

鉴于地图是再现地理环境的符号模型，直观地反映了地理环境各要素的分布范围、质量特征、数量差异、动态变化，以及各种现象之间的相互联系与制约关系，因而分析研究地图便可以了解和掌握各种现象的分布规律。现象的分布规律，有地貌、水系、植被、土壤等某一要素和气温、降水、地磁等某一现象的一般分布规律与区域差异，或地貌、水系、植被、土壤等某要素中如喀斯特地貌、格状水系、红树林、黄壤等某一类型的分布规律和特点，以及自然综合体或区域经济综合体各要素和现象总的分布规律和特点。

例如，分析地形图或普通地图，即可以知道水系结构和水网密度在各地的特征，居民地的类型和分布状况受制于水系、地势和交通条件，地貌的走向、绝对与相对高程的起伏变化及其山脉、高原、盆地、平原等的组合形态结构；分析矿产图和地震图，可以分别得知矿产和地震的分布规律；分析我国地势、气候、水文、植被、土壤等一些相关的地图，可以获悉一些大范围的复杂结构的地带性总规律，像植被和土壤由北向南、自东向西和由低至高呈现出包括寒温带、温带、暖温带、亚热带、热带，以及森林、草原、荒漠等地带的各种地带性植被和土壤类型的分布规律，因青藏高原的隆起而形成我国气候带，在西部地区由纬向分布变为经向分布，并出现大垂直带，伴之而来的是位于青藏高原背后的新疆等地的干旱少雨、沙漠遍布，我国大河多自青藏高原向东、向南流入海洋，在气候上呈现东部湿润、西北干旱、青藏高寒三大区域总变异；再则，分析我国各种气候图，可以获悉我国太阳辐射、气温、降水的明显地区差异和季节变化，例如从太阳辐射图上可以见到我国的太阳总辐射受季风气候和地势影响所形成的西部高于东部，西部由北向南增大，东部从北向南减少，长江流域为最低值的总规律，从降水图上可以看出我国降水自东南向西北递减的总趋势和递减的数量，以及因空中水汽来源的多样性和由地势、海洋、湖泊所形成的多雨与少雨中心。

利用地图分析现象的分布规律，须先从地图内容的分类分级和图例符号的研究开始，了解和掌握现象的内在联系与从属关系；然后，分析现象的分布范围、质量特征、数量差异和动态变化。其分析的具体内容包括分布范围的集中与离散、稳定与变动程度；质量特征的形态结构与其成因规律；数量差异的时空状况、变化规律及其成因；动态变化的范围、强度、趋势与其成因等。在分析研究中尤其要注意形态结构所表现出来的轮廓界线的形状和特征，这不仅有助于掌握现象的类型和分区状况，而且还可以通过对由地理环境各要素综合影响所形成的轮廓界线这一天然图形的分析，深刻揭示各现象之间的联系；在分析现象分布规律的同时分析其成因，有益于进一步认识制图现象的发生、发展及与其他现象的联系。

（三）利用地图分析现象的相互联系

地图所具备的可比性，使之成为分析各种现象相互依存、相互制约、相互作用和相互影响等联系的有效方法。一般采用对比的方法进行，例如，将土壤图与植被图对照，便可以清楚地看到在一定的植被群落下发育一定的土壤类型，在一定类型的土壤上生长着一定的植被类型，如云杉和冷杉等暗针叶林与暗棕壤、干草原植被与栗钙土、荒漠草原与棕钙土、沙漠植被与灰钙土、高山草甸植被与高山草甸土、沼泽植被与沼泽土等等，这些植被与土壤的分布范围与轮廓界线的联系非常密切，有的甚至完全一致。将植被图、土壤图与气候图、地势图、地质图进行比较，可以发现在什么样的气候条件下形成什么样的地带性植被和地带性土壤类型,不同地形的高度、坡向、坡度对植被和土壤分布的具体影响;在某些岩层上往往生长某种"指示植物",依此类指示植物可以寻找到某些矿床,在某种岩层的风化壳上可以形成特有的"岩成土壤",如紫色砂岩地区的紫色土,石灰岩地区的黑色石灰土等。对比分析我国地震图与地质构造图,可以发现强烈地震一般都发生在我国西部地槽区和东部地台区的接触带、地槽中的地块边缘、地台中的大断裂带附近。分析比较环境污染图与工业分布图,环境质量与工业类型间的因果关系便可以一清二楚。对比地名图与古今民族分布图同样可以发现地名的民族与语言属性,即在不同的民族地区,有不同语言文字形式的地名,不同语言文字形式的地名亦反映着不同民族活动区域,因而可以借助地名图研究民族和语言的历史演变。利用地图分析研究现象的相互联系,除上述的目视方法外,还可以用叠置分析方法,即将有关现象的地图复制成聚酯薄膜图,叠置起来进行比较分析。此外,亦可以采取绘制自然综合剖面图,或块状图,或用数理统计方法计算现象间的相关系数等来分析其相互联系的程度。

(四) 利用地图分析现象的动态变化

地图显示现象的动态变化,一是用在同一幅地图上图示某种现象在不同时期的分布范围界线或用动线符号、扩展符号表示;二是用编制反映同一制图区域不同时期某同类现象的系列地图来表示。因此,利用地图分析现象的动态变化,即可以采用其中某一种形式的地图进行分析研究。

用同一幅地图上图示某种现象在不同时期分布范围界线的地图来分析现象的动态变化较为简单,例如分析某城镇或水系变迁图上用各种线状、面状符号或颜色表示不同历史时期城垣或河流、湖泊、海岸线的位置、范围,就可以直接获悉城池扩展或河流改道、湖泊退缩、海岸进退等变化,并可以从图上直接量测出变化的幅度和数量;阅读用动线符号表示的地图,可以一目了然地看出一些现象的动态变化,如货物流通、军队行动、动物迁移、洋流运动等。

用不同时期测制或编制出版的同一地区的同类地图分析现象的动态变化,主要是从同一现象的位置、形状、范围、面积等方面进行比较,找出它们的差异和变化,并可以揭示出现象变化的总趋势和总规律,确定其变化的强度与速度。根据不同时期测制的地形图可以分析居民地的变动和增减,道路的改建和发展,水系的河流改道、三角洲伸长、湖泊退缩、水库与渠道增加的变化,地貌的切割密度与深度的变化,耕地、草场、林地、沼泽和沙漠等的范围、界线和面积的变化;图 16 - 5 - 1 表示洞庭湖自 1644 年以来的变迁历史,无须文字叙述,即可以概略地了解其演变状况,洞庭湖自古以来就有"八百里洞庭"的美称,为"中国第一大湖",但自 20 世纪初以来,在长江泥沙填淤下,湖面日渐缩小,由一个大湖变为目前分散的小湖群。低水期间,在卫星图像上所见到的那昔日广大湖盆,已全被松滋口、太平口、藕池口和调弦口的来沙所形成的荆江三角洲填满,只剩下三角洲前缘洼地所形成的湖身;现在的西洞庭湖、南洞庭湖、东洞庭湖三个湖区,已变成一条宽的河道状湖区。今后如再不对四口的来沙加以控制,最终将会导致洞庭湖的解体。另外,对比不同季节和月份,或不同历史时期同一季节和月份的气温图、降水量图,可以看出气温、降水在一年内的变化或不同历史时期的变化;也可以用同样方法编制环境污染地图,以分析污染状况的动态变化。对比不同历史时期的地图,同样可以采用叠置比较和地图量算等方法。

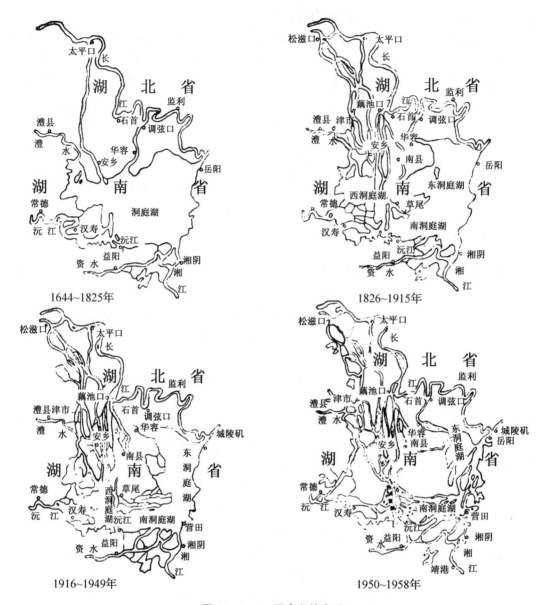

1644~1825年　　　　　　　　　　　　　　1826~1915年

1916~1949年　　　　　　　　　　　　　　1950~1958年

图 16-5-1　洞庭湖的变迁

（五）综合评价自然条件、土地资源和环境质量

　　利用地图对自然条件、土地资源和环境质量进行综合评价，是依据地形图、各种有关的专题地图以及统计调查的数据和资料，从评价的目的出发，对影响自然条件、土地资源和环境质量的各主导因素及其最主要的指标，按相应的评价标准给出评价值，并根据按多因子评价的数学模型算得的总评价值划分等级，作出综合评价图。

　　进行任何一项综合评价均应有明确的目的和出发点，评价的目的不同，其评价标准也不一样。例如为农业、工业、交通而进行的自然条件评价的标准和结果是不相同的，以农业为目的的自然条件综合评价，其目的在于阐明土地优劣等级、发展农业生产的有利与不利条件和农业生产潜力；土地资源综合评价的目的，是阐明土地的适宜性与土地潜力，划分宜农地、宜林地、宜牧地,并又各自划分若干等级;环境质量综合评价的目的,是揭示区域环境条件的优劣和环境质量的好坏。

综合评价所择用的因素及其指标亦视评价目的而定。对农业自然条件的评价应选择对农业起主导影响作用的自然条件及其主要指标,一般包括热量、水分、农业土壤和农业地貌等自然条件及其若干指标;土地资源综合评价主要选择影响土地质量和生产潜力的如土壤质地、厚度、排水系数或对农、林、牧的适宜性等各种因素;环境质量综合评价主要选择地表水、底泥、水生物、地下水、土壤、作物等因素,测定它们各种污染元素的含量。

(六) 进行预测预报

利用地图进行预测预报的依据,是现象间相互联系的规律和现象发生、发展的规律。有空间预测预报、时间预测预报和时空预测预报三种。

1. 空间预测预报

根据已知地区的某类现象间的相互联系规律,采用内插外延方法对未知地区同类现象的空间分布进行预测;或依据某些现象间的相互依赖关系,由已知现象的分布规律推测未知现象的空间分布。例如,根据已经探明地段的矿藏与地质构造方面的联系,分析未知地区地质图所表示的构造与岩层,了解富集矿藏或储油地层的可能性,就可以作出矿藏与石油的远景预测,若再结合实地勘查和钻探就可以作出准确的预测;以此法分析含水地层,可以预测地下水分布。根据植物与岩层、土壤、地下水的密切联系,在植物地图上用指示植物可预测矿藏与地下水。

2. 时间预测预报

指预测预报有关现象随着时间推移而发生的变化。鉴于某些现象随时间推移而发生的变化具有一定周期性与规律性,因而可以根据不同时期的地图提供的数量指标进行预测预报。如用多年各月平均气温图、降水量图,即可以大致预测气温、降水的变化趋势。

3. 时空预测预报

指预测预报某些现象随着时间推移在空间和状态上发生的变化。如用天气图,结合卫星云图,根据大气过程在某一时刻的空间定位和对这些过程发展规律的认识,提出天气预报;对比不同时期的环境污染程度图,可以分析环境污染的发展趋势,作出某个时期环境污染的预测预报;参考一些自然环境要素地图,根据建设项目本身的性质、规模,对自然环境和社会环境要素影响的范围和延续的时间,作出预测分析,编制环境条件图和环境质量变化预测图,直接表示工程建设项目对未来环境的影响。

利用地图预测预报的准确程度,主要取决于地图原始资料的可靠性和完备性、预测预报现象本身的稳定性、对该现象发展变化规律的认识程度、预测预报中所用的间接与直接因素同预测预报现象间关系的密切程度、预测预报的期限长短和外延的远近等。为此,在利用地图作预测预报时,要注意采取一些相应对策措施,以提高预测预报的准确程度。

二、地图在国民经济建设中的应用

(一) 利用地图进行区划和规划

区划,系根据区域内现象特征的一致性和区域之间现象特征的差异性所进行的地域划分。规划,系根据国民经济建设的需要对未来提出的设想和部署。区划工作自始至终都离不开地图,即区划工作主要是在地图上进行作业的,区划地图是利用地图进行区划工作成果的主要表现形式,因此可以说区划和区划地图的编制是不可分割的。同样,各种规划工作也自始至终离不开地图,利用地图进行全国性或区域性各项建设规划,并编制成规划地图,用以直观地、一目了然地展示出今后发展的远景。

区划是地学研究的一种手段,主要包括自然区划和社会经济区划两大类。自然区划又分地貌、气候、水文、土壤、植被、动物地理等要素或部门的区划和综合自然区划两种;社会经济区划分农业、工业、行政、交通运输、旅游等部门的区划和综合经济区划两种,各部门的区划中还可以分出若干种,如农业区划即可以分为粮食作物、经济作物、畜牧等的区划和综合农业区划。

规划工作是为发展各项事业制定建设蓝本,是先导。全国乃至各级地方,城镇与乡村,风景区与游览胜地,农业、林业、工业、交通、水利、电力、旅游、环保等等,要发展就要制定规划。规划有部门或单项规划、综合或总体规划、近期规划和远景规划等等。规划地图可以在表示现状的基础上重点表示今后的发展,以便比较。例如在城镇规划系列地图中,除有表示城镇现状地图外,应着重编制表示城镇总体规划、近期建设规划、道路系统规划、给排水规划、电力电讯规划、人防工程规划、环境保护规划等;同样在风景名胜区规划系列图中,除编现状地图外,着重编制其总体规划图、道路与管线规划图、绿化规划图等。

(二) 地形图在经济建设中的应用

在经济建设的不同阶段,对所用地形图的比例尺要求不尽相同,根据城镇用地范围的大小,在总体规划阶段通常选用1:1万和1:5 000比例尺地形图,在详细规划阶段,为满足房屋建筑和各项工程初步设计的需要,常要选用1:2 000、1:1 000和1:500比例尺地形图。在作城镇规划设计之前,首先要按城镇各项建设对地形的要求,进行用地的地形分析,以便充分合理地利用和改造原有地形。地形分析工作包括在地形图上标明规划区内的分水线、集水线、地面水流方向,确定汇水面积,划分不同坡度地段,标示特殊地段(图16-5-2);在作小区规划或建筑群体布局时,要应用地形图分析处理建筑布局与地貌的关系。

1. 分水线

指将雨水向两侧山坡分流到不同流域的流域分界线。具有由河口或河道指定地点出发最后又回到河口或指定地点形成一个闭合环形、经过分隔不同汇水面积的每一个山顶和鞍部、处处与等高线垂直、常常与山脊线一致以及只在山顶处才能突然改变方向等特点,分水线应该根据这些特点来勾绘(图16-5-2)。

2. 集水线

指相对两山坡上雨水的汇流线,又称合水线,亦即山谷线。具有与过谷底的等高线垂直相交的特点,集水线应依据山谷线来绘。

3. 地面水流方向

指雨水降落到地面后在重力作用下往低处流的最短路径的方向。因此它亦是地面最大坡度的方向,其方向线即为地面最大坡度线。在该方向上地面流水侵蚀力最甚。最大坡度线为坡面上相邻两等高线间的最短距离,因此可以山顶或坡面上某一点作圆心,调整圆规开度,作圆弧与其下方相邻等高线相切,连圆心与切点,即得该坡面此地段的最大坡度线。由于坡面上的等高线不一定是互相平行的,故在整个坡面上最大坡度线往往呈曲线(图16-5-3)。

图 16 - 5 - 2　分水线与汇水面积

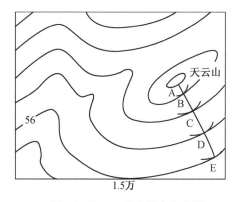

图 16 - 5 - 3　确定最大坡度线

4. 汇水面积

指分水线所包围的面积(图 16 - 5 - 2)。因此,确定汇水面积先要按照上述要求绘出分水线。有了汇水面积,才可以设计有关排水或蓄水工程。

5. 按规定坡度选定最短路线

在道路、管线、渠道等工程设计中,为使车辆快速行驶,水体稳定流淌,均须给一个限制坡度,即要求线路在不超过某一限制坡度条件下,选定一条路程最短的等坡线路。

在坡面上,一条保持坡度处处相等的曲线,称之同坡曲线。它是根据地形图上等高距为常数,等高线间水平距离 D 与地面倾斜角 α 的函数对应关系,利用坡度尺或解析法求出符合限制坡度 i 的线路穿越相邻两条等高线间水平距离 D_i,以 D_i 为线路穿越各相邻等高线间共用的固定平距而做出的曲线。

图 16 - 5 - 4 所示,在等高距 $h = 1\,\mathrm{m}$ 的 1 : 2 000 地形图上,按限制坡度 $i = 5\%$ 作出的同坡曲线。首先在地图直线比例尺或按下式求出 D_i 的图上长度:

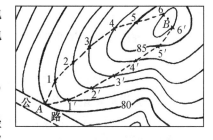

图 16 - 5 - 4　确定同坡曲线

$$D_i = \frac{h}{iM} \qquad (16 - 5 - 1)$$

其结果 $D_i = 1\,\mathrm{cm}$,以图中 A 点为圆心,$1\,\mathrm{cm}$ 为半径作弧线交前方 80 m 等高线于 1、$1'$ 两点,再分别以 1 和 $1'$ 为圆心,$1\,\mathrm{cm}$ 为半径分别作弧线交前方 81 m 等高线于 2 和 $2'$ 点,依此类推,直至 B 点附近,分别求出 3、4、5、6 和 $3'$、$4'$、$5'$、$6'$ 点,由 A 点起用曲线分别连接 A、1、2、3、4、5、6 和 A、$1'$、$2'$、$3'$、$4'$、$5'$、$6'$ 得两条坡度相同的同坡曲线,再结合考虑少占或不占农田、建筑费用最省、避开塌方或崩裂地带、线路顺直等因素,择定一条最佳道路、管线或渠道的线路,然后到实地进行勘测、放样。在作同坡曲线时,若遇到某一地段固定平距 D_i 小于等高线间的平距,则表明这一段地面坡度小于限定坡度,因此可以采取沿最短线路方向自然延伸的方法,定出与前方等高线的交点。

修筑道路不免要跨河穿谷,需要建桥修涵;兴修水库要筑坝拦水。桥梁和涵洞孔径的大小,水库的蓄水量和水坝位置与高度等,都是根据汇集于桥涵或水坝的水流量来确定的。为此,须参照图 16 - 5 - 4 先绘出桥涵上方或库区的汇水面积范围,量测其面积,然后结合当地气象水文资料,计算出百年一遇的可汇集于此处的最大水量,依此数据来设计所拟建的桥涵孔径,确定水坝的高度、坝基坝顶的宽度等等。

在农田建设规划中,为建设平整的良田,往往要改造原有地貌;修筑道路要垒路堤,挖路堑、开隧道。因此经常要利用地形图进行填、挖土石方量的概算。需运用微方均高法和微段均长法进行工程量的计算。

6. 绘制已知方向线的纵断面图

纵断面图是反映指定方向地面起伏变化的剖面图。在道路、管道等工程设计中,为进行填、挖土(石)方量的概算、合理确定线路的纵坡等,均需较详细地了解沿线路方向上的地面起伏变化情况,为此常根据大比例尺地形图的等高线绘制线路的纵断面图。如图 16-5-5 所示,欲绘制直线 AB、BC 纵断面图。具体步骤如下:

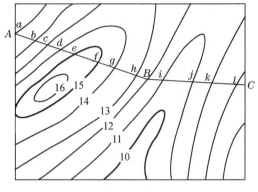

① 在图纸上绘出表示平距的横轴,过 A 点作垂线,作为纵轴,表示高程。平距的比例尺与地形图的比例尺一致;为了明显地表示地面起伏变化情况,高程比例尺往往比平距比例尺放大 10~20 倍。

② 在纵轴上标注高程,在图上沿断面方向量取两相邻等高线间的平距,依次在横轴上标出,得 b、c、d、…、l 及 C 等点。

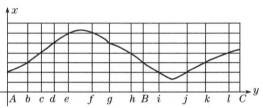

图 16-5-5　绘制已知方向线的纵断面图

③ 从各点作横轴的垂线,在垂线上按各点的高程,对照纵轴标注的高程确定各点在剖面上的位置。

④ 用光滑的曲线连接各点,即得已知方向线 A—B—C 的纵断面图。

(三)利用地图进行资源勘察、设计与开发

大比例尺地形图和由各有关专业部门编制出版的矿藏、森林、水力、风力、油气、地热、土地等资源地图,是进行矿产、森林、动力和土地资源勘察、设计和开发利用的重要工具,尤其是地形图显得更为重要,例如在采矿业中,勘探和计算储量要用1:25 万、1:1 万或更大比例尺的地形图,采矿时要用1:5 000、1:2 000 甚至 1:1 000 的地形图来确定施工地点、开采方向、核定储量、计算作业量,以及实施开采过程的生产管理等。

(四)利用地图进行地籍管理、土地利用和土壤改良

地籍管理、土地利用和土壤改良在经济建设中具有重要意义,开展这些工作均需要用大比例尺地形图和有关的专题地图。例如,地籍管理中要确定地块的范围、宗地号、地类号、宗地面积、界址点及界址号、界址边长等,这就要从 1:1 000 或 1:500 比例尺地形图和地籍图上量取或标定。同样,要进行土壤改良,就需要参照土壤图,在大比例尺地形图上标出各田块的土壤属性及其相应的改良措施,以供实施改良具体作业用。

三、地图在军事上的应用

地图是军队的眼睛，它在军事作战中的作用是无法估量的，古今中外的军事家都十分重视利用地图。管子的《地图篇》中"凡兵主者，必先审知地图"，精辟地阐明了地图在军事上的作用及使用方法。1973年在湖南长沙马王堆三号汉墓出土的公元前168年的殉葬品，西汉时测制的"地形图"和"驻军图"，是迄今世界上发现最早的军事地图。现代战争条件下，地图更是不可缺少的工具，不仅各种火炮射击要靠地图来定方位、测距离、寻目标，即使巡航导弹也配以地形数字地图，以自动确定飞行方向、路线和打击目标。在军事上，地图分为战略用图和战术用图两大类，前者为全国性或较大范围的中小比例尺地图，是供军事领导和指挥机关做长远战略部署和分析整个战争形势用的；后者为各种大中比例尺地形图或军事专题地图，是供各级军事指挥机关和指挥员在具体战役行动中使用的地图。地图在军事上的应用主要有以下几方面：

（一）提供战区地形资料

"知己知彼，百战不殆"，一个克敌制胜的军事指挥员必须要掌握战区全局。地图以其模拟功能将莫大的整个战区收于方寸之间，展示在指挥员面前，使目力不及的敌我双方的攻守路线、兵力与火力网点的部署、有利与不利条件，一目了然地映入指挥员的眼帘。地图在提供战区地形资料方面所起的作用是其他方法无法替代的。

（二）提供战区兵要资料

现代战争所用的现代化武器装备，要求地图提供战区兵要资料的定量数据，以争取把握战机的主动权。例如计划军队的机械化行动，就需要掌握道路的类型、等级、路面质量及其宽度、通行程度、坡度及弯曲程度等资料；若计划徒涉和架桥，则须掌握河流的各种水情资料；要部署部队隐蔽和构筑工事，就要了解森林的树种、树的粗与高等资料。上述这些资料及其数据，大比例尺地形图上均有图示。

（三）提供实地勘察工具

军事指挥员，每逢平时军事训练和战前准备都需要到实地勘察地形。进行这项工作同样离不开地图，要使用内容详尽的大比例尺地形图来确定勘察点位、行军路线和研究地形，作战术部署。

（四）为国防工程的规划、设计和施工提供地形基础

国防工程项目在其规划、设计和施工中遇到的选址、选线、概算土石方工程量等问题，与地方上筑铁路、公路，修农田水利，建工矿企业等民用工程相似，都离不开大比例尺地形图。

（五）提供合成军队作战指挥的共同地形基础

诸兵种合成军队的作战和训练需要统一的协同作战指挥。统一编制的地图可以提供统一的坐标网和参考系，以及点位坐标与高程，以保证在实施统一作战指挥时，实现时间、地点和战术的协同。

（六）提供导航依据

海军、空军指挥机关和舰艇与飞机驾驶员均要用地图来计划航线、确定方位、计算距离、寻找目标等。

（七）提供战略、战术和战果图的标图作业基础

标绘要图是指挥员组织、实施指挥的一种重要方法。将迅速变化着的敌我双方态势标绘在地图上，才能分析动态，制定对策；敌情侦察结果只有标绘在地图上，才能分析敌人兵力部署和火力配置；把首长的决心编绘成要图，较之冗长的文字更简明、清楚；标绘战斗进程状况的战斗经过要图，则是向上级汇报情况，进行战斗总结的依据；即使行军路线、宿营计划也常常是以要图的形式下达的。

实施图上作业是各军兵种使用地图的一种重要方式。例如，航空图可以供航空兵部队在图上进行标注起讫机场位置、画出航线、量测方位角、确定沿途检查点、查对沿线最大高程、确定航高等计划航线；大于或等于1∶5万的大比例尺地形图可以供炮兵在图上确定炮位，实施阵地联测及取得方位、距离、位置等射击诸元，供工程兵部队规划作业和计算土石方工程量等。

四、地图在其他方面的应用

（一）用于生产管理

在工农业和第三产业的生产管理中，可以利用地图制订生产计划，进行指挥调度生产。

（二）用于宣传教育

地图在教学中的应用很普遍，尤其是在地学的教学中是不可能离开地图的。通常根据教学特点和教学大纲的要求设计地图内容和表现形式，以满足教学的需求。在展览和其他宣传场所也常用地图作为一种宣传工具，如在自然博物馆里可以展示地质图、构造图、古地理图等各类自然地图；农业展览馆里可以展示全国或各地区农业自然资源和农业发展规划地图；军事博物馆里展示各革命时期发展形势图，各种战役要图等。

五、几种新型地图的应用

近年来，数字地图、电子地图、网络地图、影像地图、导航地图、增强现实地图等多种地图形式与品种迅速发展。这些不同于传统地图的新型地图产品具有快速存取显示，实现动画，地图要素分层显示，利用虚拟现实技术将地图立体化、动态化，令用户有身临其境之感，利用数据传输技术可以将电子地图传输到其他地方，以及可以实现图上的长度、角度、面积等自动化测量等优点。在科学研究、社会经济建设、公众信息服务、智能交通与导航、旅游服务、规划管理、防灾减灾、军事指挥等领域发挥着更大的作用，服务于人们的衣食住行、经济建设及军事指挥等不同领域。

（一）电子地图的应用

随着电子技术、信息技术、计算机技术、多媒体技术、现代通信技术等一些高科技的不断革新，为空间信息获取、传输、处理、分析与表达提供了创新动力与技术升级空间，电子地图作为空间信息可视化产品之一，以不同层次的多种形式广泛应用于公众及行业领域，是一种集动态性、交互探究性和超媒体等特征于一体的地图可视化工具。

三维显示的电子地图已经出现并得到了广泛应用。三维电子地图较二维电子地图更加直观，因而得到了用户的喜爱。三维电子地图的制作原理是将地图数据、DEM数据通过透视投影变换、建立光照模型等处理，将地理实景直观地展现出来。

全景地图也称为360°全景地图、全景环视地图，比三维地图更加贴近现实，因为它的本质是实景照片。2007年，Google首先发布街景地图，国内腾讯SOSO在2011年12月也推出了街景地图，2013年8月百度推出全景地图。全景地图是一种基于全景技术与电子地图发布技术相结合的可定位展示真实场景的虚拟现实技术。它的基本数据由全景图片库与GPS位置点数据组成，其中，每一张拼接好的全景图片对应一个具体的GPS位置点。简单说就是将鱼眼镜头拍摄的具有一定重叠的真实场景照片经过计算、后期缝合显示真实场景，视觉上纵深感强烈，因而更具有沉浸感。

　　电子地图在各行各业具有广泛的应用。例如，农业部门采用电子地图表示粮食产量，各种经济作物播种面积、分布及其产量情况，为各级政府决策服务；气象部门将各地的天气状况标注在电子地图上，可以进行天气预报、灾害性气象预警、各种气候指标分析和基于地理空间的动态发展变化预测，为国民经济建设和人们日常生活服务；电子地图还可以作为企业发布商品信息、展示发展规模的信息平台，为企业经济发展服务。在城市公共设施管理中，利用电子地图可以快速便捷地实现设施信息的查询、管网连通性分析、三维可视化表达等，从而提高城市管理公共设施的综合能力。在规划管理中，通过电子地图可以实现基础地理信息、专业数据、规划成果及其他图文数据的集成管理，数据不但覆盖规划管理的区域，而且内容现势性强。此外，电子地图还提供专题地图表达，距离、面积、体积、坡度等量算，路径分析和统计分析等诸多功能，可以提供规划管理中的信息查询、数据变更管理等，实现效率最佳的宏观、中观和微观各层次的规划管理目标，最终满足现代科学规划管理的需要。防灾减灾电子地图系统可以显示灾害发生区域的自然、人文地理环境，并和遥感、GPS技术结合，实时监测灾害的影响范围、程度，评估灾害造成的损失情况和预测灾害进一步变化的趋势，为各级部门和灾害防治指挥中心的决策提供科学依据；同时，帮助他们制订科学合理的抢险措施和人员物资撤离方案，最大可能地避免人员伤亡和社会财富的损失，并帮助救灾人员、车辆快速到达灾害现场，实施抢险救灾活动。在指挥自动化系统、现代高技术武器系统、作战训练模拟系统中，由数字地图支撑的各种军用电子地图不仅具有传统纸质地图的功能，提供有关地理环境方面的信息和数据，并且可以将表示作战情况的人员、装备、设施部署及对敌方情况的侦察信息等相关信息提供给用图者，同时还具有较强的分析能力，可以辅助指挥员解决作战指挥决策、情报交班汇报、战场敌我态势分析等问题。

（二）网络地图的应用

　　网络地图是当前民众应用地图的主要形式。它的出现使地图摆脱了地域和空间的限制，实现远距离的地图产品实时全球共享。和一般的电子地图相比，网络地图不仅可以利用闪烁或动画等手段，实现地图表现形式的动态变化，更重要的是基于网络环境，使地图内容实现实时动态更新。例如，网站上的气象图可以按一定的时间间隔全天候的不断更新。网络地图的交互性也比一般电子地图有进一步的发展。首先，网络地图可以根据不同用户提出的要求，定制不同类型、不同风格的地图，实现个性化服务。其次，网络地图的交互制图功能极强，可以把制图过程与读图过程在交互中融为一体。网络地图还可以通过超链接的方式进入相关网页获取更多信息。这种通过超链接手段构建的超媒体结构，使网络地图在地图的可视化背后隐含着更多的潜在信息。此外，在分发形式上，网络地图为用户提供了更加快捷的地图传播方式和不同形式的人机交互，使公众更易于低成本、高效率地获取地图信息，具有更高的使用价值。各种网络地图在旅游和公共信息服务中发挥着重要的作用，并具有用户多、范围广、信息全面准确、操作简便的特点。在人们的日常衣食住行当中，如旅游出行、网上购物等，都可以通过公众触摸屏电子地图系统、互联网电子地图系统或者手机导航软件得到很好的帮助。通过网络地图提供的人机交互手段，能够实时、动态地进行信息检索、数值分析、过程模拟、决策咨询和定位导航。同时,用户可以上网查询、检索、浏览、阅读、打印或者下载所需要的图幅和信息。例如,旅行者可以通过网络地图了解交通、旅游景点和购物信息,帮助他们确定最佳的旅行路线,还可以通过多媒体信息了解宾馆情况。

(三) 导航地图的应用

随着空间定位技术、网络技术、无线通信技术、电子地图技术的发展,车辆、手机等不同载体上的导航地图在移动定位服务、汽车导航、交通管理与车辆监控上起到了重要的作用,并得到了广泛的应用。LBS 是一种依赖于移动设备位置信息的服务,它通过空间定位系统确定移动设备的地理位置,并利用导航电子地图数据库和无线通信向用户提供所需要的基于这个位置的信息服务。车辆导航是智能交通系统的重要组成部分,智能交通系统可以采用车载形式,也可以采用控制中心集中管理模式,它以导航电子地图为基础,借助实时交通信息、通信网络和定位系统,可以实现快速查询道路地名和有关目标(如最近的加油站、车辆维修站等),自动选择行车路线,通告道路状况及其相关信息,确定车辆当前位置和通过语音提示提供实时的导航服务等。通过车辆导航功能,在物流、公安、消防、医疗救护等信息系统中依靠电子地图进行车辆定位、调度,得到了非常广泛的应用。在航海中,电子海图可将舰船位置实时显示在地图上,并随时提供航线和航向。当船舶进港口时,电子海图提供的水下地形、障碍物信息和实时导航功能可以帮助船舶绕开危险区域,准确地停靠码头。在航空中,电子航空图可将飞机的位置实时显示在地图上,也可以随时提供航线航向信息等。

(四) 高精地图的应用

高精地图是指相较于普通地图,具有更高精度、地图元素更加详细、属性更加丰富、面向机器人(智能车)使用的地图。通过融合激光雷达、毫米波雷达、高分辨率光学传感器、惯性测量单元、GNSS 系统和轮测距器等传感器信息,实时捕捉道路指示信息、车道状态、道路环境和车辆行驶状态,帮助自主导航汽车预先感知路面复杂信息。传统的电子地图误差可达 10 m,一般不含三维信息,而高精度地图数据误差通常在 0.2 m 以内且包含三维信息。高精地图不仅能够辅助智能车完成匹配定位,而且在精准定位的基础上,可以为自动驾驶提供动态、实时的数据服务,比如动态交通信息、交通设施信息、施工或临时突发信息等。此外,还可为自动驾驶系统的规划层提供车道级别的信息,进而帮助智能车实现厘米级的路径规划。通过联网、交互、大数据分享等多种方式扩展出了无限的可能。其核心内容就是高精数据以及基于视觉识别、点云匹配等手段的高精度定位能力。

与常用的导航地图相比,高精地图具有以下特点:

(1) 使用对象:导航地图是给人看,高精地图是给机器看的。

(2) 精度:常规导航地图精度存在米级以上(5~10 m)的误差,高精地图精度在厘米级。

(3) 地图元素:高精地图道路元素及交通相关动态元素更丰富,比如详细的车道线、路标、交通提示牌、交通灯、车道曲率、坡度及车道级实时交通动态信息,主要服务于机器自动驾驶环境判断、决策、控制等,而导航道路元素只到道路级。除了导航路线准确、合理性,人们更注重视效及语音引导体验。

(4) 导航地图与高精地图的关系:从技术演进角度,汽车上的导航地图与高精地图会在较长的时间内共存,并可能最终使用一个高精底图同时满足人和车的应用需求。

全息高精度导航地图是在目前高精地图的概念和技术上,汲取了全息地图的优势,通过获取和融合卫星遥感影像、激光雷达、声光电磁传感器、泛在信息网等多种类型数据,生成高精度和全要素的道路静态信息、动态信息。在此基础上，将各类型动、静态信息实时融合，制作成应用于无人驾驶车辆的全息高精度导航地图，并在丰富道路信息的同时提高全息高精度导航地图的更新效率(图16-5-6)。

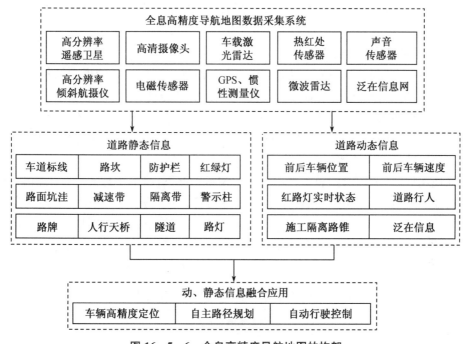

图16-5-6 全息高精度导航地图的构架

全息地图定义为在统一地球时空框架的基础上，对现实地理世界及其规律的全场景要素、全地理信息、全社会内容，以全视角、三维模型化、过程动态化、虚拟现实、虚实融合等多模态方法进行描述、表达、分析与服务的一种数字地图产品、一种人类普适性的交流语言。

高精度地图不仅在智能车驾驶领域得到应用，还将更有利于交通监控部门对道路情况的全面掌控和监管，未来还有可能作为数字基础设施的一部分，在智慧城市规划、物联网、放射性环境检测、多任务机器人、军事探测等多个应用领域发挥作用。

(五) 影像地图的应用

影像地图作为一种较特别的地图新品种，因其成图速度快、现势性强、直观易读等优势在多个行业中得到了广泛应用，如资源调查、地质调查、城市遥感调查、考古调查、环境监测和防灾减灾等领域。在科学研究中，影像地图通过影像来直观、有效地反映地理空间信息，以供用户快速、准确地认识、了解地理环境和地理现象的空间位置、形态、分布、相互联系及发展变化的相关信息。例如，通过影像地图可以对种植区的玉米、大豆、花生、芝麻、水稻等农作物分类进行研究，实现对地区农作物的定量分析，以便适时进行技术指导。在灾情监测中，影像地图使用遥感图像来表示地表事物的变化，现势性强，更新快，能够对地表现象进行实时监测。例如，遇到地震等灾害时，通过对受灾地区前后影像地图的对比分析，有利于对灾情做出科学评估，为制定防灾减灾措施提供科学依据。影像地图兼具影像和地图的优点，作为一类特殊的数据资源可用于快速提供地理信息；还可通过网络与各种传感器相连接形成一种新的应用方式——物联网。例如，当有车辆经过激光尾气遥感监测车时，测试仪可快速把汽车尾气中的污染物(如一氧化碳)监测出来,这些数据能同步显示在遥感监测车内的影像地图上,一旦汽车的尾气超标,监测仪就会拍下车辆牌照作为处罚依据。依据影像地图可以编制各类专题地图,图像中蕴藏着丰富的综合性空间信息,不同领域可以根据各自要求对遥感图像进行分析和解译,提取出所需专题信息,修编和更新地图,最终制成不同内容的专题地图。

(六) 增强现实地图的应用

增强现实技术(AR,Augmented Reality)是一种将计算机生成的虚拟场景或信息叠加于真实环境中,并以虚实融合场景交互式地呈现在用户视野内,从而营造出虚拟场景和现实世界共享同一空间的技术。本质上 AR 是一种集定位、显示、交互于一体的新型界面技术,通过将虚拟与真实叠加显示,让用户在视觉上感觉到虚实空间的关联和融合,以此来增强用户对真实环境的感知和认知。

增强现实地图(AR Map)就是在增强现实技术支撑下,将电子地图与实景相融合,基于位置集成地理环境一定范围内的地物类型、细节信息、引导提示等,并通过增强现实设备为用户提供信息服务或辅助决策的智能服务平台。其具有简单易读的图形用户界面、虚实融合的表达方式、身临其境的交互体验,在辅助用户空间认知、提高地图信息传输效率方面具有无可比拟的优势。传统地图与 AR 虚实融合地图特征对比见表 16-5-1。

表 16-5-1 传统地图与 AR 虚实融合地图特征对比

特征维度		传统地图	AR 虚实融合地图	理论与技术
数学基础		严格的投影、坐标系统	拓扑一致性,侧重空间数据视觉表达空间关系一致性	户外大场景中制图要素的空间定位与表达
空间尺度		宏观的地理空间	用户行为空间	根据用户行为响应式制图
时效性		静态或定时更新	实时同步	统一时间基准
可视化环境	维度	二维、伪三维	沉浸式三维	三维立体视觉环境中,视觉变量、符号适宜性评估
	视角	第三人称视角	第一人称视角	不同空间认知参考框架下地图认知特点
	载体	纸、屏幕等可控环境	高动态环境(背景、光照等)	视觉变量、符号适宜性评估
制图符号变量		视觉变量	视/听觉变量	具身认知环境中的制图变量和认知特点及适应性
交互方式		基于隐喻的交互	基于用户行为的自然人机交互	用户姿态行为识别

增强现实制图可以分为远端 AR 制图和现场 AR 制图。远端 AR 制图的环境载体为纸质地图、投影地图或三维模型,可视化环境通常为室内桌面环境;适用于宏观大场景或不可达区域的虚实融合制图,是对传统地图可视化方式的补充和扩展。现场 AR 制图的环境载体为真实地理环境,其应用场景通常为室外,用户以第一人称视角在制图环境中自由行动,以体验方式感受虚实融合环境,真实场景提供的丰富上下文信息使现场 AR 制图具有很强

的在场感。

2020年,华为、苹果公司陆续推出了搭载深度像机支持AR功能的手持移动智能终端,微软发布了Holo Lens 2头戴式沉浸式AR眼镜。AR硬件技术的成熟和普及,使其成为地图制图的新型载体。整体上,各类AR地图目前处于探索发展的阶段。现代地图学的发展趋势是虚拟化、智能化、主客体趋同化、功能多极化以及全球整体化。

目前,还有研究将增强现实技术应用于地理国情专题纸图(地理国情AR纸智图)中,通过智能移动终端摄像头捕捉专题图视频影像,并在视频画面中的对应位置叠加各种虚拟的数字层信息,以虚实融合的方式实现了配套专题纸图与移动终端的互通功能。AR纸智图将青海省六大专题的国情普查和监测成果等丰富的数字内容以虚实融合的方式展示给用户,为地理国情专题图拓展了实景信息、地理信息和多媒体资讯等。其实现了国情专题图的高效识别、国情专题内容的实景叠加、专题和子专题切换、国情要素信息动态检索、各类数据统计分析、历年数据动态监测等实用性功能。AR纸智图不但保持了地图的宏观统一性,还拓展了数字信息的丰富实用性,弥补了传统二维平面纸质地图的不足,促进了纸质地图应用的转型升级,充分发挥了地图决策视角的作用,是一款便捷、高效的管理决策工具。

此外,AR Map在地震前后的城市景观评估、海啸动态演进过程和海啸风险三维仿真、地下管线现场施工、应急救援、环境感知、导航、任务规划和快速目标捕获、地理教学、电子沙盘、地学仿真、场地巡检等领域都具有广泛应用。随着AR技术的不断发展成熟,现场AR可视化在时间维度上可直观表达历史的、现在的以及未来规划中的数据,在空间维度上可表达地下和建筑内部等日常不可见的空间对象。抽象科学数据的直观表达则更进一步拓展了人们对环境的感知能力。

(七) 虚拟地理环境的应用

虚拟地理环境(VGE,Virtual Geographic Environment)是一类以地理特征、地理规律为本源,以地理感知、地理分析为目的,用网络、计算机、虚拟现实等技术构建的开放式地理环境及空间。在这类虚拟空间中,用户可以身临其境地感知过去、当下及未来的地理现象,利用定量方法对动态地理过程进行模拟、对地理规律进行总结,以协同交互的方式开展地理实验,从而认识世界、设计世界乃至改造世界。虚拟地理环境也是数字化了的现实地理环境、恢复与复原过去的地理环境、预测与预报未来的地理环境。

虚拟地理环境研究的作用与意义包括:

(1) 以虚拟地理环境为基础,可建立虚拟地理实验室,为研究和解决区域可持续发展过程中所面临的资源开发、环境保育、大型工程建设等重大科学问题,提供一个集定性与定量两种方法为一体的、以人为核心的、人机交融的地理"研讨厅",由此促进实验地理学的研究,推动地理科学的发展。

(2) 虚拟地理环境,把现实地理环境中的地理(遥感)信息环境,以及现代网络信息世界(赛博空间)作为客观实在进行研究,从而突破了"虚拟地理环境"作为信息技术系统的狭义理解,为"虚拟地理学"的发展建立了基础。

(3) 以虚拟地理环境为基础,开展遥感、遥测实验方法研究,发展遥感信息科学/遥感科学。

(4) 虚拟地理环境,是以人为核心的、面向大众与网络社会的三维虚拟环境,可用于虚拟地理野外实习、地理远程教育、生态环境教育、地理游戏与娱乐等。由此,可推动"大众地理学"以及"地理美学"的发展。

（5）虚拟地理环境的研究可以为我国的数字信息工程（数字地域、数字城市、数字流域）建设提供理论与方法基础。

虚拟地理环境的具体研究是结合科学计算可视化、信息可视化、遥感信息模型和虚拟现实技术，在城市、地质、煤矿、水文、海洋、林业等领域，开展地学可视化与虚拟地理环境系统的设计、开发和应用。在案例和原型系统的基础上，对虚拟地理环境、地理/遥感信息科学和地理科学的理论和方法开展原创性的探索研究。

目前，虚拟地理环境已逐渐在地理过程模拟、虚拟城市规划、虚拟旅游、房地产销售、军事模拟、能源开发和利用等方面为人们提供了超越现实空间和时间尺度的决策工具。在智慧城市、数字孪生、空气污染、粒子系统、虚拟植物、公路勘察、道路网络模拟、阅读辅导、铁路选线设计、虚拟旅游景观、人才培养、森林资源管理等领域获得了众多的应用。

复习思考题

1. 叙述地形图的阅读程序、方法和内容。
2. 在野外如何进行地形图定向和确定站立点的位置？
3. 叙述与实地对照读图的方式方法和野外填图的方法。
4. 叙述分析评价地图应掌握的标准。
5. 叙述影响地图量测精度的因素。
6. 举例说明地图在科学研究和国民经济建设中的实际应用。
7. 叙述几种常见数字地图分析方法。
8. 叙述几种新型地图及其应用。

附　录　实习指导

　　《测量与地图学》实践教学是学习和巩固测量与地图学的基本理论知识、培养学生测量仪器的操作技能、掌握地形测量与数字地图编制方法的有效途径和重要环节,在《测量与地图学》教学中占有重要位置和特殊意义。

　　学生通过实际操作能力,加深对课程内容的理解,是学习测量与地图学的重要环节之一,是理论联系实际,加强基本技能的有效措施。课间实习课着重在测量与地图学的最基本训练,与其他教学环节有着密切的联系。为了使实习课起到它应有的作用,集中实习课则着重在测量与地图学的生产训练,培养学生的实际工作能力。

　　实验包括课间实习与集中两部分内容。

学生实验守则

　　一、学生在实验操作之前,应复习教材中的有关内容,认真仔细预习实验指导书,熟悉实验室有关仪器设备。明确实验的目的与要求,熟悉实验步骤,注意有关事项,并准备好所需文具用品,以保证按时完成实验任务。

　　三、实验时态度应严肃认真,更需爱护仪器设备,非本次实验使用的仪器设备不得乱动。

　　四、每次实验前由小组长填写仪器设备领用单。实验完毕后,应将所用仪器设备擦洗干净,放回原处,经小组长检查,辅导教师验收无误后方可离开实验室。如有损坏,应填写仪器设备损坏报告单,待后处理。

　　五、实验结束后,应在规定时间内提交实验报告。实验报告必须独立完成,书写、计算、制图要求公式、计算过程、单位齐全,清晰整齐。实验成绩是考核成绩的一部分。

　　六、如实验结果未能达到要求或因故未做实验者,应申请补做实验,实验室同意后,在指定日期内进行补做。

第一部分　课间实习

实习一　水准仪的整置、读数及等外闭合水准路线测量

一、实习目的

1. 熟悉水准仪各部件性能及其相互关系。
2. 掌握水准仪的使用、观测读数方法。
3. 学会在实地如何选择测站和转点,完成一个闭合水准路线的布设。
4. 掌握等外水准测量的外业观测方法。

5. 掌握水准测量的闭合差调整及求出待定点高程。

二、仪器设备

实验小组 4 人一组，每组水准仪 1 台，水准尺 2 根（尺垫 2 个，测伞 1 把）。

三、实习任务

实验安排 2～3 学时，实验小组由组长负责。

1. 掌握水准仪的结构、整置方法、DS₃级水准仪的观测
与读数方法。

2. 实验场地选定一条闭合（或附合）水准路线，如附图
1-1，BM为已知点，中间设待定点 XLa01、XLa02，XLa03，
每组独立完成闭合水准路线的观测任务。

3. 根据已知点高程（或假定高程）及各测站的观测高差，
计算水准路线的高差闭合差，及时记录于表格，检查是否超限。

4. 对闭合差进行调整，求出各待定点的高程。

记录计算在实验报告表中，每组上交一份实验报告。

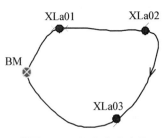

附图 1-1　闭合水准路线

四、实习要点及流程

1. 要点：水准仪安置时，掌握水准仪水准气泡的移动调整方法"左手大拇指法"；水准仪
要安置在离前、后视点距离大致相等处，用中丝读取水准尺上的读数，估读至毫米（mm）。

2. 流程：架上水准仪→整平仪器→读取水准尺上读数→记录。

（1）背离已知点 BM 方向为前进方向，在 XLa01、XLa02、XLa03 点间设若干转点 TP。
第 1 站安置水准仪在 BM 与转点 TP1 之间，前、后距离大约相等，其距离不超过 50 m；

（2）操作程序是后视 BM 上的水准尺，精平，用中丝读取后尺读数，记入实验报告的表
中，前视转点 TP1 上的水准尺，精平读数，记入表中，然后立即计算该站的高差；

（3）迁至第 2 站，继续上述操作程序，须通过各待定点，直到最后回到 BM 点（或另一个
已知水准点）；

（4）根据已知点高程 H_{BM} 及各测站高差，计算水准路线的高差闭合差，并检查高差闭合
差是否超限，其限差公式为：

$$f_{h允} = \pm 12\sqrt{n}\ \text{mm}，平地；\quad f_{h允} = \pm 40\sqrt{L}\ \text{mm}，山区。$$

式中：n 为测站数；L 为水准路线的长度，以 km 为单位。

若高差闭合差在容许范围内，则对高差闭合差进行调整，计算各待定点 XLa01、XLa02、
XLa03 的高程。

五、注意事项及实习记录

教师先进行示范演示，然后指导学生进行操作，应结合操作对学生进行仪器安全常识教
育，使学生从第一次接触仪器开始养成良好的作业习惯和业务作风。

1. 在每次读数之前，要消除视差，并使符合水准气泡严格居中。

2. 在已知点和待定点上不能放置尺垫，但转点必须用尺垫，在仪器迁站时，前视点的尺

垫不能移动。

普通水准测量记录表

日期：_____年___月___日　天气：_____　仪器型号：_____　组号：_____

观测者：_____　记录者：_____　立尺者：_____

测点	水准尺读数(m)				高差 h(m)		高程 (m)	视距	备注
	后尺		前尺		＋	－			
点号	中丝	上丝 下丝	中丝	上丝 下丝					起点高程(m)
计算校核	$\sum a - \sum b =$				$\sum h =$				

水准路线计算表

点号	距离(km) 或测站数	高差(m)		改正后高差 (m)	高程 (m)	备注(单位 m)
		观测值	改正数			
$\sum$						

实习二　三等水准测量

一、实习目的

1. 通过完成一定量的三等水准观测与计算任务,结合课堂理论教学内容,掌握水准仪的操作方法与三等水准观测、记簿与计算方法。
2. 掌握三等水准测量的外业观测方法。
3. 理解三等水准测量的限差项目及要求。

二、仪器设备

4 人一组,每组水准仪 1 台、双面水准尺 1 对、记录板 1 个(尺垫 2 个,测伞 1 把)。

三、实习任务

实验安排 2～3 学时,实验小组由组长负责。

按三等水准测量要求,每组完成一条长度约 1.0 km 的三等水准路线测量(例如:闭合水准环 BM、XLa01、XLa02、XLa03 返回 BM)的观测任务。

1. 要求每人至少完成一个测段的观测及记簿任务。
2. 每人独立完成小组所测的三等水准测量成果计算。

四、实习要点及流程

1. 要点:

(1) 三等水准测量按"后前前后"(黑黑红红)顺序观测。即① 读取后视尺黑面读数:下丝(1)、上丝(2)、中丝(3);② 读取前视尺黑面读数:下丝(4)、上丝(5)、中丝(6);③ 读取前视尺红面读数:中丝(7);④ 读取后视尺红面读数:中丝(8)。

(2) 记录要规范,各项限差要随时检查,无误后方可搬站。

2. 流程:由 BM→XLa01→XLa02→XLa03→BM。

五、实习记录

三等水准测量外业记录表

测站:＿＿＿＿＿　日期:＿＿＿＿年＿＿月＿＿日　天气:＿＿＿＿＿　仪器型号:＿＿＿＿＿

组号:＿＿＿＿　观测者:＿＿＿＿＿　记录者:＿＿＿＿＿　立测杆者:＿＿＿＿＿＿＿

测点编号	后尺 上丝 / 下丝	前尺 上丝 / 下丝	方向及尺号	标尺读数 黑面(m)	标尺读数 红面(m)	K+黑减红(mm)	高差中数(m)	备注
	后距	前距						
	视距差(m)	累加差(m)						
	(1)	(4)	后尺 1#	(3)	(8)	(14)	(18)	
	(2)	(5)	前尺 2#	(6)	(7)	(13)		

测点编号	后尺 上丝 下丝		前尺 上丝 下丝		方向及尺号	标 尺 读 数		K+黑减红(mm)	高差中数(m)	备 注
						黑面(m)	红面(m)			
	后距		前距							
	视距差(m)		累加差(m)							
|	(9)		(10)		后一前	(15)	(16)	(17)	(18)	已知水准点高程 =_____ m。
	(11)		(12)							
|										尺1♯ 的K_1=
										尺2♯ 的K_2=
|										
|										
|										
|										
|										

实习三　水准仪的检验与校正

一、实习目的

1. 了解水准仪的构造,熟悉水准仪各部件性能及其相互关系。
2. 掌握水准仪的主要轴线及其应满足的条件。
3. 掌握水准仪的检验和校正方法,重点掌握 i 角检验校正的方法和标尺水准器的检验校正方法。

二、仪器设备

4 人一组,每组 DS_3 水准仪 1 台、水准尺 1 对、记录板 1 个。

三、实习任务

实验安排 2 学时,实验小组由组长负责。

每组完成水准仪的圆水准器、十字丝横丝、水准管平行于视准轴(i 角)三项基本检验。

四、实习要点及流程

1. 要点:进行 i 角检验时,要仔细测量,保证精度,才能把仪器误差与观测误差区分开来。
2. 流程:圆水准器检校→十字丝横丝检校→水准管平行于视准轴(i 角)检校。

五、实习记录

1. 圆水准器的检验:圆水准器气泡居中后,将望远镜旋转 180°后,观察气泡是否居中。若气泡偏离两格以上需校正。校正时,转动脚螺旋使气泡朝圆水准器中心方向移动偏离量的一半,然后调节三个校正螺丝使气泡居中。

2. 十字丝横丝检验:在墙上找一点,使其恰好位于水准仪望远镜十字丝左端的横丝上,旋转水平微动螺旋,用望远镜右端对准该点,观察该点是否仍位于十字丝右端的横丝上。

3. 水准管平行于视准轴(i 角)的检验:

	立尺点		水准尺读数	高差	平均高差	是否要校正
仪器在 A、B 点中间位置	A					
	B					
	变更仪器高后	A				
		B				
仪器在离 B 点较近的位置	A					
	B					
	变更仪器高后	A				
		B				

注:校正时,仪器设置在靠近水准尺的 B 点,转动微倾螺旋,使远尺上 A 的读数为正确读数,用校正针拨动水准管上、下两个校正螺丝使符合气泡重新居中,此项工作应反复进行几次,直到符合要求为止。

实习四　精密数字水准仪的认识与使用

一、实习目的

熟悉徕卡 LS15 数字水准仪的结构，通过实际操作，掌握利用数字水准仪进行精密水准测量的基本原理和方法。

二、仪器设备

每组借用 LS15 数字水准仪 1 套（配三脚架）、条码标尺 1 副、尺垫 1 付。

三、实习任务

每组选定一条闭合水准路线，每人完成不少于两站的观测。

四、实习步骤

1. 手提把手，将仪器由箱中取出，安置在脚架上，粗平和电子气泡整平仪器。

2. 在教师指导下，了解数字水准仪的测量原理，熟悉 LS15 型数字水准仪各部分的构造名称、键盘作用并练习使用。

3. 将仪器整平后，按 ON/OFF 键开机，进行仪器的设置。包括：测量值的单位（M、FT、IN）、所显示的测量值小数点后的位数、语言和时间等。

4. 进行测量。望远镜聚焦后，将仪器的垂直十字丝与标尺重合，可用像机自动对准。然后按下开始按键，则标尺读数与距离在 2～3 s 后显示出来。

5. 选定一条水准路线，进行水准路线的测量。

LS15 电子水准仪线路测量程序：程序→线路测量→设置作业→设置限差→开始测量→选择前后标尺观测顺序、人工粗对准标尺后用像机瞄准→按测量键。线路测量完成后，按主页键 ![home] ，再按 F4 返回主界面。若观测错误，按返回键 ![back] ，再按 F4，删除当前观测数据。

五、注意事项

1. 三等水准测量往、返测每测站照准标尺顺序：(a) 后视标尺；(b) 前视标尺；(c) 前视标尺；(d) 后视标尺。

2. 四等水准测量往、返测每测站照准标尺顺序：(a) 后视标尺；(b) 后视标尺；(c) 前视标尺；(d) 前视标尺。

3. 实验前要认真阅读操作说明书，了解仪器的基本操作步骤和一些相关设置。实验时要用与仪器相配套的条码标尺。

实习五　经纬仪的整置、读数及水平角、垂直角观测

一、实习目的

1. 掌握经纬仪的结构、经纬仪的整置方法、DJ$_6$ 级经纬仪的操作与读数方法、水平角和垂直角的观测方法。

2. 通过完成一定量的水平角和垂直角观测任务,结合课堂理论教学内容,掌握 DJ$_6$ 级经纬仪水平角和垂直角的观测方法。

二、仪器设备

4 人一组,每组 DJ$_6$ 经纬仪 1 台、脚架、手簿、铅笔等(记录板 1 个)。

三、实习任务

实验安排 2～3 学时,实验小组由组长负责。

1. 理解经纬仪的结构及各部件间应满足的条件,特别是经纬仪的三轴及其应满足的关系;理解水平角及垂直角测量的限差项目及要求。

2. 熟练掌握经纬仪的整置及基本操作方法,包括对中、整平、调焦、水平度盘角度值安置等,掌握 DJ$_6$ 级经纬仪读数方法。

3. 每组采用全圆测回法完成有四个观测方向两测回水平角观测及中丝法垂直角观测任务。

4. 每人完成水平角及垂直角的记簿及计算。

四、实习要点及流程

1. 要点:全圆观测法测角时要随时注意各项限差是否超限,才能保证最后成果可靠;竖直角观测时,注意经纬仪竖盘读数与竖直角的区别。

2. 全圆观测法水平角观测流程:

(1)将经纬仪安置于测站 O 上,对中和整平,在 A、B、C、D 点上竖立观测标志;

(2)盘左位置照准起始方向 A,配置度盘于稍大于 $0°00'$ 处,读取其读数,记入手簿;

(3)松开制动螺旋,顺时针转动照准部依次照准目标 B、C、D,分别读取水平度盘读数,记入手簿。最后再一次精确照准目标 A,读取水平度盘读数并记入观测手簿。完成上半测回,观测次序可归纳为 $ABCDA$;

(4)倒转望远镜成盘右位置,按上述方法先照准目标 A 进行读数,再逆时针依次照准目标 D、C、B 以及 A 进行读数,分别记入相应的表格中。完成下半测回,观测次序可归纳为 $ADCBA$。

3. 竖直角观测流程:在 A 点观测 B 点的盘左竖盘读数并记录→在 A 点测 B 点的盘右竖盘读数→计算 A 点至 B 点的竖直角并记录。

五、注意事项

1. 按正确的方法寻找目标和进行瞄准,对于线状目标,尽可能瞄准其底部。

2. 同一测回观测时,盘左起始方向度盘配置好后,切勿误动度盘变换手轮或复测扳手,除盘左起始方向度盘配置时,其余方向均不得再动度盘变换手轮或复测扳手调零。

3. 在操作中,千万不要将轴座连接螺旋当成水平制动螺旋而松开。

4. 记录人员要及时地进行手簿的记录、计算和检查,以确保观测成果满足测站限差的要求。

六、实习记录

水平角记录手簿

测站：_____　日期：_____年___月___日　天气：_____　仪器型号：_____

组号：_____　观测者：_____　记录者：_____　立测杆者：_____

测回数	测站	目标	盘左读数 ° ′ ″	盘右读数 ° ′ ″	$2C=L-(R\pm180°)$ (″)	$\dfrac{L+R\pm180}{2}$ ° ′ ″	一测回归零方向值 ° ′ ″	各测回归零方向平均值 ° ′ ″	角值 ° ′ ″
1	2	3	4	5	6	7	8	9	10
I	O								
II	O								

竖直角记录表

测站：_____　日期：_____年___月___日　天气：_____　仪器型号：_____

组号：_____　观测者：_____　记录者：_____　立测杆者：_____

测点	目标	竖盘位置	竖盘读数 (° ′ ″)	半测回竖直角 (° ′ ″)	指标差 (″)	一测回竖直角 (° ′ ″)
		左				
		右				
		左				
		右				
		左				
		右				

（续表）

测点	目标	竖盘位置	竖盘读数 （°　′　″）	半测回竖直角 （°　′　″）	指标差 （″）	一测回竖直角 （°　′　″）
		左				
		右				
		左				
		右				

实习六　经纬仪的检验与校正

一、实习目的

1. 了解经纬仪的构造和原理。
2. 掌握经纬仪的检验和校正方法。

二、仪器设备

4 人一组，每组 DJ₆ 经纬仪 1 台、测钎 2 个、三角板 1 个、皮尺 1 把、记录板 1 个。

三、实习任务

实验安排 2 学时，实验小组由组长负责。

每组完成经纬仪的检验任务（照准部水准管轴、十字丝竖丝、视准轴、横轴、光学对中器、竖盘指标差）。

四、实习要点及流程

1. 要点：经纬仪检验时，要以高精度要求观测。竖直角观测时，注意经纬仪竖盘读数与竖直角的区别。

2. 流程：照准部水准管轴→十字丝竖丝→视准轴→横轴→光学对中器→竖盘指标差。

（1）照准部水准管的检验：用脚螺旋使照准部水准管气泡居中后，将经纬仪的照准部旋转 $180°$，照准部水准管气泡偏离一格，需要校正。

（2）十字丝竖丝是否垂直于横轴的检验：在墙上找一点，使其恰好位于经纬仪望远镜十字丝上端的竖丝上，旋转望远镜上下微动螺旋，用望远镜下端对准该点，观察该点是否仍位于十字丝下端的竖丝上。

（3）视准轴的检验：在平坦地面上选择一直线 AB，约 80 m，在 AB 中点 O 架仪，并在 B 点垂直横置一小尺。盘左瞄准 A，倒镜在 B 点小尺上读取 B_1；再用盘右瞄准 A，倒镜在 B 点小尺上读取 B_2，经计算若 DJ₆ 经纬仪 $2c > 60″$；DJ₂ 经纬仪 $2c > 30″$ 时，则需校正。

（4）横轴的检验：在 $20 \sim 30$ m 处的墙上选一仰角大于 $30°$ 的目标点 P，先用盘左瞄准 P 点，放平望远镜，在墙上定出 P_1 点；再用盘右瞄准 P 点，放平望远镜，在墙上定出 P_2 点。经计算若 DJ₆ 经纬仪 $i > 20″$ 时，则需校正。

（5）指标差的检验：仪器整平，用盘左、盘右分别瞄准高处一明显目标 P 点，读数为 L、R。

指标差 $i=(L+R-360°)/2$,针对 DJ$_6$ 经纬仪,若 $i \leqslant 60''$,满足要求;若 $i > 60''$,需要校正。

（6）光学对中器的检验:安置经纬仪后,使光学对中器十字丝中心精确对准地面上一点,再将经纬仪的照准部旋转 180°,眼睛观察光学对中器,其十字丝_____（填"是"或"否"）精确对准地面上的点。

实习七 钢尺量距记录手簿

一、实习目的

掌握钢尺量距的一般方法。

1. 钢尺量距时,读数及计算长度取至毫米。

2. 钢尺量距时,先量取整尺段,最后量取余长。

3. 钢尺往、返丈量的相对精度应高于 1/3 000,则取往、返平均值作为该直线的水平距离,否则重新丈量。

二、仪器设备

30 m 钢尺 1 把,测钎 1 把,记录板 1 块（标杆 3 支）。

三、实习任务

实验安排 2 学时,实验小组由组长负责。

4 人一组,每组用一测回完成一段 150 m 左右的地面距离的观测任务。

四、实习步骤和要求

1. 要点:距离测量时,注意钢尺端点的读数,判断端点尺和刻线尺的区别。

2. 流程:

（1）在地面上选定相距约 150 m 的 A、B 两点插测钎作为标志,目视定线,使得测量尺点位于 AB 直线上;

（2）往测:后尺手持钢尺零点端对准 A 点,前尺手持尺盒及携带测钎向 AB 方向前进,依次测量每一完整尺段,记录整尺段数;最后测不足一尺段时为余长,读至 mm;记录者在丈量过程中在"钢尺量距记录"表上记下整尺段数及余长,计算往测总长;

（3）返测:由 B 点向 A 点用同样方法丈量,计算返测总长;

（4）根据往测和返测的总长计算往返差数、相对精度,最后取往、返总长的平均数作为最终结果。

五、注意事项及实习记录

1. 钢尺量距的原理简单,但在操作上容易出错,要做到三清:零点看清——尺子零点不一定在尺端,分清刻线尺与端点尺;读数认清——尺上读数要认清 m,dm,cm 的汗字和 mm 的分划数;尺段记清——尺段较多时,容易发生少记一个尺段的错误。

2. 钢尺容易损坏,为维护钢尺,应做到四不:不扭,不折,不压,不拖。用毕要擦净后才可卷入尺壳内。

普通距离测量记录手簿

测站：_____　日期：_____年___月___日　天气：_____　仪器型号：_____

组号：_____　观测者：_____　记录者：_____　立测杆者：_____

测线		分段测量长度(m)		总长度 (m)	平均长度 (m)	精度：
		整尺段数 ($n \times l$)	零尺段(l')			
AB	往					量距方便地区≤ 1/3 000
	返					

精密钢尺量距记录手簿

测站：_____　日期：_____年___月___日　天气：_____　仪器型号：_____

组号：_____　观测者：_____　记录者：_____　立测杆者：_____

尺长方程式：$l_t = 30 + 0.005 + 1.25 \times 10^{-5}(t - 20℃) \times 30$　检定时拉力：10 kg

工程名称：		天气：			测量者：		
日期：		仪器：			纪录者：		
尺段号		钢尺读数(m)			中数(m)	高差测定(m)			温度 (℃)

尺段号		第一次	第二次	第三次	中数(m)	点号	往测标 尺读数	返测标 尺读数	温度 (℃)
A	前					A			
	后					1			
1	前－后					h			
1	前					1			
	后					2			
2	前－后					h			
2	前					2			
	后					B			
B	前－后					h			

实习八　闭合导线外业测量

一、实习目的

1. 掌握闭合导线的布设方法。
2. 掌握闭合导线的外业观测方法。

二、仪器设备

4 人一组，每组的 DJ_2 或 DJ_6 经纬仪 1 台、测钎 2 个、钢尺 1 把、记录板 1 个。

三、实习任务

实验安排 2～3 学时，实验小组由组长负责。

每组完成闭合导线的水平角观测、导线边长丈量的任务。

四、实习要点及流程

1. 要点：闭合导线的折角，观测闭合图形的内角；瞄准目标时，应尽量瞄准测钎的底部；量边要量水平距离。

2. 流程：观测连接角 β_1，转折角 β_2、β_3、$\cdots$、β_{n+1}；量边 S_1、量边 S_2、量边 S_3、$\cdots$、量边 S_n。

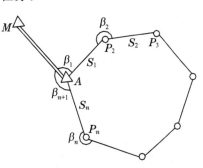

附图 1 - 2　闭合导线

五、实习记录

导线测量外业记录表

测站：_____　日期：_____年___月___日　天气：_____　仪器型号：_____

观测者：_____　记录者：_____　参加者：_____

测点	盘位	目标	水平度盘读数 ° ′ ″	水平角 半测回值 ° ′ ″	水平角 一测回值 ° ′ ″	示意图及边长
						边长名：_____ 第一次 =_____ m。 第二次 =_____ m。 平　均 =_____ m。
						边长名：_____ 第一次 =_____ m。 第二次 =_____ m。 平　均 =_____ m。

（续表）

| 测点 | 盘位 | 目标 | 水平度盘读数
° ′ ″ | 水平角 | | 示意图及边长 |
				半测回值 ° ′ ″	一测回值 ° ′ ″	
						边长名：_____ 第一次＝_____ m。 第二次＝_____ m。 平　均＝_____ m。
						边长名：_____ 第一次＝_____ m。 第二次＝_____ m。 平　均＝_____ m。
校核		内角和闭合差 $f=$				

实习九　一个测站上的经纬仪地物地貌碎部测量

一、实习目的

掌握常用碎部点的采集方法，掌握点状、线状、面状地物的测绘方法及要领，深刻理解地形特征点的概念和测定方法，掌握等高线的概念和绘制方法。

二、实习内容

1. 掌握使用经纬仪进行碎部点数据采集的基本过程和基本操作。
2. 熟悉用视距法测地形时，在一个测站上的工作内容及步骤。
3. 练习观测、跑尺、记录和计算工作。

三、仪器设备

4 人一组，每组经纬仪 1 台，视距尺 1 根。

每人自备：记录表 1 份，记录板 1 块，铅笔，小刀，计算器。

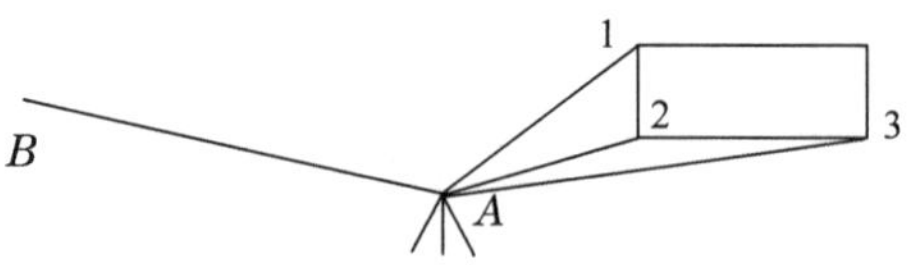

附图 1 - 3

四、实习步骤和要求

实验安排 4 学时，实验小组由组长负责。

1. 每组在指定的地点安置仪器。进行对中和整平；如附图 1 - 3 所示，以控制点 A 为测站点安置经纬仪，盘左置水平度盘读数为 0°00′，瞄准另一控制点 B 为起始方向，量取仪器高 i 至 0.5 cm，随即将测站名称、仪器高记入碎部测量记录表格。

2. 在图纸上展出测站点 a 和起始方向 b，连接 a、b 为起始方向线，并用小针将量角器的圆心角固定在测站点 a，然后将地面的直线按测图比例尺缩小的长度，在图板上以 a 为起

碎部测量手簿

测站：_____

测站高程：_____ m　零方向：_____

年___月___日　观测者：_____　仪器高(i)：_____ m；指标差(X)：_____

记录者：_____　大气：_____

仪器编号：_____

测站点	尺上读数 mm		视距	垂直角		高差(m)			水平角 ° ′ ″	水平距离 (D) m	测点高程 (H) m	备注
	下丝(b) 上丝(a)	中丝(l)		观测角值 ° ′ ″	改正后角值 ° ′ ″	计算值h'	i − l	高差 h				

点,定出 b 点。

3. 将视距尺立于选定的各碎部点上,用经纬仪瞄准水准尺,读取下丝、上丝、中丝数值,竖盘读数和水平角读数,将各观测值依次记入表格。

4. 当场计算视距、竖直角、高差、水平距离和碎部点高程。

5. 将计算的各碎部点数据,依水平角、水平距离,用量角器按比例尺展绘在图板上,并注出各点高程,描绘地物。

也可以将数据计算完成后进入 CASS 软件成图。

五、注意事项及实习记录

1. 在读取竖盘读数时,必须使竖盘指标的水准器居中。

2. 在读取竖盘读数时,十字丝应照准水准尺中丝读数,记取 l 值。

3. 小组的每个同学观测完毕,都要重新照准起始方向的目标,检查水平度盘的读数,是否仍为 $0°00'$。

4. 计算高差时要注意高差的符号。

5. 尺子必须立直,如尺子不直不能读数。

实习十　全站仪测量及点位放样

一、实习目的

1. 了解全站仪的构造和测角的基本原理,了解全站仪及基本操作方法。

2. 掌握全站仪的测角测边测三维坐标的功能。

3. 掌握全站仪放样三维坐标点的功能。

二、仪器设备

4 人一组,每组全站仪 1 台,数据电缆 1 根,脚架 1 个,棱镜杆 1 根,棱镜 1 个,钢卷尺(2 m)1 把,自备铅笔。

三、实习任务

实验安排 3 学时,实验小组由组长负责。

每组完成 2 个水平角、2 段水平距离、2 个点的坐标测量及 2 个坐标点的实地放样任务。

四、实习要点及流程

1. 要点:全站仪各键操作,不要死记,要注意按键提示的状态。

2. 流程:用全站仪的测角模式进行水平角、竖直角测量;距离测量模式进行平距、斜距测量;坐标测量模式进行点的三维坐标测量;主菜单模式进行点的平面位置放样,并标出填挖高度。

全站仪测回法测水平角记录表

测站：_____　日期：_____年___月___日　天气：_____　仪器型号：_____

观测者：_____　记录者：_____　立棱镜者：_____

测点	盘位	目标	水平度盘读数 ° ′ ″	水平角		示意图
				半测回值 ° ′ ″	一测回值 ° ′ ″	

实习十一　全站仪测记法数字测图

一、实习目的

掌握用全站仪的程序进行碎部点数据采集，并利用内存记录数据的方法，掌握全站仪和计算机之间进行数据传输的方法，并学会画草图。

二、仪器设备

4 人一组，每组全站仪 1 台，数据电缆 1 根，脚架 1 个，棱镜杆 1 根，棱镜 1 个，钢卷尺（2 m）1 把，自备铅笔。

三、实习任务

实验时数：课内 2 学时，课外 2 学时，实验小组由组长负责。

每组完成一个测站小区域的建议地形图任务。

四、实习要点及流程

1. 野外数据采集

用全站仪进行数据采集可采用三维坐标测量方式。测量时，应有一位同学绘制草图。草图上须标注碎部点点号（与仪器中记录的点号对应）及属性。

（1）安置全站仪，对中整平，量取仪器高，检查中心连接螺旋是否旋紧。

（2）打开全站仪电源，并检查仪器是否正常。

（3）建立控制点坐标文件，并输入坐标数据。

（4）建立（打开）碎部点文件。

（5）设置测站。选择测站点点号或输入测站点坐标，输入仪器高并记录。

（6）定向和定向检查。选择已知后视点或后视方位进行定向，并选择其他已经点进行定向检查。

（7）碎部测量。测定各个碎部点的三维坐标并记录在全站仪内存中，记录时注意棱镜高、点号和编码的正确性。

（8）归零检查。每站测量一定数量的碎部点后，应进行归零检查，归零差不得大于 $1'$。

2. 全站仪数据传输

（1）利用数据传输电缆将全站仪与电脑进行连接。

（2）运行数据传输软件，并设置通讯参数（端口号、波特率、奇偶校验等）。

（3）进行数据传输，并保存到文件中。

（4）进行数据格式转换。将传输到计算机中的数据转换成内业处理软件能够识别的格式。

五、注意事项及提交成果

1. 在作业前应做好准备工作，将全站仪的电池充足电。

2. 使用全站仪时，应严格遵守操作规程，注意爱护仪器。

3. 外业数据采集后，应及时将全站仪数据导出到计算机中并备份。

4. 用电缆连接全站仪和电脑时，应注意关闭全站仪电源，并注意正确的连接方法。

5. 拔出电缆时，注意关闭全站仪电源，并注意正确的拔出方法。

6. 控制点数据、数据传输和成图软件由指导教师提供。

7. 小组每个成员应轮流操作，掌握在一个测站上进行外业数据采集的方法。

8. 实验结束后将测量实验报告以小组为单位装订成册上交，同时各组提交电子版的原始数据文件和图形文件及纸质实验报告。

实习十二　全要素地形图扫描数字化

一、实习目的

让学生了解地形图从纸质图形转化为计算机数字图形数据的基本过程，掌握扫描屏幕数字化的基本原理和方法。

1. 了解 CASS for AutoCAD 软件的安装、操作界面和基本功能。

2. 了解 CASS 软件的简单操作功能。

3. 掌握 CASS 地图扫描矢量化的基本原理与方法，掌握应用 CASS 软件进行栅格地形图屏幕矢量化的操作技术。

二、仪器设备

每人 1 台计算机，基于 AutoCAD 平台南方 CASS7.1 成图系统软件，栅格化 1∶1 000 地形图。

三、实习任务

实验安排 4 学时,每人完成一幅全要素 1:1 000 地形图数字化任务。

四、实习要点及流程

1. 插入栅格图像

(1)选取图像:点击工具→光栅图像→插入图像→附着(A)…,从底图文件中选择一幅图像,其他各项内容默认后确定。

(2)显示图像:在屏幕上任意画一矩形图形后回车,屏幕则显示该栅格图像。如果图像太小,则适当放大。

2. 栅格图像纠正

(1)图像定向:点击工具→光栅图像→图像纠正。再点击栅格图像的外边缘线,则出现图像纠正框,分次点击显示框中第一行图面的拾取后,适当放大图像后分别精确点击内图廓的 4 个角点位置,在第二行实际的东和北的选项中填写该点 Y 和 X 坐标值(单位:m)后,点击添加。

(2)图像纠正:选项纠正方法为线性变换不变,点击纠正;完成后点击平移工具,然后在屏幕上单击右键,选择范围缩放,屏幕显示纠正后的图像。

3. 图框设置

(1)插入图框:点击文件→CASS 参数设置→图框设置,填写各项内容后确定。

(2)比例尺设置:点击绘图处理→改变当前图形比例尺,命令行中输入比例尺分母后回车。

(3)图幅设置:点击绘图处理→标准图幅(500 mm×500 mm),在图幅整饰框中输入图名等各项内容,其中删除图框外实体选项应取消"√",然后确认。

4. 栅格图像矢量化

(1)图层颜色:点击工具栏中图层管理→图层特性管理器,改变指定图层的显示颜色。

(2)信息修改:图廓外各项内容,可以双击该项后重新输入信息。

(3)地物矢量化:判断和明确图像上各种地物的属性,在右侧屏幕菜单栏中选择该项地物的符号,开始屏幕数字化工作。按图层数字化,顺序为:居民地与交通设施、水系及其设施、园林植被、控制点与独立地物、各种文字注记。

(4)地貌矢量化:

① 特殊地貌:在右侧菜单栏中点击地貌土质,进行选择后绘制;

② 图面点高程:在右侧菜单栏中点击地貌土质→高程点→一般高程点后(初始时会提示是否建立高程点文件。选择是,建立一个 *.dat 文件),下部命令行中默认回车,点击图面各高程点位置,在下部命令行输入该点相应高程值后回车;

③ 绘制等高线:在工具栏点击等高线(S)→建立 DTM,显示建立 DTM 框,选择由图面高程生成后确定,再在命令栏输入选择信息,确定范围后显示三角网。再点击等高线(S)→绘制等高线,出现绘制等值线框,输入各项信息后确定,则等高线形成。

④ 再点击等高线(S)→删三角网,则三角网消失,等高线保留。

五、注意事项及提交成果

1. 在上机矢量化地形图时,应及时存盘,以防断电、系统崩溃等难以预防的突然故障造成矢量化的图形内容丢失。严格按照国标"地形图图式"要求的符号、线型和线宽等进行矢量化。矢量化线形地物时应沿栅格图像中的线条中心线取点。操作时,控制图层管理器框中开/关(灯泡图标)各图层,便于各图层的编辑与修改。如:绘制等高线时,可以只保留高程点(名称:GCD)而关闭其他各层,便于绘制等高线。

2. 每人实验报告 1 份,内容要求简明扼要,重点突出;提交 1∶500 或 1∶1 000 矢量化地图(.dwg 格式)1 份。

实习十三　地形图分幅编号

一、实习目的

众所周知,各种比例尺的地形图是按适当面积测制的,一个区域可能包含着大量的图幅。为了便于组织地图的生产管理和检索使用,将地形图按比例尺图幅范围划分编号,即地形图的分幅编号。目前我国常用的地形图分幅编号方法有两种:国际百万分之一地形图为基础的分幅编号和新《国家基本比例尺地形图分幅和编号》。国家基本比例尺地形图的分幅与编号分为 1∶100 万、1∶50 万,1∶25 万,1∶10 万、1∶5 万,1∶2.5 万、1∶1 万、1∶5 000、1∶2 000、1∶1 000 及 1∶500 共十一种。

1. 通过具体图幅编号的计算,掌握基本比例尺地形图的分幅和编号的方法。

2. 已知某地的地理坐标为 $\varphi = 27°56'(N)$,$\lambda = 112°46'(E)$。用图解法和解析法分别推算出该点所在的 1∶50 万、1∶5 万、1∶1 万地形图的分幅和编号。

二、实习步骤

实验安排 2 学时。

1. 图解法

(1) 根据某地的地理坐标,每幅 1∶100 万地形图的标准分幅是经差 6°,纬差 4°,求其所在的 1∶100 万比例尺地形图的图号,以"列-行"形式表达。

(2) 以经差 30′,纬差 20′,将 1∶100 万图幅划分成 144 幅 1∶10 万的图幅,以该地的经纬度确定 1∶10 万图幅的序号。

(3) 以经差 15′,纬差 10′,将该地所在的 1∶10 万图幅分成 4 幅 1∶5 万的图幅,以该地的经纬度确定 1∶5 万图幅的序号。

(4) 以经差 3′45″,纬差 2′30″,将该地所在的 1∶10 万图幅划分成 64 幅 1∶1 万的图幅,以该地的经纬度确定 1∶1 万图幅的序号。

2. 解析法

(1) 根据某地的地理坐标,求其所在的 1∶100 万地形图图号的列数和行数,得 1∶100 万图幅的图号。

(2) 用求 1∶100 万图号列数和行数时剩下的余纬、余经数值分别除以 1∶10 万图幅的纬差和经差,得该地所在的 1∶10 万图幅在 1∶100 万图幅内所处的某一列数和行数,便求得 1：10 万图幅的序号,若余纬或余经小于纬差和经差,则商均取 1。

（3）用求 1：10 万图号列数和行数时剩下的余纬、余经数值分别除以 1：5 万图幅的纬差和经差,得该地所在的 1：5 万图幅在 1：10 万图幅内所处的某一列数和行数,则得 1：5 万图幅的序号。

（4）用求 1：10 万图号列数和行数时剩下的余纬、余经数值分别除 1：1 万图幅的纬差和经差,得该地所在的 1：1 万图幅在 1：10 万图幅内所处的某一列数和行数,则得 1：1 万图幅的序号。

（5）依图号构成的方式,写出各比例尺地形图相应的图号。

已知地理坐标为北纬 30°18′10″,东经 120°09′15″,编制程序实现,求解该地所在 1：5 万和 1：1 万地形图的图号(1：100 万→H-51,1：10 万→H-51-61,1：5 万→H-51-61-A;1：1 万→H-51-61-(3))。

实习十四　　地图符号库的定制

一、实习目的

地图是空间信息的符号模型,而地图符号作为传递空间信息的手段,在地图的绘制和使用中起着不可替代的作用。地图符号由不同形状、大小、色彩的图形和文字组成,它不受地图比例尺缩放的限制来反映区域的基本地貌,提供地图极大的表现力。

地图符号按照是否按比例尺表示地理事物、地理现象可分为点符号、线符号、面符号。

1. 点状符号

在 ArcMap 的 Style Manager 中,点状符号可以通过四种方式来实现,包括箭头符号、简单的图形符号如圆、菱形、矩形、十字形及其组合;字体符号和图片。对于复杂的点状符号,可以采用调用矢量格式的字体符号或栅格格式的图片方式,制作点状符号一般采用字体编辑器生成字体符号的方式。

2. 线状符号

在 Style Manager 中对不同的线型提供了五种实现方式,包括简单线、细切线、制图线、点状符号或图片构成的线。对地形图图式中的不同类型的线型,可以根据这五种方式分别组合制作。对于不同粗细长短的线状符号,可以选择由制图线来完成,经过长短粗细和偏移的调整实现;而对于复杂的线状符号,首先把复杂的部分做成点状符号,然后在由点状符号直接组成线状符号,或与其他线状符号叠加而成。例如:栅栏、篱笆、陡岸以及各种道路。

3. 面状符号

对于面状符号的绘制同样也有五种方法,包括单色填充、渐变色填充、制图线填充、点状符号填充和图片填充。通常采用两种方法:一种方法是对于一些房屋、沼泽地等面状符号,可以由简单线或其他线状符号来填充;另一种方法可以用点状符号来填充,对于点状填充符号的属性编辑对话框设有对符号的填充提供旋转和行间错位偏移,可以采用多层填充符号的叠加方式,需要在不同的层中设置相同的间距和不同的偏移量,如果园、草地等。同时这种符号也可以用线来填充,大多数的面状符号都是斜列式,可以看作是线状符号的倾斜排列,同时在制作 TrueType 字体时就要对这些符号进行逆向旋转相同的角度,这样填充以后的图形才符合图式的规则。

本实习的目的：了解各种符号的特点；掌握定制各种符号的方法并定制各种符号，根据《地形图图式》选择要定制的符号。

二、仪器资料

基础资料：《地形图图式》、ArcGIS 软件、工具字体编辑器（Font Creator）。

二、实习步骤

实验安排 2 学时。

1. 在字体编辑器中制作各种地图符号的字体，并装在 Windows 中的字体库中。

2. 在 ArcMap 中调用制作好的字体符号，绘制各种点状符号（打开 ArcMap，单击 Tool→Styles→Style Manager 进入符号编辑界面）。

3. 通过点状符号和简单线状符号的组合以及偏移进行复杂线状符号的定制。

4. 通过点状符号、线状符号和简单面状符号的组合以及错位偏移进行复杂面状符号的定制。

实验十五　室内地形图阅读

一、实习目的

地图表示了地理环境信息及其有关规律，是一种时间、空间和物体现象组合的信息，具有定量、定位的特点。地图应用就是在认识地图信息这一特征的基础上，采用一定的技术方法来获取这些信息。地形图阅读是了解地图上的信息特征和符号化方法的一种手段，应用地图须从阅读地图开始。它是地图分析与解译的基础。

进行地图阅读，应对照地形图的图式图例，阅读地图内容的所有图形要素，包括自然和社会经济要素、数学要素和辅助要素，运用符号与表示对象的联系，以获取该区域的地理环境性质与分布特征的知识。

通过本实习了解和熟悉地形图的主要特征，掌握阅读地形图的基本步骤，熟悉地形图图式符号，逐步学会从地图上获取有关地理信息。在已有的对地图直观认识基础上，得出更为科学、系统和全面的认识，增加学习兴趣。

二、仪器设备

每人一台计算机，MapInfo Professional 或 ARCGIS 软件，王家庄地形图（附图 1 - 4）。

三、实习任务

实验安排 2 学时。

1. 指出图中最高点、最低点位置及其坡度。

2. 说明基本等高距，举例说明地形点注记高程。

3. 指出山脊线走向。

4. 指出山地与平地的分布情况。

5. 指出图中种植地名称。

6. 说明主要交通线、电力线的分布情况。

7. 说明居民点的主要分布区域。

四、注意事项及提交成果

1. 判读结果可在图中说明。

2. 每人实验报告 1 份,简明扼要,重点突出。

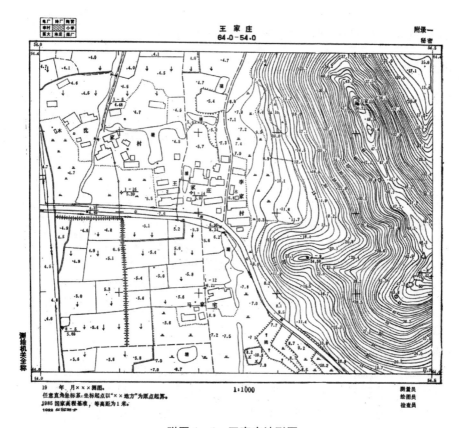

附图 1-4 王家庄地形图

第二部分 集中测量实习

实习一 大比例尺地形测图

一、实习目的

每小组施测 200 米×200 米范围地形图,比例尺为 1∶500。

二、仪器设备

实验安排:每组 4~5 人。

设备一:DS₃ 水准仪、DJ₆ 经纬仪,计算器,记录板,测伞,花杆,钢卷尺,斧头,木桩、小钉。

设备二:电子全站仪,反射棱镜测杆,计算器,测伞,小钢卷尺 1 把,记录板 1 块,斧头 1 把,木桩、小钉数个。

三、实习要点及流程

1. 高程控制 敷设四等水准路线。

(1) 准备工作:水准仪检校、工具与用品准备、复习教材有关内容。

(2) 外业工作:踏勘、选点、埋标、进行四等水准测量。

(3) 内业工作:手簿检查、水准测量成果整理、编制水准测量成果表。

(4) 应交资料:小组应交水准点位置略图与说明、观测记录手簿、水准点成果表。个人应交水准测量成果整理计算表。

2. 平面控制 敷设独立图根导线。

(1) 准备工作:仪器的检验与校正、工具与用品准备、复习教材有关内容。

(2) 外业工作:踏勘测区、拟定布网方案、选点、埋桩、标志点号、角度观测和距离测量。

(3) 内业工作:外业手簿的检查和整理、绘制控制网略图、导线网平差计算、坐标计算、编制平面控制成果表、展绘控制点。

(4) 应交资料:小组应交全部外业观测记录手簿、控制点成果表、控制网平面图。个人应交控制平差计算表和坐标计算表。

3. 加密控制 视测区情况、可采用视距导线,也可采用交会定点加密。

4. 碎部测量 测绘地物地貌。

(1) 准备工作:图板准备、检校经纬仪(竖直部分及视距常数)、工具与用品准备、复习教材有关部分。

(2) 外业工作:加密控制点、地形测绘。

(3) 内业工作:碎部点上点检查、地形图清绘、拼接、整饰与检查。

(4) 应交资料:地形测量观测手簿、清绘好的地形图。

此项实验也可以使用全站仪完成。

实习二　　建筑物或构筑物轴线施工放样

一、实习目的

在完成测量仪器基本技能训练、掌握全站仪及计算机使用后,根据实验指导教师提供的建筑工程设计文件资料,自拟实验方案,写出可行性实验报告交指导教师审核,经审核通过后,在实验教师指导下,在野外完成现场测设实验,并向指导教师提交实验报告。

二、仪器设备

实验安排 4 学时,每组 4～5 人。

设备一:DJ$_2$经纬仪,计算器,记录板,测伞,花杆,钢卷尺,斧头,木桩、小钉。

设备二:电子全站仪,反射棱镜测杆,计算器,测伞,小钢卷尺 1 把,记录板 1 块,斧头 1 把,木桩、小钉数个。

三、实习方法与步骤

1. 阅读工程设计文件资料,查找已知平面控制点、高程控制点等有关测量资料。
2. 结合施工场地及工程特点,拟定施工或测图控制网的形式、等级标准。
3. 通过测量控制点点位误差的估算,确定使用何种测量方法建立施工控制点。
4. 查找、图解或计算测设点坐标。
5. 拟定施工测设方法(极坐标法、角度交会法、边长交会法、直角坐标法)。
6. 确定测量仪器设备,小组人员分工。
7. 拟写实验方案并提交指导教师批准确认。
8. 进行测量前的仪器检校工作。
9. 实施测量方案,完成内外业工作。
10. 提交测量成果或实验报告。

实习三　　基于 MapInfo Professional 的专题地图综合实习

一、实习目的

专题地图数据获取通常指地图矢量化及获得属性,主要是把栅格数据转换成矢量数据的处理过程。当纸质地图经过计算机图形、图像系统转换为点阵数字图像,经图像处理和曲线矢量化后,生成的一种计算机数据文件矢量化电子地图,可以进行地理信息系统显示、修改、标注、漫游、计算、管理和打印。

本次实验要求了解计算机制图的基本过程,熟悉掌握地图数字化、地图编辑等基本技能。掌握地理信息数据获取的方法,即利用栅格数字化地图、卫星遥感影像或航空影像数据等数据产生矢量地理信息数据。

二、仪器设备

每人一台计算机,MapInfo Professional 软件,栅格化 1∶10 000 的齐夏集专题地图(附

图 2 - 1)。

三、实习任务

在 MapInfo Professional 环境下与齐夏集基础地理信息数据配准,齐夏集扫描栅格图像作为地图矢量化的底图,形成道路网、水系、建筑物、街区和单位等矢量图层。

每人完成一幅 1∶10 000 专题图数字化任务。

四、实习要点及流程

1. 实习要点

根据给定的地图栅格图像,利用 MapInfo 软件分层进行数字化,使复杂的地图变成了简单易处理的多层次的地图层,对各要素进行编辑,类型、位置、大小要正确;按规定的方法对各要素进行整饰。

2. 基本实验步骤

(1) 配准栅格

栅格图像配准有两种方式:手工输入坐标值配准与屏幕确定坐标值配准。

本实验采用通过给定的图廓点坐标值和地图有经纬线格网配准,采用手工输入坐标值配准方法。图像四个角的经纬度坐标数据,对研究区域进行配准。本报告提供的齐夏集图像四个角所在的经纬度坐标数据为:左上角:(112°56′15″,36°02′30″);右上角:(113°00′00″,36 02′30″);右下角:(113°00′00″,36°00′00″);左下角:(112°56′15″,36°00′00″)。

(2) 建立基础地理信息图层

① GIS 空间数据库建立的基本方法,数字化齐夏集图上全部要素,并针对不同的要素分别建立图层。MapInfo 图层通常包括:建筑物、道路线层、道路面层、水系图层等;

② GIS 属性数据库建立及其与空间数据库关联的方法,建立相应的属性数据结构;MapInfo 以 Table 表的形式组织信息,将数据与地图有机地结合在一起,每一个 Table 表都是一组 MapInfo 文件,组成了地图文件和数据库文件,使用 MapInfo,就需要有组成表的用户数据和地图文件。在 MapInfo 中工作,就必须打开一个或多个表。

(3) 地图矢量化

利用 MapInfo Professional 的绘图工具分别对建筑物、道路线层、道路面层、单位、绿地、水系图层进行矢量单位,得到总的矢量化图和各个图层的矢量化图并构建 GIS 属性数据库。

五、注意事项及提交成果

1. 数字化要准确。
2. 设色要协调一致,点、线、面设色合理。
3. 图面配置要合理、美观大方。
4. 每人实验报告 1 份,简明扼要,重点突出;并提交 1∶10 000 矢量化专题地图 1 份。

实习四　　地形图野外调绘与专题图制作

一、实习目的

野外阅读地形图是地理工作者在地理综合考察中的一项重要工作，并贯穿于考察工作的始终。通过读图，即可进一步了解实地存在物体的特征，认识一些图示的物体，获得一批新的地理信息，加深对该区域的认识。

二、仪器设备

1∶10 000《齐夏集》幅地形图(附图 2-1)、罗盘仪、望远镜、三棱尺、三角尺、量角器、大头针、书夹、自制臂长尺、彩色铅笔等。

三、实习任务

如图，在地理综合考察地区玉龙山 174.5 m、180.3 m、143.2 m 三个高地上，与实地对照，全面观察，阅读地图内容各要素及其表示方法，填绘该地区 1∶10 000 土地利用图，写出 1 500 字左右的考察报告。

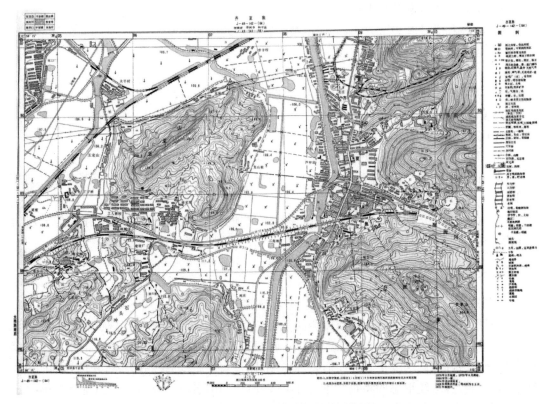

附图 2 1　1∶10 000《齐夏集》幅地形图

四、实习要点及流程

1. 业务准备：在室内根据工作需要选择和阅读该区地形图，了解地区的基本情况，确定考察中需解决的疑难问题、考察路线和观察点，设计填图用的图例符号。

2. 地形图定向

(1) 罗盘仪定向：根据地形图南图廓外绘制的偏角图和地图的正子午线(东、西内图廓线)或方里网(直角坐标系)纵线、或磁子午线(PP线)，用罗盘仪进行地形图的实地定向。

(2) 依据地物定向：在地图上找一两个与实地相应的明显地物，按后转动图纸，使图上地物与实地的方向一致。

(3) 确定站立点在图上的位置：在地图定向的同时，根据与附近明显地形地物特征点的相关位置，确定站立地点在图上的位置；若无明显地形地物点，则用后方交会法确定。

3. 实地对照读图

按从图上到实地，实地到图上的读图方式；用目测法，采取由右到左，由远到近，先主后次的读图方法，按要素逐个阅读。

(1) 认识等高线表示地势的山顶、山脊、谷地、鞍部和不同坡形的图形特征，等高线疏密与坡形、坡度的关系以及特殊地貌形态的表示方法。

(2) 了解水文概况及其表示方法。

(3) 植被种类及其表示方法，认识植被轮廓图形的概括程度。

(4) 居民地类型及其表示方法。

(5) 道路种类和附属建筑物及其图上的表示方法。

(6) 矿井、窑、采石场、控制点等要素及其表示方法。

4. 填图

(1) 设计或运用通用的图例符号。

(2) 用罗盘仪测定或按地物相关位置，确定填图对象的方位。

(3) 依地图比例尺，以站立点做相关方位的控制，将填图对象用相应的符号填绘于地形图上。

(4) 依据地物分布的地形部位，按地形勾绘出地物分布的范围界线；或用草测方法，立于轮廓的拐点，用罗盘仪测其各边的方位角，目估或步测其变长，绘出范围界线。

五、注意事项及提交成果

提交齐夏集 1∶10 000 土地利用图及考察读图报告。

读图报告是野外阅读地图收获体会的全面总结，除简要说明每一步骤的具体实施方法外，应着重阐明以下几点：① 读图地区的地理位置和区域范围；② 读图地区的地貌基本类型及其分布、走向、起伏变化和坡面形态等特征，以及与地质构造线的关系；并按读到的基本地貌形态和特殊地貌形态的特征说明地形图表现它们的各种手法；③ 读图地区的水文概貌；④ 读图地区的土质植被类型和分布规律；⑤ 读图地区的居民地类型、内部结构、等级、分布规律；⑥ 读图地区的工农业生产和交通状况；⑦ 读图地区的土地利用现状；⑧ 综述该地的自然地理条件和社会经济概况。

内　容	参考工作日（天）
实习动员、安排任务、领取并检校仪器	0.5
控制测量（图根导线测量、四等水准测量）	2
碎部测量、拼接、整饰、检查	3
专题地图综合实习	1.5
地形图野外调绘与专题图制作	1.5
仪器操作考核	1
总结、归还仪器	0.5

参考文献

图书

[1] 毛赞猷,朱良,周占鳌,等. 新编地图学教程[M]. 3 版. 北京:高等教育出版社,2017.

[2] 江南,李少梅,崔虎平,等. 地图学[M]. 北京:高等教育出版社,2017.

[3] 王家耀,何宗宜,蒲英霞,等. 地图学[M]. 北京:测绘出版社,2016.

[4] 周国树,陈振杰,章书寿. 测量学教程[M]. 5 版. 北京:测绘出版社,2021.

[5] 段延松. 无人机测绘生产[M]. 武汉:武汉大学出版社,2019.

[6] 中国地理信息产业协会. 中国地理信息产业发展报告—2022[M]. 北京:测绘出版社,2022.

[7] 华锡生,田林亚. 测量学[M]. 南京:河海大学出版社,2001.

[8] 武汉测绘科技大学《测量学》编写组. 测量学[M]. 北京:测绘出版社,1991.

[9] 胡著智,王慧麟,陈钦峦. 遥感技术与地学应用[M]. 南京:南京大学出版社,1999.

[10] 潘正风,杨德麟,黄全义,等. 大比例尺数字测图[M]. 北京:测绘出版社,1996.

[11] 程新文. 测量与工程测量[M]. 武汉:中国地质大学出版社,2000.

[12] 南京大学地理系,北京大学地理系,中山大学地理系,等. 测量学与地图学[M]. 北京:人民教育出版社,1979.

[13] 潘延玲. 测量学[M]. 北京:中国建材工业出版社,2001.

[14] 熊春宝,姬玉华. 测量学[M]. 天津:天津大学出版社,2001.

[15] 李德仁,关泽群. 空间信息系统的集成与实现[M]. 武汉:武汉测绘科技大学出版社,2000.

[16] 国务院学位委员会办公室. 同等学力人员申请硕士学位测绘科学与技术学科综合水平全国统一考试大纲及指南[M]. 北京:高等教育出版社,2000.

[17] 王侬,过静珺. 现代普通测量学[M]. 北京:清华大学出版社,2001.

[18] 周忠谟,易杰军,周琪. GPS测量原理及应用[M]. 北京:测绘出版社,1995.

[19] 徐绍铨,张海华,杨志强,等. GPS测量原理及应用[M]. 武汉:武汉测绘科技大学出版社,1998.

[20] 李德仁. GPS用于摄影测量与遥感[M]. 北京:测绘出版社,1996.

[21] 梅安新,彭望禄,秦其明,等. 遥感导论[M]. 北京:高等教育出版社,2001.

[22] 马永立. 地图学教程[M]. 南京:南京大学出版社,1998.

[23] 蔡孟裔,毛赞猷,田德森,等. 新编地图学教程[M]. 北京:高等教育出版社,2000.

[24] 祝国瑞,张根寿. 地图分析[M]. 北京:测绘,1994.

[25] 廖克,刘岳,傅肃性. 地图概论[M]. 北京:科学出版社,1985.

[26] 李海晨. 专题地图与地图集编制[M]. 北京:高等教育出版社,1984.

[27] 张力果,赵淑梅,周占鳌. 地图学[M]. 第 2 版. 北京:高等教育出版社,1990.

[28] 金瑾乐,孙达,林增春. 地图学[M]. 北京:高等教育出版社,1987.

[29] 罗宾逊,塞尔,莫里逊,等. 地图学原理[M]. 5 版. 李道义,刘耀珍,译. 北京:测绘出版社,1989.

[30] 王家耀. 普通地图制图综合原理[M]. 北京:测绘出版社,1993.

[31] 祝国瑞,苗先荣,陈丽珍. 地图设计[M]. 广州:广东省地图出版社,1993.

[32] 马永立. 地图学实习教程[M]. 西安:西安地图出版社,1989.

[33] 蔡孟裔,毛赞猷,田德森,等. 新编地图学实习教程[M]. 北京:高等教育出版社,2000.

[34] 祝国瑞. 地图学[M]. 武汉:武汉大学出版社,2004.

[35] 廖克. 现代地图学[M]. 北京:科学出版社,2003.

[36] 袁勘省. 现代地图学教程[M]. 北京:科学出版社,2007.

[37] 黄仁涛,庞小平,马晨燕. 专题地图编制[M]. 武汉:武汉大学出版社,2003.

[38] 刘万青,刘咏梅,袁勘省. 数字专题地图[M]. 北京:科学出版社,2007.

[39] 龙毅,温永宁,盛业华. 电子地图学[M]. 北京:科学出版社,2006.

[40] 祝国瑞,郭礼珍,尹贡白,等. 地图设计与编绘[M]. 武汉:武汉大学出版社,2001.

[41] 王家耀. 理论地图学[M]. 北京:解放军出版社,2000.

[42] 胡友元,黄杏元. 计算机地图制图[M]. 北京:测绘出版社,1987.

[43] 罗云启,曾琨,罗毅. 数字化地理信息系统建设与 MapInfo 高级应用[M]. 北京:清华大学出版社,2003.

[44] 马克. 测绘资质管理规定与测绘新技术新标准应用手册[M]. 银川:宁夏大地出版社,2011.

期刊论文

[1] 王家耀,武芳,闫浩文. 大变化时代的地图学[J]. 测绘学报,2022,51(6):829-842.

[2] 高俊,曹雪峰. 空间认知推动地图学学科发展的新方向[J]. 测绘学报,2021,50(6):711-725.

[3] 高俊. 地图学四面体:数字化时代地图学的诠释[J]. 测绘学报,2004,33(1):6-11.

[4] 廖克. 中国地图学发展的回顾与展望[J]. 测绘学报,2017,46(10):1517-1525.

[5] 郭仁忠,应申. 论 ICT 时代的地图学复兴[J]. 测绘学报,2017,46(10):1274-1283.

[6] 郭仁忠,陈业滨,赵志刚,等. 泛地图学理论研究框架[J]. 测绘地理信息,2021,46(1):9-15.

[7] 周成虎. 全息地图时代已经来临:地图功能的历史演变[J]. 测绘科学,2014,39(7):3-8.

[8] 闾国年,俞肇元,袁林旺,等. 地图学的未来是场景学吗?[J]. 地球信息科学学报,2018,20(1):1-6.

[9] 孟立秋. 地图学的恒常性和易变性[J]. 测绘学报,2017,46(10):1637-1644.

[10] 孟立秋. 自主导航地图的昨天、今天和明天[J]. 测绘学报,2022,51(6):1029-1039.

[11] 林晖,胡明远,陈旻. 虚拟地理环境研究与展望[J]. 测绘科学技术学报,2013,30(4):361-368.

[12] 艾廷华. 深度学习赋能地图制图的若干思考[J]. 测绘学报,2021,50(9):1170-1182.

[13] 艾廷华. 大数据驱动下的地图学发展[J]. 测绘地理信息,2016,41(2):1-7.

[14] 武芳,巩现勇,杜佳威. 地图制图综合回顾与前望[J]. 测绘学报,2017,46(10):1645-1664.

[15] 余卓渊,闾国年,张夕宁,等. 全息高精度导航地图:概念及理论模型[J]. 地球信息科学学报,2020,22(4):760-771.

[16] 郑束蕾. 地理空间认知理论与地图工具的发展[J]. 测绘学报,2021,50(6):766-776.

[17] 张国永. 增强地理环境的虚实融合制图认知与方法研究[D]. 北京:中国科学院大学(中国科学院空天信息创新研究院),2021.

[18] 杨元喜. 北斗卫星导航系统的进展、贡献与挑战[J]. 测绘学报,2010,39(1):1-6.

[19] 杨元喜. 2000 中国大地坐标系[J]. 科学通报,2009,54(16):2271-2276.

[20] 余美. 倾斜立体影像匹配若干问题研究[J]. 测绘学报,2021,50(9):1278.

[21] 龚健雅,季顺平. 摄影测量与深度学习[J]. 测绘学报,2018,47(6):693-704.

[22] 张力,刘玉轩,孙洋杰,等. 数字航空摄影三维重建理论与技术发展综述[J]. 测绘学报,2022,51(7):1437-1457.

[23] 孟祥杰. 2022 年无人机行业研究报告[J]. 广发证券,2022.

[24] 孙羽,杨婷婷. 全站仪点坐标测设功能的原理及操作步骤[J]. 四川建筑,2015,35(5):147-148.

[25] 姜华. 无人机测量技术在地形测量方面运用分析[J]. 数字技术与应用,2020,38(5):111-112.

[26] 袁修孝,袁巍,许殊,等. 航摄影像密集匹配的研究进展与展望[J]. 测绘学报,2019,48(12):1542 - 1550.

[27] 陈斌,王进东,徐铭,等. DiNi12 数字水准仪测量系统及其应用[J]. 测绘通报,2001(10):45 - 46.

[28] 李德仁. GPS 全球定位系统在航空遥感精确定位中的应用[J]. 环境遥感,1991(3):216 - 223.

[29] 刘基余. GPS 卫星测量技术在海洋开发中的应用展望[J]. 海洋技术,2000,19(4):35 - 39.

[30] 赵建虎,张红梅. 水下地形测量技术探讨[J]. 测绘信息与工程,1999,24(4):22 - 26.

[31] 沈婕,刘晓艳. GIS 专业《地图学与测量学》教学方法研究[J]. 测绘通报,2002(6):64 - 67.

[32] 王家耀. 信息化时代的地图学[J]. 测绘工程,2000,9(2):1 - 5.

[33] 陈述彭. 地图科学的几点前瞻性思考[J]. 测绘科学,2001,26(1):1 - 6.

[34] 徐京华. 地理信息系统与地图学教育[J]. 四川测绘,2000,23(4):178 - 181.

[35] 马永立,谈俊忠. 点值法制图确定值数学模型的研究[J]. 地图,1998(4):5 - 8.

[36] 孙涛. 连续运行参考站系统(CORS)实现方法[J]. 科技信息(学术研究),2008(27):206.

[37] 李德仁,苗前军,邵振峰. 信息化测绘体系的定位与框架[J]. 武汉大学学报(信息科学版),2007,32 (3):189 - 192.

[38] 李德仁,王艳军,邵振峰. 新地理信息时代的信息化测绘[J]. 武汉大学学报(信息科学版),2012,37 (1):1 - 6.

[39] 万幼川,张永军. 摄影测量与遥感学科发展现状与趋势[J]. 工程勘察,2009,37(6):6 - 12.

[40] 杨德麟. 数字测图野外数据采集原理与方法[J]. 测绘通报,1997(10):33 - 35.

[41] 徐有聪. 数字化测图在地籍测量中的特点和应用[J]. 科技创新导报,2011,8(34):109.

[42] 尤洪才,祁玉成. 我国测绘科学发展史概况[J]. 黑龙江科技信息,2007(15):45.

[43] 吴宝成. 新中国测绘事业十大成就[J]. 中国测绘,1999(5):8 - 11.

[44] 王子岚. 长沙马王堆汉初地形图的测绘科技及相关科技思想[D]. 武汉:武汉大学,2005.

[45] 白成军,韩旭. 制图六体析读[J]. 测绘学报,2013,42(3):447 - 452.

[46] 钟策. 十六大以来测绘地理信息工作巡礼[J]. 中国测绘报,2012.

电子资源

[1] 江南,李少梅,周焟,等. 地图学[EB/OL]. (2021 - 08 - 30)[2023 - 01 - 12]. https://www. icourse163. org/course/- 1461815171? tid=1465420601.

[2] 徕卡测量系统. 航空摄影测量:百年风雨,辉煌依旧[EB/OL]. (2022 - 08 - 04)[2023 - 01 - 12]. https://mp. weixin. qq. com/s? __biz=MzA5NjA2NDU3Nw== &mid=2650342757&idx=3&sn= 3e37e62cccb21e0c72d2b80d469313fb&chksm = 88b8604bbfcfe95dba4156c7dd8eb9b17df9e6b8f18c4d9a2 7820c982c51b5d691563f4216b8&scene=27.

[3] 中国地理信息产业协会. 喜迎二十大|这十年,中国地理信息产业气势如虹盛世腾飞[EB/OL]. (2022 - 09 - 24)[2023 - 01 - 12]. http://www. cagis. org. cn/Lists/content/id/3637. html.

官方网站

[1] GTC2022 GIS 软件技术大会(http://www. gistc. com/)

[2] 武汉适普软件有限公司(http://www. syzbw. com. cn/shiyou_3177_u/index. html)

[3] 中测网(www. cehui8. com)

[4] 泰伯网(www. Taibo. cn)

[5] 司南导航(www. Sinognss. com)

[6] 遥感学报(https://www. ygxb. ac. cn)

[7] 中国测绘科学研究院(http://www. casm. ac. cn/)

［8］资源与环境信息系统国家重点实验室(http://www.lreis.ac.cn/)

［9］中国四维测绘技术有限公司(http://www.chinasiwei.com)

［10］图灵软件(http://www.lingtu.com.cn)

微信公众号

慧天地,测绘学术资讯,GIS 高等教育,GIS 前沿,GeoTalks,中国高分观测,四维益友,测绘学术资讯,南方测绘,兆格云实验室,兆格信息,坐标网,北斗网,多普云等.

其他

［1］汤国安.我国地理信息科学专业教育:"地图学与地理信息系统"系列科普[Z].南京师范大学,2022.

［2］李建成.大数据时代的信息化测绘:中国测绘创新基地"大数据时代的信息化测绘"主题报告[R].自然资源部测绘发展研究中心,2016.

［3］李德仁.我国测绘遥感技术发展的回顾与展望[C]//遥感学科发展高端论坛,2018.

［4］孙长奎."多规合一"背景下无人机摄影测量技术的发展机遇与挑战[C]//华东区海峡两岸交流研讨会,2019:60-61.

［5］兆格云实验室.无人机激光雷达系统测绘方案[Z].测绘之家,2016.

［6］"GPSurvey 软件"培训教材[Z].

［7］李斯.测绘技术应用与规范管理实用手册[Z].金版电子出版公司,2002.

编写过程中还参阅了自然资源部、国家统计局、国家知识产权局、中国卫星导航系统管理办公室等部门网站,众多的测绘网站,"中国测绘报"等报刊与杂志的相关文章,未及一一列出,敬请谅解。